건축기사/건축산업기사 단기합격반

0원 환급반
기초부터 탄탄히 다지고 싶은 수험생
- 수강과목: 필기+실기+기출문제
- 수강기간: 180일+**무료연장 90일**
- 최종합격시 수강료 100%환급(환급절차 必 확인)

연간 프리패스
기초부터 탄탄히 다지고 싶은 수험생
- 수강과목: 필기+실기+기출문제
- 수강기간: 1년+**무료연장 1년**
- 불합격 걱정없이 넉넉하게 공부하세요

종합반
기초부터 탄탄히 다지고 싶은 수험생
- 수강과목: 필기+실기+기출문제
- 수강기간: 180일+**무료연장 90일**
- 필기+실기 한번에 해결!

필기반
필기시험에 도전하는 수험생
- 수강과목: 필기+기출문제
- 수강기간: 90일+**무료연장 45일**
- 시험에 나오는 핵심부분만 정리

실기반
필기시험 합격 후, 실기시험을 준비하는 수험생
- 수강과목: 실기+기출문제
- 수강기간: 90일+**무료연장 45일**
- 필답형 핵심노하우 전수

※ 상품명 및 수강기간은 변동 가능합니다.

따라만 하면 단기합격 커리큘럼
단기합격 비법은 초압축 커리큘럼에서 시작된다.

STEP 1 필기/실기 — 오리엔테이션
합격비법소개

STEP 2 필기 — 핵심이론+단원별 핵심문제
시험에 반드시 출제되는 핵심개념 압축 정리+문제

STEP 3 필기 — 기출문제
출제 경향 파악 최신 기출문제 반복 학습

STEP 4 필기 — 알짜 마무리특강
필기요약 최종마무리 정리

STEP 1 실기 — 필답형 핵심이론+단원별 핵심문제
시험에 반드시 출제되는 필답형 핵심이론+문제

STEP 2 실기 — 필답형 기출문제
출제 경향 파악 최신 기출문제 반복 학습

 건축기사/건축산업기사 **최종합격**

에듀마켓 | 온라인 동영상강의 전문사이트 | 02-3141-9491 | ▶YouTube에서 **에듀마켓**을 검색해보세요

서울고시각

건축기사
필기 기출문제집

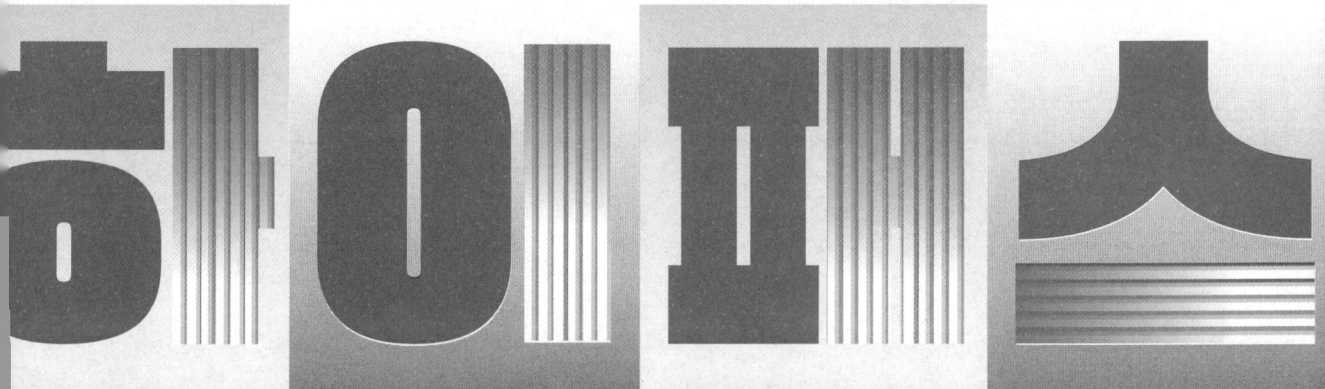

**Stand by
Strategy
Satisfaction**

새로운 출제경향에 맞춘 수험서의 완벽서

머리말
INTRO

이 문제집에서는 건축기사 자격증을 취득하기 위해 치러야 하는 필기시험 5과목의 **지난 7개년 동안의 기출문제**를 다루고 있다. 건축기사 시험의 준비는 관련 이론을 학습한 후 과년도의 기출문제를 풀어 학습한 이론이 문제에 어떻게 적용되는지를 연마하는 것이 반드시 필요하다. 또한 건축기사 시험의 특성상 일정한 비율의 기출문제를 동일하게 출제하는 경향이 있어 기출문제의 중요성은 좀 더 높아지고 있는 추세이다. 건축산업기사 시험의 필기 과목도 건축기사의 필기 과목과 동일한 과목으로 출제범위는 약간 다르지만 출제위원이 같으므로 요즈음의 추세는 **건축기사와 건축산업기사의 구분이 점점 없어져 가고 있는 실정이다.**

※ **건축기사/건축산업기사 필기시험 과목**
건축계획, 건축시공, 건축구조, 건축설비, 건축법규

이 교재의 특징은 다음과 같다.

- **첫째**, 수험생들이 효율적으로 학습하는 것을 최우선으로 하여 각 과목별로 최소한의 노력으로 최대한의 효과를 얻을 수 있도록 하였다.
- **둘째**, 각 문제에 대한 해설을 꼭 필요한 부분만 설명하여 수험생들의 학습량을 최소화하는 데 중점을 두었다.
- **셋째**, 이론 강의에서의 단어-단어 암기법을 기초로 방대한 분량의 내용을 암기하기 쉽도록 기술하여 동영상 강의와 병행하면 누구나 쉽게 이해하고 학습할 수 있도록 하였다.
- **넷째**, 최근 개정된 새 법령에 따라 출제 당시의 법령에 근거하여 과년도 문제를 풀고 현재의 법령으로 풀이한 경우도 병행하여 기술하였다.

수험생들을 생각해 최대한 효율적으로 공부할 수 있도록 고민하고 노력해서 완성된 교재이지만 혹시라도 미흡한 부분은 추후 보완할 것을 약속드리며, 마지막으로 본 교재를 발간하는 데 많은 도움을 주신 (주)서울고시각 관계자분들께 감사를 드립니다.

저자 안남식

자격시험 정보
GUIDE

※ 본 시험 정보는 '2025년 Q-Net 건축기사/건축산업기사 시험 정보'를 토대로 구성하였습니다. 시험일정 등 변경사항이 있을 수 있으니 자세한 내용은 Q-Net 홈페이지 또는 공고를 꼭 참고하시기 바랍니다.

[1] 자격명 : 건축기사(Architectural Engineer)
[2] 관련부처 : 국토교통부
[3] 시행기관 : 한국산업인력공단
[4] 자격시험 일정 및 수수료(2025년 기준)
  ① 시험일정

구분	필기원서접수(인터넷) (휴일 제외)	필기시험	필기합격 (예정자) 발표
정기 기사 1회	2025.01.13~2025.01.16 [빈자리접수 : 2025.02.01~2025.02.02]	2025.02.07 ~2025.03.04	2025.03.12
정기 기사 2회	2025.04.14~2025.04.17 [빈자리접수 : 2025.05.04~2025.05.05]	2025.05.10 ~2025.05.30	2025.06.11
정기 기사 3회	2025.07.21~2025.07.24 [빈자리접수 : 2025.08.03~2025.08.04]	2025.08.09 ~2025.09.01	2025.09.10

  ※ 원서접수시간은 원서접수 첫날 10:00부터 마지막 날 18:00까지임.
  ※ 필기시험 합격예정자 및 최종합격자 발표시간은 해당 발표일 09:00임.
  ※ 시험일정은 종목별, 지역별로 상이할 수 있음

  ② 수수료 : 필기 - 19,400원 / 실기 - 22,600원

[5] 취득방법(건축기사/건축산업기사)
  ① 시행처 : 한국산업인력공단
  ② 관련학과 : [건축기사] 대학이나 전문대학의 건축, 건축공학, 건축설비, 실내건축 관련학과
              [건축산업기사] 대학이나 전문대학의 건축 관련학과
  ③ 시험과목
    • 필기 : 1. 건축계획, 2. 건축시공, 3. 건축구조, 4. 건축설비, 5. 건축관계법규
    • 실기 : 건축시공 실무
  ④ 검정방법
    • 필기 : 객관식 4지 택일형 과목당 20문항(과목당 30분)
    • 실기 : [건축기사] 필답형(3시간)
            [건축산업기사] 필답형(2시간 30분)

⑤ 합격기준
- 필기 : 100점을 만점으로 하여 과목당 40점 이상, 전과목 평균 60점 이상
- 실기 : 100점을 만점으로 하여 60점 이상

[6] 최근 6개년 종목별 검정현황

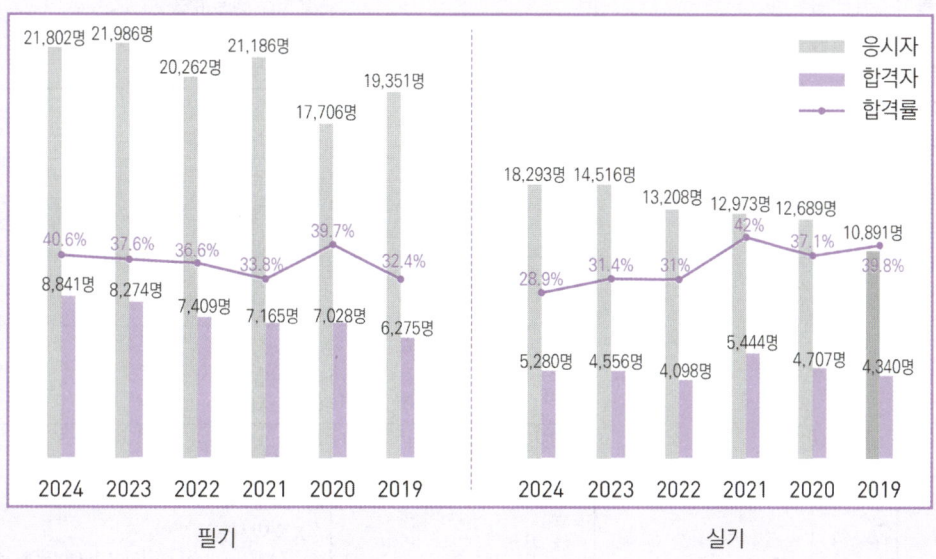

필기 / 실기

[7] 기본정보
① 개요 : 건축물의 계획 및 설계에서 시공에 이르기까지 전과정에 관한 공학적 지식과 기술을 갖춘 기술인력으로 하여금 건축업무를 수행하게 함으로써 안전한 건축물 창조를 위하여 자격제도 제정
② 수행직무 : 건축시공에 관한 공학적 기술이론을 활용하여, 건축물 공사의 공정, 품질, 안전, 환경, 공무관리 등을 통해 건축 프로젝트를 전체적으로 관리하고 공종별 공사를 진행하며 시공에 필요한 기술적 지원을 하는 등의 업무 수행
③ 진로 및 전망
- 종합 또는 전문건설회사의 건설현장, 건축사사무소, 용역회사, 시공회사 등으로 진출할 수 있다.
- 신규 착공부지의 부족, 기업에 대한 정부의 강도 높은 부동산 제재로 투자위축 우려, 전세대란의 대책으로 인한 재건축사업의 부진 우려, 지방지역의 높은 주택보급률에 대한 부담 등 감소요인이 있으나, 최근 저금리추세가 지속, 신규 공동주택에 대한 매매수요가 증가요인으로 작용하여 건축기사 자격취득자에 대한 인력수요는 증가할 것이다.

자격시험 정보
GUIDE

[8] 출제 기준(적용기간 : 2025.1.1~2029.12.31)

필기 과목명	출제 문제수	주요항목	세부항목	세세항목
건축 계획	20	1. 건축계획원론	(1) 건축계획일반	① 건축계획의 정의와 영역 ② 건축계획과정
			(2) 건축사	① 한국건축사 ② 서양건축사
			(3) 건축설계 이해	① 건축도면의 이해 ② 건축도면의 표현
		2. 각종 건축물의 건축계획	(1) 주거건축계획	① 단독주택 ② 공동주택 ③ 단지계획
			(2) 상업건축계획	① 사무소 ② 상점
			(3) 공공문화건축계획	① 극장 ② 미술관 ③ 도서관
			(4) 기타 건축물계획	① 병원 ② 공장 ③ 학교 ④ 숙박시설 ⑤ 장애인·노인·임산부 등의 편의시설계획 ⑥ 기타건축물
건축 시공	20	1. 건설경영	(1) 건설업과 건설경영	① 건설업과 건설경영 ② 건설생산조직 ③ 건설사업관리
			(2) 건설계약 및 공사관리	① 건설계약 ② 건축공사 시공방식 ③ 시공계획 ④ 공사진행관리 ⑤ 크레임관리
			(3) 건축적산	① 적산일반 ② 가설공사 ③ 토공사 및 기초공사 ④ 철근콘크리트공사 ⑤ 철골공사 ⑥ 조적공사 ⑦ 목공사 ⑧ 창호공사 ⑨ 수장 및 마무리공사

필기 과목명	출제 문제수	주요항목	세부항목	세세항목
			(4) 안전관리	① 건설공사의 안전 ② 건설재해 및 대책
			(5) 공정관리 및 기타	① 공정관리 ② 원가관리 ③ 품질관리 ④ 환경관리
		2. 건축시공기술 및 건축재료	(1) 착공 및 기초공사	① 착공계획수립 ② 지반조사 ③ 가설공사 ④ 토공사 및 기초공사
			(2) 구조체공사 및 마감공사	① 철근콘크리트공사 ② 철골공사 ③ 조적공사 ④ 목공사 ⑤ 방수공사 ⑥ 지붕공사 ⑦ 창호 및 유리공사 ⑧ 미장, 타일공사 ⑨ 도장공사 ⑩ 단열공사 ⑪ 해체공사
			(3) 건축재료	① 철근 및 철강재 ② 목재 ③ 석재 ④ 시멘트 및 콘크리트 ⑤ 점토질재료 ⑥ 금속재 ⑦ 합성수지 ⑧ 도장재료 ⑨ 창호 및 유리 ⑩ 방수재료 및 미장재료 ⑪ 접착제
건축 구조	20	1. 건축구조의 일반사항	(1) 건축구조의 개념	① 건축구조의 개념 ② 건축구조의 분류
			(2) 건축물 기초설계	① 토질 ② 기초
			(3) 내진·내풍설계	① 내진·내풍설계의 개념 ② 내진·내풍설계의 원리
			(4) 사용성 설계	① 처짐·진동에 관한 구조제한 ② 소음에 관한 구조제한

자격시험 정보
GUIDE

필기 과목명	출제 문제수	주요항목	세부항목	세세항목
		2. 구조역학	(1) 구조역학의 일반사항	① 힘과 모멘트 ② 구조물의 특성 ③ 구조물의 판별
			(2) 정정구조물의 해석	① 보의 해석 ② 라멘의 해석 ③ 트러스의 해석 ④ 아치의 해석
			(3) 탄성체의 성질	① 응력도와 변형도 ② 단면의 성질
			(4) 부재의 설계	① 단면의 응력도 ② 부재단면의 설계
			(5) 구조물의 변형	① 구조물의 변형
			(6) 부정정구조물의 해석	① 부정정구조물의 개요 ② 변위일치법 ③ 처짐각법 ④ 모멘트분배법
		3. 철근콘크리트 구조	(1) 철근콘크리트 구조의 일반사항	① 철근콘크리트구조의 개요 ② 철근콘크리트구조 설계방법
			(2) 철근콘크리트 구조설계	① 구조계획 ② 각부 구조의 설계 및 계산 ③ 각부 구조설계기준 및 구조제한
			(3) 철근의 이음·정착	① 철근의 부착 ② 정착길이 ③ 갈고리에 의한 정착 ④ 철근의 이음
			(4) 철근콘크리트 구조의 사용성	① 철근콘크리트구조의 처짐 ② 철근콘크리트구조의 내구성 ③ 철근콘크리트구조의 균열
		4. 철골구조	(1) 철골구조의 일반사항	① 철골구조의 개요 ② 철골구조의 구조설계방법
			(2) 철골구조설계	① 철골구조계획 ② 각부 구조의 구조설계 및 계산 ③ 각부 구조설계기준 및 구조제한
			(3) 접합부설계	① 접합의 종류 및 특징 ② 각부 접합부의 설계와 계산
			(4) 제작 및 품질	① 공장제작 정밀도 및 검사 ② 현장설치 정밀도 및 검사

필기 과목명	출제 문제수	주요항목	세부항목	세세항목
건축 설비	20	1. 환경계획원론	(1) 건축과 환경	① 건축과 풍토 ② 건축과 기후 ③ 일조와 일사 ④ 건축과 바람 ⑤ 친환경건축 ⑥ 신재생에너지
			(2) 열환경	① 전열이론 ② 단열 및 보온계획 ③ 습기와 결로 ④ 건물에너지 해석
			(3) 공기환경	① 공기의 오염인자 및 영향 ② 환기와 통풍 ③ 필요환기량 산정
			(4) 빛환경	① 빛 이론 ② 자연채광 ③ 인공조명
			(5) 음환경	① 음향이론 ② 흡음과 차음 ③ 실내음향 ④ 소음과 진동
		2. 전기설비	(1) 기초적인 사항	① 전류와 전압 ② 직류와 교류 ③ 전자력, 정전기
			(2) 조명설비	① 조명의 기초사항 ② 광원의 종류 ③ 조명방식 및 특징
			(3) 전원 및 배전, 배선설비	① 수변전설비 및 예비전원 ② 전기방식 및 배선설비 ③ 동력 및 콘센트설비
			(4) 피뢰침설비	① 피뢰설비 ② 항공장애등설비
			(5) 통신 및 신호설비	① 전화설비 ② 인터폰설비 ③ TV공동수신설비 ④ 표시설비 ⑤ 정보화설비
			(6) 방재설비	① 방범설비 ② 자동화재탐지설비
		3. 위생설비	(1) 기초적인 사항	① 유체의 물리적 성질 ② 위생설비용 배관 재료 ③ 관의 접합 및 용도 ④ 펌프의 종류 및 용도

자격시험 정보
GUIDE

필기 과목명	출제 문제수	주요항목	세부항목	세세항목
			(2) 급수 및 급탕설비	① 급수·급탕량 산정 ② 급수방식 및 특징 ③ 급탕방식 및 특징
			(3) 배수 및 통기설비	① 위생기구의 종류 및 특징 ② 배수의 종류와 배수방식 ③ 통기방식 ④ 배수·통기관의 재료 및 특징 ⑤ 우수배수
			(4) 오수정화설비	① 오수의 양과 질 ② 오수정화방식 및 특징
			(5) 소방시설	① 소화의 원리　② 소화설비 ③ 경보설비　　④ 피난구조설비 ⑤ 소화용수설비　⑥ 소화활동설비
			(6) 가스설비	① 도시가스 및 액화석유가스 ② 가스공급과 배관방식 ③ 가스설비용기기
		4. 공기조화설비	(1) 기초적인 사항	① 공기의 기본 구성 ② 습공기의 성질 및 습공기 선도 ③ 공기조화(냉·난방) 부하 ④ 공기조화계산식과 공조프로세스
			(2) 환기 및 배연설비	① 오염물질의 종류 및 필요 환기량 ② 환기설비의 종류 및 특징 ③ 배연설비 기준
			(3) 난방설비	① 난방설비의 종류 및 특징 ② 난방설비의 구성요소 및 특징
			(4) 공기조화용 기기	① 중앙 및 개별 공기조화기 ② 덕트와 부속기구 ③ 취출구·흡입구와 기류 분포 ④ 열원기기 ⑤ 전열교환기 ⑥ 펌프와 송풍기 ⑦ 공기조화배관
			(5) 공기조화방식	① 공기조화방식의 분류 ② 각종 공조방식 및 특징 ③ 조닝계획과 에너지절약계획
		5. 승강설비	(1) 엘리베이터설비	① 엘리베이터의 종류 및 특징 ② 엘리베이터의 대수 산정 ③ 엘리베이터의 배치 ④ 엘리베이터 설치시 고려사항

필기 과목명	출제 문제수	주요항목	세부항목	세세항목
			(2) 에스컬레이터설비	① 에스컬레이터의 구조 및 특징 ② 에스컬레이터의 대수 산정 ③ 에스컬레이터의 배열
			(3) 기타 수송설비	① 덤웨이터 ② 이동보도 ③ 컨베이어
건축 관계 법규	20	1. 건축법・시행령・ 시행규칙	(1) 건축법	① 총칙 ② 건축물의 건축 ③ 건축물의 유지와 관리 ④ 건축물의 대지와 도로 ⑤ 건축물의 구조 및 재료 등 ⑥ 지역 및 지구의 건축물 ⑦ 건축설비 ⑧ 특별건축구역 등 ⑨ 보칙
			(2) 건축법시행령	① 총칙 ② 건축물의 건축 ③ 건축물의 유지와 관리 ④ 건축물의 대지 및 도로 ⑤ 건축물의 구조 및 재료 등 ⑥ 지역 및 지구의 건축물 ⑦ 건축물의 설비 등 ⑧ 특별건축구역 ⑨ 보칙
			(3) 건축법시행규칙	① 총칙 ② 건축물의 건축 ③ 건축물의 유지와 관리 ④ 건축물의 대지와 도로 ⑤ 건축물의 구조 및 재료 등 ⑥ 지역 및 지구의 건축물 ⑦ 건축설비 ⑧ 특별건축구역 등 ⑨ 보칙
			(4) 건축물의 설비기준 등에 관한 규칙 및 건축물의 피난・방화구조 등의 기 준에 관한 규칙	① 건축물의 설비기준 등에 관한 규칙 ② 건축물의 피난・방화구조 등의 기준에 관한 규칙
		2. 주차장법・시행령・ 시행규칙	(1) 주차장법	① 총칙　　　　　② 노상주차장 ③ 노외주차장　　④ 부설주차장 ⑤ 기계식주차장　⑥ 보칙

자격시험 정보
GUIDE

필기 과목명	출제 문제수	주요항목	세부항목	세세항목
			(2) 주차장법시행령	① 총칙 ② 노상주차장 ③ 노외주차장 ④ 부설주차장 ⑤ 기계식주차장 ⑥ 보칙
			(3) 주차장법시행규칙	① 총칙 ② 노상주차장 ③ 노외주차장 ④ 부설주차장 ⑤ 기계식주차장 ⑥ 보칙
		3. 국토의 계획 및 이용에 관한 법·시행령·시행규칙	(1) 국토의 계획 및 이용에 관한 법률	① 총칙 ② 광역도시계획 ③ 도시·군 기본계획 ④ 도시·군 관리계획 ⑤ 개발행위의 허가 등 ⑥ 용도지역·용도지구 및 용도구역에서의 행위제한 ⑦ 도시·군 계획시설 사업의 시행 ⑧ 도시계획위원회
			(2) 국토의 계획 및 이용에 관한 법률시행령	① 총칙 ② 광역도시계획 ③ 도시·군 기본계획 ④ 도시·군 관리계획 ⑤ 개발행위의 허가 등 ⑥ 용도지역·용도지구 및 용도구역에서의 행위제한 ⑦ 도시·군 계획시설 사업의 시행 ⑧ 도시계획위원회
			(3) 국토의 계획 및 이용에 관한 법률시행규칙	① 총칙 ② 광역도시계획 ③ 도시·군 기본계획 ④ 도시·군 관리계획 ⑤ 개발행위의 허가 등 ⑥ 용도지역·용도지구 및 용도구역에서의 행위제한 ⑦ 도시·군 계획시설 사업의 시행 ⑧ 도시계획위원회

출제경향과 수험대책
TREND & MEASURE

출제경향

　건축기사 시험은 과목당 20문제 중 약 3~5문제는 만점 방지의 목적으로 매 회차에 처음 출제되는 문제들이 있지만, 대부분의 문제들이 문제은행식으로 과거에 기출된 문제들이 오답도 동일하게 출제되므로 이렇게 **반복적으로 출제되는 문제들만 잘 숙지한다면** 누구나 어렵지 않게 합격할 수 있는 시험이다.

　본 기출교재의 과년도를 7개년으로 선택한 이유는 간혹 1~2문제는 10년 전에 출제된 문제도 나오는 경우가 있지만, 대부분의 문제들은 7개년 안의 문제들로 구성되므로 학습시간 등 여러 가지를 고려할 때 7개년의 기출만 학습하더라도 합격하는 데 전혀 무리가 없다는 결론에 도달하여 결정한 것이다.

수험대책

　필기 5과목 중 건축계획, 건축설비 및 건축법규는 기출문제에서 문제은행식으로 출제되므로 전혀 문제될 것이 없고, 건축시공의 경우 1차 필기는 물론 2차 실기시험에도 상당한 부분을 차지하는 과목으로 기타 필기과목과는 다르게 주관식으로 내용을 암기해야 할 필요가 있는 과목으로 문제풀이 영상에서 2차 시공의 암기내용에 대해 언급하는 것은 반드시 주관식으로 숙지할 필요가 있다.

　또한, 건축구조의 경우 수험생들이 가장 어려워하는 과목이면서 과락이 가장 많이 발생하는 과목으로 수치계산이나 물리를 어려워하는 수험생들을 위해 상당히 자세한 풀이와 함께 설명을 추가해두었으니 반복해서 학습한다면 충분히 높은 점수를 획득할 수 있을 것이다.

　건축기사 시험은 고등학교의 내신을 위한 중간고사 및 기말고사나 수능시험과 완전히 다르게 각 과목별로 40점 이상을 획득하고 전체 평균 60점만 넘으면 자격증을 취득하는 시험이므로 원래의 공부방법과는 많이 다른 학습법을 적용하는 것이 효율적이며, 자세한 학습법은 온라인 강의를 통해 설명드리도록 하겠다.

차례
CONTENTS

2016 출제문제
- 제1회 건축기사 ·················· 3
- 제2회 건축기사 ·················· 25
- 제4회 건축기사 ·················· 47

2017 출제문제
- 제1회 건축기사 ·················· 71
- 제2회 건축기사 ·················· 92
- 제4회 건축기사 ·················· 114

2018 출제문제
- 제1회 건축기사 ·················· 137
- 제2회 건축기사 ·················· 159
- 제4회 건축기사 ·················· 182

2019 출제문제
- 제1회 건축기사 ·················· 207
- 제2회 건축기사 ·················· 229
- 제4회 건축기사 ·················· 250

2020 출제문제
- 제1-2회 건축기사 ············ 275
- 제3회 건축기사 ············ 297
- 제4회 건축기사 ············ 319

2021 출제문제
- 제1회 건축기사 ············ 343
- 제2회 건축기사 ············ 366
- 제4회 건축기사 ············ 389

2022 출제문제
- 제1회 건축기사 ············ 413
- 제2회 건축기사 ············ 435

■ CBT 최다 빈출 100선 / 457

MEMO

ARCHITECTURAL

ARCHITECTURAL ENGINEER

2016
출제문제

2016 제1회 건축기사

2016년 3월 6일 시행

제1과목 · 건축계획

01
고대 로마건축에 관한 설명으로 옳지 않은 것은?
① 카라칼라 황제 욕장은 정사각형 안에 직사각형을 담은 배치를 취하였다.
② 바실리카 울피아는 신전 건축물로서 로마식의 광대한 내부 공간을 전형적으로 보여준다.
③ 콜로세움의 외벽의 도리스-이오니아-코린트 오더를 수직으로 중첩시키는 방식을 사용하였다.
④ 판테온은 거대한 돔을 얹은 로툰다와 대형 열주현관이라는 두 주된 구성요소로 이루어진다.

해설
② 바실리카 울피아는 재판과 집회 및 상업거래를 위해 사용된 건물이다.

02
공장건축의 레이아웃(Lay out)에 관한 설명으로 옳지 않은 것은?
① 제품중심의 레이아웃은 대량생산에 유리하며 생산성이 높다.
② 레이아웃이란 생산품의 특성에 따른 공장의 건축면적 결정 방식을 말한다.
③ 공정중심의 레이아웃은 다종 소량생산으로 표준화가 행해지기 어려운 주문생산에 적합하다.
④ 고정식 레이아웃은 조선소와 같이 조립부품이 고정된 장소에 있고 사람과 기계를 이동시키며 작업을 행하는 방식이다.

해설
② 레이아웃이란 공장건축의 평면요소 간의 위치관계를 결정하는 것을 말한다.

03
주택의 동선계획에 관한 설명으로 옳지 않은 것은?
① 동선은 가능한 한 굵고 짧게 한다.
② 동선의 형은 가능한 한 단순하게 한다.
③ 동선에는 공간이 필요하고 가구를 두지 않는다.
④ 화장실 등과 같이 사용빈도가 높은 공간은 동선을 길게 처리한다.

해설
④ 화장실 등과 같이 사용빈도가 높은 공간은 동선을 짧게 처리한다.

04
은행 건축계획에 관한 설명으로 옳지 않은 것은?
① 고객이 지나는 동선은 되도록 짧게 한다.
② 아이들이 많은 지역에서는 주출입구를 회전문으로 하지 않는 것이 좋다.
③ 야간금고는 가능한 한 주출입구 근처에 위치하도록 하며 조명시설이 완비되도록 한다.
④ 경비 및 관리의 능률상 은행 내 출입은 주출입구 하나로 집약시키고 별도의 출입구는 설치하지 않는다.

해설
④ 은행 출입구는 경비 및 관리의 능률상 별도의 출입구를 설치하는 것이 바람직함

정답 01.② 02.② 03.④ 04.④

05
오토 바그너(Otto Wanger)가 주장한 근대건축의 설계지침 내용으로 옳지 않은 것은?
① 경제적인 구조
② 그리스 건축양식의 복원
③ 시공재료의 적당한 선택
④ 목적을 정확히 파악하고 완전히 충족시킬 것

해설
오토 바그너의 근대건축 설계지침
- 경제적인 구조를 채택할 것
- 적당한 시공재료 선택할 것
- 목적을 정확히 파악하고 충족시킬 것

06
다음 중 주거공간의 효율을 높이고, 데드 스페이스(dead space)를 줄이는 방법과 가장 거리가 먼 것은?
① 유닛 가구를 활용한다.
② 가구와 공간의 치수 체계를 통합한다.
③ 기능과 목적에 따라 독립된 실로 계획한다.
④ 침대, 계단 밑 등을 수납공간으로 활용한다.

해설
데드 스페이스를 줄이는 방법
- 유닛 가구 활용
- 가구와 공간의 치수 체계 통합
- 침대, 계단 밑 등을 수납공간으로 활용

07
다음 중 사무소 건축의 기준층 평면형태의 결정 요소와 가장 거리가 먼 것은?
① 엘리베이터 대수
② 방화구획상 면적
③ 구조상 스팬의 한도
④ 자연광에 의한 조명한계

해설
사무소의 기준층 평면형태 결정 요인
②, ③, ④외에 설비시스템의 한계, 대피상의 최대 피난거리 등이 있음

08
미술관 건축계획에 관한 설명으로 옳지 않은 것은?
① 미술관은 이용하기에 편리한 도심지에 위치하는 것이 좋다.
② 미술관의 연속순회형식은 연속된 전시실의 한쪽 복도에 의해서 각 실을 배치한 형식이다.
③ 디오라마 전시란 전시물을 부각시켜 관람객에게 현장감을 부여하는 입체적인 수법을 말한다.
④ 2층 이상의 층은 일반적으로 전시실로는 부적당하나 뉴욕 근대미술관은 이러한 개념을 타파하였다.

해설
②는 갤러리 및 코리더 형식에 대한 설명

09
학교 교사의 배치 형식 중 분산병렬형에 관한 설명으로 옳지 않은 것은?
① 구조계획이 간단하다.
② 일종의 핑거 플랜(finger plan)이다.
③ 교실의 환경 조건을 균등하게 할 수 없다는 단점이 있다.
④ 각 교사 건축물 사이의 공간을 놀이터나 정원으로 이용할 수 있다.

해설
③ 교실의 환경 조건을 균등하게 할 수 있다는 장점이 있음

정답 05.② 06.③ 07.① 08.② 09.③

10
도서관의 출납시스템 중 열람자는 직접 서가에 면하여 책의 체제나 표지 정도는 볼 수 있으나 내용을 보려면 관원에게 요구하여 대출 기록을 남긴 후 열람하는 형식은?

① 폐가식　　② 반개가식
③ 안전개가식　④ 자유개가식

해설
② 반개가식에 대한 설명

11
클로즈드 시스템(closed system)의 종합병원에서 외래진료부 계획에 관한 설명으로 옳지 않은 것은?

① 환자의 이용이 편리하도록 2층 이하에 두도록 한다.
② 부속 진료시설을 인접하게 하여 이용이 편리하게 한다.
③ 중앙주사실, 약국은 정면 출입구에서 멀리 떨어진 곳에 둔다.
④ 외관 계통 각 과는 1실에서 여러 환자를 볼 수 있도록 대실로 한다.

해설
③ 중앙주사실, 약국은 정면 출입구에서 가급적 가까운 곳에 둔다.

12
페리의 근린주구 이론의 내용으로 옳지 않은 것은?

① 주민에게 적절한 서비스를 제공하는 1~2개소 이상의 상점가를 주요도로의 결절점에 배치하여야 한다.
② 내부 가로망은 단지 내의 교통량을 원활히 처리하고 통과교통에 사용되지 않도록 계획되어야 한다.
③ 근린주구의 단위는 통과교통이 내부를 관통하지 않고 용이하게 우회할 수 있는 충분한 넓이의 간선도로에 의해 구획되어야 한다.
④ 근린주구는 하나의 중학교가 필요하게 되는 인구에 대응하는 규모를 가져야 하고, 그 물리적 크기는 인구밀도에 의해 결정되어야 한다.

해설
④ 근린주구는 하나의 초등학교가 필요하게 되는 인구에 대응하는 규모를 가짐

13
사무소 건축의 실단위 계획 중 개방식 배치에 관한 설명으로 옳은 것은?

① 독립성과 쾌적감이 이점이 있다.
② 조명은 자연채광만으로 이루어지며 별도의 인공조명은 필요 없다.
③ 방길이에는 변화를 줄 수 있으나 방깊이에는 변화를 줄 수 없다.
④ 개방식 배치에 있어 불리한 점은 소음으로, 소음 경감에 대한 고려가 필요하다.

해설
① 독립성과 쾌적감이 떨어진다.
② 조명을 자연채광과 인공조명의 병용이 보통
③ 방길이 및 방깊이의 변화를 줄 수 있음

14
르 꼬르뷔제(Le Corbuiser)가 주장한 건축 5대 원칙에 속하지 않는 것은?

① 필로티　　② 모듈러
③ 옥상정원　④ 자유로운 평면

해설
르 꼬르뷔제의 근대 건축 5원칙
필로티, 옥상정원, 자유로운 평면/입면, 수평 띠창

정답　10.② 11.③ 12.④ 13.④ 14.②

15
사무소 건축의 엘리베이터 계획에 관한 설명으로 옳지 않은 것은?
① 군 관리운전의 경우 동일 군내의 서비스 층은 같게 한다.
② 승객의 층별 대기시간은 평균 운전간격 이하가 되게 한다.
③ 실내 공간의 확장을 용이하게 할 수 있도록 건축물의 한쪽 끝에 설치한다.
④ 초고층, 대규모 빌딩인 경우는 서비스 그룹을 분할(죠닝)하는 것을 검토한다.

해설
③ 주요출입구 및 홀에 직면 배치하여 주로 건축물의 중앙에 설치한다.

16
호텔의 건축계획에 관한 설명으로 옳지 않은 것은?
① 객실의 크기는 대지나 건물의 형태에 영향을 받지 않는다.
② 기준층의 객실 수는 기준층의 면적이나 기둥간격의 구조적인 문제에 영향을 받는다.
③ 로비는 퍼블릭 스페이스의 중심으로 휴식, 면회, 담화, 독서 등 다목적으로 사용되는 공간이다.
④ 주식당(main dining room)은 숙박객 및 외래객을 대상으로 하며 외래객이 편리하게 이용할 수 있도록 출입구를 별도로 설치한다.

해설
① 객실의 크기는 대지나 건물의 형태에 영향을 받는다.

17
공동주택단지 안의 도로의 설계속도는 최대 얼마 이하가 되도록 하여야 하는가?
① 10km/h ② 15km/h
③ 20km/h ④ 30km/h

해설
공동주택단지 안의 도로의 설계속도 : 20km/h

18
장애인·노인·임산부 등을 위한 편의시설은 매개시설, 내부시설, 위생시설, 안내시설 등으로 구분할 수 있다. 다음 중 매개시설에 속하는 것은?
① 점자블록
② 장애인전용주차구역
③ 장애인등의 통행이 가능한 복도
④ 시각 및 청각장애인 경보·피난설비

해설
① 안내시설 ③ 내부시설 ④ 안내시설

19
다음은 객석의 가시거리에 관한 설명이다. ( )안에 알맞은 것은?

연극 등을 감상하는 경우 연기자의 표정을 읽을 수 있는 가시한계는 (㉠) 정도이다. 그러나 실제적으로 극장에서는 잘 보여야 되는 동시에 많은 관객을 수용해야 하므로 (㉡)까지를 제1차 허용한도로 한다.

① ㉠ 10m ㉡ 22m   ② ㉠ 15m ㉡ 22m
③ ㉠ 10m ㉡ 25m   ④ ㉠ 15m ㉡ 25m

해설
가시거리 한도
- 생리적 한계 : 15m
- 제1차 허용한도 : 22m
- 제2차 허용한도 : 35m

20
한식주택과 양식주택에 관한 설명으로 옳지 않은 것은?
① 양식주택은 입식생활이며, 한식주택은 좌식생활이다.
② 양식주택의 실은 단일용도이며, 한식주택의 실은 혼용도이다.
③ 양식주택은 실의 위치별 분화이며, 한식주택은 실의 기능별 분화이다.
④ 양식주택의 가구는 주요한 내용물이며, 한식주택의 가구는 부차적 존재이다.

해설
한식주택/양식주택의 특성
- 한식주택 : 좌식, 실의 조합, 가구는 부차적
- 양식주택 : 입식, 실의 분화, 가구는 주요 내용물

제2과목 ▪ 건축시공

21
건축물의 터파기 공사 시 실시하는 계측의 항목과 계측기를 연결한 것으로 옳지 않은 것은?
① 지하수의 수압 – 트랜싯
② 흙막이벽의 측압, 수동토압 – 토압계
③ 흙막이벽의 중간부 변형 – 경사계
④ 흙막이벽의 응력 – 변형계

해설
① 트랜싯 : 각도 측정기기
간극수압 측정 : Piezo Meter

22
도료의 원료로 사용되는 천연수지에 해당되지 않는 것은?
① 로진(rosin)
② 셀락(shellac)
③ 코펄(copal)
④ 알키드 수지(alkyd resin)

해설
도료의 원료인 천연수지
로진, 셀락, 코펄
④ 알키드 수지 : 포화 폴리에스테르 수지

23
콘크리트 시공 시 진동다짐에 관한 설명으로 옳지 않은 것은?
① 진동의 효과는 봉의 직경, 진동수 등에 따라 다르다.
② 안정되어 엉기거나 굳기 시작한 콘크리트라도 콘크리트의 표면에 페이스트가 엷게 떠오를 때까지 진동기를 사용하여야 한다.
③ 진동기를 인발할 때에는 진동을 주면서 천천히 뽑아 콘크리트에 구멍을 남기지 말아야 한다.
④ 고강도콘크리트에서는 고주파 내부진동기가 효과적이다.

해설
콘크리트 시공의 진동다짐
② 굳기 시작한 콘크리트에 사용해서는 안 된다.

24
토공사를 수행할 경우 주의해야 할 현상으로 가장 거리가 먼 것은?
① 파이핑(piping) ② 보일링(boiling)
③ 그라우팅(grouting) ④ 히빙(heaving)

해설
토공사의 대표적 불량
파이핑, 보일링, 히빙

25
보통 창유리의 특성 중 투과에 관한 설명으로 옳지 않은 것은?
① 투사각 0도일 때 투명하고 청결한 창유리는 약 90%의 광선을 투과한다.
② 보통의 창유리는 많은 양의 자외선을 투과시키는 편이다.
③ 보통 창유리도 먼지가 부착되거나 오염되면 투과율이 현저하게 감소한다.
④ 광선의 파장이 길고 짧음에 따라 투과율이 다르게 된다.

해설
보통 창유리의 특성
성분에 산화 제이철을 함유하고 있어 자외선을 차단하는 특성이 있음

26
벽돌쌓기 공사에 관한 설명으로 옳지 않은 것은?
① 가로 및 세로줄눈의 너비는 도면 또는 공사시방서에 정한 바가 없을 때에는 20mm를 표준으로 한다.
② 벽돌쌓기는 도면 또는 공사시방서에서 정한 바가 없을 때에는 영식 쌓기 또는 화란식 쌓기로 한다.
③ 세로줄눈의 모르타르는 벽돌 마구리면에 충분히 발라 쌓도록 한다.
④ 하루의 쌓기 높이는 1.2m(18켜 정도)를 표준으로 하고, 최대 1.5m(22켜 정도) 이하로 한다.

해설
① 가로 및 세로줄눈의 너비는 보통 10mm를 표준으로 한다.

27
백화현상에 대한 설명으로 옳지 않은 것은?
① 시멘트는 수산화칼슘의 주성분인 생석회(CaO)의 다량 공급원으로서 백화의 주된 요인이다.
② 백화현상은 미장 표면뿐만 아니라 벽돌벽체, 타일 및 착색 시멘트 제품 등의 표면에도 발생한다.
③ 겨울철보다 여름철의 높은 온도에서 백화발생 빈도가 높다.
④ 배합수 중에 용해되는 가용 성분이 시멘트경화체의 표면건조 후 나타나는 현상을 백화라 한다.

해설
백화현상의 특성
③ 백화현상은 물이 증발하는 시간이 길 때 많이 발생하므로 여름철보다는 겨울철에 발생 빈도가 높다.

28
콘크리트의 배합에 관한 설명으로 옳지 않은 것은?
① 일반적으로 굵은 골재의 최대치수가 클수록 잔골재율을 작게 할 수 있다.
② 잔골재율은 소요의 워커빌리티가 얻어지는 범위 내에서 단위 수량이 가능한 한 작게 되도록 시험비빔에 의해 결정한다.
③ 단위수량이 동일하면 골재량이나 시멘트량의 근소한 변화는 슬럼프에 그다지 영향을 주지 않는다.
④ 강도 및 슬럼프가 동일하면 실적률이 큰 굵은 골재를 사용할수록 단위 수량이 많아진다.

해설
④ 실적률이 큰 굵은 골재를 사용할수록 공극률이 작아지고 단위수량도 줄어든다.

정답 25.② 26.① 27.③ 28.④

29

8개월간 공사하는 어느 공사 현장에 필요한 시멘트량이 2397포이다. 이 공사 현장에 필요한 시멘트 창고 면적으로 적당한 것은? (단, 쌓기 단수는 13단)

① $24.6m^2$
② $54.2m^2$
③ $73.8m^2$
④ $98.5m^2$

해설

시멘트 창고면적 계산
1,800포 초과일 경우 전량의 1/3만 저장하므로
$N = 2,397 \times \dfrac{1}{3} = 799$포
$\therefore A = 0.4 \times \dfrac{799}{13} = 24.6m^2$

30

입찰참가 사전자격심사(Pre-qualification)에 관한 설명으로 옳지 않은 것은?

① 공사입찰 시 참가자의 기술능력, 관리 및 경영 상태 등을 종합 평가한다.
② 공사입찰 시 입찰자로 하여금 산출내역서를 제출하도록 한 입찰제도이다.
③ 댐, 지하철, 고속도로 등의 토목 대형공사에 주로 적용된다.
④ 부실공사를 방지하기 위한 수단이다.

해설

②는 내역입찰에 대한 설명

31

아스팔트 방수공사에 관한 설명 중 옳지 않은 것은?

① 아스팔트의 용융 중에는 최소한 30분에 1회 정도로 측정하며, 접착력 저하 방지를 위하여 200℃ 이하가 되지 않도록 한다.
② 한랭지에서 사용되는 아스팔트는 침입도 지수가 적은 것이 좋다.
③ 지붕방수에는 침입도가 크고 연화점(軟化点)이 높은 것을 사용한다.
④ 아스팔트 용융 솥은 가능한 한 시공장소와 근접한 곳에 설치한다.

해설

② 한랭지에서 사용하는 아스팔트는 저연화점이고 침입도 지수가 높은 것이 좋다.

32

철골부재의 공장제작 시 대략적인 작업순서를 옳게 나열한 것은?

① 원척도 → 본뜨기 → 금매김 → 절단 및 가공 → 구멍뚫기 → 가조립 → 본조립 → 검사
② 본뜨기 → 원척도 → 금매김 → 절단 및 가공 → 구멍뚫기 → 가조립 → 본조립 → 검사
③ 원척도 → 금매김 → 본뜨기 → 절단 및 가공 → 구멍뚫기 → 가조립 → 본조립 → 검사
④ 원척도 → 본뜨기 → 금매김 → 구멍뚫기 → 절단 및 가공 → 가조립 → 본조립 → 검사

해설

철골부재의 공장제작 순서
원척도 → 본뜨기 → 금매김 → 절단 및 가공 → 구멍뚫기 → 가조립 → 본조립 → 검사

33
점토질 연약지반의 탈수공법으로 적합하지 않은 것은?

① 샌드 드레인(sand drain)공법
② 생석회 말뚝(chemico pile)공법
③ 페이퍼 드레인(paper drain)공법
④ 웰 포인트(well point)공법

해설
연약지반의 탈수공법
샌드 드레인, 생석회 말뚝, 페이퍼 드레인
④ 웰 포인트 : 모래질 지반의 배수공법

34
벽돌벽 내쌓기에서 내쌓을 수 있는 총 벽길이의 한도는?

① 2.0B   ② 1.0B
③ 1/2B   ④ 1/4B

해설
내쌓기에서 내쌓는 벽길이 한도는 2.0B

35
사무실 용도의 건물에서 철골구조의 슬래브 바닥재로 일반적으로 사용되는 것은?

① 데크 플레이트   ② 체커드 플레이트
③ 거셋 플레이트   ④ 베이스 플레이트

해설
① 데크 플레이트에 대한 설명

36
통합품질관리 TQC(Total Quality Control)를 위한 도구에 관한 설명으로 옳지 않은 것은?

① 파레토도란 층별 요인이나 특성에 대한 불량점유율을 나타낸 그림으로서 가로축에는 층별 요인이나 특성을, 세로축에는 불량건수나 불량손실금액 등을 표시하여 그 점유율을 나타낸 불량해석도이다.
② 특성요인도란 문제로 하고 있는 특성과 요인간의 관계, 요인 간의 상호관계를 쉽게 이해할 수 있도록 화살표를 이용하여 나타낸 그림이다.
③ 히스토그램이란 모집단에 대한 품질특성을 알기 위하여 모집단의 분포상태, 분포의 중심위치, 분포의 산포 등을 쉽게 파악할 수 있도록 막대그래프 형식으로 작성한 도수분포도를 말한다.
④ 관리도란 통계적 요인이나 특성에 대한 두 변량 간의 상관관계를 파악하기 위한 그림으로서 두 변량을 각각 가로축과 세로축에 취하여 측정값을 타점하여 작성한다.

해설
④는 산점도에 대한 설명

37
바깥방수와 비교한 안방수의 특징에 관한 설명으로 옳지 않은 것은?

① 공사가 간단하다.
② 공사비가 비교적 싸다.
③ 보호누름이 없어도 무방하다.
④ 수압이 작은 곳에 이용된다.

해설
③ 안방수는 보호누름이 필요함

정답 33.④ 34.① 35.① 36.④ 37.③

38
유리를 연화점(500~600℃) 가깝게 가열하고 양면에 냉기를 불어 넣고 급랭시켜 표면에 압축, 내부에 인장력을 도입한 유리는?

① 망입유리 ② 강화유리
③ 형판유리 ④ 물유리

해설
② 강화유리에 대한 설명

39
공사계약제도 중 공사관리방식(CM)의 단계별 업무내용 중 비용의 분석 및 VE 기법의 도입 시 가장 효과적인 단계는?

① Pre-Design 단계(기획 단계)
② Design 단계(설계 단계)
③ Pre-Construction 단계(입찰·발주 단계)
④ Construction 단계(시공 단계)

해설
Design(설계) 단계의 업무
비용의 분석, VE 기법의 도입, 대안공법의 검토

40
목재의 접착제로 활용되는 수지로 가장 거리가 먼 것은?

① 요소 수지 ② 멜라민 수지
③ 폴리스티렌 수지 ④ 페놀 수지

해설
목재의 접착제로 쓰이는 수지
주로 열경화성수지인 요소, 멜라민, 페놀, 에폭시, 실리콘수지 등이 쓰임

제3과목 ▪ 건축구조

41
그림과 같은 기둥단면이 300mm×300mm인 사각형 단주에서 기둥에 발생하는 최대압축응력은? (단, 부재의 재질은 균등한 것으로 본다.)

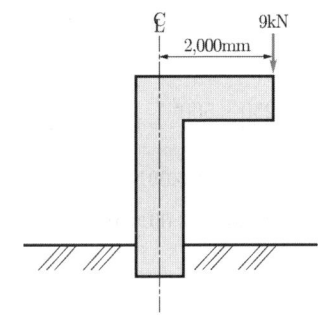

① -2.0MPa ② -2.6MPa
③ -3.1MPa ④ -4.1MPa

해설
단주의 최대압축응력
$$\sigma_{max} = -\frac{P}{A} - \frac{M}{Z_c}$$
$$= -\frac{9000}{300 \times 300} - \frac{9000 \times 2000}{\frac{300 \times 300^2}{6}} = -4.1\text{MPa}$$

42
철근콘크리트 독립기초를 설계할 때 수직압력만 받도록 하기 위한 방법으로 가장 효과적인 것은?

① 기초판의 크기를 증가시킨다.
② 기초판의 두께를 증가시킨다.
③ 기초 위 주각을 연결하는 지중보의 크기를 증가시킨다.
④ 기초위의 기둥단면의 크기를 증가시킨다.

해설
독립기초의 설계
독립기초가 수직압력만 받기 위해서는 모멘트를 다른 부재가 받아주면 되므로 지중보의 크기를 증가시켜 모멘트를 분산하는 것이 효과적임

43
폭 $b=250$mm, 높이 $h=500$mm인 직사각형 콘크리트 보 부재의 균열모멘트 M_{cr}은? (단, 경량콘크리트계수 $\lambda=1$, $f_{ck}=24$MPa)

① 8.3kNm ② 16.4kNm
③ 24.5kNm ④ 32.2kNm

해설

균열모멘트 계산

(1) $Z = \dfrac{bh^2}{6} = \dfrac{250 \times 500^2}{6} = 10,416,667 \text{mm}^3$

(2) $f_r = 1 \times 0.63\sqrt{24} = 3.09 \text{N/mm}^2$

(3) $M_{cr} = 10,416,667 \times 3.09 \times 10^{-6} = 32.2 \text{kNm}$

44
정방형 단면의 크기가 120mm×120mm이고, 길이 3m인 기둥의 세장비는 약 얼마인가?

① 67 ② 76
③ 87 ④ 95

해설

기둥의 세장비 산정

(1) $\lambda = \dfrac{kl}{r}$ 에서 지지조건이 주어지지 않았으므로 유효좌굴길이계수는 1로 봄

(2) $r = \sqrt{\dfrac{I}{A}} = \sqrt{\dfrac{\dfrac{120 \times 120^3}{12}}{(120 \times 120)}} = 34.64 \text{mm}$

(3) $\lambda = \dfrac{kl}{r} = \dfrac{3,000}{34.64} = 86.6 \approx 87$

45
강구조에서 기초콘크리트에 매입되어 주각부의 이동을 방지하는 역할을 하는 것은?

① 턴 버클 ② 클립 앵글
③ 앵커 볼트 ④ 사이드 앵글

해설

③ 앵커 볼트에 대한 설명

46
다음 그림과 같은 띠철근 기둥의 설계 축하중(ϕP_n)값으로 옳은 것은? (단, $f_{ck}=24$MPa, $f_y=400$MPa, 주근 단면적(A_{st} : 3000mm²)

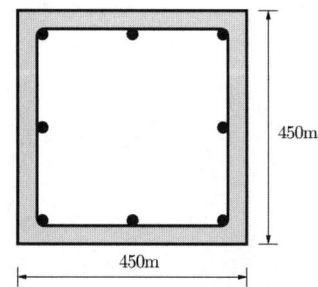

① 2,740kN ② 2,952kN
③ 3,335kN ④ 3,359kN

해설

기둥의 설계축하중 산정
$\phi P_{n(\max)} = 0.80\phi[0.85f_{ck}(A_g - A_{st}) + A_{st}f_y]$
$= 0.80 \times 0.65 \times [0.85 \times 24 \times (450 \times 450 - 3,000)$
$\quad + 3,000 \times 400] \times 10^{-3}$
$= 2,740.3 k\text{N}$

47
강도설계법에서 압축 이형철근 D22의 기본정착 길이는? (단, $f_{ck}=24$MPa, $f_y=400$MPa, 경량콘크리트계수 $\lambda=1$)

① 400mm ② 450mm
③ 500mm ④ 550mm

해설

압축철근의 기본정착길이 계산

$l_{db} = \dfrac{0.25d_b f_y}{\sqrt{f_{ck}}} \geq 0.043d_b f_y$ 에서

(1) $l_{db} = \dfrac{0.25d_b f_y}{\sqrt{f_{ck}}} = \dfrac{0.25 \times 22 \times 400}{\sqrt{24}} = 449\text{mm}$

(2) $l_{db} = 0.043d_b f_y = 0.043 \times 22 \times 400 = 378.4\text{mm}$

∴ 큰 값 449mm

정답 43.④ 44.③ 45.③ 46.① 47.②

48
다음 구조물의 부정정차수는?

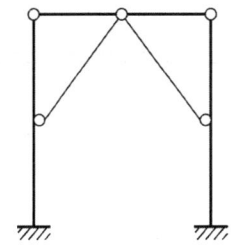

① 1차 부정정 ② 2차 부정정
③ 3차 부정정 ④ 4차 부정정

해설
구조물의 판별
$n = r + m + k - 2 \times j$
- 반력 수 $r = 6$
- 부재 수 $m = 8$
- 강절점 수 $k = 2$
- 절점 수 $j = 7$

$n = 6 + 8 + 2 - 2 \times 7 =$ 2차 부정정

49
강구조에 사용되는 고력볼트 M24 표준구멍의 직경으로 옳은 것은?

① 26mm ② 27mm
③ 28mm ④ 30mm

해설
고력볼트의 구멍직경
- M16, M20, M22 : 구멍직경=볼트직경+2mm
- M24, M27, M30 : 구멍직경=볼트직경+3mm

50
다음 그림과 같은 캔틸레버보에서 집중하중 P가 작용할 때 C점의 처짐의 크기는? (단, 보의 EI는 일정한 값)

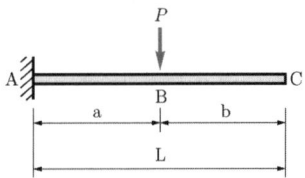

① $\dfrac{Pa^2\left(b + \dfrac{2a}{3}\right)}{2EI}$ ② $\dfrac{Pa}{2EI}$

③ $\dfrac{Pa}{EI}$ ④ $\dfrac{Pa\left(b + \dfrac{2a}{3}\right)}{2}$

해설
처짐 계산

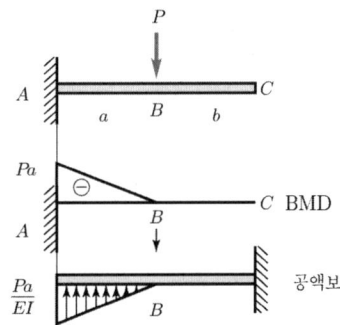

- $M_c' = \left(\dfrac{1}{2} \times \dfrac{Pa}{EI} \times a\right) \times \left(b + \dfrac{2}{3}a\right) = \dfrac{Pa^2\left(b + \dfrac{2}{3}a\right)}{2EI}$

$\therefore \delta_c = M_c' = \dfrac{Pa^2\left(b + \dfrac{2}{3}a\right)}{2EI}$

51

다음 그림과 같은 H형강 단면의 핵 면적을 구하면?

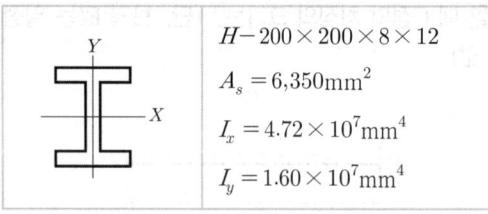

① 932.47mm²
② 1,864.93mm²
③ 2,797.40mm²
④ 3,746.23mm²

해설
핵 면적 계산
- 단면의 핵반경을 구한 후 마름모의 면적을 구함
- 단면의 핵반경 : $e = \dfrac{Z}{A} = \dfrac{\frac{I}{y}}{A}$
- $e_x = \dfrac{\frac{I_x}{y_1}}{A} = \dfrac{\frac{4.72 \times 10^7}{100}}{6,350} = 74.33\text{mm}$
- $e_y = \dfrac{\frac{I_y}{y_2}}{A} = \dfrac{\frac{1.60 \times 10^7}{100}}{6,350} = 25.20\text{mm}$
- ∴ 마름모의 면적 $= \dfrac{1}{2} \times (74.33 \times 2) \times (25.20 \times 2)$
  $= 3,746.23\text{mm}^2$

52

그림과 같은 양단 고정보에서 B단의 휨모멘트 값은?

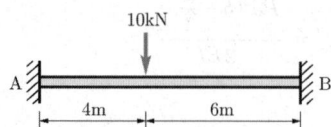

① 2.4kNm
② 9.6kNm
③ 14.4kNm
④ 24.8kNm

해설
부정정보의 모멘트 계산

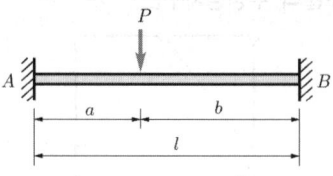

- $M_A = -\dfrac{Pab^2}{l^2}$, $M_B = -\dfrac{Pa^2b}{l^2}$
- $M_B = -\dfrac{10 \times 4^2 \times 6}{10^2} = -9.6\text{kNm}$

53

각형강관 □-250×250×6을 사용한 충전형 합성기둥의 강재비와 폭두께비는? (단, $A_s = 5,763\text{mm}^2$)

① 강재비 : 0.092, 폭두께비 : 40
② 강재비 : 0.092, 폭두께비 : 38
③ 강재비 : 0.098, 폭두께비 : 40
④ 강재비 : 0.098, 폭두께비 : 38

해설
강재비와 폭두께비 계산
- 강재비 : 강재 단면적과 콘크리트의 유효 단면적과의 비 $\left(\dfrac{A_s}{A_c}\right)$
- 폭두께비 : 폭과 두께의 비 $\left(\dfrac{t}{t_w} = \dfrac{B - 2t_w}{t_w}\right)$
- 강재비 : $\dfrac{A_s}{A_c} = \dfrac{5,763}{(250)^2} = 0.092$
- 폭두께비 : $\dfrac{t}{t_w} = \dfrac{B - 2t_w}{t_w} = \dfrac{250 - 2 \times 6}{6} = 39.7$

54

우리나라에서 지역계수 S를 결정하는 지진위험도 기준은?

① 100년 재현주기 지진
② 500년 재현주기 지진
③ 1000년 재현주기 지진
④ 2400년 재현주기 지진

해설
지역계수 결정의 지진위험도 기준
<u>2400년 재현주기</u> 지진을 기준으로 함

55
보폭은 400mm, 한쪽으로 내민 플랜지 두께는 150mm, 보의 경간은 9m, 인접보와의 내측거리 3m인 경우, 슬래브와 보가 일체로 타설된 반 T형보의 유효폭은?

① 1,000mm ② 1,150mm
③ 1,300mm ④ 1,900mm

해설
한쪽 슬래브 T형보의 유효폭 계산
(1) $6t_f + b_w = 6 \times 150 + 400 = 1,300\,\text{mm}$
(2) $\left(\text{인접보 내측거리} \times \dfrac{1}{2}\right) + b_w$
  $= \left(3,000 \times \dfrac{1}{2}\right) + 400 = 1,900\,\text{mm}$
(3) $\dfrac{l}{12} + b_w = \dfrac{9,000}{12} + 400 = 1,150$
∴ 가장 작은 값 $b_f = 1,150\,\text{mm}$

56
그림과 같은 래티스보에서 $V = 3\text{kN}$일 때 웨브재의 축방향력은?

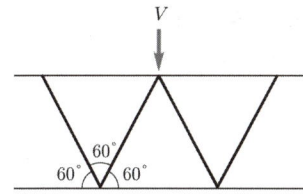

① 1.5kN ② $\sqrt{3}$ kN
③ 2.0kN ④ 3.0kN

해설
힘의 평형
V가 작용하고 있는 절점의 수직력 평형에서
$2N\sin 60° = 3 \rightarrow N = \dfrac{3}{2\sin 60°} = \sqrt{3}\,\text{kN}$

57
철근콘크리트 단근보에서 균형철근비를 계산한 결과 $\rho_b = 0.039$이었다. 최대철근비는? (단, $E = 200,000\text{MPa}$, $f_y = 400\text{MPa}$, $f_{ck} = 24\text{MPa}$임)

① 0.01863 ② 0.02256
③ 0.02607 ④ 0.02831

해설
최대철근비 계산
- $\rho_{\max} = 0.726 \times \rho_b\ (f_y = 400\text{MPa}$일 때)
- $\rho_{\max} = 0.692 \times \rho_b\ (f_y = 350\text{MPa}$일 때)
- $\rho_{\max} = 0.658 \times \rho_b\ (f_y = 300\text{MPa}$일 때)

$f_y = 400\text{MPa}$이므로,
$\rho_{\max} = 0.726 \times 0.039 = 0.02831$

58
그림과 같은 단면의 주축(主軸)으로 옳지 않은 것은?

① 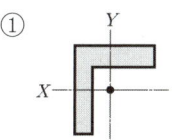 ②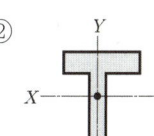

③ 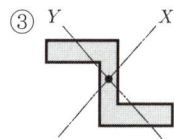 ④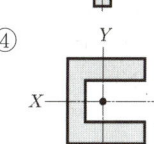

해설
단면의 주축

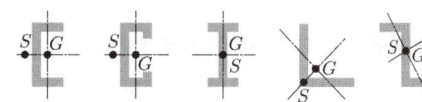

- 그림에서 축 : 주축
- G : 도심
- S : 전단중심

정답: 55.② 56.② 57.④ 58.①

59

다음 그림은 각 구간에서 직선적으로 변화하는 단순보의 휨모멘트도이다. C점과 D점에 동일한 힘 P_1이 작용하고 보의 중앙점 E에 P_2가 작용할 때 P_1과 P_2의 절대값은?

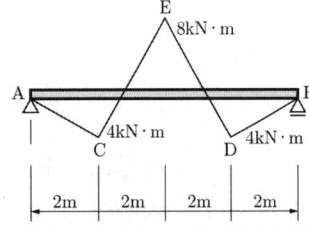

① $P_1 = 4$kN, $P_2 = 6$kN
② $P_1 = 4$kN, $P_2 = 8$kN
③ $P_1 = 8$kN, $P_2 = 10$kN
④ $P_1 = 8$kN, $P_2 = 12$kN

해설
단순보의 해석

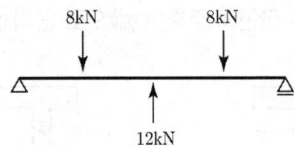

- $M_C = V_A \times 2\text{m} = 4\text{kNm} \rightarrow V_A = 2\text{kN}(\uparrow)$
- $M_E = 2\text{kN} \times 4\text{m} - P_1 \times 2\text{m} = -8\text{kNm}$
  $\therefore P_1 = 8\text{kN}(\downarrow)$
- $\Sigma V = 0$
  $2\text{kN} \times 2 - 8\text{kN} \times 2 = P_2 = -12\text{kN}(\uparrow)$

60
활하중의 영향면적에 대해 옳게 설명한 것은?
① 기둥 및 기초에서는 부하면적의 6배
② 보에서는 부하면적의 5배
③ 캔틸레버 부분은 영향면적에 단순 합산
④ 슬래브에서는 부하면적의 2배

해설
활하중의 영향면적 기준
① 기둥 및 기초 : 부하면적의 4배
② 보 또는 벽체 : 부하면적의 2배
④ 슬래브 : 부하면적

제4과목 ■ 건축설비

61
조명을 요하는 면적을 A, 사용램프의 전광속을 F, 조명률을 U, 보수율을 M, 평균조도를 E라고 할 때, 평균조도의 산정식으로 옳은 것은?

① $E = \dfrac{F \times U \times A}{M}$
② $E = \dfrac{F \times U \times M}{A}$
③ $E = \dfrac{F \times U}{A \times M}$
④ $E = \dfrac{A \times M}{F \times U}$

해설
평균조도 산정식
$E = \dfrac{F \times U \times M}{A}$

62
증기난방과 비교한 온수난방의 특징으로 옳지 않은 것은?
① 열용량이 크다.
② 예열부하가 적다.
③ 용량제어가 용이하다.
④ 배관부식의 우려가 적다.

해설
온수난방의 특징
② 예열부하가 크다(예열 시간이 길다).

63
옥내소화전설비에 관한 설명으로 옳지 않은 것은?

① 옥내소화전 방수구는 바닥으로부터의 높이가 1.5m 이하가 되도록 설치한다.
② 옥내소화전설비의 송수구는 소방차가 쉽게 접근할 수 있는 잘 보이는 장소에 설치한다.
③ 전동기에 따른 펌프를 이용하는 가압송수장치를 설치하는 경우, 펌프는 전용으로 하는 것이 원칙이다.
④ 당해 층의 옥내소화전을 동시에 사용할 경우 각 소화전의 노즐선단에서의 방수압력은 최소 0.7MPa 이상이 되어야 한다.

해설
④ 옥내소화전 노즐선단의 방수압력은 최소 <u>0.17MPa 이상</u>이다.

64
엘리베이터의 조작방식 중 무운전원 방식으로 다음과 같은 특징을 갖는 것은?

> 승객 스스로 운전하는 전자동 엘리베이터로, 승강장으로부터의 호출신호로 기동, 정지를 이루는 조작방식이며, 누른 순서에 상관없이 각 호출에 응하여 자동적으로 정지한다.

① 단식자동방식
② 카 스위치방식
③ 승합전자동방식
④ 시그널 컨트롤 방식

해설
③ 승합전자동방식에 대한 설명

65
공기조화방식 중 전공기방식에 속하지 않는 것은?

① 이중덕트방식
② 팬코일유닛방식
③ 멀티존유닛방식
④ 변풍량 단일덕트방식

해설
전공기방식의 종류
단일덕트(정풍량/변풍량), 이중덕트방식, 멀티존 유닛 방식

66
전선의 굵기 결정 요소에 속하지 않는 것은?

① 전압강하
② 기계적 강도
③ 전선의 허용전류
④ 전선외곽의 보호관 굵기

해설
전선의 굵기를 결정하는 요소
허용전류, 전압강하, 기계적 강도

67
다음 중 일반적으로 사용이 금지되는 트랩에 속하지 않는 것은?

① 2중 트랩
② 격벽 트랩
③ 수봉식 트랩
④ 가동부분이 있는 트랩

해설
사용금지 트랩
2중 트랩, 격벽 트랩, 가동부분이 있는 트랩

정답 63.④ 64.③ 65.② 66.④ 67.③

68
벽체의 열관류율 계산에 고려되지 않는 것은?
① 실내복사열 ② 재료의 두께
③ 공기층의 열저항 ④ 재료의 열전도율

해설
벽체의 열관류율 계산 시 필요 요소
- 구성재료의 두께
- 벽체의 표면열전달률
- 구성재료의 열전도율
- 공기층의 열저항

69
건물·시설 등에서 발생하는 오수를 다시 처리하여 생활용수·공업용수 등으로 재이용하는 시설로 정의되는 것은?
① 중수도 ② 하수관거
③ 배수설비 ④ 개인하수도

해설
① 중수도에 대한 설명

70
다음과 같은 조건에 있는 양수펌프의 축동력은?

[조건]
- 양수량 : 490L/min
- 전양정 : 30m
- 펌프의 효율 : 60%

① 약 3kW ② 약 4kW
③ 약 5kW ④ 약 6kW

해설
펌프의 축동력 계산

축동력 $= \dfrac{WQH}{6{,}120 \times E}$

$= \dfrac{1{,}000 \times 490 \times 10^{-3} \times 30}{6120 \times 0.6} = 4\text{kW}$

여기서, W : 물의 비중량(kg/m³)
Q : 양수량(m³/min)
H : 전양정
E : 효율
※ 물 $1L = 10^{-3}\text{m}^3$

71
35℃의 공기 300m³와 27℃의 공기 700m³를 단열 혼합하였을 경우, 혼합공기의 온도는?
① 28.2℃ ② 29.4℃
③ 30.6℃ ④ 32.6℃

해설
혼합공기의 온도 계산
$Q_1 \times t_1 + Q_2 \times t_2 = (Q_1 + Q_2) \times t_3$

$t_3 = \dfrac{Q_1 \times t_1 + Q_2 \times t_2}{Q_1 + Q_2}$

$= \dfrac{300 \times 35 + 700 \times 27}{300 + 700} = 29.4℃$

72
에스컬레이터의 안전장치에 속하지 않는 것은?
① 리타이어링 캠
② 비상정지스위치
③ 구동체인 안전장치
④ 핸드레일 인입안전장치

해설
ES의 대표적인 안전장치
비상정지스위치, 구동체인 안전장치, 핸드레일 인입안전장치
※ 리타이어링 캠은 EV의 문 개폐에 관한 장치임

정답 68.① 69.① 70.② 71.② 72.①

73
10[Ω]의 저항 10개를 직렬로 접속할 때의 합성저항은 병렬로 접속할 때의 합성저항의 몇 배가 되는가?

① 5배
② 10배
③ 50배
④ 100배

해설

직렬과 병렬의 저항 계산
- 직렬 : $10 \times 10 = 100\,\Omega$
- 병렬 : $\dfrac{1}{10} \times 10 = 1\,\Omega$

∴ 직렬은 병렬의 100배

74
습공기의 엔탈피를 가장 올바르게 표현한 것은?

① 공기 $1m^3$의 중량
② 건공기에 포함된 수증기의 중량
③ 건공기와 수증기에 포함된 열량
④ 공기 중의 수분량과 포화수증기량의 비율

해설

③이 습공기 엔탈피에 대한 정의

75
전기설비의 전압 구분에서 고압의 범위 기준으로 옳은 것은? (단, 교류의 경우)

① 300V 이상
② 600V 이상
③ 1,000V 초과 7,000V 이하
④ 750V 초과 7,000V 이하

해설

교류의 전압 구분
- 저압 : 1,000V 이하
- 고압 : 1,000V 초과 7,000V 이하

76
급수설비에서 수격작용(워터 해머)에 관한 설명으로 옳지 않은 것은?

① 관경이 클수록 발생하기 쉽다.
② 굴곡개소로 인해 발생하기 쉽다.
③ 유속이 빠를수록 발생하기 쉽다.
④ 플러시 밸브나 수전류를 급격히 열고 닫을 때 발생하기 쉽다.

해설

① 관경이 작을수록 발생하기 쉽다.

77
액화천연가스(LNG)에 관한 설명으로 옳지 않은 것은?

① 공기보다 가볍다.
② 무공해, 무독성이다.
③ 프로필렌, 부탄, 에탄이 주성분이다.
④ 대규모의 저장시설을 필요로 하며, 공급은 배관을 통하여 이루어진다.

해설

③ 액화천연가스(LNG)의 주성분은 메탄(CH_4)

78
각종 보일러에 관한 설명으로 옳은 것은?

① 관류보일러는 보유수량이 많아 예열시간이 길다.
② 주철제보일러는 사용 내압이 높아 고압용으로 주로 사용되며 용량도 크다.
③ 수관보일러는 소용량으로 소규모 건물에 적합하며 지역난방으로는 사용이 불가능하다.
④ 노통 연관보일러는 부하변동에 잘 적응되며, 보유수면이 넓어서 급수용량 제어가 쉽다.

해설

보일러의 일반사항
① 관류보일러는 보유수량이 적어 예열시간이 짧다.
② 주철제 보일러는 내압이 약하고 고압과 대용량에 부적당하다.
③ 수관보일러는 대규모 건물에 적합하다.

정답 73.④ 74.③ 75.③ 76.① 77.③ 78.④

79
실내공기의 탄산가스 함유량을 0.1%로 유지하는데 필요한 환기량은? (단, 실내발생 탄산가스량은 51L/h, 외기의 탄산가스 함유량은 0.03%이다.)

① 약 23m³/h ② 약 35m³/h
③ 약 43m³/h ④ 약 73m³/h

해설

CO_2 농도에 따른 필요환기량

$$Q = \frac{K}{(C-C_0)} (m^3/h)$$

여기서, K : 실내의 CO_2 발생량(m^3/h)
C : CO_2의 허용농도(m^3/m^3)
C_0 : 외기의 CO_2 농도(m^3/m^3)

$$Q = \frac{0.051}{(0.001-0.0003)} = 72.9(m^3/h)$$

80
건축화조명 중 천장 전면에 광원 또는 조명 기구를 배치하고, 발광면을 확산투과성 플라스틱판이나 루버 등으로 전면을 가리는 조명 방법은?

① 밸런스 조명 ② 광천장 조명
③ 코니스 조명 ④ 다운라이트 조명

해설

② 광천장 조명에 대한 설명

제5과목 ■ 건축관계법규

81
건축허가신청에 필요한 설계도서에 속하지 않는 것은?

① 조감도 ② 건축계획서
③ 구조계산서 ④ 건축설비도

해설

건축허가신청에 필요한 설계도서 종류
건축계획서, 배치도, 평면도, 입면도, 단면도, 구조도, 구조계산서, 시방서, 건축설비도, 토지굴착 및 옹벽도

82
다음은 건축물에 설치하는 지하층의 구조 및 설비에 관한 기준 내용이다. ( ) 안에 알맞은 것은?

> 거실의 바닥면적이 (   ) 이상인 층에는 직통계단 외에 피난층 또는 지상으로 통하는 비상탈출구 및 환기통을 설치할 것. 다만, 직통계단이 2개소 이상 설치되어 있는 경우에는 그러하지 아니하다.

① 30m² ② 50m²
③ 80m² ④ 100m²

해설

거실의 바닥면적이 50m² 이상인 층에는 피난층으로 통하는 비상탈출구를 설치할 것

83
다음은 건축면적에 산입하지 아니하는 경우에 관한 기준 내용이다. ( ) 안에 알맞은 것은?

> 다음의 경우에는 건축면적에 산입하지 아니한다.
> 1) 지표면으로부터 (㉠) 이하에 있는 부분(창고 중 물품을 입출고하기 위하여 차량을 접안시키는 부분의 경우에는 지표면으로부터 (㉡) 이하에 있는 부분)

① ㉠ 1m, ㉡ 1.5m ② ㉠ 1m, ㉡ 2m
③ ㉠ 1.2m, ㉡ 1.5m ④ ㉠ 1.2m, ㉡ 2m

해설

건축면적 미산입 대상 기준
지표면으로부터 1m 이하에 있는 부분(창고 중 물품을 입출고하기 위하여 차량을 접안시키는 부분의 경우에는 지표면으로 부터 1.5m 이하에 있는 부분)

정답 79.④ 80.② 81.① 82.② 83.①

84
건축법령상 아파트의 정의로 옳은 것은?
① 주택으로 쓰는 층수가 3개층 이상인 주택
② 주택으로 쓰는 층수가 4개층 이상인 주택
③ 주택으로 쓰는 층수가 5개층 이상인 주택
④ 주택으로 쓰는 층수가 6개층 이상인 주택

해설
③이 아파트의 정의

85
피난 용도로 쓸 수 있는 광장을 옥상에 설치하여야 하는 대상에 속하지 않는 것은?
① 5층 이상인 층이 종교시설의 용도로 쓰는 경우
② 5층 이상인 층이 판매시설의 용도로 쓰는 경우
③ 5층 이상인 층이 장례식장의 용도로 쓰는 경우
④ 5층 이상인 층이 문화 및 집회시설 중 전시장의 용도로 쓰는 경우

해설
옥상광장 설치기준
5층 이상의 층이 문화 및 집회시설(전시장 및 동·식물원 제외), 판매시설, 종교시설, 장례식장 또는 위락시설 중 주점영업의 용도에 쓰이는 경우에는 피난의 용도에 쓸 수 있는 광장을 옥상에 설치해야 한다.

86
국토의 계획 및 이용에 관한 법률에 따른 용도지구의 종류에 속하지 않는 것은?
① 취락지구   ② 고도지구
③ 주차장정비지구   ④ 특정용도제한지구

해설
용도지구의 종류
- 취락지구
- 고도지구
- 특정용도제한지구
- 경관/미관/보존/시설보호지구

87
건축법령 상 일반주거지역, 준주거지역, 상업지역 또는 준공업지역의 환경을 쾌적하게 조성하기 위하여 대지에 공개 공지 또는 공개 공간을 확보하여야 하는 대상 건축물에 속하지 않는 것은? (단, 건축조례로 정하는 건축물 제외)
① 숙박시설로서 해당 용도로 쓰는 바닥면적의 합계가 5,000m² 이상인 건축물
② 의료시설로서 해당 용도로 쓰는 바닥면적의 합계가 5,000m² 이상인 건축물
③ 업무시설로서 해당 용도로 쓰는 바닥면적의 합계가 5,000m² 이상인 건축물
④ 종교시설로서 해당 용도로 쓰는 바닥면적의 합계가 5,000m² 이상인 건축물

해설
공개공지 또는 공개공간 확보대상 건축물

연면적의 합계	용도
5,000m²	• 문화 및 집회시설, 판매시설, 업무시설 • 숙박시설, 종교시설, 운수시설

88
다음은 일조 등의 확보를 위한 건축물의 높이 제한에 관한 기준 내용이다. ( ) 안의 내용으로 옳은 것은?

> 전용주거지역이나 일반주거지역에서 건축물을 건축하는 경우에는 법 제61조 제1항에 따라 건축물의 각 부분을 정북(正北) 방향으로의 인접 대지경계선으로부터 다음 각 호의 범위에서 건축조례로 정하는 거리 이상을 띄어 건축하여야 한다.
> 1. 높이 10미터 이하인 부분 : 인접 대지경계선으로부터 (㉠) 이상
> 2. 높이 10미터를 초과하는 부분 : 인접 대지경계선으로부터 해당 건축물 각 부분 높이는 (㉡) 이상

① ㉠ 1m   ② ㉠ 1.5m
③ ㉡ 3분의 1   ④ ㉡ 3분의 2

해설
정북방향의 인접대지 경계선으로부터 띄어야 하는 거리
- 높이 10m 이하 : <u>1.5m 이상</u>
- 높이 10m 초과 : 당해 건축물 각 부분 높이의 <u>1/2 이상</u>

89
다음 중 도시·군관리계획에 포함되지 않는 것은?
① 도시개발사업이나 정비사업에 관한 계획
② 광역계획권의 장기발전방향을 제시하는 계획
③ 기반시설의 설치·정비 또는 개량에 관한 계획
④ 용도지역·용도지구의 지정 또는 변경에 관한 계획

해설
도시·군관리계획의 내용
- 지구단위계획구역 및 지구단위계획 결정
- 용도지역·용도지구의 지정 또는 변경
- 도시개발사업 또는 정비사업에 관한 계획
- 기반시설의 설치·정비 또는 개량에 관한 계획

90
주차장법령 상 건축 및 설치 시 부설주차장을 설치하지 않을 수 있는 시설물은?
① 종교시설 중 교회
② 종교시설 중 성당
③ 종교시설 중 사찰
④ 종교시설 중 수녀원

해설
부설주차장 설치 면제 시설물
종교시설 중 <u>수도원·수녀원·제실 및 사당</u>

91
다음 중 제1종 전용주거지역 안에서 건축할 수 있는 건축물에 속하지 않는 것은? (단, 도시·군계획 조례가 정하는 바에 의하여 건축할 수 있는 건축물 포함)
① 노유자시설
② 공동주택 중 아파트
③ 교육연구시설 중 고등학교
④ 제2종 근린생활시설 중 종교집회장

해설
제1종 전용주거지역 안에서 건축할 수 있는 건축물
- 단독주택, 공관, 다중주택
- 제1종 근린생활시설 중 바닥면적의 합계가 $1,000m^2$ 미만인 것
- 노유자시설
- 유치원·초등학교·중학교 및 고등학교
- 제2종 근린생활시설 중 종교집회장

92
설치하여야 하는 부설주차장의 최소 규모(설치대수)의 크기 관계가 옳은 것은?

㉠ 시설면적이 $600m^2$인 위락시설
㉡ 시설면적이 $800m^2$인 숙박시설
㉢ 타석수가 5타석인 골프연습장
㉣ 시설면적이 $900m^2$인 판매시설

① ㉠=㉣>㉢>㉡
② ㉠>㉣=㉢>㉡
③ ㉢>㉣>㉠>㉡
④ ㉢>㉣=㉠>㉡

해설
부설주차장 최소 설치대수
- 위락시설 : 시설면적 $100m^2$당 1대 → 6대
- 숙박시설 : 시설면적 $200m^2$당 1대 → 4대
- 골프연습장 : 1타석당 1대 → 5대
- 판매시설 : 시설면적 $150m^2$당 1대 → 6대

정답 89.② 90.④ 91.② 92.①

93
건축물의 옥상에 60m²의 옥상조경을 설치하고 대지에 100m²의 조경을 설치한 경우 조경면적으로 산정받을 수 있는 전체 조경면적은? (단, 이 건축물에 설치하여야 하는 조경면적은 100m²이다.)

① 130m² ② 140m²
③ 150m² ④ 160m²

해설
조경면적 산정

> 옥상조경면적은 2/3 면적을 대지안의 조경면적으로 산정가능하며, 최대 조경면적의 50/100을 초과할 수 없다.

(1) 옥상조경면적 중 조경면적으로 인정
 : 60m² × 2/3 = 40m²
(2) 옥상조경면적 중 조경면적으로 인정하는 최대
 : 100m² × 50/100 = 50m² 이하까지 인정
∴ 옥상조경면적 중 조경면적 인정은 40m²이므로 전체 조경면적은 100 + 40 = 140m²

94
건축물의 용도변경 시 분류된 시설군에 속하지 않는 것은?

① 영업시설군
② 공업시설군
③ 주거업무시설군
④ 문화 및 집회시설군

해설
허가대상 용도변경 순서
주거업무시설군 → 근린생활시설군 → 교육 및 복지시설군 → 영업시설군 → 문화집회시설군 → 전기통신시설군 → 산업 등의 시설군 → 자동차관련시설군

95
주차장의 장애인전용 주차단위구획 기준으로 옳은 것은? (단, 평형주차형식 외의 경우)

① 너비 2.3m 이상, 길이 5m 이상
② 너비 2.3m 이상, 길이 6m 이상
③ 너비 3.3m 이상, 길이 5m 이상
④ 너비 3.3m 이상, 길이 6m 이상

해설
주차장의 주차구획

주차형식	구분	주차구획
평행주차 형식의 경우	경형	1.7m × 4.5m 이상
	일반형	2.0m × 6.0m 이상
	보도와 차도의 구분이 없는 주거지역의 도로	2.0m × 5.0m 이상
평행주차 형식 외의 경우	경형	2.0m × 3.6m 이상
	일반형	2.5m × 5.0m 이상
	확장형	2.6m × 5.2m 이상
	장애인 전용	3.3m × 5.0m 이상

96
국토교통부령으로 정하는 기준에 따라 거실에 배연설비를 설치하여야 하는 대상 건축물에 속하지 않는 것은? (단, 6층 이상의 건축물)

① 의료시설
② 위락시설
③ 수련시설 중 유스호스텔
④ 교육연구시설 중 대학교

해설
배연설비 설치대상
6층 이상 건축물의 문화 및 집회시설, 종교시설, 판매시설, 운수시설, 의료시설, 연구소·아동관련시설·노인복지시설 및 유스호스텔, 운동시설, 업무시설, 숙박시설, 위락시설, 관광휴게시설, 장례식장에 쓰이는 거실

정답 93.② 94.② 95.③ 96.④

97
비상용승강기의 승강장 및 승강로의 구조에 관한 기준 내용으로 옳지 않은 것은?

① 승강장은 각층의 내부와 연결될 수 있도록 할 것
② 각층으로부터 피난층까지 이르는 승강로는 단일구조로 연결하여 설치할 것
③ 옥내 승강장의 바닥면적은 비상용승강기 1대에 대하여 $6m^2$ 이상으로 할 것
④ 피난층이 있는 승강장의 출입구로부터 도로 또는 공지에 이르는 거리가 50m 이하일 것

해설
④ 피난층이 있는 승강장의 출입구로부터 도로 또는 공지에 이르는 거리가 30m 이하일 것

98
국토의 계획 및 이용에 관한 법률상 용도지역에서의 용적률 기준이 옳지 않은 것은? (단, 도시지역의 경우)

① 주거지역 : 500% 이하
② 상업지역 : 1,200% 이하
③ 공업지역 : 400% 이하
④ 녹지지역 : 100% 이하

해설
② 상업지역 : 1,500% 이하

99
건축물의 지하층에 비상탈출구를 설치하여야 하는 경우, 설치되는 비상탈출구에 관한 기준내용으로 옳지 않은 것은? (단, 주택이 아닌 경우)

① 비상탈출구의 유효너비는 0.75m 이상으로 할 것
② 비상탈출구의 유효높이는 1.5m 이상으로 할 것
③ 비상탈출구는 출입구로부터 3m 이상 떨어진 곳에 설치할 것
④ 비상탈출구의 문은 피난방향으로 열리도록 하고, 실내에서 비상시에만 열 수 있는 구조로 할 것

해설
지하층의 비상탈출구
④ 비상탈출구는 실내에서 언제든지 열 수 있는 구조로 할 것

100
건축물로부터 바깥쪽으로 나가는 출구를 국토교통부령으로 정하는 기준에 따라 설치하여야 하는 대상 건축물에 속하지 않는 것은?

① 종교시설
② 의료시설 중 종합병원
③ 교육연구시설 중 학교
④ 문화 및 집회시설 중 관람장

해설
건축물의 바깥쪽으로의 출구 설치 대상
- 판매시설 및 종교시설
- 교육연구시설 중 학교
- 문화 및 집회시설(전시장 및 동·식물원 제외)
- 장례식장
- 위락시설
- 연면적이 $5,000m^2$ 이상인 창고시설

정답 97.④ 98.② 99.④ 100.②

2016 제2회 건축기사

2016년 5월 8일 시행

제1과목 • 건축계획

01
극장의 객석 계획에 관한 설명으로 옳지 않은 것은?
① 객석의 세로통로는 무대를 중심으로 하는 방사선상이 좋다.
② 연극 등을 감상하는 경우 연기자의 표정을 읽을 수 있는 가시한계는 15m 정도이다.
③ 객석은 무대의 중심 또는 스크린의 중심을 중심으로 하는 원호의 배열이 이상적이다.
④ 좌석을 엇갈리게 배열(stagger seats)하는 방법은 객석의 바닥구배가 완만할 경우에는 사용할 수 없으며 통로 폭이 좁아지는 단점이 있다.

해설
④ 좌석을 엇갈리게 배열하는 방법은 주로 객석의 바닥구배가 <u>완만할 경우에만 사용할 수 있음</u>

02
미술관 전시공간의 순회형식 중 갤러리 및 코리더 형식에 관한 설명으로 옳은 것은?
① 복도의 일부를 전시장으로 사용할 수 있다.
② 전시실 중 하나의 실을 폐쇄하면 동선이 단절된다는 단점이 있다.
③ 중앙에 커다란 홀을 계획하고 그 홀에 접하여 전시실을 배치한 형식이다.
④ 이 형식을 채용한 대표적인 건축물로는 뉴욕 근대미술관과 프랭크 로이드 라이트의 구겐하임 미술관이 있다.

해설
미술관의 순회형식
② 연속 순로 형식의 설명
③, ④ 중앙홀 형식의 설명

03
쇼핑센터의 몰(Mall)에 관한 설명으로 옳은 것은?
① 전문점과 핵상점의 주출입구는 몰에 면하도록 한다.
② 쇼핑 체류시간을 늘릴 수 있도록 방향성이 복잡하게 계획한다.
③ 몰은 고객의 통과동선으로서 부속시설과 서비스 기능의 출입이 이루어지는 곳이다.
④ 일반적으로 공기조화에 의해 쾌적한 실내기후를 유지할 수 있는 오픈 몰(open mall)이 선호된다.

해설
쇼핑센터의 몰 계획
② 확실한 <u>방향성과 식별성이 요구된다.</u>
③ 몰은 고객의 주보행동선으로서 <u>중심상점과 각 전문점에서의 출입이 이루어지는 곳이다.</u>
④ 일반적으로 공기조화에 의해 쾌적한 실내기후를 유지할 수 있는 <u>클로즈드 몰(Closed Mall)</u>이 선호된다.

정답 01.④ 02.① 03.①

04
리조트 호텔에 속하지 않는 것은?
① 해변 호텔(beach hotel)
② 부두 호텔(harbor hotel)
③ 클럽 하우스(club house)
④ 산장 호텔(mountain hotel)

해설
리조트호텔의 종류
해변, 산장, 온천, 스키 호텔, 클럽 하우스

05
다음 중 초등학교 저학년에 대해 가장 권장할 만한 학교운영방식은?
① 달톤형
② 플라톤형
③ 종합교실형
④ 교과교실형

해설
③ 종합교실형에 대한 설명

06
전통 주거건축 중 부엌, 방, 대청, 방의 순으로 배열되는 일(一)자형 평면을 가진 민가형은?
① 남부지방형
② 개성지방형
③ 평안도지방형
④ 함경도지방형

해설
조선시대 주거 양식(평면)
- 남부지방형 : 一자형
- 함경도지방형 : 田자형
- 중부지방형 : ㄱ자형
- 평안도지방형 : 田자형과 一자형의 복합적인 형태

07
공장의 지붕형태에 관한 설명으로 옳은 것은?
① 솟음지붕은 채광 및 환기에 적합한 방법이다.
② 샤렌구조는 기둥이 많이 소요된다는 단점이 있다.
③ 뾰족지붕은 직사광선이 완전히 차단된다는 장점이 있다.
④ 톱날지붕은 남향으로 할 경우 하루 종일 변함없는 조도를 가진 약광선을 받아들일 수 있다.

해설
공장의 지붕형태
② 샤렌지붕은 기둥이 적게 소요되는 장점이 있다.
③ 뾰족지붕은 직사광선을 어느 정도 허용하는 결점이 있다.
④ 톱날지붕은 북향의 채광창으로 하루 종일 변함없는 조도를 유지할 수 있다.

08
극장의 평면형 중 아레나(arena)형에 관한 설명으로 옳은 것은?
① 투시도법을 무대공간에 응용한 형식이다.
② 무대의 장치나 소품은 주로 높은 기구로 구성된다.
③ 픽츄어 프레임 스테이지(picture frame stage)라고도 한다.
④ 가까운 거리에서 관람하면서 가장 많은 관객을 수용할 수 있다.

해설
①, ②, ③은 프로세니움형에 대한 설명

09
다음의 건축물 중 주심포식 건축양식에 속하지 않는 것은?
① 강릉 객사문
② 석왕사 응진전
③ 봉정사 극락전
④ 부석사 무량수전

해설
② 석왕사 응진전 : 다포식

정답 04.② 05.③ 06.① 07.① 08.④ 09.②

10
도서관의 출납시스템 중 자유개가식에 관한 설명으로 옳지 않은 것은?
① 책의 마모, 망실의 우려가 크다.
② 서가의 정리가 잘 안되면 혼란스럽게 된다.
③ 자유로이 책의 내용을 보고 필요한 책을 정확히 고를 수 있다.
④ 보통 2실형이고, 50,000권 이상의 서적보관과 열람에 적당하다.

해설
④ 보통 1실형이고, 10,000권 이하의 서적보관과 열람에 적당하다.

11
탑상형 공동주택에 관한 설명으로 옳지 않은 것은?
① 각 세대에 시각적인 개방감을 준다.
② 각 세대의 거주 조건이나 환경이 균등하다.
③ 도심지 내의 랜드마크적인 역할이 가능하다.
④ 건축물 외면의 4개의 입면성을 강조한 유형이다.

해설
② 각 세대의 거주 조건이나 환경이 불균등하다.

12
엘리베이터 배치 시 고려사항으로 옳지 않은 것은?
① 대면 배치 시 대면처리는 동일 군 관리의 경우는 3.5~4.5m로 한다.
② 엘리베이터 홀은 엘리베이터 정원 합계의 10% 정도를 수용할 수 있도록 한다.
③ 여러 대의 엘리베이터를 설치하는 경우, 그룹별 배치와 군 관리 운전방식으로 한다.
④ 일렬 배치는 4대를 한도로 하고, 엘리베이터 중심간 거리는 8m 이하가 되도록 한다.

해설
② 엘리베이터 홀은 엘리베이터 정원 합계의 50% 정도를 수용할 수 있어야 한다.

13
래드번(Radburn) 계획에서 수퍼블록을 구성함으로써 얻어질 수 있는 효과로 옳지 않은 것은?
① 충분한 공동의 오픈스페이스의 확보가 가능
② 건물을 집약화함으로써 고층화·효율화가 가능
③ 도로교통의 개선, 즉 보도와 차도의 완전한 분리가 가능
④ 커뮤니티시설의 중심배치로 간선도로변의 활성화가 가능

해설
수퍼블럭 구성의 이점
- 보차분리
- 내부통과교통 없음
- 건물의 집약화(고층화, 효율화)
- 충분한 오픈 스페이스 확보
- 도시 시설의 공동화

14
주택의 부엌에서 작업과정을 고려한 작업대의 배치 순서로 가장 알맞은 것은?
① 레인지 → 싱크대 → 조리대 → 냉장고
② 조리대 → 싱크대 → 레인지 → 냉장고
③ 싱크대 → 냉장고 → 조리대 → 레인지
④ 냉장고 → 싱크대 → 조리대 → 레인지

해설
부엌에서의 작업순서
냉장고 → 개수대(싱크대) → 조리대 → 가열대(레인지) → 배선대

15
국지도로의 유형 중 쿨데삭(cul-de-sac)형에 관한 설명으로 옳은 것은?
① 통과교통이 다수 발생한다.
② 우회도로가 있어 방재, 방범상 유리하다.
③ 도로의 최대 길이는 30m 이하이어야 한다.
④ 주택 배면에 보행자전용도로가 설치되어야 효과적이다.

해설
쿨데삭의 특성
① 통과교통이 없다.
② 우회도로가 없어 방재 상 불리하다.
③ 도로의 최대 길이는 300m 이하

16
고층밀집형 병원에 관한 설명으로 옳지 않은 것은?
① 병동에서 조망을 확보할 수 있다.
② 대지를 효과적으로 이용할 수 있다.
③ 각종 방재대책에 대한 비용이 높다.
④ 병원의 확장 등 성장변화에 대한 대응이 용이하다.

해설
④ 병원의 확장에 대한 대응이 힘들다.

17
상점 내에서 조명에 의한 반사 글레어를 방지하기 위한 대책으로 옳지 않은 것은?
① 젖빛 유리구를 사용한다.
② 간접조명방식을 채택한다.
③ 광도가 낮은 배광기구를 이용한다.
④ 평활하고 광택이 있는 반사면을 사용한다.

해설
④ 광택이 있는 반사면은 반사 글레어를 유발하므로 가급적 사용하지 않는다.

18
사무소 건축에서 코어 계획에 관한 설명으로 옳지 않은 것은?
① 코어부분에는 계단실도 포함시킨다.
② 코어 내의 각 공간은 각 층마다 공통의 위치에 두도록 한다.
③ 엘리베이터 홀이 출입구문에 바싹 접근해 있지 않도록 한다.
④ 코어 내에서 화장실은 외래자에게 잘 알려질 수 없는 곳에 위치시킨다.

해설
④ 코어 내에서 화장실은 외래자에게 잘 알려질 수 있는 곳에 위치시킨다.

19
그리스 건축의 오더 중 도릭 오더의 구성에 속하지 않는 것은?
① 볼류트(volute) ② 프리즈(frieze)
③ 아바쿠스(abacus) ④ 에키누스(echinus)

해설
도릭 오더의 구성
프리즈, 아바쿠스, 에키누스

20
공동주택의 평면형식에 관한 설명으로 옳지 않은 것은?
① 집중형은 각 세대별 조망이 다르다.
② 중복도형은 독신자 아파트에 많이 이용된다.
③ 편복도형은 각호의 통풍 및 채광이 양호하다.
④ 계단실형은 통행부 면적이 커서 대지의 이용률이 높다.

해설
④ 계단실형은 통행부의 면적이 작아서 건물의 이용률의 높다. 그러나 다른 평면형과 다르게 대지의 이용률은 낮은 것이 특징이다.

정답 15.④ 16.④ 17.④ 18.④ 19.① 20.④

제2과목 ▪ 건축시공

21
공사착공 전에 건축물의 형태에 맞춰 줄을 띄우거나 석회 등으로 선을 그어 건축물의 건설위치를 표시하는 것으로 도로 및 인접 건축물과의 관계, 건축물의 건축으로 인한 재해 및 안전대책 점검과 관련 있는 것은?

① 줄쳐보기 ② 벤치마크
③ 먹매김 ④ 수평보기

해설
① 줄쳐보기에 대한 설명
※ 먹매김 : 이음, 맞춤의 가공, 부재의 부착을 위해 그 형상, 치수 등의 선을 부재 표면에 표시하는 것

22
공사원가 구성요소의 하나인 직접공사비에 속하지 않는 것은?

① 자재비 ② 노무비
③ 경비 ④ 일반관리비

해설
직접공사비 구성요소
자재비, 노무비, 외주비, 경비

23
다음 중 건설공사 경비에 포함되지 않는 것은?

① 외주제작비 ② 현장관리비
③ 교통비 ④ 업무추진비

해설
건설공사 경비
현장관리비, 교통비, 업무추진비

24
수밀콘크리트 시공에 대한 설명 중 옳지 않은 것은?

① 불가피하게 이어치기 할 경우 이어치기 면의 레이턴스를 제거하고 빈배합 콘크리트를 사용한다.
② 콘크리트의 표면마감은 진공처리방법을 사용하는 것이 좋다.
③ 타설이 완료된 콘크리트면은 충분한 습윤양생을 한다.
④ 연속타설 시간간격은 외기온도가 25℃를 넘었을 경우는 1.5시간, 25℃ 이하일 경우는 2시간을 넘어서는 안 된다.

해설
① 이어치기의 경우 <u>부배합</u> 콘크리트를 사용한다.

25
철골공사에 사용되는 공구가 아닌 것은?

① 턴버클(turn buckle)
② 리머(reamer)
③ 임팩트렌치(impact wrench)
④ 세퍼레이터(separator)

해설
④ 세퍼레이터(격리재)는 거푸집 공사에서 쓰는 <u>철근콘크리트 공사용 공구</u>

26
슬래브에서 4변 고정인 경우 철근배근을 가장 많이 하여야 하는 부분은?

① 단변방향의 주간대 ② 단변방향의 주열대
③ 장변방향의 주간대 ④ 장변방향의 주열대

해설
4면 고정의 슬래브에서 철근배근을 가장 많이 하는 부분은 <u>단변방향의 주열대</u>임

정답 21.① 22.④ 23.① 24.① 25.④ 26.②

27
도막방수에 관한 설명으로 옳지 않은 것은?
① 방수재의 도포 시 치켜올림 부위를 도포한 다음, 평면부위의 순서로 도포한다.
② 방수재의 겹쳐바르기 폭은 100mm 내외로 한다.
③ 도막두께는 원칙적으로 사용량을 중심으로 관리한다.
④ 우레아수지계 도막방수재를 스프레이 시공할 경우 바탕면과 200mm 이하로 간격을 유지하도록 한다.

해설
④ 우레아수지계 도막방수재를 스프레이 시공할 경우 바탕면과 100mm 이하로 간격을 유지하도록 한다.

28
시멘트 200포를 사용하여 배합비가 1 : 3 : 6의 콘크리트를 비벼냈을 때의 전체 콘크리트량은? (단, 물시멘트비는 60%이고 시멘트 1포대는 40kg이다.)
① $25.25m^3$
② $36.36m^3$
③ $39.39m^3$
④ $44.44m^3$

해설
일반 배합비에 의한 콘크리트 $1m^3$의 수량

배합비	시멘트
1 : 2 : 4	8포
1 : 3 : 6	5.5포

∴ $5.5 : 1m^3 = 200 : x\,m^3$
   $x = 36.36m^3$

29
일반콘크리트에서 굳지 않은 콘크리트 중의 전 염소이온량은 얼마 이하로 하여야 하는가? (단, 콘크리트 표준시방서 기준)
① $0.10kg/m^3$
② $0.20kg/m^3$
③ $0.30kg/m^3$
④ $0.40kg/m^3$

해설
굳지 않은 콘크리트의 염소이온량
굳지 않은 콘크리트에 포함된 염화물량은 염소이온량은 $0.3kg/m^3$ 이하가 되어야 한다.

30
표준관입시험에서 상대밀도의 정도가 중간(medium)에 해당될 때의 사질지반의 N값으로 옳은 것은?
① 0~4
② 4~10
③ 10~30
④ 30~50

해설
표준관입시험의 N값
• 사질지반 : 10~30
• 암반(연암, 경암) : 50 이상

31
다음 중 공사 진행의 일반적인 순서로 옳은 것은?
① 가설공사 → 공사 착공 준비 → 토공사 → 지정 및 기초공사 → 구조체 공사
② 공사 착공 준비 → 가설공사 → 토공사 → 지정 및 기초공사 → 구조체 공사
③ 공사 착공 준비 → 토공사 → 가설공사 → 구조체 공사 → 지정 및 기초공사
④ 공사 착공 준비 → 지정 및 기초공사 → 토공사 → 가설공사 → 구조체 공사

해설
공사진행의 순서
공사 착공 준비 → 가설공사 → 토공사 → 지정 및 기초공사 → 구조체 공사

정답 27.④ 28.② 29.③ 30.③ 31.②

32
부순 골재를 사용하는 콘크리트의 배합설계에 관한 설명으로 옳지 않은 것은?

① 굵은 골재의 크기는 강자갈의 경우보다 조금 작은 편이 좋다.
② 잔골재는 특히 미립분이 부족하지 않도록 주의한다.
③ 모래는 강자갈 콘크리트의 경우보다 적게 사용한다.
④ 될 수 있는 한 AE제를 사용한다.

해설
부순 골재 콘크리트의 배합설계 특성
③ 모래는 강자갈 콘크리트의 경우보다 <u>많이</u> 사용한다.

33
석고플라스터 바름에 대한 설명으로 옳지 않은 것은?

① 보드용 플라스터는 초벌바름, 재벌바름의 경우 물을 가한 후 2시간 이상 경과한 것은 사용할 수 없다.
② 실내온도가 10℃ 이하일 때는 공사를 중단한다.
③ 바름작업 중에는 될 수 있는 한 통풍을 방지한다.
④ 바름 작업이 끝난 후 실내를 밀폐하지 않고 가열과 동시에 환기하여 바름면이 서서히 건조되도록 한다.

해설
석고플라스터 바름의 특성
경화가 빠르고 경석고플라스터는 <u>동절기 시공도 가능하다.</u>

34
다음 중 QC 활동의 도구가 아닌 것은?

① 특성요인도 ② 파레토그램
③ 층별 ④ 기능계통도

해설
QC(품질관리) 활동 도구
특성요인도, 파레토그램, 층별, 히스토그램, 체크시트, 산점도

35
목조지붕틀 구조에 있어서 모서리 기둥과 층도리 맞춤에 사용하는 철물은?

① 띠쇠 ② 감잡이쇠
③ 주걱볼트 ④ ㄱ자쇠

해설
목구조 접합용 철물의 용도
① 층도리와 기둥 : 띠쇠
② 평보와 왕대공 : 감잡이쇠
③ 보와 처마도리 : 주걱 볼트
④ 모서리 기둥과 층도리 : ㄱ자쇠

36
ALC 제품에 관한 설명으로 옳지 않은 것은?

① 절건상태에서의 비중이 0.75~1 정도이다.
② 압축강도는 3~4MPa 정도이다.
③ 내화성능을 보유하고 있다.
④ 사용 후 변형이나 균열이 적다.

해설
ALC 제품의 특성
① 절건상태의 비중은 보통 <u>0.5 내외</u>

37
모든 석재와 콘크리트가 잘 부착되도록 쌓고, 콘크리트가 앞면 접촉부까지 채워지도록 다지는 돌쌓기 방법은?

① 메쌓기 ② 찰쌓기
③ 막돌쌓기 ④ 건쌓기

해설
② 찰쌓기에 대한 설명

38
콘크리트 배합에 직접적인 영향을 주는 요소가 아닌 것은?
① 시멘트 강도
② 물-시멘트 비
③ 철근의 품질
④ 골재의 입도

해설
콘크리트 배합에 영향을 주는 요소
시멘트 강도, 물-시멘트 비, 골재의 입도, 잔골재율, 단위수량

39
다음 중 녹막이 칠에 사용하는 도료가 아닌 것은?
① 광명단
② 크레오소트유
③ 아연분말 도료
④ 역청질 도료

해설
녹막이칠 도료의 종류
광명단 도료, 역청질 도료, 아연분말 도료, 산화철 도료, 알루미늄 도료

40
석재에 관한 설명으로 옳지 않은 것은?
① 심성암에 속한 암석은 대부분 입상의 결정 광물로 되어 있어 압축강도가 크고 무겁다.
② 화산암의 조암광물은 결정질이 작고 비결정질이어서 경석과 같이 공극이 많고 물에 뜨는 것도 있다.
③ 안산암은 강도가 작고 내화적이지 않으나, 색조가 균일하며 가공도 용이하다
④ 수성암은 화성암의 풍화물, 유기물, 기타 광물질이 땅속에 퇴적되어 지열과 지압을 받아서 응고된 것이다.

해설
석재의 특성
③ 안산암은 내열성이 우수하며 가공이 힘들다.

제3과목 ■ 건축구조

41
다음 그림과 같이 용접을 할 때, 용접 목두께(a)를 구하는 식으로 옳은 것은?

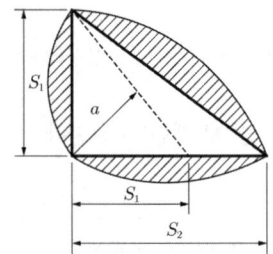

① $a = \sqrt{2}\,S_1$
② $a = \sqrt{2}\,S_2$
③ $a = 0.7S_1$
④ $a = 0.7S_2$

해설
필릿용접 관련식
(1) 유효목두께 $a = 0.7S$
(2) 유효길이 $l_e = l - 2S$

42
직사각형 단면의 탄성 단면계수에 대한 소성 단면계수의 비(比)는?
① 0.67
② 1.20
③ 1.50
④ 3.00

해설
소성단면계수비
• 직사각형 단면 : 1.5
• H형 단면 : 1.10~1.18이며, 평균 1.12

43

지진력저항시스템 중 다음 각 구조시스템에 관한 설명으로 옳지 않은 것은?

① 모멘트골조방식 : 수직하중과 횡력을 보와 기둥으로 구성된 라멘골조가 저항하는 구조방식
② 연성모멘트골조방식 : 횡력에 대한 저항능력을 증가시키기 위하여 부재와 접합부의 연성을 증가시킨 모멘트골조
③ 이중골조방식 : 횡력의 25퍼센트 이상을 부담하는 전단벽이 연성모멘트골조와 조화되어 있는 구조방식
④ 건물골조방식 : 수직하중은 입체골조가 저항하고 지진하중은 전단벽이나 가새골조가 저항하는 구조방식

해설

지진력저항시스템
③ 횡력의 25% 이상을 부담하는 <u>연성모멘트골조가 전단벽이나 가새골조와 조합</u>되어 있는 구조방식

44

부재의 EI가 일정하고, 양단의 지지상태가 그림과 같은 경우, A 기둥의 탄성좌굴 하중은 B 기둥의 탄성좌굴하중의 몇 배인가?

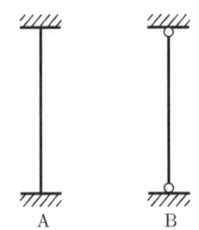

① 4배
② 6배
③ 8배
④ 16배

해설

좌굴하중식

- $P_{cr} = \dfrac{\pi^2 EI}{l_k^2}$ 에서 하중은 유효좌굴길이의 제곱에 반비례함
- $l_{kA} = 0.5l$, $l_{kB} = l$ 으로 1/2배이므로 A 기둥의 좌굴하중은 B 기둥의 4배가 됨

45

다음 캔틸레버보의 자유단의 처짐각은? (단, 탄성계수 E, 단면2차모멘트 I)

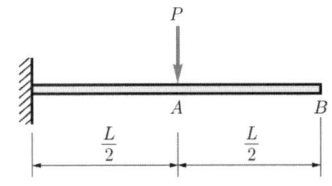

① $\dfrac{PL^2}{2EI}$
② $\dfrac{PL^2}{3EI}$
③ $\dfrac{PL^2}{6EI}$
④ $\dfrac{PL^2}{8EI}$

해설

정정보의 처짐각 계산

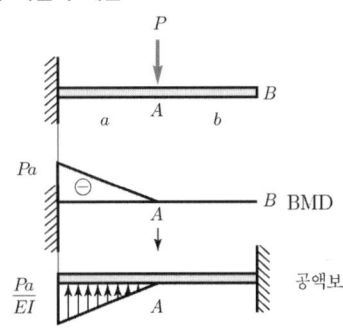

- $V_B' = \dfrac{1}{2} \times \dfrac{PL}{2EI} \times \dfrac{L}{2} = \dfrac{PL^2}{8EI}$

$\therefore \theta_B = V_B' = \dfrac{PL^2}{8EI}$

46
강도설계법에서 철근콘크리트 구조물 설계 시 고려해야 하는 하중조합으로 옳지 않은 것은? (단, KBC2009 기준, D는 고정하중 F는 유체압 및 유기내용물하중, L은 활하중, W는 풍하중, E는 지진하중, S는 적설하중)

① $U=1.4(D+F)$
② $U=1.2D+1.0W+1.0L+0.5S$
③ $U=1.2D+1.0E+1.0L+0.2S$
④ $U=1.4D+1.3L+1.6S$

해설
하중조합
④ $U=1.2D+1.6L+0.5S$

47
그림과 같은 양단 고정보의 단부 휨모멘트는?

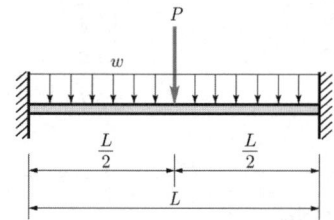

① $M=-\dfrac{wL^2}{16}-\dfrac{PL}{12}$
② $M=-\dfrac{wL^2}{12}-\dfrac{PL}{8}$
③ $M=-\dfrac{wL^2}{8}-\dfrac{PL}{4}$
④ $M=-\dfrac{wL^2}{16}-\dfrac{PL}{8}$

해설
부정정보의 단부모멘트 계산
- 집중하중과 등분포하중의 경우를 합산하면 됨
- 등분포하중 : $M_{단부}=-\dfrac{wL^2}{12}$, $M_{중앙}=\dfrac{wL^2}{24}$
- 집중하중 : $M_{단부}=-\dfrac{PL}{8}$, $M_{중앙}=\dfrac{PL}{8}$

48
다음 그림에서 파단선 A-B-F-C-D의 인장재 순단면적은? (단, 볼트 구멍지름 d : 22mm, 인장재 두께는 6mm)

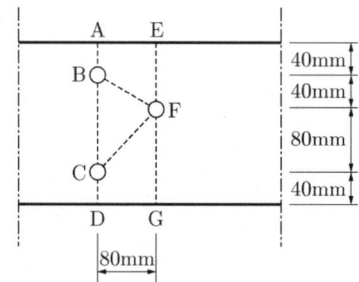

① $1,164\text{mm}^2$
② $1,364\text{mm}^2$
③ $1,564\text{mm}^2$
④ $1,764\text{mm}^2$

해설
인장재의 순단면적 계산
(1) $A_g=200\times6=1,200\text{mm}^2$
(2) 파단선 A-B-F-C-D의 순단면적
$$A_n=A_g-nd_0t+\Sigma\dfrac{s^2\times t}{4g}$$
$$=1,200-3\times22\times6+\dfrac{80^2\times6}{4\times40}+\dfrac{80^2\times6}{4\times80}$$
$$=1,164\text{mm}^2$$

49
반T형보의 유효폭으로 옳은 것은? (단, 보의 경간은 6m임)

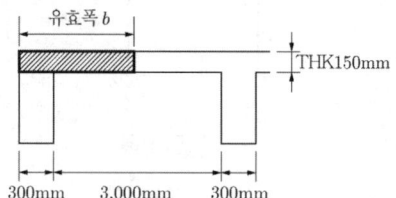

① 800mm
② 1,200mm
③ 1,800mm
④ 2,300mm

해설
한쪽 슬래브 T형보의 유효폭 계산
(1) $6t_f+b_w=6\times150+300=1,200\text{mm}$

정답 46.④ 47.② 48.① 49.①

(2) (인접보 내측거리 $\times \frac{1}{2}$) + b_w

  = $\left(3000 \times \frac{1}{2}\right) + 300 = 1,800\,\text{mm}$

(3) $\frac{l}{12} + b_w = \frac{6000}{12} + 300 = 800\,\text{mm}$

∴ 가장 작은 값 $b_f = 800\,\text{mm}$

50

다음 그림과 같은 부재의 최대 휨응력은 약 얼마인가? (단, 부재의 자중은 무시한다.)

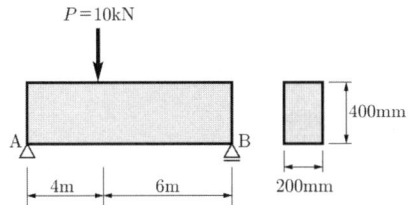

① 1.2MPa ② 2.2MPa
③ 3.6MPa ④ 4.5MPa

해설

단순보의 최대휨응력 계산

(1) $V_A = 6\text{kN}$, $V_B = 4\text{kN}$,
    $M_{max} = 6 \times 4 = 24\,\text{kNm}$

(2) $Z = \frac{bh^2}{6} = \frac{200 \times 400^2}{6} = 5,333,333\,\text{mm}^3$

(3) $\sigma_{max} = \frac{M_{max}}{Z} = \frac{24,000,000}{5,333,333} = 4.5\,\text{MPa}$

51

지진의 진도(Intensity)와 규모(Magnitude)에 대한 설명으로 옳지 않은 것은?

① 진도는 상대적 개념의 지진크기이다.
② 규모는 장소에 관계없는 절대적 개념의 크기이다.
③ 진도는 사람이 느끼는 감각, 물체 이동 등을 계급별로 구분한다.
④ 규모는 지반의 운동정도를 평가하나 정밀하지는 않다.

해설

지진의 진도와 규모

④ 규모는 장소에 관계없는 절대적 개념의 크기를 가지는 <u>정밀한 값</u>이다.

52

다음에서 설명하는 용어는?

> 포화사질토가 비배수상태에서 급속한 재하를 받게 되면 과잉간극수압의 발생과 동시에 유효응력이 감소하며, 이로 인해 전단저항이 크게 감소하는 현상

① 히빙 ② 액상화
③ 보일링 ④ 파이핑

해설

② 액상화에 대한 설명

53

다음 그림과 같은 휨모멘트도를 통해 구조물에 작용하는 수평하중 P를 구하면?

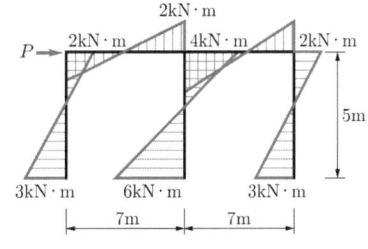

① 2kN ② 3kN
③ 4kN ④ 6kN

해설

라멘의 해석-층방정식 이용

$P = \dfrac{\text{재단모멘트의 총합}}{\text{층고}}$

  $= \dfrac{3+2+6+4+3+2}{5} = 4\,\text{kN}$

※ 여기서 재단모멘트는 <u>절대값 사용</u>
   절점모멘트가 서로 다르면 큰 값 사용

54
그림과 같은 직사각형 기둥에서 띠철근의 최대 간격은? (단, 주근은 D_{22}, 띠철근 D_{10}임)

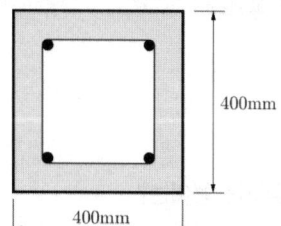

① 300mm   ② 352mm
③ 400mm   ④ 480mm

해설
압축부재의 띠철근 간격
(1) 주철근의 16배 : $16 \times 22 = 352mm$
(2) 띠철근의 48배 : $48 \times 10 = 480mm$
(3) 단면 최소치수 : 400mm
∴ 가장 작은 값 : 352mm

55
그림과 같은 정정구조의 CD 부재에서 C, D점의 휨모멘트 값 중 옳은 것은?

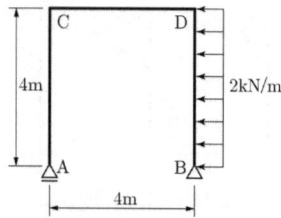

① (C) 0kNm,   (D) 16kNm
② (C) 16kNm, (D) 16kNm
③ (C) 0kNm,   (D) 32kNm
④ (C) 32kNm, (D) 32kNm

해설
정정라멘의 해석
- A지점은 이동단이므로 수평반력은 없고 따라서 C점의 모멘트는 0
- 힘의 평형에서 $H_B = 2 \times 4 = 8kN(\rightarrow)$
- $M_D = 8 \times 4 - 2 \times 4 \times 2 = 16kNm$

56
인장을 받는 이형철근의 정착길이(l_d)는 기본정착길이(l_{db})에 보정계수를 곱하여 구한다. 이 보정계수에 대한 설명 중 옳지 않은 것은? (단, KCI2012 기준)

① 철근배치 위치계수 α는 상부철근일 경우 1.5이고 기타 철근일 경우 1.0이다.
② 철근크기계수 γ는 철근직경이 D22 이상인 경우 1.0이고, D19 이하일 경우 0.8이다.
③ 철근 도막계수 β는 도막 되지 않은 철근일 경우 1.0이다.
④ 경량콘크리트계수 λ는 일반콘크리트인 경우 1.0이다.

해설
정착길이의 보정계수
① 철근배치 위치계수 α는 상부철근일 경우 1.3이고 기타 철근일 경우 1.0이다.

57
그림은 연직하중을 받는 철근콘크리트 보의 균열을 나타낸 것이다. 전단력에 의해서 생기는 대표적인 균열의 형태로 옳은 것은?

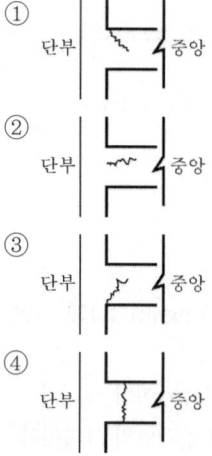

해설
전단력에 의한 균열 형태는 ③이 보통

정답 54.② 55.① 56.① 57.③

58
그림과 같은 단면의 x축에 대한 단면계수 값으로서 옳은 것은?

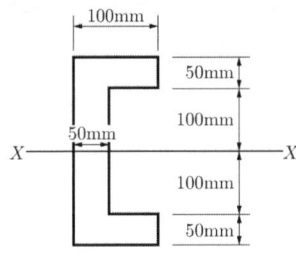

① $1.278 \times 10^6 \mathrm{mm}^3$
② $1.298 \times 10^6 \mathrm{mm}^3$
③ $1.378 \times 10^6 \mathrm{mm}^3$
④ $1.398 \times 10^6 \mathrm{mm}^3$

해설

단면계수 계산

$I_x = \dfrac{BH^3 - bh^3}{12} = \dfrac{100 \times 300^3 - 50 \times 200^3}{12}$
$= 191,666,667 \mathrm{mm}^4$

$Z = \dfrac{I_x}{y_0} = \dfrac{191,666,667}{150} = 1,277,778 \mathrm{mm}^3$

59
그림과 같은 구조물의 부정정차수는?

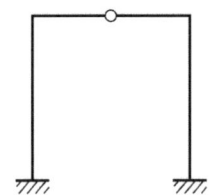

① 1차 부정정
② 2차 부정정
③ 3차 부정정
④ 4차 부정정

해설

구조물 판별

$n = r + m + k - 2 \times j$ 에서
- 반력 수 $r = 6$
- 부재 수 $m = 4$
- 강절점 수 $k = 2$
- 절점 수 $j = 5$

$n = 6 + 4 + 2 - 2 \times 5 = 2$차 부정정

60
강구조의 볼트접합에 관한 일반적인 설명으로 옳지 않은 것은?

① 볼트는 가공정밀도에 따라 상볼트, 중볼트, 흑볼트로 나뉜다.
② 볼트 중심 사이의 간격을 게이지라인(gauge line)이라고 한다.
③ 게이지라인(gauge line)과 게이지라인과의 거리를 게이지(gauge)라고 한다.
④ 배치방식은 정렬배치와 엇모배치가 있다.

해설

강구조의 일반사항
② 볼트 중심 사이의 간격은 피치(pitch)라고 함

제4과목 ▪ 건축설비

61
냉방부하의 종류 중 현열만을 포함하고 있는 것은?

① 인체의 발생열량
② 유리로부터의 취득열량
③ 극간풍에 의한 취득열량
④ 외기의 도입으로 인한 취득열량

해설

공조부하 계산 시 현열과 잠열의 동시 발생
- 인체의 발생열량
- 열원기기의 발생열량(외기의 도입에 의한 열량)
- 틈새바람에 의한 부하

62
물의 경도에 관한 설명으로 옳지 않은 것은?
① 일반적으로 지표수는 연수, 지하수는 경수로 간주한다.
② 경도가 큰 물을 경수, 경도가 낮은 물을 연수라고 한다.
③ 경수를 보일러 용수로 사용하면 그 내면에 스케일이 생겨 전열효율이 감소된다.
④ 물의 경도는 물속에 녹아 있는 칼슘, 마그네슘 등의 염류의 양을 탄산마그네슘의 농도로 환산하여 나타낸 것이다.

해설
④ 물의 경도는 물 속에 녹아 있는 칼슘, 마그네슘 등의 염류의 양을 <u>탄산칼슘의 농도</u>로 환산하여 나타낸 것이다.

63
엘리베이터의 기계실에 있는 주요설비에 속하지 않는 것은?
① 조속기
② 권상기
③ 완충기
④ 전자 브레이크

해설
EV 기계실의 주요 설비
권상기, 전동기, 제동기(전자 브레이크), 조속기, 감속기, 균형추
③ <u>완충기는 안전장치에 속함</u>

64
길이가 20m인 동관으로 된 급탕수평주관에 급탕이 공급되어 관의 온도가 10℃에서 60℃로 온도가 상승된 경우, 동관의 팽창량은? (단, 동관의 선팽창계수는 1.71×10^{-5}이다.)
① 0.86mm ② 8.6mm
③ 17.1mm ④ 171mm

해설
팽창량 계산
$$\Delta L = \alpha \times \Delta t \times L = 1.71 \times 10^{-5} \\ \times (60-10) \times 20,000 \\ = 17.1 \text{mm}$$

65
온수 정화조로 유입되는 오수의 BOD 농도가 150ppm이고 방류수의 BOD 농도가 60ppm일 때 이 정화조의 BOD 제거율은?
① 40% ② 60%
③ 75% ④ 90%

해설
BOD 제거율 계산
$$\text{BOD 제거율} = \frac{\text{유입수BOD} - \text{유출수BOD}}{\text{유입수BOD}} \times 100(\%) \\ = \frac{150-60}{150} \times 100(\%) = 60\%$$

정답 62.④ 63.③ 64.③ 65.②

66
다음과 같은 벽체의 열관류율은?

[조건]
- ㉠ 내표면 열전달률 : $8W/m^2 \cdot K$
- ㉡ 외표면 열전달률 : $20W/m^2 \cdot K$
- ㉢ 재료의 열전도율
  - 콘크리트 : $1.2W/m \cdot K$
  - 유리면 : $0.036W/m \cdot K$
  - 타일 : $1.1W/m \cdot K$

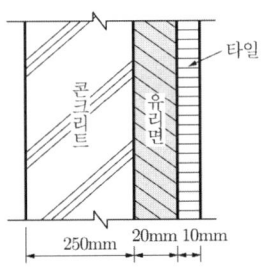

① 약 $0.90W/m^2 \cdot K$
② 약 $1.05W/m^2 \cdot K$
③ 약 $1.20W/m^2 \cdot K$
④ 약 $1.35W/m^2 \cdot K$

해설
열관류율 계산

$$K = \frac{1}{\frac{1}{\alpha_i} + \sum \frac{d}{\lambda} + \frac{1}{\alpha_o}}$$

$$= \frac{1}{\frac{1}{8} + \left(\frac{0.25}{1.2} + \frac{0.02}{0.036} + \frac{0.01}{1.1}\right) + \frac{1}{20}}$$

$= 1.05(W/m^2 K)$

여기서, α_i, α_o : 실내·외 열전달률$(W/m^2 K)$
λ : 재료의 열전도율(W/mK)
d : 재료의 두께(m)

67
1,200형 에스컬레이터의 공칭 수송능력은?

① 4,800인/h   ② 6,000인/h
③ 7,200인/h   ④ 9,000인/h

해설
1,200형 ES 수송능력 : 9,000인/h

68
습공기의 건구온도와 습구온도를 알 때 습공기선도를 사용하여 구할 수 있는 상태값이 아닌 것은?

① 엔탈피   ② 비체적
③ 기류속도   ④ 절대습도

해설
습공기선도의 구성요소
건구온도, 습구온도, 노점온도, 절대습도, 상대습도, 포화도, 수증기분압, 비체적, 엔탈피, 현열비 등

69
가스의 연소성을 나타내는 것은?

① 비열비   ② 가버너
③ 웨버지수   ④ 단열지수

해설
가스의 연소성 지수
웨버지수 : 가스의 단위시간당 방출되는 에너지를 나타냄

70
피뢰설비에서 수뢰부시스템의 보호범위 산정방식에 속하지 않는 것은?

① 보호각   ② 메시법
③ 축점조도법 ④ 회전구체법

해설
피뢰설비의 보호범위 산정방식
메시법, 보호각법, 회전구체법

71
덕트의 분기부에 설치하여 풍량조절용으로 사용되는 댐퍼는?

① 스플릿 댐퍼   ② 평행익형 댐퍼
③ 대향익형 댐퍼 ④ 버터플라이 댐퍼

해설
① 스플릿 댐퍼에 대한 설명

정답 66.② 67.④ 68.③ 69.③ 70.③ 71.①

72
건축물 등에 항공기의 추돌을 방지하기 위하여 설치하는 각종의 안전등화를 무엇이라 하는가?

① 선회등
② 유도로등
③ 항공등화
④ 항공장애 표시등

해설
④ 항공장애 표시등에 대한 설명

73
다음과 같은 특징을 갖는 배선공사방식은?

- 열적영향이나 기계적 외상을 받기 쉬운 곳이 아니면 금속배관과 같이 광범위하게 사용 가능하다.
- 관자체가 절연체이므로 감전의 우려가 없으며 시공이 쉬운게 장점이다.

① 버스덕트 공사
② 애자사용 공사
③ 합성수지관 공사
④ 플로어덕트 공사

해설
③ 합성수지관 공사에 대한 설명

74
소방시설은 소화설비, 경보설비, 피난설비, 소화용수설비, 소화활동설비로 구분할 수 있다. 다음 중 소화활동설비에 속하는 것은?

① 제연설비
② 비상방송설비
③ 스프링클러설비
④ 자동화재탐지설비

해설
소화활동설비의 종류
연결송수관설비, 연결살수설비, 연소방지설비, 제연설비, 비상콘센트설비

75
다음 설명에 알맞은 전동기의 종류는?

- 회전자계를 만드는 여자 전류가 전원측으로부터 흐르는 관계로 역률이 나쁘다는 결점이 있다.
- 구조와 취급이 간단하여 건축설비에서 가장 널리 사용된다.

① 직권전동기
② 분권전동기
③ 유도전동기
④ 동기전동기

해설
③ 유도전동기에 대한 설명

76
흡수식 냉동기에 관한 설명으로 옳지 않은 것은?

① 열에너지가 아닌 기계적 에너지에 의해 냉동효과를 얻는다.
② 증발기, 흡수기, 재생기(발생기), 응축기 등으로 구성되어 있다.
③ 냉방용의 흡수식 냉동기는 물과 브롬화리튬의 혼합용액을 사용한다.
④ 2중 효용 흡수식 냉동기는 단효용 흡수식 냉동기보다 에너지 절약적이다.

해설
흡수식 냉동기의 특성
기계적 에너지가 아닌 열에너지에 의한 냉동효과

정답 72.④ 73.③ 74.① 75.③ 76.①

77
조명설비에서 연색성에 관한 설명으로 옳지 않은 것은?
① 평균 연색평가수(Ra)가 0에 가까울수록 연색성이 좋다.
② 일반적으로 할로겐전구가 고압수은램프보다 연색성이 좋다.
③ 연색성이란 물체가 광원에 의하여 조명될 때, 그 물체의 색의 보임을 정하는 광원의 성질을 말한다.
④ 평균 연색평가수(Ra)란 많은 물체의 대표색으로서 7종류의 시험색을 사용하여 그 평균값으로부터 구한 것이다.

해설
① 평균 연색평가수가 <u>100에 가까울수록</u> 연색성이 좋다.

78
다음 설명에 알맞은 통기관의 종류는?

> 1개의 트랩을 위해 트랩 하류에서 취출하여, 그 기구보다 윗부분에서 통기계통에 접속하거나 또는 대기 중에 개구하도록 설치한 통기관을 말한다.

① 루프통기관 ② 신정통기관
③ 결합통기관 ④ 각개통기관

해설
④ 각개통기관에 대한 설명

79
건구온도 26℃인 실내공기 8000m³/h와 건구온도 32℃인 외부공기 2000m³/h을 단열혼합하였을 때 혼합공기의 건구온도는?

① 27.2℃   ② 27.6℃
③ 28.0℃   ④ 29.0℃

해설
혼합공기의 온도 계산
$$Q_1 \times t_1 + Q_2 \times t_2 = (Q_1 + Q_2) \times t_3$$
$$t_3 = \frac{Q_1 \times t_1 + Q_2 \times t_2}{Q_1 + Q_2}$$
$$= \frac{8,000 \times 26 + 2,000 \times 32}{8,000 + 2,000}$$
$$= 27.2℃$$

80
중앙식 급탕법에 관한 설명으로 옳지 않은 것은?
① 배관 및 기기로부터의 열손실이 많다.
② 급탕개소마다 가열기의 설치 스페이스가 필요하다.
③ 일반적으로 열원장치는 공조설비와 겸용하여 설치된다.
④ 급탕기구의 동시사용률을 고려하기 때문에 가열장치의 전체용량을 줄일 수 있다.

해설
②는 개별식 급탕법에 대한 설명

제5과목 · 건축관계법규

81
건축법령 상 공동주택에 속하지 않은 것은?
① 기숙사
② 연립주택
③ 다가구주택
④ 다세대주택

해설
용도별 주택의 분류
- 단독주택 : 단독주택, 다중주택, 다가구주택, 공관
- 공동주택 : 아파트, 연립주택, 다세대주택, 기숙사

정답 77.① 78.④ 79.① 80.② 81.③

82
다음 중 바닥면적에 산입되는 것은?
① 층고가 1.5m인 다락
② 다세대 주택의 편복도
③ 공동주택의 필로티 부분
④ 공동주택의 지상층에 설치한 기계실

해설
바닥면적에서 제외되는 것
- 공동주택의 필로티
- 승강기탑, 계단탑, 장식탑, 층고 1.5m 이하의 다락
- 공동주택의 지상층에 설치한 기계실, 전기실, 어린이놀이터
- 굴뚝, 더스트슈트

83
건축물의 용도를 변경하는 경우 변경 후 용도의 주차대수와 변경 전 용도의 주차대수의 차이에 해당하는 부설주차장을 추가로 확보하지 아니하고 용도를 변경할 수 있는 경우에 속하지 않는 것은? (단, 사용승인 후 5년이 지난 연면적 1000m²미만의 건축물의 용도를 변경하는 경우)
① 종교시설의 용도로 변경하는 경우
② 판매시설의 용도로 변경하는 경우
③ 다세대주택의 용도로 변경하는 경우
④ 문화 및 집회시설 중 전시장의 용도로 변경하는 경우

해설
부설주차장을 추가로 확보하지 않고 건축물의 용도변경이 가능한 경우의 예외
- 문화 및 집회시설(공연장, 집회장, 관람장)
- 위락시설
- 다세대, 다가구주택의 용도로 변경

84
건축물의 건축주가 착공신고를 할 때, 해당 건축물의 설계자로부터 받은 구조 안전의 확인 서류를 허가권자에게 제출하여야 하는 대상 건축물 기준으로 옳지 않은 것은? (단, 허가대상 건축물인 경우)
① 높이가 11m 이상인 건축물
② 처마높이가 9m 이상인 건축물
③ 국토교통부령으로 정하는 지진구역 안의 건축물
④ 기둥과 기둥 사이의 거리가 10m 이상인 건축물

해설
구조안전 확인 대상 건축물
- 높이가 13m 이상인 건축물
- 층수가 2층 이상인 건축물(목구조는 3층 이상)인 건축물
- 처마높이가 9m 이상인 건축물
- 연면적이 200m²(목구조 건축물의 경우에는 500m²) 이상인 건축물. 다만, 창고, 축사, 작물 재배사는 제외
- 기둥과 기둥 사이의 거리가 10m 이상인 건축물

85
다음은 건축법상 리모델링에 대비한 특례 등에 관한 기준 내용이다. (   ) 안에 알맞은 것은?

> 리모델링이 쉬운 구조의 공동주택의 건축을 촉진하기 위하여 공동주택을 대통령령으로 정하는 구조로 하여 건축허가를 신청하면 제56조, 제60조 및 제61조에 따른 기준을 (   )의 범위에서 대통령령으로 정하는 비율로 완화하여 적용할 수 있다.

① 100분의 110   ② 100분의 120
③ 100분의 140   ④ 100분의 150

해설
리모델링이 쉬운 구조의 공동주택의 건축을 촉진하기 위하여 공동주택을 대통령령으로 정하는 구조로 하여 건축허가를 신청하면 제56조, 제60조 및 제61조에 따른 기준을 100분의 120의 범위에서 대통령령으로 정하는 비율로 완화하여 적용할 수 있다.

정답 82.② 83.③ 84.① 85.②

86
건축물의 주요구조부를 내화구조로 하여야 하는 대상 건축물에 속하지 않는 것은?

① 공장의 용도로 쓰는 건축물로서 그 용도로 쓰는 바닥면적의 합계가 500m²인 건축물
② 판매시설의 용도로 쓰는 건축물로서 그 용도로 쓰는 바닥면적의 합계가 500m²인 건축물
③ 창고시설의 용도로 쓰는 건축물로서 그 용도로 쓰는 바닥면적의 합계가 500m²인 건축물
④ 문화 및 집회시설 중 전시장의 용도로 쓰는 건축물로서 그 용도로 쓰는 바닥면적의 합계 500m²인 건축물

해설

주요구조부를 내화구조로 하는 건축물
바닥면적의 합계가 500m² 이상인 경우
- 문화 및 집회시설(전시장, 동/식물원)
- 판매, 창고, 수련시설 등

87
다음 중 신고대상에 속하는 용도변경은?

① 영업시설군에서 문화 및 집회시설군으로의 용도변경
② 근린생활시설군에서 주거업무시설군으로의 용도변경
③ 산업 등의 시설군에서 자동차 관련 시설군으로의 용도변경
④ 교육 및 복지시설군에서 전기통신시설군으로의 용도변경

해설

신고대상 용도변경 순서
자동차관련시설군 → 산업 등의 시설군 → 전기통신시설군 → 문화집회시설군 → 영업시설군 → 교육 및 복지시설군 → 근린생활시설군 → 주거업무시설군

88
노외주차장인 주차전용건축물의 건폐율, 용적률, 대지면적의 최소한도 및 높이 제한에 관한 기준 내용으로 옳지 않은 것은?

① 건폐율 : 100분의 90 이하
② 용적률 : 1천 500퍼센트 이하
③ 대지면적의 최소한도 : 45제곱미터 이상
④ 높이 제한(대지가 너비 12미터 미만의 도로에 접하는 경우) : 건축물의 각 부분의 높이는 그 부분으로부터 대지에 접한 도로의 반대쪽 경계선까지의 수평거리의 4배

해설

④ 높이 제한(대지가 너비 12미터 미만의 도로에 접하는 경우) : 건축물의 각 부분의 높이는 그 부분으로부터 대지에 접한 도로의 반대쪽 경계선까지의 수평거리의 3배

89
다음 중 특별건축구역으로 지정할 수 있는 사업구역에 속하지 않는 것은?

① '도로법'에 따른 접도구역
② '도시개발법'에 따른 도시개발구역
③ '택지개발촉진법'에 따른 택지개발사업구역
④ '공공기관 지방이전에 따른 혁신도시 건설 및 지원에 관한 특별법'에 따른 혁신도시의 사업구역

해설

특별건축구역으로 지정할 수 없는 구역
- '도로법'에 따른 접도구역
- 개발제한구역
- '자연공원법'에 따른 자연공원

90

상업지역에서 건축물에 설치하는 냉방시설 및 환기시설의 배기구는 도로면으로부터 최소 얼마 이상의 높이에 설치하여야 하는가?

① 1m
② 1.5m
③ 2m
④ 2.5m

해설

상업지역에서 건축물에 설치하는 냉방시설 및 환기시설의 배기구는 도로면으로부터 최소 2m 이상의 높이에 설치하여야 함

91

6층 이상의 거실면적 합계가 9000m²인 층수가 10층인 업무시설에 설치하여야 하는 승용승강기의 최소 대수는? (단, 8인승 승강기의 경우)

① 2대
② 3대
③ 4대
④ 5대

해설

업무시설의 승용승강기 설치대수

업무시설 : $1 + \left(\dfrac{A - 3,000}{2,000}\right)$

$= 1 + \left(\dfrac{9,000 - 3,000}{2,000}\right) = 4$대

92

문화 및 집회시설 중 공연장의 개별관람실에 다음과 같이 출구를 설치하였을 경우, 옳은 것은? (단, 개별관람실의 바닥 면적은 900m²이다.)

① 출구를 1개소 설치하였다.
② 각 출구의 유효너비를 2.1m로 하였다.
③ 출구로 쓰이는 문을 안여닫이로 하였다.
④ 출구의 유효너비의 합계를 5.0m로 하였다.

해설

공연장 개별관람실의 출구 기준
① 2개소 이상 설치해야 함
② 각 출구의 유효너비는 1.5m 이상으로 해야 함
③ 출구는 안여닫이로 해서는 안 됨
④ 개별관람실 출구의 유효너비의 합계는

$\dfrac{900\text{m}^2}{100\text{m}^2} \times 0.6\text{m} = 5.4\text{m}$

93

범죄예방 기준에 따라 건축하여야 하는 대상 건축물에 속하지 않는 것은?

① 수련시설
② 업무시설 중 오피스텔
③ 숙박시설 중 일반숙박시설
④ 연립주택

해설

범죄예방 기준에 따라 건축하는 건축물
- 수련시설
- 업무시설 중 오피스텔
- 숙박시설 중 다중생활시설
- 다가구주택, 아파트, 연립주택 및 다세대주택
- 문화 및 집회시설(동·식물원은 제외)
- 노유자시설

94

면적의 산정 방법 중 건축물의 외벽(외벽이 없는 경우에는 외곽 부분의 기둥)의 중심선으로 둘러싸인 부분의 수평투영면적으로 하는 것은?

① 연면적
② 대지면적
③ 건축면적
④ 거실면적

해설

③ 건축면적에 대한 설명

정답 90.③ 91.③ 92.② 93.③ 94.③

95
국토의 계획 및 이용에 관한 법령 상 광장·녹지·유원지·공공공지가 속하는 기반 시설은?

① 교통시설
② 공간시설
③ 환경기초시설
④ 보건위생시설

해설
② 공간시설에 대한 설명

96
주거지역 중 단독주택 중심의 양호한 주거환경을 보호하기 위하여 지정하는 지역은?

① 제1종 전용주거지역
② 제2종 전용주거지역
③ 제1종 일반주거지역
④ 제2종 일반주거지역

해설
주거지역 세분

전용주거지역	제1종	단독주택중심의 양호한 주거환경을 보호
	제2종	공동주택중심의 양호한 주거환경을 보호
일반주거지역	제1종	저층주택중심으로 편리한 주거환경을 조성
	제2종	중층주택중심으로 편리한 주거환경을 조성
	제3종	중·고층주택을 중심으로 편리한 주거환경을 조성
준주거지역		주거기능을 주로 하면서 상업·업무기능의 보완

97
문화재·전통사찰 등 역사·문화적으로 보존가치가 큰 시설 및 지역의 보호와 보존을 위하여 필요한 용도지구는?

① 고도지구
② 보존지구
③ 개발진흥지구
④ 역사문화환경보호지구

해설
④ 역사문화환경보호지구에 대한 설명

98
다음 중 건축물 관련 건축기준의 허용되는 오차의 범위(%)가 가장 큰 것은?

① 평면길이
② 출구너비
③ 반자높이
④ 바닥판두께

해설
허용오차 범위 기준
- 0.5% 이내 : 건폐율
- 1% 이내 : 용적률
- 2% 이내 : 건축물의 높이, 평면길이, 출구너비, 반자높이
- 3% 이내 : 건축물의 후퇴거리, 벽체두께, 바닥판두께

99
준주거지역에서 건축할 수 없는 건축물은?

① 위락시설
② 종교시설
③ 공동주택 중 아파트
④ 문화 및 집회시설 중 전시장

해설
준주거지역에서 건축할 수 없는 건축물
- 위락시설
- 의료시설 중 격리병원
- 공장
- 묘지 관련 시설

정답 95.② 96.① 97.④ 98.④ 99.①

100
출입구의 개소에 관계없이 노외주차장의 차로의 너비를 최소 6m 이상으로 하여야 하는 주차 형식은? (단, 이륜자동차전용 외의 노외주차장의 경우)

① 평행주차
② 직각주차
③ 교차주차
④ 45도 대향주차

해설

이륜자동차전용 외의 노외주차장 차로너비

주차형식	차로의 폭	
	출입구가 2개 이상인 경우	출입구가 1개인 경우
평행주차	3.3m	5.0m
직각주차	6.0m	6.0m
60° 대향주차	4.5m	5.5m
45° 대향주차	3.5m	5.0m
교차주차	3.5m	5.0m

정답 100.②

2016 제4회 건축기사

2016년 10월 1일 시행

제1과목 ■ 건축계획

01
미술관 건축계획에 관한 설명으로 옳은 것은?
① 하모니카 전시기법은 동일 종류의 전시물을 반복 전시할 경우 유리하다.
② 연속 순회형식이 가장 이상적으로 반영되어 있는 건축물로 뉴욕의 구겐하임 미술관이 있다.
③ 미술관의 채광 방식을 편측창 방식으로 할 경우 실 전체의 조도분포가 균일하여 별도의 조명설비가 필요 없다.
④ 아일랜드 전시기법은 벽이나 천장을 직접 이용하여 전시물을 배치하는 기법으로 관람자의 시거리를 짧게 할 수 없다는 단점이 있다.

해설
② 구겐하임 미술관 : 중앙홀 형식
③ 편측창 방식 : 조도 불균일, 별도의 조명설비가 필요함
④ 아일랜드 전시 : 벽이나 천장을 이용하지 않음

02
각 사찰에 관한 설명으로 옳지 않은 것은?
① 부석사의 가람배치는 누하진입 형식을 취하고 있다.
② 화엄사는 경사된 기형을 수단(數段)으로 나누어서 정지하여 건물을 적절히 배치하였다.
③ 통도사는 산지에 위치하나 산지가람처럼 건물들을 불규칙하게 배치하지 않고 직교식으로 배치하였다.
④ 봉정사 가람배치는 대지가 3단으로 나누어져 있으며 산당부분에 대웅전과 극락전 등 중요한 건물들이 배치되어 있다.

해설
③ 통도사의 가람배치는 직교식이 아닌 냇물을 따라 동서로 길게 일직선으로 배치했음

03
전시실 순회 방식에 관한 설명으로 옳지 않은 것은?
① 연속 순회형식은 비교적 소규모 전시실에 적합하다.
② 중앙홀형식은 홀의 크기가 크면 중앙부 동선의 혼란이 있다.
③ 갤러리 및 코리더형식은 복도 자체도 전시공간으로 이용이 가능하다.
④ 갤러리 및 코리더형식은 각 실에 직접 들어갈 수 있는 점이 유리하다.

해설
② 중앙홀형식은 홀의 크기가 크면 중앙부 동선의 혼란이 없다.

정답 01.① 02.③ 03.②

04
종합병원 건축의 면적 배분에서 가장 많이 차지하는 부분은?
① 외래부   ② 병동부
③ 관리부   ④ 중앙진료부

해설
병원의 면적 구성 비율
병동부 > 서비스부 > 중앙진료부 > 외래진료부 > 관리부

05
다음 중 호텔 외관의 형태에 가장 크게 영향을 미치는 부분은?
① 관리부분   ② 공공부분
③ 숙박부분   ④ 설비부분

해설
호텔 외관의 형태에 가장 크게 영향을 미치는 부분
: 숙박 부분

06
한국건축의 평면형식에 관한 설명으로 옳지 않은 것은?
① 쌍봉사 대웅전은 2칸 장방형 평면이다.
② 퇴 없이 측면이 단칸인 평면은 평안도 살림집에서 많이 나타난다.
③ 중부지방 민가에서는 ㄱ자형 평면이 많은데 이를 곱은자집이라고 한다.
④ 다각형 평면으로는 육각과 팔각이 많이 사용되었는데 대개 정자에서 나타난다.

해설
① 쌍봉사 대웅전은 1칸 정방형 평면이다.

07
숑바르 드 로브의 주거면적 기준으로 옳은 것은?
① 병리기준 : $6m^2$, 한계기준 : $12m^2$
② 병리기준 : $6m^2$, 한계기준 : $14m^2$
③ 병리기준 : $8m^2$, 한계기준 : $12m^2$
④ 병리기준 : $8m^2$, 한계기준 : $14m^2$

해설
숑바르 드 로브의 주거면적 기준
병리($8m^2$/인), 한계($14m^2$/인), 표준($16m^2$/인)

08
극장의 음향계획에 관한 설명으로 옳지 않은 것은?
① 반사음의 집중이 없도록 한다.
② 무대 근처에는 음의 반사재를 취한다.
③ 불필요한 음은 적당히 감쇠시키고 필요한 음의 청취에 방해가 되지 않게 한다.
④ 천장계획에 있어서 돔(dome)형은 음원의 위치여하를 막론하고 음을 확산시키므로 바람직하다.

해설
④ 돔형은 음원의 위치 여하를 막론하고 음을 확산시키므로 바람직하지 않다.

09
은행 건축에 관한 설명으로 옳지 않은 것은?
① 금고실은 고객대기실에서 떨어진 위치에 둔다.
② 일반적으로 주출입문은 안여닫이로 함이 타당하다.
③ 영업실의 면적은 은행원 1인당 최소 $20m^2$ 이상 되어야 한다.
④ 은행실은 고객대기실과 영업실로 나누어지며 은행의 주체를 이루는 것이다.

해설
은행건축
③ 영업실 면적은 은행원 1인당 $4~6m^2$가 적당

정답 04.② 05.③ 06.① 07.④ 08.④ 09.③

10
페리(C.A Perry)의 근린주구 이론에서 근린주구의 중심이 되는 시설은?

① 약국
② 대학교
③ 초등학교
④ 어린이놀이터

해설

생활권의 중심시설
- 인보구 : 유아놀이터
- 근린분구 : 약국, 유치원, 파출소
- 근린주구 : 초등학교, 우체국

11
건축물과 양식의 연결이 옳지 않은 것은?

① 노틀담 성당 – 고딕 양식
② 샤르트르 성당 – 고딕 양식
③ 피사의 사탑 – 바로크 양식
④ 성 소피아 성당 – 비잔틴 양식

해설

③ 피사의 사탑 – 로마네스크 양식

12
다음 중 사무소 건물의 스팬(span) 결정 요인과 가장 거리가 먼 것은?

① 지하층의 주차단위
② 냉·난방 설비 방식
③ 층고에 의한 유효 채광범위
④ 사무실의 작업단위(책상배열 단위)

해설

사무소의 기둥간격 결정요인
- 책상 배치단위
- 주차 배치 단위
- 채광 상 층높이에 대한 깊이

13
도서관 출납시스템의 유형 중 열람자 자신이 서가에서 책을 꺼내어 책을 고르고 그대로 검열을 받지 않고 열람하는 형식은?

① 폐가식
② 반개가식
③ 자유개가식
④ 안전 개가식

해설

③ 자유개가식에 대한 설명

14
사무소 건축에서 3중지역 배치(triple zone layout)에 관한 설명으로 옳지 않은 것은?

① 서비스 부분을 중심에 위치하도록 한다.
② 고층사무소 건축의 전형적인 해결방식이다.
③ 부가적인 인공조명과 기계환기가 필요하다.
④ 대여사무실을 포함하는 건물에 가장 적합하다.

해설

④ 전용사무실 건물에 가장 적합하다.

15
학교 운영방식 중 종합교실형에 관한 설명으로 옳지 않은 것은?

① 교실의 이용률이 높다.
② 교실의 순수율이 높다.
③ 학생의 이동을 최소화 할 수 있다.
④ 초등학교 저학년에 적합한 형식이다.

해설

종합교실형
이용률이 높고 순수율이 낮음

16
다음 중 아파트의 평면형식에 따른 분류에 속하지 않는 것은?
① 홀형
② 집중형
③ 복도형
④ 판상형

해설
아파트의 평면형식상 분류
홀형(계단실형), 집중형, 복도형

17
우리나라 전통 한식주택에서 문꼴부분(개구부)의 면적이 큰 이유로 가장 적합한 것은?
① 겨울의 방한을 위해서
② 하절기 고온다습을 견디기 위해서
③ 출입하는데 편리하게 하기 위해서
④ 상부의 하중을 효과적으로 지지하기 위해서

해설
한식주택의 문꼴부분이 큰 이유
여름의 고온다습을 견디기 위해

18
단지계획에 있어서 교통계획의 주요 착안사항으로 옳지 않은 것은?
① 통행량이 많은 고속도로는 근린주구 단위를 분리시킨다.
② 근린주구 단위 내부로의 자동차 통과 진입을 최소화한다.
③ 2차 도로체계는 주도로와 연결하고 통과도로를 이루게 한다.
④ 단지 내의 교통량을 줄이기 위하여 고밀도지역은 진입구 주변에 배치시킨다.

해설
③ 2차 도로체계는 주도로와 연결하고 쿨데삭을 이루게 한다.

19
공장 형식 중 분관식(pavilion type)에 관한 설명으로 옳은 것은?
① 공간의 효율이 좋다.
② 공장의 신설, 확장이 용이하다.
③ 공장건설을 병행할 수 없으므로 시공기간이 길다.
④ 자재나 제품의 운반이 용이하고 흐름이 단순하다.

해설
①, ③, ④는 집중식에 대한 설명

20
주택의 현관에 관한 설명으로 옳지 않은 것은?
① 현관의 위치는 대지의 형태, 방위, 도로와의 관계에 영향을 받는다.
② 현관의 위치는 주택의 북측이 가장 좋으며 주택의 남측이나 중앙부분에는 위치하지 않도록 한다.
③ 현관의 크기는 현관에서 간단한 접객의 용무를 겸하는 이외의 불필요한 공간을 두지 않는 것이 좋다.
④ 현관의 크기는 주택의 규모와 가족의 수, 방문객의 예상 수 등을 고려한 출입량에 중점을 두어 계획하는 것이 바람직하다.

해설
② 현관의 위치로 북측은 좋지 않으며, 대지의 형태, 도로와의 관계 등에 의하여 결정된다.

제2과목 ■ 건축시공

21
보통 콘크리트용 부순 골재의 원석으로서 가장 적합하지 않은 것은?

① 현무암　　② 안산암
③ 화강암　　④ 응회암

해설
부순 골재의 원석
현무암, 안산암, 화강암
④ 응회암의 경우 강도가 약해 부순 골재로 사용하기에 부적합

22
발주자에 의한 현장관리로 볼 수 없는 것은?

① 착공신고
② 하도급계약
③ 현장회의 운영
④ 클레임 관리

해설
발주자에 의한 현장관리 제도
착공신고제도, 현장회의 운영, 클레임관리, 중간관리일

23
다음 중 화성암에 속하지 않는 것은?

① 화강암　　② 섬록암
③ 안산암　　④ 점판암

해설
석재의 종류
- 화성암 : 화강암, 안산암, 석영조면암, 섬록암
- 수성암 : 석회암, 점판암, 사암

24
콘크리트 보수 및 보강에 관한 설명으로 옳지 않은 것은?

① 주입공법은 작업의 신속성을 위하여 균열부위에 주입파이프를 설치하여 보수재를 고압고속으로 주입하는 공법이다.
② 표면처리 공법은 균열 0.2mm 이하 부위에 수지로 충전하고 균열표면에 보수재료를 씌우는 공법이다.
③ 충전공법 사용재료는 실링재, 에폭시수지 및 폴리머시멘트 모르타르 등이 있다.
④ 탄소섬유접착공법은 탄소섬유판을 에폭시수지 등으로 콘크리트 면에 부착시켜 탄소섬유판의 높은 인장 저항성으로 콘크리트를 보강하는 공법이다.

해설
주입공법에 의한 콘크리트 보수
주입부위의 천공 후 에폭시를 이용하여 20~30cm 간격으로 주입하는 공법

25
토공사용 기계에 관한 설명 중 옳지 않은 것은?

① 파워쇼벨(power shovel)은 지반보다 낮은 곳을 깊게 팔 수 있는 기계로서 보통 약 5m까지 팔 수 있다.
② 드래그라인(drag line)은 기계를 설치한 지반보다 낮은 장소 또는 수중을 굴착하는 데 사용된다.
③ 불도저(bull dozer)는 일반적으로 흙의 표면을 밀면서 깎아 단거리 운반을 하거나 정지를 한다.
④ 클램쉘(clamshell)은 수직굴착 등 일반적으로 협소한 장소의 굴착에 적합한 것으로 자갈 등의 적재에도 사용된다.

해설
파워 셔블
기계가 서 있는 위치보다 높은 곳을 굴착할 때 사용하는 장비이다.

정답 21.④　22.②　23.④　24.①　25.①

26
철골공사에서 크롬산 아연을 안료로 하고, 알키드 수지를 전색료로 한 것으로서 알루미늄 녹막이 초벌칠에 적당한 것은?
① 그래파이트 도료
② 징크로메이트 도료
③ 광명단
④ 알루미늄 도료

해설
② 징크로메이트 도료에 대한 설명

27
철골공사에서 용접봉의 내밀기, 이동 등을 기계화한 것으로, 서브머지 아크용접법에 쓰이며, 피복재 대신에 분말상의 플럭스를 쓰는 용접기기 명칭으로 옳은 것은?
① 직류아크용접기 ② 교류아크용접기
③ 자동용접기   ④ 반자동용접기

해설
③ 자동용접기에 대한 설명

28
프리스트레스트 콘크리트 공사에서 강재의 부식저항성과 관련하여 비빌 때에 프리스트레스트 콘크리트 그라우트 중에 포함되는 염화물이온의 총량은 얼마 이하를 원칙으로 하는가? (단, 건축공사 표준시방서 기준)
① 0.1kg/m³   ② 0.2kg/m³
③ 0.3kg/m³   ④ 0.4kg/m³

해설
굳지 않은 콘크리트의 염소이온량
굳지 않은 콘크리트에 포함된 염화물량은 염소이온량은 0.3kg/m³ 이하가 되어야 한다.

29
벽면적 4.8m² 크기에 1.5B 두께로 붉은 벽돌을 쌓고자 할 때 벽돌의 소요매수는? (단, 벽돌의 크기는 190×90×57mm임)
① 925매   ② 963매
③ 1,109매 ④ 1,245매

해설
벽돌의 정미량 계산
4.8×224×1.03(붉은 벽돌)=1,108장

30
가이데릭(Guy derrick)에 대한 설명 중 옳지 않은 것은?
① 기계대수는 평면높이의 가동범위·조립능력과 공기에 따라 결정한다.
② 일반적으로 붐(boom)의 길이는 마스트의 길이보다 길다.
③ 불 휠(bull wheel)은 가이데릭 하단부에 위치한다.
④ 붐(boom)의 회전각은 360°이다.

해설
가이데릭의 특성
② 붐의 길이는 마스트의 길이보다 짧다.

31
창호의 기능검사 항목과 가장 거리가 먼 것은?
① 내동해성
② 내풍압성
③ 기밀성
④ 수밀성

해설
창호의 기능검사 항목
내풍압성, 기밀성, 수밀성, 차음성, 단열성, 방화성

정답 26.② 27.③ 28.③ 29.③ 30.② 31.①

32
화살선형 네트워크의 화살표에 관한 설명 중 옳지 않은 것은?

① 화살표 밑에는 계획작업 일수를 숫자로 기재한다.
② 더미(dummy)는 화살점선으로 표시한다.
③ 화살표 위에는 결합점 번호를 기재한다.
④ 화살표의 길이는 특정한 의미가 없다.

해설
③ 화살표 위에는 작업명을 기재한다.

33
비철금속에 관한 설명 중 옳지 않은 것은?

① 동에 아연을 합금시킨 일반적인 황동은 아연함유량이 40% 이하이다.
② 구조용 알루미늄 합금은 4~5%의 동을 함유하므로 내식성이 좋다.
③ 주로 합금재료로 쓰이는 주석은 유기산에는 거의 침해되지 않는다.
④ 아연은 철강의 방식용에 피복재로서 사용할 수 있다.

해설
② 순수한 알루미늄은 내식성이 우수하나 동을 함유하고 있는 구조용 알루미늄 합금은 내식성이 좋지 않다.

34
타일공사에 관한 설명 중 옳은 것은?

① 모자이크 타일의 줄눈너비의 표준은 5mm이다.
② 벽체타일이 시공되는 경우 바닥타일은 벽체타일을 붙이기 전에 시공한다.
③ 타일을 붙이는 모르타르에 시멘트 가루를 뿌리면 백화가 방지된다.
④ 치장줄눈은 24시간이 경과한 뒤 붙임모르타르의 경화정도를 보아 시공한다.

해설
타일공사의 일반사항
① 모자이크 타일의 줄눈너비의 표준은 2mm
② 벽체타일 시공 후 바닥타일 시공
③ 모르타르에 방수제를 사용하면 백화 방지

35
건축공사에서 현장타설콘크리트 말뚝이나 수중콘크리트를 칠 경우 콘크리트 속에 2m 이상 묻혀 있도록 하여 콘크리트치기를 용이하게 하는 것은?

① 리바운드 체크
② 웰포인트
③ 트레미관
④ 드릴링 바스켓

해설
③ 트레미관에 대한 설명

36
지하연속벽 공법 중 슬러리월의 특징으로 옳은 것은?

① 인접건물의 경계선까지 시공이 불가능하다.
② 주변지반에 대한 영향이 크다.
③ 시공시의 소음·진동이 크다.
④ 일반적으로 차수효과가 뛰어나다.

해설
슬러리월 공법의 특성
① 인접건물의 경계선까지 시공이 가능하다.
② 주변지반에 대한 영향이 크지 않다.
③ 시공 시의 소음·진동이 작다.

37
벽돌공사에 관한 설명으로 옳지 않은 것은?
① 치장줄눈은 줄눈 모르타르가 충분히 굳은 후에 줄눈파기를 한다.
② 벽돌쌓기에서 하루의 쌓기 높이는 1.2m를 표준으로 한다.
③ 붉은 벽돌은 벽돌쌓기 하루 전에 물호스로 충분히 젖게 하여 표면에 습도를 유지한 상태로 준비한다.
④ 세로줄눈의 모르타르는 벽돌 마구리면에 충분히 발라 쌓도록 한다.

해설
① 치장줄눈은 모르타르가 굳기 전에 가급적 빨리 줄눈파기를 한다.

38
멤브레인 방수공법에 해당되지 않는 것은?
① 아스팔트방수 ② 콘크리트 구체방수
③ 도막방수 ④ 합성고분자 시트방수

해설
멤브레인 방수의 종류
아스팔트 방수, 합성고분자 시트 방수, 도막 방수

39
도막방수에 관한 설명으로 옳지 않은 것은?
① 도막방수의 바탕처리는 시멘트 액체방수에 준하여 실시한다.
② 도막방수에는 노출공법과 비노출법이 있다.
③ 아크릴계 도막방수는 인화성이 강하므로 시공 시 화기를 엄금한다.
④ 용제형 도막방수는 강풍이 불 경우 방수층 접착이 불량하다.

해설
아크릴계(유제형) 도막방수의 특성
용제로 수용성을 사용하므로 인화성이 약함

40
건축공사비의 원가구성 항목이 아닌 것은?
① 재료비 ② 노무비
③ 경비 ④ 도급공사비

해설
건축공사 원가구성 항목
재료비, 노무비, 경비

제3과목 ▪ 건축구조

41
지진계에 기록된 진폭을 진원의 깊이와 진앙까지의 거리 등을 고려하여 지수로 나타낸 것으로 장소에 관계없는 절대적 개념의 지진크기를 말하는 것은?
① 규모 ② 진도
③ 진원시 ④ 지진동

해설
① 지진의 규모에 대한 설명

42
그림과 같은 T형보(G_1)의 유효폭 B의 값은? (단, 슬래브 두께는 120mm, 보의 폭은 300mm)

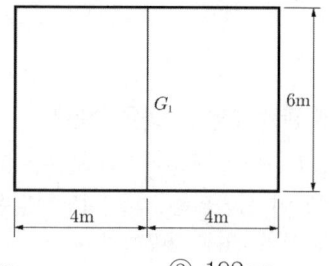

① 150cm ② 192cm
③ 222cm ④ 400cm

해설
양쪽 슬래브 T형보의 유효폭 계산
(1) $16t_f + b_w = 16 \times 12 + 30 = 222\,\text{cm}$
(2) $(400 + 400)/2 = 400\,\text{cm}$
(3) $600/4 = 150\,\text{cm}$
∴ 가장 작은 값 $b_f = 150\,\text{cm}$

43
그림과 같은 지상 4층 건물에 기둥 C_1의 1층에 발생하는 계수하중에 의한 축력을 면적법으로 구하면? (단, 보 및 기둥 자중은 무시하며, 바닥하중(지붕 하중동일)은 고정하중 = $5\,\text{kN/m}^2$, 활하중 = $3\,\text{kN/m}^2$이며 활하중 저감은 무시한다.)

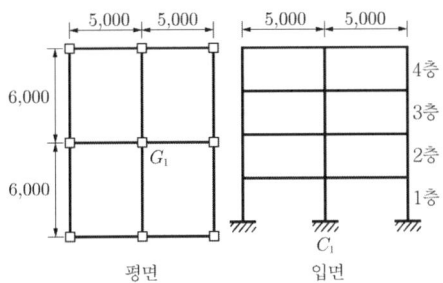

① 1,296kN ② 1,364kN
③ 1,412kN ④ 1,498kN

해설
기둥의 축력 계산
$w_u = 1.2w_D + 1.6w_L = 1.2 \times 5 + 1.6 \times 3$
$\quad = 10.8\,\text{kN/m}^2$
C_1 기둥의 축력
$P_{c1} = w_u \times 부하면적 \times 4층$
$\quad = 10.8 \times (5 \times 6) \times 4층 = 1,296\,\text{kN}$

44
건축구조용 압연강이라 하며, 건축물의 내진성능을 확보하기 위하여 항복점의 상한치 제한 등에 의한 품질의 편차를 줄이고, 용접성 및 냉간 가공성을 향상시킨 강재는?
① SM강재 ② TMCP강재
③ SS강재 ④ SN강재

해설
강재의 종류
① SM 강재 : 용접 구조용 강재
② TMCP 강재 : 제어 열처리강
③ SS 강재 : 일반 구조용 강재

45
지진하중 설계 시 밑면 전단력과 관계없는 것은?
① 유효건물중량 ② 중요도계수
③ 지반증폭계수 ④ 가스트계수

해설
지진하중의 밑면전단력 산정 요소
- 유효건물중량
- 중요도계수
- 지반증폭계수
- 지진응답계수
- 반응수정계수
- 고유주기

46
아래 그루브용접부에서 A와 D 부위의 명칭으로 옳은 것은?

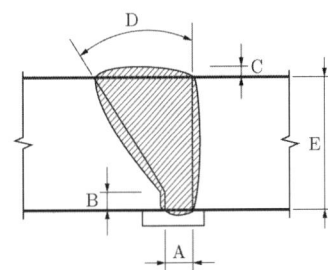

① A : 루트간격, D : 개선각
② A : 루트면, D : 유효목두께
③ A : 루트간격, D : 보강살높이
④ A : 루트면, D : 개선각

해설
그루브용접부의 명칭
- A : 루트간격
- D : 개선각
- E : 목두께

47
그림과 같은 구조에서 C단에 발생하는 모멘트는?

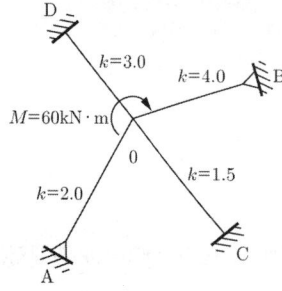

① 2.4kNm ② 5kNm
③ 6.5kNm ④ 10kNm

해설

모멘트 분배법에 의한 모멘트 계산

- 힌지의 유효강비 : $\dfrac{3}{4}K$
- $M_{oc} = \mu_{oc}M = \dfrac{K}{\sum K}M$

$$= \dfrac{1.5}{3.0+1.5+\dfrac{3}{4}(4.0+2.0)} \times 60 = 10\text{kNm}$$

- $M_{co} = \dfrac{1}{2}M_{oc} = \dfrac{1}{2} \times 10 = 5\text{kNm}$

48
단면이 $b_w \times d = 300 \times 550\text{mm}$ 콘크리트 보 부재의 최소인장철근량으로 옳은 것은? (단, KCI2012 기준, $f_{ck} = 40\text{MPa}$, $f_y = 400\text{MPa}$)

① 약 495mm^2 ② 약 577mm^2
③ 약 652mm^2 ④ 약 725mm^2

해설

최소철근량 계산

(1) $A_{s,\min} = \dfrac{0.25\sqrt{f_{ck}}}{f_y}b_wd \geq \dfrac{1.4}{f_y}b_wd$

(2) $= \dfrac{0.25\sqrt{40}}{400} \times 300 \times 550 = 652\text{mm}^2$

$\geq \dfrac{1.4}{400} \times 300 \times 550 = 577\text{mm}^2$

∴ 가장 큰 값 652mm^2

49
보통골재를 사용한 철근콘크리트 보에서 콘크리트 압축강도($f_{ck} = 24\text{MPa}$), 철근의 항복강도 ($f_y = 400\text{MPa}$)의 재료를 사용할 경우 탄성계수비는 약 얼마인가? (단, $E_s = 2 \times 10^5\text{MPa}$, KCI2012기준)

① 6.75   ② 7.75
③ 8.25   ④ 9.15

해설

탄성계수비

(1) $n = \dfrac{E_s}{E_c}$

(2) $E_c = 8,500\sqrt[3]{(f_{ck}+\Delta f)}\,(MPa)$
$f_{ck} \leq 40MPa$이면 $\Delta f = 4$
$= 8,500\sqrt[3]{(24+4)} = 25,811\text{MPa}$

(3) $n = \dfrac{200,000}{25,811} = 7.75$

50
그림과 같은 구조물에 작용되는 4개의 힘이 평형을 이룰 때 F의 크기 및 거리 x는?

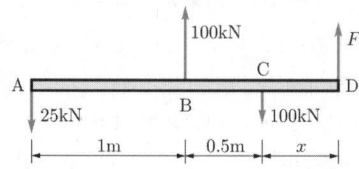

① $F=24\text{kN}$, $x=1\text{m}$
② $F=50\text{kN}$, $x=1\text{m}$
③ $F=25\text{kN}$, $x=0.5\text{m}$
④ $F=50\text{kN}$, $x=0.5\text{m}$

해설

구조물의 평형

- $\Sigma V = 0$에서 $100+x = 25+100$, $x = 25\text{kN}$
- $100kN(\downarrow)$이 작용되는 지점을 기준으로
  $\Sigma M = 0$에서 $-25 \times 1.5 + 100 \times 0.5 - 25 \times x = 0$
∴ $x = 0.5\text{m}$

정답 47.② 48.③ 49.② 50.③

51
강도설계법에서 흙에 접하는 기둥의 최소 피복두께 기준으로 옳은 것은? (단, KCI2012 기준, 프리스트레스트하지 않는 부재의 현장치기 콘크리트로서 D25인 철근임)

① 20mm ② 30mm
③ 40mm ④ 50mm

해설
피복두께
흙에 접하거나 옥외의 공기에 노출되는 콘크리트
- D19 이상 철근 : 50mm
- D16 이하 철근/철선 : 40mm

52
그림과 같은 단순보에서 중앙점의 처짐량이 2cm로 나타났다. 만일 보의 춤을 2배로 크게 하면 처짐량은 얼마로 되는가?

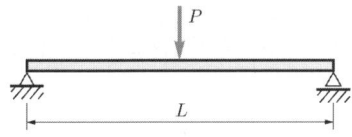

① 1cm ② 0.5cm
③ 0.25cm ④ 0.125cm

해설
처짐과 보 춤과의 관계
- 처짐식 : $\delta_{max} = \dfrac{PL^3}{48EI}$, $I = \dfrac{bh^3}{12}$ 이므로
- 처짐은 보 춤의 세제곱에 반비례함
- 따라서 보 춤을 2배로 하면 처짐은 1/8로 감소

$\therefore \delta = 2 \times \dfrac{1}{8} = 0.25\text{cm}$

53
용접 H형강 H-450×450×20×28의 플랜지 및 웨브에 대한 판폭두께비를 구하면?

① 플랜지 : 16.07, 웨브 : 14.07
② 플랜지 : 16.07, 웨브 : 19.7
③ 플랜지 : 8.04, 웨브 : 14.07
④ 플랜지 : 8.04, 웨브 : 19.7

해설
판폭두께비 계산

(1) 플랜지 $\lambda = \dfrac{B}{2t_f} = \dfrac{450}{2(28)} = 8.04$

(2) 웨브 $\lambda = \dfrac{H - 2t_f}{t_w} = \dfrac{450 - 2 \times 28}{20} = 19.7$

54
말뚝머리 지름이 400mm인 기성콘크리트 말뚝을 시공할 때 그 중심간격으로 가장 적당한 것은?

① 750mm ② 800mm
③ 900mm ④ 1,000mm

해설
말뚝의 최소 간격 기준

구분	나무말뚝	기성콘크리트 말뚝	현장타설 콘크리트말뚝
mm	600	750	D+1000
D (말뚝직경)	2.5D	2.5D	2.0D

기성콘크리트 말뚝이므로
(1) 말뚝지름의 2.5배 = 2.5×400mm = 1,000mm
(2) 750mm 이상
∴ 큰 값 1,000mm 이상

말뚝의 종류별 최소 간격 기준은 말뚝의 종류와 상관없이 2.5D로 개정되었음

55
다음과 같은 구조물의 판별로 옳은 것은? (단, 그림의 하부지점은 고정단임)

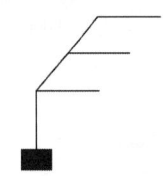

① 불안정   ② 정정
③ 1차 부정정   ④ 2차 부정정

해설
구조물 판별
$n = r + m + k - 2 \times j$에서
- 반력 수 $r = 3$ • 부재 수 $m = 6$
- 강절점 수 $k = 5$ • 절점 수 $j = 7$
$n = 3 + 6 + 5 - 2 \times 7 = 0$(정정)

56
그림과 같은 $2L_s = 90 \times 90 \times 7$ 조립압축재의 단면2차반경 r_Y는 얼마인가? (단, 개재의 중심축에 대한 단면2차반경 r_y는 27.6mm, c_y는 24.6mm)

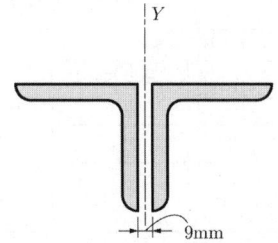

① 38.5mm   ② 40.1mm
③ 52.2mm   ④ 58.8mm

해설
조립압축재의 단면2차반경 계산
$$r_Y = \sqrt{\frac{I_Y}{2A}} = \sqrt{(r_y)^2 + (\frac{c}{2})^2}$$
$$= \sqrt{(27.6)^2 + (\frac{58.2}{2})^2} = 40.1\text{mm}$$
여기서, c는 개재의 도심간 거리로서
$c = 24.6 + 9 + 24.6 = 58.2$mm이다.

57
그림과 같은 구조물에서 모멘트가 작용하지 않는 부재(M = 0)는?

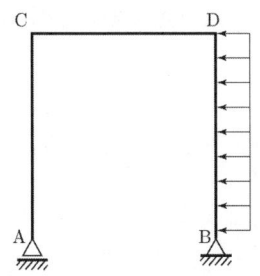

① 없음   ② CD 부재
③ BD 부재   ④ AC 부재

해설
정정라멘의 해석
A지점은 이동단이므로 수평반력은 없으며 따라서 C점의 모멘트는 0이므로 AC 부재의 모멘트는 0

58
다음 조건을 만족하는 철근콘크리트 벽체의 최소 수직철근량과 최소 수평철근량은 얼마인가? (단, KCI2012 기준)

[조건]
- 벽체 길이 : 3,000mm   • 벽체 높이 : 2,600mm
- 벽체 두께 : 200mm   • $f_y = 400$MPa, D16

① 최소 수직철근량 : 720mm², 최소 수평철근량 : 1,020mm²
② 최소 수직철근량 : 730mm², 최소 수평철근량 : 1,020mm²
③ 최소 수직철근량 : 720mm², 최소 수평철근량 : 1,040mm²
④ 최소 수직철근량 : 730mm², 최소 수평철근량 : 1,040mm²

해설
벽체의 최소 수직/수평철근량 계산
- $f_y \geq 400 MPa$이고 $D16$ 이하일 경우
  - 최소수직철근비 : 0.0012
  - 최소수평철근비 : 0.002
- 최소수직철근량 : $0.0012 \times 3,000 \times 200 = 720\text{mm}^2$
- 최소수평철근량 : $0.002 \times 2,600 \times 200 = 1,040\text{mm}^2$

정답 55.② 56.② 57.④ 58.③

59

철근콘크리트 보에서 고정하중과 활하중에 의하여 구한 설계모멘트 $M_u = 540\text{kNm}$라면 이 때의 공칭강도를 구하면? (단, 중립축의 깊이(c)는 220mm, 최외단 압축연단에서 최외단 인장철근까지의 거리(d_t)는 550mm, 철근의 항복강도(f_y)는 400MPa)

① 638kNm ② 754kNm
③ 798kNm ④ 832kNm

해설
콘크리트보의 공칭강도 계산

(1) $\epsilon_t = \left(\dfrac{d_t - c}{c}\right) \times 0.0033$
$= \left(\dfrac{550 - 220}{220}\right) \times 0.0033 = 0.00495$

$0.002 < 0.00495 < 0.005$ 이므로

(2) $\phi = 0.65 + \dfrac{200}{3}(\epsilon_t - 0.002)$
$= 0.65 + \dfrac{200}{3}(0.00495 - 0.002)$
$= 0.847$

∴ 공칭강도 $M_n = \dfrac{M_u}{\phi} = \dfrac{540}{0.847} = 638\text{kNm}$

60

x-x축에 대한 단면2차모멘트를 구하면?

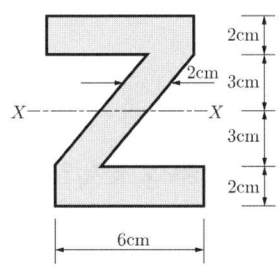

① 76cm⁴ ② 258cm⁴
③ 428cm⁴ ④ 500cm⁴

해설
단면2차모멘트 계산

$I_x = \dfrac{BH^3 - bh^3}{12} = \dfrac{6 \times 10^3 - 4 \times 6^3}{12}$
$= 428\text{cm}^4$

제4과목 · 건축설비

61

에스컬레이터에 관한 설명으로 옳지 않은 것은?

① 수송량에 비해 점유면적이 작다.
② 수송능력이 엘리베이터보다 작다.
③ 대기시간이 없고 연속적인 수송설비이다.
④ 연속 운전되므로 전원설비에 부담이 적다.

해설
② 수송능력이 엘리베이터보다 <u>10배 많다</u>.

62

흡음 및 차음에 관한 설명으로 옳지 않은 것은?

① 벽의 차음성능은 투과손실이 클수록 높다.
② 차음성능이 높은 재료는 흡음성능도 높다.
③ 벽의 차음성능은 사용재료의 면밀도에 크게 영향을 받는다.
④ 벽의 차음성능은 동일 재료에서도 두께와 시공법에 따라 다르다.

해설
흡음과 차음의 특성
흡음과 차음은 상반된 특징을 가지고 있어서, 차음성능이 높은 재료는 <u>흡음성능이 낮다</u>.

63

공기조화설비에서 사용되는 고속덕트에 관한 설명으로 옳은 것은?

① 소음 및 진동이 발생하지 않는다.
② 공기혼합상자를 설치하여야 한다.
③ 덕트 설치공간을 적게 할 수 있다.
④ 공장이나 창고에는 적용할 수 없다.

해설
고속덕트의 특성
① 소음 및 진동이 <u>발생한다</u>.
② 공기혼합상자는 <u>설치하지 않아도 상관없다</u>.
④ 공장이나 창고에도 <u>적용할 수 있다</u>.

정답 59.① 60.③ 61.② 62.② 63.③

64
공기조화방식 중 팬코일 유닛 방식에 관한 설명으로 옳지 않은 것은?

① 전수방식에 속한다.
② 덕트 샤프트와 스페이스가 반드시 필요하다.
③ 각 실에 수배관으로 인한 누수의 우려가 있다.
④ 각 실의 유닛은 수동으로도 제어할 수 있고, 개별 제어가 쉽다.

해설
② 덕트 샤프트와 스페이스가 불필요하다.

65
습공기의 상태변화에 관한 설명으로 옳지 않은 것은?

① 가열하면 엔탈피는 증가한다.
② 냉각하면 비체적은 감소한다.
③ 가열하면 절대습도는 증가한다.
④ 냉각하면 습구온도는 감소한다.

해설
③ 습공기를 가열해도 절대습도는 절대 불변

66
주철제 보일러에 관한 설명으로 옳지 않은 것은?

① 재질이 약하여 고압으로는 사용이 곤란하다.
② 섹션(section)으로 분할되므로 반입이 용이하다.
③ 재질이 주철이므로 내식성이 약하여 수명이 짧다.
④ 규모가 비교적 작은 건물의 난방용으로 사용된다.

해설
③ 내식성이 우수하고 수명이 길다.

67
다음의 옥내소화전설비에 설명 중 ( )안에 알맞은 것은?

옥내소화전방수구는 특정소방대상물의 층마다 설치하되, 해당 특정소방대상물의 각 부분으로부터 하나의 옥내소화전 방수구까지의 수평 거리가 ( )m 이하가 되도록 할 것

① 25   ② 30
③ 35   ④ 40

해설
특정소방대상물의 각 부분으로부터 하나의 옥내소화전 방수구까지의 수평거리는 25m 이하가 되도록 할 것

68
다음과 같은 특징을 갖는 배선공사는?

- 열적영향이나 기계적 외상을 받기 쉽다.
- 관자체가 절연체이므로 감전의 우려가 없다.
- 옥내의 점검할 수 없는 은폐 장소에도 사용이 가능하다.

① 금속관 공사   ② 버스덕트 공사
③ 경질비닐관 공사 ④ 라이팅덕트 공사

해설
③ 경질비닐관 공사에 대한 설명

69
온수난방에 관한 설명으로 옳지 않은 것은?

① 증기난방에 비하여 예열시간이 짧다.
② 온수의 현열을 이용하여 난방하는 방식이다.
③ 한랭지에서 운전 정지 중에 동결의 우려가 있다.
④ 온수의 순환방식에 따라 중력식과 강제식으로 구분할 수 있다.

해설
① 증기난방에 비하여 예열시간이 길다.

정답 64.② 65.③ 66.③ 67.① 68.③ 69.①

70
어느 점광원에서 1[m]떨어진 곳의 직각면 조도가 200[lx]일 때, 이 광원에서 2[m]떨어진 곳의 직각면 조도는?

① 25[lx]　　② 50[lx]
③ 100[lx]　④ 200[lx]

해설

조도에 대한 거리의 역자승 법칙

$E = \dfrac{I}{d^2}$ 에서 조도는 거리(d)의 제곱에 반비례하며, 거리가 1m에서 2m로 2배가 증가했으므로 원래 조도의 200lx에 1/4배를 하면 됨

71
비상콘센트설비에 관한 설명으로 옳지 않은 것은?

① 층수가 6층 이상인 특정소방대상물의 전층에 설치하여야 한다.
② 전원회로는 각 층에 있어서 2층 이상이 되도록 설치하는 것을 원칙으로 한다.
③ 비상콘센트는 바닥으로부터 높이 0.8m 이상 1.5m 이하의 위치에 설치한다.
④ 소방시설 중 화재를 진압하거나 인명구조활동을 위하여 사용하는 소화활동설비에 속한다.

해설

비상콘센트설비의 설치 기준
지하층을 포함하는 층수가 11층 이상인 특정소방대상물의 경우에는 11층 이상의 층에 설치함

72
고가수조 급수방식에서 물 공급 순서로 옳은 것은?

① 상수도 → 저수조 → 펌프 → 고가수조 → 위생기구
② 상수도 → 고가수조 → 펌프 → 저수조 → 위생기구
③ 상수도 → 고가수조 → 저수조 → 펌프 → 위생기구
④ 상수도 → 저수조 → 고가수조 → 펌프 → 위생기구

해설

고가수조방식의 물 공급 순서
상수도 → 저수조 → 펌프 → 고가수조 → 위생기구

73
엘리베이터 카(car)가 최상층이나 최하층에서 정상 운행 위치를 벗어나 그 이상으로 운행하는 것을 방지하기 위해 설치하는 전기적 안전장치는?

① 조속기　　　② 가이드 레인
③ 전자 브레이크　④ 최종 리밋 스위치

해설

④ 최종 리밋 스위치에 대한 설명

74
다음 설명에 알맞은 전동기는?

- 구조와 취급이 간단하고 기계적으로 견고하다.
- 가격이 비교적 싸고 운전이 대체로 쉽다.
- 건축설비에서 가장 널리 사용되고 있다.

① 유도전동기　② 동기전동기
③ 직류전동기　④ 정류자전동기

해설

① 유도전동기에 대한 설명

75
전양정 24m, 양수량 13.8m³/h인 펌프의 축동력은? (단, 펌프의 효율은 60%이다.)

① 약 0.5kW ② 약 1.0kW
③ 약 1.5kW ④ 약 3.0kW

해설

펌프의 축동력 계산

$$\frac{WQH}{6120E} = \frac{1000 \times 13.8 \times 24}{6120 \times 0.6 \times 60\text{min}} = 1.5\text{kW}$$

여기서, W : 비중량(1,000)
Q : 양수량(m³/min)
H : 전 양정
E : 효율

76
급탕설비에 관한 설명으로 옳지 않은 것은?

① 냉수, 온수를 혼합 사용해도 압력차에 의한 온도변화가 없도록 한다.
② 배관은 적정한 압력손실 상태에서 피크시를 충족시킬 수 있어야 한다.
③ 도피관에는 압력을 도피시킬 수 있도록 밸브를 설치하고 배수는 직접배수로 한다.
④ 밀폐형 급탕시스템에는 온도상승에 의한 압력을 도피시킬 수 있는 팽창탱크 등의 장치를 설치한다.

해설

③ 도피관의 도중에는 절대로 밸브를 설치해서는 안 되며 배수는 간접배수로 한다.

77
배수수직관 내의 압력변화를 방지 또는 완화하기 위해, 배수수직관으로부터 분기·입상하여 통기수직관에 접속하는 도피통기관은?

① 각개통기관   ② 신정통기관
③ 결합통기관   ④ 루프통기관

해설

③ 결합통기관에 대한 설명

78
건축물의 에너지절약을 위한 기계부문의 권장 사항으로 옳지 않은 것은?

① 냉방기기는 전력피크 부하를 줄일 수 있도록 한다.
② 난방 순환수 펌프는 가능한 한 대수제어 또는 가변속제어방식을 채택한다.
③ 폐열회수를 위한 열회수설비를 설치할 때에는 중간기에 대비한 바이패스(by-pass) 설비를 설치한다.
④ 위생설비 급탕용 저탕조의 설계온도는 65℃이하로 하고 필요한 경우에는 부스터 히터 등으로 승온하여 사용한다.

해설

④ 급탕용 저탕조의 설계온도는 55℃ 이하로 한다.

79
베르누이(Bernoulli)의 정리를 가장 올바르게 표현한 것은?

① 유체가 갖고 있는 운동에너지는 흐름 내 어디에서나 일정하다.
② 유체가 갖고 있는 운동에너지와 중력에 의한 위치에너지의 총합은 흐름 내 어디에서나 일정하다.
③ 유체가 갖고 있는 운동에너지, 중력에 의한 위치에너지의 총합은 흐름 내 어디에서나 압력에너지와 같다.
④ 유체가 갖고 있는 운동에너지, 중력에 의한 위치에너지 및 압력에너지의 총합은 흐름 내 어디에서나 일정하다.

해설

베르누이 정리
유체의 속력은 좁은 통로를 흐를 때 증가하고 넓은 통로를 흐를 때 감소하며, 유체의 속력이 증가하면 유체의 압력이 낮아지고, 반대로 속력이 감소하면 내부 압력이 높아진다.

80
주위온도가 일정 온도 이상으로 되면 동작하는 자동화재탐지설비의 감지기는?

① 이온화식 감지기
② 차동식 스폿 감지기
③ 정온식 스폿 감지기
④ 광전식 스폿 감지기

해설
자동화재 탐지설비의 감지기 종류
- 정온식 : 실온이 일정온도 이상 상승
- 차동식 : 주위온도가 일정한 온도상승률 이상

제5과목 ▪ 건축관계법규

81
건축법령 상 건축을 하는 경우 조경 등의 조치를 하지 아니할 수 있는 건축물 기준으로 옳지 않은 것은? (단, 면적이 200m² 이상인 대지에 건축을 하는 경우)

① 축사
② 녹지지역에 건축하는 건축물
③ 연면적의 합계가 2000m² 미만인 공장
④ 면적 5000m² 미만인 대지에 건축하는 공장

해설
조경 미설치 대상 건축물
- 축사
- 녹지지역에 건축하는 건축물
- 연면적의 합계가 1,500m² 미만인 공장
- 면적 5,000m² 미만인 대지에 건축하는 공장
- 가설건축물

82
국토의 계획 및 이용에 관한 법령에 따른 용도지구에 속하지 않는 것은?

① 보호지구
② 취락지구
③ 시설용지지구
④ 특정용도제한지구

해설
용도지구의 종류
- 경관지구, 고도지구, 방화지구
- 방재지구, 보호지구, 취락지구
- 개발진흥지구, 특정용도제한지구, 복합용도지구

83
문화 및 집회시설 중 공연장의 개별관람실의 출구를 다음과 같이 설치하였을 경우, 옳지 않은 것은? (단, 개별관람실의 바닥면적이 800m²인 경우)

① 출구는 모두 바깥여닫이로 하였다.
② 관람석별로 2개소 이상 설치하였다.
③ 각 출구의 유효너비를 1.6m로 하였다.
④ 각 출구의 유효너비의 합계를 4.5m로 하였다.

해설
공연장 개별관람실의 출구 기준
① 출구는 안여닫이로 해서는 안 됨
② 2개소 이상 설치해야 함
③ 각 출구의 유효너비는 1.5m 이상으로 해야 함
④ 개별관람실 출구의 유효너비의 합계는
$$\frac{800m^2}{100m^2} \times 0.6m = 4.8m$$

84
다음 중 기계식 주차장의 세분에 속하지 않는 것은?

① 지하식
② 지평식
③ 건축물식
④ 공작물식

해설
주차장 형태
- 자주식 주차장 : 지하식, 지평식, 건축물식
- 기계식 주차장 : 지하식, 건축물식, 공작물식

85
국토의 계획 및 이용에 관한 법령상 다음과 같이 정의되는 용어는?

> 개발로 인하여 기반시설이 부족할 것으로 예상되나 기반시설을 설치하기 곤란한 지역을 대상으로 건폐율이나 용적률을 강화하여 적용하기 위하여 지정하는 구역

① 시가화조정구역
② 개발밀도관리구역
③ 기반시설부담구역
④ 지구단위계획구역

해설
② 개발밀도관리구역에 대한 설명

86
다음은 건축물의 사용승인에 관한 기준 내용이다. ( ) 안에 알맞은 것은?

> 건축주가 허가를 받았거나 신고를 한 건축물의 건축공사를 완료한 후 그 건축물을 사용하려면 공사감리자가 작성한 (㉠)와 국토 교통부령으로 정하는 (㉡)를 첨부하여 허가권자에게 사용승인을 신청하여야 한다.

① ㉠ 설계도서, ㉡ 시방서
② ㉠ 시방서, ㉡ 설계도서
③ ㉠ 감리완료보고서, ㉡ 공사완료도서
④ ㉠ 공사완료도서, ㉡ 감리완료보고서

해설
건축물의 사용승인
건축주가 허가를 받았거나 신고를 한 건축물의 건축공사를 완료한 후 그 건축물을 사용하려면 공사감리자가 작성한 <u>감리완료보고서</u>와 국토 교통부령으로 정하는 <u>공사완료도서</u>를 첨부하여 허가권자에게 사용승인을 신청하여야 한다.

87
시설면적이 9000m²인 종합병원에 설치하여야 하는 부설주차장의 최소 주차대수는?

① 45대
② 60대
③ 90대
④ 100대

해설
부설주차장 최소 설치대수
의료시설(종합병원) : 시설면적 <u>150m²당 1대</u>
$\therefore \dfrac{9,000\text{m}^2}{150\text{m}^2} = 60$대

88
국토의 계획 및 이용에 관한 법령상 일반상업 지역에서 건축할 수 있는 건축물은?

① 묘지 관련 시설
② 자연순환 관련 시설
③ 의료시설 중 요양병원
④ 자동차 관련 시설 중 폐차장

해설
일반상업지역에 건축할 수 없는 건축물
- 묘지 관련 시설
- 자연순환 관련 시설
- 자동차 관련 시설 중 폐차장
- 공장

89
주거지역의 세분 중 중층주택을 중심으로 편리한 주거환경을 조성하기 위하여 필요한 지역은?

① 제1종 일반주거지역
② 제2종 일반주거지역
③ 제1종 전용주거지역
④ 제2종 전용주거지역

정답 85.② 86.③ 87.② 88.③ 89.②

해설

주거지역 세분

전용주거지역	제1종	단독주택중심의 양호한 주거환경을 보호
	제2종	공동주택중심의 양호한 주거환경을 보호
일반주거지역	제1종	저층주택중심으로 편리한 주거환경을 조성
	제2종	중층주택중심으로 편리한 주거환경을 조성
	제3종	중·고층주택을 중심으로 편리한 주거환경을 조성
준주거지역		주거기능을 주로 하면서 상업·업무기능의 보완

90

건축법령 상 다음과 같이 정의되는 용어는?

건축물의 건축·대수선·용도변경, 건축설비의 설치 또는 공작물의 축조에 관한 공사를 발주하거나 현장관리인을 두어 스스로 그 공사를 하는 자

① 건축주 ② 건축사
③ 설계자 ④ 공사시공자

해설
① 건축주에 대한 설명

91

건축허가신청에 필요한 기본설계도서 중 건축계획서에 표시하여야 할 사항으로 옳지 않은 것은?

① 주차장 규모
② 공개공지 및 조경계획
③ 건축물의 용도별 면적
④ 지역·지구 및 도시계획사항

해설
건축계획서에 표시하여야 할 사항
- 건축물의 용도별 면적
- 주차장 규모
- 지역·지구 및 도시계획 사항
- 건축물의 규모(건축면적·연면적·층수 등)

92

국토교통부장관이 정한 범죄예방 기준에 따라 건축하여야 하는 대상 건축물에 속하지 않는 것은?

① 수련시설
② 공동주택 중 기숙사
③ 업무시설 중 오피스텔
④ 숙박시설 중 다중생활시설

해설
범죄예방 기준에 따라 건축하는 건축물
- 수련시설
- 다가구주택, 아파트, 연립주택 및 다세대주택
- 업무시설 중 오피스텔
- 숙박시설 중 다중생활시설
- 문화 및 집회시설(동·식물원은 제외)
- 노유자시설

93

다음은 건축법령 상 지하층의 정의 내용이다. ( ) 안에 알맞은 것은?

"지하층"이란 건축물의 바닥이 지표면 아래에 있는 층으로서 바닥에서 지표면까지 평균 높이가 해당 층 높이의 ( )이상인 것을 말한다.

① 2분의 1
② 3분의 1
③ 3분의 2
④ 4분의 3

해설
"지하층"이란 건축물의 바닥이 지표면 아래에 있는 층으로서 바닥에서 지표면까지 평균 높이가 해당 층 높이의 1/2 이상인 것을 말한다.

94
그림과 같은 거실의 평균 반자 높이는? (단, 단위는 m)

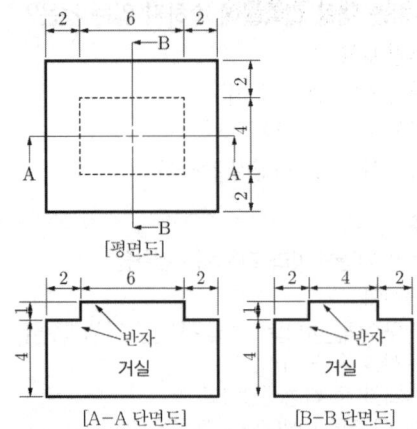

① 4.3m ② 4.6m
③ 4.9m ④ 5.2m

해설

평균 반자 높이

가중평균 반자높이 = $\dfrac{\text{실의 체적}}{\text{실의 단면적}}$

$\dfrac{[(2+4+2)\times(2+6+2)\times 4]+(6\times 4\times 1)}{(2+4+2)\times(2+6+2)} = 4.3\text{m}$

95
너비 8m 미만인 도로의 모퉁이에 위치한 대지의 도로모퉁이 부분의 건축선은 그 대지에 접한 도로경계선의 교차점으로부터 도로경계선에 따라 다음의 표에 따른 거리를 각각 후퇴한 두 점을 연결한 선으로 한다. ( ) 안의 숫자로 옳은 것은? (단, 도로의 교차각이 90° 미만인 경우)

해당 도로의 너비	교차되는 도로의 너비
6m 이상 8m 미만	
(㉠)m	6m 이상 8m 미만
(㉡)m	4m 이상 6m 미만

① ㉠ 2, ㉡ 2   ② ㉠ 3, ㉡ 2
③ ㉠ 3, ㉡ 3   ④ ㉠ 4, ㉡ 3

해설

도로의 모퉁이에 있는 건축선 지정

도로의 교차각	당해 도로의 너비		교차되는 도로의 너비
	6m 이상 8m 미만	4m 이상 6m 미만	
90° 미만	4	3	6m 이상 8m 미만
	3	2	4m 이상 6m 미만
90° 이상 120° 미만	3	2	6m 이상 8m 미만
	2	2	4m 이상 6m 미만

96
건축법령 상 제2종 근린생활시설에 속하는 것은?

① 도서관   ② 미술관
③ 한의원   ④ 일반음식점

해설

제2종 근린생활시설의 종류
- 일반음식점
- 사진관, 표구점
- 장의사, 동물병원, 동물미용실
- 독서실, 기원

97
건축물의 내부에 설치하는 피난계단의 구조에 관한 기준 내용으로 옳지 않은 것은?

① 계단은 내화구조로 하고 피난층 또는 지상까지 직접 연결되도록 할 것
② 계단실의 실내에 접하는 부분의 마감은 불연재료 또는 준불연재료로 할 것
③ 건축물의 내부에서 계단실로 통하는 출입구의 유효너비는 0.9m 이상으로 할 것
④ 계단실은 창문·출입구 기타 개구부를 제외한 당해 건축물의 다른 부분과 내화구조의 벽으로 구획할 것

해설

② 계단식의 실내에 접하는 부분의 마감은 <u>불연재료로</u> 할 것

98

전용주거지역이나 일반주거지역에서 건축물을 건축하는 경우, 건축물의 높이 10m 이하인 부분은 정북(正北) 방향으로의 인접 대지경계선으로부터 최소 얼마 이상 띄워 건축하여야 하는가?

① 1m
② 1.5m
③ 2m
④ 3m

해설

정북방향의 인접대지 경계선으로부터 띄어야 하는 거리
- 높이 10m 이하 : 1.5m 이상
- 높이 10m 초과 : 당해 건축물 각 부분 높이의 1/2 이상

99

건축물의 대지는 원칙적으로 최소 얼마 이상이 도로에 접하여야 하는가? (단, 자동차만의 통행에 사용되는 도로는 제외)

① 1m
② 1.5m
③ 2m
④ 3m

해설

건축물의 대지는 원칙적으로 최소 2m 이상 도로에 접해야 함

100

주차장법령 상 다음과 같이 정의되는 주차장의 종류는?

> 도로의 노면 또는 교통광장(교차점 광장만 해당)의 일정한 구역에 설치된 주차장으로서 일반(一般)의 이용에 제공되는 것

① 노외주차장
② 노상주차장
③ 부설주차장
④ 기계식주차장

해설

② 노상주차장에 대한 설명

정답 98.② 99.③ 100.②

ARCHITECTURAL ENGINEER

2017
출제문제

2017 제1회 건축기사

2017년 3월 5일 시행

제1과목 • 건축계획

01
건축계획단계에서의 조사방법에 관한 설명으로 옳지 않은 것은?
① 설문조사를 통하여 생활과 공간 간의 대응관계를 규명하는 것은 생활행동 행위의 관찰에 해당된다.
② 주거단지에서 어린이들의 행동특성을 조사하기 위해서는 생활행동 행위 관찰 방식이 일반적으로 적절하다.
③ 이용상황이 명확하게 기록되어 있는 시설의 자료 등을 활용하는 것은 기존자료를 통한 조사에 해당된다.
④ 건물의 이용자를 대상으로 설문을 작성하여 조사하는 방식은 생활과 공간의 대응관계 분석에 유효하다.

해설
①은 설문지법에 해당함

02
자연형 테라스 하우스에 관한 설명으로 옳지 않은 것은?
① 각 세대마다 전용의 정원을 가질 수 있다.
② 하향식이나 상향식 모두 스플릿 레벨이 가능하다.
③ 하향식의 경우 각 세대의 규모를 동일하게 할 수 없다.
④ 일반적으로 후면에 창을 설치할 수 없으므로 각 세대 깊이가 너무 깊지 않도록 한다.

해설
③ 하향식의 경우 각 세대의 규모를 동일하게 <u>할 수 있음</u>

03
호텔의 퍼블릭 스페이스(public space) 계획에 관한 설명으로 옳지 않은 것은?
① 로비는 개방성과 다른 공간과의 연계성이 중요하다.
② 프론트 데스크 후방에 프론트 오피스를 연속시킨다.
③ 주식당은 외래객이 편리하게 이용할 수 있도록 출입구를 별도로 설치한다.
④ 프론트 오피스는 기계화된 설비보다는 많은 사람을 고용함으로서 고객의 편의와 능률을 높여야 한다.

해설
④ 현대 호텔의 프론트 오피스는 <u>기계화된 설비를 적극 활용</u>하여 고객의 편의와 능률을 높이는 추세임

04
바실리카식 교회당의 구성에 속하지 않는 것은?
① 아일   ② 파일론
③ 트란셉트   ④ 나르텍스

해설
바실리카식 교회당의 구성요소
아일, 트란셉트, 나르텍스, 콰이어, 네이브

정답 01.① 02.③ 03.④ 04.②

05
종합병원의 건축계획에 관한 설명으로 옳지 않은 것은?
① 간호사의 보행거리는 24m 이내가 되도록 한다.
② 외래진료부는 환자의 이용이 편리하도록 1층 또는 2층 이하에 둔다.
③ 일반적으로 병원건축의 시설규모는 입원환자의 병상수에 의해 결정된다.
④ 병동 배치방식 중 분관식(pavilion type)은 동선이 짧게 되는 이점이 있다.

해설
④ 분관식은 동선이 길게 되는 단점이 있음

06
은행의 건축계획에 관한 설명으로 옳지 않은 것은?
① 고객이 지나는 동선은 되도록 짧게 한다.
② 직원과 고객의 출입구는 따로 설치하는 것이 좋다.
③ 규모가 큰 건물에 은행을 계획하는 경우, 고객 출입구는 최소 2개소 이상 설치하여야 한다.
④ 일반적으로 출입문은 안여닫이로 하며, 전실을 둘 경우에 바깥문은 밖여닫이 또는 자재문으로 하기도 한다.

해설
③ 대규모의 은행일지라도 고객 출입구는 되도록 1개소로 함

07
현존하는 우리나라 목조건물 중 가장 오래된 것은?
① 봉정사 극락전   ② 법주사 팔상전
③ 부석사 무량수전 ④ 화엄사 보광대전

해설
봉정사 극락전의 특성
- 현존하는 가장 오래된 목조 건축물
- 고려시대 주심포식 건축물

08
학교운영방식 중 교과교실형에 관한 설명으로 옳지 않은 것은?
① 교실의 순수율이 높다.
② 학생들의 동선계획에 많은 고려가 필요하다.
③ 시간표 짜기와 담당교사 수 맞추기가 용이하다.
④ 학생 소지품을 두는 곳을 별도로 만들 필요가 있다.

해설
③ 시간표 짜기와 담당교사 수 맞추기가 어렵다.

09
다음 설명에 알맞은 도서관의 자료 출납시스템 유형은?

> 이용자가 직접 서고 내의 서가에서 도서자료의 제목 정도는 볼 수 있지만 내용을 열람하고자 할 경우 관원에게 대출을 요구해야 하는 형식

① 폐가식   ② 반개가식
③ 자유개가식   ④ 안전개가식

해설
② 반개가식에 대한 설명

10
백화점 매장의 배치 유형에 관한 설명으로 옳지 않은 것은?
① 직각형 배치는 매장 면적의 이용률을 최대로 확보할 수 있다.
② 직각형 배치는 고객의 통행량에 따라 통로 폭을 조절하기 용이하다.
③ 경사형 배치는 많은 고객이 매장공간의 코너까지 접근하기 용이한 유형이다.
④ 경사형 배치는 Main 통로를 직각 배치하며, Sub 통로를 45° 정도 경사지게 배치하는 유형이다.

정답 05.④ 06.③ 07.① 08.③ 09.② 10.②

해설
② 직각형 배치는 고객의 통행량에 따라 통로 폭을 조절하기 어렵다.

11
미술관의 연속순로 형식에 관한 설명으로 옳은 것은?
① 각 실을 필요시에는 자유로이 독립적으로 폐쇄할 수 있다.
② 평면적인 형식으로 2, 3개 층의 입체적인 방법은 불가능하다.
③ 많은 실을 순서별로 통하여야 하는 불편이 있으나 공간 절약의 이점이 된다.
④ 중심부에 하나의 큰 홀을 두고 그 주위에 각 전시실을 배치하여 자유로이 출입하는 형식이다.

해설
① 코리도 형식
② 2, 3개 층의 입체적인 방법도 가능하다.
④ 중앙 홀 형식

12
극장의 평면형 중 애리나(arena)형에 관한 설명으로 옳은 것은?
① picture frame stage라고도 불리운다.
② 무대의 배경을 만들지 않으므로 경제적이다.
③ 연기자가 한 쪽 방향으로만 관객을 대하게 된다.
④ 투시도법을 무대공간에 응용함으로써 하나의 구상화와 같은 느낌이 들게 한다.

해설
①, ③, ④는 프로시니움형에 대한 설명

13
사무소 건축에서 오피스 랜드스케이핑에 관한 설명으로 옳지 않은 것은?
① 대형가구 등 소리를 반향시키는 기재의 사용이 어렵다.
② 작업장의 집단을 자유롭게 그루핑하여 불규칙한 평면을 유도한다.
③ 변화하는 작업의 패턴에 따라 조절이 가능하며 신속하고 경제적으로 대처할 수 있다.
④ 개실시스템의 한 형식으로 배치를 의사전달과 작업흐름의 실제적 패턴에 기초를 둔다.

해설
④ 오피스 랜드스케이핑은 개방식 배치의 일종

14
다음 설명에 알맞은 사무소 건축의 코어 유형은?

- 코어와 일체로 한 내진구조가 가능한 유형이다.
- 유효율이 높으며, 임대사무소로서 경제적인 계획이 가능하다.

① 편심형   ② 독립형
③ 분리형   ④ 중심형

해설
④ 중심코어에 대한 설명

15
래드번(Radburn) 계획의 5가지 기본원리로 옳지 않은 것은?
① 기능에 따른 4가지 종류의 도로 구분
② 자동차 통과도로 배제를 위한 슈퍼블록 구성
③ 보도망 형성 및 보도와 차도의 평면적 분리
④ 주택단지 어디로나 통할 수 있는 공동 오픈 스페이스 조성

해설
③ 보도와 차도의 입체적 분리

16
주택 부엌의 작업 삼각형(work triangle)에 관한 설명으로 옳지 않은 것은?

① 3변의 길이의 합은 7~8m 정도가 기능적이다.
② 삼각형의 한 변의 길이는 1.8m 이하가 바람직하다.
③ 냉장고, 개수대, 레인지의 중간 지점을 연결한 삼각형이다.
④ 삼각형의 한 변 길이가 너무 길어지면 동선이 길어지므로 기능상 좋지 않다.

해설
① 작업 삼각형의 적정 길이는 <u>3.6~6.6m</u> 정도

17
공장건축에 관한 설명으로 옳은 것은?

① 계획 시부터 장래 증축을 고려하는 것이 필요하며 평면형은 가능한 요철이 많은 것이 유리하다.
② 재료반입과 제품반출 동선은 동일하게 하고 물품 동선과 사람 동선은 별도로 하는 것이 바람직하다.
③ 외부인 동선과 작업원 동선은 동일하게 하고, 견학자는 생산과 교차하지 않는 동선을 확보하도록 한다.
④ 자연환기방식의 경우 환기방법은 채광형식과 관련하여 건물형태를 결정하는 매우 중요한 요소가 된다.

해설
① 평면형은 가능한 요철이 <u>적은 것</u> 유리함
② 재료의 반입과 반출 동선은 <u>분리함</u>
③ 외부인 동선과 작업원 동선은 <u>분리함</u>

18
전통적인 주택의 골목길을 적층(積層) 주택인 아파트에 구현하고자 했던 설계어휘는?

① 진입광장　　　② 공중가로
③ eco-bridge　　④ 데크식 주차장

해설
② 공중가로에 대한 설명

19
다음 공공 도서관에서 능률적인 작업용량을 고려할 경우, 200,000권의 책을 수장하는 서고의 바닥면적으로 가장 적당한 것은?

① $300m^2$　　② $500m^2$
③ $600m^2$　　④ $1,000m^2$

해설
서고 면적 계산
서고 $1m^2$당 200권이므로
200,000권÷200권=$1,000m^2$

20
서양 건축양식의 역사적인 순서가 옳게 배열된 것은?

① 로마 → 로마네스크 → 고딕 → 르네상스 → 바로크
② 로마 → 고딕 → 로마네스크 → 르네상스 → 바로크
③ 로마 → 로마네스크 → 고딕 → 바로크 → 르네상스
④ 로마 → 고딕 → 로마네스크 → 바로크 → 르네상스

해설
시대별 건축양식
이집트 → 서아시아 → 그리스 → 로마 → 초기기독교 → 비잔틴 → 로마네스크 → 고딕 → 르네상스 → 바로크 → 로코코

정답 16.① 17.④ 18.② 19.④ 20.①

제2과목 ■ 건축시공

21
다음 시멘트 중 시멘트 분말의 비표면적이 가장 큰 것은?

① 보통 포틀랜드 시멘트
② 중용열 포틀랜드 시멘트
③ 조강 포틀랜드 시멘트
④ 백색 포틀랜드 시멘트

해설
조강 포틀랜드 시멘트의 비표면적이 가장 커서 수화반응이 가장 빠름

22
시험말뚝박기에서 다음 항목 중 말뚝의 허용지지력 산출에 거의 영향을 주지 않는 것은?

① 추의 낙하높이　② 말뚝의 길이
③ 말뚝의 최종관입량　④ 추의 무게

해설
말뚝의 허용지지력 산출에 영향을 주는 요소
- 추의 낙하높이
- 말뚝의 최종관입량
- 추의 무게

23
멤브레인 방수에 속하지 않는 방수공법은?

① 시멘트 액체방수
② 합성고분자 시트방수
③ 도막방수
④ 시트 도막 복합방수

해설
멤브레인 방수의 종류
- 합성고분자 시트방수
- 도막방수
- 시트 도막 복합방수
- 아스팔트 방수

24
공동도급방식(Joint Venture)에 관한 설명으로 옳은 것은?

① 2명 이상의 수급자가 어느 특정공사에 대하여 협동으로 공사계약을 체결하는 방식이다.
② 발주자, 설계자, 공사관리자의 세 전문집단에 의하여 공사를 수행하는 방식이다.
③ 발주자와 수급자가 상호신뢰를 바탕으로 팀을 구성하여 공동으로 공사를 수행하는 방식이다.
④ 공사수행방식에 따라 설계/시공(D/B)방식과 설계/관리(D/M)방식으로 구분한다.

해설
공동도급방식
2명 이상의 수급자가 협동으로 공사계약

25
콘크리트 타설 후 부재가 건조수축에 대하여 내·외부의 구속을 받지 않도록 일정 폭을 두어 어느 정도 양생한 후 남겨둔 부분을 콘크리트로 채워 처리하는 조인트는?

① Construction Joint　② Delay Joint
③ Cold Joint　④ Expansion Joint

해설
② Delay Joint에 대한 설명

26
건축공사의 공사원가 계산방법으로 옳지 않은 것은?

① 재료비 = 재료량 × 단위당 가격
② 경비 = 소요(소비)량 × 단위당 가격
③ 고용보험료 = 재료비 × 고용보험요율(%)
④ 일반관리비 = 공사원가 × 일반관리비율(%)

해설
③ 고용보험 = 인건비(급여) × 고용보험요율

27
아래 공종 중 건설현장의 공사비 절감을 위해 집중분석해야 하는 공종이 아닌 것은?

> A. 공사비 금액이 큰 공종
> B. 단가가 높은 공종
> C. 시행실적이 많은 공종
> D. 지하공사 등의 어려움이 많은 공종

① A ② B
③ C ④ D

해설
공사비 절감을 위해서는 공사비가 많이 소요되거나 어려운 공종 등을 집중분석해야 함

28
고강도 콘크리트공사에 사용되는 굵은 골재에 대한 품질기준으로 옳지 않은 것은? (단, 건축공사표준시방서 기준)

① 절대건조밀도 : $2.5g/cm^3$
② 흡수율 : 3.0% 이하
③ 점토량 : 0.25% 이하
④ 씻기시험에 의한 손실량 : 1.0% 이하

해설
② 흡수율 : 2% 이하
※ 잔골재의 흡수율 : 3% 이하

29
금속재료의 종류와 특성에 관한 설명으로 옳지 않은 것은?

① 구조용 특수강이란 강의 탄소량을 0.5% 이하로 하고 니켈, 망간, 규소, 크롬, 몰리브덴 등의 금속원소 1~2종을 약 5% 이하로 첨가한 것을 말한다.
② 스테인리스강은 공기 및 수중에서 잘 부식되지 않는 강을 말하며, 일반적으로 전기저항이 작고 열전도율이 높으며 경도에 비해 가공성이 우수하다
③ 내후성강은 대기 중에서의 내식성을 보통강보다 2~6배 증대시키면서 보통강과 동등 이상의 재질, 가공성, 용접성 등을 갖게 한 강재이다
④ TMCP 강재는 탄소당량이 낮음에도 불구하고 용접성을 개선하여 용접성이 우수하며, 강재의 두께가 증가하더라도 항복강도의 저하가 없도록 한 것이다.

해설
② 스테인리스강은 열전도율이 낮으며 외부 충격에 대해 강한 특징이 있음

30
네트워크 공정표에서 작업의 상호관계만을 도시하기 위하여 사용하는 화살선을 무엇이라 하는가?

① event ② dummy
③ activity ④ critical path

해설
② dummy에 대한 설명

31
창면적이 클 때에는 스틸바(steel bar)만으로는 부족하며, 또한 여닫을 때의 진동으로 유리가 파손될 우려가 있으므로 이것을 보강하고 외관을 꾸미기 위하여 강판으로 중공형으로 접어 가로 또는 세로로 대는 것을 무엇이라 하는가?

① mullion ② ventilator
③ gallery ④ pivot

해설
① mullion에 대한 설명

정답 27.③ 28.② 29.② 30.② 31.①

32
수밀콘크리트의 물결합재비 기준으로 옳은 것은? (단, 건축공사표준시방서 기준)

① 40% 이하   ② 45% 이하
③ 50% 이하   ④ 55% 이하

해설

물결합재비
- 수밀콘크리트 : 50% 이하
- 경량콘크리트 : 60% 이하

33
합성고무와 열가소성수지를 사용하여 1겹으로 방수 효과를 내는 공법은?

① 도막방수
② 시트방수
③ 아스팔트방수
④ 표면도포방수

해설

② 시트방수에 대한 설명

34
목재의 무늬나 바탕의 재질을 잘 보이게 하는 도장 방법은?

① 유성페인트 도장
② 에나멜페인트 도장
③ 합성수지 페인트 도장
④ 클리어 래커 도장

해설

무늬나 바탕의 재질을 잘 보이게 하기 위해서는 투명한 도장인 클리어 래커를 사용함

35
유리섬유(glass fiber)에 관한 설명으로 옳지 않은 것은?

① 단위면적에 따른 인장강도는 다르고, 가는 섬유일수록 인장강도는 크다.
② 탄성이 적고 전기절연성이 크다.
③ 내화성, 단열성, 내수성이 좋다.
④ 경량이면서 굴곡에 강하다.

해설

④ 유리섬유는 강도가 세지만 굴곡에 약한 취성을 갖고 있음

36
건설공사에 사용되는 시방서에 관한 설명으로 옳지 않은 것은?

① 시방서는 계약서류에 포함되지 않는다.
② 시방서는 설계도서에 포함된다.
③ 시방서에는 공법의 일반사항, 유의사항 등이 기재된다.
④ 시방서에 재료 메이커를 지정하지 않아도 된다.

해설

① 설계도서에 포함되는 시방서는 계약서류에도 포함됨

37
콘크리트의 블리딩에 관한 설명으로 옳지 않은 것은?

① 콘크리트 타설 후 비교적 가벼운 물건이나 미세한 물질 등이 상승하는 현상을 의미한다.
② 콘크리트의 물시멘트비가 클수록 블리딩량은 증대한다.
③ 콘크리트의 컨시스턴시가 클수록 블리딩량은 증대한다.
④ 단위시멘트량이 많을수록 블리딩량은 크다.

해설

④ 단위시멘트량이 많을수록 블리딩량은 작다.

38
클라이밍 폼의 특징에 대한 설명으로 옳지 않은 것은?
① 고소작업 시 안정성이 높다.
② 거푸집 해체 시 콘크리트에 미치는 충격이 적다.
③ 초기투자비가 적은 편이다.
④ 비계설치가 불필요하다.

해설
③ 초기 투자비가 <u>많은 편이다</u>.

39
철근콘크리트 건축물이 6m×10m 평면에 높이가 4m일 때 동바리 소요량은 몇 공 m³가 되는가?
① 216　② 228
③ 240　④ 264

해설
동바리량(공 m³)
상층 슬래브 바닥 밑면적×높이×0.9
=6×10×4×0.9=216 공 m³

40
지하연속벽(slurry wall)에 관한 설명으로 옳지 않은 것은?
① 차수성이 우수하다.
② 비교적 지반조건에 좌우되지 않는다.
③ 소음, 진동이 적고, 벽체의 강성이 높다.
④ 공사비가 타 공법에 비하여 저렴하고 공기가 단축된다.

해설
④ 공사비가 타 공법에 비해 <u>많이 소요됨</u>

제3과목 ▪ 건축구조

41
그림과 같은 하중을 받는 단순보에서 E점의 전단력 값은?

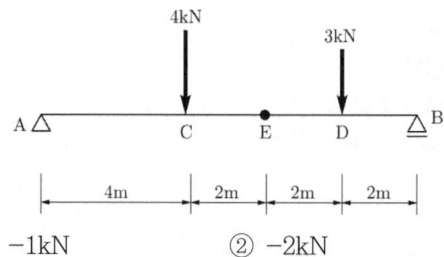

① −1kN　② −2kN
③ −3kN　④ −4kN

해설
전단력 계산
$\Sigma M_B = 0$
$R_A \times 10 - 4 \times 6 - 3 \times 2 = 0,\ R_A = 3\text{kN}(\uparrow)$
$V_E = 3 - 4 = -1\text{kN}$

42
다음과 같은 조건에서 철근콘크리트 보의 인장철근의 최대 허용 배근 간격은 얼마인가? (단, 철근은 보의 인장부에만 배근하고 피복두께는 40mm이다.)

- 일반환경 조건 ($k_{cr} = 210$)　• $f_{ck} = 28\text{MPa}$
- $f_y = 400\text{MPa}$　• $f_s = (2/3)f_y$
- $A_s = 1548.5\text{mm}^2$ (4-D22)

① 106.7mm　② 163.5mm
③ 195.3mm　④ 239.1mm

해설
인장철근의 최대 배근 간격
$s_1 = 375\left(\dfrac{k_{cr}}{f_s}\right) - 2.5C_c = 375 \times \dfrac{210}{\frac{2}{3} \times 400} - 2.5 \times 40$
$= 195.3\text{mm}$
$s_2 = 300\left(\dfrac{k_{cr}}{f_s}\right) = 300 \times \dfrac{210}{\frac{2}{3} \times 400} = 236.2\text{mm}$

∴ 작은 값인 195.3mm

43
다음 그림과 같은 인장재의 순단면적을 구하면? (단, F10T-M20 볼트 사용(표준구멍), 판의 두께는 6mm임)

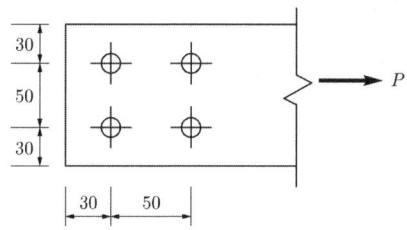

① 296mm² ② 396mm²
③ 426mm² ④ 536mm²

해설
인장재의 순단면적 계산
$A_n = A_g - nd_0 t$
$\quad = 110 \times 6 - 2 \times 22 \times 6 = 396 \text{mm}^2$

44
철골구조의 기둥-보 접합부의 구성요소와 가장 거리가 먼 것은?
① 엔드플레이트(End Plate)
② 다이아프램(Diaphragm)
③ 스플릿티(Split Tee)
④ 메탈터치(Metal touch)

해설
메탈터치의 용도
④ 메탈터치는 상하 기둥부재의 이음부에 사용되는 이음을 말함

45
다음 중 내진 I 등급 구조물의 허용층간변위로 옳은 것은? (단, h_{sx}는 x층 층고)

① $0.005 h_{sx}$ ② $0.010 h_{sx}$
③ $0.015 h_{sx}$ ④ $0.020 h_{sx}$

해설
내진구조물의 허용층간변위
- 내진 특등급 : $0.010 h_{sx}$
- 내진 I등급 : $0.015 h_{sx}$
- 내진 II등급 : $0.020 h_{sx}$

46
그림과 같은 내민보에 집중하중이 작용할 때 A점의 처짐각 θ_A를 구하면?

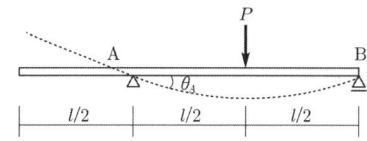

① $\dfrac{PL^2}{4EI}$ ② $\dfrac{PL^2}{16EI}$
③ $\dfrac{PL^2}{128EI}$ ④ $\dfrac{PL^2}{256EI}$

해설
보의 처짐각 해석
내민보의 캔틸레버 부분은 전혀 하중에 대해 저항하지 못하므로 A점의 처짐각 계산 시 없는 것으로 가정하여 단순보로 계산해도 무방함
$\therefore \theta_A = \dfrac{PL^2}{16EI}$

47
강도설계법에서 깊은 보는 순경간 l_n이 부재깊이의 몇 배 이하인 부재인가?
① 2배 ② 3배
③ 4배 ④ 5배

해설
깊은 보
$\dfrac{l_n}{d}$이 4 이하인 부재를 말함

48
다음 중 철골구조의 소성설계와 관계 없는 것은?
① 형상계수(Form factor)
② 소성힌지(Plastic hinge)
③ 붕괴기구(Collapse mechanism)
④ 잔류응력(Residual stress)

해설
잔류응력
가공이나 열처리를 한 재료의 내부에 생긴 응력으로 소성설계와는 관계없음

49
그림과 같은 구조물에서 AE 부재와 EB 부재의 전단력의 차이는?

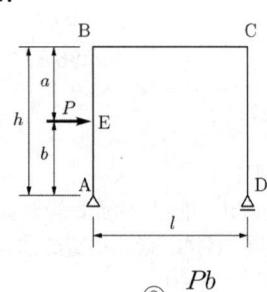

① $\dfrac{Pa}{l}$ ② $\dfrac{Pb}{l}$
③ P ④ 0

해설
전단력 계산
D점이 이동단이므로 수평반력이 없고, $H_A = P$
- AE 부재 : $V = P$
- EB 부재 : $V = P - P = 0$
∴ 전단력의 차이는 P

50
$f_{ck} = 27$MPa, $f_y = 400$MPa, $d = 550$mm인 철근콘크리트 단근직사각형 보에서 균형철근비 ρ_b를 구하면? (단, $E_s = 2.0 \times 10^5 MPa$)

① 0.0260   ② 0.0286
③ 0.0325   ④ 0.0352

해설
균형철근비 계산
$$\rho_b = (0.85\beta_1)\left(\dfrac{f_{ck}}{f_y}\right)\left(\dfrac{660}{660+f_y}\right)$$
$$= (0.85 \times 0.80) \times \dfrac{27}{400} \times \dfrac{660}{660+400}$$
$$= 0.0286$$
여기서, $\beta_1 = 0.80 \,(\because f_{ck} \leq 40)$

51
그림과 같은 사다리꼴 단면형의 도심(圖心)의 위치 y를 나타내는 식은?

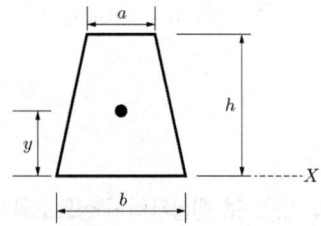

① $y = \dfrac{h}{3} \times \dfrac{2a+b}{a+b}$ ② $y = \dfrac{h}{3} \times \dfrac{a+2b}{a+b}$

③ $y = \dfrac{h}{3} \times \dfrac{a+b}{2a+b}$ ④ $y = \dfrac{h}{3} \times \dfrac{a+b}{a+2b}$

해설
사다리꼴의 도심
$G_x = Ay_o = A_1 y_{o1} + A_2 y_{o2}$

$y_o = \dfrac{A_1 y_{o1} + A_2 y_{o2}}{A_1 + A_2}$

$= \dfrac{a \times h \times \dfrac{h}{2} + \dfrac{1}{2} \times (b-a) \times h \times \dfrac{h}{3}}{a \times h + \dfrac{1}{2} \times (b-a) \times h}$

$= \dfrac{\left(\dfrac{2a+b}{6}\right)h^2}{\left(\dfrac{a+b}{2}\right)h} = \dfrac{2h(2a+b)}{6(a+b)} = \dfrac{h(2a+b)}{3(a+b)}$

정답 48.④ 49.③ 50.② 51.①

52
압축이형철근(D19)의 기본정착길이를 구하면? (단, D19의 단면적 : 287mm², $f_{ck}=21\text{MPa}$, $f_y=400\text{MPa}$)

① 674mm ② 570mm
③ 482mm ④ 415mm

해설

압축철근의 기본정착길이 계산

$l_{db} = \dfrac{0.25 d_b f_y}{\lambda \sqrt{f_{ck}}} \geq 0.043 d_b f_y$ 에서

(1) $l_{db} = \dfrac{0.25 d_b f_y}{\lambda \sqrt{f_{ck}}} = \dfrac{0.25 \times 19 \times 400}{1 \times \sqrt{21}} = 414.6\text{mm}$

(2) $l_{db} = 0.043 d_b f_y = 0.043 \times 19 \times 400 = 326.8\text{mm}$

∴ 이 중 큰 값 414.6mm

53
탄성계수가 10^5MPa이고 균일한 단면을 가진 부재에 인장력이 작용하여 10MPa의 인장응력이 발생하였다. 이 때 부재의 길이가 0.5mm 늘어났다면 부재의 원래 길이는?

① 2m ② 5m
③ 8m ④ 10m

해설

단면의 성질

- $E = \dfrac{\sigma}{\epsilon} \rightarrow \epsilon = \dfrac{\sigma}{E}$
- $\dfrac{\Delta L}{L} = \dfrac{\sigma}{E} \rightarrow L = \Delta L \times \dfrac{E}{\sigma}$
- $L = 0.5 \times \dfrac{100,000}{10} \times 10^{-3} = 5\text{m}$

54
그림과 같은 철골구조에서 $K_B/K_C = 0$일 때 기둥의 좌굴길이는? (단, 수평력에 의해 수평변형이 생길 때)

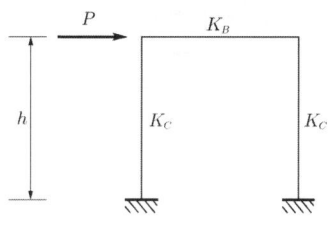

① 0.5h ② 0.7h
③ 1.0h ④ 2.0h

해설

기둥의 좌굴길이

수평력에 의해 수평변형이 생기므로 K_c 부재는 캔틸레버로 볼 수 있음
따라서 좌굴길이는 2.0h

55
KBC 2016에 따른 말뚝재료별 구조세칙에 관한 내용으로 옳지 않은 것은?

① 현장타설 콘크리트말뚝을 배치할 때 중심간격은 말뚝머리지름의 1.5배 이상 또한 말뚝머리지름에 500mm를 더한 값 이상으로 한다.
② 나무말뚝은 갈라짐 등의 흠이 없는 생통나무 껍질을 벗긴 것으로 말뚝머리에서 끝마구리까지 대체로 균일하게 지름이 변화하고 끝마구리 지름이 120mm 이상의 것을 사용한다.
③ 기성 콘크리트 말뚝을 타설할 때 그 중심간격은 말뚝머리지름의 2.5배 이상 또한 750mm 이상으로 한다.
④ 매입말뚝을 배치할 때 그 중심간격은 말뚝머리지름의 2배 이상으로 한다.

해설

현장타설 콘크리트말뚝의 중심간격
- 말뚝머리지름의 <u>2.0배 이상</u>
- 말뚝머리지름에 <u>1,000mm</u>를 더한 값 이상

말뚝의 종류별 최소 간격 기준은 말뚝의 종류와 상관없이 2.5D로 개정되었음

56
그림에서 파단선 a-1-2-3-d의 인장재의 순단면적은? (단, 판두께는 10mm, 구멍지름은 22mm)

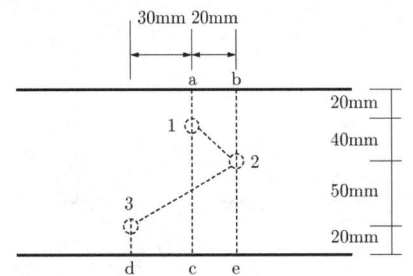

① 690mm² ② 790mm²
③ 890mm² ④ 990mm²

해설

인장재의 순단면적 계산

파단선 a-1-2-3-d의 순단면적

$$A_n = A_g - nd_0 t + \Sigma \frac{s^2 \times t}{4g}$$

$$= 130 \times 10 - 3 \times 22 \times 10 + \frac{20^2 \times 10}{4 \times 40} + \frac{50^2 \times 10}{4 \times 50}$$

$$= 790 \text{mm}^2$$

57
다음 그림과 같은 구조물의 판별로 옳은 것은?

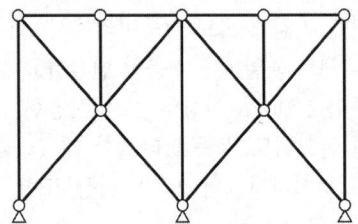

① 불안정 ② 정정
③ 1차 부정정 ④ 2차 부정정

해설

부정정차수에 의한 구조물의 판별

부정정차수 $n = r + m + k - 2j$

반력수 : 5, 부재수 : 17, 강절점수 : 0, 절점수 : 10

$n = 5 + 17 - 2 \times 10 = 2$차 부정정

58
보통중량콘크리트를 사용한 그림과 같은 보의 단면에서 외력에 의해 휨균열을 일으키는 균열모멘트(M_{cr}) 값으로 옳은 것은? (단, $f_{ck} = 27$MPa, $f_y = 400$MPa, 철근은 개략적으로 도시되었음)

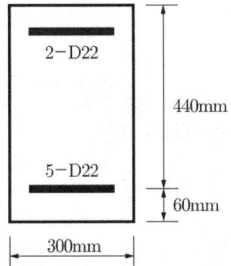

① 29.5kNm ② 34.7kNm
③ 40.9kNm ④ 52.4kNm

해설

균열모멘트 계산

$$f_r = 0.63 \times \sqrt{27} = 3.27 \text{N/mm}^2$$

$$Z = \frac{300 \times 500^2}{6} = 1.25 \times 10^7 \text{mm}^3$$

$$M_{cr} = f_r \times Z = 3.27 \times 125 \times 10^5 \times 10^{-6}$$

$$= 40.9 \text{kNm}$$

59
강구조 용접에서 용접 개시점과 종료점에 용착금속에 결함이 없도록 임시로 부착하는 것은?

① 엔드탭(End tap)
② 오버랩(Overlap)
③ 뒷댐재(Backing Strip)
④ 언더컷(Under cut)

해설

① 엔드탭에 대한 설명

정답 56.② 57.④ 58.③ 59.①

60

표준갈고리를 갖는 인장 이형철근(D13)의 기본정착 길이는? (단, D13의 공칭지름 : 12.7mm, f_{ck} = 27MPa, f_y = 400MPa, β = 1.0, m_c = 2,300kg/m³)

① 190mm ② 205mm
③ 220mm ④ 235mm

해설

표준갈고리의 기본정착길이

$$L_{hb} = \frac{0.24\,\beta\,d_b\,f_y}{\lambda\sqrt{f_{ck}}} = \frac{0.24 \times 1.0 \times 12.7 \times 400}{1.0 \times \sqrt{27}}$$
$$= 234.6\text{mm}$$

제4과목 ■ 건축설비

61

220/380V 전원을 공급하는 빌딩 및 공장의 전등 및 동력용 간선으로 가장 많이 사용되는 배선방식은?

① 단상 2선식 ② 단상 3선식
③ 3상 3선식 ④ 3상 4선식

해설

④ 3상 4선식 : 빌딩 및 공장의 전등 및 동력용 간선으로 가장 많이 사용

62

공기조화설비의 에너지 절약방법 중 배열을 회수하여 이용하는 방식은?

① 변유량 방식 ② 외기냉방 방식
③ 전열교환 방식 ④ 전력수요제어 방식

해설

③ 전열교환 방식에 대한 설명

63

다음 설명에 알맞은 접지의 종류는?

> 기능상 목적이 서로 다르거나 동일한 목적의 개별 접지들을 전기적으로 서로 연결하여 구현한 접지 시스템

① 단독접지 ② 공통접지
③ 통합접지 ④ 종별접지

해설

③ 통합접지에 대한 설명

64

수량 20m³/h를 양수하는데 필요한 펌프의 구경은? (단, 양수펌프 내 유속은 2m/s로 한다.)

① 30mm ② 40mm
③ 50mm ④ 60mm

해설

펌프의 구경 계산

$$d = 1.13\sqrt{\frac{Q}{V}} = \sqrt{\frac{4Q}{V\pi}}\,(\text{m})$$

Q : 양수량(m³/sec)
V : 유속(m/sec)

$$d = \sqrt{\frac{4 \times 20}{2 \times \pi \times 3{,}600}} = 0.060\text{m} = 60\text{mm}$$

65

양수량이 1m³/min 전양정이 50m인 펌프에서 회전수를 1.2배 증가시켰을 때 양수량은?

① 1.2배 증가 ② 1.44배 증가
③ 1.73배 증가 ④ 2.4배 증가

해설

펌프의 회전수와 여러 물리량과의 관계
전동기의 회전수가 증가하면,
- 양수량 : 회전수에 비례하여 증가
- 전양정 : 회전수의 제곱에 비례하여 증가
- 축마력 : 회전수의 3제곱에 비례하여 증가

정답 60.④ 61.④ 62.③ 63.③ 64.④ 65.①

66
에스컬레이터의 좌우에 설치되어 있으며 스텝을 주행시키는 역할을 하는 것은?
① 스텝 체인　② 핸드레일
③ 스커트가드　④ 가이드레일

해설
① 스텝 체인에 대한 설명

67
압력수조 급수방식에 관한 설명으로 옳지 않은 것은?
① 정전 시 급수가 곤란하다.
② 고가수조가 필요 없어 미관상 좋다.
③ 고가수조방식에 비해 급수압의 변동이 크다.
④ 고가수조방식에 비해 수조의 설치위치에 제한이 많다.

해설
④ 고가수조방식에 비해 수조의 설치위치에 제한이 <u>적다</u>.

68
바닥 복사난방에 관한 설명으로 옳지 않은 것은?
① 천장이 높은 실의 난방에는 사용할 수 없다.
② 실내의 온도분포가 비교적 균등하고 쾌감도가 높다.
③ 예열시간이 길어 일시적인 난방에는 바람직하지 않다.
④ 방열기를 설치하지 않아 실내 바닥 면의 이용도가 높다.

해설
① 복사난방은 천장이 높은 실의 난방에도 사용할 수 <u>있다</u>.

69
냉각탑에 관한 설명으로 옳은 것은?
① 고압의 액체냉매를 증발시켜 냉동효과를 얻게 하는 설비이다.
② 증발기에서 나온 수증기를 냉각시켜 물이 되도록 하는 설비이다.
③ 대기 중에서 기체냉매를 냉각시켜 액체 냉매로 응축하기 위한 설비이다.
④ 냉매를 응축시키는데 사용된 냉각수를 재사용하기 위하여 냉각시키는 설비이다.

해설
냉각탑
냉매를 응축시키는 <u>냉각수를 재사용하기 위해 냉각</u>시키는 설비

70
이중덕트방식에 관한 설명으로 옳은 것은?
① 부하감소에 따라 송풍량이 감소된다.
② 부하변동에 따른 적응속도가 느리다.
③ 혼합손실로 인한 에너지 소비량이 크다.
④ 부하특성이 다른 여러 실에 적용하기 곤란하다.

해설
이중덕트방식의 특성
혼합손실로 인한 <u>에너지 다소비형</u>이다.

71
급탕 배관의 신축이음의 종류에 속하지 않는 것은?
① 루프형　② 칼라형
③ 슬리브형　④ 벨로즈형

해설
배관 신축이음의 종류
스위블, 루프, 슬리브, 벨로즈형 이음

72

연결송수관설비의 방수구에 관한 설명으로 옳지 않은 것은?

① 방수구의 위치표시는 표시등 또는 축광식 표지로 한다.
② 호스접결구는 바닥으로부터 0.5m 이상 1m 이하의 위치에 설치한다.
③ 개폐기능을 가진 것으로 설치하여야 하며, 평상시 닫힌 상태를 유지하도록 한다.
④ 연결송수관설비의 전용방수구 또는 옥내소화전 방수구로서 구경 50mm의 것으로 설치한다.

해설
연결송수관의 구경은 최소 100mm를 유지함

73

다음 중 상대습도(RH) 100%에서 그 값이 같지 않은 온도는?

① 건구온도　　② 효과온도
③ 습구온도　　④ 노점온도

해설
상대습도 100%일 때
• 건구온도, 습구온도, 노점온도는 모두 동일
• 효과온도 : 습도의 영향을 고려하지 않은 작용 온도

74

세정밸브식 대변기의 최소 급수관경은?

① 15A　　② 20A
③ 25A　　④ 32A

해설
세정밸브식(플러시 밸브식)
대변기에 사용하며 최소 급수관경은 25A

75

환기에 관한 설명으로 옳지 않은 것은?

① 외부 풍속이 커지면 환기량은 많아진다.
② 실내외 온도차가 크면 환기량은 작아진다.
③ 중성대란 중력환기에서 실내외의 압력이 같아지는 위치이다.
④ 자연환기량은 중성대로부터 공기유입구 또는 유출구까지의 높이가 클수록 많아진다.

해설
② 실내외 온도차가 크면 환기량은 많아진다.

76

건구온도가 25℃인 실내공기 8000m³/h와 건구온도 31℃인 외부공기 2000m³/h를 단열혼합하였을 때 혼합공기의 건구온도는?

① 24.8℃　　② 26.2℃
③ 27.5℃　　④ 29.8℃

해설
혼합공기의 온도 계산
$$Q_1 \times t_1 + Q_2 \times t_2 = (Q_1 + Q_2) \times t_3$$
$$t_3 = \frac{Q_1 \times t_1 + Q_2 \times t_2}{Q_1 + Q_2}$$
$$= \frac{8000 \times 25 + 2000 \times 31}{8000 + 2000} = 26.2℃$$

77

어느 점광원과 1m 떨어진 곳의 수평면 조도가 200[lx]일 때, 이 광원에서 2m 떨어진 곳의 수평면 조도는?

① 25[lx]　　② 50[lx]
③ 100[lx]　　④ 200[lx]

해설
조도에 대한 거리의 역자승 법칙
$E = \dfrac{I}{d^2}$ 에서 조도는 거리(d)의 제곱에 반비례하며, 거리가 1m에서 2m로 2배로 증가했으므로 원래 조도의 200lx에 1/4배를 하면 됨

78
자동화재탐지설비의 감지기 중 감지기 주위의 온도가 일정한 온도 이상이 되었을 때 작동하는 것은?
① 차동식 감지기 ② 정온식 감지기
③ 광전식 감지기 ④ 이온화식 감지기

해설
자동화재탐지설비의 감지기 종류
- 차동식 : 주위온도가 일정한 온도상승률 이상
- 정온식 : 실온이 일정 온도 이상 상승

79
가스사용시설에서 가스계량기의 설치에 관한 설명으로 옳지 않은 것은?
① 전기접속기와 거리가 최소 30cm 이상이 되도록 한다.
② 전기점멸기와의 거리가 최소 60cm 이상이 되도록 한다.
③ 전기개폐기와의 거리가 최소 60cm 이상이 되도록 한다.
④ 전기계량기와의 거리가 최소 60cm 이상이 되도록 한다.

해설
② 전기점멸기와의 거리가 최소 30cm 이상이 되도록 한다.

80
변전실의 위치에 관한 설명으로 옳지 않은 것은?
① 습기와 먼지가 적은 곳일 것
② 전기 기기의 반출입이 용이한 곳일 것
③ 가능한 한 부하의 중심에서 먼 곳일 것
④ 외부로부터 전원의 인입이 쉬운 곳일 것

해설
③ 가능한 한 부하의 중심에서 가까운 곳일 것

제5과목 ▪ 건축관계법규

81
주차전용건축물이란 건축물의 연면적 중 주차장으로 사용되는 부분의 비율이 최소 얼마 이상인 건축물을 말하는가? (단, 주차장 외의 용도가 자동차관련시설인 경우)
① 70%   ② 80%
③ 90%   ④ 95%

해설
주차전용건축물의 주차면적 비율

건축물의 용도	주차면적 비율
건축물의 연면적 중 주차장으로 사용되는 부분	95% 이상
단독주택, 공동주택, 제1종 및 제2종 근린생활시설, 문화 및 집회시설, 종교시설, 판매시설, 운수시설, 운동시설, 업무시설, 자동차관련시설	70% 이상

82
대형건축물의 건축허가 사전승인신청 시 제출도서 중 설계설명서에 표시하여야 할 사항에 속하지 않는 것은?
① 시공방법
② 동선계획
③ 개략공정계획
④ 각부 구조계획

해설
대형건축물의 건축허가 신청 시 설계설명서 표시내용
공사개요, 사전조사사항, 건축계획(동선계획), 시공계획, 개략공정계획, 주요설비계획

정답 78.② 79.② 80.③ 81.① 82.④

83
주차대수가 300대인 기계식주차장의 진입로 또는 전면공지와 접하는 장소에 확보하여야 하는 정류장의 최소 규모는?

① 12대
② 13대
③ 14대
④ 15대

해설
기계식주차장의 정류장 확보
주차대수가 <u>20대를 초과하는 매 20대마다 1대분의 정류장을 확보</u>
따라서 $\frac{(300-20)}{20} = 14$대

84
다음은 도시·군관리계획도서 중 계획도에 관한 기준 내용이다. ( ) 안에 알맞은 것은? (단, 모든 축척의 지형도가 간행되어 있는 경우)

> 도시·군 관리계획도서 중 계획도는 (　　)의 지형도에 도시, 군사관리계획사항을 명시한 도면으로 작성하여야 한다

① 축척 100분의 1 또는 축척 500분의 1
② 축척 500분의 1 또는 축척 2천분의 1
③ 축척 1천분의 1 또는 축척 5천분의 1
④ 축척 3천분의 1 또는 축척 1만분의 1

해설
도시·군 관리계획도서 중 계획도는 <u>(축척 1천분의 1 또는 축척 5천분의 1)</u>의 지형도에 도시, 군사관리계획사항을 명시한 도면으로 작성하여야 한다.

85
용도별 건축물의 종류가 옳지 않은 것은?

① 판매시설 : 소매시장
② 의료시설 : 치과병원
③ 문화 및 집회시설 : 수족관
④ 제1종 근린생활시설 : 동물병원

해설
④ 제2종 근린생활시설 : 동물병원

86
국토의 계획 및 이용에 관한 법령에 따른 시설 중 자동차 정류장의 세분에 속하지 않는 것은?

① 고속터미널
② 화물터미널
③ 공영차고지
④ 여객자동차터미널

해설
자동차 정류장의 세분
- 여객자동차터미널
- 화물터미널
- 공영차고지
- 화물자동차 휴게소

87
제2종 일반주거지역 안에서 건축할 수 있는 건축물에 속하지 않는 것은?

① 아파트
② 노유자시설
③ 문화 및 집회시설 중 전시장
④ 문화 및 집회시설 중 관람장

해설
제2종 일반주거지역 안에서 건축할 수 있는 건축물
- 단독주택, 공동주택
- 종교시설, 노유자시설
- 제1종 근린생활시설
- 문화 및 집회시설 중 전시장(관람장은 제외)

정답 83.③ 84.③ 85.④ 86.① 87.④

88
특별피난계단의 구조에 관한 기준 내용으로 옳지 않은 것은?

① 계단은 내화구조로 하되, 피난층 또는 지상까지 직접 연결되도록 한다.
② 계단실 및 부속실의 실내에 접하는 부분의 마감은 불연재료로 한다.
③ 출입구의 유효너비는 0.9m 이상으로 하고 피난의 방향으로 열 수 있도록 한다.
④ 건축물의 내부에서 노대 또는 부속실로 통하는 출입구에는 갑종 방화문 또는 을종 방화문을 설치하고 노대 또는 부속실로부터 계단실로 통하는 출입구에는 갑종 방화문을 설치하도록 한다.

해설
최근 기준 개정으로 인한 문제 및 해설 수정
④ 건축물의 내부에서 노대 또는 부속실로 통하는 출입구에는 <u>갑종 방화문</u>을 설치하고 노대 또는 부속실로부터 계단실로 통하는 출입구에는 <u>을종 방화문 또는 갑종 방화문</u>을 설치하도록 한다.

89
공동주택의 난방설비를 개별난방방식으로 하는 경우에 관한 기준 내용으로 옳지 않은 것은?

① 보일러의 연도는 내화구조로서 공동 연도로 설치할 것
② 보일러실 윗부분에는 그 면적이 최소 1.0m² 이상인 환기창을 설치할 것
③ 기름보일러를 설치하는 경우에는 기름저장소를 보일러실 외의 다른 곳에 설치할 것
④ 보일러를 설치하는 곳과 거실 사이의 경계벽은 출입구를 제외하고는 내화구조의 벽으로 구획할 것

해설
② 보일러의 윗부분에는 그 면적이 <u>0.5m²</u> 이상인 환기창을 설치할 것

90
다음의 대지와 도로의 관계에 관한 기준 내용 중 ( ) 안에 알맞은 것은?

연면적의 합계가 2천 제곱미터(공장인 경우에는 3천 제곱미터) 이상인 건축물(축사, 작물 재배사, 그 밖의 이와 비슷한 건축물로서 건축조례로 정하는 규모의 건축물은 제외한다)의 대지는 너비 (ㄱ) 이상의 도로에 (ㄴ) 이상 접하여야 한다.

① ㄱ : 4m ㄴ : 2m
② ㄱ : 6m ㄴ : 4m
③ ㄱ : 8m ㄴ : 6m
④ ㄱ : 8m ㄴ : 4m

해설
연면적의 합계가 2,000m²(공장인 경우에는 3,000m²) 이상인 건축물의 대지는 <u>너비 6m 이상의 도로에 4m 이상</u> 접하여야 한다.
예외 축사, 작물재배사, 그 밖에 이와 비슷한 건축물로서 건축조례로 정하는 규모의 건축물

91
다음 중 특별시나 광역시에 건축할 경우, 특별시장이나 광역시장의 허가를 받아야 하는 대상 건축물은?

① 층수가 20층인 호텔
② 층수가 25층인 사무소
③ 연면적이 150,000m²인 공장
④ 연면적이 50,000m²인 공동주택

해설
특별시장/광역시장의 허가를 받아야 하는 건축물 대상
(1) 21층 이상
(2) 연면적 합계 100,000m² 이상인 건축물
예외 공장, 창고

정답 88.④ 89.② 90.② 91.②

92
건축물의 관람실 또는 집회실로부터 바깥쪽으로의 출구로 쓰이는 문을 안여닫이로 하여서는 안 되는 건축물은?

① 위락시설
② 수련시설
③ 문화 및 집회시설 중 전시장
④ 문화 및 집회시설 중 동·식물원

해설

밖으로의 출구로 사용하는 문은 안여닫이로 하여서는 안 되는 건축물
- 문화 및 집회시설(전시장 및 동·식물원은 제외)
- 장례식장
- 위락시설
- 종교시설

93
건축법령 상 다중이용건축물에 속하지 않는 것은?

① 층수가 16층인 판매시설
② 층수가 20층인 관광숙박시설
③ 종합병원으로 쓰는 바닥면적의 합계가 3,000m² 인 건축물
④ 종교시설로 쓰는 바닥면적의 합계가 5,000m² 인 건축물

해설

다중이용건축물의 기준
(1) 바닥면적 합계가 <u>5,000m² 이상</u>인 문화 및 집회시설(전시장 및 동·식물원 제외), 판매시설, 종교시설, 운수시설, 의료시설 중 종합병원, 숙박시설 중 관광숙박시설
(2) <u>16층 이상</u> 건축물

94
지하식 또는 건축물식 노외주차장에서 경사로가 직선형인 경우, 경사로의 차로 너비는 최소 얼마 이상으로 하여야 하는가? (단, 2차로인 경우)

① 5m   ② 6m
③ 7m   ④ 8m

해설

노외주차장 경사로의 차로 너비

주차형식	차선	
	1차선	2차선
직선형	3.3m 이상	6m 이상
곡선형	3.6m 이상	6.5m 이상

95
건축물의 필로티 부분을 건축법령 상 바닥면적에 산입하는 경우에 속하는 것은?

① 공중의 통행에 전용되는 경우
② 차량의 주차에 전용되는 경우
③ 업무시설의 휴식공간으로 전용되는 경우
④ 공동주택의 놀이공간으로 전용되는 경우

해설

필로티를 바닥면적에서 제외하는 경우
- 공중의 통행
- 차량의 통행·주차에 전용
- 공동주택

정답 92.① 93.③ 94.② 95.③

96
지구단위계획 중 관계 행정기관의 장과의 협의, 국토교통부장관과의 협의, 및 중앙도시계획위원회, 지방도시계획위원회 또는 공동위원회의 심의를 거치지 아니하고 변경할 수 있는 사항에 관한 기준 내용으로 옳은 것은?

① 건축선의 2m 이내의 변경인 경우
② 획지면적의 30% 이내의 변경인 경우
③ 가구면적의 20% 이내의 변경인 경우
④ 건축물 높이의 30% 이내의 변경인 경우

해설
지구단위계획 중 공동심의 면제
① 건축선의 <u>1m 이내</u>의 변경인 경우
③ 가구면적의 <u>10% 이내</u>의 변경인 경우
④ 건축물 높이의 <u>20% 이내</u>의 변경인 경우

97
건축법령 상 다음과 같은 건축물의 높이는? (단, 가로구역에서의 건축물의 높이 제한과 관련된 건축물의 높이)

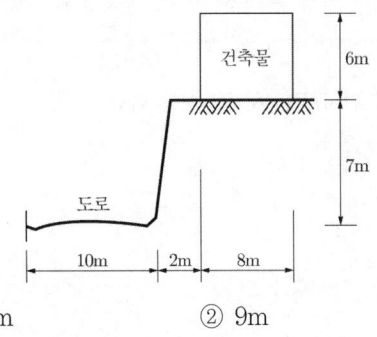

① 6m
② 9m
③ 9.5m
④ 13m

해설
건축물의 대지의 지표면이 전면도로보다 높은 경우의 높이 산정
- <u>고저차의 2분의 1의 높이만큼 올라온 위치에 그 전면도로의 면이 있는 것으로 본다.</u>
- 따라서 건축물의 높이는 $\frac{7}{2}+6=9.5\text{m}$

98
건축법령에 따른 리모델링이 쉬운 구조에 속하지 않는 것은?

① 구조체가 철골구조로 구성되어 있을 것
② 구조체에서 건축설비, 내부 마감재료 및 외부 마감재료를 분리할 수 있을 것
③ 개별 세대 안에서 구획된 실의 크기, 개수 또는 위치 등을 변경할 수 있을 것
④ 각 세대는 인접한 세대와 수직 또는 수평방향으로 통합하거나 분할할 수 있을 것

해설
리모델링이 쉬운 구조
- 구조체에서 건축설비, 내부 마감재료 및 외부 마감재료를 분리할 수 있을 것
- 개별 세대 안에서 구획된 실의 크기, 개수 또는 위치 등을 변경할 수 있을 것
- 각 세대는 인접한 세대와 수직 또는 수평방향으로 통합하거나 분할할 수 있을 것

99
건축법령 상 고층건축물의 정의로 옳은 것은?

① 층수가 30층 이상이거나 높이가 90m 이상인 건축물
② 층수가 30층 이상이거나 높이가 120m 이상인 건축물
③ 층수가 50층 이상이거나 높이가 150m 이상인 건축물
④ 층수가 50층 이상이거나 높이가 200m 이상인 건축물

해설
고층건축물 정의
- 고층 건축물 : 층수 30층 ↑이거나 높이 120m ↑
- 초고층 건축물 : 층수 50층 ↑이거나 높이 200m ↑

100

각 층의 거실면적이 1,000m²이며, 층수가 15층인 다음 건축물 중 설치하여야 하는 승용승강기의 최소 대수가 가장 많은 것은? (단, 8인승 승용승강기인 경우)

① 위락시설
② 업무시설
③ 교육연구시설
④ 문화 및 집회시설 중 집회장

해설

승용승강기 설치 대수 기준

용도	6층 이상의 거실면적 합계	
	3,000m² 이하	3,000m² 초과
공연, 집회, 관람장, 판매, 의료	2대	2+(A−3,000m²/2,000m²)대
전시장 및 동·식물원, 위락, 숙박, 업무	1대	1+(A−3,000m²/2,000m²)대
공동주택, 교육연구시설, 기타	1대	1+(A−3,000m²/3,000m²)대

정답 100.④

2017 제2회 건축기사

2017년 5월 7일 시행

제1과목 ■ 건축계획

01
백화점의 진열장 배치에 관한 설명으로 옳지 않은 것은?
① 직각배치는 매장 면적의 이용률을 최대로 확보할 수 있다.
② 사행배치는 주통로 이외의 제2통로 상하 교통계를 향해서 45° 사선으로 배치한 것이다.
③ 사행배치는 많은 고객이 매장 구석까지 가기 쉬운 이점이 있으나 이형의 진열장이 필요하다.
④ 자유유선 배치는 획일성을 탈피할 수 있으며, 변화와 개성을 추구할 수 있고 시설비가 적게 든다.

해설
④ 자유유선 배치는 시설비가 많이 소요됨

02
다음의 주요 사례에서 전시공간의 융통성을 가장 많이 부여하고 있는 것은?
① 과천 현대 미술관
② 파리 퐁피두센터
③ 파리 루브르 박물관
④ 뉴욕 구겐하임 미술관

해설
퐁피두 센터
• 리차드 로저스, 렌조피아노가 설계함
• 전시공간의 융통성을 가장 많이 부여하고 있음

03
극장의 프로시니엄에 관한 설명으로 옳은 것은?
① 무대배경용 벽을 말하며 쿠펠 호리존트라고도 한다.
② 조명기구나 사이클로라마를 설치한 연기부분 무대의 후면 부분을 일컫는다.
③ 무대의 천장 밑에 설치되는 것으로 배경이나 조명기구 등을 매다는데 사용된다.
④ 그림에 있어서 액자와 같이 관객의 시선을 무대에 쏠리게 하는 시각적 효과를 갖는다.

해설
① 사이클로라마
③ 그리드 아이언

04
백화점 계획에서 매장부분의 외관을 무창으로 하는 이유로 옳지 않은 것은?
① 실내의 조도를 일정하게 하기 위해서
② 벽면에 상품 전시공간을 확보하기 위해서
③ 인접건물의 화재 시 백화점으로의 인화를 방지하기 위해서
④ 창으로부터 역광이 없도록 하여 디스플레이(display)를 유지하게 하기 위해서

해설
③은 해당 없음

정답 01.④ 02.② 03.④ 04.③

05

능률적인 작업용량으로서 10만 권을 수장할 도서관 서고의 면적으로 가장 알맞은 것은?

① 350m² ② 500m²
③ 800m² ④ 950m²

해설

서고 면적 계산
서고 1m²당 200권이므로
100,000권÷200권=500m²

06

병원건축의 병동 배치형식 중 집중식(block type)에 관한 설명으로 옳지 않은 것은?

① 재난 시 환자의 피난이 용이하다.
② 병동에서의 조망을 확보할 수 있다.
③ 대지를 효과적으로 이용할 수 있다.
④ 공조설비가 필요하게 되어 설비비가 높다.

해설

① 재난 시 환자의 피난이 어렵다.

07

사무소 건축에서 엘리베이터 계획 시 고려사항으로 옳지 않은 것은?

① 수량 계산 시 대상 건축물의 교통수요량에 적합해야 한다.
② 승객의 층별 대기시간은 평균 운전간격 이상이 되게 한다.
③ 군 관리운전의 경우 동일 군내의 서비스 층은 같게 한다.
④ 초고층, 대규모 빌딩인 경우는 서비스 그룹을 분할(조닝)하는 것을 검토한다.

해설

② 승객의 층별 대기시간은 평균 운전간격 이하가 되게 한다.

08

다음의 건축물과 양식의 연결이 옳지 않은 것은?

① 판테온 - 로마 양식
② 파르테논 신전 - 그리스 양식
③ 성 소피아 성당 - 비잔틴 양식
④ 노트르담 성당 - 로마네스크 양식

해설

④ 노트르담 성당 : 고딕 양식

09

일반주택의 동선계획에 관한 설명으로 옳지 않은 것은?

① 하중이 큰 가사노동의 동선은 길게 처리한다.
② 동선에는 공간이 필요하고 가구를 둘 수 없다.
③ 일반적으로 동선의 3요소라 함은 속도, 빈도, 하중을 의미한다.
④ 개인, 사회, 가사노동권의 3개 동선은 서로 분리하는 것이 바람직하다.

해설

① 하중이 큰 가사노동의 동선은 짧게 처리함

10

아파트의 평면형식 중 계단실형에 관한 설명으로 옳은 것은?

① 대지에 대한 이용률이 가장 높은 유형이다.
② 통행을 위한 공용 면적이 크므로 건물의 이용도가 낮다.
③ 각 세대가 양쪽으로 개구부를 계획할 수 있는 관계로 통풍이 양호하다.
④ 엘리베이터를 공용으로 사용하는 세대가 많으므로 엘리베이터의 효율이 높다.

해설

① 집중형   ② 편복도형   ④ 중복도형

11
주거단지의 도로형식에 관한 설명으로 옳지 않은 것은?

① 격자형은 가로망의 형태가 단순·명료하고, 가구 및 획지 구성상 택지의 이용효율이 높다.
② 쿨데삭(Cul-de-sac)형은 각 가구와 관계없는 자동차의 진입을 방지할 수 있다는 장점이 있다.
③ 루프(Loop)형은 우회도로가 없는 쿨데삭형의 결점을 개량하여 만든 패턴으로 도로율이 높아지는 단점이 있다.
④ T자형은 도로의 교차방식을 주로 T자 교차로 한 형태로 통행거리가 짧아 보행자전용도로와의 병용이 불필요하다.

해설
④ T자형은 통행거리가 <u>길어</u> 보행자전용도로와의 <u>병용이 필요하다</u>.

12
한국건축에 관한 설명으로 옳지 않은 것은?

① 대부분의 한국건축은 인간적 척도 개념을 나타내는 특징이 있다.
② 기둥의 안쏠림으로 건축의 외관에 시지각적인 안정감을 느끼게 하였다.
③ 한국건축은 서양건축과 달리 박공면이 정면이 되고 지붕면이 측면이 된다.
④ 한국건축은 공간의 위계성이 있어 각 공간의 관계가 주(主)와 종(從)의 관계를 갖는다.

해설
③ 박공면이 정면이 되고 지붕면이 측면이 되는 것은 <u>서양건축의 특징</u>

13
초기 기독교 시기의 바실리카 양식의 본당의 평면도에서 회랑의 중앙부분을 나타내는 용어는?

① 아일(Aisle)
② 네이브(Nave)
③ 아트리움(Atrium)
④ 페디먼트(Pediment)

해설
바실리카식 교회당의 구성요소
- 네이브 : 회랑의 중앙부분
- 아일 : 네이브 옆의 공간으로 열주로 구분됨
- 아트리움 : 주위가 아케이드로 둘러져 있음
- 나르텍스 : 회당의 앞부분

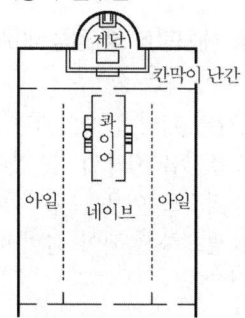

14
극장에서 인형극이나 아동극 및 연극과 같이 배우의 표정과 동작을 자세히 감상할 필요가 있는 공연에 적합한 가시거리의 한계는?

① 10m   ② 15m
③ 22m   ④ 38m

해설
② <u>생리적 한계(15m)</u> : 인형극, 아동극

15
호텔 건축에 관한 설명으로 옳은 것은?
① 호텔의 동선에서 물품동선과 고객동선은 교차시키는 것이 좋다.
② 프런트 오피스는 수평동선이 수직동선으로 전이되는 공간이다.
③ 현관은 퍼블릭 스페이스의 중심으로 로비, 라운지와 분리하지 않고 통합시킨다.
④ 주식당은 숙박객 및 외래객을 대상으로 하며, 외래객이 편리하게 이용할 수 있도록 출입구를 별도로 설치하는 것이 좋다.

해설
① 물품동선과 고객동선은 분리함
② 수평동선이 수직동선으로 전이되는 공간은 엘리베이터 홀이다.
③ 현관은 로비, 라운지와 분리함

16
건축공간의 치수계획에서 "압박감을 느끼지 않을 만큼의 천장 높이 결정"은 다음 중 어디에 해당하는가?
① 물리적 스케일
② 생리적 스케일
③ 심리적 스케일
④ 입면적 스케일

해설
③ 심리적 스케일에 대한 설명

17
공장건축의 레이아웃(layout)에 관한 설명으로 옳지 않은 것은?
① 제품중심의 레이아웃은 대량생산에 유리하며 생산성이 높다.
② 레이아웃은 장래 공장규모의 변화에 대응한 융통성이 있어야 한다.
③ 공정중심의 레이아웃은 다품종 소량생산이나 주문생산에 적합한 형식이다.
④ 고정식 레이아웃은 기능이 동일하거나 유사한 공정, 기계를 접합하여 배치하는 방식이다.

해설
④ 기능이 동일하거나 유사한 공정, 기계를 접합하여 배치하는 방식은 공정중심(기계설비중심) 레이아웃에 대한 설명

18
2층 단독주택에서 1층에 부모가, 2층에 자녀들이 거주할 경우 가족의 단란에 가장 영향을 줄 수 있는 요소는?
① 계단의 배치
② 침실의 방위
③ 건물의 층고
④ 식당과 부엌의 연결방법

해설
① 계단의 위치에 따라 가족이 마주칠 수 있는 기회가 결정되어 단란에 가장 영향을 끼침

19
학교운영방식 중 플래툰 형에 관한 설명으로 옳은 것은?
① 교실수는 학급수와 동일하다.
② 초등학교 저학년에 가장 적합한 형식이다.
③ 교과 담임제와 학급 담임제를 병용할 수 있는 형식이다.
④ 모든 교실이 특정한 교과 수업을 위해 만들어진 형식으로, 일반교실은 없다.

해설
①, ② 종합교실형
④ 교과교실형

20
사무소건축의 기준층 평면형태 결정요소와 가장 거리가 먼 것은?
① 방화구획상 면적
② 구조상 스팬의 한도
③ 대피상 최소 피난거리
④ 덕트, 배선, 배관 등 설비 시스템상의 한계

해설
③ 대피상 <u>최대</u> 피난거리가 해당됨

제2과목 · 건축시공

21
공사현장의 가설건축물에 관한 설명으로 옳지 않은 것은?
① 하도급자 사무실은 후속공정에 지장이 없는 현장사무실과 가까운 곳에 둔다.
② 시멘트 창고는 통풍이 되지 않도록 출입구 외에는 개구부 설치를 금하고, 벽, 천장, 바닥에는 방수, 방습처리한다.
③ 변전소는 안전상 현장사무실에서 가능한 멀리 위치시킨다.
④ 인화성 재료저장소는 벽, 지붕, 천장의 재료를 방화구조 또는 불연구조로 하고 소화설비를 갖춘다.

해설
③ 변전소는 비상시에 대비하여 <u>현장사무실 근처에 설치함</u>

22
페인트칠의 경우 초벌과 재벌 등을 도장할 때마다 색을 약간씩 다르게 하는 주된 이유는?
① 희망하는 색을 얻기 위하여
② 색이 진하게 되는 것을 방지하기 위하여
③ 착색안료를 낭비하지 않고 경제적으로 사용하기 위하여
④ 초벌, 재벌 등 페인트칠 횟수를 구별하기 위하여

해설
④ 도장공사에서 <u>페인트칠 횟수를 구별하기 위해</u> 초벌과 재벌의 색을 약간씩 다르게 함

23
건설공사 기획부터 설계, 입찰 및 구매, 시공, 유지관리의 전 단계에 있어 업무절차의 전자화를 추구하는 종합건설정보망체계를 의미하는 것은?
① CALS   ② BIM
③ SCM   ④ B2B

해설
CALS
건설 생산활동의 전 과정을 정보화하여 네트워크를 통해 정보망을 구축하여 모든 관계자들이 이용할 수 있는 시스템

24
지질조사를 통한 주상도에서 나타나는 정보가 아닌 것은?
① N치   ② 투수계수
③ 토층별 두께   ④ 토층의 구성

해설
주상도에 나타나는 정보
N값, 토층별 두께, 토층의 구성, 지하상수위

25
목재에 사용하는 방부제에 해당되지 않는 것은?
① 크레오소트 유(Creosote oil)
② 콜타르(Coal tar)
③ 카세인(Casein)
④ P.C.P(Penta Chloro Phenol)

해설
목재에 사용하는 방부제
크레오소트 유, 콜타르, P.C.P.

26
철골부재 용접 시 겹침이음, T자이음 등에 사용되는 용접으로 목두께의 방향이 모재의 면과 45° 또는 거의 45°의 각을 이루는 것은?
① 완전용입 그루브용접
② 필릿용접
③ 부분용입 그루브용접
④ 다층용접

해설
② 필릿용접에 대한 설명

27
실비정산보수가산계약 제도의 특징이 아닌 것은?
① 설계와 시공의 중첩이 가능한 단계별 시공이 가능하다.
② 복잡한 변경이 예상되거나 긴급을 요하는 공사에 적합하다.
③ 계약체결 시 공사비용의 최대값을 정하는 최대보증한도 실비정산보수가산계약이 일반적으로 사용된다.
④ 공사금액을 구성하는 물량 또는 단위공사 부분에 대한 단가만을 확정하고 공사 완료 시 실시 수량의 확정에 따라 정산하는 방법이다.

해설
④는 단가도급에 대한 설명

28
특수콘크리트 공사에 관한 설명으로 옳지 않은 것은?
① 하루의 평균기온이 4°C 이하가 예상되는 조건일 때 한중콘크리트로 시공한다.
② 하루의 평균기온이 25°C를 초과하는 것이 예상되는 경우 서중콘크리트로 시공한다.
③ 매스콘크리트로 다루어야 할 부재치수는 일반적인 표준으로서 하단이 구속된 벽조의 경우 두께 0.8m 이상으로 한다.
④ 섬유보강 콘크리트의 시공은 품질이 얻어지도록 재료, 배합, 비비기 설비 등에 대하여 충분히 고려한다.

해설
③ 매스콘크리트의 부재치수는 평판구조인 경우에는 0.8m 이상, 하단이 구속된 벽체의 경우는 0.5m 이상으로 함

29
건설클레임과 분쟁에 관한 설명으로 옳지 않은 것은?
① 클레임의 예방대책으로는 프로젝트의 모든 단계에서 시공의 기술과 경험을 이용한 시공성 검토가 있다.
② 작업범위 관련 클레임은 주로 예상치 못했던 지하구조물의 출현이나 지반 형태로 인해 시공자가 작업 수행을 위해 입찰 시 책정된 예정 가격을 초과 부담해야 할 경우에 발생한다.
③ 분쟁은 발주자와 계약자의 상호 이견 발생 시 조정, 중재, 소송의 개념으로 진행되는 것이다.
④ 클레임의 접근절차는 사전평가단계, 근거자료 확보단계, 자료분석단계, 문서작성단계, 청구금액산출단계, 문서제출단계 등으로 진행된다.

해설
②는 현장 상이조건 클레임에 대한 설명
※ 작업범위 클레임 : 주관적인 판단에 의해 클레임의 책임문제가 모호함

정답 25.③ 26.② 27.④ 28.③ 29.②

30
블록조 벽체에 와이어메시를 가로줄눈에 묻어쌓기도 하는데 이에 관한 설명 중 옳지 않은 것은?
① 전단작용에 대한 보강이다.
② 수직하중을 분산시키는데 유리하다.
③ 블록과 모르타르의 부착성능의 증진을 위한 것이다.
④ 교차부의 균열을 방지하는데 유리하다.

해설
③ 와이어메시의 가로줄눈 묻어쌓기와 부착성능과는 무관함

31
콘크리트의 크리프에 관한 설명으로 옳지 않은 것은?
① 습도가 높을수록 크리프는 크다.
② 물-시멘트비가 클수록 크리프는 크다.
③ 콘크리트의 배합과 골재의 종류는 크리프에 영향을 끼친다.
④ 하중이 제거되면 크리프 변형은 일부 회복된다.

해설
① 습도가 낮을수록 크리프가 크다.

32
건축물에 사용되는 금속제품과 그 용도가 바르게 연결되지 않은 것은?
① 피벗 : 문의 하부 발이 닿는 부분에 대하여 문짝이 손상되는 것을 방지하는 철물
② 코너비드 : 벽, 기둥 등의 모서리에 대는 보호용 철물
③ 논슬립 : 계단에 사용하는 미끄럼 방지 철물
④ 조이너 : 천장, 벽 등의 이음새 감추기용 철물

해설
① 은 철판에 대한 설명
※ 피벗(힌지) : 보통 용수철을 쓰지 않고 문장부식으로 된 창호철물로 중량문에 주로 사용

33
건축물 외벽공사 중 커튼월 공사의 특징으로 옳지 않은 것은?
① 외벽의 경량화
② 공업화 제품에 따른 품질 제고
③ 가설비계의 증가
④ 공기단축

해설
③ 가설비계의 감소

34
콘크리트에 사용되는 혼화제 중 플라이애시의 사용에 따른 이점으로 볼 수 없는 것은?
① 유동성의 개선　② 초기강도의 증진
③ 수화열의 감소　④ 수밀성의 향상

해설
② 초기강도의 감소, 장기강도의 증진

35
방수공사에서 안방수와 바깥방수를 비교한 설명으로 옳지 않은 것은?
① 바탕 만들기에서 안방수는 따로 만들 필요가 없으나 바깥방수는 따로 만들어야 한다.
② 경제성(공사비)에서는 안방수는 비교적 저렴한 편인 반면 바깥방수는 고가인 편이다.
③ 공사시기에서 안방수는 본공사에 선행해야 하나 바깥방수는 자유로이 선택할 수 있다.
④ 안방수는 바깥방수에 비해 시공이 간편하다.

해설
공사시기
• 안방수 : 비교적 자유로움
• 바깥방수 : 본공사에 선행함

정답　30.③　31.①　32.①　33.③　34.②　35.③

36
벽돌벽에 장식적으로 구멍을 내어 쌓는 벽돌쌓기 방식은?

① 불식쌓기 ② 영롱쌓기
③ 무늬쌓기 ④ 층단떼어쌓기

해설
② 영롱쌓기에 대한 설명

37
시멘트 액체방수에 관한 설명으로 옳은 것은?

① 모체 표면에 시멘트 방수제를 도포하고 방수모르타르를 덧발라 방수층을 형성하는 공법이다.
② 구조체 균열에 대한 저항성이 매우 우수하다.
③ 시공은 바탕처리 → 혼합 → 바르기 → 지수 → 마무리 순으로 진행한다.
④ 시공 시 방수층의 부착력을 위하여 방수할 콘크리트 바탕면은 충분히 건조시키는 것이 좋다.

해설
시멘트 액체방수
시멘트 방수제 도포 → 방수 모르타르로 방수층 형성하는 공법

38
고층건축물 공사의 반복작업에서 각 작업조의 생산성을 기울기로 하는 직선으로 각 반복작업의 진행을 표시하여 전체공사를 도식화하는 기법은?

① CPM   ② PERT
③ PDM   ④ LOB

해설
④ LOB(Line of Balance)에 대한 설명

39
토공사에 적용되는 체적환산계수 L의 정의로 옳은 것은?

① $\dfrac{\text{흐트러진 상태의 체적}(m^3)}{\text{자연상태의 체적}(m^3)}$

② $\dfrac{\text{자연상태의 체적}(m^3)}{\text{흐트러진 상태의 체적}(m^3)}$

③ $\dfrac{\text{다져진 상태의 체적}(m^3)}{\text{자연상태의 체적}(m^3)}$

④ $\dfrac{\text{자연상태의 체적}(m^3)}{\text{다져진 상태의 체적}(m^3)}$

해설
체적환산계수 L
① $\dfrac{\text{흐트러진 상태의 체적}(m^3)}{\text{자연상태의 체적}(m^3)}$

40
건축재료의 수량 산출 시 적용하는 할증률이 옳지 않은 것은?

① 유리 : 1%
② 단열재 : 5%
③ 붉은벽돌 : 3%
④ 이형철근 : 3%

해설
재료별 할증률
② 단열재 : 10%

제3과목 ■ 건축구조

41
다음 그림과 같은 단순보에 등변분포하중이 작용할 때 전단력이 '0'이 되는 점에 대하여 A점으로부터의 거리를 구하면?

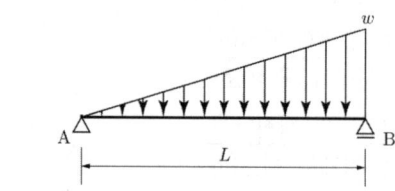

① $\dfrac{L}{\sqrt{2}}$
② $\dfrac{L}{\sqrt{3}}$
③ $\dfrac{L}{\sqrt{4}}$
④ $\dfrac{L}{\sqrt{5}}$

해설

전단력 계산
$\Sigma M_B = 0$
$R_A \times L - \dfrac{1}{2} wL \times \dfrac{L}{3} = 0, \ R_A = \dfrac{wL}{6}(\uparrow)$
$V_x = \dfrac{wL}{6} - \dfrac{1}{2}(x) \dfrac{wx}{L} = 0 \ (\because w:L = y:x)$
$x = \dfrac{L}{\sqrt{3}}$

42
그림과 같은 보에서 A점에 200kNm의 모멘트가 작용하였을 때 B점이 지지하는 모멘트 및 수직반력은?

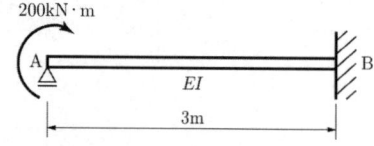

① $M_{BA} = 200\text{kNm}, \ V_B = 100\text{kN}$
② $M_{BA} = 200\text{kNm}, \ V_B = 50\text{kN}$
③ $M_{BA} = 100\text{kNm}, \ V_B = 100\text{kN}$
④ $M_{BA} = 100\text{kNm}, \ V_B = 50\text{kN}$

해설

전달모멘트와 전단력 계산
고정단으로의 전달률은 항상 1/2이므로
$M_B = \dfrac{1}{2} \times 200 = 100 \text{kNm}$
$\Sigma M_A = 0$
$200 + 100 - V_B \times 3 = 0, \ V_B = 100\text{kN}(\uparrow)$

43
다음 두 구조물의 부정정차수의 합은?

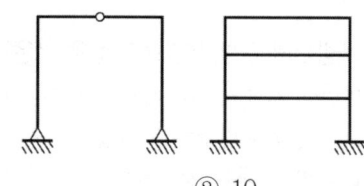

① 9
② 10
③ 11
④ 12

해설

부정정차수에 의한 구조물의 판별
부정정차수 $n = r + m + k - 2j$
- 왼쪽 구조물
  반력수 : 4, 부재수 : 4, 강절점수 : 2, 절점수 : 5
  $n = 4 + 4 + 2 - 2 \times 5 = 0$차 부정정
- 오른쪽 구조물
  반력수 : 6, 부재수 : 9, 강절점수 : 10, 절점수 : 8
  $n = 6 + 9 + 10 - 2 \times 8 = 9$차 부정정

44
부동침하의 원인과 거리가 먼 것은?

① 건물이 경사지반에 근접되어 있을 경우
② 건물이 이질지반에 걸쳐 있을 경우
③ 이질의 기초구조를 적용했을 경우
④ 건물의 강도가 불균등할 경우

해설

④ 건물의 강도가 불균등할 경우는 부동침하의 원인과 관계없음

정답 41.② 42.③ 43.① 44.④

45

그림과 같은 보에서 C점의 처짐은? (단, EI는 전 경간에 걸쳐 일정하다.)

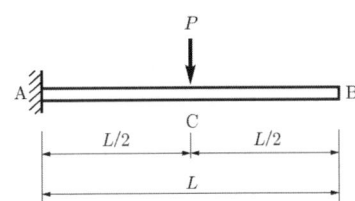

① $\dfrac{PL^3}{12EI}$
② $\dfrac{PL^3}{24EI}$
③ $\dfrac{PL^3}{48EI}$
④ $\dfrac{PL^3}{96EI}$

해설
정정보의 처짐 계산

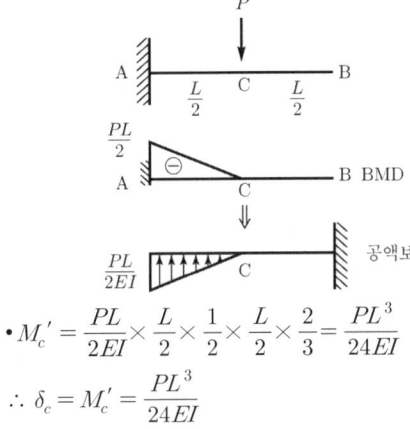

- $M_c' = \dfrac{PL}{2EI} \times \dfrac{L}{2} \times \dfrac{1}{2} \times \dfrac{L}{2} \times \dfrac{2}{3} = \dfrac{PL^3}{24EI}$

∴ $\delta_c = M_c' = \dfrac{PL^3}{24EI}$

46

1방향 철근콘크리트 슬래브에 철근의 설계기준항복강도가 500MPa인 경우 콘크리트 전체 단면적에 대한 수축·온도 철근비는 최소 얼마 이상이어야 하는가? (단, KCI 2012 기준, 이형철근 사용)

① 0.0015
② 0.0016
③ 0.0018
④ 0.0020

해설
슬래브의 배력근 철근비

$400 MPa$을 초과한 경우 ⇒ $0.002 \times \dfrac{400}{f_y}$

∴ $0.002 \times \dfrac{400}{500} = 0.016$

47

그림과 같은 부정정 라멘에서 A점의 M_{AB}는?

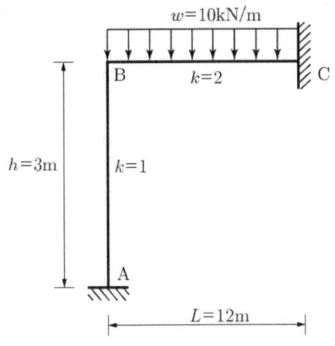

① 0
② 20kNm
③ 40kNm
④ 60kNm

해설
모멘트 분배법 계산

B점의 재단모멘트 $\dfrac{wL^2}{12} = \dfrac{10 \times 12^2}{12} = 120 \text{kNm}$

$M_{BA} = \mu_{BA} M = \dfrac{K}{\Sigma K} M = \dfrac{1}{2+1} \times 120 = 40 \text{kNm}$

$M_{AB} = \dfrac{1}{2} M_{BA} = \dfrac{1}{2} \times 40 = 20 \text{kNm}$

48

고력볼트 F10T(M20) 1면 전단일 때 볼트 한 개당 설계전단강도(ϕR_u)를 구하면? (단, 고력볼트의 F_u = 1000MPa, $\phi = 0.75$, $F_{nv} = 0.5 F_u$ 임)

① 117.8kN
② 94.2kN
③ 58.8kN
④ 47.1kN

해설
고력볼트의 설계전단강도 계산

$\phi R_u = \phi A_b F_{nv} = 0.75 \times 314.2 \times 500 \times 10^{-3}$
$= 117.8 \text{kN}$

여기서, $A_b = \dfrac{\pi \times 20^2}{4} = 314.2 \text{mm}^2$

$F_{nv} = 0.5 \times 1,000 = 500 \text{N/mm}^2$

49
강구조에서 규정된 별도의 설계하중이 없는 경우 접합부의 최소 설계강도 기준은? (단, 연결재, 새그로드 또는 띠장은 제외)

① 30kN 이상
② 35kN 이상
③ 40kN 이상
④ 45kN 이상

해설
강구조의 접합부 설계기준
접합부의 설계강도는 <u>45kN 이상</u>이어야 함

50
다음과 같은 강재가 전단력을 받아 점선과 같이 변형되었을 때 이 강재의 전단변형률은?

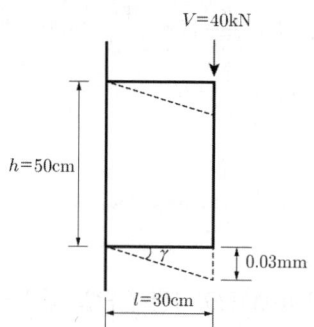

① 0.00006rad
② 0.0001rad
③ 0.00125rad
④ 0.00075rad

해설
전단변형률 계산
$\gamma = \dfrac{\Delta}{l} = \dfrac{0.03}{300} = 0.0001 \text{rad}$

51
강구조 필릿용접에 관한 설명으로 옳지 않은 것은?

① 필릿용접의 유효면적은 유효길이에 유효목두께를 곱한 것으로 한다.
② 필릿용접의 유효길이는 필릿용접의 총길이에서 2배의 필릿사이즈를 공제한 값으로 하여야 한다.
③ 필릿용접의 유효목두께는 용접루트로부터 용접표면까지의 최단거리로 한다. 단, 이음면이 직각인 경우에는 필릿사이즈의 $\sqrt{2}$ 배로 한다.
④ 구멍필릿과 슬롯필릿용접의 유효길이는 목두께의 중심을 잇는 용접중심선의 길이로 한다.

해설
③ 필릿용접의 유효목두께는 용접루트로부터 용접표면까지의 최단거리로 한다. 단, 이음면이 직각인 경우에는 필릿사이즈의 <u>0.7배</u>로 한다.

52
$f_y = 400\text{MPa}$ 이형철근을 사용한 경우 필요한 철근의 인장정착길이가 1,000mm이었다. 철근의 강도를 $f_y = 500\text{MPa}$로 변경하고, 소요철근보다 1.25배 많게 철근을 배근하였을 경우 변경된 철근의 인장정착길이는 얼마인가?

① 750mm
② 1,000mm
③ 1,200mm
④ 1,500mm

해설
인장이형철근의 정착길이

- $L_{db} = \dfrac{0.6 \, d_b f_y}{\lambda \sqrt{f_{ck}}}$

- 계산된 정착길이에 $\left(\dfrac{\text{소요 } A_s}{\text{배근 } A_s}\right)$를 곱하여 정착길이 L_d를 감소시킬 수 있음

- 따라서 f_y가 1.25배 커지고, 배근량이 1.25배 커지면 서로 상쇄되어 인장정착길이는 변함이 없게 됨

53
강도설계법에서 고정하중 40kN, 활하중 30kN이 작용할 때 계수하중은 얼마인가?

① 135kN　② 124kN
③ 116kN　④ 96kN

해설
계수하중 계산
$P_u = 1.2P_D + 1.6P_L$
$\quad = 1.2(40) + 1.6(30)$
$\quad = 96\text{kN}$

54
철근콘크리트 단근보를 강도설계법으로 설계 시 콘크리트의 전압축력으로 옳은 것은? (단, $f_{ck} = 24\text{MPa}$, 보의 폭 300mm, 응력블록의 깊이 110mm)

① 750.6kN　② 724.4kN
③ 673.2kN　④ 650.8kN

해설
단근보의 압축력 계산
$C = 0.85 f_{ck} ab$
$\quad = 0.85(24)(110)(300) \times 10^{-3}$
$\quad = 673.2\text{kN}$

55
건축구조기준에 따른 우리나라 지진구역 및 이에 따른 지진구역계수 값이 옳게 연결된 것은?

① 지진구역 Ⅰ : 0.11g, 지진구역 Ⅱ : 0.07g
② 지진구역 Ⅰ : 0.17g, 지진구역 Ⅱ : 0.11g
③ 지진구역 Ⅰ : 0.11g, 지진구역 Ⅱ : 0.17g
④ 지진구역 Ⅰ : 0.14g, 지진구역 Ⅱ : 0.22g

해설
지진구역 및 지진구역계수
- 지진구역 Ⅰ : 0.11g
- 지진구역 Ⅱ : 0.07g

56
건축구조별 특징에 관한 설명 중 옳지 않은 것은?

① 가구식 구조는 삼각형보다 사각형으로 조립하면 더욱 안정한 구조체를 이룰 수 있다.
② 조적식 구조는 압축력에는 강하지만 횡력에 취약하다.
③ 조립식 구조는 부재를 공장에서 생산·가공하여 현장에서 조립하므로 공기가 짧다.
④ 일체식 구조는 비교적 균일한 강도를 가진다.

해설
구조별 특징
① 가구식 구조는 부재 배치를 사각형보다 삼각형으로 해야 더욱 안정한 구조체가 된다.

57
단근보에서 하중이 재하됨과 동시에 순간처짐이 20mm가 발생되었다. 이 하중이 5년 이상 지속되는 경우 총 처짐량은 얼마인가? (단, $\lambda = \dfrac{\xi}{1+50\rho'}$ 이고 지속하중에 의한 시간경과계수 ξ는 2이다.)

① 30mm　② 40mm
③ 60mm　④ 80mm

해설
총 처짐량 계산
(1) 순간(탄성)처짐 $\Delta_i = 20\text{mm}$
(2) $\lambda = \dfrac{\xi}{1+50\rho'} = \dfrac{2}{1+50\times 0} = 2$
(3) 장기처짐 $\Delta_t = \lambda \times \Delta_i = 2 \times 20 = 40\text{mm}$
(4) 총 처짐 $\Delta = \Delta_i + \Delta_t = 20 + 40 = 60\text{mm}$

정답 53.④　54.③　55.①　56.①　57.③

58

그림과 같은 하중을 지지하는 단주의 단면에서 인장력을 발생시키지 않는 거리 x의 한계는?

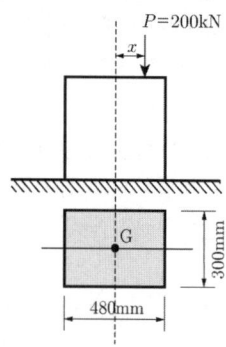

① 40mm ② 60mm
③ 80mm ④ 100mm

해설
핵반경

직사각형 단면의 핵반경은 각각 $e_1 = \dfrac{h}{6}$, $e_2 = \dfrac{b}{6}$ 이므로 $x = \dfrac{b}{6} = \dfrac{480}{6} = 80\text{mm}$

59

그림과 같은 구조에서 기둥에 압축력만 발생하게 하려면 A점에서 내민 부재길이 x의 값은?

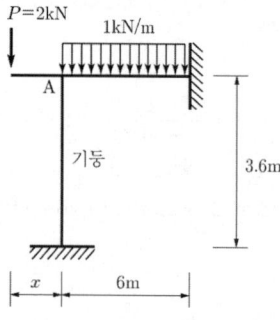

① 1m ② 1.5m
③ 2m ④ 3m

해설
부정정구조의 재단모멘트 계산

- $M_A = -\dfrac{wL^2}{12} = -\dfrac{1 \times (6)^2}{12} = -3\text{kNm}$
- $P \times x = 2x = 3\text{kNm} \;\rightarrow\; x = 1.5\text{m}$

60

다음 그림과 같은 보 단면에서 정착되는 철근의 수평 순간격을 구하면?

[조건]
- D22(인장, 압축철근), 지름 : 22mm로 계산
- D13@150(스터럽), 지름 : 13mm로 계산
- 최소피복두께 : 40mm
- 구부림 최소내면반지름은 무시

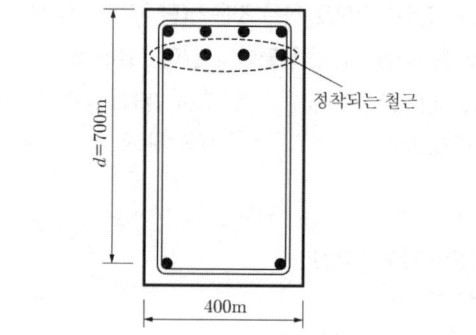

① 60.7mm ② 63.7mm
③ 66.7mm ④ 68.7mm

해설
주근 개수에 따른 철근 배근 폭(b)

$b = 2a + nd_b + (n-1)p + 2r$

여기서, a : 피복두께+늑근직경
  n : 주근 개수
  d_b : 주근 직경
  p : 주근의 순간격
  r : 전단철근의 구부림 내면반지름으로 인해 증가된 길이

$\therefore 400 = 2(40+13) + 4(22) + (3)p$
  $p = 68.7\text{mm}$

제4과목 ■ 건축설비

61
다음의 스프링클러설비의 화재안전기준 내용 중 ( ) 안에 알맞은 것은?

> 전동기에 따른 펌프를 이용하는 가압송수장치의 송수량은 0.1MPa의 방수압력 기준으로 ( ) 이상의 방수성능을 가진 기준 개수의 모든 헤드로부터의 방수량을 충족시킬 수 있는 양 이상으로 할 것

① 80ℓ/min ② 90ℓ/min
③ 110ℓ/min ④ 130ℓ/min

해설

스프링클러 설비
- 헤드 방수 압력 : 0.1MPa 이상
- 표준 방수량 : 80l/min 이상

62
3상 대칭 성형(Y)결선에서 상전압이 220[V]일 때 선간전압은 얼마인가?

① 110[V] ② 220[V]
③ 380[V] ④ 440[V]

해설

3상 전압
- 3상 Y결선 선간전압 : 380V
- 3상 교류의 상전압 : 220V

63
공기조화기 설계에서 사용되는 바이패스 팩터(bypass factor)의 의미로 옳은 것은?

① 급기팬을 통과하는 공기 중 건공기의 비율
② 공기조화기의 도입외기가 환기(return air)의 비율
③ 실내로부터 환기(return air) 중 공기조화기로 도입되는 공기의 비율
④ 냉온수코일의 통과 공기 중 냉온수코일과 접촉하지 않고 통과하는 공기의 비율

해설

바이패스 팩터
냉온수코일의 통과 공기 중 냉온수코일과 접촉하지 않고 통과하는 공기의 비율

64
다음과 같은 조건에 있는 실의 틈새바람에 의한 현열부하량은?

> [조건]
> - 실의 체적 : 400m³
> - 환기횟수 : 0.5회/h
> - 실내공기 건구온도 : 20℃
> - 외기 건구온도 : 0℃
> - 공기의 밀도 : 1.2kg/m³
> - 공기의 비열 : 1.01kJ/kg·K

① 986W   ② 1,124W
③ 1,347W   ④ 1,542W

해설

틈새바람(극간풍)의 현열부하량 계산
$$Q = \rho \times C \times q \times \Delta t = \rho \times C \times n \times V \times \Delta t$$
$$= \frac{1.2 \times 1.01 \times 0.5 \times 400 \times 20}{3,600}$$
$$= 1.347 kW = 1347W$$

여기서, ρ : 밀도
C : 비열
q : 환기량
n : 환기횟수
V : 실체적
Δt : 온도차

※ kW=kJ/s, kJ/h=kJ/3600s

65
인터폰설비의 통화망 구성 방식에 속하지 않는 것은?
① 모자식
② 상호식
③ 복합식
④ 프레스토크식

해설
④ 프레스토크식은 작동 원리에 따른 방식임

66
공기조화방식 중 전공기방식에 속하는 것은?
① 패키지 방식
② 이중덕트 방식
③ 유인유닛 방식
④ 팬코일유닛 방식

해설
전공기방식의 종류
단일덕트(정풍량/변풍량), 이중덕트방식, 멀티존 유닛 방식

67
압력탱크 급수방식에 관한 설명으로 옳지 않은 것은?
① 정전 시 급수가 곤란하다.
② 급수 압력을 일정하게 유지할 수 있다.
③ 단수 시 저수조의 물을 사용할 수 있다.
④ 탱크를 높은 곳에 설치하지 않아도 된다.

해설
② 압력탱크방식은 국부적으로 고압이 필요한 경우에 유용하다.
  ※ 고가탱크방식과 펌프직송방식은 급수 압력이 거의 일정하다.

68
3상 유도전동기의 속도제어 방법으로 옳지 않은 것은?
① 인버터를 사용하여 주파수를 변화시킨다.
② 2선의 접속을 바꿔 회전자계의 방향이 반대로 되도록 한다.
③ 회전자에 접속되어 있는 저항을 변화시켜 비례 추이의 원리로 제어한다.
④ 독립된 2조의 극수가 서로 다른 고정자 권선을 감아 놓고 필요에 따라 극수를 선택하여 극수를 변화시킨다.

해설
② 2선의 접속을 바꿔 회전자계의 방향이 반대로 되도록 하면 속도가 제어되는 것이 아니라 역회전을 하게 됨

69
건구온도 30℃, 상대습도 60%인 공기를 냉수 코일에 통과시켰을 때 공기의 상태변화로 옳은 것은? (단, 코일 입구수온 5℃, 코일 출구수온 10℃)
① 건구온도는 낮아지고 절대습도는 높아진다.
② 건구온도는 높아지고 절대습도는 낮아진다.
③ 건구온도는 높아지고 상대습도는 높아진다.
④ 건구온도는 낮아지고 상대습도는 높아진다.

해설
건구온도와 상대습도의 관계
※ 건구온도와 상대습도는 반비례의 관계가 있음
  따라서 코일을 통과함에 따라 30℃의 건구온도가 약 10℃로 낮아지고 상대습도는 높아짐

정답 65.④ 66.② 67.② 68.② 69.④

70
간접가열식 급탕방식에 관한 설명으로 옳지 않은 것은?

① 저압보일러를 써도 되는 경우가 많다.
② 직접가열식에 비해 소규모 급탕설비에 적합하다.
③ 급탕용 보일러는 난방용 보일러와 겸용할 수 있다.
④ 직접가열식에 비해 보일러 내면에 스케일이 발생할 염려가 적다.

해설
② 간접가열식 급탕방식은 일반적으로 규모가 큰 건물에 사용된다.

71
증기난방에 관한 설명으로 옳지 않은 것은?

① 계통별 용량제어가 곤란하다.
② 한랭지에서 동결의 우려가 적다.
③ 예열시간이 온수난방에 비하여 짧다.
④ 부하변동에 따른 실내방열량의 제어가 용이하다.

해설
④ 온수난방에 비해 부하변동에 따른 실내방열량의 제어가 곤란하다.

72
실내열환경 지표 중 공기의 습도가 고려되지 않은 것은?

① 작용온도
② 유효온도
③ 등온지수
④ 신유효온도

해설
작용온도
효과온도라고도 하며 습도의 영향을 고려하지 않음

73
주택의 1인 1일 오수량이 $0.05m^3$/인·일이고 오수의 BOD 농도가 $260g/m^3$일 때 1인 1일당 BOD 부하량은?

① 5g/인·일
② 13g/인·일
③ 26g/인·일
④ 50g/인·일

해설
BOD 부하량 계산
BOD 부하량 = 1인 1일 오수량 × BOD 농도
= $0.05m^3$/인·일 × $260g/m^3$ = 13g/인·일

74
조명기구를 배광에 따라 분류할 경우, 다음과 같은 특징을 갖는 것은?

> 발산광속 중 상향광속이 60~90[%] 정도이고, 하향광속이 10~40[%] 정도이며, 천장을 주광원으로 이용한다.

① 직접조명기구
② 반직접조명기구
③ 반간접조명기구
④ 전반확산조명기구

해설
조명기구별 발산광속 배광률

구분	직접	반직접	전반확산	반간접	간접
상향 비율	0~10%	10~40%	40~60%	60~90%	90~100%
하향 비율	90~100	60~90%	40~60%	10~40%	0~10%

75
유체의 흐름을 한 방향으로만 흐르게 하고 반대 방향으로는 흐르지 못하게 하는 밸브는?

① 콕
② 체크밸브
③ 게이트밸브
④ 글로브밸브

해설
② 체크밸브에 대한 설명

76
펌프에서 발생하는 공동현상(Cavitation)의 방지대책으로 가장 알맞은 것은?
① 펌프의 설치위치를 높인다.
② 펌프의 흡입양정을 낮춘다.
③ 펌프의 토출양정을 높인다.
④ 펌프의 토출구경을 확대한다.

해설
공동현상의 대책
- 흡입양정을 낮춘다.
- 펌프 흡입 측에 공기 유입방지

77
엘리베이터의 안전장치 중에서 카가 최상층이나 최하층에서 정상 운행위치를 벗어나 그 이상으로 운행하는 것을 방지하는 것은?
① 완충기(buffer)
② 조속기(governor)
③ 리미트 스위치(limit switch)
④ 카운터 웨이트(counter weight)

해설
③ 리미트 스위치에 대한 설명

78
옥내배선의 전선 굵기 결정 요소에 속하지 않는 것은?
① 허용 전류   ② 배선 방식
③ 전압 강하   ④ 기계적 강도

해설
옥내배선의 전선 굵기 결정 요소
- 허용 전류
- 전압 강하
- 기계적 강도

79
가스설비에 사용되는 거버너(governor)에 관한 설명으로 옳은 것은?
① 실내에서 발생되는 배기가스를 외부로 배출시키는 장치
② 연소가 원활히 이루어지도록 외부로부터 공기를 받아들이는 장치
③ 가스가 누설되거나 지진이 발생했을 때 가스 공급을 긴급히 차단하는 장치
④ 가스공급회사로부터 공급받은 가스를 건물에서 사용하기에 적합한 압력으로 조정하는 장치

해설
거버너-일종의 가스 변압기
가스공급회사로부터 공급받은 가스를 건물에서 사용하기에 적합한 압력으로 조정하는 장치

80
일반적으로 실내 환기량의 기준이 되는 것은?
① 공기 온도   ② NO_2 농도
③ CO_2 농도   ④ SO_2 농도

해설
③ 실내 환기량은 CO_2 농도를 기준으로 함

제5과목 ■ 건축관계법규

81
국토의 계획 및 이용에 관한 법령상 제2종 전용 주거지역 안에서 건축할 수 있는 건축물에 속하지 않는 것은?
① 공동주택
② 판매시설
③ 노유자시설
④ 교육연구시설 중 고등학교

정답 76.② 77.③ 78.② 79.④ 80.③ 81.②

해설

제2종 전용주거지역 안에서 건축할 수 있는 건축물
- 단독주택, 공동주택
- 노유자시설
- 교육연구시설 중 유치원, 초·중·고등학교
- 제1종 근린생활시설로서 바닥면적의 합계가 1천m² 미만인 것

82

같은 건축물 안에 공동주택과 위락시설을 함께 설치하고자 하는 경우, 공동주택의 출입구와 위락시설의 출입구는 서로 그 보행거리가 최소 얼마 이상이 되도록 설치하여야 하는가?

① 10m ② 20m
③ 30m ④ 50m

해설

공동주택의 출입구와 위락시설의 출입구는 서로 그 보행거리가 30m 이상이 되도록 설치할 것

83

건축허가 대상 건축물이라 하더라도 건축신고를 하면 건축허가를 받은 것으로 보는 경우에 속하지 않는 것은? (단, 층수가 2층인 건축물의 경우)

① 바닥면적의 합계가 75m²의 증축
② 바닥면적의 합계가 75m²의 재축
③ 바닥면적의 합계가 75m²의 개축
④ 연면적의 합계가 250m²인 건축물의 대수선

해설

건축신고 대상
- 바닥면적의 합계가 85m² 이내의 증축·개축 또는 재축
- 연면적 200m² 미만이고 3층 미만인 건축물의 대수선

84

건축물에 설치하는 지하층의 구조 및 설비에 관한 기준 내용으로 옳지 않은 것은?

① 거실의 바닥면적의 합계가 1,000m² 이상인 층에는 환기설비를 설치할 것
② 지하층의 바닥면적이 300m² 이상인 층에는 식수공급을 위한 급수전을 1개소 이상 설치할 것
③ 거실의 바닥면적이 30m² 이상인 층에는 직통계단 외에 피난층 또는 지상으로 통하는 비상탈출구 및 환기통을 설치할 것
④ 바닥면적이 1,000m² 이상인 층에는 피난층 또는 지상으로 통하는 직통계단을 관련 규정에 의한 방화구획으로 구획되는 각 부분마다 1개소 이상 설치하되, 이를 피난계단 또는 특별피난 계단의 구조로 할 것

해설

③ 거실의 바닥면적의 합계가 50m² 이상인 층에는 비상탈출구 및 환기통을 설치할 것

85

각 층의 바닥면적이 5,000m²이고 각 층의 거실면적이 3,000m²인 14층 숙박시설에 설치하여야 하는 승용승강기의 최소 대수는? (단, 24인승 승용승강기를 설치하는 경우)

① 6대 ② 7대
③ 12대 ④ 13대

해설

숙박시설의 승용승강기 설치대수

(1) 숙박시설 : $1 + \left(\dfrac{A - 3,000}{2,000} \right)$

(2) A : 6층 이상의 거실면적의 합계
  $= 3,000m^2 \times (14층 - 5층) = 27,000m^2$

(3) ∴ $1 + \left(\dfrac{27,000 - 3,000}{2,000} \right) = 13$대

(4) 16인승 이상 설치 시 2로 나누어 산정
  $\dfrac{13}{2} = 6.5 \rightarrow 7$대

86
도시지역에서 복합적인 토지이용을 증진시켜 도시 정비를 촉진하고 지역 거점을 육성할 필요가 있다고 인정되는 지역을 대상으로 지정하는 용도구역은?
① 개발제한구역　　② 시가화조정구역
③ 입지규제최소구역　　④ 도시자연공원구역

해설
③ 입지규제최소구역에 대한 설명

87
다음 중 건축법령에 따른 용어의 정의가 옳지 않은 것은?
① 고층건물이란 층수가 30층 이상이거나 높이가 120m 이상인 건축물을 말한다.
② 리빌딩이란 건축물의 노후화를 억제하거나 기능 향상 등을 위하여 대수선하거나 일부 증축하는 행위를 말한다.
③ 지하층이란 건축물의 바닥이 지표면 아래에 있는 층으로서 바닥에서 지표면까지 평균높이가 해당 층 높이의 2분의 1 이상인 것을 말한다.
④ 발코니란 건축물의 내부와 외부를 연결하는 완충공간으로서 전망이나 휴식 등의 목적으로 건축물 외벽에 접하여 부가적으로 설치되는 공간을 말한다.

해설
② 리모델링이란 건축물의 노후화를 억제하거나 기능 향상 등을 위하여 대수선하거나 일부 증축 또는 개축하는 행위를 말한다.

88
다음 중 국토의 계획 및 이용에 관한 법령에 따른 용도지역 안에서의 건폐율 최대한도가 가장 높은 것은?
① 준주거지역　　② 중심상업지역
③ 일반상업지역　　④ 유통상업지역

해설
용도지역의 건폐율 최대한도
- 중심상업지역 : 90%
- 일반상업지역 : 80%
- 유통상업지역 : 80%
- 준주거지역 : 70%

89
국토의 계획 및 이용에 관한 법령에 따른 용도지구에 속하지 않는 것은?
① 경관지구　　② 방재지구
③ 보호지구　　④ 도시설계지구

해설
용도지구의 종류
- 경관지구, 고도지구, 방화지구
- 방재지구, 보호지구, 취락지구
- 개발진흥지구, 특정용도제한지구, 복합용도지구

90
노상주차장의 구조 및 설비에 관한 기준 내용으로 옳은 것은?
① 너비 6m 이상의 도로에 설치하여서는 아니 된다.
② 종단경사도가 3퍼센트를 초과하는 도로에 설치하여서는 아니 된다.
③ 고속도로, 자동차전용도로 또는 고가도로에 설치하여서는 아니 된다.
④ 주차대수 규모가 20대인 경우, 장애인 전용주차 구획을 최소 2면 이상 설치하여야 한다.

해설
① 너비 6m 미만의 도로에 설치하여서는 아니 된다.
② 종단경사도가 4퍼센트를 초과하는 도로에 설치하여서는 아니 된다.
④ 주차대수 규모가 20대 이상 50대 미만인 경우, 장애인 전용주차 구획을 최소 1면 이상 설치하여야 한다.

정답　86.③　87.②　88.②　89.④　90.③

91
건축물의 연면적 중 주차장으로 사용되는 비율이 70 퍼센트인 경우, 주차전용건축물로 볼 수 있는 주차장 외의 용도에 속하지 않는 것은?

① 의료시설
② 운동시설
③ 제1종 근린생활시설
④ 제2종 근린생활시설

해설

주차전용건축물의 주차면적 비율

건축물의 용도	주차면적 비율
건축물의 연면적 중 주차장으로 사용되는 부분	95% 이상
단독주택, 공동주택, 제1종 및 제2종 근린생활시설, 문화 및 집회시설, 종교시설, 판매시설, 운수시설, 운동시설, 업무시설, 자동차관련시설	70% 이상

92
다음은 일조 등의 확보를 위한 건축물의 높이 제한에 관한 기준 내용이다. ( ) 안에 알맞은 것은?

> ( ) 안에서 건축하는 건축물의 높이는 일조 등의 확보를 위하여 정북방향의 인접 대지경계선으로부터의 거리에 따라 대통령령으로 정하는 높이 이하로 하여야 한다.

① 일반주거지역과 준주거지역
② 전용주거지역과 일반주거지역
③ 중심상업지역과 일반상업지역
④ 일반상업지역과 근린상업지역

해설

(전용주거지역과 일반주거지역) 안에서 건축하는 건축물의 높이는 일조 등의 확보를 위하여 정북방향의 인접 대지 경계선으로부터의 거리에 따라 대통령령으로 정하는 높이 이하로 하여야 한다.

93
건축허가신청에 필요한 설계도서의 종류 중 건축계획서에 표시하여야 할 사항이 아닌 것은?

① 주차장 규모
② 대지의 종·횡 단면도
③ 건축물의 용도별 면적
④ 지역·지구 및 도시계획사항

해설

건축계획서에 표시하여야 할 사항
- 건축물의 용도별 면적
- 주차장 규모
- 지역·지구 및 도시계획 사항
- 건축물의 용도별 면적
- 건축물의 규모(건축면적·연면적·층수 등)

94
다음의 부설주차장의 설치에 관한 기준 내용 중 밑줄 친 "대통령령으로 정하는 규모"로 옳은 것은?

> 부설주차장이 대통령령으로 정하는 규모 이하이면 시설물의 부지 인근에 단독 또는 공동으로 부설주차장을 설치할 수 있다.

① 주차대수 100대의 규모
② 주차대수 200대의 규모
③ 주차대수 300대의 규모
④ 주차대수 400대의 규모

해설

부설주차장의 인근 설치

부설주차장이 주차대수 300대 이하이면 시설물의 부지 인근에 단독 또는 공동으로 부설주차장을 설치할 수 있다.

95

급수, 배수, 환기, 난방 설비를 건축물에 설치하는 경우, 건축기계설비기술사 또는 공조냉동기계기술사의 협력을 받아야 하는 대상 건축물에 속하지 않는 것은?

① 아파트
② 연립주택
③ 기숙사로서 해당 용도에 사용되는 바닥면적의 합계가 2,000m²인 건축물
④ 업무시설로서 해당 용도에 사용되는 바닥면적의 합계가 2,000m²인 건축물

해설

관계전문기술자 협력대상

용도	바닥면적 합계
아파트, 연립주택	–
기숙사, 의료시설, 유스호스텔, 숙박시설	2,000m²
판매시설, 연구소, 업무시설	3,000m²
문화 및 집회시설, 종교시설, 교육연구시설, 장례식장	10,000m²

96

다음의 피난계단의 설치에 관한 기준 내용 중 ( ) 안에 알맞은 것은?

> 5층 이상 또는 지하 2층 이하인 층에 설치하는 직통계단은 피난계단 또는 특별피난계단으로 설치하여야 하는데, ( )의 용도로 쓰는 층으로부터의 직통계단은 그중 1개소 이상을 특별피난계단으로 설치하여야 한다.

① 의료시설   ② 숙박시설
③ 판매시설   ④ 교육연구시설

해설

5층 이상 또는 지하 2층 이하인 층에 설치하는 직통계단은 피난계단 또는 특별피난계단으로 설치하여야 하는데, (판매시설)의 용도로 쓰는 층으로부터의 직통계단은 그 중 1개소 이상을 특별피난계단으로 설치하여야 한다.

97

공작물을 축조할 때 특별자치시장·특별자치도지사 또는 시장·군수·구청장에게 신고를 하여야 하는 대상 공작물 기준으로 옳지 않은 것은? (단, 건축물과 분리하여 축조하는 경우)

① 높이 2m를 넘는 옹벽
② 높이 4m를 넘는 광고탑
③ 높이 5m를 넘는 장식탑
④ 높이 6m를 넘는 굴뚝

해설

최근 기준 개정으로 인한 문제 및 해설 수정
③ 높이 <u>4m</u>를 넘는 장식탑, 기념탑

98

다음은 건축법령 상 바닥면적 산정에 관한 기준 내용이다. ( ) 안에 포함되지 않는 것은?

> 공동주택으로서 지상층에 설치한 ( )의 면적은 바닥면적에 산입하지 아니한다.

① 기계실   ② 탁아소
③ 조경시설   ④ 어린이놀이터

해설

공동주택으로서 지상층에 설치한 <u>기계실·전기실·어린이놀이터·조경시설 및 생활폐기물 보관함</u>의 면적은 바닥면적에 산입하지 않음

99

건축법령 상 공사감리자가 수행하여야 하는 감리업무에 속하지 않는 것은?

① 공정표의 검토
② 상세시공도면의 작성 및 확인
③ 공사현장에서의 안전관리의 지도
④ 설계변경의 적정여부의 검토 및 확인

해설

② 상세시공도면의 작성이 아닌 <u>검토/확인</u>이 공사감리자의 업무내용

정답 95.④ 96.③ 97.③ 98.② 99.②

100
건축물의 대지는 원칙적으로 최소 얼마 이상이 도로에 접하여야 하는가? (단, 자동차만의 통행에 사용되는 도로 제외)

① 1m ② 2m
③ 3m ④ 4m

해설

건축물의 대지는 원칙적으로 최소 2m 이상이 도로에 접해야 함

정답 100.②

2017 제4회 건축기사

2017년 9월 23일 시행

제1과목 ▪ 건축계획

01
학교 운영방식에 관한 설명으로 옳지 않은 것은?
① 달톤형은 다양한 크기의 교실이 요구된다.
② 교과교실형은 각 교과교실의 순수율이 낮다는 단점이 있다.
③ 플래툰형은 교사수 및 시설이 부족하면 운영이 곤란하다는 단점이 있다.
④ 종합교실형은 학생의 이동이 없으며, 초등학교 저학년에 적합한 형식이다.

해설
② 교과교실형은 각 교과교실의 <u>순수율이 높다는 장점</u>이 있다.

02
주택단지안의 건축물에 설치하는 계단의 유효 폭은 최소 얼마 이상이어야 하는가? (단, 공동으로 사용하는 계단의 경우)
① 90cm ② 120cm
③ 150cm ④ 180cm

해설
주택단지 안의 건축물 또는 옥외에 설치하는 계단의 각 부위의 치수

(단위 : cm)

계단의 종류	유효 폭	단 높이	단 너비
공동으로 사용하는 계단	120 이상	18 이하	26 이상

03
극장건축에서 무대의 제일 뒤에 설치되는 무대배경용의 벽을 나타내는 용어는?
① 프로시니엄
② 사이클로라마
③ 플라이 로프트
④ 그리드 아이언

해설
② 사이클로라마 : 가장 뒤에 설치하는 무대 배경용 벽

04
사무소 건축의 실단위 계획에 관한 설명으로 옳지 않은 것은?
① 개실 시스템은 독립성과 쾌적감의 이점이 있다.
② 개방식 배치는 전면적을 유용하게 이용할 수 있다.
③ 개방식 배치는 개실 시스템보다 공사비가 저렴하다.
④ 개실 시스템은 연속된 긴 복도로 인해 방 깊이에 변화를 주기가 용이하다.

해설
④ 개실 시스템은 연속된 긴 복도로 인해 <u>방길이에 변화를 주기가 용이</u>하고 방깊이는 변화를 주기 어려움

정답 01.② 02.② 03.② 04.④

05

주택의 평면과 각 부위의 치수 및 기준척도에 관한 설명으로 옳지 않은 것은?

① 치수 및 기준척도는 안목치수를 원칙으로 한다.
② 거실 및 침실의 평면 각 변의 길이는 10cm를 단위로 한 것을 기준척도로 한다.
③ 거실 및 침실의 층높이는 2.4m 이상으로 하되, 5cm를 단위로 한 것을 기준척도로 한다.
④ 계단 및 계단참의 평면 각 변의 길이 또는 너비는 5cm를 단위로 한 것을 기준척도로 한다.

해설
② 거실 및 침실의 평면 각 변의 길이는 5cm를 단위로 한 것을 기준척도로 한다.

06

메조넷형(maisonette type) 공동주택에 관한 설명으로 옳지 않은 것은?

① 주택 내의 공간의 변화가 있다.
② 거주성, 특히 프라이버시가 높다.
③ 소규모 단위평면에 적합한 유형이다.
④ 양면 개구에 의한 통풍 및 채광 확보가 양호하다.

해설
③ 메조넷형은 소규모 단위평면에 부적합한 유형임

07

고대 이집트의 분묘건축 형태에 속하지 않는 것은?

① 인슐라   ② 피라미드
③ 암굴분묘   ④ 마스타바

해설
인슐라
로마의 평민과 노예들을 위한 공동집합주택

08

쇼핑센터에서 고객의 주 보행동선으로서 중심 상점과 각 전문점에서의 출입이 이루어지는 곳은?

① 몰(mall)
② 코트(court)
③ 터미널(terminal)
④ 페데스트리언 지대(pedestrian area)

해설
쇼핑센터의 몰 계획
- 확실한 방향성과 식별성이 요구된다.
- 몰은 고객의 주보행동선으로서 중심상점과 각 전문점에서의 출입이 이루어지는 곳이다.
- 일반적으로 공기조화에 의해 쾌적한 실내기후를 유지할 수 있는 클로즈드 몰(Closed Mall)이 선호된다.

09

극장의 평면 형식 중 애리나형에 관한 설명으로 옳지 않은 것은?

① 무대의 배경을 만들지 않으므로 경제성이 있다.
② 무대의 장치나 소품은 주로 낮은 가구들로 구성된다.
③ 연기는 한정된 액자 속에서 나타나는 구상화의 느낌을 준다.
④ 가까운 거리에서 관람하면서 가장 많은 관객을 수용할 수 있다.

해설
③은 프로시니엄형에 대한 설명

정답 05.② 06.③ 07.① 08.① 09.③

10
도서관 출납 시스템에 관한 설명으로 옳지 않은 것은?

① 자유개가식은 책 내용의 파악 및 선택이 자유롭다.
② 자유개가식은 서가의 정리가 잘 안 되면 혼란스럽게 된다.
③ 폐가식은 규모가 큰 도서관의 독립된 서고의 경우에 채용한다.
④ 폐가식은 열람실에서 감시가 필요하나 대출절차가 간단하여 관원의 작업량이 적다.

해설
④ 폐가식은 열람실에서 감시가 불필요하지만 대출절차가 복잡하여 관원의 작업량이 많다.

11
미술관 전시실의 순회형식에 관한 설명으로 옳은 것은?

① 연속순회형식은 각 실에 직접 들어갈 수 있다는 장점이 있다.
② 갤러리 및 코리도 형식은 하나의 실을 폐쇄하면 전체 동선이 막히게 되는 단점이 있다.
③ 연속순회형식은 연속된 전시실의 한쪽 복도에 의해서 각 실을 배치한 형식이다.
④ 중앙홀형식에서 중앙홀을 크게 하면 동선의 혼란은 없으나 장래의 확장에는 다소 무리가 따른다.

해설
① 갤러리 및 코리도 형식은 각 실에 직접 들어갈 수 있다는 장점이 있다.
② 연속순회형식은 하나의 실을 폐쇄하면 전체 동선이 막히게 되는 단점이 있다.
③ 갤러리 및 코리도 형식은 연속된 전시실의 한쪽 복도에 의해서 각 실을 배치한 형식이다.

12
다음 중 기계 공장의 지붕을 톱날형으로 하는 이유로 가장 적당한 것은?

① 모양이 좋다.
② 소음이 줄어든다.
③ 빗물 처리가 용이하다.
④ 균일한 조도를 얻을 수 있다.

해설
공장의 톱날지붕
북향으로 균일한 조도를 얻기 위해 사용

13
병원건축의 형식 중 분관식(pavilion type)에 관한 설명으로 옳은 것은?

① 저층 분산형의 형태이다.
② 각 병실의 채광 및 통풍 조건이 불리하다.
③ 환자의 이동은 주로 에스컬레이터를 이용한다.
④ 외래부, 부속진료부는 저층부에, 병동은 고층부에 배치한다.

해설
② 각 병실의 채광 및 통풍 조건이 유리하다.
③ 환자의 이동은 주로 복도나 계단을 이용한다.
④ 분관식은 대부분의 부를 저층부에 배치한다.

14
주택의 거실계획에 관한 설명으로 옳지 않은 것은?

① 거실에서 문이 열린 침실의 내부가 보이지 않게 한다.
② 거실이 다른 공간들을 연결하는 단순한 통로의 역할이 되지 않도록 한다.
③ 거실의 출입구에서 의자나 소파에 앉을 경우 동선이 차단되지 않도록 한다.
④ 일반적으로 전체 연면적의 10~15% 정도의 규모로 계획하는 것이 바람직하다.

해설
④ 일반적으로 전체 연면적의 30% 정도의 규모로 계획하는 것이 바람직하다.

정답 10.④ 11.④ 12.④ 13.① 14.④

15
다음 건축물 중 익공식(翼工式)에 속하는 것은?
① 강릉 오죽헌   ② 서울 동대문
③ 봉정사 대웅전   ④ 무위사 극락전

해설
① 강릉 오죽헌 : 익공식
② 서울 동대문 : 다포식
③ 봉정사 대웅전 : 다포식
④ 무위사 극락전 : 주심포식

16
사무소 건축의 엘리베이터 계획에 관한 설명으로 옳지 않은 것은?
① 대면배치에서 대면거리는 동일 군 관리의 경우는 3.5~4.5m로 한다.
② 여러 대의 엘리베이터를 설치하는 경우, 그룹별 배치와 군 관리 운전방식으로 한다.
③ 일렬 배치는 8대를 한도로 하고, 엘리베이터 중심 간 거리는 8m 이하가 되도록 한다.
④ 엘리베이터 홀은 엘리베이터 정원 합계의 50% 정도를 수용할 수 있어야 하며, 1인당 점유면적은 0.5~0.8m²로 계산한다.

해설
③ 일렬 배치는 4대를 한도로 한다.

17
불사건축의 진입방법에서 누하진입방식을 취한 것은?
① 부석사   ② 통도사
③ 화엄사   ④ 범어사

해설
누하진입방식 – 부석사
• 건물 밑을 지나 뒤로 돌아가게끔 하는 방식
• 사찰·전시문화 공간에서 많이 쓰는 기법

18
은행의 주출입구에 관한 설명으로 옳지 않은 것은?
① 겨울철의 방풍을 위해 방풍실을 설치하는 것이 좋다.
② 내부와 면한 출입문은 도난방지상 바깥여닫이로 하는 것이 좋다.
③ 이중문을 설치하는 경우, 바깥문은 바깥여닫이 또는 자재문으로 계획할 수 있다.
④ 어린이들의 출입이 많은 곳에서는 안전을 고려하여 회전문 설치를 배제하는 것이 좋다.

해설
② 내부와 면한 출입문은 도난방지상 안여닫이로 하는 것이 좋다.

19
페리(C. A. Perry)의 근린주구에 관한 설명으로 옳지 않은 것은?
① 경계 : 4면의 간선도로에 의해 구획
② 지구 내 상업시설 : 지구 중심에 집중하여 배치
③ 오픈스페이스 : 주민의 일상생활 요구를 충족시키기 위한 소공원과 위락공간체계
④ 지구 내 가로체계 : 내부 가로망은 단지 내의 교통량을 원활히 처리하고 통과 교통을 방지

해설
② 지구 내 상업시설 : 교통의 결절점에 분산 배치

20
다음 중 리조트 호텔에 속하지 않는 것은?
① 해변 호텔(beach hotel)
② 부두 호텔(harbor hotel)
③ 산장 호텔(mountain hotel)
④ 클럽 하우스(club house)

해설
② 부두 호텔은 터미널호텔에 속하는 시티 호텔의 일종임

정답 15.① 16.③ 17.① 18.② 19.② 20.②

제2과목 ■ 건축시공

21
공기단축을 목적으로 공정에 따라 부분적으로 완성된 도면만을 가지고 각 분야별 전문가를 구성하여 패스트 트랙(Fast Track) 공사를 진행하기에 가장 적합한 조직구조는?
① 기능별 조직(Functional Organization)
② 매트릭스 조직(Matrix Organization)
③ 태스크포스 조직(Task Force Organization)
④ 라인스탭 조직(Line-Staff Organization)

해설
패스트 트랙 공사
- 1단계 설계를 완료하고 공사를 진행하면서 2단계설계를 병렬로 진행하는 방식으로 공기가 일반적이지 않고 매우 짧을 때 공사에 적용되는 방식임
- 라인스탭 조직은 직계조직에 스탭조직을 가미한 것으로 패스트 트랙 공사에 적합함

22
벽돌쌓기 시공에 관한 설명으로 옳지 않은 것은?
① 연속되는 벽면의 일부를 나중쌓기 할 때에는 그 부분을 층단 들여쌓기로 한다.
② 내력벽 쌓기에서는 세워쌓기나 옆쌓기가 주로 쓰인다.
③ 벽돌쌓기 시 줄눈 모르타르가 부족하면 하중분담이 일정하지 않아 벽면에 균열이 발생할 수 있다.
④ 창대쌓기는 물흘림을 위해 벽돌을 15° 정도 기울여 벽면에서 3~5cm 정도 내밀어 쌓는다.

해설
② 내력벽 쌓기에서는 <u>길이쌓기</u>가 주로 쓰인다.

23
굴착구멍 내 지하수위보다 2m 이상 높게 물을 채워 굴착함으로써 굴착 벽면에 $2t/m^2$ 이상의 정수압에 의해 벽면의 붕괴를 방지하면서 현장타설콘크리트 말뚝을 형성하는 공법은?
① 베노토 파일
② 프랭키 파일
③ 리버스 서큘레이션 파일
④ 프리팩트 파일

해설
③ 리버스 서큘레이션 파일에 대한 설명

24
흙의 함수비에 관한 설명으로 옳지 않은 것은?
① 연약점토질 지반의 함수비를 감소시키기 위해서 샌드드레인 공법을 사용할 수 있다.
② 함수비가 크면 흙의 전단강도가 작아진다.
③ 모래지반에서 함수비가 크면 내부마찰력이 감소된다.
④ 점토지반에서 함수비가 크면 점착력이 증가한다.

해설
④ 점토지반에서 함수비가 크면 점착력이 <u>감소</u>한다.

25
벽마감공사에서 규격 200×200mm인 타일을 줄눈 너비 10mm로 벽면적 100m²에 붙일 때 붙임매수는 몇 장인가?
① 2,238매
② 2,248매
③ 2,258매
④ 2,268매

해설
타일의 정미량 계산
$$\left(\frac{1,000}{200+10} \times \frac{1,000}{200+10}\right) \times 100 = 2,268매$$

정답 21.④ 22.② 23.③ 24.④ 25.④

26
지름 100mm, 높이 200mm인 원주 공시체로 콘크리트의 압축강도를 시험하였더니 200kN에서 파괴되었다면 이 콘크리트의 압축강도는?

① 12.86MPa ② 17.48MPa
③ 25.46MPa ④ 50.9MPa

해설
압축강도 계산
$$\frac{P}{A} = \frac{200 \times 10^3}{\frac{\pi \times (100)^2}{4}} = 25.46 \text{MPa}$$

27
철근의 가공·조립에 관한 설명으로 옳지 않은 것은?

① 철근배근도에 철근의 구부리는 내면 반지름이 표시되어 있지 않은 때에는 건축구조기준에 규정된 구부림의 최소 내면 반지름 이하로 철근을 구부려야 한다.
② 철근은 상온에서 가공하는 것을 원칙으로 한다.
③ 철근 조립이 끝난 후 철근배근도에 맞게 조립되어 있는지 검사하여야 한다.
④ 철근의 조립은 녹, 기름 등을 제거한 후 실시한다.

해설
① 철근 배근도에 철근의 구부리는 내면 반지름이 표시되어 있지 않은 때에는 건축구조기준에 규정된 구부림의 <u>최소 내면 반지름 이상으로</u> 철근을 구부려야 한다.

28
건축 방수공사의 성능확인을 위한 가장 일반적인 시험방법은?

① 수압시험 ② 기밀시험
③ 실물시험 ④ 담수시험

해설
담수시험
방수공사의 성능 확인을 위한 가장 일반적인 시험방법

29
가설건축물 중 시멘트 창고에 관한 설명으로 옳지 않은 것은?

① 바닥구조는 일반적으로 마루널깔기로 한다.
② 창고의 크기는 시멘트 100포당 2~3m²로 하는 것이 바람직하다.
③ 공기의 유통이 잘 되도록 개구부를 가능한 한 크게 한다.
④ 벽은 널판붙임으로 하고 장기간 사용하는 것은 함석붙이기로 한다.

해설
③ 시멘트창고는 공기의 유통을 최소화시키기 위해 <u>개구부를 가능한 한 작게</u> 한다.

30
콘크리트의 내화, 내열성에 관한 설명으로 옳지 않은 것은?

① 콘크리트의 내화, 내열성은 사용한 골재의 품질에 크게 영향을 받는다.
② 콘크리트는 내화성이 우수해서 600℃ 정도의 화열을 장시간 받아도 압축강도는 거의 저하하지 않는다.
③ 철근콘크리트 부재의 내화성을 높이기 위해서는 철근의 피복두께를 충분히 하면 좋다.
④ 화재를 당한 콘크리트의 중성화 속도는 그렇지 않은 것에 비하여 크다.

해설
② 콘크리트는 내화성이 우수하지만 600℃ 정도의 화열을 장시간 받으면 <u>압축강도는 약 50% 정도</u> 저하된다.

정답 26.③ 27.① 28.④ 29.③ 30.②

31
레디믹스트 콘크리트(Ready mixed concrete)를 사용하는 이유로 옳지 않은 것은?

① 시가지에서는 콘크리트를 혼합할 장소가 좁다.
② 현장에서는 균질한 품질의 콘크리트를 얻기 어렵다.
③ 콘크리트의 혼합이 충분하여 품질이 고르다.
④ 콘크리트의 운반거리 및 운반시간에 제한을 받지 않는다.

해설
④ 콘크리트의 운반거리 및 운반시간에 <u>제한을 받는다</u>.

32
폴리머함침콘크리트에 관한 설명으로 옳지 않은 것은?

① 시멘트계의 재료를 건조시켜 미세한 공극에 수용성폴리머를 함침·중합시켜 일체화한 것이다.
② 내화성이 뛰어나며 현장시공이 용이하다.
③ 내구성 및 내약품성이 뛰어나다.
④ 고속도로 포장이나 댐의 보수 공사 등에 사용된다.

해설
② <u>내화성이 좋지 않으며 현장시공이 어렵다</u>.

33
다음 중 비철금속에 해당되지 않는 것은?

① 알루미늄   ② 탄소강
③ 동   ④ 아연

해설
탄소강
<u>철과 탄소의 합금</u>으로 0.05~2.1%의 탄소를 함유한 강을 말하므로 비철금속이 아님

34
VE(Value Engineering)의 사고방식과 가장 거리가 먼 것은?

① 제도, 법규 위주의 사고
② 비용 절감
③ 발주자, 사용자 중심의 사고
④ 기능 중심의 사고

해설
가치공학(VE)
- 비용절감
- 발주자, 사용자 중심의 사고
- 기능 중심의 사고

35
철골공사 용접작업의 용접자세를 표현하는 각 기호의 의미하는 바가 옳은 것은?

① F : 수평자세   ② H : 수직자세
③ O : 상향자세   ④ V : 하향자세

해설
용접자세의 표시
① F : 하향자세   ② H : 수평자세
③ <u>O : 상향자세</u>   ④ V : 수직자세

36
철골재의 수량 산출에서 사용되는 재료별 할증률로 옳지 않은 것은?

① 고장력볼트 : 5%   ② 강판 : 10%
③ 봉강 : 5%   ④ 강관 : 5%

해설
- 1% : 유리, 철근콘크리트
- 2% : 도료, 무근콘크리트
- 3% : 이형철근, 붉은벽돌, <u>고장력볼트</u>
- 4% : 시멘트블록
- 5% : 원형철근, 리벳, 강관, 봉강
- 7% : 대형형강
- 10% : 강판, 단열재
- 20% : 졸대

정답 31.④ 32.② 33.② 34.① 35.③ 36.①

37
매스콘크리트(Mass Concrete)의 타설 및 양생에 관한 설명으로 옳지 않은 것은?

① 내부온도가 최고온도에 달한 후에는 보온하여 중심부와 표면부의 온도차 및 중심부의 온도강하 속도가 크지 않도록 양생한다.
② 신구 콘크리트의 유효탄성계수 및 온도차이가 클수록 이어붓기 시간간격을 길게 하면 할수록 좋다.
③ 부어넣은 콘크리트의 온도는 온도균열을 제어하기 위해 가능한 한 저온(일반적으로 35℃ 이하)으로 해야 한다.
④ 거푸집널 및 보온을 위하여 사용한 재료는 콘크리트 표면부의 온도와 외기온도와의 차이가 작아지면 해체한다.

해설
② 신구 콘크리트의 유효탄성계수 및 온도차이가 작을수록 이어붓기 시간간격을 짧게 하면 할수록 좋다.

38
건축물이 초고층화, 대형화됨에 따라 발생되는 기둥축소량(Column Shortening)의 방지대책으로 적합하지 않은 것은?

① 구조설계 시 변위 발생량에 대해 여유 있게 산정한다.
② 전체 건물의 층을 몇 절(Tier)을 등분하여 변위차를 최소화한다.
③ 가조립 시 위치별, 단면크기별 등 변위를 충분히 발생시킨 후 본조립한다.
④ 시공 시 발생되는 변위를 최대한 보정한 후 실시한다.

해설
① 구조설계 시 변위 발생량에 대해 여유 있게 산정하지 않고 최소화한다.

39
콘크리트 배합 시 시공연도와 가장 거리가 먼 것은?
① 시멘트 강도 ② 골재의 입도
③ 혼화제 ④ 혼합시간

해설
콘크리트 배합 시 시공연도 결정요인
- 골재의 입도 : 골재의 대소 및 거칠기
- 혼화제 : AE제, 고성능감수제
- 혼합시간

40
계약제도의 하나로써 독립된 회사의 연합으로 법인을 설립하지 않으며 공사의 책임과 공사클레임 등을 각각 독립된 회사의 계약 당사자가 책임을 지는 방식은?

① 공동도급(Joint Venture)
② 파트너링(Partnering)
③ 컨소시엄(Consortium)
④ 분할도급(Partial Contract)

해설
③ 컨소시엄에 대한 설명

제3과목 ■ 건축구조

41
그림과 같은 단순보를 I−200×100×7로 설계하였다면 최대 처짐량은? (단, $I_x = 2.18 \times 10^7 \text{mm}^4$, $E = 2.0 \times 10^5 \text{MPa}$)

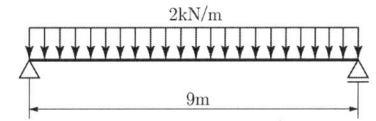

① 32.1mm ② 33.6mm
③ 34.5mm ④ 39.2mm

해설

$$\delta = \frac{5wL^4}{384EI} = \frac{5 \times 2 \times (9,000)^4}{384 \times 2 \times 10^5 \times 2.18 \times 10^7}$$
$$= 39.2 \text{mm}$$

42
다음과 같은 조건에서의 필릿용접의 최소 사이즈는 얼마인가?

접합부의 얇은 쪽 모재 두께(t), mm
6 ≤ t < 13

① 3mm   ② 5mm
③ 6mm   ④ 8mm

해설

필릿용접의 최소 사이즈

접합부의 얇은 쪽 판 두께, t(mm)	최소 사이즈 (mm)
$t < 6$	3
$6 \leq t < 13$	5
$13 \leq t < 20$	6
$20 \leq t$	8

43
콘크리트 압축강도가 30MPa일 때 보통골재를 사용한 콘크리트의 탄성계수는?

① 2.62×10^4 MPa
② 2.75×10^4 MPa
③ 2.95×10^4 MPa
④ 3.12×10^4 MPa

해설

$E_c = 8,500 \sqrt[3]{(f_{ck} + \Delta f)}$ (MPa)
$f_{ck} \leq 40$ MPa이면 $\Delta f = 4$
$= 8,500 \sqrt[3]{(30+4)} = 27,537$ MPa

44
강도설계법에서 단철근 직사각형 보의 단면이 b = 400mm, d = 800mm이고 등가응력블록깊이 a가 100mm일 경우 철근비는? (단, $f_y = 300$ MPa, $f_{ck} = 24$ MPa)

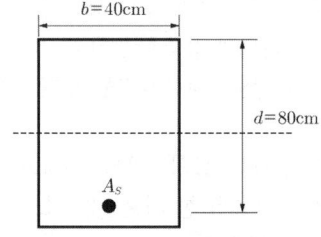

① 0.0035   ② 0.0057
③ 0.0085   ④ 0.0103

해설

$0.85 f_{ck} ab = A_s f_y$
$A_s = \frac{0.85 f_{ck} ab}{f_y} = \frac{0.85 \times 24 \times 100 \times 400}{300}$
$= 2,720 \text{mm}^2$
$\rho = \frac{A_s}{bd} = \frac{2,720}{400 \times 800} = 0.0085$

45
길이가 1.5m이고, 한 변이 100mm인 정사각형 단면을 가지고 있는 캔틸레버보의 최대휨응력과 최대처짐을 구하면? (단, 부재의 탄성계수 : $1 \times 10^4 MPa$)

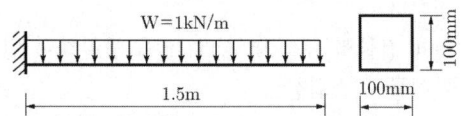

① 최대휨응력 : 3.37MPa, 최대처짐 : 3.8mm
② 최대휨응력 : 3.37MPa, 최대처짐 : 7.6mm
③ 최대휨응력 : 6.75MPa, 최대처짐 : 3.8mm
④ 최대휨응력 : 6.75MPa, 최대처짐 : 7.6mm

정답 42.②   43.②   44.③   45.④

해설

- 최대휨응력
$$\sigma = \frac{M}{Z} = \frac{1 \times 1{,}500 \times 750}{\frac{100 \times 100^2}{6}} = 6.75\text{MPa}$$

- 최대처짐
$$\delta = \frac{wL^4}{8EI} = \frac{1 \times (1{,}500)^4}{8 \times 1 \times 10^4 \times \frac{100 \times 100^3}{12}} = 7.6\text{mm}$$

46
다음 그림에서 동일한 처짐이 되기 위한 P_1, P_2의 값의 비로 옳은 것은? (단, 부재의 EI는 일정하다.)

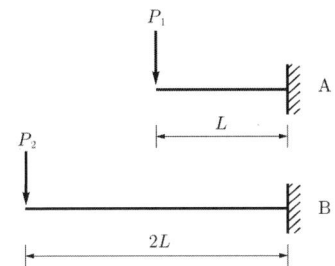

① $P_1 : P_2 = 2 : 1$　② $P_1 : P_2 = 4 : 1$
③ $P_1 : P_2 = 6 : 1$　④ $P_1 : P_2 = 8 : 1$

해설
캔틸레버의 처짐 비교
$$\delta_A = \frac{P_1 L^3}{3EI},\ \delta_B = \frac{P_2(2L)^3}{3EI} \rightarrow P_1 L^3 = 8P_2 L^3$$
$$\therefore P_1 = 8P_2 \rightarrow P_1 : P_2 = 8 : 1$$

47
폭이 b = 100mm, 높이가 h = 200mm인 단면에 전단력 4kN이 작용할 때 최대전단응력을 구하면?

① 0.3MPa　② 0.4MPa
③ 0.5MPa　④ 0.6MPa

해설
최대전단응력 계산
$$\tau = k\frac{V}{A} = 1.5 \times \frac{4{,}000}{100 \times 200} = 0.3\text{MPa}$$

48
그림에서 B점에 도달되는 모멘트는 얼마인가?

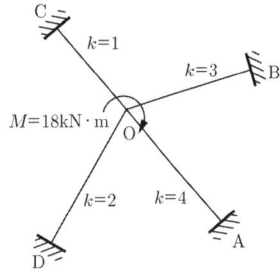

① 2.7kNm　② 3.0kNm
③ 5.4kNm　④ 6.0kNm

해설
부정정 구조의 모멘트 분배

① 분배율 $\mu_{OB} = \dfrac{K}{\Sigma K} = \dfrac{3}{1+2+3+4} = \dfrac{3}{10} = 0.3$

② 분배모멘트 $M_{OB} = \mu_{OB} \times M = 0.3 \times 18 = 5.4\text{kNm}$

③ 전달모멘트 $M_{BO} = \dfrac{1}{2}M_{OB} = \dfrac{1}{2} \times 5.4 = 2.7\text{kNm}$

49
인장이형철근 및 압축이형철근의 정착길이(l_d)에 관한 기준으로 옳지 않은 것은? (단, KBC2016 기준)

① 계산에 의하여 산정한 인장이형철근의 정착길이는 항상 250mm 이상이어야 한다.
② 계산에 의하여 산정한 압축이형철근의 정착길이는 항상 200mm 이상이어야 한다.
③ 인장 또는 압축을 받는 하나의 다발철근 내에 있는 개개 철근의 정착길이 l_d는 다발철근이 아닌 경우의 각 철근의 정착길이보다 3개의 철근으로 구성된 다발철근에 대해서 20%를 증가시켜야 한다.
④ 단부에 표준갈고리가 있는 인장이형철근의 정착길이는 항상 $8d_b$ 이상 또한 150mm 이상이어야 한다.

해설
① 계산에 의하여 산정한 인장이형철근의 정착 길이는 항상 <u>300mm 이상</u>이어야 한다.

50
그림과 같은 구조물의 부정정차수는?

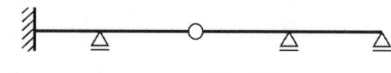

① 1차 ② 2차
③ 3차 ④ 4차

해설
부정정차수에 의한 구조물의 판별
부정정차수 $n = r + m + k - 2j$
반력수 : 6, 부재수 : 4, 강절점수 : 2, 절점수 : 5
$n = 6 + 4 + 2 - 2 \times 5 = $ 2차 부정정

51
그림과 같은 철근콘크리트보의 균열모멘트(M_{cr})값은? (단, 보통중량 콘크리트 사용, f_{ck} = 24MPa, f_y = 400MPa)

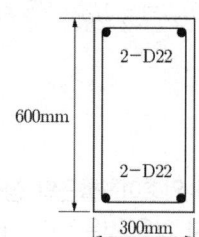

① 21.5kNm ② 33.6kNm
③ 42.8kNm ④ 55.6kNm

해설
균열모멘트 계산
$f_r = 0.63 \times \sqrt{24} = 3.09 \text{N/mm}^2$
$Z = \dfrac{300 \times 600^2}{6} = 1.8 \times 10^7 \text{mm}^3$
$M_{cr} = f_r \times Z = 3.09 \times 1.8 \times 10^7 \times 10^{-6}$
$\quad\quad = 55.6 \text{kNm}$

52
강도설계법에서 처짐을 계산하지 않는 경우, 철근콘크리트보의 최소두께 규정으로 옳은 것은? (단, 보통콘크리트 $m_c = 2300 \text{kg/m}^3$와 설계기준 항복강도 400MPa 철근을 사용한 부재)

① 1단연속 : $l/18.5$ ② 단순지지 : $l/15$
③ 양단연속 : $l/24$ ④ 캔틸레버 : $l/10$

해설
처짐 미계산 시 보의 최소두께
② 단순지지 : $l/16$
③ 양단연속 : $l/21$
④ 캔틸레버 : $l/8$

53
연약지반에 대한 대책으로 옳지 않은 것은?
① 지반개량공법을 실시한다.
② 말뚝기초를 적용한다.
③ 독립기초를 적용한다.
④ 건물을 경량화한다.

해설
③ 연약지반에서 독립기초를 적용할 경우 지반의 안정성이 많이 떨어져서 부동침하나 건축물의 균열의 우려가 있음

54
강구조 기둥의 주각부에 관한 설명으로 옳지 않은 것은?
① 기둥의 응력이 크면 윙플레이트, 접합앵글, 리브 등으로 보강하여 응력의 분산을 도모한다.
② 앵커볼트는 기초콘크리트에 매입되어 주각부의 이동을 방지하는 역할을 한다.
③ 주각은 조건에 관계없이 고정으로만 가정하여 응력을 산정한다.
④ 축방향력이나 휨모멘트는 베이스플레이트 저면의 압축력이나 앵커볼트의 인장력에 의해 전달된다.

해설
③ 주각은 조건에 따라 고정단이나 회전단으로 가정하여 응력을 산정한다.

55
래티스형식 조립압축재에 관한 설명으로 옳지 않은 것은?
① 단일 래티스 부재의 세장비 L/r은 140 이하로 한다.
② 단일 래티스 부재의 부재축에 대한 기울기는 60° 이상으로 한다.
③ 복 래티스 부재의 세장비 L/r은 180 이하로 한다.
④ 복 래티스 부재의 부재축에 대한 기울기는 45° 이상으로 한다.

해설
③ 복 래티스 부재의 세장비 L/r은 200 이하로 한다.

56
그림과 같은 트러스에서 a부재의 부재력은 얼마인가?

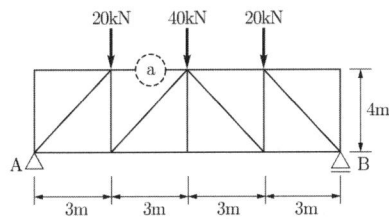

① 20kN(인장)
② 30kN(압축)
③ 40kN(인장)
④ 60kN(압축)

해설
트러스의 부재력 계산
시스템 및 하중이 좌우대칭이므로 A지점의 반력
$R_A = \frac{(20+40+20)}{2} = 40\text{kN}$
A점에서 우측으로 3m 떨어진 절점을 C점으로 하면 절단법에 의해
$\Sigma M_C = 40 \times 3 + N_a \times 4 = 0$
$\quad\quad = -30\text{kN}(압축)$

57
기초설계 시 장기 150kN(자중포함)의 하중을 받는 경우 장기허용지내력도 20kN/m²의 지반에서 필요한 기초판의 크기는?
① 1.6m×1.6m
② 2.0m×2.0m
③ 2.4m×2.4m
④ 2.8m×2.8m

해설
기초판의 크기 산정
$\sigma \le \frac{P}{A} \rightarrow A \ge \frac{P}{\sigma} = \frac{150}{20} = 7.5\text{m}^2$
∴ 기초판 한 변의 길이는 최소 2.74m 이상으로 해야 함

58
다음 필릿용접부의 유효 용접 면적은?

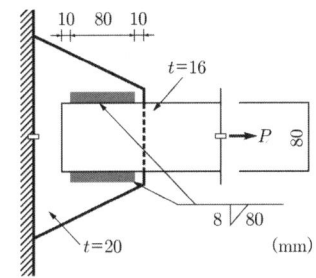

① 614.4mm²
② 691.2mm²
③ 716.8mm²
④ 806.4mm²

해설
필릿용접의 유효용접면적
① $a = 0.7 \times 8 = 5.6\text{mm}$
② $l_e = 80 - 2 \times 8 = 64\text{mm}$
③ $A_w = 5.6 \times 64 \times 2 = 716.8\text{mm}^2$

59
말뚝머리 지름이 400mm인 기성콘크리트 말뚝을 시공할 때 그 중심간격으로 가장 적당한 것은?
① 800mm
② 900mm
③ 1,000mm
④ 1,100mm

해설
말뚝의 최소 간격 기준

구분	나무말뚝	기성콘크리트 말뚝	현장타설콘크리트 말뚝
mm	600	750	D+1000
D (말뚝직경)	2.5D	2.5D	2.0D

기성콘크리트 말뚝이므로
(1) 말뚝지름의 2.5배 = 2.5×400mm = 1,000mm
(2) 750mm 이상
∴ 큰 값 1,000mm 이상
말뚝의 종류별 최소 간격 기준은 말뚝의 종류와 상관없이 2.5D로 개정되었음

60
그림과 같은 단순보의 양단 수직반력을 구하면?

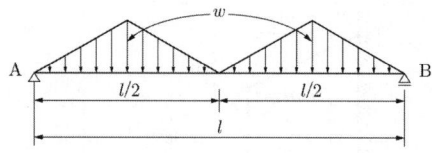

① $R_A = R_B = \dfrac{w\ell}{2}$

② $R_A = R_B = \dfrac{w\ell}{4}$

③ $R_A = R_B = \dfrac{w\ell}{6}$

④ $R_A = R_B = \dfrac{w\ell}{8}$

해설
반력 계산
시스템과 하중이 좌우대칭이므로 반력은 다음과 같음
$R_A = R_B = \dfrac{1}{2} \times w \times \dfrac{\ell}{2} = \dfrac{w\ell}{4}$

제4과목 ▪ 건축설비

61
자동화재탐지설비의 열감지기 중 주위온도가 일정온도 이상일 때 작동하는 것은?
① 차동식   ② 정온식
③ 광전식   ④ 이온화식

해설
자동화재 탐지설비의 감지기 종류
- 정온식 : 실온이 일정온도 이상 상승
- 차동식 : 주위온도가 일정한 온도상승률 이상

62
온수난방과 비교한 증기난방의 설명으로 옳은 것은?
① 예열시간이 길다.
② 한랭지에서 동결의 우려가 있다.
③ 부하변동에 따른 방열량 제어가 용이하다.
④ 열매온도가 높으므로 방열기의 방열면적이 작아진다.

해설
증기난방의 특징
① 예열시간이 <u>짧다</u>.
② 한랭지에서 동결의 우려가 <u>없다</u>.
③ 부하변동에 따른 방열량 제어가 <u>어렵다</u>.

63
광속이 2,000[lm]인 백열전구로부터 2[m] 떨어진 책상에서 조도를 측정하였더니 200[lx]이었다. 이 책상을 백열전구로부터 4[m] 떨어진 곳에 놓고 측정하였을 때 조도는?
① 50[lx]   ② 100[lx]
③ 150[lx]   ④ 200[lx]

해설

조도에 대한 거리의 역자승 법칙

$E = \dfrac{I}{d^2}$에서 조도는 거리(d)의 제곱에 반비례하며, 거리가 2m에서 4m로 2배가 증가했으므로 원래 조도의 200lx에 1/4배를 하면 됨

64
옥내소화전설비의 설치기준으로 옳지 않은 것은?

① 방수구는 바닥으로부터의 높이가 1.5m 이하가 되도록 한다.
② 연결송수관설비의 배관과 겸용할 경우 주배관은 구경 100mm 이상으로 한다.
③ 특정소방대상물의 각 부분으로부터 하나의 옥내소방전 방수구까지의 수평거리가 30m 이하가 되도록 한다.
④ 수원은 그 저수량이 옥내 소화전의 설치개수가 가장 많은 층의 설치개수(2개 이상 설치된 경우에는 2개)에 2.6m³를 곱한 양 이상이 되도록 한다.

해설

③ 특정소방대상물의 각 부분으로부터 하나의 옥내소화전 방수구까지의 수평 거리는 25m 이하가 되도록 할 것

65
LPG에 관한 설명으로 옳지 않은 것은?

① 비중이 공기보다 작다.
② 액화석유가스를 말한다.
③ 액화하면 그 체적은 양 1/250로 된다.
④ 상압에서는 기체이지만 압력을 가하면 액화된다.

해설

비중 비교
- 공기 : 1.2
- LPG(프로판) : 1.8
- LPG(부탄) : 2.4

66
엘리베이터의 안전장치 중 일정 이상의 속도가 되었을 때 브레이크 등을 작동시키는 기능을 하는 것은?

① 조속기
② 권상기
③ 완충기
④ 가이드 슈

해설

조속기
엘리베이터의 정격속도가 120%를 초과할 때 권상기의 전원을 자동으로 끊는 장치

67
급기온도를 일정하게 하고 송풍량을 변화시켜서 실내 온도를 조절하는 공기조화방식은?

① FCU방식
② 이중덕트방식
③ 정풍량 단일덕트방식
④ 변풍량 단일덕트방식

해설

변풍량 단일덕트방식
부하에 따라 송풍량을 변화시키는 공조방식

68
알칼리 축전지에 관한 설명으로 옳지 않은 것은?

① 고율방전특성이 좋다.
② 공칭전압은 2[V/셀]이다.
③ 기대수명이 10년 이상이다.
④ 부식성의 가스가 발생하지 않는다.

해설

알칼리 축전기
- 저온특성이 좋다.
- 공칭전압은 1.2V/셀이다.
- 극판의 기계적 강도가 강하다.
- 고율방전특성이 좋다.
- 기대수명이 10년 이상이다.

정답 64.③ 65.① 66.① 67.④ 68.②

69
습공기가 냉각되어 포함되어 있던 수증기가 응축되기 시작하는 온도를 의미하는 것은?
① 노점온도 ② 습구온도
③ 건구온도 ④ 절대온도

해설
① 노점온도에 대한 설명

70
자연환기에 관한 설명으로 옳은 것은?
① 풍력환기에 의한 환기량은 풍속에 반비례한다.
② 풍력환기에 의한 환기량은 유량계수에 비례한다.
③ 중력환기에 의한 환기량은 공기의 입구와 출구가 되는 두 개구부의 수직거리에 반비례한다.
④ 중력환기에서는 실내온도가 외기온도보다 높을 경우, 공기는 건물 상부의 개구부에서 들어와서 하부의 개구부로 나간다.

해설
① 풍력환기에 의한 환기량은 풍속에 비례한다.
③ 중력환기에 의한 환기량은 공기의 입구와 출구가 되는 두 개구부의 수직거리에 비례한다.
④ 중력환기에서는 실내온도가 외기온도보다 높을 경우, 공기는 건물 하부의 개구부에서 들어와서 상부의 개구부로 나간다.

71
보일러 하부의 물드럼과 상부의 기수드럼을 연결하는 다수의 관을 연소실 주위에 배치한 구조로 상부 기수드럼 내의 증기를 사용하는 보일러는?
① 수관 보일러 ② 관류 보일러
③ 주철제 보일러 ④ 노동연관 보일러

해설
수관보일러
- 지역난방에 사용이 가능함
- 예열시간이 짧고 효율이 좋음
- 부하변동에 대한 추종성이 높음
- 사용압력이 높고 설치면적이 넓음
- 보일러 상부와 하부에 드럼이 있음
- 고압증기를 다량 사용하는 곳에 적합

72
덕트의 치수 결정 방법에 속하지 않는 것은?
① 균등법 ② 등속법
③ 등마찰법 ④ 정압재취득법

해설
덕트의 치수 결정방법
- 등속법
- 등마찰법
- 정압재취득법

73
배수트랩의 구비조건으로 옳지 않은 것은?
① 가동부분이 있을 것
② 자기세정 기능을 가지고 있을 것
③ 봉수깊이는 50mm 이상 100mm 이하일 것
④ 오수에 포함된 오물 등이 부착 또는 침전하기 어려운 구조일 것

해설
① 가동부분이 있으면 유수의 힘으로 가동부분이 열리고 유수가 끝나면 자동으로 닫히게 되는데 이 구조는 막히기 쉽고 성능이 불완전하므로 피한다.

74
급수방식 중 고가수조방식에 관한 설명으로 옳은 것은?
① 상향급수 배관방식이 주로 사용된다.
② 3층 이상의 고층으로의 급수가 어렵다.
③ 압력수조방식에 비해 급수압 변동이 크다.
④ 펌프직송방식에 비해 수질오염 가능성이 크다.

해설
① 하향급수 배관방식이 주로 사용된다.
② 3층 이상의 고층으로의 급수도 쉽다.
③ 압력수조방식에 비해 급수압 변동이 거의 없다.

정답 69.① 70.② 71.① 72.① 73.① 74.④

75
합성 최대 수용 전력이 1,000[kW], 부하율이 0.6일 때 평균 전력[kW]은?

① 600　　② 800
③ 1000　　④ 1667

해설
부하율 계산

부하율 = 평균 수용 전력 / 최대 수용 전력

→ 평균 수용 전력 = 부하율 × 최대 수용 전력
= 1,000 × 0.6 = 600kW

76
다음 중 약전설비에 속하는 것은?

① 변전설비　　② 전화설비
③ 축전지설비　　④ 자가발전설비

해설
강전 및 약전 설비 종류
- 강전설비 : 수변전, 변전, 자가발전, 축전지설비
- 약전설비 : 전화, 인터폰, 안테나, 방송설비

77
급탕배관에 관한 설명으로 옳지 않은 것은?

① 관의 신축을 고려하여 굽힘 부분에는 스위블 이음 등으로 접합한다.
② 관의 신축을 고려하여 건물의 벽관통 부분의 배관에는 슬리브를 사용한다.
③ 역구배나 공기 정체가 일어나기 쉬운 배관 등 온수의 순환을 방해하는 것은 피한다.
④ 배관재로 동관을 사용하는 경우 관내유속을 느리게 하면 부식되기 쉬우므로 2.5m/s 이상으로 하는 것이 바람직하다.

해설
④ 배관재로 동관을 사용하는 경우 관내유속이 1.5m/s 이상이면 부식이 발생하므로 유속을 느리게 해야 함.

78
작업면의 필요 조도가 400[lx], 면적이 10[m²], 전등 1개의 광속이 2,000[lm], 감광 보상률이 1.5, 조명률이 0.6일 때 전등의 소요 수량은?

① 3등　　② 5등
③ 8등　　④ 10등

해설
$$N = \frac{AED}{FU} = \frac{10 \times 400 \times 1.5}{2,000 \times 0.6} = 5등$$

여기서, F : 사용광원 1개의 광속(lm)
E : 작업면의 평균조도(lx)
A : 방의 면적(m²)
N : 광원의 개수
D : 감광보상률
U : 조명률

79
압축식 냉동기의 냉동사이클로 옳은 것은?

① 압축 → 응축 → 팽창 → 증발
② 압축 → 팽창 → 응축 → 증발
③ 응축 → 증발 → 팽창 → 압축
④ 팽창 → 증발 → 응축 → 압축

해설
압축식 냉동기의 냉동 사이클
압축기 - 응축기 - 팽창밸브 - 증발기의 순으로 순환

80
대변기에 설치한 세정밸브(flush valve)의 최저 필요 압력은?

① 10kPa 이상　　② 30kPa 이상
③ 50kPa 이상　　④ 70kPa 이상

해설
기구별 최저 필요 압력
- 세정밸브(플러시 밸브) : 70kPa
- 보통밸브 : 30kPa
- 순간온수기(대) : 50kPa
- 순간온수기(중) : 30kPa

정답 75.① 76.② 77.④ 78.② 79.① 80.④

제5과목 ■ 건축관계법규

81
주거기능을 위주로 이를 지원하는 일부 상업기능 및 업무기능을 보완하기 위하여 지정하는 주거지역의 세분은?

① 준주거지역
② 제1종 전용주거지역
③ 제1종 일반주거지역
④ 제2종 일반주거지역

해설
준주거지역
주거기능을 주로 하면서 상업·업무기능의 보완

82
면적 등의 산정방법에 대한 기본 원칙으로 옳지 않은 것은?

① 대지면적은 대지의 수평투영면적으로 한다.
② 건축면적은 건축물의 외벽의 중심선으로 둘러싸인 부분의 수평투영면적으로 한다.
③ 바닥면적은 건축물의 각 층 또는 그 일부로서 벽, 기둥, 그 밖에 이와 비슷한 구획의 중심선으로 둘러싸인 부분의 수평투영면적으로 한다.
④ 용적률 산정 시 적용하는 연면적은 지하층을 포함하여 하나의 건축물 각 층의 바닥면적의 합계로 한다.

해설
용적률 산정 시 제외면적
- 지하층의 면적
- 지상층의 부속용도의 주차장 면적
- 경사지붕 아래의 대피공간 면적

83
다음 중 해당 용도로 사용되는 바닥면적의 합계에 의한 건축물의 용도 분류가 다르게 되지 않는 것은?

① 오피스텔
② 종교집회장
③ 골프연습장
④ 휴게음식점

해설
바닥면적 합계에 따른 용도 분류
- 종교집회장 : 500m² 미만 – 제2종 근린생활시설
  이외 – 종교시설
- 골프연습장 : 500m² 미만 – 제2종 근린생활시설
  이외 – 운동시설
- 휴게음식점 : 300m² 미만 – 제1종 근린생활시설
  300m² 이상 – 제2종 근린생활시설

84
다음 중 건축법령 상 용도에 따른 건축물의 종류가 옳지 않은 것은?

① 교육연구시설 – 유치원
② 묘지관련시설 – 장례식장
③ 관광휴게시설 – 어린이회관
④ 문화 및 집회시설 – 수족관

해설
묘지관련시설
- 화장시설
- 봉안당
- 묘지와 자연장지에 부수되는 건축물
※ 장례식장은 장례식장 용도임

85
용도변경과 관련된 시설군 중 산업 등 시설군에 속하지 않는 것은?

① 운수시설
② 창고시설
③ 발전시설
④ 묘지관련시설

정답 81.① 82.④ 83.① 84.② 85.③

해설

용도변경에서의 산업 등의 시설군
- 운수시설
- 창고시설
- 공장, 위험물저장 및 처리시설
- 묘지관련시설
- 장례식장

86
주차장의 수급 실태를 조사하려는 경우, 조사구역의 설정 기준으로 옳지 않은 것은?

① 원형 형태로 조사구역을 설정한다.
② 각 조사구역은 「건축법」에 따른 도로를 경계로 구분한다.
③ 조사구역 바깥 경계선의 최대거리가 300m를 넘지 아니하도록 한다.
④ 주거기능과 상업·업무기능이 섞여 있는 지역의 경우에는 주차시설 수급의 적정성, 지역적 특성 등을 고려하여 같은 특성을 가진 지역별로 조사구역을 설정한다.

해설

주차장의 수급 실태 조사
사각형 또는 삼각형 형태로 조사구역을 설정하되 조사구역 바깥 경계선의 최대거리가 300m를 넘지 아니하도록 한다.

87
부설주차장 설치 대상 시설물로서 시설면적이 1,400m²인 제2종 근린생활시설에 설치하여야 하는 부설주차장의 최소 대수는?

① 7대　　② 9대
③ 10대　④ 14대

해설

부설주차장 최소 설치대수
제2종 근린생활시설 : 시설면적 200m²당 1대
$\therefore \dfrac{1,400\text{m}^2}{200\text{m}^2} = 7\text{대}$

88
다음은 승용 승강기의 설치에 관한 기준 내용이다. 밑줄 친 "대통령령으로 정하는 건축물"에 대한 기준 내용으로 옳은 것은?

> 건축주는 6층 이상으로서 연면적이 2,000m² 이상인 건축물(대통령령으로 정하는 건축물은 제외한다)을 건축하려면 승강기를 설치하여야 한다.

① 층수가 6층인 건축물로서 각 층 거실의 바닥면적 300m² 이내마다 1개소 이상의 직통계단을 설치한 건축물
② 층수가 6층인 건축물로서 각 층 거실의 바닥면적 500m² 이내마다 1개소 이상의 직통계단을 설치한 건축물
③ 층수가 10층인 건축물로서 각 층 거실의 바닥면적 300m² 이내마다 1개소 이상의 직통계단을 설치한 건축물
④ 층수가 10층인 건축물로서 각 층 거실의 바닥면적 500m² 이내마다 1개소 이상의 직통계단을 설치한 건축물

해설

승용 승강기 설치의 예외 건축물
층수가 6층인 건축물로서 각 층 거실의 바닥면적 300m² 이내마다 1개소 이상의 직통계단을 설치한 건축물

89
상업지역의 세분에 속하지 않는 것은?

① 중심상업지역　② 근린상업지역
③ 유통상업지역　④ 전용상업지역

해설

상업지역 세분
- 중심상업지역
- 일반상업지역
- 근린상업지역
- 유통상업지역

정답 86.① 87.① 88.① 89.④

90
막다른 도로의 길이가 15m일 때, 이 도로가 건축법령 상 도로이기 위한 최소 폭은?

① 2m ② 3m
③ 4m ④ 6m

해설
막다른 도로의 길이별 최소너비 기준
- 도로길이 10m 미만 : 최소너비 2m 이상
- 도로길이 10~35m 미만 : 최소너비 3m 이상
- 도로길이 35m 이상 : 최소너비 6m 이상

91
용도지역에 따른 건폐율의 최대한도로 옳지 않은 것은? (단, 도시지역의 경우)

① 녹지지역 : 30% 이하
② 주거지역 : 70% 이하
③ 공업지역 : 70% 이하
④ 상업지역 : 90% 이하

해설
용도지역별 건폐율 최대한도
녹지지역 : 20% 이하

92
준주거지역 안에서 건축할 수 없는 건축물에 속하지 않는 것은?

① 위락시설
② 자원순환 관련 시설
③ 의료시설 중 격리병원
④ 문화 및 집회시설 중 공연장

해설
준주거지역 안에서 건축할 수 없는 건축물
- 의료시설 중 격리병원
- 숙박시설
- 위락시설
- 공장
- 자원순환 관련 시설
- 묘지 관련 시설

93
방송 공동수신설비를 설치하여야 하는 대상 건축물에 속하지 않는 것은?

① 다가구주택
② 다세대주택
③ 바닥면적의 합계가 5,000m^2으로서 업무시설의 용도로 쓰는 건축물
④ 바닥면적의 합계가 5,000m^2으로서 숙박시설의 용도로 쓰는 건축물

해설
방송 공동수신설비 의무설치 대상
- 공동주택(아파트, 다세대주택, 연립주택, 기숙사)
- 바닥면적의 합계가 5,000m^2 이상으로서 업무시설의 용도로 쓰는 건축물
- 바닥면적의 합계가 5,000m^2 이상으로서 숙박시설의 용도로 쓰는 건축물

94
주차장법령 상 다음과 같이 정의되는 주차장의 종류는?

> 도로의 노면 또는 교통광장(교차점광장만 해당)의 일정한 구역에 설치된 주차장으로서 일반(一般)의 이용에 제공되는 것

① 노외주차장 ② 노상주차장
③ 부설주차장 ④ 공영주차장

해설
② 노상주차장에 대한 정의

95
문화 및 집회시설 중 공연장의 개별관람실 바닥 면적이 2,000m^2일 경우 개별관람실의 출구는 최소 몇 개소 이상 설치하여야 하는가? (단, 각 출구의 유효너비를 2m로 하는 경우)

① 3개소 ② 4개소
③ 5개소 ④ 6개소

정답 90.② 91.① 92.④ 93.① 94.② 95.④

해설

공연장 개별관람실의 출구의 유효너비 합계

$$\frac{\text{개별관람실 면적}(m^2)}{100m^2} \times 0.6m \text{ 이상}$$

$$\therefore \frac{2,000m^2}{100m^2} \times 0.6m = 12m \text{ 이상} \rightarrow \frac{12}{2} = 6\text{개소}$$

96
다음은 대지의 조경에 관한 기준 내용이다. (   ) 안에 알맞은 것은?

> 면적이 (   ) 이상인 대지에 건축을 하는 건축주는 용도지역 및 건축물의 규모에 따라 해당 지방자치단체의 조례로 정하는 기준에 따라 대지에 조경이나 그 밖의 필요한 조치를 하여야 한다.

① $100m^2$
② $200m^2$
③ $300m^2$
④ $500m^2$

해설

면적이 200m² 이상인 대지에 건축을 하는 건축주는 용도지역 및 건축물의 규모에 따라 대지 안의 조경이나 그 밖에 필요한 조치를 하여야 한다.

97
전용주거지역이나 일반주거지역에서 건축물을 건축하는 경우, 건축물의 높이 10m 이하의 부분은 정북(正北) 방향으로의 인접 대지경계선으로부터 원칙적으로 최소 얼마 이상의 거리를 띄어야 하는가?

① 1m
② 1.5m
③ 2m
④ 3m

해설

정북방향의 인접대지 경계선으로부터 띄어야 하는 거리
• 높이 10m 이하 : 1.5m 이상
• 높이 10m 초과 : 당해 건축물 각 부분 높이의 1/2 이상

98
다음의 직통계단의 설치에 관한 기준 내용 중 밑줄 친 "다음 각 호의 어느 하나에 해당하는 용도 및 규모의 건축물"의 기준 내용으로 옳지 않은 것은?

> 법 제49조 제1항에 따라 피난층 외의 층이 <u>다음 각 호의 어느 하나에 해당하는 용도 및 규모의 건축물</u>에는 국토교통부령으로 정하는 기준에 따라 피난층 또는 지상으로 통하는 직통계단을 2개소 이상 설치하여야 한다.

① 지하층으로서 그 층 거실의 바닥면적의 합계가 200m² 이상인 것
② 종교시설의 용도로 쓰는 층으로서 그 층에서 해당 용도로 쓰는 바닥면적의 합계가 200m² 이상인 것
③ 숙박시설의 용도로 쓰는 3층 이상의 층으로서 그 층의 해당 용도로 쓰는 거실의 바닥면적의 합계가 200m² 이상인 것
④ 업무시설 중 오피스텔의 용도로 쓰는 층으로서 그 층의 해당 용도로 쓰는 거실의 바닥면적의 합계가 200m² 이상인 것

해설

직통계단을 2개소 이상 설치하는 건축물
• 지하층 : 거실 바닥면적의 합계 200m² 이상
• 종교시설 : 바닥면적의 합계 200m² 이상
• 숙박시설 : 거실 바닥면적의 합계 200m² 이상
• 업무시설 중 오피스텔 : 거실 바닥면적의 합계 300m² 이상

정답 96.② 97.② 98.④

99
건축법령에 따라 건축물의 경사지붕 아래에 설치하는 대피공간에 관한 기준 내용으로 옳지 않은 것은?

① 특별피난계단 또는 피난계단과 연결되도록 할 것
② 관리사무소 등과 긴급연락이 가능한 통신시설을 설치하는 것
③ 대피공간의 면적은 지붕 수평투영면적의 20분의 1 이상일 것
④ 출입구는 유효너비 0.9m 이상으로 하고, 그 출입구에는 갑종 방화문을 설치할 것

해설

③ 대피공간의 면적은 지붕 수평투영면적의 10분의 1 이상일 것

100
건축법령에 따른 고층건축물의 정의로 옳은 것은?

① 층수가 30층 이상이거나 높이가 90m 이상인 건축물
② 층수가 30층 이상이거나 높이가 120m 이상인 건축물
③ 층수가 50층 이상이거나 높이가 150m 이상인 건축물
④ 층수가 50층 이상이거나 높이가 200m 이상인 건축물

해설

고층건축물
① 고층 건축물 : 층수 30층 ↑이거나 높이 120m ↑
② 초고층 건축물 : 층수 50층 ↑이거나 높이 200m ↑
③ 준초고층 건축물 : 고층 건축물 중 초고층 건축물이 아닌 것

ARCHITECTURAL ENGINEER

2018
출제문제

2018 제1회 건축기사

2018년 3월 4일 시행

제1과목 ▪ 건축계획

01
도서관의 출납 시스템 유형 중 이용자가 자유롭게 도서를 꺼낼 수 있으나 열람석으로 가기 전에 관원의 검열을 받는 형식은?
① 폐가식
② 반개가식
③ 자유개가식
④ 안전개가식

해설
④ 안전개가식에 대한 설명

02
쇼핑센터의 몰(mall)의 계획에 관한 설명으로 옳지 않은 것은?
① 전문점들과 중심상점의 주출입구는 몰에 면하도록 한다.
② 몰에는 자연광을 끌어들여 외부공간과 같은 성격을 갖게 하는 것이 좋다.
③ 다층으로 계획할 경우, 시야의 개방감을 적극적으로 고려하는 것이 좋다.
④ 중심상점들 사이의 몰의 길이는 150m를 초과하지 않아야 하며, 길이 40~50m마다 변화를 주는 것이 바람직하다.

해설
④ 중심상점들 사이의 몰의 길이는 240m를 초과하지 않아야 하며, 길이 20~30m마다 변화를 주는 것이 바람직하다.

03
연극을 감상하는 경우 배우의 표정이나 동작을 상세히 감상할 수 있는 시각 한계는?
① 3m
② 5m
③ 10m
④ 15m

해설
생리적 한계 : 15m
배우의 표정이나 동작을 상세히 감상

04
학교의 강당계획에 관한 설명으로 옳지 않은 것은?
① 체육관의 크기는 배구코트의 크기를 표준으로 한다.
② 강당은 반드시 전교생을 수용할 수 있도록 크기를 결정하지 않는다.
③ 강당 및 체육관으로 겸용하게 될 경우 체육관 목적으로 치중하는 것이 좋다.
④ 강당 겸 체육관은 커뮤니티의 시설로서 이용될 수 있도록 고려하여야 한다.

해설
① 체육관의 크기는 농구코트의 크기를 표준으로 한다.

정답 01.④ 02.④ 03.④ 04.①

05
다음 중 사무소 건축에서 기둥간격(span)의 결정 요소와 가장 관계가 먼 것은?

① 건물의 외관
② 주차배치의 단위
③ 책상배치의 단위
④ 채광상 층고에 의한 안깊이

해설
사무소의 기둥간격 결정요인
- 책상 배치단위
- 주차 배치 단위
- 채광 상 층높이에 대한 깊이

06
건축양식의 시대적 순서가 가장 올바르게 나열된 것은?

㉠ 로마네스크	㉡ 바로크
㉢ 고딕	㉣ 르네상스
㉤ 비잔틴	

① ㉠ → ㉢ → ㉣ → ㉡ → ㉤
② ㉠ → ㉢ → ㉣ → ㉡ → ㉤
③ ㉤ → ㉣ → ㉢ → ㉠ → ㉡
④ ㉤ → ㉠ → ㉢ → ㉣ → ㉡

해설
건축양식의 시대적 순서
비잔틴 → 로마네스크 → 고딕 → 르네상스 → 바로크

07
아파트 평면형식에 관한 설명으로 옳지 않은 것은?

① 중복도형은 모든 세대의 향을 동일하게 할 수 없다.
② 편복도형은 각 세대의 거주성이 균일한 배치 구성이 가능하다.
③ 홀형은 각 세대가 양쪽으로 개구부를 계획할 수 있는 관계로 일조와 통풍이 양호하다.
④ 집중형은 공용 부분이 오픈되어 있으므로, 공용 부분에 별도의 기계적 설비계획이 필요하다.

해설
④ 집중형은 공용 부분이 오픈되어 있지 않으므로, 공용 부분에 별도의 기계적 설비계획이 필요하다.

08
고대 로마 건축에 관한 설명으로 옳지 않은 것은?

① 인술라(insula)는 다층의 집합주거 건물이다.
② 콜로세움의 1층에는 도릭 오더가 사용되었다.
③ 바실리카 울피아는 황제를 위한 신전으로 배럴 볼트가 사용되었다.
④ 판테온은 거대한 돔을 얹은 로툰다와 대형 열주 현관이라는 두 주된 구성요소로 이루어진다.

해설
③ 바실리카 울피아는 황제를 위한 광장의 일부분(포럼과 유사)이다.

09
사무소 건축의 엘리베이터 설치 계획에 관한 설명으로 옳지 않은 것은?

① 군 관리 운전의 경우 동일 군내의 서비스 층은 같게 한다.
② 승객의 층별 대기시간은 평균 운전간격 이상이 되게 한다.
③ 서비스를 균일하게 할 수 있도록 건축물 중심부에 설치하는 것이 좋다.
④ 건축물의 출입층이 2개 층이 되는 경우는 각각의 교통수요량 이상이 되도록 한다.

해설
② 승객의 층별 대기시간은 평균 운전간격 이하가 되게 한다.

10
다음 중 일반적으로 연면적에 대한 숙박 관계부분의 비율이 가장 큰 호텔은?

① 해변 호텔
② 리조트 호텔
③ 커머셜 호텔
④ 레지덴셜 호텔

해설

호텔의 숙박면적비 : 커머셜 > 레지덴셜 > 리조트 > 아파트먼트

11
다음 중 모듈 시스템의 적용이 가장 부적절한 것은?

① 극장
② 학교
③ 도서관
④ 사무소

해설

학교는 각 교실과 복도가 모듈, 도서관은 서고와 열람식이 모듈, 사무소는 각 기둥의 간격을 모듈로 할 수 있음

12
공장건축의 레이아웃 계획에 관한 설명으로 옳지 않은 것은?

① 플랜트 레이아웃은 공장건축의 기본설계와 병행하여 이루어진다.
② 고정식 레이아웃은 조선소와 같이 제품이 크고 수량이 적을 경우에 적용된다.
③ 다품종 소량생산이나 주문생산 위주의 공장에는 공정 중심의 레이아웃이 적합하다.
④ 레이아웃 계획은 작업장 내의 기계설비 배치에 관한 것으로 공장규모 변화에 따른 융통성은 고려대상이 아니다.

해설

④ 레이아웃 계획은 작업장 내의 기계설비 배치에 관한 것으로 공장규모 변화에 따른 융통성도 고려대상이다.

13
다음과 같은 특징을 갖는 부엌의 평면형은?

- 작업 시 몸을 앞뒤로 바꾸어야 하는 불편이 있다.
- 식당과 부엌이 개방되지 않고 외부로 통하는 출입구가 필요한 경우에 많이 쓰인다.

① 일렬형
② ㄱ자형
③ 병렬형
④ ㄷ자형

해설

③ 병렬형에 대한 설명

14
다음 중 다포양식의 건축물이 아닌 것은?

① 내소사 대웅전
② 경복궁 근정전
③ 전등사 대웅전
④ 무위사 극락전

해설

④ 무위사 극락전은 주심포식 건축물

15
현장감을 가장 실감나게 표현하는 방법으로 하나의 사실 또는 주제의 시간 상황을 고정시켜 연출하는 것으로 현장에 임한 느낌을 주는 특수전시기법은?

① 디오라마 전시
② 파노라마 전시
③ 하모니카 전시
④ 아일랜드 전시

해설

① 디오라마 전시에 대한 설명

정답 10.③ 11.① 12.④ 13.③ 14.④ 15.①

16
종합병원의 건축계획에 관한 설명으로 옳지 않은 것은?

① 부속진료부는 외래환자 및 입원환자 모두가 이용하는 곳이다.
② 간호사 대기소는 각 간호단위 또는 각층 및 동별로 설치한다.
③ 집중식 병원건축에서 부속진료부와 외래부는 주로 건물의 저층부에 구성된다.
④ 외래진료부의 운영방식에 있어서 미국의 경우는 대개 클로즈드 시스템인데 비하여, 우리나라는 오픈 시스템이다.

해설
④ 외래진료부의 운영방식에 있어서 미국의 경우는 대개 오픈 시스템인데 비하여, 우리나라는 클로즈드 시스템이다.

17
상점 정면(facade) 구성에 요구되는 5가지 광고(AIDMA 법칙)에 속하지 않는 것은?

① Attention(주의)
② Identity(개성)
③ Desire(욕구)
④ Memory(기억)

해설
①, ③, ④ 외에 Interest(흥미), Action(행동)이 있음

18
단독주택계획에 관한 설명으로 옳지 않은 것은?

① 건물이 대지의 남측에 배치되도록 한다.
② 건물은 가능한 한 동서로 긴 형태가 좋다.
③ 동지 때 최소한 4시간 이상의 햇빛이 들어오도록 한다.
④ 인접 대지에 기존 건물이 없더라도 개발 가능성을 고려하도록 한다.

해설
① 건물이 대지의 북측에 배치되도록 하여 남쪽을 비워두는 것이 채광상 유리하다.

19
극장의 평면형식 중 프로시니엄형에 관한 설명으로 옳지 않은 것은?

① 픽쳐 프레임 스테이지형이라고도 한다.
② 배경은 한 폭의 그림과 같은 느낌을 준다.
③ 연기자가 제한된 방향으로만 관객을 대하게 된다.
④ 가까운 거리에서 관람하면서 가장 많은 관객을 수용할 수 있다.

해설
④ 지문은 아레나형에 대한 설명

20
다음 중 단독주택의 부엌 크기 결정 요소로 볼 수 없는 것은?

① 작업대의 면적
② 주택의 연면적
③ 주부의 동작에 필요한 공간
④ 후드(hood)의 설치에 의한 공간

해설
단독주택의 부엌 크기 결정요소
- 작업대의 면적
- 주택의 연면적
- 주부의 동작에 필요한 공간

정답 16.④ 17.② 18.① 19.④ 20.④

제2과목 ■ 건축시공

21
린건설(Lean Construction)에서의 관리방법으로 옳지 않은 것은?
① 변이관리
② 당김생산
③ 흐름생산
④ 대량생산

해설
린건설(lean construction)
건설프로젝트의 적용 가능성을 제시한 건설관리학계의 한 연구분야
- 당김생산(Pull 방식)
- 변이관리
- 흐름생산
※ 대량생산은 재고가 많이 쌓이는 방식으로 당김생산의 반대임

22
와이어로프로 매단 비계 권상기에 의해 상하로 이동시킬 수 있는 공사용 비계의 명칭은?
① 시스템비계
② 틀비계
③ 달비계
④ 쌍줄비계

해설
③ 달비계에 대한 설명

23
조적조에 발생하는 백화현상을 방지하기 위하여 취하는 조치로서 효과가 없는 것은?
① 줄눈부분을 방수처리하여 빗물을 막는다.
② 잘 구워진 벽돌을 사용한다.
③ 줄눈 모르타르에 방수제를 넣는다.
④ 석회를 혼합하여 줄눈 모르타르를 바른다.

해설
④ 줄눈 모르타르에 방수제를 혼합하여 우수의 침입을 방지한다.

24
건축마감공사로서 단열공사에 관한 설명으로 옳지 않은 것은?
① 단열시공바탕은 단열재 또는 방습재 설치에 못, 철선, 모르타르 등의 돌출물이 도움이 되므로 제거하지 않아도 된다.
② 설치위치에 따른 단열공법 중 내단열공법은 단열성능이 적고 내부결로가 발생할 우려가 있다.
③ 단열재를 접착제로 바탕에 붙이고자 할 때에는 바탕면을 평탄하게 한 후 밀착하여 시공하되 초기박리를 방지하기 위해 압착상태를 유지시킨다.
④ 단열재료에 따른 공법은 성형판단열재 공법, 현장발포재 공법, 뿜칠단열재 공법 등으로 분류할 수 있다.

해설
① 단열시공바탕은 단열재 또는 방습재 설치에 못, 철선, 모르타르 등의 돌출물이 도움이 되지 않으므로 반드시 제거해야 한다.

25
QC(Quality Control) 활동의 도구와 거리가 먼 것은?
① 기능계통도
② 산점도
③ 히스토그램
④ 특성요인도

해설
QC(품질관리) 활동 도구
특성요인도, 파레토그램, 층별, 히스토그램, 체크시트, 산점도

26
바닥판과 보밑 거푸집설계 시 고려해야 하는 하중을 옳게 짝지은 것은?

① 굳지 않은 콘크리트 중량, 충격하중
② 굳지 않은 콘크리트 중량, 측압
③ 작업하중, 풍하중
④ 충격하중, 풍하중

해설
슬래브 및 보 밑 거푸집 설계 시 고려사항
- 굳지 않은 콘크리트의 중량
- 작업하중
- 충격하중

27
보강 콘크리트블록조의 내력벽에 관한 설명으로 옳지 않은 것은?

① 사춤은 3켜 이내마다 한다.
② 통줄눈은 될 수 있는 한 피한다.
③ 사춤은 철근이 이동하지 않게 한다.
④ 벽량이 많아야 구조상 유리하다.

해설
② 보강 콘크리트블록조는 철근을 배근하므로 반드시 통줄눈으로 시공한다.

28
철골공사에 관한 설명으로 옳지 않은 것은?

① 볼트접합부는 부식하기 쉬우므로 방청도장을 하여야 한다.
② 볼트조임에는 임팩트렌치, 토크렌치 등을 사용한다.
③ 철골조는 화재에 의한 강성저하가 심하므로 내화피복을 하여야 한다.
④ 용접부 비파괴 검사에는 침투탐상법, 초음파탐상법 등이 있다.

해설
철골공사의 녹막이 칠 금지부분
- 콘크리트에 매입되는 부분
- 조립에 의하여 맞닿는 면
- 현장 용접하는 부분(용접부에서 100mm 이내)
- 고장력 볼트 마찰 접합부의 마찰면

29
철근콘크리트 PC 기둥을 8ton 트럭으로 운반하고자 한다. 차량 1대에 최대로 적재가능한 PC 기둥의 수는? (단, PC 기둥의 단면크기는 30cm×60cm, 길이는 3m임)

① 1개 ② 2개
③ 4개 ④ 6개

해설
PC 기둥의 중량 계산
- PC 기둥 1개의 체적 : $0.3 \times 0.6 \times 3 = 0.54 \text{m}^3$
- PC 기둥 1개의 중량 : $0.54 \text{m}^3 \times 2.4 \text{t/m}^3 = 1.3 \text{t}$
- 적재 가능한 PC 기둥 개수 :
  $\frac{8}{1.3} = 6.15$개, 즉 6개까지 적재 가능

30
시멘트 분말도 시험방법이 아닌 것은?

① 플로우시험법 ② 체분석법
③ 피크노메타법 ④ 브레인법

해설
시멘트 분말도 시험방법
- 체분석법
- 피크노메타법
- 브레인법
※ 플로우시험법은 페이스트의 시공연도 시험방법

정답 26.① 27.② 28.① 29.④ 30.①

31
아스팔트 방수층, 개량 아스팔트 시트 방수층, 합성고분자계 시트 방수층 및 도막 방수층 등 불투수성 피막을 형성하여 방수하는 공사를 총칭하는 용어로 옳은 것은?
① 실링방수   ② 멤브레인방수
③ 구체침투방수   ④ 벤토나이트방수

해설
② 멤브레인방수에 대한 설명

32
건축물 높낮이의 기준이 되는 벤치마크(Benchmark)에 관한 설명으로 옳지 않은 것은?
① 이동 또는 소멸 우려가 없는 장소에 설치한다.
② 수직규준틀이라고도 한다.
③ 이동 등 훼손될 것을 고려하여 2개소 이상 설치한다.
④ 공사가 완료된 뒤라도 건축물의 침하, 경사 등의 확인을 위해 사용되기도 한다.

해설
② 벤치마크는 수직규준틀을 설치하기 위한 <u>높이의 기준이 되는 표식</u>이므로 수직규준틀과는 완전히 다른 것이다.

33
파이프구조에 관한 설명으로 옳지 않은 것은?
① 파이프구조는 경량이며, 외관이 경쾌하다.
② 파이프구조는 대규모의 공장, 창고, 체육관, 동·식물원 등에 이용된다.
③ 접합부의 절단가공이 어렵다.
④ 파이프의 부재형상이 복잡하여 공사비가 증대된다.

해설
④ 파이프의 부재형상이 <u>간단하여 공사비가 증대되지 않는다</u>.

34
미장공사에서 나타나는 결함의 유형과 가장 거리가 먼 것은?
① 균열   ② 부식
③ 탈락   ④ 백화

해설
미장공사의 결함 : 균열, 탈락, 백화
※ 부식은 금속공사의 결함

35
공사금액의 결정방법에 따른 도급방식이 아닌 것은?
① 정액도급
② 공종별도급
③ 단가도급
④ 실비정산 보수가산도급

해설
공사비 지불방식에 따른 도급방식
- 정액도급
- 단가도급
- 실비정산 보수가산도급

36
경량골재콘크리트와 관련된 기준으로 옳지 않은 것은?
① 단위시멘트량의 최솟값 : 400kg/m³
② 물-결합재비의 최댓값 : 60%
③ 기건단위질량(경량골재 콘크리트 1종) : 1,700~2,000kg/m³
④ 굵은 골재의 최대치수 : 20mm

해설
① 단위시멘트량의 최솟값 : <u>300kg/m³</u>

정답 31.② 32.② 33.④ 34.② 35.② 36.①

37
프리패브 콘크리트(prefab concrete)에 관한 설명으로 옳지 않은 것은?

① 제품의 품질을 균일화 및 고품질화할 수 있다.
② 작업의 기계화로 노무 절약을 기대할 수 있다.
③ 공장생산으로 기계화하여 부재의 규격을 쉽게 변경할 수 있다.
④ 자재를 규격화하여 표준화 및 대량생산을 할 수 있다.

해설
③ 공장생산으로 기계화하는 것은 맞지만 부재의 규격을 쉽게 변경할 수 있는 것은 아니다.

38
보통 포틀랜드시멘트 경화체의 성질에 관한 설명으로 옳지 않은 것은?

① 응결과 경화는 수화반응에 의해 진행된다.
② 경화체의 모세관수가 소실되면 모세관 장력이 작용하여 건조수축을 일으킨다.
③ 모세관 공극은 물시멘트비가 커지면 감소한다.
④ 모세관 공극에 있는 수분은 동결하면 팽창되고 이에 의해 내부압이 발생하여 경화체의 파괴를 초래한다.

해설
③ 모세관 공극은 물시멘트비가 커지면 증가한다.

39
다음 설명이 의미하는 공법으로 옳은 것은?

> 미리 공장 생산한 기둥이나 보, 바닥판, 외벽, 내벽 등을 한 층씩 쌓아 올라가는 조립식으로 구체를 구축하고 이어서 마감 및 설비공사까지 포함하여 차례로 한 층씩 완성해 가는 공법

① 하프 PC합성바닥판공법
② 역타공법
③ 적층공법
④ 지하연속벽공법

해설
③ 적층공법에 대한 설명

40
목재를 천연건조시킬 때의 장점에 해당되지 않는 것은?

① 비교적 균일한 건조가 가능하다.
② 시설투자 비용 및 작업 비용이 적다.
③ 건조 소요시간이 짧은 편이다.
④ 타 건조방식에 비해 건조에 의한 결함이 비교적 적은 편이다.

해설
③ 건조 소요시간이 긴 편이다(단점).

제3과목 · 건축구조

41
그림과 같은 내민보에서 A지점의 반력값은?

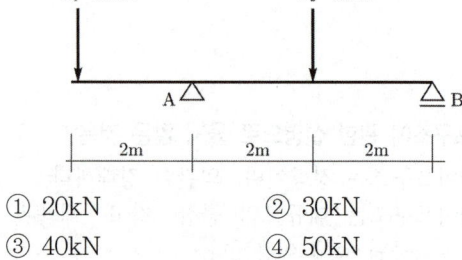

① 20kN　　② 30kN
③ 40kN　　④ 50kN

해설
내민보의 반력 계산
$\Sigma M_B = 0$
$R_A \times 4 - 20 \times 6 - 40 \times 2 = 0$, $R_A = 50\text{kN}(\uparrow)$

42

기초설계 시 인접대지를 고려하여 편심기초를 만들고자 한다. 이 때 편심기초의 지내력이 균등하도록 하기 위하여 어떤 방법을 이용함이 가장 타당한가?

① 지중보를 설치한다.
② 기초 면적을 넓힌다.
③ 기둥의 단면적을 크게 한다.
④ 기초 두께를 두껍게 한다.

해설

편심기초의 부동침하 방지
편심기초는 부동침하의 우려가 있으므로 지내력이 균등하도록 하기 위해 지중보를 설치하는 것이 가장 좋음

43

주철근으로 사용된 D22 철근 180° 표준갈고리의 구부림 최소 내면 반지름(r)으로 옳은 것은?

① $r = 1d_b$
② $r = 2d_b$
③ $r = 2.5d_b$
④ $r = 3d_b$

해설

주철근의 구부림의 최소 내면 반지름

철근 크기	최소 내면 반지름
D10 ~ D25	$3d_b$
D29 ~ D35	$4d_b$
D38 이상	$5d_b$

44

필릿치수 8mm, 용접길이 500mm인 양면필릿용접의 유효 단면적은 약 얼마인가?

① 2,100mm²
② 3,221mm²
③ 4,300mm²
④ 5,421mm²

해설

필릿용접의 유효용접면적
- $a = 0.7 \times 8 = 5.6$mm
- $l_e = 500 - 2 \times 8 = 484$mm
- $A_w = 5.6 \times 484 \times 2 = 5,420.8$mm² ≈ 5,421mm²

45

강구조에서 용접선 단부에 붙인 보조판으로 아크의 시작이나 종단부의 크레이터 등의 결함을 방지하기 위해 붙이는 판은?

① 스티프너
② 엔드탭
③ 윙플레이트
④ 커버플레이트

해설

크레이터의 결함방지 철물
② 엔드탭에 대한 설명

46

그림과 같은 교차보(Cross beam) A, B부재의 최대 휨모멘트의 비로서 옳은 것은? (단, 각 부재의 EI는 일정함)

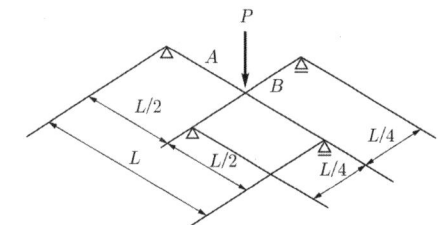

① 1 : 2
② 1 : 3
③ 1 : 4
④ 1 : 8

해설

교차보의 휨모멘트 비교
교차보는 처짐이 같다는 특성을 이용

$$\delta_A = \frac{P_A L^3}{48EI}, \quad \delta_B = \frac{P_B (\frac{L}{2})^3}{48EI} \rightarrow \delta_A = \delta_B$$

$$\frac{P_A L^3}{48EI} = \frac{P_B (\frac{L}{2})^3}{48EI} \rightarrow P_B = 8P_A$$

$$M_A : M_B = \frac{P_A L}{4} : \frac{P_B (\frac{L}{2})}{4}$$

$$= \frac{P_A L}{4} : \frac{8P_A (\frac{L}{2})}{4} = 1 : 4$$

47
프리스트레스하지 않는 부재의 현장치기 콘크리트에서 흙에 접하여 콘크리트를 친 후 영구히 흙에 묻혀 있는 콘크리트 부재의 최소 피복두께로 옳은 것은?

① 40mm
② 50mm
③ 60mm
④ 75mm

해설
철근의 최소 피복두께
- 흙에 접하여 콘크리트를 친 후 영구히 흙에 묻혀 있는 콘크리트 : 75mm
- 수중에서 타설하는 콘크리트 : 100mm

48
H형강의 플랜지에 커버플레이트를 붙이는 주목적으로 옳은 것은?

① 수평부재 간 접합 시 틈새를 메우기 위하여
② 슬래브와 전단접합을 위하여
③ 웨브플레이트의 전단내력 보강을 위하여
④ 휨내력의 보강을 위하여

해설
커버플레이트 사용 목적
H형강에서 플랜지는 주로 휨내력을 담당하고 웨브는 전단내력을 담당하는데, 플랜지의 휨내력을 보강하기 위해 커버플레이트를 붙임

49
다음 그림과 같은 부정정보를 정정보로 만들기 위해 필요한 내부 힌지의 최소 개수는?

① 1개
② 2개
③ 3개
④ 4개

해설
단층구조물의 부정정차수 판별
(1) $n = r - 3 - h = 5 - 3 - 0 = 2$차 부정정
  r : 반력수
  h : 구조에 있는 힌지 수(지점힌지는 제외)
(2) 정정보를 만들기 위해서는 부정정차수만큼 내부 힌지가 필요하다.
∴ 필요 힌지 수 2개

50
직경 2.2cm, 길이 50cm의 강봉에 축방향 인장력을 작용시켰더니 길이는 0.04cm 늘어났고 직경은 0.0006cm 줄었다. 이 재료의 포아송수는?

① 0.015
② 0.34
③ 2.93
④ 66.67

해설
포아송수 산정

$$포아송수(m) = \frac{세로변형도(\epsilon)}{가로변형도(\beta)}$$

$$= \frac{\dfrac{0.04}{50}}{\dfrac{0.0006}{2.2}} = 2.93$$

51
다음 그림과 같은 캔틸레버보에서 B점의 처짐각(θ_B)은?(단, EI는 일정함)

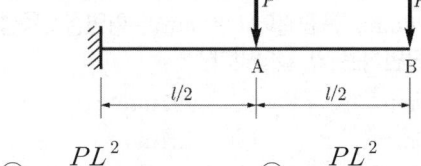

① $-\dfrac{PL^2}{2EI}$
② $-\dfrac{PL^2}{8EI}$
③ $-\dfrac{5PL^2}{8EI}$
④ $-\dfrac{2PL^2}{3EI}$

해설

공액보법을 이용한 처짐각 계산

• 첫 번째 P에 의한 처짐각 계산

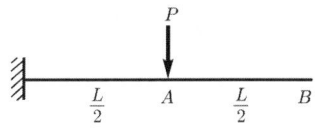

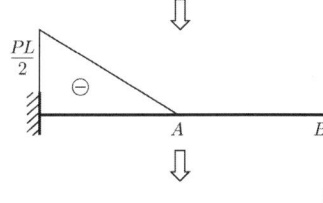

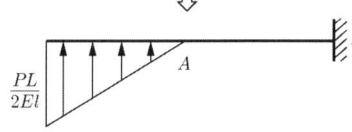

- $\theta_1 = \dfrac{1}{2} \times \dfrac{PL}{2EI} \times \dfrac{L}{2} = \dfrac{PL^2}{8EI}$

- $\theta_B = \theta_1 + \theta_2 = -\left(\dfrac{PL^2}{8EI} + \dfrac{PL^2}{2EI}\right)$

  $= -\dfrac{5PL^2}{8EI}$

52
그림과 같은 단면을 가진 압축재에서 유효좌굴길이 $KL = 250\text{mm}$ 일 때 Euler의 좌굴하중 값은?(단, $E = 210,000\text{MPa}$이다.)

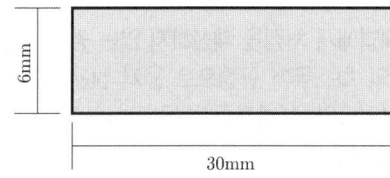

① 17.9kN ② 43.0kN
③ 52.9kN ④ 64.7kN

해설

좌굴하중 계산

$I = \dfrac{bh^3}{12} = \dfrac{30 \times (6)^3}{12} = 540\text{mm}^4$

$P_{cr} = \dfrac{\pi^2 EI}{(KL)^2} = \dfrac{\pi^2 \times 2.1 \times 10^5 \times 540}{(250)^2} \times 10^{-3}$

$= 17.9\text{kN}$

53
그림과 같은 부정정 라멘의 B.M.D에서 P값을 구하면?

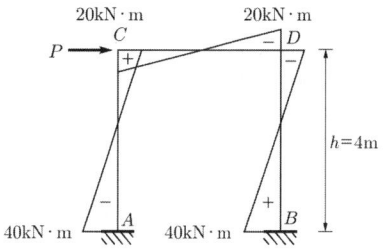

① 20kN ② 30kN
③ 50kN ④ 60kN

해설

라멘의 해석 – 층방정식 이용

$P = \dfrac{\text{재단모멘트의 총합}}{\text{층고}} = \dfrac{20+40+20+40}{4}$

$= 30\text{kN}$

※ 여기서 재단모멘트는 절대값 사용

54
지진력저항시스템의 분류 중 이중골조시스템에 관한 설명으로 옳지 않은 것은?

① 모멘트골조가 최소한 설계지진력의 75%를 부담한다.
② 모멘트골조와 전단벽 또는 가새골조로 이루어져 있다.
③ 전체 지진력은 각 골조의 횡강성비에 비례하여 분배한다.
④ 일정 이상의 변형능력을 갖도록 연성상세설계가 되어야 한다.

해설

이중골조시스템

① (연성)모멘트골조가 최소한 설계지진력의 25%를 부담한다.

55
그림과 같은 부정정 라멘에서 CD 기둥의 전단력 값은?

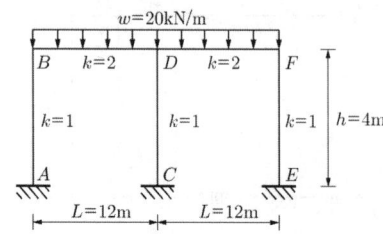

① 0
② 10kN
③ 20kN
④ 30kN

해설

부정정 라멘 해석
- D 지점을 기준으로 완전한 좌우 대칭이므로 휨모멘트는 0이다.
- CD 기둥 전체의 휨모멘트 값이 0이므로 그 미분값인 전단력도 0이다.

56
그림과 같은 옹벽에 토압 10kN이 가해지는 경우 이 옹벽이 전도되지 않기 위해서는 어느 정도의 자중(自重)을 필요로 하는가?

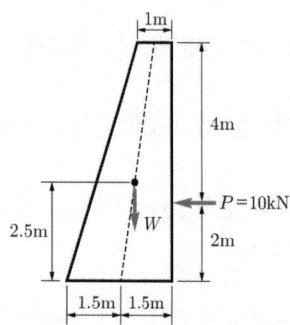

① 12.71kN
② 11.71kN
③ 10.44kN
④ 9.71kN

해설

옹벽의 전도 저항모멘트 계산

(1) 좌측 하부의 끝으로부터 무게중심 W까지의 거리를 x_0라고 하면

$$x_0 = \frac{A_1 x_1 + A_2 x_2}{A_1 + A_2}$$

$$= \frac{\left(2 \times 6 \times \frac{1}{2} \times 2 \times \frac{2}{3}\right) + [1 \times 6 \times (2+0.5)]}{\left(2 \times 6 \times \frac{1}{2}\right) + (1 \times 6)}$$

$$= 1.917\text{m}$$

여기서, A_1 : 옹벽의 좌측 삼각형의 면적
A_2 : 옹벽의 우측 사각형의 면적

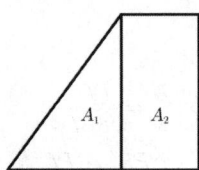

(2) 토압에 의한 전도모멘트
$M_0 = 10 \times 2 = 20\text{kNm}$

(3) 자중에 의한 저항모멘트
$M_R = W \times 1.917 = 1.917W$

(4) 저항모멘트 ≥ 전도모멘트 관계로부터
$$W = \frac{20}{1.917} = 10.43\text{kN}$$

57
강도설계법에서 처짐을 계산하지 않는 경우 철근콘크리트 보의 최소두께 규정으로 옳지 않은 것은? (단, 보통콘크리트와 설계기준항복강도 400MPa 철근을 사용한 부재임)

① 단순 지지 : $\dfrac{L}{16}$
② 1단 연속 : $\dfrac{L}{18.5}$
③ 양단 연속 : $\dfrac{L}{12}$
④ 캔틸레버 : $\dfrac{L}{8}$

해설

처짐 미계산 시 보의 최소두께
③ 양단연속 : $L/21$

정답 55.① 56.③ 57.③

58
강도설계법에 의해서 전단보강 철근을 사용하지 않고 계수하중에 의한 전단력 $V_u = 50\text{kN}$ 을 지지하기 위한 직사각형 단면보의 최소 유효깊이 d는? (단, 보통중량콘크리트 사용, $f_{ck} = 28\text{MPa}$, $b_w = 300\text{mm}$)

① 405mm   ② 444mm
③ 504mm   ④ 605mm

해설

콘크리트의 전단강도 계산

$V_u \leq \phi(V_c + V_s)$ 에서 V_s가 없으면

$V_u \leq \phi \times \frac{1}{2} \times V_c$ 로 바뀜

$\therefore V_u \leq \phi \times \frac{1}{2} \times V_c = \phi \times \frac{1}{2} \times \frac{1}{6} \lambda \sqrt{f_{ck}} \times b_w d$

$50 \times 10^3 = 0.75 \times \frac{1}{2} \times \frac{1}{6} \times 1 \times \sqrt{28} \times 300 \times d$

$d = \frac{2 \times 6 \times 50 \times 10^3}{0.75 \times 1 \times \sqrt{28} \times 300} = 504\text{mm}$

59
강도설계법에 따른 철근콘크리트 부재의 휨에 관한 일반사항으로 옳지 않은 것은?

① 콘크리트의 인장강도는 철근콘크리트 부재 단면의 축강도와 휨강도 계산에서 무시할 수 있다.
② $f_{ck} = 28\text{MPa}$인 경우 휨모멘트 또는 휨모멘트와 축력을 동시에 받는 부재의 콘크리트 압축연단의 극한변형률은 0.0033으로 가정한다.
③ 휨부재의 최소철근량은 $A_{s,\min} = \frac{0.25\sqrt{f_{ck}}}{f_y} b_w d$

또는 $A_{s,\min} = \frac{1.4}{f_y} b_w d$ 중 큰 값 이상이어야 한다.
④ 강도설계법에서는 연성파괴보다는 취성파괴를 유도하도록 설계의 초점을 맞추고 있다.

해설

④ 강도설계법에서는 <u>취성파괴보다는 연성파괴를 유도</u>하도록 설계의 초점을 맞추고 있다.

60
1변의 길이가 각각 50mm(A), 100mm(B)인 두 개의 정사각형 단면에 동일한 압축하중 P가 작용할 때 압축응력도의 비(A : B)는?

① 2 : 1   ② 4 : 1
③ 8 : 1   ④ 16 : 1

해설

압축응력도 비교

$\sigma = \frac{P}{A}$ 에서

$\sigma_A : \sigma_B = \frac{P}{A_A} : \frac{P}{A_B} = \frac{P}{(50)^2} : \frac{P}{(100)^2}$

$= \frac{1}{1} : \frac{1}{4} = 4 : 1$

제4과목 ■ 건축설비

61
다음의 어떤 수조면의 일사량을 나타낸 값 중 그 값이 가장 큰 것은?

① 전천일사량   ② 확산일사량
③ 천공일사량   ④ 반사일사량

해설

수조면의 일사량 측정

<u>전천일사량</u> : 시간당의 직달 일사량과 천공 방사장을 합한 것으로 <u>다른 일사량보다 값이 가장 큼</u>

62
간접가열식 급탕법에 관한 설명으로 옳지 않은 것은?

① 대규모 급탕설비에 적합하다.
② 보일러 내부에 스케일의 발생 가능성이 높다.
③ 가열코일에 순환하는 증기는 저압으로도 된다.
④ 난방용 증기를 사용하면 별도의 보일러가 필요없다.

해설

② 보일러 내부에 스케일의 발생 가능성이 <u>낮다</u>.

정답 58.③ 59.④ 60.② 61.① 62.②

63
볼류트 펌프의 토출구를 지나는 유체의 유속이 2.5m/s, 유량이 1m³/min일 경우, 토출구의 구경은?

① 75mm ② 82mm
③ 92mm ④ 105mm

해설
펌프의 구경 계산

$$d = 1.13\sqrt{\frac{Q}{V}} = \sqrt{\frac{4Q}{V\pi}} \text{ (m)}$$

여기서, Q : 양수량(m³/sec)
V : 유속(m/sec)

$$d = \sqrt{\frac{4 \times 1}{2.5 \times \pi \times 60}} = 0.092\text{m} = 92\text{mm}$$

64
다음과 같은 조건에서 실의 현열부하가 7,000W인 경우 실내 취출풍량은?

[조건]
- 실내온도 22℃
- 취출공기온도 12℃
- 공기의 비열 1.01kJ/kgK
- 공기의 밀도 1.2kg/m³

① 1,042m³/h ② 2,079m³/h
③ 3,472m³/h ④ 6,944m³/h

해설
필요 송풍량

$$Q = \frac{H}{C \times \gamma \times \Delta T}$$
$$= \frac{7.0}{1.2 \times 1.01 \times (22-12)} \times 3,600$$
$$= 2,079 (\text{m}^3/\text{h})$$

1m³/h = 1m³/3,600s
여기서, Q : 송풍량
H : 발열량(현열, kW)
C : 밀도
γ : 정압비열
T : 온도차

65
금속관공사에 관한 설명으로 옳지 않은 것은?

① 고조파의 영향이 없다.
② 저압, 고압, 통신설비 등에 널리 사용된다.
③ 사용 목적과 상관없이 접지를 할 필요가 없다.
④ 사용장소로는 은폐장소, 노출장소, 옥측, 옥외 등 광범위하게 사용할 수 있다.

해설
③ 금속관공사에는 <u>제3종 접지공사를 해야 한다</u>.

66
급수관의 관경 결정과 관계가 없는 것은?

① 관균등표 ② 동시사용률
③ 마찰저항선도 ④ 동적부하해석법

해설
급수관의 관경 결정 요소
- 관균등표
- 동시사용률
- 마찰저항선도
※ 동적부하해석법 : 일종의 에너지 해석법

67
주관적 온열요소 중 인체의 활동상태의 단위로 사용되는 것은?

① met ② clo
③ lm ④ cd

해설
온열 요소의 단위
- met : <u>인체의 활동상태의 단위</u>
- clo : <u>의복의 단열성을 나타내는 단위</u>

정답 63.③ 64.② 65.③ 66.④ 67.①

68
다음 중 약전 설비(소세력 전기설비)에 속하지 않는 것은?

① 조명설비 ② 전기음향설비
③ 감시제어설비 ④ 주차관제설비

해설
① 조명설비는 강전설비(100V 이상)에 속함

69
압력탱크식 급수설비에서 탱크 내의 최고압력이 350kPa, 흡입양정이 5m인 경우, 압력탱크에 급수하기 위해 사용되는 급수펌프의 양정은?

① 약 3.5m ② 약 8.5m
③ 약 35m ④ 약 40m

해설
급수펌프의 양정 계산
$H \geq H_1$(압력에 따른 높이)$+H_2$(관내마찰손실수두)$+H_3$(흡입양정)
$\geq 35+5$(H_2부분은 고려하지 않아도 됨)
$\geq 40\text{m}$ 이상 확보해야 함
$P=10H(kPa) \rightarrow H=0.1P$

70
직류 엘리베이터에 관한 설명으로 옳지 않은 것은?

① 임의의 기동 토크를 얻을 수 있다.
② 고속 엘리베이터용으로 사용이 가능하다.
③ 원활한 가감속이 가능하여 승차감이 좋다.
④ 교류 엘리베이터에 비하여 가격이 저렴하다.

해설
④ 교류 엘리베이터에 비하여 가격이 비싸다.

71
전기설비의 전압 구분에서 저압 기준으로 옳은 것은?

① 교류 300[V] 이하, 직류 600[V] 이하
② 교류 600[V] 이하, 직류 600[V] 이하
③ 교류 1,000[V] 이하, 직류 1,500[V] 이하
④ 교류 750[V] 이하, 직류 750[V] 이하

해설
저압의 범위 기준
- 교류 : 1,000V 이하
- 직류 : 1,500V 이하

72
900명을 수용하고 있는 극장에서 실내 CO_2 농도를 0.1%로 유지하기 위해 필요한 환기량은? (단, 외기 CO_2 농도는 0.04%, 1인당 CO_2 배출량은 18L/h이다.)

① 27,000m³/h
② 30,000m³/h
③ 60,000m³/h
④ 66,000m³/h

해설
CO_2농도에 따른 필요환기량
$Q=\dfrac{K}{(C-C_0)}(m^3/h)$
여기서, K : 실내의 CO_2 발생량(m^3/h)
  C : CO_2의 허용농도(%)
  C_0 : 외기의 CO_2 농도(%)
$Q=\dfrac{0.018 \times 900}{(0.001-0.0004)}=27,000\text{m}^3/\text{h}$
$1,000L=1\text{m}^3$

73
냉난방 부하에 관한 설명으로 옳지 않은 것은?
① 틈새바람부하에는 현열부하 요소와 잠열부하 요소가 있다.
② 최대부하를 계산하는 것은 장치의 용량을 구하기 위한 것이다.
③ 냉방부하 중 실부하란 전열부하, 일사에 의한 부하 등을 말한다.
④ 인체 발생열과 조명기구 발생열은 난방부하를 증가시키므로 난방부하계산에 포함시킨다.

> 해설
> ④ 인체 발생열과 조명기구 발생열은 <u>냉방부하</u>를 증가시키므로 <u>냉방부하</u>계산에 포함시킨다.

74
광원의 연색성에 관한 설명으로 옳지 않은 것은?
① 고압수은램프의 평균 연색평가수(Ra)는 100이다.
② 연색성을 수치로 나타낸 것을 연색평가수라고 한다.
③ 평균 연색평가수(Ra)가 100에 가까울수록 연색성이 좋다.
④ 물체가 광원에 의하여 조명될 때, 그 물체의 색의 보임을 정하는 광원의 성질을 말한다.

> 해설
> **램프의 연색평가수**
> - <u>고압수은램프 : 40~60</u>
> - 백열등 : 100

75
다음은 옥내소화전설비에서 전동기에 따른 펌프를 이용하는 가압송수장치에 관한 설명이다. ( ) 안에 알맞은 것은?

> 특정소방대상물의 어느 층에 있어서도 해당 층의 옥내소화전(2개 이상 설치된 경우에는 2개의 옥내소화전)을 동시에 사용할 경우 각 소화전의 노즐선단에서의 방수압력이 (㉠) 이상이고, 방수량이 (㉡) 이상이 되는 성능의 것으로 할 것

① ㉠ 0.17MPa, ㉡ 130ℓ/min
② ㉠ 0.17MPa, ㉡ 250ℓ/min
③ ㉠ 0.34MPa, ㉡ 130ℓ/min
④ ㉠ 0.34MPa, ㉡ 250ℓ/min

> 해설
> **옥내소화전**
> - 방수압력 : <u>0.17MPa 이상</u>
> - 방수량 : <u>130L/min 이상</u>
>
> **옥외소화전**
> - 방수압력 : 0.25MPa 이상
> - 방수량 : 350L/min 이상

76
구조체를 가열하는 복사난방에 관한 설명으로 옳지 않은 것은?
① 복사열에 의하므로 쾌적성이 좋다.
② 바닥, 벽체, 천장 등을 방열면으로 할 수 있다.
③ 예열시간이 길고 일시적인 난방에는 바람직하지 않다.
④ 방열기의 설치로 인해 실의 바닥면적의 이용도가 낮다.

> 해설
> ④ 실내에 방열기를 설치할 필요가 없어 <u>실의 바닥면적의 이용도가 높다</u>.

정답 73.④ 74.① 75.① 76.④

77
겨울철 벽체를 통해 실내에서 실외로 빠져나가는 열손실량을 계산할 때 필요하지 않은 요소는?

① 외기온도
② 실내습도
③ 벽체의 두께
④ 벽체 재료의 열전도율

해설

열손실량(난방부하) 계산
$H_C = K \cdot A \cdot \triangle t (W)$
따라서 열전도율, 벽체의 두께, 외기온도, 구조체의 표면적 등이 필요함

78
공기조화방식 중 팬코일 유닛 방식에 관한 설명으로 옳지 않은 것은?

① 덕트 방식에 비해 유닛의 위치 변경이 용이하다.
② 유닛을 창문 밑에 설치하면 콜드 드래프트를 줄일 수 있다.
③ 전공기 방식으로 각 실에 수배관으로 인한 누수의 염려가 없다.
④ 각 실의 유닛은 수동으로도 제어할 수 있고 개별 제어가 용이하다.

해설

팬코일 유닛방식은 전공기방식이 아님
전공기방식
- 단일덕트(정풍량, 변풍량)
- 이중덕트
- 멀티존 유닛

79
3상 동력과 단상 전등, 전열부하를 동시에 사용가능한 방식으로 사무소 건물 등 대규모 건물에 많이 사용되는 구내 배전방식은?

① 단상 2선식
② 단상 3선식
③ 3상 3선식
④ 3상 4선식

해설

④ 3상 4선식에 대한 설명

80
도시가스 배관 시공에 관한 설명으로 옳지 않은 것은?

① 건물 내에서는 반드시 은폐 배관으로 한다.
② 배관 도중에 신축 흡수를 위한 이음을 한다.
③ 건물의 주요구조부를 관통하지 않도록 한다.
④ 건물의 규모가 크고 배관 연장이 길 경우는 계통을 나누어 배관한다.

해설

① 가스 배관은 관리 및 검사가 용이하도록 노출배관으로 한다.

제5과목 ■ 건축관계법규

81
다음 중 두께에 관계없이 방화구조에 해당되는 것은?

① 심벽에 흙으로 맞벽치기한 것
② 석고판 위에 회반죽을 바른 것
③ 시멘트모르타르 위에 타일을 붙인 것
④ 석고판 위에 시멘트모르타르를 바른 것

해설

방화구조
- 심벽에 흙으로 맞벽치기한 것
- 철망모르타르로서 그 바름두께가 2cm 이상인 것
- 시멘트모르타르 위에 타일을 붙인 것으로서 그 두께의 합계가 2.5cm 이상인 것
- 석고판 위에 시멘트모르타르를 바른 것으로서 그 두께의 합계가 2.5cm 이상인 것

82
다음의 각종 용도지역의 세분에 관한 설명 중 옳지 않은 것은?
① 근린상업지역 : 근린지역에서의 일용품 및 서비스의 공급을 위하여 필요한 지역
② 중심상업지역 : 도심·부도심의 상업기능 및 업무기능의 확충을 위하여 필요한 지역
③ 제1종 일반주거지역 : 단독주택을 중심으로 양호한 주거환경을 조성하기 위하여 필요한 지역
④ 준주거지역 : 주거기능을 위주로 이를 지원하는 일부 상업기능 및 업무기능을 보완하기 위하여 필요한 지역

해설
주거지역 세분

전용주거지역	제1종	단독주택중심의 양호한 주거환경을 보호
	제2종	공동주택중심의 양호한 주거환경을 보호
일반주거지역	제1종	저층주택중심으로 편리한 주거환경을 조성
	제2종	중층주택중심으로 편리한 주거환경을 조성
	제3종	중·고층주택을 중심으로 편리한 주거환경을 조성
준주거지역		주거기능을 주로 하면서 상업·업무기능의 보완

83
다음은 공사감리에 관한 기준 내용이다. 밑줄 친 "공사의 공정이 대통령령으로 정하는 진도에 다다른 경우"에 속하지 않는 것은? (단, 건축물의 구조가 철근콘크리트조인 경우)

> 공사감리자는 국토교통부령으로 정하는 바에 따라 감리일지를 기록·유지하여야 하고, <u>공사의 공정(工程)이 대통령령으로 정하는 진도에 다다른 경우</u>에는 감리중간보고서를 작성하여 건축주에게 제출하여야 한다.

① 지붕 슬래브 배근을 완료한 경우
② 기초공사 시 철근 배치를 완료한 경우
③ 기초공사에서 주춧돌의 설치를 완료한 경우
④ 지상 5개 층마다 상부 슬래브 배근을 완료한 경우

해설
감리중간보고서 작성(RC구조)
- 지붕슬래브배근을 완료한 경우
- 기초공사 시 철근배치를 완료한 경우
- 지상 5개 층마다 상부 슬래브배근을 완료한 경우

84
국토의 계획 및 이용에 관한 법령상 다음과 같이 정의되는 용어는?

> 개발로 인하여 기반시설이 부족할 것으로 예상되나 기반시설을 설치하기 곤란한 지역을 대상으로 건폐율이나 용적률을 강화하여 적용하기 위하여 지정하는 구역

① 개발제한구역   ② 시가화조정구역
③ 입지규제최소구역 ④ 개발밀도관리구역

해설
④ 개발밀도관리구역에 대한 설명

85
제1종 일반주거지역 안에서 건축할 수 있는 건축물에 속하지 않는 것은?
① 아파트
② 단독주택
③ 노유자시설
④ 교육연구시설 중 고등학교

해설
제1종 일반주거지역 안에서 건축할 수 있는 건축물
- 단독주택
- 노유자시설
- 공동주택(아파트 제외)
- 제1종 근린생활시설
- 교육연구시설 중 유치원·초등학교·중학교 및 고등학교

정답 82.③ 83.③ 84.④ 85.①

86
대통령령으로 정하는 용도와 규모의 건축물에 대해 일반이 사용할 수 있도록 소규모 휴식 시설 등의 공개 공지 또는 공개공간을 설치하여야 하는 대상 지역에 속하지 않는 것은?

① 준주거지역
② 준공업지역
③ 일반주거지역
④ 전용주거지역

해설
공개공지 설치 대상 지역
- 일반주거지역, 준주거지역
- 상업지역, 준공업지역

87
건축물의 층수 산정에 관한 기준 내용으로 옳지 않은 것은?

① 지하층은 건축물의 층수에 산입하지 아니한다.
② 층의 구분이 명확하지 아니한 건축물은 그 건축물의 높이 4m마다 하나의 층으로 보고 그 층수를 산정한다.
③ 건축물이 부분에 따라 그 층수가 다른 경우에는 바닥면적에 따라 가중평균한 층수를 그 건축물의 층수로 본다.
④ 계단탑으로서 그 수평투영면적의 합계가 해당 건축물 건축면적의 8분의 1 이하인 것은 건축물의 층수에 산입하지 아니한다.

해설
③ 건축물이 부분에 따라 그 층수가 다른 경우에는 그 중 가장 많은 층수를 그 건축물의 층수로 본다.

88
건축물의 건축 시 허가 대상 건축물이라 하더라도 미리 특별자치시장·특별자치도지사 또는 시장·군수·구청장에게 국토교통부령으로 정하는 바에 따라 신고를 하면 건축허가를 받은 것으로 보는 소규모 건축물의 연면적 기준은?

① 연면적의 합계가 $100m^2$ 이하인 건축물
② 연면적의 합계가 $150m^2$ 이하인 건축물
③ 연면적의 합계가 $200m^2$ 이하인 건축물
④ 연면적의 합계가 $300m^2$ 이하인 건축물

해설
건축신고 대상 행위
- 바닥면적의 합계가 $85m^2$ 이내의 증축·개축 또는 재축
- 연면적 $200m^2$ 미만이고 3층 미만인 건축물의 대수선
- 연면적의 합계가 $100m^2$ 이하인 건축물

89
다음은 지하층과 피난층 사이의 개방공간 설치에 관한 기준 내용이다. ( ) 안에 알맞은 것은?

> 바닥면적의 합계가 ( ) 이상인 공연장·집회장·관람장 또는 전시장을 지하층에 설치하는 경우에는 각 실에 있는 자가 지하층 각 층에서 건축물 밖으로 피난하여 옥외계단 또는 경사로 등을 이용하여 피난층으로 대피할 수 있도록 천장이 개방된 외부공간을 설치하여야 한다.

① $1,000m^2$
② $2,000m^2$
③ $3,000m^2$
④ $4,000m^2$

해설
천장이 개방된 외부공간을 설치
바닥면적의 합계가 $3,000m^2$ 이상인 공연장·집회장·관람장 또는 전시장을 지하층에 설치하는 경우

90
건축법령 상 연립주택의 정의로 알맞은 것은?

① 주택으로 쓰는 층수가 5개 층 이상인 주택
② 주택으로 쓰는 1개 동의 바닥면적 합계가 660m² 이하이고, 층수가 4개 층 이하인 주택
③ 주택으로 쓰는 1개 동의 바닥면적 합계가 660m²를 초과하고, 층수가 4개 층 이하인 주택
④ 1개 동의 주택으로 쓰이는 바닥면적의 합계가 330m² 이하이고 주택으로 쓰는 층수가 3개 층 이하인 주택

해설

연립주택
주택으로 쓰는 1개 동의 바닥면적 합계가 660m²를 초과하고, 층수가 4개 층 이하인 주택

다세대주택
주택으로 쓰는 1개 동의 바닥면적 합계가 660m² 이하이고, 층수가 4개 층 이하인 주택

91
국토의 계획 및 이용에 관한 법령상 기반시설 중 도로의 세분에 속하지 않는 것은?

① 고가도로
② 보행자우선도로
③ 자전거우선도로
④ 자동차전용도로

해설

도로의 세분 종류
자동차전용도로, 보행자우선도로, 자전거전용도로, 일반도로, 고가도로, 지하도로

92
급수・배수(配水)・배수(排水)・환기・난방 등의 건축설비를 건축물에 설치하는 경우, 건축기계설비기술사 또는 공조냉동기계기술사의 협력을 받아야 하는 대상 건축물에 속하지 않는 것은?

① 의료시설로 해당 용도에 사용되는 바닥면적의 합계가 2,000m²인 건축물
② 업무시설로서 해당 용도에 사용되는 바닥면적의 합계가 2,000m²인 건축물
③ 숙박시설로서 해당 용도에 사용되는 바닥면적의 합계가 2,000m²인 건축물
④ 유스호스텔로서 해당 용도에 사용되는 바닥면적의 합계가 2,000m²인 건축물

해설

관계기술자 협력대상
- 연면적이 10,000m² 이상인 건축물
- 의료시설, 유스호스텔, 숙박시설로 바닥면적이 2,000m² 이상인 건축물
- 판매시설, 연구소, 업무시설로 바닥면적이 3,000m² 이상인 건축물

93
자연녹지지역으로서 노외주차장을 설치할 수 있는 지역에 속하지 않는 것은?

① 토지의 형질변경 없이 주차장의 설치가 가능한 지역
② 주차장 설치를 목적으로 토지의 형질변경 허가를 받은 지역
③ 택지개발사업 등의 단지조성사업 등에 따라 주차수요가 많은 지역
④ 하천구역 및 공유수면으로서 주차장이 설치되어도 해당 하천 및 공유수면의 관리에 지장을 주지 아니하는 지역

해설

자연녹지지역의 노외주차장 설치
- 토지의 형질변경 없이 주차장의 설치가 가능한 지역
- 주차장 설치를 목적으로 토지의 형질변경 허가를 받은 지역
- 하천구역 및 공유수면으로서 주차장이 설치되어도 해당 하천 및 공유수면의 관리에 지장을 주지 아니하는 지역

정답 90.③ 91.③ 92.② 93.③

94

다음은 건축법령 상 직통계단의 설치에 관한 기준 내용이다. (   ) 안에 알맞은 것은?

> 초고층 건축물에는 피난층 또는 지상으로 통하는 직통계단과 직접 연결되는 피난안전구역(건축물의 피난·안전을 위하여 건축물 중간층에 설치하는 대피공간)을 지상층으로부터 최대 (   ) 층마다 1개소 이상 설치하여야 한다.

① 10개　　　　② 20개
③ 30개　　　　④ 40개

해설

초고층 건축물에는 피난층 또는 지상으로 통하는 직통계단과 직접 연결되는 피난안전구역(건축물의 피난·안전을 위하여 건축물 중간층에 설치하는 대피공간)을 지상층으로부터 최대 30개 층마다 1개소 이상 설치하여야 한다.

95

다음 중 건축물의 용도 분류상 문화 및 집회 시설에 속하는 것은?

① 야외극장
② 산업전시장
③ 어린이회관
④ 청소년 수련원

해설

문화 및 집회시설
- 전시장(박물관·미술관·과학관·문화관·체험관·기념관·산업전시장·박람회장 기타 이와 유사한 것)
- 야외극장, 어린이회관 : 관광휴게시설
- 청소년 수련원 : 수련시설

96

부설주차장 설치대상 시설물이 문화 및 집회시설 중 예식장으로서 시설면적이 $1,200m^2$인 경우, 설치하여야 하는 부설주차장의 최소 대수는?

① 8대　　　　② 10대
③ 15대　　　　④ 20대

해설

부설주차장 설치 대수 산정
- 문화 및 집회시설 : 시설면적 $150m^2$당 1대
  $$\therefore \frac{1,200}{150} = 8대$$
- 판매시설 － 시설면적 $150m^2$당 1대
- 위락시설 － 시설면적 $100m^2$당 1대
- 종교시설 － 시설면적 $150m^2$당 1대

97

주차장 주차단위구획의 최소 크기로 옳지 않은 것은? (단, 평행주차형식 외의 경우)

① 경형 : 너비 2.0m, 길이 3.6m
② 일반형 : 너비 2.0m, 길이 6.0m
③ 확장형 : 너비 2.6m, 길이 5.2m
④ 장애인전용 : 너비 3.3m, 길이 5.0m

해설

주차장의 주차구획

주차형식	구분	주차구획
평행주차형식의 경우	경형	1.7m×4.5m 이상
	일반형	2.0m×6.0m 이상
	보도와 차도의 구분이 없는 주거지역의 도로	2.0m×5.0m 이상
평행주차형식 외의 경우	경형	2.0m×3.6m 이상
	일반형	2.5m×5.0m 이상
	확장형	2.6m×5.2m 이상
	장애인 전용	3.3m×5.0m 이상

98

피난안전구역(건축물의 피난·안전을 위하여 건축물 중간층에 설치하는 대피공간)의 구조 및 설비에 관한 기준 내용으로 옳지 않은 것은?

① 피난안전구역의 높이는 2.1m 이상일 것
② 비상용 승강기는 피난안전구역에서 승하차할 수 있는 구조로 설치할 것
③ 건축물의 내부에서 피난안전구역으로 통하는 계단은 피난계단의 구조로 설치할 것
④ 피난안전구역에는 식수공급을 위한 급수전을 1개소 이상 설치하고 예비전원에 의한 조명설비를 설치할 것

해설
③ 건축물의 내부에서 피난안전구역으로 통하는 계단은 <u>특별피난계단</u>의 구조로 설치하여야 한다.

99

6층 이상의 거실면적의 합계가 3,000m²인 경우, 건축물의 용도별 설치하여야 하는 승용승강기의 최소 대수가 옳은 것은? (단, 15인승 승강기의 경우)

① 업무시설 - 2대   ② 의료시설 - 2대
③ 숙박시설 - 2대   ④ 위락시설 - 2대

해설
승용승강기 설치 대수 기준

용도	6층 이상의 거실면적 합계	
	3,000m² 이하	3,000m² 초과
공연, 집회, 관람장, 판매, 의료	2대	2+(A−3,000m²/2,000m²)대
전시장 및 동·식물원, 위락, 숙박, 업무	1대	1+(A−3,000m²/2,000m²)대
공동주택, 교육연구시설, 기타	1대	1+(A−3,000m²/3,000m²)대

의료시설 : $2+\left(\dfrac{A-3{,}000}{2{,}000}\right)$
$= 2+\left(\dfrac{3{,}000-3{,}000}{2{,}000}\right) = 2$대

업무, 숙박, 위락시설 : $1+\left(\dfrac{A-3{,}000}{2{,}000}\right)$
$= 1+\left(\dfrac{3{,}000-3{,}000}{2{,}000}\right) = 1$대

100

공작물을 축조할 때 특별자치시장·특별자치도지사 또는 시장·군수·구청장에게 신고를 하여야 하는 대상 공작물에 속하지 않는 것은? (단, 건축물과 분리하여 축조하는 경우)

① 높이 3m인 담장   ② 높이 5m인 굴뚝
③ 높이 3m인 광고탑   ④ 높이 3m인 광고판

해설
공작물의 축조 시 신고 대상
- 높이 2m를 넘는 옹벽 또는 담장
- 높이 4m를 넘는 광고탑, 광고판
- <u>높이 6m를 넘는 굴뚝</u>
- 높이 4m를 넘는 장식탑, 기념탑
- 바닥면적이 30m²를 넘는 지하대피호

정답 98.③ 99.② 100.②

2018 제2회 건축기사

2018년 4월 28일 시행

제1과목 ■ 건축계획

01
사방에서 감상해야 할 필요가 있는 조각물이나 모형을 전시하기 위해 벽면에서 띄어놓아 전시하는 특수 전시기법은?
① 아일랜드 전시
② 디오라마 전시
③ 파노라마 전시
④ 하모니카 전시

해설
① 아일랜드 전시에 대한 설명

02
은행건축계획에 관한 설명으로 옳지 않은 것은?
① 은행원과 고객의 출입구는 별도로 설치하는 것이 좋다.
② 영업실의 면적은 은행원 1인당 1.2m²을 기준으로 한다.
③ 대규모의 은행일 경우 고객의 출입구는 되도록 1개소로 하는 것이 좋다.
④ 주출입구에 이중문을 설치할 경우, 바깥문은 바깥여닫이 또는 자재문으로 할 수 있다.

해설
② 영업실의 면적은 은행원 1인당 <u>4~6m²</u>를 기준으로 한다.

03
극장 무대 주위의 벽에 6~9m 높이로 설치되는 좁은 통로로, 그리드 아이언에 올라가는 계단과 연결되는 것은?
① 그린룸
② 록 레일
③ 플라이 갤러리
④ 슬라이딩 스테이지

해설
③ 플라이 갤러리에 대한 설명

04
병원건축의 형식 중 분관식에 관한 설명으로 옳지 않은 것은?
① 동선이 길어진다.
② 채광 및 통풍이 좋다.
③ 대지면적에 제약이 있는 경우에 주로 적용된다.
④ 환자는 주로 경사로를 이용한 보행 또는 들 것으로 운반된다.

해설
③ 대지면적에 <u>제약이 없는</u> 대지가 넓은 경우에 주로 적용된다.

정답 01.① 02.② 03.③ 04.③

05
다음 중 도서관에서 장서가 60만권일 경우 능률적인 작업용량으로서 가장 적정한 서고의 면적은?

① 3,000m² ② 4,500m²
③ 5,000m² ④ 6,000m²

해설

서고의 면적

$$\frac{600,000권}{200권/m^2} = 3,000m^2$$

06
다음 중 백화점의 기둥간격 결정요소와 가장 거리가 먼 것은?

① 화장실의 크기
② 에스컬레이터의 배치방법
③ 매장 진열장의 치수와 배치방법
④ 지하주차장의 주차방식과 주차폭

해설

백화점의 기둥간격 결정요소
- 지하주차장의 주차방법
- 진열대의 치수와 배열법
- EV의 배치방법

07
건축계획에서 말하는 미의 특성 중 변화 혹은 다양성을 얻는 방식과 가장 거리가 먼 것은?

① 억양(Accent)   ② 대비(Contrast)
③ 균제(Proportion) ④ 대칭(Symmetry)

해설

④ 대칭은 변화 혹은 다양성과는 정반대의 개념을 갖는다.

08
주택단지 안의 건축물에 설치하는 계단의 유효폭은 최소 얼마 이상으로 하여야 하는가?

① 0.9m   ② 1.2m
③ 1.5m   ④ 1.8m

해설

주택단지 안의 건축물 또는 옥외에 설치하는 계단의 각 부위의 치수

(단위 : cm)

계단의 종류	유효 폭	단 높이	단 너비
공동으로 사용하는 계단	120 이상	18 이하	26 이상

09
사무소 건축의 코어 형식에 관한 설명으로 옳은 것은?

① 편심코어형은 각 층의 바닥면적이 큰 경우 적합하다.
② 양단코어형은 코어가 분산되어 있어 피난상 불리하다.
③ 중심코어형은 구조적으로 바람직한 형식으로 유효율이 높은 계획이 가능하다.
④ 외코어형은 설비 덕트나 배관을 코어로부터 사무실 공간으로 연결하는데 제약이 없다.

해설

① 편심코어형은 각 층의 바닥면적이 <u>작은</u> 경우 적합하다.
② 양단코어형은 코어가 분산되어 있어 피난상 <u>유리하다</u>.
④ 외코어형은 설비 덕트나 배관을 코어로부터 사무실 공간으로 연결하는데 제약이 <u>있다</u>.

10
학교 건축계획에서 그림과 같은 평면 유형을 갖는 학교운영방식은?

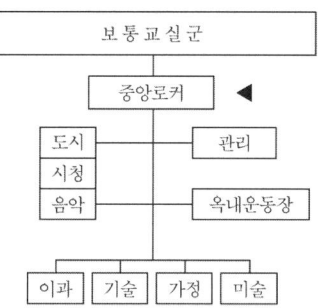

① 달톤형
② 플래툰형
③ 교과교실형
④ 종합교실형

해설
보통교실과 특수교실이 2분단으로 나누어 있으므로 플래툰형에 대한 설명

11
공장건축의 지붕형에 관한 설명으로 옳지 않은 것은?
① 솟을지붕은 채광, 환기에 적합한 방법이다.
② 샤렌지붕은 기둥이 많이 소요되는 단점이 있다.
③ 뾰족지붕은 직사광선을 어느 정도 허용하는 결점이 있다.
④ 톱날지붕은 북향의 채광창으로 일정한 조도를 유지할 수 있다.

해설
② 샤렌지붕은 기둥이 적게 소요되는 장점이 있다.

12
다음 중 학교 건축계획에 요구되는 융통성과 가장 거리가 먼 것은?
① 지역사회의 이용에 의한 융통성
② 학교운영방식의 변화에 대응하는 융통성
③ 광범위한 교과내용의 변화에 대응하는 융통성
④ 한계 이상의 학생 수의 증가에 대응하는 융통성

해설
학교건축계획의 융통성
① 지역사회의 이용에 의한 융통성
② 학교운영방식의 변화에 대응하는 융통성
③ 광범위한 교과내용의 변화에 대응하는 융통성

13
극장의 평면형식 중 애리나(arena)형에 관한 설명으로 옳지 않은 것은?
① 무대의 배경을 만들지 않으므로 경제성이 있다.
② 무대의 장치나 소품은 주로 낮은 기구들로 구성한다.
③ 가까운 거리에서 관람하면서 많은 관객을 수용할 수 있다.
④ 연기자가 일정한 방향으로만 관객을 대하므로 강연, 콘서트, 독주, 연극 공연에 가장 좋은 형식이다.

해설
④는 프로세니엄형에 대한 설명

14
사무소 건축의 실단위 계획에 있어서 개방식 배치(Open Plan)에 관한 설명으로 옳지 않은 것은?
① 독립성과 쾌적감 확보에 유리하다.
② 공사비가 개실시스템보다 저렴하다.
③ 방의 길이나 깊이에 변화를 줄 수 있다.
④ 전면적을 유효하게 이용할 수 있어 공간 절약상 유리하다.

해설
① 독립성과 쾌적감 확보에 불리하다.

15
주택 부엌에서 작업삼각형(work triangle)의 구성요소에 속하지 않는 것은?

① 개수대 ② 배선대
③ 가열대 ④ 냉장고

해설

작업삼각형
냉장고+개수대+가열대를 연결하는 삼각형

16
다음 중 건축가와 그의 작품의 연결이 옳지 않은 것은?

① Marcel Breuer – 파리 유네스코본부
② Le Corbusier – 동경 국립서양미술관
③ Antonio Gaudi – 시드니 오페라하우스
④ Frank Lloyd Wright – 뉴욕 구겐하임 미술관

해설

③ Jorn Utzon – 시드니 오페라하우스

17
다음의 한국 근대건축 중 르네상스 양식을 취하고 있는 것은?

① 명동성당
② 한국은행
③ 덕수궁 정관헌
④ 서울 성공회성당

해설

① 명동성당 : 고딕
② 한국은행 : 르네상스
③ 덕수궁 정관헌 : 로마네스크
④ 서울 성공회성당 : 로마네스크

18
다포식(多包式) 건축양식에 관한 설명으로 옳지 않은 것은?

① 기둥 상부에만 공포를 배열한 건축양식이다.
② 주로 궁궐이나 사찰 등의 주요 정전에 사용되었다.
③ 주심포 형식에 비해서 지붕하중을 등분포로 전달할 수 있는 합리적 구조법이다.
④ 간포를 받치기 위해 창방 외에 평방이라는 부재가 추가되었으며 주로 팔작지붕이 많다.

해설

①은 주심포 양식에 대한 설명

19
아파트의 평면형식에 관한 설명으로 옳지 않은 것은?

① 집중형은 기후조건에 따라 기계적 환경조절이 필요하다.
② 편복도형은 공용복도에 있어서 프라이버시가 침해되기 쉽다.
③ 홀형은 승강기를 설치할 경우 1대당 이용률이 복도형에 비해 적다.
④ 편복도형은 단위면적당 가장 많은 주호를 집결시킬 수 있는 형식이다.

해설

④ 중복도형은 단위면적당 가장 많은 주호를 집결시킬 수 있는 형식이다.

20
근린생활권에 관한 설명으로 옳지 않은 것은?

① 인보구는 가장 작은 생활권 단위이다.
② 인보구 내에는 어린이놀이터 등이 포함된다.
③ 근린주구는 초등학교를 중심으로 한 단위이다.
④ 근린분구는 주간선도로 또는 국지도로에 의해 구분된다.

해설

④ 근린주구는 주간선도로 또는 국지도로에 의해 구분된다.

정답 15.② 16.③ 17.② 18.① 19.④ 20.④

제2과목 ▪ 건축시공

21
지반조사 중 보링에 관한 설명으로 옳지 않은 것은?
① 보링의 깊이는 일반적인 건물의 경우 대략 지지 지층 이상으로 한다.
② 채취시료는 충분히 햇빛에 건조시키는 것이 좋다.
③ 부지 내에서 3개소 이상 행하는 것이 바람직하다.
④ 보링 구멍은 수직으로 파는 것이 중요하다.

해설
지반조사-보링
② 채취된 시료는 <u>햇빛에 노출되어서는 안 됨</u>

22
콘크리트 블록벽체 $2m^2$를 쌓는데 소요되는 콘크리트 블록 장수로 옳은 것은? (단, 블록은 기본형이며, 할증은 고려하지 않음)
① 26장　　② 30장
③ 34장　　④ 38장

해설
콘크리트 블록량 계산
<u>기본형 : 13매</u>, 장려형 : 17매이므로
$2 \times 13 = 26$장

23
콘크리트용 재료 중 시멘트에 관한 설명으로 옳지 않은 것은?
① 중용열포틀랜드시멘트는 수화작용에 따르는 발열이 적기 때문에 매스콘크리트에 적당하다.
② 조강포틀랜드시멘트는 조기강도가 크기 때문에 한중콘크리트공사에 주로 쓰인다.
③ 알칼리 골재반응을 억제하기 위한 방법으로써 내황산염포틀랜드시멘트를 사용한다.
④ 조강포틀랜드시멘트를 사용한 콘크리트의 7일 강도는 보통포틀랜드시멘트를 사용한 콘크리트의 28일 강도와 거의 비슷하다.

해설
내황산염포틀랜드시멘트는 알칼리 골재반응의 억제와는 무관하며, 주로 하수도공사 등에 쓰임

24
도장공사에서의 뿜칠에 관한 설명으로 옳지 않은 것은?
① 큰 면적을 균등하게 도장할 수 있다.
② 스프레이건과 뿜칠면 사이의 거리는 30cm를 표준으로 한다.
③ 뿜칠은 도막두께를 일정하게 유지하기 위해 겹치지 않게 순차적으로 이행한다.
④ 뿜칠 공기압은 $2~4kg/cm^2$를 표준으로 한다.

해설
뿜칠 도장의 주의사항
③ 뿜칠은 각 줄마다 <u>뿜칠너비의 1/3 정도 겹쳐서 시공</u>

25
타일공사에서 시공 후 타일 접착력 시험에 관한 설명으로 옳지 않은 것은?
① 타일의 접착력 시험은 $600m^2$당 한 장씩 시험한다.
② 시험할 타일은 먼저 줄눈 부분을 콘크리트면까지 절단하여 주위의 타일과 분리시킨다.
③ 시험은 타일 시공 후 4주 이상일 때 행한다.
④ 시험결과의 판정은 타일 인장 부착강도가 10MPa 이상이어야 한다.

해설
④ 시험결과의 판정은 타일 인장 부착강도가 <u>0.39MPa 이상</u>이어야 한다.

정답　21.②　22.①　23.③　24.③　25.④

26
다음 중 무기질 단열재료가 아닌 것은?
① 셀룰로오스 섬유판 ② 세라믹 섬유
③ 펄라이트 판 ④ ALC 패널

해설
무기질 단열재료
- 세라믹 섬유
- 펄라이트 판
- ALC 패널

※ 셀룰로오스 섬유판은 <u>유기질 재료</u>

27
CM(Construction Management)의 주요업무가 아닌 것은?
① 설계부터 공사관리까지 전반적인 지도, 조언, 관리업무
② 입찰 및 계약 관리업무와 원가 관리업무
③ 현장 조직관리업무와 공정관리업무
④ 자재 조달업무와 시공도 작성업무

해설
CM의 주요 업무
- 설계부터 공사관리까지 전반적인 지도, 조언, 관리업무
- 입찰 및 계약 관리업무와 원가관리업무
- 현장 조직관리업무와 공정관리업무

28
용접작업 시 용착금속 단면에 생기는 작은 은색의 점을 무엇이라 하는가?
① 피시 아이(fish eye)
② 블로 홀(blow hole)
③ 슬래그 함입(slag inclusion)
④ 크레이터(crater)

해설
① 피시 아이에 대한 설명

29
한중(寒中) 콘크리트의 양생에 관한 설명으로 옳지 않은 것은?
① 보온양생 또는 급열 양생을 끝마친 후에는 콘크리트의 온도를 급격히 저하시켜 양생을 마무리하여야 한다.
② 초기양생에서 소요 압축강도가 얻어질 때까지 콘크리트의 온도를 5℃ 이상으로 유지하여야 한다.
③ 초기양생에서 구조물의 모서리나 가장자리의 부분은 보온하기 어려운 곳이어서 초기동해를 받기 쉬우므로 초기양생에 주의하여야 한다.
④ 한중 콘크리트의 보온양생 방법은 급열 양생, 단열 양생, 피복양생 및 이들을 복합한 방법 중 한 가지 방법을 선택하여야 한다.

해설
① 보온 양생 또는 급열 양생을 끝마친 후에는 콘크리트의 온도를 <u>서서히 저하시켜</u> 양생을 마무리 하여야 한다.

30
실링공사의 재료에 관한 설명으로 옳지 않은 것은?
① 가스켓은 콘크리트의 균열부위를 충전하기 위하여 사용하는 부정형 재료이다.
② 프라이머는 접착면과 실링재와의 접착성을 좋게 하기 위하여 도포하는 바탕처리 재료이다.
③ 백업재는 소정의 줄눈깊이를 확보하기 위하여 줄눈 속을 채우는 재료이다.
④ 마스킹테이프는 시공 중에 실링재 충전개소 이외의 오염방지와 줄눈선을 깨끗이 마무리하기 위한 보호 테이프이다.

해설
① 가스켓은 일종의 밀봉요소로 <u>관 플랜지 이음 등의 연결면의 기밀을 유지하기 위해</u> 사용한다.

정답 26.① 27.④ 28.① 29.① 30.①

31
도막방수 시공 시 유의사항으로 옳지 않은 것은?
① 도막 방수재는 혼합에 따라 재료 물성이 크게 달라지므로 반드시 혼합비를 준수한다.
② 용제형의 프라이머를 사용할 경우에는 화기에 주의하고, 특히 실내 작업의 경우 환기장치를 사용하여 인화나 유기용제 중독을 미연에 예방하여야 한다.
③ 코너부위, 드레인 주변은 보강이 필요하다.
④ 도막방수 공사는 바탕면 시공과 관통공사가 종결되지 않더라도 할 수 있다.

해설
④ 도막방수 공사는 바탕면 시공과 관통공사가 종결된 후 시공할 수 있다.

32
지반조사시험에서 서로 관련 있는 항목끼리 옳게 연결된 것은?
① 지내력 – 정량분석시험
② 연한점토 – 표준관입시험
③ 진흙의 점착력 – 베인시험(vane test)
④ 염분 – 신월샘플링(thin wall sampling)

해설
① 염분 – 정량분석시험
② 지내력(모래의 전단력) – 표준관입시험
④ 연한점토 – 신월샘플링

33
공사 착공시점의 인허가항목이 아닌 것은?
① 비산먼지 발생사업 신고
② 오수처리시설 설치신고
③ 특정공사 사전신고
④ 가설건축물 축조신고

해설
공사 착공시점의 인허가항목
- 비산먼지 발생사업 신고
- 특정공사 사전신고
- 가설건축물 축조신고

34
콘크리트공사 중 적산온도와 가장 관계 깊은 것은?
① 매스(mass)콘크리트 공사
② 수밀(水密)콘크리트 공사
③ 한중(寒中)콘크리트 공사
④ AE콘크리트 공사

해설
적산온도
한중콘크리트의 초기 경화 정도를 파악하는 지표, 양생온도(℃)와 경과시간의 곱의 합

35
조적벽 40m²를 쌓는데 필요한 벽돌량은? (단, 표준형벽돌 0.5B 쌓기, 할증은 고려하지 않음)
① 2,850장
② 3,000장
③ 3,150장
④ 3,500장

해설
벽돌량 계산
0.5B : 75매/m^2, 1.0B : 149매/m^2, 1.5B : 224매/m^2이므로
$40 \times 75 = 3,000$장
※ 할증률 : 시멘트 벽돌 5%, 붉은(점토) 벽돌 3%

36
고력볼트 접합에 관한 설명으로 옳지 않은 것은?
① 현대건축물의 고층화, 대형화 추세에 따라 소음이 심한 리벳은 현재 거의 사용하지 않고 볼트접합과 용접접합이 대부분을 차지하고 있다.
② 토크쉐어형 고력볼트는 조여서 소정의 출력이 얻어지면 자동적으로 핀테일이 파단되는 구조로 되어 있다.
③ 고력볼트의 조임기구는 토크렌치와 임팩트렌치 등이 있다.
④ 고력볼트의 접합형태는 모두 마찰접합이며, 마찰접합은 하중이나 응력을 볼트가 직접 부담하는 방식이다.

해설
④ 고력볼트의 접합형태는 <u>마찰접합과 전단접합이 있으며, 마찰접합은 하중이나 응력을 부재간에 발생하는 마찰력에 의해 응력을 전달하는 방식</u>이다.

37
기본공정표와 상세공정표에 표시된 대로 공사를 진행시키기 위해 재료, 노동력, 원척도 등이 필요한 기일까지 반입, 동원될 수 있도록 작성한 공정표는?
① 횡선식 공정표
② 열기식 공정표
③ 사선 그래프식 공정표
④ 일순식 공정표

해설
② 열기식 공정표에 대한 설명

38
유리섬유, 합성섬유 등의 망상포를 적층하여 도포하는 도막방수 공법은?
① 시멘트액체방수공법
② 라이닝공법
③ 스터코마감공법
④ 루핑공법

해설
② 라이닝공법에 대한 설명

39
강재말뚝의 부식에 대한 대책과 가장 거리가 먼 것은?
① 부식을 고려하여 두께를 두껍게 한다.
② 에폭시 등의 도막을 설치한다.
③ 부마찰력에 대한 대책을 수립한다.
④ 콘크리트로 피복한다.

해설
강재말뚝의 부식에 대한 대책
- 부식을 고려하여 두께를 두껍게 한다.
- 에폭시 등의 도막을 설치한다.
- 콘크리트로 피복한다.
※ 부마찰력은 <u>지반의 침하에 대한 대책임</u>

40
콘크리트 중 공기량의 변화에 관한 설명으로 옳은 것은?
① AE제의 혼입량이 증가하면 연행공기량도 증가한다.
② 시멘트 분말도 및 단위시멘트량이 증가하면 공기량은 증가한다.
③ 잔골재 중의 0.15~0.3mm의 골재가 많으면 공기량은 감소한다.
④ 슬럼프가 커지면 공기량은 감소한다.

해설
② 시멘트 분말도 및 단위시멘트량이 증가하면 공기량은 <u>감소한다</u>.
③ 잔골재 중의 0.15~0.3mm의 골재가 많으면 공기량은 <u>증가한다</u>.
④ 슬럼프가 커지면 공기량은 <u>증가한다</u>.

정답 36.④ 37.② 38.② 39.③ 40.①

제3과목 ▪ 건축구조

41
강구조 용접에서 용접결함에 속하지 않는 것은?

① 오버랩(overlap)
② 크랙(crack)
③ 가우징(gouging)
④ 언더컷(under cut)

해설
용접결함의 종류
- 크랙, 오버랩, 언더컷, 슬래그 함입, 블로홀, 피트, 크레이터, 피시아이
- 가우징 : 용접부의 홈파기를 말하는 것으로, 다층 용접 시 먼저 용접한 부위의 결함 제거나 주철의 균열 보수를 하기 위해 좁은 홈을 파내는 것

42
그림과 같은 구조물의 부정정차수는?

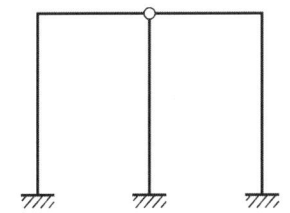

① 1차 부정정
② 2차 부정정
③ 3차 부정정
④ 4차 부정정

해설
부정정차수에 의한 구조물의 판별
부정정차수 $n = r + m + k - 2j$
반력수 : 9, 부재수 : 5, 강절점수 : 2, 절점수 : 6
$n = 9 + 5 + 2 - 2 \times 6 = 4$차 부정정

43
동일단면, 동일재료를 사용한 캔틸레버 보 끝단에 집중하중이 작용하였다. P_1이 작용한 부재의 최대 처짐량이, P_2가 작용한 부재의 최대 처짐량의 2배일 경우 $P_1 : P_2$는?

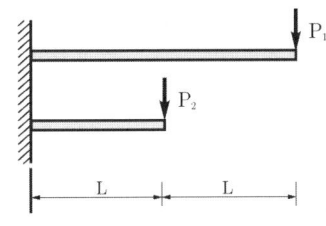

① 1 : 4
② 1 : 8
③ 4 : 1
④ 8 : 1

해설
처짐량 비교

캔틸레버의 끝단 집중하중 시 처짐 : $\delta_A = \dfrac{PL^3}{3EI}$

$\dfrac{P_1(2L)^3}{3EI} = 2 \times \dfrac{P_2(L)^3}{3EI}$

→ $4P_1 = 1P_2$ → $P_1 : P_2 = 1 : 4$

44
그림과 같은 단순보의 일부 구간으로부터 떼어낸 자유물체도에서 각 좌우 측면(가, 나면)에 작용하는 전단력의 방향과 그 값으로 옳은 것은?

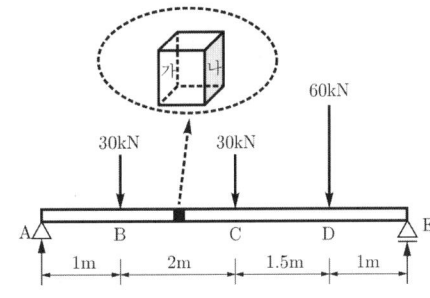

① 가 : 19.1kN(↑), 나 : 19.1kN(↓)
② 가 : 19.1kN(↓), 나 : 19.1kN(↑)
③ 가 : 16.1kN(↑), 나 : 16.1kN(↓)
④ 가 : 16.1kN(↓), 나 : 16.1kN(↑)

해설
전단력의 방향과 크기 계산
$\Sigma M_E = 5.5R_A - 30 \times 4.5 - 30 \times 2.5 - 60 \times 1 = 0$
$R_A = 49.1\text{kN}(\uparrow)$
$\therefore V_x = 49.1 - 30 = 19.1\text{kN}$
양의 부호이므로 좌측이 상향, 우측이 하향인 전단력이 발생함

45
그림과 같이 수평하중을 받는 라멘에서 휨모멘트의 값이 가장 큰 위치는?

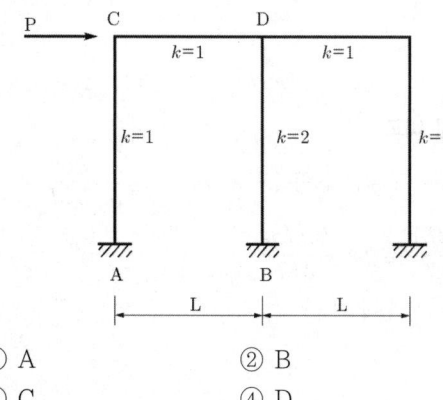

① A
② B
③ C
④ D

해설
라멘 지지점에서의 휨모멘트
- 절점 C, D는 움직이고 있는 점이므로 모멘트를 전혀 받을 수 없다.
- 일반적으로 부재의 <u>강성이 크면 하중의 작용 시 부담하는 휨모멘트가 비례하여 크게 된다.</u>

46
그림과 같은 단순보에서 A점 및 B점에서의 반력을 각각 R_A, R_B라 할 때 반력의 크기로 옳은 것은?

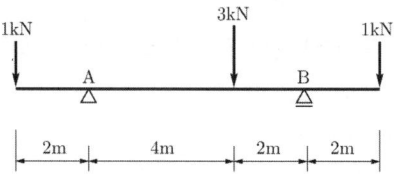

① $R_A = 3\text{kN}$, $R_B = 2\text{kN}$
② $R_A = 2\text{kN}$, $R_B = 3\text{kN}$
③ $R_A = 2.5\text{kN}$, $R_B = 2.5\text{kN}$
④ $R_A = 4\text{kN}$, $R_B = 1\text{kN}$

해설
반력 계산
$\Sigma M_B = -1 \times 8 + 6R_A - 3 \times 2 + 1 \times 2 = 0$
$R_A = 2\text{kN}(\uparrow)$, $R_B = 3\text{kN}(\uparrow)$

47
필릿용접의 최소 사이즈에 관한 설명으로 옳지 않은 것은?

① 접합부 얇은 쪽 모재두께가 6mm 이하일 경우 3mm이다.
② 접합부 얇은 쪽 모재두께가 6mm를 초과하고 13mm 이하일 경우 4mm이다.
③ 접합부 얇은 쪽 모재두께가 13mm를 초과하고 19mm 이하일 경우 6mm이다.
④ 접합부 얇은 쪽 모재두께가 19mm 초과할 경우 8mm이다.

해설
필릿용접의 최소 사이즈(mm)

접합부의 얇은 쪽 모재두께 t	필릿용접의 최소 사이즈
$t < 6$	3
$6 \leq t < 13$	5
$13 \leq t < 20$	6
$20 \leq t$	8

정답 45.② 46.② 47.②

48
다음 각 구조시스템에 관한 정의로 옳지 않은 것은?

① 모멘트골조방식 : 수직하중과 횡력을 보와 기둥으로 구성된 라멘조가 저항하는 구조방식
② 연성모멘트골조방식 : 횡력에 대한 저항능력을 증가시키기 위하여 부재와 접합부의 연성을 증가시킨 모멘트골조방식
③ 이중골조방식 : 횡력의 25% 이상을 부담하는 전단벽이 연성모멘트골조와 조합되어 있는 구조방식
④ 건물골조방식 : 수직하중은 입체골조가 저항하고 지진하중은 전단벽이나 가새골조가 저항하는 구조방식

해설
③ 이중골조방식 : 횡력의 25% 이상을 부담하는 연성모멘트골조가 전단벽이나 가새골조와 조합되어 있는 구조방식

49
그림에서 같은 H형강 H-300×150×6.5×9의 x-x축에 대한 단면계수 값으로 옳은 것은? (단, $I_X =$ 5,080,000mm⁴이다.)

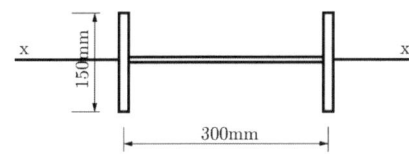

① 58,539mm³
② 60,568mm³
③ 67,733mm³
④ 71,384mm³

해설
단면계수 계산
$$Z_x = \frac{I_x}{y} = \frac{5,080,000}{(150/2)} = 67,733.3 \text{mm}^3$$

50
다음 부정정 구조물에서 B점의 반력을 구하면?

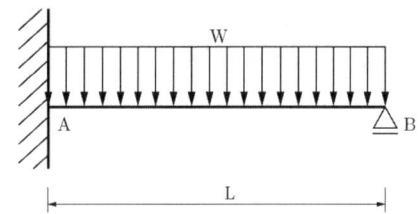

① $\frac{1}{8}\omega L$ ② $\frac{3}{8}\omega L$
③ $\frac{5}{8}\omega L$ ④ $\frac{7}{8}\omega L$

해설
부정정구조물의 반력 계산
$$\frac{wL^4}{8EI} = \frac{R_B L^3}{3EI} \rightarrow R_B = \frac{3wL}{8}$$

51
인장을 받는 이형철근의 직경이 D16(직경 15.9mm)이고, 콘크리트 강도가 30MPa인 표준갈고리의 기본정착길이는? (단, $f_y = 400$MPa, $\beta = 1.0$, $m_c = 2,300$kg/m³)

① 238mm ② 258mm
③ 279mm ④ 312mm

해설
표준갈고리의 기본정착길이
$$l_{hb} = \frac{0.24 \beta d_b f_y}{\lambda \sqrt{f_{ck}}}$$
$$= \frac{0.24 \times 1 \times 15.9 \times 400}{\sqrt{30}} = 278.7 \text{mm}$$

52

양단 힌지인 길이 6m의 H-300×300×10×15의 기둥이 부재 중앙에서 약축방향으로 가새를 통해 지지되어 있을 때 설계용 세장비는?
(단, $r_x = 131$mm, $r_y = 75.1$mm)

① 39.9 ② 45.8
③ 58.2 ④ 66.3

해설

설계용 세장비 계산

x와 y 각 방향에 대해 계산한 후 큰 값을 설계용 세장비로 함

$$\lambda_x = \frac{kL_x}{r_x} = \frac{6 \times 10^3}{131} = 45.8$$

$$\lambda_y = \frac{kL_y}{r_y} = \frac{3 \times 10^3}{75.1} = 39.9$$

따라서 큰 값인 45.8이 설계용 세장비가 됨

53

그림과 같은 이동하중이 스팬 10m의 단순보 위를 지날 때 절대 최대 휨모멘트를 구하면?

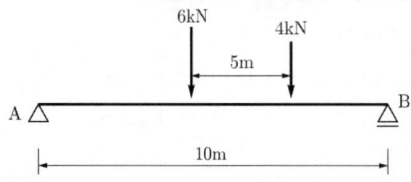

① 16kNm ② 18kNm
③ 25kNm ④ 30kNm

해설

이동하중에 의한 절대 최대 휨모멘트 계산

$P_1 = 6$kN, $P_2 = 4$kN, $l = 5$m라고 하고, 6kN이 작용하는 점을 C, 4kN이 작용하는 점을 D, 합력 $R = P_1 + P_2 = 6 + 4 = 10$kN이라고 하면, C점부터 합력이 작용하는 위치까지의 거리

$$x = \frac{P_2 \times l}{R} = \frac{4 \times 5}{10} = 2\text{m로 구해진다.}$$

즉, 합력 10kN의 힘은 C점부터 2m 떨어진 위치에 작용하며, 이 때 C점과 합력이 작용하는 점의 중간지점을 보의 중앙에 일치시킨 후 C점에서의 모멘트를 구하면 절대 최대 휨모멘트가 된다.

$\Sigma M_B = 10 V_A - 6 \times 6 - 4 \times 1 = 0$
$V_A = 4$kN(↑)
$M_C = 4 \times 4 = 16$kNm

54

그림과 같은 구조물에서 B단에 발생하는 휨모멘트 값으로 옳은 것은?

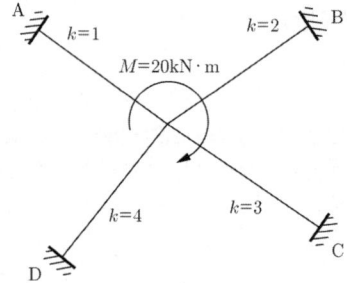

① 2kNm ② 3kNm
③ 4kNm ④ 6kNm

해설

모멘트분배법 계산

(1) 분배율

$$\mu_{OB} = \frac{K}{\Sigma K} = \frac{2}{1+2+3+4} = 0.2$$

(2) 분배모멘트

$$M_{OB} = \mu_{OB} \times M_O$$
$$= 0.2 \times 20 = 4\text{kNm}$$

(3) 도달모멘트

$$M_{BO} = \frac{1}{2} \times M_{OB}$$
$$= \frac{1}{2} \times 4 = 2\text{kNm}$$

정답 52.② 53.① 54.①

55
등분포하중을 받는 두 스팬 연속보인 B_1, RC 보 부재에서 Ⓐ, Ⓑ, ⓒ 지점의 보 배근에 관한 설명으로 옳지 않은 것은?

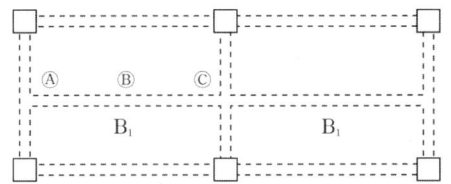

① Ⓐ 단면에서는 하부근이 주근이다.
② Ⓑ 단면에서는 하부근이 주근이다.
③ Ⓐ 단면에서의 스터럽 배치간격은 Ⓑ 단면에서의 경우보다 촘촘하다.
④ ⓒ 단면에서는 하부근이 주근이다.

해설
연속보의 철근 배근
- Ⓐ 단면과 Ⓑ 단면에서는 아래로 볼록하게 처짐이 발생하므로 하부근이 주근이다.
- Ⓐ 단면과 Ⓑ 단면에서의 전단력은 Ⓐ 단면이 크므로 스터럽 배치간격은 Ⓑ 단면보다 촘촘하다.
- ⓒ 단면에서는 위로 볼록한 형태가 되어 상부에 인장이 발생하므로 <u>상부근이 주근이다</u>.

56
그림과 같은 독립기초에 $N = 480\text{kN}$, $M = 96\text{kNm}$가 작용할 때 기초저면에 발생하는 최대 지반반력은?

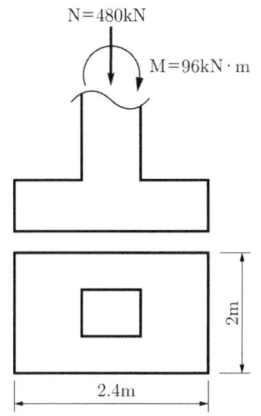

① 15kN/m^2
② 150kN/m^2
③ 20kN/m^2
④ 200kN/m^2

해설
최대 지반반력(압축응력) 계산
$$\sigma = -\frac{P}{A} - \frac{M}{Z}$$
$$= -\frac{480}{2 \times 2.4} - \frac{96}{\frac{2 \times (2.4)^2}{6}} = -150\text{kN/m}^2$$

57
철골보의 처짐을 적게 하는 방법으로 가장 적절한 것은?
① 보의 길이를 길게 한다.
② 웨브의 단면적을 작게 한다.
③ 상부플랜지의 두께를 줄인다.
④ 단면2차모멘트 값을 크게 한다.

해설
등분포하중을 받는 단순보의 처짐량
$\delta = \dfrac{5wL^4}{384EI}$ 이므로 처짐을 적게 하기 위해서는 보의 길이를 줄이거나, 웨브의 단면적/플랜지의 두께를 크게 하거나, <u>단면2차모멘트 값을 크게 하면 된다</u>.

58
강도설계법에서 직접설계법을 이용한 콘크리트 슬래브 설계 시 적용조건으로 옳지 않은 것은?
① 각 방향으로 3경간 이상이 연속되어야 한다.
② 슬래브 판들은 단변경간에 대한 장변경간의 비가 2 이하인 직사각형이어야 한다.
③ 각 방향으로 연속한 받침부 중심간 경간 차이는 긴 경간의 1/3 이하이어야 한다.
④ 모든 하중은 슬래브판의 특정지점에 작용하는 집중하중이어야 하며 활하중은 고정하중의 3배 이하이어야 한다.

해설
직접설계법의 적용조건
④ 모든 하중은 슬래브판의 <u>전체에 걸쳐 등분포된 연직하중이어야</u> 하며 활하중은 고정하중의 2배 이하이어야 한다.

59
연약지반에 기초구조를 적용할 때 부동침하를 감소시키기 위한 상부구조의 대책으로 옳지 않은 것은?
① 폭이 일정할 경우 건물의 길이를 길게 할 것
② 건물을 경량화할 것
③ 강성을 크게 할 것
④ 부분 증축을 가급적 피할 것

해설

부동침하 감소를 위한 상부구조 대책
① 폭이 일정할 경우 건물의 길이를 짧게 할 것

60
등가정적해석법에 따른 지진응답계수의 산정식과 가장 거리가 먼 것은?
① 가스트영향계수
② 반응수정계수
③ 주기 1초에서의 설계스펙트럼 가속도
④ 건축물의 고유주기

해설

등각정적해석법의 지진응답계수 산정식

$$C_s = \frac{S_{D1}}{\left[\dfrac{R}{I_E}\right]T}$$

여기서, I_E : 건축물의 중요도계수
R : 반응수정계수
S_{D1} : 주기 1초에서의 설계스펙트럼가속도
T : 건축물의 고유주기
가스트 영향계수는 풍하중 산정 시에 사용되며 지진응답계수 산정과는 무관함

제4과목 ■ 건축설비

61
배수 배관에서 청소구(clean out)의 일반적 설치장소에 속하지 않는 것은?
① 배수 수직관의 최상부
② 배수 수평지관의 기점
③ 배수 수평주관의 기점
④ 배수관이 45°를 넘는 각도에서 방향을 전환하는 개소

해설

청소구의 설치 위치
• 배수 수평지관의 기점
• 배수 수평주관의 기점
• 배수관이 45° 이상의 각도로 방향을 바꾸는 곳
• 배수 수평주관과 옥외배수관의 접속장소와 가까운 곳

62
다음과 같은 조건에서 사무실의 평균조도를 800[lx]로 설계하고자 할 경우, 광원의 필요 수량은?

[조건]
• 관원 1개의 광속 : 2,000[lm]
• 실의 면적 : 10[m²]
• 감광 보상률 : 1.5
• 조명률 : 0.6

① 3개 ② 5개
③ 8개 ④ 10개

해설

$N = \dfrac{AED}{FU} = \dfrac{10 \times 800 \times 1.5}{2,000 \times 0.6} = 10$개

여기서, F : 사용광원 1개의 광속(lm)
E : 작업면의 평균조도(lx)
A : 방의 면적(m²)
N : 광원의 개수
D : 감광보상률
U : 조명률

63
최대 수용 전력이 500kW, 수용률이 80%일 때 부하 설비 용량은?

① 400kW   ② 625kW
③ 800kW   ④ 1250kW

해설

$$수용률 = \frac{최대사용전력(kW)}{수용설비용량(kW)} \times 100(\%)$$

$$수용설비용량 = \frac{최대사용전력 \times 100}{수용률}(kW)$$

$$= \frac{500 \times 100}{80} = 625(kW)$$

64
이동식 보도에 관한 설명으로 옳지 않은 것은?

① 속도는 60~70m/min이다.
② 주로 역이나 공항 등에 이용된다.
③ 승객을 수평으로 수송하는 데 사용된다.
④ 수평으로부터 10° 이내의 경사로 되어 있다.

해설

이동식 보도(무빙워크)
① 속도는 40~50m/min이다.
※ ES의 속도는 30m/min 이하

65
급수관에 워터해머(water hammer)가 생기는 가장 주된 원인은?

① 배관의 부식
② 배관 지름의 확대
③ 수원(水原)의 고갈
④ 배관 내 유수(流水)의 급정지

해설

수격작용(워터해머)의 원인
- 플러시 밸브, 콕밸브 등의 급조작에 의한 유수의 급정지
- 관경이 작을수록/유속이 빠를수록
- 감압밸브 사용 시
- 굴곡 개소가 있을 경우

66
압력에 따른 도시가스의 분류에서 고압의 기준으로 옳은 것은?

① 0.1MPa 이상
② 1MPa 이상
③ 10MPa 이상
④ 100MPa 이상

해설

도시가스의 공급 압력
- 저압 : 0.1MPa 미만
- 중압 : 0.1 이상 ~ 1MPa 미만
- 고압 : 1MPa 이상

67
압축식 냉동기의 주요 구성요소가 아닌 것은?

① 재생기   ② 압축기
③ 증발기   ④ 응축기

해설

압축식 냉동기
압축기 – 응축기 – 팽창밸브 – 증발기의 순
※ 재생기는 흡수식 냉동기의 구성요소

정답 63.② 64.① 65.④ 66.② 67.①

68
옥내소화전설비의 설치대상 건축물로서 옥내소화전의 설치개수가 가장 많은 층의 설치개수가 6개인 경우, 옥내소화전설비 수원의 유효 저수량은 최소 얼마 이상이 되어야 하는가?

① $7.8m^3$
② $10.4m^3$
③ $5.2m^3$
④ $15.6m^3$

해설
수원의 저수량 계산식
- 옥내소화전 : $\underline{2.6m^3} \times$ N(2개 이하)
- 옥외소화전 : $7m^3 \times$ N(2개 이하)

따라서 한 개의 층에 최대 2개까지이므로 저수량은 $2.6m^3 \times 2 = 5.2m^3$

69
변풍량 단일덕트방식에서 송풍량 조절의 기준이 되는 것은?

① 실내 청정도
② 실내 기류속도
③ 실내 현열부하
④ 실내 잠열부하

해설
변풍량 단일덕트방식
실내의 현열부하에 따라 송풍량을 조절함

70
증기난방에 관한 설명으로 옳지 않은 것은?

① 온수난방에 비해 예열시간이 짧다.
② 운전 중 증기해머로 인한 소음발생의 우려가 있다.
③ 온수난방에 비해 한랭지에서 동결의 우려가 적다.
④ 온수난방에 비해 부하변동에 따른 실내 방열량 제어가 용이하다.

해설
④ 온수난방에 비해 부하변동에 따른 실내 방열량 제어가 어렵다.

71
피뢰시스템에 관한 설명으로 옳지 않은 것은?

① 피뢰시스템은 보호성능 정도에 따라 등급을 구분한다.
② 피뢰시스템의 등급은 Ⅰ, Ⅱ, Ⅲ의 3등급으로 구분된다.
③ 수뢰부시스템은 보호범위 산정방식(보호각, 회전구체법, 메시법)에 따라 설치한다.
④ 피보호건축물에 적용하는 피뢰시스템의 등급 및 보호에 관한 사항은 한국산업표준의 낙뢰리스트평가에 의한다.

해설
② 피뢰시스템의 등급은 Ⅰ, Ⅱ, Ⅲ, Ⅳ의 4등급으로 구분된다.

72
다음의 공기조화방식 중 전공기 방식에 속하지 않는 것은?

① 단일덕트방식
② 이중덕트방식
③ 멀티존 유닛방식
④ 팬코일 유닛방식

해설
전공기 방식
- 단일덕트방식
- 이중덕트방식
- 멀티존 유닛방식

※ 팬코일 유닛방식은 수공기 방식/전수방식 모두 가능

정답 68.③ 69.③ 70.④ 71.② 72.④

73
다음과 같은 조건에서 바닥면적 300m², 천장고 2.7m인 실의 난방부하 산정 시 틈새바람에 의한 외기부하는?

[조건]
- 실내 건구온도 : 20℃
- 외기온도 : -10℃
- 환기횟수 : 0.5회/h
- 공기의 비열 : 1.01kJ/kg·K
- 공기의 밀도 : 1.2kg/m³

① 3.4kW ② 4.1kW
③ 4.7kW ④ 5.2kW

해설

틈새바람(극간풍)의 현열부하량 계산

$$Q = \rho \times C \times q \times \Delta t = \rho \times C \times n \times V \times \Delta t$$
$$= \frac{1.2 \times 1.01 \times 0.5 \times 300 \times 2.7 \times [20-(-10)]}{3,600}$$
$$= 4.09 = 4.09$$

여기서, ρ : 밀도
 C : 비열
 q : 환기량
 n : 환기횟수
 V : 실체적
 Δt : 온도차

※ kW = kJ/s, kJ/h = kJ/3,600s

74
다음 중 사이폰식 트랩에 속하지 않는 것은?

① P트랩 ② S트랩
③ U트랩 ④ 드럼트랩

해설

트랩의 종류
- 사이폰식 트랩 : S트랩, P트랩, U트랩
- 비사이폰식 트랩 : 드럼트랩, 벨트랩, 그리스트랩, 가솔린트랩

75
일사에 관한 설명으로 옳지 않은 것은?

① 일사에 의한 건물의 수열은 방위에 따라 차이가 있다.
② 추녀와 차양은 창면에서의 일사조절 방법으로 사용된다.
③ 블라인드, 루버, 롤스크린은 계절이나 시간, 실내의 사용상황에 따라 일사를 조절할 수 있다.
④ 일사조절의 목적은 일사에 의한 건물의 수열이나 흡열을 작게 하여 동계의 실내 기후의 악화를 방지하는데 있다.

해설

④ 일사조절의 목적은 일사에 의한 건물의 수열이나 흡열을 크게 하여 동계의 실내 기후의 악화를 방지하는데 있다. 또한 하계에는 수열과 흡열을 작게 한다.

76
급수방식 중 펌프직송방식에 관한 설명으로 옳지 않은 것은?

① 전력 차단 시 급수가 불가능하다.
② 고가수조방식에 비해 수질오염 가능성이 크다.
③ 건축적으로 건물의 외관 디자인이 용이해지고 구조적 부담이 경감된다.
④ 적정한 수압과 수량확보를 위해서는 정교한 제어장치 및 내구성 있는 제품의 선정이 필요하다.

해설

② 고가수조방식에 비해 수질오염 가능성이 적다. 수질오염 가능성이 가장 큰 것은 고가수조방식이다.

77
실내공기 중에 부유하는 직경 $10\mu m$ 이하의 미세먼지를 의미하는 것은?

① VOC10 ② PMV10
③ PM10   ④ SS10

해설

③ PM10에 대한 설명
- VOC : 휘발성 유기화합물
- PMV : 온열감에 대한 기대값
- SS : 물 속에 현탁되어 있는 입자

78
축전지의 충전 방식 중 필요할 때마다 표준 시간율로 소정의 충전을 하는 방식은?

① 급속충전　　② 보통충전
③ 부동충전　　④ 세류충전

해설

② 보통충전에 대한 설명
- 부동충전 : 일반적으로 거치용 축전기 설비에서 가장 많이 사용하는 방식
- 세류충전 : 부동충전 방식의 일종

79
경질 비닐관 공사에 관한 설명으로 옳은 것은?
① 절연성과 내식성이 강하다.
② 자성체이며 금속관보다 시공이 어렵다.
③ 온도변화에 따라 기계적 강도가 변하지 않는다.
④ 부식성 가스가 발생하는 곳에는 사용할 수 없다.

해설

② 자성체가 아니며 금속관보다 시공이 용이하다.
③ 온도 변화에 따라 기계적 강도가 변한다.
④ 부식성 가스가 발생하는 곳에는 사용할 수 있다.

80
여름철 실내 최고 온도는 외기온도가 가장 높은 시각 이후에 나타나는 것이 일반적이다. 이와 같은 현상은 벽체를 구성하고 있는 재료의 어떤 성능 때문인가?

① 축열성능　　② 단열성능
③ 일사반사성능　④ 일사투과성능

해설

축열
고체나 액체의 재료에 열이 흡수되어 일정한 온도로 유지되는 성질

제5과목 ■ 건축관계법규

81
다음 설명에 알맞은 용도지구의 세분은?

> 건축물·인구가 밀집되어 있는 지역으로서 시설 개선 등을 통하여 재해 예방이 필요한 지구

① 일반방재지구
② 시가지방재지구
③ 주요시설물보호지구
④ 역사문화환경보호지구

해설

② 시가지방재지구에 대한 설명

82
바닥으로부터 높이 1m까지의 안벽의 마감을 내수재료로 하지 않아도 되는 것은?

① 아파트의 욕실
② 숙박시설의 욕실
③ 제1종 근린생활시설 중 휴게음식점의 조리장
④ 제2종 근린생활시설 중 일반음식점의 조리장

해설

바닥으로부터 높이 1m까지의 안벽을 내수재료로 하여야 하는 경우
- 숙박시설의 욕실
- 제1종 근린생활시설 – 목욕장의 욕실, 휴게음식점 및 제과점의 조리장
- 제2종 근린생활시설 – 일반음식점, 휴게음식점 및 제과점의 조리장

정답　78.②　79.①　80.①　81.②　82.①

83

대지면적이 1000m²인 건축물의 옥상에 조경면적을 90m² 설치한 경우, 대지에 설치하여야 하는 최소 조경면적은? (단, 조경설치 기준은 대지면적의 10%)

① 10m² ② 40m²
③ 50m² ④ 100m²

해설

조경면적 산정

> 옥상조경면적은 2/3 면적을 대지 안의 조경면적으로 산정 가능하며, 최대 조경면적의 50/100을 초과할 수 없다.

(1) 조경면적 : $1,000m^2 \times 0.10 = 100m^2$ 이상
(2) 옥상조경면적 중 조경면적으로 인정
　　: $90m^2 \times 2/3 = 60m^2$
(3) 옥상조경면적 중 조경면적으로 인정하는 최대
　　: $100m^2 \times 50/100 = 50m^2$ 이하까지 인정
∴ 옥상조경면적 중 대지 안의 조경면적은
　　$100m^2 - 50m^2 = 50m^2$이다.

84

다음은 주차장 수급 실태 조사의 조사구역에 관한 설명이다. ( ) 안에 알맞은 것은?

> 사각형 또는 삼각형 형태로 조사구역을 설정하되 조사구역 바깥 경계선의 최대거리가 ( )를 넘지 아니하도록 한다.

① 100m ② 200m
③ 300m ④ 400m

해설

주차장 수급 실태 조사
사각형 또는 삼각형 형태로 조사구역을 설정하되 조사구역 바깥 경계선의 최대거리가 300m를 넘지 아니하도록 한다.

85

도시·군계획 수립 대상지역의 일부에 대하여 토지이용을 합리화하고 그 기능을 증진시키며 미관을 개선하고 양호한 환경을 확보하며, 그 지역을 체계적·계획적으로 관리하기 위하여 수립하는 도시·군관리계획은?

① 광역도시계획   ② 지구단위계획
③ 지구경관계획   ④ 택지개발계획

해설

② 지구단위계획에 대한 설명

86

다음 중 허가대상에 속하는 용도변경은?

① 영업시설군에서 근린생활시설군으로의 용도변경
② 교육 및 복지시설군에서 영업시설군으로의 용도변경
③ 근린생활시설군에서 주거업무시설군으로의 용도변경
④ 산업 등의 시설군에서 전기통신시설군으로의 용도변경

해설

허가대상 용도변경 순서
주거업무시설군 → 근린생활시설군 → 교육 및 복지시설군 → 영업시설군 → 문화집회시설군 → 전기통신시설군 → 산업 등의 시설군 → 자동차관련시설군

87

일반상업지역에 건축할 수 없는 건축물에 속하지 않는 것은?

① 묘지 관련 시설
② 자원순환 관련 시설
③ 운수시설 중 철도시설
④ 자동차 관련 시설 중 폐차장

해설
일반상업지역에 건축할 수 없는 건축물
- 묘지 관련 시설
- 자연순환 관련 시설
- 자동차 관련 시설 중 폐차장
- 공장

88
건축법령 상 건축물의 대지에 공개 공지 또는 공개 공간을 확보하여야 하는 대상 건축물에 속하지 않는 것은? (단, 해당 용도로 쓰는 바닥면적의 합계가 5,000m²인 건축물의 경우)

① 종교시설 ② 의료시설
③ 업무시설 ④ 숙박시설

해설
공개공지 또는 공개공간 확보대상 건축물

연면적의 합계	용도
5,000m² 이상	• 문화 및 집회시설 · 판매시설 · 업무시설 • 숙박시설 · 종교시설 · 운수시설

89
시설물의 부지 인근에 부설주차장을 설치하는 경우, 해당 부지의 경계선으로부터 부설주차장의 경계선까지의 거리 기준으로 옳은 것은?

① 직선거리 300m 이내
② 도보거리 800m 이내
③ 직선거리 500m 이내
④ 도보거리 1,000m 이내

해설
부지 인근 부설주차장 설치 기준
해당 부지 경계선으로부터 부설주차장 경계선까지의 <u>직선거리 300m</u> 이내 또는 <u>도보거리 600m</u> 이내를 말한다.

90
다중이용 건축물에 속하지 않는 것은? (단, 층수가 10층이며, 해당 용도로 쓰는 바닥면적의 합계가 5,000m²인 건축물의 경우)

① 업무시설
② 종교시설
③ 판매시설
④ 숙박시설 중 관광숙박시설

해설
다중이용건축물의 기준
(1) 바닥면적 합계가 5,000m² 이상인 문화 및 집회시설(전시장 및 동·식물원 제외), 판매시설, 종교시설, 운수시설, 의료시설 중 종합병원, 숙박시설 중 관광숙박시설
(2) 16층 이상 건축물

91
다음의 옥상광장 등의 설치에 관한 기준 내용 중 (   ) 안에 알맞은 것은?

> 옥상광장 또는 2층 이상인 층에 있는 노대나 그 밖에 이와 비슷한 것의 주위에는 높이 (   ) 이상의 난간을 설치하여야 한다. 다만, 그 노대 등에 출입할 수 없는 구조인 경우에는 그러하지 아니하다.

① 1.0m
② 1.2m
③ 1.5m
④ 1.8m

해설
옥상광장 또는 2층 이상인 층에 있는 노대나 그 밖에 이와 비슷한 것의 주위에는 높이 <u>1.2m 이상</u>의 난간을 설치하여야 한다.

정답 88.② 89.① 90.① 91.②

92

도시지역에 지정된 지구단위계획구역 내에서 건축물을 건축하려는 자가 그 대지의 일부를 공공시설 부지로 제공하는 경우 그 건축물에 대하여 완화하여 적용할 수 있는 항목이 아닌 것은?

① 건축선
② 건폐율
③ 용적률
④ 건축물의 높이

해설

대지의 일부를 공공시설 부지로 제공하는 경우의 건축물에 대한 완화 적용 항목
- 건폐율
- 용적률
- 건축물의 높이

93

건축물의 거실(피난층의 거실 제외)에 국토 교통부령으로 정하는 기준에 따라 배연설비를 설치하여야 하는 대상 건축물에 속하지 않는 것은?

① 6층 이상인 건축물로서 종교시설의 용도로 쓰는 건축물
② 6층 이상인 건축물로서 판매시설의 용도로 쓰는 건축물
③ 6층 이상인 건축물로서 방송통신시설 중 방송국의 용도로 쓰는 건축물
④ 6층 이상인 건축물로서 교육연구시설 중 연구소의 용도로 쓰는 건축물

해설

거실에 배연설비 설치대상
6층 이상 건축물의 제2종 근린생활 중 공연장·종교집회장, 문화 및 집회시설, <u>종교시설, 판매시설</u>, 운수시설, <u>연구소</u>, 의료시설, 운동시설, 업무시설, 숙박시설, 위락시설, 관광휴게시설, 장례식장에 쓰이는 거실

94

태양열을 주된 에너지원으로 이용하는 주택의 건축면적 산정의 기준이 되는 것은?

① 외벽 중 내측 내력벽의 중심선
② 외벽 중 외측 비내력벽의 중심선
③ 외벽 중 내측 내력벽의 외측 외곽선
④ 외벽 중 외측 비내력벽의 외측 외곽선

해설

태양열 주택의 건축면적 기준
외벽 중 <u>내측 내력벽의 중심선</u>을 기준으로 함

95

다음은 건축법령상 리모델링에 대비한 특혜 등에 관한 기준 내용이다. (   )안에 알맞은 것은?

> 리모델링이 쉬운 구조의 공동주택의 건축을 촉진하기 위하여 공동주택을 대통령령으로 정하는 구조로 하여 건축허가를 신청하면 제56조(건축물의 용적률), 제60조(건축물의 높이 제한) 및 제61조(일조 등의 확보를 위한 건축물의 높이 제한)에 따른 기준을 (   )의 범위에서 대통령령으로 정하는 비율로 완화하여 적용할 수 있다.

① 100분의 110
② 100분의 120
③ 100분의 130
④ 100분의 140

해설

리모델링에 대비한 특혜 기준
건축물의 용적률, 건축물의 높이 제한 및 일조 등의 확보를 위한 건축물의 높이 제한에 따른 기준을 <u>100분의 120</u>의 범위에서 대통령령으로 정하는 비율로 완화하여 적용할 수 있다.

96
층수가 12층이고 6층 이상의 거실면적의 합계가 12,000m²인 교육연구시설에 설치하여야 하는 8인승 승용승강기의 최소 대수는?

① 2대   ② 3대
③ 4대   ④ 5대

해설

승용승강기 설치 대수 기준

용도	6층 이상의 거실면적 합계	
	3,000m² 이하	3,000m² 초과
공연, 집회, 관람장, 판매, 의료	2대	2+(A−3,000m²/2,000m²)대
전시장 및 동·식물원, 위락, 숙박, 업무	1대	1+(A−3,000m²/2,000m²)대
공동주택, 교육연구시설, 기타	1대	1+(A−3,000m²/3,000m²)대

교육연구시설 : $1+\left(\dfrac{A-3,000}{3,000}\right)$
$=1+\left(\dfrac{12,000-3,000}{3,000}\right)=4$대

97
건축물의 출입구에 설치하는 회전문은 계단이나 에스컬레이터로부터 최소 얼마 이상의 거리를 두어야 하는가?

① 1m   ② 1.5m
③ 2m   ④ 3m

해설

회전문은 계단이나 에스컬레이터로부터 <u>2m</u> 이상의 거리를 둘 것

98
주요구조부를 내화구조로 해야 하는 대상 건축물 기준으로 옳은 것은?

① 장례시설의 용도로 쓰는 건축물로서 집회실의 바닥면적의 합계가 150m² 이상인 건축물
② 판매시설의 용도로 쓰는 건축물로서 그 용도로 쓰는 바닥면적의 합계가 300m² 이상인 건축물
③ 운수시설의 용도로 쓰는 건축물로서 그 용도로 쓰는 바닥면적의 합계가 400m² 이상인 건축물
④ 문화 및 집회시설 중 전시장의 용도로 쓰는 건축물로서 그 용도로 쓰는 바닥면적의 합계가 500m² 이상인 건축물

해설

① 장례시설의 용도로 쓰는 건축물로서 집회실의 바닥면적의 합계가 <u>200m² 이상</u>인 건축물
② 판매시설의 용도로 쓰는 건축물로서 그 용도로 쓰는 바닥면적의 합계가 <u>500m² 이상</u>인 건축물
③ 운수시설의 용도로 쓰는 건축물로서 그 용도로 쓰는 바닥면적의 합계가 <u>500m² 이상</u>인 건축물

99
건축물의 면적, 높이 및 층수 산정의 기본 원칙으로 옳지 않은 것은?

① 대지면적은 대지의 수평투영면적으로 한다.
② 연면적은 하나의 건축물 각 층의 거실면적의 합계로 한다.
③ 건축면적은 건축물의 외벽(외벽이 없는 경우에는 외곽 부분의 기둥)의 중심선으로 둘러싸인 부분의 수평투영면적으로 한다.
④ 바닥면적은 건축물의 각 층 또는 그 일부로서 벽, 기둥, 그 밖에 이와 비슷한 구획의 중심선으로 둘러싸인 부분의 수평투영면적으로 한다.

해설

② 연면적은 하나의 건축물 각 층 <u>바닥면적</u>의 합계로 한다.

정답 96.③ 97.③ 98.④ 99.②

100

부설주차장 설치대상 시설물이 판매시설인 경우 부설주차장 설치기준으로 옳은 것은?

① 시설면적 100m²당 1대
② 시설면적 150m²당 1대
③ 시설면적 200m²당 1대
④ 시설면적 400m²당 1대

해설

시설물에 종류에 따른 부설주차장 설치기준
- 판매시설-시설면적 150m²당 1대
- 위락시설-시설면적 100m²당 1대
- 골프장-1홀당 10대
- 숙박시설-시설면적 200m²당 1대

100.②

2018 제4회 건축기사

2018년 9월 15일 시행

제1과목 ■ 건축계획

01
주당 평균 40시간을 수업하는 어느 학교에서 음악실에서의 수업이 총 20시간이며 이 중 15시간은 음악시간으로 나머지 5시간은 학급 토론시간으로 사용되었다면, 이 음악실의 이용률과 순수율은?
① 이용률 37.5%, 순수율 75%
② 이용률 50%, 순수율 75%
③ 이용률 75%, 순수율 37.5%
④ 이용률 75%, 순수율 50%

해설

$$이용률 = \frac{교실이\ 사용되고\ 있는\ 시간}{1주간\ 평균\ 수업시간} \times 100(\%)$$

$$순수율 = \frac{일정한\ 교과를\ 위해\ 사용되는\ 시간}{그\ 교실이\ 사용되고\ 있는\ 시간} \times 100(\%)$$

$$이용률 = \frac{20}{40} \times 100(\%) = 50(\%)$$

$$순수율 = \frac{20-5}{20} \times 100(\%) = 75(\%)$$

02
다음 중 사무소 건축의 기준층 층고 결정요소와 가장 거리가 먼 것은?
① 채광률
② 사용목적
③ 계단의 형태
④ 공조시스템의 유형

해설
사무소 건축에서 기준층 층고의 결정요소
사용목적, 채광률, 공조시스템, 공사비, 사무실의 깊이

03
탑상형 공동주택에 관한 설명으로 옳지 않은 것은?
① 건축물 외면의 입면성을 강조한 유형이다.
② 각 세대에 시각적인 개방감을 줄 수 있다.
③ 각 세대의 채광, 통풍 등 자연조건이 동일하다.
④ 도시의 랜드마크(landmark)적인 역할이 가능하다.

해설
③은 판상형 공동주택에 대한 설명

04
도서관 건축계획에서 장래에 증축을 반드시 고려해야 할 부분은?
① 서고
② 대출실
③ 사무실
④ 휴게실

해설
도서관의 서고는 도서의 증가에 따른 장래 확장을 고려해야 함

정답 01.② 02.③ 03.③ 04.①

05
아파트의 단면형식 중 메조넷형(maisonette type)에 관한 설명으로 옳지 않은 것은?
① 다양한 평면구성이 가능하다.
② 거주성, 특히 프라이버시의 확보가 용이하다.
③ 통로가 없는 층은 채광 및 통풍 확보가 용이하다.
④ 공용 및 서비스 면적이 증가하여 유효면적이 감소된다.

해설
④ 공용 및 서비스 면적이 <u>감소</u>하여 유효면적이 <u>증가</u>된다.

06
전시공간의 특수전시기법에 관한 설명으로 옳지 않은 것은?
① 파노라마 전시는 전체의 맥락이 중요하다고 생각될 때 사용된다.
② 하모니카 전시는 동일 종류의 전시물을 반복하여 전시할 경우에 유리하다.
③ 디오라마 전시는 하나의 사실 또는 주제의 시간 상황을 고정시켜 연출하는 기법이다.
④ 아일랜드 전시는 벽면 전시기법으로 전체 벽면의 일부만을 사용하며 그림과 같은 미술품 전시에 주로 사용된다.

해설
아일랜드 전시
- 벽이나 천장을 직접 이용하지 않음
- 전시물의 입체 자체를 전시공간에 배치함
- 전시물의 크기에 상관없이 설치

07
다음 중 터미널 호텔의 종류에 속하지 않는 것은?
① 해변 호텔   ② 부두 호텔
③ 공항 호텔   ④ 철도역 호텔

해설
터미널 호텔 - 교통의 발착지점의 호텔
부두 호텔, 공항 호텔, 철도역 호텔

08
백화점 매장에 에스컬레이터를 설치할 경우, 설치 위치로 가장 알맞은 곳은?
① 매장의 한 쪽 측면
② 매장의 가장 깊은 곳
③ 백화점의 계단실 근처
④ 백화점의 주출입구와 엘리베이터 존의 중간

해설
에스컬레이터의 설치 위치
백화점의 주출입구와 엘리베이터 존의 중간

09
타운 하우스에 관한 설명으로 옳지 않은 것은?
① 각 세대마다 주차가 용이하다.
② 프라이버시 확보를 위한 경계벽 설치가 가능하다.
③ 단독주택의 장점을 고려한 형식으로 토지이용의 효율성이 높다.
④ 일반적으로 1층은 침실 등 개인공간, 2층은 거실 등 생활공간으로 구성한다.

해설
④ 일반적으로 <u>1층은</u> 거실, 부엌, 식당 등 <u>생활공간</u>, <u>2층은</u> 침실과 서재 등 <u>개인공간</u>으로 구성한다.

10
주택의 식당에 관한 설명으로 옳지 않은 것은?
① 독립형은 쾌적한 식당 구성이 가능하다.
② 리빙 다이닝 키친은 공간의 이용률이 높다.
③ 리빙 키친은 거실의 분위기에서 식사 분위기가 연출된다.
④ 다이닝 키친은 주부 동선이 길고 복잡하다는 단점이 있다.

해설
④ 다이닝 키친은 식당과 부엌을 하나로 구성한 형태로, 주부 동선이 <u>짧고 단순하다는 장점</u>이 있다.

정답 05.④ 06.④ 07.① 08.④ 09.④ 10.④

11
다음과 같은 특징을 갖는 그리스 건축의 오더는?

- 주두는 에키누스와 아바쿠스로 구성된다.
- 육중하고 엄정한 모습을 지니는 남성적인 오더이다.

① 코린트 오더 ② 도리스 오더
③ 이오니아 오더 ④ 컴포지트 오더

해설
② 도리스 오더(도릭 오더)에 대한 설명

12
다음 설명에 알맞은 공장건축의 레이아웃(layout) 형식은?

- 생산에 필요한 모든 공정, 기계기구를 제품의 흐름에 따라 배치한다.
- 대량생산에 유리하며 생산성이 높다.

① 혼성식 레이아웃
② 고정식 레이아웃
③ 제품중심의 레이아웃
④ 공정중심의 레이아웃

해설
③ 제품중심의 레이아웃에 대한 설명

13
미술관의 전시실 순회형식에 관한 설명으로 옳지 않은 것은?

① 갤러리 및 코리더 형식에서는 복도 자체도 전시공간으로 이용이 가능하다.
② 중앙홀 형식에서 중앙홀이 크면 동선의 혼란은 많으나 장래의 확장에는 유리하다.
③ 연속순회 형식은 전시 중에 하나의 실을 폐쇄하면 동선이 단절된다는 단점이 있다.
④ 갤러리 및 코리더 형식은 복도에서 각 전시실에 직접 출입할 수 있으며 필요시에 자유로이 독립적으로 폐쇄할 수가 있다.

해설
② 중앙홀 형식에서 중앙홀이 크면 동선의 혼란은 적으나 장래의 확장에는 불리하다.

14
종합병원계획에 관한 설명으로 옳지 않은 것은?

① 수술부는 타 부분의 통과교통이 없는 장소에 배치한다.
② 전체적으로 바닥의 단차이를 가능한 줄이는 것이 좋다.
③ 외래진료부의 구성단위는 간호단위를 기본단위로 한다.
④ 내과는 진료검사에 시간이 걸리므로, 소진료실을 다수 설치한다.

해설
③ 병동부의 구성단위는 간호단위를 기본단위로 한다.

15
사무소 건물의 엘리베이터 배치 시 고려사항으로 옳지 않은 것은?

① 교통동선의 중심에 설치하여 보행거리가 짧도록 배치한다.
② 대면배치의 경우, 대면거리는 동일 군 관리의 경우 3.5~4.5m로 한다.
③ 여러 대의 엘리베이터를 설치하는 경우, 그룹별 배치와 군 관리 운전방식으로 한다.
④ 일렬 배치는 6대를 한도로 하고, 엘리베이터 중심간 거리는 10m 이하가 되도록 한다.

해설
④ 일렬 배치는 4대를 한도로 하고, 엘리베이터 중심간 거리는 8m 이하가 되도록 한다.

정답 11.② 12.③ 13.② 14.③ 15.④

16
18세기에서 19세기 초에 있었던 신고전주의 건축의 특징으로 옳은 것은?
① 장대하고 허식적인 벽면 장식
② 고딕건축의 정열적인 예술창조 운동
③ 각 시대의 건축양식의 자유로운 선택
④ 고대 로마와 그리스 건축의 우수성에 대한 모방

해설
신고전주의
- 고대 로마와 그리스 건축의 우수성에 대한 모방
- 소온의 대영박물관
- 쉰켈(독일)의 고대 박물관

17
한국건축의 가구법과 관련하여 칠량가에 속하지 않는 것은?
① 무위사 극락전   ② 수덕사 대웅전
③ 금산사 대적광전 ④ 지림사 대적광전

해설
한국건축의 가구법 중 칠량가 건축물
- 무위사 극락전
- 금산사 대적광전
- 지림사 대적광전

18
쇼핑센터의 공간구성에서 고객을 각 상점에 유도하는 주요 보행자 동선인 동시에 고객의 휴식처로서의 기능을 갖고 있는 곳은?
① 몰(Mall)
② 허브(Hub)
③ 코트(Court)
④ 핵상점(Magnet store)

해설
① 몰(Mall)에 대한 설명

19
극장건축에서 그린룸(green room)의 역할로 가장 알맞은 것은?
① 의상실   ② 배경제작실
③ 관리관계실   ④ 출연대기실

해설
④ 출연대기실에 대한 설명

20
주택법상 주택단지의 복리시설에 속하지 않는 것은?
① 경로당
② 관리사무소
③ 어린이놀이터
④ 주민운동시설

해설
주택단지의 복리시설
경로당, 어린이놀이터, 주민운동시설

제2과목 ■ 건축시공

21
도장공사 시 희석제 및 용제로 활용되지 않는 것은?
① 테레빈유   ② 벤젠
③ 티탄백   ④ 나프타

해설
희석제 및 용제
테레빈유, 벤젠, 나프타, 휘발유, 석유, 송근유, 에틸, 메틸, 벤졸

정답 16.④ 17.② 18.① 19.④ 20.② 21.③

22
다음 미장재료 중 기경성 재료로만 구성된 것은?
① 회반죽, 석고 플라스터, 돌로마이트 플라스터
② 시멘트 모르타르, 석고 플라스터, 회반죽
③ 석고 플라스터, 돌로마이트 플라스터, 진흙
④ 진흙, 회반죽, 돌로마이트 플라스터

해설
미장재료의 경화 특성
- 기경성 : 진흙, 회반죽, 돌로마이트 플라스터
- 수경성 : 시멘트모르타르, 석고플라스터

23
얇은 강판에 동일한 간격으로 펀칭하고 잡아늘려 그물처럼 만든 것으로 천장, 벽, 처마둘레 등의 미장바탕에 사용하는 재료로 옳은 것은?
① 와이어 라스(wire lath)
② 메탈 라스(metal lath)
③ 와이어 메쉬(wire mesh)
④ 펀칭 메탈(punching metal)

해설
② 메탈 라스(metal lath)에 대한 설명
- 와이어 라스 : 가는 철선을 짜서 만든 쇠그물, 벽·천장 등의 모르타르칠 등의 바탕재로서 사용함
- 와이어 메쉬 : 용접철망
- 펀칭 메탈 : 박판에 여러 가지 모양을 따낸 것

24
다음 중 건설사업관리(CM)의 주요업무로 옳지 않은 것은?
① 입찰 및 계약관리 업무
② 건축물의 조사 또는 감정 업무
③ 제네콘(genecon) 관리 업무
④ 현장조직 관리 업무

해설
건설사업관리(CM)의 주요업무
- 입찰 및 계약관리 업무
- 제네콘(genecon)관리 업무 : 종합건설(general construction)이라는 뜻으로 종합적인 건설관리만을 의미함
- 현장조직 관리 업무

25
시멘트 액체방수에 관한 설명으로 옳지 않은 것은?
① 값이 저렴하고 시공 및 보수가 용이한 편이다.
② 바탕의 상태가 습하거나 수분이 함유되어 있더라도 시공할 수 있다.
③ 옥상 등 실외에서는 효력의 지속성을 기대할 수 없다.
④ 바탕콘크리트의 침하, 경화 후의 건조수축, 균열 등 구조적 변형이 심한 부분에도 사용할 수 있다.

해설
시멘트 액체방수의 특성
시멘트 액체방수는 바탕의 상태가 습하거나 수분이 함유되어 있더라도 시공할 수 있지만, 구조체의 변형이 심한 부분에는 사용할 수 없음

26
다음 그림과 같은 건물에서 G_1과 같은 보가 8개 있다고 할 때 보의 총 콘크리트량을 구하면? (단, 보의 단면상 슬래브와 겹치는 부분은 제외하며, 철근량은 고려하지 않는다.)

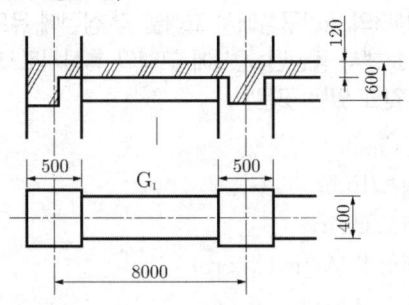

① $11.52m^3$ ② $12.23m^3$
③ $13.44m^3$ ④ $15.36m^3$

해설

보의 콘크리트량 적산
- 보의 길이는 중심치수가 아닌 안목치수로 계산
- 높이는 슬래브의 높이를 공제함
  $400 \times (600-120) \times (8000-500) \times 10^{-9}$
  $= 1.44 \text{m}^3$
  $\therefore 8 \times 1.44 = 11.52 \text{m}^3$

27
콘크리트 펌프 사용에 관한 설명으로 옳지 않은 것은?
① 콘크리트 펌프를 사용하여 시공하는 콘크리트는 소요의 워커빌리티를 가지며, 시공 시 및 경화 후에 소정의 품질을 갖는 것이어야 한다.
② 압송관의 지름 및 배관의 경로는 콘크리트의 종류 및 품질, 굵은골재의 최대치수, 콘크리트 펌프의 기종, 압송조건, 압송작업의 용이성, 안전성 등을 고려하여 정하여야 한다.
③ 콘크리트 펌프의 형식은 피스톤식이 적당하고 스퀴즈식은 적용이 불가하다.
④ 압송은 계획에 따라 연속적으로 실시하며, 되도록 중단되지 않도록 하여야 한다.

해설

콘크리트 펌프의 사용
- 압송방법에는 피스톤식과 스퀴즈식을 모두 사용할 수 있음
- 콘크리트 펌프의 기종은 압송능력이 펌프에 걸리는 최대 압송부하보다 크게 선정함

28
다음 중 도장공사를 위한 목부 바탕만들기 공정으로 옳지 않은 것은?
① 오염, 부착물의 제거
② 송진의 처리
③ 옹이땜
④ 바니쉬칠

해설

목부 바탕만들기 공정
오염, 부착물 제거 → 송진처리(수지제거) → 연마지 닦기(평활화) → 옹이땜 → 구멍땜

29
발주자가 시공자에게 공사를 발주하는 경우 계약방식에 의한 시공방식으로 옳지 않은 것은?
① 보증방식
② 직영방식
③ 실비정산방식
④ 단가도급방식

해설

① 보증방식이라는 계약방식은 없음

30
건물의 중앙부만 남겨두고, 주위부분에 먼저 흙막이를 설치하고 굴착하여 기초부와 주위벽체, 바닥판 등을 구축하고 난 다음 중앙부를 시공하는 터파기 공법은?
① 복수공법
② 지멘스웰 공법
③ 트렌치 컷 공법
④ 아일랜드 컷 공법

해설

③ 트렌치 컷 공법에 대한 설명

31
PERT-CPM공정표 작성 시에 EST와 EFT의 계산방법 중 옳지 않은 것은?
① 작업의 흐름에 따라 전진 계산한다.
② 선행작업이 없는 첫 작업의 EST는 프로젝트의 개시시간과 동일하다.
③ 어느 작업의 EFT는 그 작업의 EST에 소요일수를 더하여 구한다.
④ 복수의 작업에 종속되는 작업의 EST는 선행작업 중 EFT의 최소값으로 한다.

해설

④ 복수의 작업에 종속되는 작업의 EST는 선행작업 중 EFT의 최대값으로 한다.

32
웰포인트(Well point) 공법에 관한 설명으로 옳지 않은 것은?
① 인접 대지에서 지하수위 저하로 우물 고갈의 우려가 있다.
② 투수성이 비교적 낮은 사질실트층까지도 강제배수가 가능하다.
③ 압밀침하가 발생하지 않아 주변 대지, 도로 등의 균열발생 위험이 없다.
④ 지반의 안정성을 대폭 향상시킨다.

해설
③ 압밀침하의 우려가 있으므로 대책이 필요함

33
다음 조건에 따라 바닥재로 화강석을 사용할 경우 소요되는 화강석의 재료량(할증률 고려)으로 옳은 것은?

- 바닥면적 : 300m²
- 화강석 판의 두께 : 40mm
- 정형돌
- 습식공법

① 315m² ② 321m²
③ 330m² ④ 345m²

해설
조적공사의 재료량 산정
- 석재(정형)의 할증률 : 10%
- 석재(부정형)의 할증률 : 30%
따라서 화강석의 재료량은 300 × 1.1 = 330m²

34
건축공사의 원가계산상 현장의 공사용수설비는 어느 항목에 포함되는가?
① 재료비 ② 외주비
③ 가설공사비 ④ 콘크리트 공사비

해설
가설공사비(공통가설비) 종류
울타리, 가설용수, 가설전기 등의 비용이 해당됨

35
콘크리트 이어치기에 관한 설명으로 옳지 않은 것은?
① 보의 이어치기는 전단력이 가장 적은 스팬의 중앙부에서 수직으로 한다.
② 슬래브(Slab)의 이어치기는 가장자리에서 한다.
③ 아치의 이어치기는 아치축에 직각으로 한다.
④ 기둥의 이어치기는 바닥판 윗면에서 수평으로 한다.

해설
② 슬래브(Slab)의 이어치기도 보와 마찬가지로 전단력이 최소가 되는 중앙부에서 한다.

36
다음 중 회전문(revolving door)에 관한 설명으로 옳지 않은 것은?
① 큰 개구부나 칸막이를 가변성 있게 한 장치의 문이다.
② 회전날개 140cm, 1분 8회 이하로 회전하는 것이 보통이다.
③ 원통형의 중심축에 돌개철물을 대어 자유롭게 회전시키는 문이다.
④ 사람의 출입을 조절하고 외기의 유입과 실내공기의 유출을 막을 수 있다.

해설
①번 보기는 가변성 있는 경량칸막이에 대한 설명

37
벽체구조에 관한 설명으로 옳지 않은 것은?
① 목조 벽체를 수평력에 견디게 하고 안정한 구조로 하기 위해 귀잡이를 설치한다.
② 벽돌구조에서 각층의 대린벽으로 구획된 각 벽에 있어서 개구부의 폭의 합계는 그 벽의 길이의 2분의 1 이하로 하여야 한다.
③ 목조 벽체에서 샛기둥은 본기둥 사이에 벽체를 이루는 것으로서 가새의 옆휨을 막는데 유효하다.
④ 너비 180cm가 넘는 문꼴의 상부에는 철근콘크리트 인방보를 설치하고, 벽돌벽면에서 내미는 창 또는 툇마루 등은 철골 또는 철근콘크리트로 보강한다.

해설
① 목조 벽체를 수평력에 견디게 하고 안정한 구조로 하기 위해 <u>가새</u>를 설치한다.
※ 귀잡이재 : 목조의 바닥틀면에 주요한 두 개의 내력벽과 주요한 가로재의 교차부를 보강하는 부재

38
서중콘크리트에 관한 설명으로 옳은 것은?
① 동일 슬럼프를 얻기 위한 단위수량이 많아진다.
② 장기강도의 증진이 크다.
③ 콜드조인트가 쉽게 발생하지 않는다.
④ 워커빌리티가 일정하게 유지된다.

해설
② 장기강도의 증진이 <u>작다</u>.
③ 콜드조인트가 쉽게 <u>발생한다</u>.
④ 워커빌리티가 일정하게 <u>유지되지 않는다</u>.

39
압연강재가 냉각될 때 표면에 생기는 산화철 표피를 무엇이라 하는가?
① 스패터 ② 밀스케일
③ 슬래그 ④ 비드

해설
② 밀스케일에 대한 설명
※ 비드 : 용접 작업에서 모재(母材)와 용접봉이 녹아서 생긴 띠 모양의 긴 파형(波形)의 용착 자국

40
철골의 구멍뚫기에서 이형철근 D22의 관통구멍의 구멍직경으로 옳은 것은?
① 24mm ② 28mm
③ 31mm ④ 35mm

해설
이형철근이 관통하는 구멍의 지름

D10	D13	D16	D19	D22	D25	D29	D32
21	24	28	31	35	38	43	46

제3과목 ▪ 건축구조

41
다음 그림과 같은 단순 인장접합부의 강도한계상태에 따른 고력볼트의 설계전단강도를 구하면? (단, 강재의 재질은 SS400이며 고력볼트는 M22(F10T), 공칭전단강도 $F_{nv}=500$MPa, $\phi=0.75$)

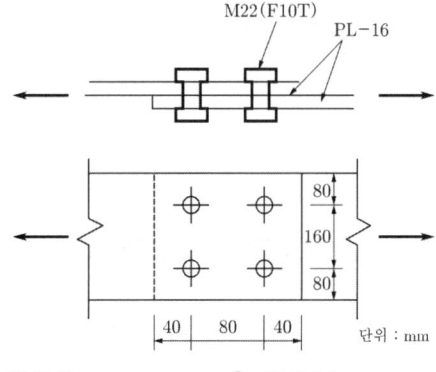

① 500kN ② 530kN
③ 550kN ④ 570kN

해설
고력볼트의 설계전단강도 계산

구멍이 4개이므로 $A_b = 4 \times \dfrac{\pi \times 22^2}{4} = 1520.5\,mm^2$

$\phi R_u = \phi A_b F_{nv}$
$= 0.75 \times 1520.5 \times 500 \times 10^{-3} = 570.2\,kN$

42
폭 250mm, $f_{ck}=30MPa$인 철근콘크리트보 부재의 압축 변형률이 $\epsilon_c=0.003$일 경우 인장철근의 변형률은? (단, $d=440mm$, $A_s=1520.1\,mm^2$, $f_y=400MPa$)

① 0.00197 ② 0.00368
③ 0.00523 ④ 0.00807

해설
인장변형률 계산
- $f_{ck} \leq 40MPa$이므로 $\beta_1=0.80$
- 등가응력블록의 깊이

  $a = \dfrac{A_s f_y}{0.85 f_{ck} b} = \dfrac{1520.1 \times 400}{0.85 \times 30 \times 250} = 95.4\,mm$
- 중립축의 위치

  $a = \beta_1 c$

  $\rightarrow c = \dfrac{a}{\beta_1} = \dfrac{95.4}{0.80} = 119.25\,mm$
- 인장변형률

  $\epsilon_t = \dfrac{(d-c)}{c} \times \epsilon_c$

  $= \dfrac{(440-119.25)}{119.25} \times 0.003 = 0.00807$

43
철골조 주각부분에 사용하는 보강재에 해당되지 않는 것은?

① 윙플레이트 ② 데크플레이트
③ 사이드앵글 ④ 클립앵글

해설
데크플레이트
일반적으로 사무실 용도의 건물에서 철골구조의 슬래브 바닥재로 사용되는 것

44
그림과 같은 단순보에서의 최대 처짐은? (단, 보의 단면 b×h=200mm×300mm, $E=200,000MPa$)

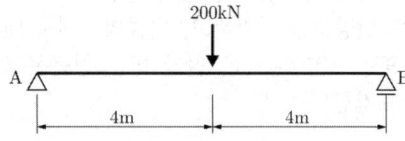

① 13.6mm ② 18.1mm
③ 23.7mm ④ 27.1mm

해설
단순보의 최대 처짐 계산

$I = \dfrac{bh^3}{12} = \dfrac{200 \times (300)^3}{12} = 450,000,000\,mm^4$

$\dfrac{PL^3}{48EI} = \dfrac{200,000 \times (8000)^3}{48 \times 200,000 \times 450,000,000} = 23.7\,mm$

45
다음 그림과 같은 두 개의 단순보에 크기가 같은 $(P=wL)$하중이 작용할 때, A점에서 발생하는 처짐각의 비율(가 : 나)은? (단, 부재의 EI는 일정하다.)

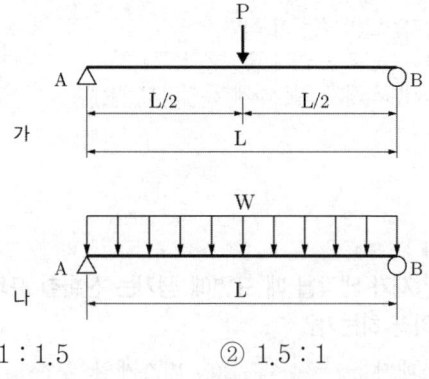

① 1 : 1.5 ② 1.5 : 1
③ 1 : 3   ④ 3 : 1

해설
단순보의 처짐각 비교

$$\theta_{가} : \theta_{나} = \frac{PL^2}{16EI} : \frac{wL^3}{24EI}$$
$$= \frac{(wL)L^2}{16EI} : \frac{wL^3}{24EI} = 3:2$$
$$= 1.5 : 1$$

46
강구조에 관한 설명으로 옳지 않은 것은?
① 장스팬의 구조물이나 고층 구조물에 적합하다.
② 재료가 불에 타지 않기 때문에 내화성이 크다.
③ 강재는 다른 구조재료에 비하여 균질도가 높다.
④ 단면에 비하여 부재길이가 비교적 길고 두께가 얇아 좌굴하기 쉽다.

해설
강구조의 단점
② 고열(화재)에 약하고 내화성이 크지 않기 때문에 <u>내화피복이 필요함</u>

47
다음 트러스 구조물에서 부재력이 '0'이 되는 부재의 개수는?

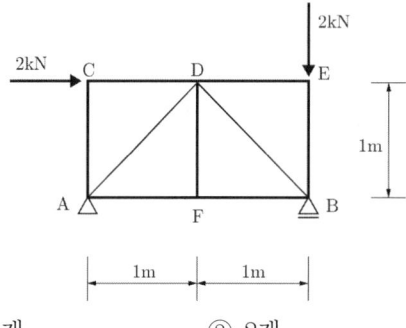

① 1개　　　② 2개
③ 3개　　　④ 4개

해설
0부재의 개수
- AC 부재(C 절점 기준) : 수직성분 1개
- DF 부재(F 절점 기준) : 수직성분 1개
- DE 부재(E 절점 기준) : 수평성분 1개

48
철근의 부착성능에 영향을 주는 요인에 관한 설명으로 옳지 않은 것은?
① 이형철근이 원형철근보다 부착강도가 크다.
② 블리딩의 영향으로 수직철근이 수평철근보다 부착강도가 작다.
③ 보통의 단위중량을 갖는 콘크리트의 부착강도는 콘크리트의 인장강도, 즉 $\sqrt{f_{ck}}$ 에 비례한다.
④ 피복두께가 크면 부착강도가 크다.

해설
② 에어포켓의 발생으로 <u>수평철근이 수직철근보다 부착강도가 작다.</u>
부착강도식 : $U = \lambda \sqrt{f_{ck}} \pi d_b l_d$

49
그림과 같은 캔틸레버보 자유단(B점)에서의 처짐각은?

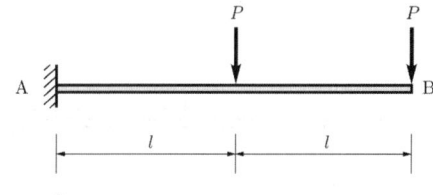

① $\dfrac{PL^2}{2EI}$　　　② PL^2

③ $2PL^2$　　　④ $\dfrac{5PL^2}{2EI}$

해설
처짐각 계산

(1) 기본식 $\theta = \dfrac{PL^2}{2EI}$

(2) $\theta_B = \dfrac{PL^2}{2EI} + \dfrac{P(2L)^2}{2EI} = \dfrac{5PL^2}{2EI}$

50
고력볼트 1개의 인장파단 한계상태에 대한 설계인장강도는? (단, 볼트의 등급 및 호칭은 F10T, M24, $\phi=0.75$)

① 254kN ② 284kN
③ 304kN ④ 324kN

해설
고력볼트의 설계인장강도 계산
$\Phi R_n = 0.75 F_n A_b N_s$
(1) $F_n = 0.75 F_u = 0.75 \times 1,000 = 750 \text{N/mm}^2$
(2) $A_b = \dfrac{\pi D^2}{4} = \dfrac{\pi \times 24^2}{4} = 452.4 \text{mm}^2$
(3) $N_s = 1$
∴ $\Phi R_n = 0.75 \times 750 \times 452.4 \times 1 \times 10^{-3}$
  $= 254.5 \text{kN}$

51
그림과 같은 구조물에 있어 AB 부재의 재단모멘트 M_{AB}는?

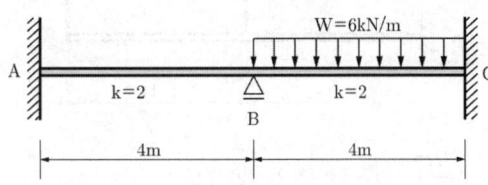

① 0.5kNm ② 1kNm
③ 1.5kNm ④ 2kNm

해설
모멘트 분배법 계산
B점의 재단모멘트 $\dfrac{wL^2}{12} = \dfrac{6 \times (4)^2}{12} = 8 \text{kNm}$

$M_{BA} = \mu_{BA} M = \dfrac{K}{\Sigma K} M = \dfrac{2}{2+2} \times 8 = 4 \text{kNm}$

$M_{AB} = \dfrac{1}{2} M_{BA} = \dfrac{1}{2} \times 4 = 2 \text{kNm}$

52
직경 24mm의 봉강에 65kN의 인장력이 작용할 때 인장응력은 약 얼마인가?

① 128MPa ② 136MPa
③ 144MPa ④ 150MPa

해설
인장응력 계산
$\sigma = \dfrac{P}{A} = \dfrac{P}{\dfrac{\pi D^2}{4}} = \dfrac{65,000}{\dfrac{\pi \times (24)^2}{4}} = 143.7 \text{MPa}$

53
강도설계법에서 그림과 같이 보의 이음이 없는 경우 요구되는 보의 최소폭 b는 약 얼마인가? (단, 전단철근의 구부림 내면반지름은 고려하지 않으며, 굵은 골재의 최대치수는 25mm, 피복두께 40mm, 주철근 D22, 스터럽 D10)

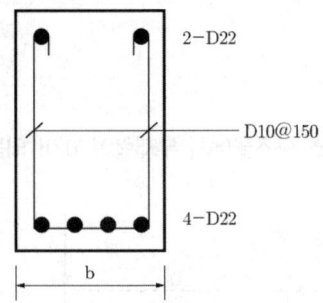

① 290mm ② 330mm
③ 375mm ④ 400mm

해설
보의 최소폭 계산
$b = 2a + nd_b + (n-1)p + 2r$
여기서 a=피복두께+스터럽 직경
   p : 주근의 순간격(d_b, 25mm, 4/3G 이상)
∴ $p = (22, 25, \dfrac{4}{3} \times 25 = 33.3$ 중 최대값$) = 33.3$
$b = 2(40+10) + 4(22) + (4-1) \times 33.3$
  $= 287.9 \text{mm} \approx 290 \text{mm}$

54
말뚝기초에 관한 설명으로 옳지 않은 것은?
① 사질토(砂質土)에는 마찰말뚝의 적용이 불가하다.
② 말뚝내력(耐力)의 결정방법은 재하시험이 정확하다.
③ 철근콘크리트 말뚝은 현장에서 제작 양생하여 시공할 수도 있다.
④ 마찰말뚝은 한 곳에 집중하여 시공하지 않는 것이 좋다.

해설
① 사질토(砂質土)에는 마찰말뚝의 적용이 <u>가능하다</u>.

55
고층건물의 구조형식 중에서 건물의 중간층에 대형 수평부재를 설치하여 횡력을 외곽기둥이 분담할 수 있도록 한 형식은?
① 트러스 구조
② 튜브 구조
③ 골조 아웃리거 구조
④ 스페이스 프레임 구조

해설
③ 골조 아웃리거 구조에 대한 설명
- 튜브 구조 : 건물의 외곽기둥을 일체화시켜 빈 상자형 캔틸레버와 같이 거동하게 함으로써 수평 하중에 대한 건물 전체의 강성을 높이면서, 내부기둥은 수직하중만 지지하도록 하여 내부공간을 넓게 사용할 수 있도록 만든 구조형식
- 스페이스 프레임 구조 : 트러스를 종횡으로 배치해 판을 구성한 구조이며, 재료에는 형강이나 강관을 사용하며 몇 개의 기둥으로 넓은 공간을 구성하는 데 사용됨

56
강도설계법에 의한 띠철근을 가진 철근콘크리트의 기둥설계에서 단주의 최대 설계축하중은 약 얼마인가? (단, 기둥의 크기는 400×400mm, $f_{ck}=24$MPa, $f_y=400$MPa, $12-D22(A_s=4644mm^2)$, $\phi=0.65$)
① 2,452kN
② 2,525kN
③ 2,614kN
④ 3,234kN

해설
기둥의 설계축하중 산정
$\phi P_{n(\max)} = 0.80\phi[0.85f_{ck}(A_g - A_{st}) + f_y A_{st}]$
$= 0.80 \times 0.65 \times [0.85 \times 24 \times (400 \times 400 - 4,644) + 400 \times 4,644] \times 10^{-3}$
$= 2,614.0$kN

57
그림과 같은 직각삼각형인 구조물에서 AC 부재가 받는 힘은?

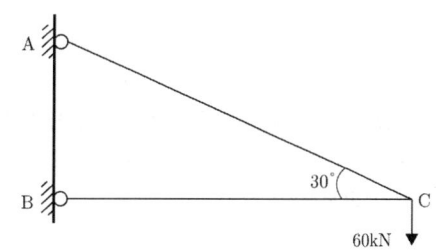

① 30kN
② $30\sqrt{3}$ kN
③ $60\sqrt{3}$ kN
④ 120kN

해설
Sine 법칙을 이용한 부재력 산정
$\dfrac{T_2}{\sin A} = \dfrac{T_1}{\sin B} = \dfrac{T_3}{\sin C} =$ 일정
$\dfrac{60}{\sin 30°} = \dfrac{T_{AC}}{\sin 90°} \rightarrow T_{AC} = 120$kN

58

그림과 같은 3회전단의 포물선아치가 등분포하중을 받을 때 아치부재의 단면력에 관한 설명으로 옳은 것은?

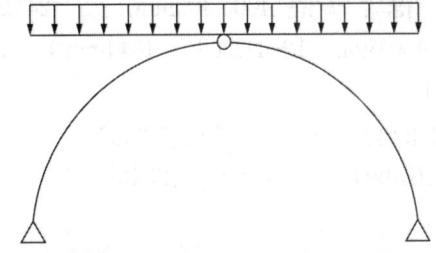

① 축방향력만 존재한다.
② 전단력과 휨모멘트가 존재한다.
③ 전단력과 축방향력이 존재한다.
④ 축방향력, 전단력, 휨모멘트가 모두 존재한다.

해설
아치 해석
구조물과 하중이 완전 좌우대칭이며 복잡한 계산을 거쳐 전단력과 휨모멘트가 존재하지 않으며 **축방향력만 존재함**

59

과도한 처짐에 의해 손상되기 쉬운 비구조 요소를 지지 또는 부착하지 않은 바닥구조의 활하중 L에 의한 순간처짐의 한계는?

① $\dfrac{L}{180}$ ② $\dfrac{L}{240}$
③ $\dfrac{L}{360}$ ④ $\dfrac{L}{480}$

해설
최대 허용처짐
과도한 처짐에 의해 손상되기 쉬운 비구조 요소를 지지 또는 부착하지 않은 바닥구조의 활하중에 의한 순간 처짐의 한계 : $\dfrac{L}{360}$

60

다음 부정정구조물에서 A단에 도달하는 모멘트의 크기는 얼마인가?

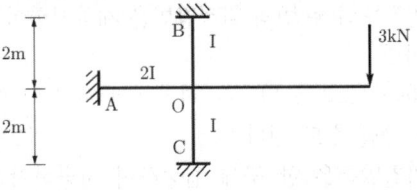

① 1.5kNm ② 2.0kNm
③ 2.5kNm ④ 3.0kNm

해설
모멘트분배법 계산
(1) 절점모멘트
$M_O = 3 \times 4 = 12 \text{kNm}$
(2) 분배율
$\mu_{OA} = \dfrac{K}{\Sigma K} = \dfrac{2I}{2I+I+I} = 0.5$
(3) 분배모멘트
$M_{OA} = \mu_{OA} \times M_O$
$\quad = 0.5 \times 12 = 6 \text{kNm}$
(4) 도달모멘트
$M_{AO} = \dfrac{1}{2} \times M_{OA}$
$\quad = \dfrac{1}{2} \times 6 = 3 \text{kNm}$

제4과목 ▪ 건축설비

61

일반적으로 가스사용시설의 지상배관 표면 색상은 어떤 색상으로 도색하는가?

① 백색 ② 황색
③ 청색 ④ 적색

해설

배관의 색채에 따른 식별

종류	색	종류	색
공기	백색	산, 알칼리	회자색
가스	황색	기름	진한 황적색
증기	진한 적색	전기	엷은 황적색
물	청색		

62
다음의 간선 배전방식 중 분전반에서 사고가 발생했을 때 그 파급 범위가 가장 좁은 것은?

① 평행식
② 방사선식
③ 나뭇가지식
④ 나뭇가지 평행식

해설

평행식 배선
전압강하가 평균화되어 사고가 발생하여도 그 파급범위가 가장 작다.

63
에스컬레이터의 경사도는 최대 얼마 이하로 하여야 하는가? (단, 공칭속도가 0.5m/s를 초과하는 경우이며 기타 조건은 무시)

① 25°
② 30°
③ 35°
④ 40°

해설

ES의 경사도
- 일반적 경사도 : 30° 이하
- 높이 6m 이하, 공칭속도 0.5m/s 이하인 경우의 경사도 : 35° 이하

64
환기에 관한 설명으로 옳지 않은 것은?

① 화장실은 송풍기(급기팬)와 배풍기(배기팬)를 설치하는 것이 일반적이다.
② 기밀성이 높은 주택의 경우 잦은 기계환기를 통해 실내공기의 오염을 낮추는 것이 바람직하다.
③ 병원의 수술실은 오염공기가 실내로 들어오는 것을 방지하기 위해 실내압력을 주변공간보다 높게 설정한다.
④ 공기의 오염농도가 높은 도로에 면해 있는 건물의 경우, 공기조화설비 계통의 외기도입구를 가급적 높은 위치에 설치한다.

해설

① 화장실은 제3종 환기방식으로 자연 급기-강제 배기 형식을 사용하므로 송풍기는 없고 배풍기(배기팬)만 설치하는 것이 일반적이다.

65
조명기구를 사용하는 도중에 광원의 능률저하나 기구의 오염, 손상 등으로 조도가 점차 저하되는데, 인공조명 설계 시 이를 고려하여 반영하는 계수는?

① 광도
② 조명률
③ 실지수
④ 감광 보상률

해설

④ 감광 보상률에 대한 정의

66
다음 설명에 알맞은 급수 방식은?

- 위생성 측면에서 가장 바람직한 방식이다.
- 정전으로 인한 단수의 염려가 없다.

① 수도직결방식
② 고가수조방식
③ 압력수조방식
④ 펌프직송방식

해설

① 수도직결방식의 특징

67
대기압 하에서 0℃의 물이 0℃의 얼음으로 될 경우의 체적 변화에 관한 설명으로 옳은 것은?
① 체적이 4% 팽창한다.
② 체적이 4% 감소한다.
③ 체적이 9% 팽창한다.
④ 체적이 9% 감소한다.

해설
0℃의 물이 0℃의 얼음으로 될 경우 체적이 9% 팽창한다.

68
어떤 사무실의 취득 현열량이 15,000W일 때 실내온도를 26℃로 유지하기 위하여 16℃의 외기를 도입할 경우, 실내에 공급하는 송풍량은 얼마로 해야 하는가? (단, 공기의 정압비열은 1.01kJ/kg·K, 밀도는 1.2kg/m³이다.)

① 2,455m³/h ② 4,455m³/h
③ 6,455m³/h ④ 8,455m³/h

해설
필요 송풍량

$$Q = \frac{H}{C \times \gamma \times \Delta T}$$

$$= \frac{15}{1.2 \times 1.01 \times (26-16)} \times 3,600$$

$$= 4,455.4 (m^3/h)$$

$1m^3/h = 1m^3/3,600s$
여기서, Q : 송풍량
H : 발열량(현열, kW)
C : 밀도
γ : 정압비열
ΔT : 온도차

69
급수배관의 설계 및 시공상의 주의점에 관한 설명으로 옳지 않은 것은?
① 급수관의 기울기는 1/100을 표준으로 한다.
② 수평배관에는 공기나 오물이 정체하지 않도록 한다.
③ 급수주관으로부터 분기하는 경우는 티(tee)를 사용한다.
④ 음료용 급수관과 다른 용도의 배관을 크로스 커넥션하지 않도록 한다.

해설
급수배관의 설계/시공 주의사항
① 급수관의 모든 기울기는 1/250을 표준으로 함

70
다음과 같은 조건에 있는 실의 틈새바람에 의한 현열부하는?

[조건]
- 실의 체적 : 400m³
- 환기횟수 : 0.5회/h
- 실내온도 : 20℃, 외기온도 : 0℃
- 공기의 밀도 : 1.2kg/m³
- 공기의 정압비열 : 1.01kJ/kg·K

① 약 654W ② 약 972W
③ 약 1347W ④ 약 1,654W

해설
바람에 의한 현열부하(환기에 의한 손실열량)

$H_i = 0.337 \times Q \times \Delta t$
$= 0.337 \times n \times V \times \Delta t (W)$

여기서, Q : 환기량(m^3/h)
n : 환기횟수(회/h)
V : 실의 체적(m^3)
Δt : 실내외 온도차(℃)

$H_i = 0.337 \times 0.5 \times 400 \times (20-0)$
$= 1,348 W$

정답 67.③ 68.② 69.① 70.③

71

지역난방 방식에 관한 설명으로 옳지 않은 것은?

① 열원설비의 집중화로 관리가 용이하다.
② 설비의 고도화로 대기오염 등 공해를 방지할 수 있다.
③ 각 건물의 이용시간차를 이용하면 보일러의 용량을 줄일 수 있다.
④ 고온수난방을 채용할 경우 감압장치가 필요하며 응축수 트랩이나 환수관이 복잡해진다.

해설

④ 고온수난방의 경우 감압장치가 필요하지 않다.

72

공기조화방식 중 냉풍과 온풍을 공급받아 각 실 또는 각 존의 혼합유닛에서 혼합하여 공급하는 방식은?

① 단일덕트방식 ② 이중덕트방식
③ 유인유닛방식 ④ 팬코일유닛방식

해설

② 이중덕트방식에 대한 정의

73

다음 중 건축물 실내공간의 잔향시간에 가장 큰 영향을 주는 것은?

① 실의 용적 ② 음원의 위치
③ 벽체의 두께 ④ 음원의 음압

해설

Sabine의 잔향시간 산정식

$R_t = K \times \dfrac{V}{A} = 0.16 \dfrac{V}{A}$

여기서, R_t : 잔향시간(초)
V : 실의 용적(m^3)
K : 비례상수(0.16)
A : 실내의 총 흡음력(m^2)

74

자동화재탐지설비의 감지기 중 주위의 온도 상승률이 일정한 값을 초과하는 경우 동작하는 것은?

① 차동식 ② 정온식
③ 광전식 ④ 이온화식

해설

자동화재 탐지설비의 감지기 종류
• 차동식 : 주위온도가 일정한 온도상승률 이상
• 정온식 : 실온이 일정온도 이상 상승
• 이온화식 : 공기가 일정한 농도의 연기를 포함하면 동작

75

배수트랩의 봉수파괴 원인 중 통기관을 설치함으로써 봉수파괴를 방지할 수 있는 것이 아닌 것은?

① 분출작용 ② 모세관작용
③ 자기사이펀작용 ④ 유도사이펀작용

해설

② 모세관작용의 방지책은 거름망의 설치

76

방열기의 입구 수온이 90℃이고 출구 수온이 80℃이다. 난방부하가 3,000W인 방을 온수난방할 경우 방열기의 온수순환량은? (단, 물의 비열은 4.2kJ/kg · K로 한다.)

① 143kg/h ② 257kg/h
③ 368kg/h ④ 455kg/h

해설

온수 순환량 계산

$Q = mc\Delta t \rightarrow m = \dfrac{Q}{c\Delta t}$

$m = \dfrac{3kW}{4.2 \times (90-80)} \times 3{,}600 = 257.1 \text{kg/h}$

여기서, m : 급탕량(kg/s)
Q : 열량(난방부하, kW)
c : 비열
Δt : 온도차
1h = 3,600s

정답 71.④ 72.② 73.① 74.① 75.② 76.②

77
습공기를 가열하였을 경우 상태량이 변하지 않는 것은?
① 절대습도　　② 상대습도
③ 건구온도　　④ 습구온도

해설
습공기의 온도와 절대습도
- 건구온도만 상승 : 단순 가열
- 습공기를 가열해도 절대습도는 불변

78
각각의 최대 수용 전력의 합이 1,200kW, 부등률이 1.2일 때 합성 최대 수용전력은?
① 800kW　　② 1,000kW
③ 1,200kW　　④ 1,440kW

해설
부등률 계산

$$부등률 = \frac{각\ 부하의\ 최대수용전력의\ 합계}{최대사용(수용)전력}$$

∴ 최대사용(수용전력)

$$= \frac{각\ 부하의\ 최대수용전력의\ 합계}{부등률}$$

$$= \frac{1200}{1.2} = 1,000 \text{kW}$$

79
개방형헤드를 사용하는 연결살수설비에 있어서 하나의 송수구역에 설치하는 살수헤드의 수는 최대 얼마 이하가 되도록 하여야 하는가?
① 10개　　② 20개
③ 30개　　④ 40개

해설
연결살수설비의 화재안전기준
개방형헤드를 사용하는 연결살수설비에 있어서 하나의 송수구역에 설치하는 살수헤드의 수는 10개 이하가 되도록 하여야 한다.

80
다음 중 최근 저압선로의 배선보호용 차단기로 가장 많이 사용되는 것은?
① ACB　　② GCB
③ MCCB　　④ ABCB

해설
저압기기
- ACB(기중차단기) : 저압 배전 선로에 설치하여 과전류, 단락 및 지락사고 등 이상전류 발생 시 기중 소호 방식으로 회로를 차단하여 인명 및 부하기기를 보호함
- MCCB(배선용차단기) : 최근 저압선로의 배선보호용 차단기로 가장 많이 사용됨
- GCB : 가스차단기
- ABCB : 공기차단기

제5과목 · 건축관계법규

81
지하식 또는 건축물식 노외주차장의 차로에 관한 기준 내용으로 옳지 않은 것은? (단, 이륜자동차전용 노외주차장이 아닌 경우)
① 높이는 주차바닥면으로부터 2.3m 이상으로 하여야 한다.
② 경사로의 종단경사도는 직선 부분에서는 17%를 초과하여서는 아니된다.
③ 곡선 부분은 자동차가 4m 이상의 내변반경으로 회전할 수 있도록 하여야 한다.
④ 주차대수 규모가 50대 이상인 경우의 경사로는 너비 6m 이상인 2차로를 확보하거나 진입차로와 진출차로를 분리하여야 한다.

해설
③ 곡선 부분은 자동차가 6m 이상의 내변반경으로 회전할 수 있도록 하여야 한다.

82
다음 중 도시·군관리계획에 포함되지 않는 것은?

① 도시개발사업이나 정비사업에 관한 계획
② 광역계획권의 장기발전방향을 제시하는 계획
③ 기반시설의 설치·정비 또는 개량에 관한 계획
④ 용도지역·용도지구의 지정 또는 변경에 관한 계획

해설

② 광역계획권의 장기발전방향을 제시하는 계획은 광역도시계획의 내용임

83
용도지역의 세분에 있어 주거기능을 위주로 이를 지원하는 일부 상업기능 및 업무기능을 보완하기 위하여 필요한 지역은?

① 준주거지역   ② 전용주거지역
③ 일반주거지역   ④ 유통상업지역

해설

주거지역 세분

전용주거지역	제1종	단독주택중심의 양호한 주거환경을 보호
	제2종	공동주택중심의 양호한 주거환경을 보호
일반주거지역	제1종	저층주택중심으로 편리한 주거환경을 조성
	제2종	중층주택중심으로 편리한 주거환경을 조성
	제3종	중·고층주택을 중심으로 편리한 주거환경을 조성
준주거지역		주거기능을 주로 하면서 상업·업무기능의 보완

84
다음 중 제2종 일반주거지역 안에서 건축할 수 있는 건축물에 속하지 않는 것은?

① 종교시설   ② 운수시설
③ 노유자시설   ④ 제1종 근린생활시설

해설

제2종 일반주거지역 안에서 건축할 수 있는 건축물
- 단독주택, 공동주택
- 종교시설
- 노유자시설
- 제1종 근린생활시설
- 유치원·초등학교·중학교 및 고등학교

85
높이 31m를 넘는 각 층의 바닥면적 중 최대 바닥면적이 5,000m²인 업무시설에 원칙적으로 설치하여야 하는 비상용승강기의 최소 대수는?

① 1대   ② 2대
③ 3대   ④ 4대

해설

비상용승강기 설치 기준
최대 바닥면적이 1,500m² 초과이므로
$1 + \left(\dfrac{A - 1,500}{3,000}\right) = 1 + \left(\dfrac{5,000 - 1,500}{3,000}\right) = 2.17$대
따라서 최소 대수는 3대

86
다음은 건축법령 상 다세대주택의 정의이다. ( ) 안에 알맞은 것은?

주택으로 쓰는 1개 동의 바닥면적 합계가 (㉠) 이하이고, 층수가 (㉡) 이하인 주택 (2개 이상의 동을 지하주차장으로 연결하는 경우에는 각각의 동으로 본다)

① ㉠ 330m², ㉡ 3개 층
② ㉠ 330m², ㉡ 4개 층
③ ㉠ 660m², ㉡ 3개 층
④ ㉠ 660m², ㉡ 4개 층

정답 82.② 83.① 84.② 85.③ 86.④

해설

다세대주택

주택으로 쓰는 1개 동의 바닥면적 합계가 660m² 이하이고, 층수가 4개층 이하인 주택(2개 이상의 동을 지하주차장으로 연결하는 경우에는 각각의 동으로 본다)

87

건축물의 거실에 국토교통부령으로 정하는 기준에 따라 배연설비를 하여야 하는 대상 건축물에 속하지 않는 것은? (단, 피난층의 거실은 제외하며, 6층 이상인 건축물의 경우)

① 종교시설 ② 판매시설
③ 위락시설 ④ 방송통신시설

해설

거실에 배연설비 설치대상

6층 이상 건축물의 제2종 근린생활 중 공연장·종교집회장, 문화 및 집회시설, <u>종교시설</u>, <u>판매시설</u>, 운수시설, 연구소, 의료시설, 운동시설, 업무시설, 숙박시설, <u>위락시설</u>, 관광휴게시설, 장례식장에 쓰이는 거실

88

일반주거지역에서 건축물을 건축하는 경우 건축물의 높이 5m인 부분은 정북 방향의 인접 대지 경계선으로부터 원칙적으로 최소 얼마 이상을 띄어 건축하여야 하는가?

① 1.0m ② 1.5m
③ 2.0m ④ 3.0m

해설

정북방향의 인접대지 경계선으로부터 띄어야 하는 거리

- 높이 10m 이하 : <u>1.5m 이상</u>
- 높이 10m 초과 : 당해 건축물 각 부분 높이의 1/2 이상

89

국토의 계획 및 이용에 관한 법률에 따른 용도 지역에서의 용적률 최대한도 기준이 옳지 않은 것은? (단, 도시지역의 경우)

① 주거지역 : 500퍼센트 이하
② 녹지지역 : 100퍼센트 이하
③ 공업지역 : 400퍼센트 이하
④ 상업지역 : 1,000퍼센트 이하

해설

④ 상업지역 : <u>1,500퍼센트 이하</u>

90

건축물을 신축하는 경우 옥상에 조경을 150m² 시공했다. 이 경우 대지의 조경면적은 최소 얼마 이상으로 하여야 하는가? (단, 대지면적은 1,500m²이고, 조경설치 기준은 대지면적의 10%이다.)

① 25m² ② 50m²
③ 75m² ④ 100m²

해설

조경면적 산정

> 옥상조경면적은 2/3 면적을 대지안의 조경면적으로 산정가능하며, 최대 조경면적의 50/100을 초과할 수 없다.

(1) 조경면적 : 1500m² × 0.10 = 150m² 이상
(2) 옥상조경면적 중 조경면적으로 계산되는 면적
 : 150m² × 2/3 = 100m²
(3) 옥상조경면적 중 조경면적으로 인정하는 최대
 : 150m² × 50/100 = 75m² 이하까지 인정

∴ 따라서 100m²가 모두 인정되지 않고 75m²만 인정되므로 대지의 최소 조경면적은
150m² − 75m² = 75m²이다.

91
공작물을 축조할 때 특별자치시장·특별자치도지사 또는 시장·군수·구청장에게 신고를 하여야 하는 대상 공작물 기준으로 옳지 않은 것은? (단, 건축물과 분리하여 축조하는 경우)

① 높이 6m를 넘는 굴뚝
② 높이 4m를 넘는 광고탑
③ 높이 5m를 넘는 장식탑
④ 높이 2m를 넘는 옹벽 또는 담장

해설
공작물의 축조 시 신고 대상
- 높이 2m를 넘는 옹벽 또는 담장
- 높이 4m를 넘는 광고탑, 광고판
- 높이 6m를 넘는 굴뚝
- 높이 4m를 넘는 장식탑, 기념탑

92
건축물에 설치하는 지하층의 구조에 관한 기준 내용으로 옳지 않은 것은?

① 지하층에 설치하는 비상탈출구의 유효너비는 0.75m 이상으로 할 것
② 거실의 바닥면적의 합계가 1,000m² 이상인 층에는 환기설비를 설치할 것
③ 지하층의 바닥면적이 300m² 이상인 층에는 식수공급을 위한 급수전을 1개소 이상 설치할 것
④ 거실의 바닥면적이 33m² 이상인 층에는 직통계단 외에 피난층 또는 지상으로 통하는 비상탈출구를 설치할 것

해설
④ 거실의 바닥면적이 50m² 이상인 층에는 직통계단 외에 피난층 또는 지상으로 통하는 비상탈출구를 설치할 것

93
비상용승강기 승강장의 구조에 관한 기준 내용으로 옳지 않은 것은?

① 승강장은 각층의 내부와 연결될 수 있도록 할 것
② 벽 및 반자가 실내에 접하는 부분의 마감재료는 준불연재료로 할 것
③ 옥내에 설치하는 승강장의 바닥면적은 비상용승강기 1대에 대하여 6m² 이상으로 할 것
④ 피난층이 있는 승강장의 출입구로부터 도로 또는 공지에 이르는 거리가 30m 이하일 것

해설
② 벽 및 반자가 실내에 접하는 부분의 마감재료는 불연재료로 할 것

94
다음 중 허가대상 건축물이라 하더라도 건축신고를 하면 건축허가를 받은 것으로 보는 경우에 속하지 않는 것은?

① 건축물의 높이를 4m 증축하는 건축물
② 연면적의 합계가 80m²인 건축물의 건축
③ 연면적이 150m²이고 2층인 건축물의 대수선
④ 2층 건축물로서 바닥면적의 합계 80m²를 증축하는 건축물

해설
건축신고 대상 행위
① 바닥면적의 합계가 85m² 이내의 증축·개축 또는 재축
② 연면적 200m² 미만이고 3층 미만인 건축물의 대수선
③ 건축물의 높이를 3m 이하의 범위에서 증축하는 건축물

정답 91.③ 92.④ 93.② 94.①

95

다음 대지와 도로의 관계에 관한 기준 내용이다. ( ) 안에 알맞은 것은? (단, 축사, 작물 재배사, 그 밖에 이와 비슷한 건축물로서 건축조례로 정하는 규모의 건축물은 제외)

> 연면적의 합계가 2,000m²(공장인 경우에는 3,000m²) 이상인 건축물의 대지는 너비 (㉠) 이상의 도로에 (㉡) 이상 접하여야 한다.

① ㉠ 2m, ㉡ 4m
② ㉠ 4m, ㉡ 2m
③ ㉠ 4m, ㉡ 6m
④ ㉠ 6m, ㉡ 4m

해설

연면적의 합계가 2,000m²(공장인 경우에는 3,000m²) 이상인 건축물의 대지는 너비 6m 이상의 도로에 4m 이상 접하여야 한다.
예외 축사, 작물재배사, 그 밖에 이와 비슷한 건축물로서 건축조례로 정하는 규모의 건축물

96

건축법령 상 공사감리자가 수행하여야 하는 감리업무에 속하지 않는 것은?

① 공정표의 작성
② 상세시공도면의 검토·확인
③ 공사현장에서의 안전관리의 지도
④ 설계변경의 적정 여부의 검토·확인

해설

① 공정표의 작성이 아닌 검토가 공사감리자의 업무 내용

97

태양열을 주된 에너지원으로 이용하는 주택의 건축면적 산정 시 기준이 되는 것은?

① 외벽의 외곽선
② 외벽의 내측 벽면선
③ 외벽 중 내측 내력벽의 중심선
④ 외벽 중 외측 비내력벽의 중심선

해설

태양열 주택의 건축면적 기준
외벽 중 내측 내력벽의 중심선을 기준으로 함

98

피난층 외의 층으로서 피난층 또는 지상으로 통하는 직통계단을 2개소 이상 설치하여야 하는 대상 기준으로 옳지 않은 것은?

① 지하층으로서 그 층 거실의 바닥면적의 합계가 200m² 이상인 것
② 종교시설의 용도로 쓰는 층으로서 그 층에서 해당 용도로 쓰는 바닥면적의 합계가 200m² 이상인 것
③ 판매시설의 용도로 쓰는 3층 이상의 층으로서 그 층의 해당 용도로 쓰는 거실의 바닥면적의 합계가 200m² 이상인 것
④ 업무시설 중 오피스텔의 용도로 쓰는 층으로서 그 층의 해당 용도로 쓰는 거실의 바닥면적의 합계가 200m² 이상인 것

해설

직통계단을 2개소 이상 설치하는 건축물

- 지하층 : 거실 바닥면적의 합계 200m² 이상
- 종교시설 : 바닥면적의 합계 200m² 이상
- 판매/숙박시설 : 거실 바닥면적의 합계 200m² 이상
- 업무시설 중 오피스텔 : 거실 바닥면적의 합계 300m² 이상

99
주차장 수급 실태 조사의 조사구역 설정에 관한 기준 내용으로 옳지 않은 것은?

① 실태조사의 주기는 3년으로 한다.
② 사각형 또는 삼각형 형태로 조사구역을 설정한다.
③ 각 조사구역은 「건축법」에 따른 도로를 경계로 구분한다.
④ 조사구역 바깥 경계선의 최대거리가 500m를 넘지 않도록 한다.

> 해설
> ④ 조사구역 바깥 경계선의 최대거리가 300m를 넘지 않도록 한다.

100
부설주차장 설치대상 시설물이 종교시설인 경우, 부설주차장 설치기준으로 옳은 것은?

① 시설면적 50m²당 1대
② 시설면적 100m²당 1대
③ 시설면적 150m²당 1대
④ 시설면적 200m²당 1대

> 해설
> 시설물에 종류에 따른 부설주차장 설치기준
> - 종교/판매시설-시설면적 150m²당 1대
> - 위락시설-시설면적 100m²당 1대
> - 골프장-1홀당 10대
> - 숙박시설-시설면적 200m²당 1대

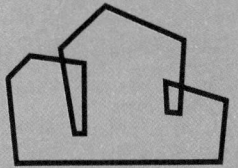

ARCHITECTURAL ENGINEER

2019
출제문제

2019 제1회 건축기사

2019년 3월 3일 시행

제1과목 · 건축계획

01
공포의 형식 중 다포식에 관한 설명으로 옳지 않은 것은?
① 다포식 건축물로는 서울 숭례문(남대문) 등이 있다.
② 기둥 상부 이외에 기둥 사이에도 공포를 배열한 형식이다.
③ 규모가 커지면서 내부출목보다는 외부출목이 점차 많아졌다.
④ 주심포식에 비해서 지붕하중을 등분포로 전달할 수 있는 합리적인 구조법이다.

해설
③ 규모가 커지면서 <u>외부출목보다는 내부출목이 점차 많아졌다</u>. 주심포식은 외부출목만 있고, 다포식은 보통 둘 다 있는데 대규모가 되며 내부출목이 더 많아졌다.

02
공동주택을 건설하는 주택단지는 기간도로와 접하거나 기간도로로부터 당해 단지에 이르는 진입도로가 있어야 한다. 주택단지의 총세대수가 400세대인 경우 기간도로와 접하는 폭 또는 진입도로의 폭은 최소 얼마 이상이어야 하는가?

① 4m ② 6m
③ 8m ④ 12m

해설
주택단지의 총세대 수에 따른 기간도로와 접하는 폭 및 진입도로의 폭은 다음과 같다.

주택단지의 총세대 수	기간도로와 접하는 폭 또는 진입도로의 폭
300세대 미만	6m 이상
300세대 이상 500세대 미만	8m 이상

03
페리(C.A.Perry)의 근린주구(Neighborhood) 이론의 내용으로 옳지 않은 것은?
① 초등학교 학구를 기본단위로 한다.
② 중학교와 의료시설을 반드시 갖추어야 한다.
③ 지구 내 가로망은 통과교통에 사용되지 않도록 한다.
④ 주민에게 적절한 서비스를 제공하는 1~2개소 이상의 상점가를 주요도로의 결절점에 배치한다.

해설
② <u>초등학교</u>와 의료시설(병원)을 반드시 갖추어야 한다.

정답 01.③ 02.③ 03.②

04
POE(Post Occupancy Evaluation)의 의미로 가장 알맞은 것은?
① 건축물 사용자를 찾는 것이다.
② 건축물을 사용해 본 후에 평가하는 것이다.
③ 건축물의 사용을 염두에 두고 계획하는 것이다.
④ 건축물 모형을 만들어 설계의 적정성을 평가하는 것이다.

해설
POE
- 건축물이 완공된 후 사용 중인 건축물이 본래의 기능을 제대로 수행하고 있는지의 여부를 거주 후 사용자들의 반응을 진단, 연구하는 과정
- 건축물의 사후 평가 제도이며 향후 건축계획에 반영되어 보다 나은 설계가 될 수 있도록 직접적인 영향을 줌

05
미술관의 전시기법 중 전시평면이 동일한 공간으로 연속되어 배치되는 전시기법으로 동일 종류의 전시물을 반복 전시할 경우에 유리한 방식은?
① 디오라마 전시 ② 파노라마 전시
③ 하모니카 전시 ④ 아일랜드 전시

해설
③ 하모니카 전시에 대한 설명

06
송바르 드 로브(Chombard de Lawve)가 제시하는 1인당 주거 면적의 병리기준은?
① 6m² ② 8m²
③ 10m² ④ 12m²

해설
송바르 드 로브의 주거면적 기준
병리(8m²/인), 한계(14m²/인), 표준(16m²/인)

07
극장의 무대에 관한 설명으로 옳지 않은 것은?
① 프로시니엄 아치는 일반적으로 장방형이며, 종횡의 비율은 황금비가 많다.
② 프로시니엄 아치의 바로 뒤에는 막이 처지는데, 이 막의 위치를 커튼 라인이라고 한다.
③ 무대의 폭은 적어도 프로시니엄 아치 폭의 2배, 깊이는 프로시니엄 아치 폭 이상으로 한다.
④ 플라이 갤러리는 배경이나 조명기구, 연기자 또는 음향 반사판 등을 매달 수 있도록 무대 천장 밑에 철골로 설치한 것이다.

해설
④ 그리드 아이언은 배경이나 조명기구, 연기자 또는 음향반사판 등을 매달 수 있도록 무대 천장 밑에 철골로 설치한 것이다. 플라이 갤러리는 그리드 아이언으로 가는 연결통로를 말함

08
이슬람교의 영향을 받은 건축물에서 볼 수 있는 연속적인 기하학적 문양, 식물문양, 당초문양 등을 일컫는 용어는?
① 스퀸치 ② 펜던티브
③ 모자이크 ④ 아라베스크

해설
④ 아라베스크에 대한 설명

09
종합병원 건축계획에 관한 설명으로 옳지 않은 것은?
① 간호사 대기실은 각 간호단위 또는 층별, 동별로 설치한다.
② 수술실의 바닥마감은 전기도체성 마감을 사용하는 것이 좋다.
③ 병실의 창문은 환자가 병상에서 외부를 전망할 수 있게 하는 것이 좋다.
④ 우리나라의 일반적인 외래진료방식은 오픈시스템이며 대규모의 각종 과를 필요로 한다.

정답 04.② 05.③ 06.② 07.④ 08.④ 09.④

해설
④ 우리나라의 일반적인 외래진료방식은 클로즈드 시스템이며 대규모의 각종 과를 필요로 한다. 오픈 시스템은 종합병원 근처의 일반 개업의를 종합병원에 등록시키는 방식으로 주로 외국에서 많이 사용함

10
다음 설명에 알맞은 백화점 진열장 배치방법은?

- Main 통로를 직각 배치하며, Sub 통로를 45° 정도 경사지게 배치하는 유형이다.
- 많은 고객이 매장공간의 코너까지 접근하기 용이하지만, 이형의 진열장이 많이 필요하다.

① 직각배치
② 방사배치
③ 사행배치
④ 자유유선배치

해설
③ 사행배치에 대한 설명

11
사무소 건축의 코어 유형에 관한 설명으로 옳지 않은 것은?

① 중심코어형은 유효율이 높은 계획이 가능하다.
② 양단코어형은 2방향 피난에 이상적이며 방재상 유리하다.
③ 편심코어형은 각 층 바닥면적이 소규모인 경우에 적합하다.
④ 독립코어형은 구조적으로 가장 바람직한 유형으로, 고층, 초고층 사무소 건축에 주로 사용된다.

해설
④ 중심코어형은 구조적으로 가장 바람직한 유형으로, 고층, 초고층 사무소 건축에 주로 사용된다. 독립코어형은 방재/내진구조에 불리해 고층건물에 사용되지 않음

12
한식주택과 양식주택에 관한 설명으로 옳지 않은 것은?

① 양식주택은 입식생활이며, 한식주택은 좌식생활이다.
② 양식주택의 실은 단일용도이며, 한식주택의 실은 혼용도이다.
③ 양식주택은 실의 위치별 분화이며, 한식주택은 실의 기능별 분화이다.
④ 양식주택의 가구는 주요한 내용물이며, 한식주택의 가구는 부차적 존재이다.

해설
③ 한식주택은 실의 위치별 분화이며, 양식주택은 실의 기능별 분화이다.

13
아파트에 의무적으로 설치하여야 하는 장애인·노인·임산부 등의 편의시설에 속하지 않는 것은?

① 점자블록
② 장애인전용 주차구역
③ 높이 차이가 제거된 건축물 출입구
④ 장애인 등의 통행이 가능한 접근로

해설
① 점자블록은 권장사항

14
다음 설명에 알맞은 공장건축의 레이아웃 형식은?

- 동종의 공정, 동일한 기계 설비 또는 기능이 유사한 것을 하나의 그룹으로 집합시키는 방식
- 다종 소량 생산의 경우, 예상 생산이 불가능한 경우, 표준화가 이루어지기 어려운 경우에 채용

① 고정식 레이아웃
② 혼성식 레이아웃
③ 공정중심의 레이아웃
④ 제품중심의 레이아웃

해설
③ 공정중심의 레이아웃에 대한 설명

정답 10.③ 11.④ 12.③ 13.① 14.③

15
학교 운영방식에 관한 설명으로 옳지 않은 것은?
① 교과교실형은 교실의 순수율은 높으나 학생의 이동이 심하다.
② 종합교실형은 학생의 이동이 없고 초등학교 저학년에 적합하다.
③ 일반교실, 특별교실형은 각 학급마다 일반교실을 하나씩 배당하고 그 외에 특별교실을 갖는다.
④ 플래툰(platoon)형은 학급과 학년을 없애고 학생들은 각자의 능력에 따라서 교과를 선택하는 방식이다.

해설
④ **달톤형**은 학급과 학년을 없애고 학생들은 각자의 능력에 따라서 교과를 선택하는 방식이다. 플래툰형은 일반교실과 특별교실의 **2분단으로 나누는 방식**임

16
로마시대의 것으로 그리스 아고라(Agora)와 유사한 기능을 갖는 것은?
① 포럼(Forum) ② 인슐라(Insula)
③ 도무스(Domus) ④ 판테온(Pantheon)

해설
정치, 행정, 시장, 회합의 장소, 광장
- 그리스 : 아고라
- 로마 : 포럼

17
백화점의 에스컬레이터 배치에 관한 설명으로 옳지 않은 것은?
① 교차식 배치는 점유면적이 작다.
② 직렬식 배치는 점유면적이 크나 승객의 시야가 좋다.
③ 병렬식 배치는 백화점 매장 내부에 대한 시계가 양호하다.
④ 병렬 연속식 배치는 연속적으로 승강할 수 없다는 단점이 있다.

해설
④ 병렬 연속식 배치는 연속적으로 승강할 수 있다는 장점이 있다. 병렬 단속식 배치는 연속적으로 승강 불가

18
극장의 평면형식 중 관객이 연기자를 사면에서 둘러싸고 관람하는 형식으로 가장 많은 관객을 수용할 수 있는 형식은?
① 아레나(arena)형
② 가변형(adaptable stage)
③ 프로시니엄(proscenium)형
④ 오픈스테이지(open stage)형

해설
① 아레나(arena) 형에 대한 설명

19
도서관의 출납시스템 중 열람자는 직접 서가에 면하여 책의 체제나 표지 정도는 볼 수 있으나 내용을 보려면 관원에게 요구하여 대출 기록을 남긴 후 열람하는 형식은?
① 폐가식 ② 반개가식
③ 안전개가식 ④ 자유개가식

해설
② 반개가식에 대한 설명

20
사무소 건축의 실단위 계획 중 개방식 배치에 관한 설명으로 옳지 않은 것은?
① 공사비를 줄일 수 있다.
② 실의 깊이나 길이에 변화를 줄 수 없다.
③ 시각차단이 없으므로 독립성이 적어진다.
④ 경영자의 입장에서는 전체를 통제하기가 쉽다.

정답 15.④ 16.① 17.④ 18.① 19.② 20.②

해설
② 개방식은 실의 깊이나 길이에 변화를 줄 수 있다. 개실배치는 실의 길이에는 변화를 줄 수 있으나 실의 깊이는 변화를 줄 수 없음

제2과목 ■ 건축시공

21
그림과 같은 네트워크 공정표에서 주공정선(Critical path)은?

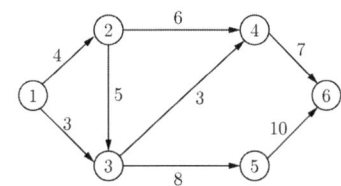

① ① → ③ → ⑤ → ⑥
② ① → ② → ④ → ⑥
③ ① → ② → ③ → ④ → ⑥
④ ① → ② → ③ → ⑤ → ⑥

해설
주공정선
소요일수가 가장 긴 ① → ② → ③ → ⑤ → ⑥이 주공정선이 된다.

22
용접결함에 관한 설명으로 옳지 않은 것은?
① 슬래그 함입 – 용융금속이 급속하게 냉각되면 슬래그의 일부분이 달아나지 못하고 용착금속 내에 혼입되는 것
② 오버랩 – 용접금속과 모재가 융합되지 않고 겹쳐지는 것
③ 블로우 홀 – 용융금속이 응고할 때 방출되어야 할 가스가 잔류한 것
④ 크레이터 – 용접전류가 과소하여 발생

해설
용접결함
• 크레이터 : 아크용접의 비드 중단부에서 용융지가 그대로 응고함으로써 생기는 움푹 패인 현상으로, 모재의 양단에 엔드탭을 부착하면 해결됨
• 오버랩 : 용접전류가 적은 경우나 용접속도가 너무 느린 경우에 생김

23
합성수지에 관한 설명으로 옳지 않은 것은?
① 에폭시 수지는 접착제, 프린트 배선판 등에 사용된다.
② 염화비닐수지는 내후성이 있고, 수도관 등에 사용된다.
③ 아크릴 수지는 내약품성이 있고, 조명기구커버 등에 사용된다.
④ 페놀수지는 알칼리에 매우 강하고, 천장 채광판 등에 주로 사용된다.

해설
④ 페놀수지는 산에는 강하지만 알칼리에 매우 약하다. 페놀수지 : 내산, 내수, 전기절연성, 내열성이 있는 열경화성의 수지. 주로 쟁반, 냄비의 손잡이 주전자의 손잡이에 사용됨

24
도장공사 시 주의사항으로 옳지 않은 것은?
① 바탕의 건조가 불충분하거나 공기의 습도가 높을 때에는 시공하지 않는다.
② 불투명한 도장일 때에는 초벌부터 정벌까지 같은 색으로 시공해야 한다.
③ 야간에는 색을 잘못 도장할 염려가 있으므로 시공하지 않는다.
④ 직사광선은 가급적 피하고 도막이 손상될 우려가 있을 때에는 도장하지 않는다.

해설
② 불투명한 도장일 때에는 페인트칠 횟수를 구별하기 위해 초벌부터 정벌까지 색을 약간씩 다르게 시공해야 한다.

25
건축공사에서 공사원가를 구성하는 직접공사비에 포함되는 항목을 옳게 나열한 것은?

① 자재비, 노무비, 이윤, 일반관리비
② 자재비, 노무비, 이윤, 경비
③ 자재비, 노무비, 외주비, 경비
④ 자재비, 노무비, 외주비, 일반관리비

해설
직접공사비 구성요소
자재비, 노무비, 외주비, 경비

26
수밀콘크리트에 관한 설명으로 옳지 않은 것은?

① 콘크리트의 소요 슬럼프는 되도록 작게 하여 180mm를 넘지 않도록 한다.
② 콘크리트의 워커빌리티를 개선시키기 위해 공기연행제, 공기연행감수제 또는 고성능 공기연행감수제를 사용하는 경우라도 공기량은 2% 이하가 되게 한다.
③ 물결합재비는 50% 이하를 표준으로 한다.
④ 콘크리트 타설 시 다짐을 충분히 하여 가급적 이어붓기를 하지 않아야 한다.

해설
② 콘크리트의 워커빌리티를 개선시키기 위해 공기연행제, 공기연행감수제 또는 고성능 공기연행감수제를 사용하는 경우라도 공기량은 4% 이하가 되게 한다.

27
사질 지반 굴착 시 벽체 배면의 토사가 흙막이 틈새 또는 구멍으로 누수가 되어 흙막이벽 배면에 공극이 발생하여 물의 흐름이 점차로 커져 결국에는 주변 지반을 함몰시키는 현상은?

① 보일링 현상
② 히빙 현상
③ 액상화 현상
④ 파이핑 현상

해설
④ 파이핑 현상에 대한 설명

28
무지보공 거푸집에 관한 설명으로 옳지 않은 것은?

① 하부공간을 넓게 하여 작업공간으로 활용할 수 있다.
② 슬래브(slab) 동바리의 감소 또는 생략이 가능하다.
③ 트러스 형태의 빔(beam)을 보거푸집 또는 벽체 거푸집에 걸쳐 놓고 바닥판 거푸집을 시공한다.
④ 층고가 높을 경우 적용이 불리하다.

해설
④ 층고가 높을 경우 적용이 유리하다.

29
지반조사 시 실시하는 평판재하시험에 관한 설명으로 옳지 않은 것은?

① 시험은 예정 기초면보다 높은 위치에서 실시해야하기 때문에 일부 성토작업이 필요하다.
② 시험재하판은 실제 구조물의 기초면적에 비해 매우 작으므로 재하판 크기의 영향 즉, 스케일 이펙트(scale effect)를 고려한다.
③ 하중시험용 재하판은 정방형 또는 원형의 판을 사용한다.
④ 침하량을 측정하기 위해 다이얼게이지 지지대를 고정하고 좌우측에 2개의 다이얼게이지를 설치한다.

해설
평판재하시험
실제의 건물을 지지하는 지반면에 재하판을 설치한 후 하중을 단계적으로 가하여 지반반력계수와 지반의 지지력 등을 구하는 시험

정답 25.③ 26.② 27.④ 28.④ 29.①

30
철근콘크리트공사 중 거푸집이 벌어지지 않게 하는 긴장재는?

① 세퍼레이터(Separator)
② 스페이서(Spacer)
③ 폼 타이(Form tie)
④ 인서트(Insert)

해설
③ 폼 타이(Form tie)에 대한 설명

31
건설현장에서 굳지 않은 콘크리트에 대해 실시하는 시험으로 옳지 않은 것은?

① 슬럼프(slump) 시험
② 코어(core) 시험
③ 염화물 시험
④ 공기량 시험

해설
② 코어(core) 시험은 경화콘크리트의 강도를 알기 위해 채택하는 시험임

32
건축공사에서 활용되는 견적방법 중 가장 상세한 공사비의 산출이 가능한 견적방법은?

① 명세견적   ② 개산견적
③ 입찰견적   ④ 실행견적

해설
견적의 종류
- 명세견적 : 가장 상세하고 정확하게 비용을 산출
- 개산견적 : 개략적인 공사비의 산출

33
돌로마이트 플라스터 바름에 관한 설명으로 옳지 않은 것은?

① 실내온도가 5℃ 이하일 때는 공사를 중단하거나 난방하여 5℃ 이상으로 유지한다.
② 정벌바름용 반죽은 물과 혼합한 후 4시간 정도 지난 다음 사용하는 것이 바람직하다.
③ 초벌바름에 균열이 없을 때에는 고름질한 후 7일 이상 두어 고름질면의 건조를 기다린 후 균열이 발생하지 아니함을 확인한 다음 재벌바름을 실시한다.
④ 재벌바름이 지나치게 건조한 때는 적당히 물을 뿌리고 정벌바름한다.

해설
② 정벌바름용 반죽은 물과 혼합한 후 12시간 정도 지난 다음 사용하는 것이 바람직하다.

34
철근콘크리트 슬래브와 철골보가 일체로 되는 합성구조에 관한 설명으로 옳지 않은 것은?

① 쉐어커넥터가 필요하다.
② 바닥판의 강성을 증가시키는 효과가 크다.
③ 자재를 절감하므로 경제적이다.
④ 경간이 작은 경우에 주로 적용한다.

해설
④ 합성구조는 강성이 커서 경간이 큰 경우에 주로 적용한다.

35
건설공사의 일반적인 특징으로 옳은 것은?

① 공사비, 공사기일 등의 제약을 받지 않는다.
② 주로 도급식 또는 직영식으로 이루어진다.
③ 육체노동이 주가 되므로 대량생산이 가능하다.
④ 건설 생산물의 품질이 일정하다.

해설
① 공사비, 공사기일 등의 제약을 받는다.
③ 육체노동이 주가 되므로 대량생산이 불가능하다.
④ 건설 생산물의 품질이 일정하지 않다.

36
다음 중 공사감리업무와 가장 거리가 먼 항목은?
① 설계도서의 적정성 검토
② 시공상의 안전관리지도
③ 공사 실행예산의 편성
④ 사용자재와 설계도서와의 일치여부 검토

해설
③ 공사 실행예산의 편성은 감리업무가 아닌 건설주체의 시공업무에 속함

공사감리업무
- 설계도서의 적정성 검토
- 시공상의 안전관리지도
- 사용자재와 설계도서와의 일치여부 검토

37
목공사에 사용되는 철물에 관한 설명으로 옳지 않은 것은?
① 감잡이쇠는 큰 보에 걸쳐 작은 보를 받게 하고, 안장쇠는 평보를 대공에 달아매는 경우 또는 평보와 ㅅ자보의 밑에 쓰인다.
② 못의 길이는 박아대는 재두께의 2.5배 이상이며, 마구리 등에 박는 것은 3.0배 이상으로 한다.
③ 볼트 구멍은 볼트지름보다 3mm 이상 커서는 안 된다.
④ 듀벨은 볼트와 같이 사용하여 듀벨에는 전단력, 볼트에는 인장력을 분담시킨다.

해설
① 안장쇠는 큰 보에 걸쳐 작은 보를 받게 하고, 양나사볼트는 평보를 대공에 달아매는 경우 또는 평보와 ㅅ자보의 밑에 쓰인다.

38
방수공사에 관한 설명으로 옳은 것은?
① 보통 수압이 적고 얕은 지하실에는 바깥방수법, 수압이 크고 깊은 지하실에는 안방수법이 유리하다.
② 지하실에 안방수법을 채택하는 경우, 지하실 내부에 설치하는 칸막이벽, 창문틀 등은 방수층 시공 전 먼저 시공하는 것이 유리하다.
③ 바깥방수법은 안방수법에 비하여 하자보수가 곤란하다.
④ 바깥방수법은 보호 누름이 필요하지만, 안방수법은 없어도 무방하다.

해설
① 보통 수압이 적고 얕은 지하실에는 안방수법, 수압이 크고 깊은 지하실에는 바깥방수법이 유리하다.
② 지하실에 안방수법을 채택하는 경우, 지하실 내부에 설치하는 칸막이벽, 창문틀 등의 시공 순서는 비교적 자유롭다. 그러나 바깥방수법을 채택하는 경우는 본공사보다 방수공사를 먼저 선행해야 한다.
④ 안방수법은 보호 누름이 필요하지만, 바깥방수법은 없어도 무방하다.

공사시기
- 안방수 : 비교적 자유로움
- 바깥방수 : 본공사에 선행함

39
QC(Quality Control) 활동의 도구가 아닌 것은?
① 기능계통도   ② 산점도
③ 히스토그램   ④ 특성요인도

해설
QC(품질관리) 활동 도구
특성요인도, 파레토그램, 층별, 히스토그램, 체크시트, 산점도

40
다음 중 멤브레인 방수공사에 해당되지 않는 것은?
① 아스팔트방수공사   ② 실링방수공사
③ 시트방수공사   ④ 도막방수공사

> 해설

멤브레인 방수의 종류
- 아스팔트 방수
- 합성고분자 시트 방수
- 도막 방수

> 해설

① 수평하중에 의한 접합부의 <u>연성능력이 높다</u>. 따라서 철골구조가 철근콘크리트구조보다 내진성능이 우수한 편이다.

제3과목 ■ 건축구조

41

다음 그림과 같이 수평하중 30kN이 작용하는 라멘구조에서 E점에서의 휨모멘트값(절대값)은?

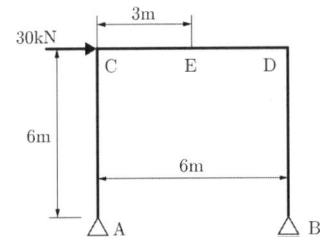

① 40kNm
② 45kNm
③ 60kNm
④ 90kNm

> 해설

휨모멘트 계산
(1) B점에서의 반력
$\Sigma M_A = 0 \rightarrow 30\text{kN} \times 6\text{m} - V_B \times 6\text{m} = 0$
$\therefore V_B = 30\text{kN}(\uparrow)$
(2) E점에서의 모멘트(E점을 기준으로 우측만 고려)
$M_G = 30\text{kN} \times (6-3)\text{m} = 90\text{kNm}$

42

철골구조에 관한 설명으로 옳지 않은 것은?
① 수평하중에 의한 접합부의 연성능력이 낮다.
② 철근콘크리트조에 비하여 넓은 전용면적을 얻을 수 있다.
③ 정밀한 시공을 요한다.
④ 장스팬 구조물에 적합하다.

43

부하면적 $36m^2$인 콘크리트 기둥의 영향면적에 따른 활하중 저감계수(C)로 옳은 것은?

(단, $C = 0.3 + \dfrac{4.2}{\sqrt{A}}$, A는 영향면적)

① 0.25
② 0.45
③ 0.65
④ 1

> 해설

영향면적 계산
- <u>기둥과 기초는 부하면적의 4배</u>
- 보와 벽체는 부하면적의 2배
- 슬래브는 부하면적을 그대로 적용
- 캔틸레버 부분은 부하면적을 그대로 적용

$C = 0.3 + \dfrac{4.2}{\sqrt{(36 \times 4)}} = 0.65$

44

각 지반의 허용지내력의 크기가 큰 것부터 순서대로 올바르게 나열된 것은?

| A. 자갈 | B. 모래 |
| C. 연암반 | D. 경암반 |

① B > A > C > D
② A > B > C > D
③ D > C > A > B
④ D > C > B > A

> 해설

허용지내력(kN/m^2) 순서
경암반(4,000) > 연암반(1,000~2,000) > 자갈(300) > 모래(100)

45
그림과 같은 하중을 받는 단순보에서 단면에 생기는 최대 휨응력도는? (단, 목재는 결함이 없는 균질한 단면이다)

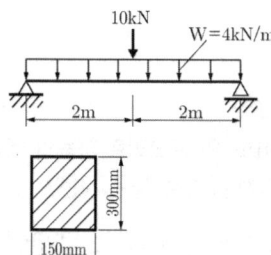

① 8MPa
② 10MPa
③ 12MPa
④ 15MPa

해설
최대 휨응력도 계산
(1) $M_{max} = \dfrac{PL}{4} + \dfrac{wL^2}{8}$
$= \dfrac{10,000N \times 4,000mm}{4} + \dfrac{4N/mm \times (4,000mm)^2}{8}$
$= 18,000,000 Nmm$
(2) $Z = \dfrac{150 \times (300)^2}{6} = 2,250,000 mm^3$
(3) $\sigma_{max} = \dfrac{M_{max}}{Z} = \dfrac{18,000,000}{2,250,000} = 8MPa$

46
다음 그림과 같은 H형강(H-440×300×10×20) 단면의 전소성모멘트(M_p)는 얼마인가? (단, $F_y = $ 400MPa)

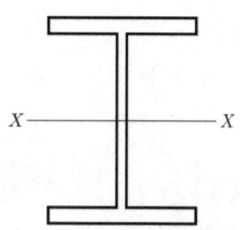

① 963kNm
② 1,168kNm
③ 1,363kNm
④ 1,568kNm

해설
전소성모멘트 계산
(1) 소성단면계수
$Z_x = \dfrac{BH^2 - bh^2}{4}$
$= \dfrac{300 \times 440^2 - (300-10) \times (440 - 20 \times 2)^2}{4}$
$= 2,920,000 mm^3$
(2) 소성모멘트
$M_p = F_y \times Z_x$
$M_p = 400 \times 2,920,000 \times 10^{-6} = 1,168 kNm$

47
양단 힌지인 길이 6m의 H-300×300×10×15의 기둥이 약축방향으로 부재 중앙이 가새로 지지되어 있을 때 이 부재의 세장비는?
(단, 단면2차반경 $r_x = 13.1cm$, $r_y = 7.51cm$)

① 40.0
② 45.8
③ 58.2
④ 66.3

해설
세장비 계산
(1) 유효좌굴길이
- $KL_x = 1.0 \times 600 = 600 cm$
- $KL_y = 1.0 \times 300 = 300 cm$
(2) 세장비
- x축에 대한 세장비 $= \dfrac{KL_x}{r_x} = \dfrac{600}{13.1} = 45.8$
- y축에 대한 세장비 $= \dfrac{KL_y}{r_y} = \dfrac{300}{7.51} = 39.9$
∴ 세장비 = 큰 값 45.8

48
그림과 같은 구조물의 부정정차수는?

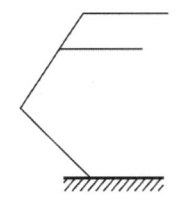

① 불안정
② 1차 부정정
③ 3차 부정정
④ 정정

해설
부정정차수 계산
$n = r + m + k - 2j$
반력수 $r = 3$, 부재수 $m = 5$, 강절점수 $k = 4$
절점수 $j = 6$이므로
$n = 3 + 5 + 4 - 2 \times 6 = 0$(정정)

49
등분포하중을 받는 그림과 같은 3회전단 아치에서 C점의 전단력을 구하면?

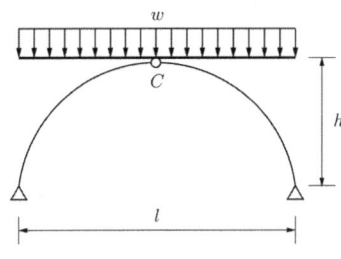

① 0
② $\dfrac{wL}{2}$
③ $\dfrac{wL}{4}$
④ $\dfrac{wL}{8}$

해설
아치 해석
구조물과 하중이 완전 좌우대칭이므로 중앙점의 전단력은 0이다.

50
그림과 같은 연속보에 있어 절점 B의 회전을 저지시키기 위해 필요한 모멘트의 절대값은?

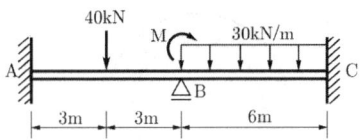

① 30kNm
② 60kNm
③ 90kNm
④ 120kNm

해설
부정정구조물의 재단모멘트

- B단의 좌측 : $\dfrac{PL}{8} = \dfrac{40 \times 6}{8} = 30\text{kNm}$
- B단의 우측 : $\dfrac{wL^2}{12} = \dfrac{30 \times 6^2}{12} = 90\text{kNm}$

∴ 좌우의 차이인 60kNm만큼이 필요함

51
독립기초(자중포함)가 축방향력 650kN, 휨모멘트 130kNm를 받을 때 기초 저면의 편심거리는?

① 0.2m
② 0.3m
③ 0.4m
④ 0.6m

해설
편심거리 계산
휨모멘트 = 축방향력 × 편심거리의 공식에서
편심거리 = 휨모멘트 / 축방향력
$= \dfrac{130\text{kNm}}{650\text{kN}} = 0.2\text{m}$

52
다음 그림과 같은 중공형 단면에 대한 단면2차반경 r_x 는?

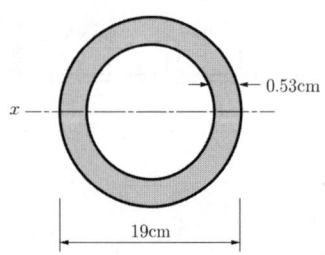

① 3.21cm ② 4.62cm
③ 6.53cm ④ 7.34cm

해설

단면2차반경 계산

$$r = \sqrt{\frac{I}{A}} = \sqrt{\frac{\frac{\pi \times (D^4 - d^4)}{64}}{\frac{\pi \times (D^2 - d^2)}{4}}}$$

$$= \sqrt{\frac{\frac{\pi \times [19^4 - (19 - 0.53 \times 2)^4]}{64}}{\frac{\pi \times [19^2 - (19 - 0.53 \times 2)^2]}{4}}}$$

$$= 6.53 \text{cm}$$

53
아래 그림과 같은 단순보의 중앙점에서 보의 최대 처짐은? (단, 부재의 EI는 일정하다)

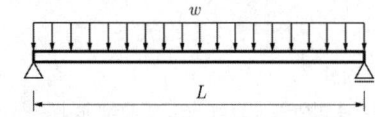

① $\dfrac{wL^3}{24EI}$ ② $\dfrac{wL^3}{48EI}$
③ $\dfrac{wL^4}{384EI}$ ④ $\dfrac{5wL^4}{384EI}$

해설

단순보의 최대 처짐
- 등분포하중 작용 시 : $\dfrac{5wL^4}{384EI}$
- 중앙에 집중하중 작용 시 : $\dfrac{PL^3}{48EI}$

54
지진하중 설계 시 밑면 전단력과 관계없는 것은?
① 유효 건물 중량 ② 중요도계수
③ 지반증폭계수 ④ 가스트계수

해설

④ 가스트계수는 풍하중 산정과 관련 있음

55
철근콘크리트구조물의 내구성 설계에 관한 설명으로 옳지 않은 것은?
① 설계기준강도가 35MPa을 초과하는 콘크리트는 동해저항 콘크리트에 대한 전체 공기량 기준에서 1% 감소시킬 수 있다.
② 동해저항 콘크리트에 대한 전체 공기량 기준에서 굵은 골재의 최대치수가 25mm인 경우 심한 노출에서의 공기량 기준은 6.0%이다.
③ 바닷물에 노출된 콘크리트의 철근 부식방지를 위한 보통골재콘크리트의 최대 물결합재비는 40%이다.
④ 철근의 부식방지를 위하여 굳지 않은 콘크리트의 전체 염소이온량은 원칙적으로 0.9kg/m³ 이하로 하여야 한다.

해설

④ 철근의 부식방지를 위하여 굳지 않은 콘크리트의 전체 염소이온량은 원칙적으로 0.3kg/m³ 이하로 하여야 한다.

56
다음 그림의 필릿용접부의 유효목두께는?

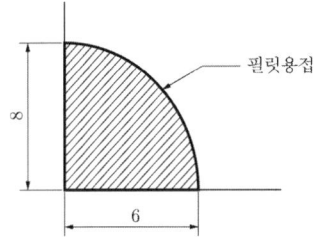

① 4.0mm ② 4.2mm
③ 4.8mm ④ 5.6mm

해설

필릿용접의 유효목두께 계산

필릿용접에서 유효목두께 계산 시 두께가 <u>두꺼운 쪽을 기준</u>으로 한다.
∴ 유효목두께 $a = 0.7S = 0.7 \times 8 = 5.6$mm

57
강도설계법에서 D22 압축이형철근의 기본정착길이 l_{db}는? (단, 경량콘크리트계수 $\lambda = 1.0$, $f_{ck} = 27$MPa, $f_y = 400$MPa)

① 200.5mm ② 378.4mm
③ 423.4mm ④ 604.6mm

해설

압축철근의 기본정착길이 계산

$l_{db} = \dfrac{0.25 d_b f_y}{\lambda \sqrt{f_{ck}}} \geq 0.043 d_b f_y$ 에서

(1) $l_{db} = \dfrac{0.25 d_b f_y}{\lambda \sqrt{f_{ck}}} = \dfrac{0.25 \times 22 \times 400}{1 \times \sqrt{27}} = 423.4$mm

(2) $l_{db} = 0.043 d_b f_y = 0.043 \times 22 \times 400 = 378.4$mm

∴ 이 중 <u>큰 값</u>이므로 423.4mm

58
다음 그림과 같은 단면의 크기가 500mm×500mm인 띠철근 기둥이 저항할 수 있는 최대 설계축하중 ϕP_n은? (단, $f_y = 400$MPa, $f_{ck} = 27$MPa)

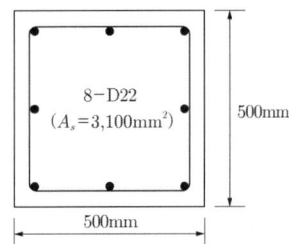

① 3,591kN ② 3,972kN
③ 4,170kN ④ 4,275kN

해설

기둥의 설계축하중 산정

$\phi P_{n(\max)} = 0.80 \phi [0.85 f_{ck}(A_g - A_{st}) + f_y A_{st}]$
$= 0.80 \times 0.65 \times [0.85 \times 27 \times (500 \times 500 - 3,100)$
$\quad + 400 \times 3,100] \times 10^{-3}$
$= 3,591.3$kN

59
보의 유효깊이 $d = 550$mm, 보의 폭 $b_w = 300$mm인 보에서 스터럽이 부담할 전단력 $V_s = 200$kN일 경우, 수직 스터럽의 간격으로 가장 타당한 것은? (단, $A_v = 142$mm^2, $f_{yt} = 400$MPa, $f_{ck} = 24$MPa)

① 120mm ② 150mm
③ 180mm ④ 200mm

해설

수직 스터럽의 간격 계산

$s = \dfrac{A_v \cdot f_{yt} \cdot d}{V_s} = \dfrac{142 \times 400 \times 550}{200 \times 1,000} = 156.2$mm

따라서 <u>156mm보다 작으면서 가장 가깝게 배근한 150mm</u>가 정답이 된다. 120mm도 구조적으로는 안전하지만 지나치게 철근이 많이 소요되어 재료비의 낭비가 됨

정답 56.④ 57.③ 58.① 59.②

60
연약지반에서 부동침하를 줄이기 위한 가장 효과적인 기초의 종류는?

① 독립기초 ② 복합기초
③ 연속기초 ④ 온통기초

해설
④ 온통기초는 부동침하를 방지하기 위한 가장 효과적인 방법이지만 건설비가 많이 소요된다.

제4과목 · 건축설비

61
고속덕트에 관한 설명으로 옳지 않은 것은?

① 원형덕트의 사용이 불가능하다.
② 동일한 풍량을 송풍할 경우 저속덕트에 비해 송풍기 동력이 많이 든다.
③ 공장이나 창고 등과 같이 소음이 별로 문제가 되지 않는 곳에 사용된다.
④ 동일한 풍량을 송풍할 경우 저속덕트에 비해 덕트의 단면치수가 작아도 된다.

해설
고속덕트의 형상별 특성
- 장방형 덕트 : 저속용
- 원형 덕트 : 고속용

62
통기관의 설치 목적으로 옳지 않은 것은?

① 트랩의 봉수를 보호한다.
② 오수와 잡배수가 서로 혼합되지 않게 한다.
③ 배수계통 내의 배수 및 공기의 흐름을 원활히 한다.
④ 배수관 내에 환기를 도모하여 관 내를 청결하게 유지한다.

해설
배수통기관의 설치 목적
- 트랩의 봉수 보호
- 배수의 원활한 흐름
- 배수관 계통의 환기

63
간접가열식 급탕설비에 관한 설명으로 옳지 않은 것은?

① 대규모 급탕설비에 적당하다.
② 비교적 안정된 급탕을 할 수 있다.
③ 보일러 내면에 스케일이 많이 생긴다.
④ 가열 보일러는 난방용 보일러와 겸용할 수 있다.

해설
③ 직접가열식에 비해 보일러 내면에 스케일이 발생할 염려가 적다.

64
도시가스에서 중압의 가스압력은? (단, 액화가스가 기화되고 다른 물질과 혼합되지 아니한 경우 제외)

① 0.05MPa 이상, 0.1MPa 미만
② 0.01MPa 이상, 0.1MPa 미만
③ 0.1MPa 이상, 1MPa 미만
④ 1MPa 이상, 10MPa 미만

해설
도시가스의 공급 압력
- 저압 : 0.1MPa 미만
- 중압 : 0.1 이상 ~ 1MPa 미만
- 고압 : 1MPa 이상

정답 60.④ 61.① 62.② 63.③ 64.③

65
가로, 세로, 높이가 각각 4.5×4.5×3m인 실의 각 벽면 표면온도가 18℃, 천장면이 20℃, 바닥면이 30℃일 때 평균복사온도(MRT)는?

① 15.2℃   ② 18.0℃
③ 21.0℃   ④ 27.2℃

해설

평균복사온도(MRT) 계산

$$MRT = \frac{A_1 T_1 + A_2 T_2 + A_3 T_3 + \cdots}{A_1 + A_2 + A_3 + \cdots}$$

$$= \frac{(4.5 \times 3 \times 4 \times 18) + (4.5 \times 4.5 \times 20) + (4.5 \times 4.5 \times 30)}{(4.5 \times 3 \times 4) + (4.5 \times 4.5) + (4.5 \times 4.5)}$$

$$= 21.0℃$$

66
전기설비가 어느 정도 유효하게 사용되는가를 나타내며, 다음과 같은 식으로 산정되는 것은?

$$\frac{부하의\ 평균전력}{최대\ 수용전력} \times 100[\%]$$

① 역률   ② 부등률
③ 부하율   ④ 수용률

해설

전기설비의 효율

- 부하율 = $\frac{부하의\ 평균전력}{최대\ 수용전력}$
- 수용률 = $\frac{최대사용전력}{수용설비용량}$
- 부등률 = $\frac{각\ 부하의\ 최대수용전력의\ 합계}{최대사용(수용)전력}$

67
냉방부하 계산 결과 현열부하가 620W, 잠열부하가 155W일 경우, 현열비는?

① 0.2   ② 0.25
③ 0.4   ④ 0.8

해설

현열비 계산

$$현열비 = \frac{현열}{현열 + 잠열}$$

$$= \frac{620}{(620 + 155)} = 0.8$$

68
승객 스스로 운전하는 전자동 엘리베이터로 카 버튼이나 승강장의 호출신호로 가동, 정지를 이루는 엘리베이터 조작방식은?

① 승합전자동방식
② 카 스위치 방식
③ 시그널 컨트럴 방식
④ 레코드 컨트럴 방식

해설

① 승합전자동방식에 대한 설명

69
다음 중 그 값이 클수록 안전한 것은?

① 접지저항   ② 도체저항
③ 접촉저항   ④ 절연저항

해설

절연저항의 특성
절연체에 전압을 가했을 때 나타나는 전기저항을 의미하며, 절연저항의 값은 클수록 안전하다.

70
스프링클러설비 설치장소가 아파트인 경우, 스프링클러헤드의 기준 개수는? (단, 폐쇄형 스프링클러헤드를 사용하는 경우)

① 10개   ② 20개
③ 30개   ④ 40개

정답 65.③ 66.③ 67.④ 68.① 69.④ 70.①

해설
스프링클러 헤드 기준 개수
아파트의 경우, 폐쇄형 스프링클러 헤드의 기준 개수는 <u>10개</u>이다.

71
수관식 보일러에 관한 설명으로 옳지 않은 것은?
① 사용압력이 연관식보다 낮다.
② 설치면적이 연관식보다 넓다.
③ 부하변동에 대한 추종성이 높다.
④ 대형건물과 같이 고압증기를 다량 사용하는 곳이나 지역난방 등에 사용된다.

해설
수관보일러
- 지역난방에 사용이 가능함
- 예열시간이 짧고 효율이 좋음
- 부하변동에 대한 추종성이 높음
- <u>사용압력이 높고</u> 설치면적이 넓음
- 보일러 상부와 하부에 드럼이 있음
- 고압증기를 다량 사용하는 곳에 적합

72
음의 대소를 나타내는 감각량을 음의 크기라고 하는데, 음의 크기의 단위는?
① dB   ② cd
③ Hz   ④ sone

해설
④ sone에 대한 정의

73
온수난방에 관한 설명으로 옳지 않은 것은?
① 증기난방에 비해 보일러의 취급이 비교적 쉽고 안전하다.
② 동일 방열량인 경우 증기난방보다 관지름을 작게 할 수 있다.
③ 증기난방에 비해 난방부하의 변동에 따른 온도 조절이 용이하다.
④ 보일러 정지 후에도 여열이 남아 있어 실내 난방이 어느 정도 지속된다.

해설
② 동일 방열량인 경우 온수난방의 <u>관지름을 크게 해야 한다</u>. 증기난방의 경우 관지름을 온수난방보다 작게 할 수 있다.

74
간접조명기구에 관한 설명으로 옳지 않은 것은?
① 직사 눈부심이 없다.
② 매우 넓은 면적이 광원으로서의 역할을 한다.
③ 일반적으로 발산광속 중 상향광속이 90~100[%] 정도이다.
④ 천장, 벽면 등은 빛이 잘 흡수되는 색과 재료를 사용하여야 한다.

해설
④ 천장, 벽면 등은 빛이 잘 <u>반사</u>되는 색과 재료를 사용하여야 한다. 간접조명의 경우 직접조명보다 조도가 낮기 때문에 잘 반사되는 색과 재료를 사용하여 부족한 조도를 보충해야 한다.

75
전기설비에서 다음과 같이 정의되는 것은?

> 전면이나 후면 또는 양면에 개폐기, 과전류 차단장치 및 기타 보호장치, 모선 및 계측기 등이 부착되어 있는 하나의 대형 패널 또는 여러 개의 패널, 프레임 또는 패널 조립품으로서, 전면과 후면에서 접근할 수 있는 것

① 캐비닛   ② 차단기
③ 배전반   ④ 분전반

해설
③ 배전반에 대한 설명

정답 71.① 72.④ 73.② 74.④ 75.③

76
공조시스템의 전열교환기에 관한 설명으로 옳지 않은 것은?

① 공기 대 공기의 열교환기로서 현열만 교환이 가능하다.
② 공조기는 물론 보일러나 냉동기의 용량을 줄일 수 있다.
③ 공기방식의 중아공조시스템이나 공장 등에서 환기에서의 에너지 회수방식으로 사용된다.
④ 전열교환기를 사용한 공조시스템에서 중간기(봄, 가을)를 제외한 냉방기와 난방기의 열 회수량은 실내·외의 온도차가 클수록 많다.

해설
① 열교환기는 잠열의 교환도 가능하다.

77
다음 중 수격작용의 발생 원인과 가장 거리가 먼 것은?

① 밸브의 급폐쇄
② 감압밸브의 설치
③ 배관방법의 불량
④ 수도본관의 고수압(高水壓)

해설
② 감압밸브의 설치는 수격작용의 발생 원인이 아닌 방지대책이 됨

78
전압이 1[V]일 때 1[A]의 전류가 1[s]동안 하는 일을 나타내는 것은?

① 1[Ω]   ② 1[J]
③ 1[dB]   ④ 1[W]

해설
와트(W)의 정의
1W란 전압이 1V일 때 1A의 전류가 1s 동안에 하는 일을 말한다.

79
수도직결방식의 급수방식에서 수도 본관으로부터 8m 높이에 위치한 기구의 소요압이 70kPa이고 배관의 마찰손실이 20kPa인 경우, 이 기구에 급수하기 위해 필요한 수도본관의 최소 압력은?

① 약 90kPa   ② 약 98kPa
③ 약 170kPa   ④ 약 210kPa

해설
수도 본관의 압력식
$P \geq P_1 + P_2 + 10h \text{(kPa)}$
$= 70 + 20 + (8 \times 10) = 170 \text{kPa}$
여기서, $P(\text{kPa}) = 10h(\text{m})$

80
겨울철 주택의 단열 및 결로에 관한 설명으로 옳지 않은 것은?

① 단층 유리보다 복층 유리의 사용이 단열에 유리하다.
② 벽체내부로 수증기 침입을 억제할 경우 내부결로 방지에 효과적이다.
③ 단열이 잘 된 벽체에서는 내부결로는 발생하지 않으나 표면결로는 발생하기 쉽다.
④ 실내측 벽 표면온도가 실내공기의 노점온도보다 높은 경우 표면결로는 발생하지 않는다.

해설
③ 단열이 잘 된 벽체에서는 열손실이 거의 없기 때문에 내부결로와 표면결로가 모두 발생하지 않는다.

제5과목 ■ 건축관계법규

81
다음 중 건축법이 적용되는 건축물은?

① 역사(驛舍)
② 고속도로 통행료 징수시설
③ 철도의 선로 부지에 있는 플랫폼
④ 「문화재보호법」에 따른 가지정(假指定) 문화재

해설

건축법을 적용하지 않는 건축물
- 「문화재보호법」에 따른 가지정 문화재
- 철도 또는 궤도의 선로부지 안에 있는 다음의 시설
  - 운전보안시설
  - 철도선로의 상하를 횡단하는 보행시설
  - 플랫홈
  - 철도 또는 궤도사업용 급수·급탄 및 급유시설
- 고속도로 통행료 징수시설
- 컨테이너를 이용한 간이창고
- 하천구역 내의 수문조작실

82
국토의 계획 및 이용에 관한 법령에 따른 도시·군관리계획의 내용에 속하지 않는 것은?

① 광역계획권의 장기발전방향에 관한 계획
② 도시개발사업이나 정비사업에 관한 계획
③ 기반시설의 설치·정비 또는 개량에 관한 계획
④ 용도지역·용도지구의 지정 또는 변경에 관한 계획

해설

도시·군관리계획의 내용
- 용도지역/용도지구의 지정 또는 변경에 관한 계획
- 개발제한구역의 지정 또는 변경에 관한 계획
- 기반시설의 설치·정비 또는 개량에 관한 계획
- 도시개발사업 또는 정비사업에 관한 계획
  ① 광역계획권의 장기발전방향에 관한 계획은 <u>광역도시계획의 내용임</u>

83
다음 중 아파트를 건축할 수 없는 용도지역은?

① 준주거지역
② 제1종 일반주거지역
③ 제2종 전용주거지역
④ 제3종 일반주거지역

해설

제1종 일반주거지역안에서 건축할 수 있는 건축물
- 단독주택, 노유자시설
- 공동주택(아파트 제외)
- 제1종 근린생활시설
- 유치원·초등학교·중학교 및 고등학교

84
주차장의 수급 실태조사에 관한 설명으로 옳지 않은 것은?

① 실태조사의 주기는 5년으로 한다.
② 조사구역은 사각형 또는 삼각형 형태로 설정한다.
③ 조사구역 바깥 경계선의 최대거리가 300m를 넘지 않도록 한다.
④ 각 조사구역은 「건축법」에 따른 도로를 경계로 구분한다.

해설

① 실태조사의 주기는 <u>3년</u>으로 한다.

85
한 방에서 층의 높이가 다른 부분이 있는 경우 층고 산정방법으로 옳은 것은?

① 가장 낮은 높이로 한다.
② 가장 높은 높이로 한다.
③ 각 부분 높이에 따른 면적에 따라 가중평균한 높이로 한다.
④ 가장 낮은 높이와 가장 높은 높이의 산술평균한 높이로 한다.

정답 81.① 82.① 83.② 84.① 85.③

해설
높이가 다른 부분이 있는 경우의 층고
③ 반자와 층고 모두 각 부분 높이에 따른 면적에 따라 가중평균한 높이로 한다.

86
다음 설명에 알맞은 용도지구의 세분은?

> 산지·구릉지 등 자연경관을 보호하거나 유지하기 위하여 필요한 지구

① 자연경관지구
② 자연방재지구
③ 특화경관지구
④ 생태계보호지구

해설
① 자연경관지구에 대한 설명
(핵심단어 : 자연경관 보호)

87
다음과 같은 경우 연면적 1,000m²인 건축물의 대지에 확보하여야 하는 전기설비 설치공간의 면적기준은?

> ⊙ 수전전압 : 저압
> ⓒ 전력수전 용량 : 200kW

① 가로 2.5m, 세로 2.8m
② 가로 2.5m, 세로 4.6m
③ 가로 2.8m, 세로 2.8m
④ 가로 2.8m, 세로 4.6m

해설
전기설비 설치공간의 면적기준

특고압, 고압	100kW 이상	가로 2.8m, 세로 2.8m
저압	75kW 이상 150kW 미만	가로 2.5m, 세로 2.8m
	150kW 이상 200kW 미만	가로 2.8m, 세로 2.8m
	200kW 이상 300kW 미만	가로 2.8m, 세로 4.6m
	300kW 이상	가로 2.8m 이상, 세로 4.6m 이상

88
건축법 제61조 제2항에 따른 높이를 산정할 때, 공동주택을 다른 용도와 복합하여 건축하는 경우 건축물의 높이 산정을 위한 지표면 기준은?

> 건축법 제61조(일조 등의 확보를 위한 건축물의 높이 제한)
> ② 다음 각 호의 어느 하나에 해당하는 공동주택(일반상업지역과 중심상업지역에 건축하는 것은 제외한다)은 채광(採光) 등의 확보를 위하여 대통령령으로 정하는 높이 이하로 하여야 한다.
> 1. 인접 대지경계선 등의 방향으로 채광을 위한 창문 등을 두는 경우
> 2. 하나의 대지에 두 동(棟) 이상을 건축하는 경우

① 전면도로의 중심선
② 인접 대지의 지표면
③ 공동주택의 가장 낮은 부분
④ 다른 용도의 가장 낮은 부분

해설
공동주택을 다른 용도와 복합하여 건축할 때의 건축물의 높이 산정 기준
③ 공동주택의 가장 낮은 부분을 기준으로 함

89
다음 중 노외주차장의 출구 및 입구를 설치할 수 있는 장소는?

① 육교로부터 4m 거리에 있는 도로의 부분
② 지하횡단보도에서 10m 거리에 있는 도로의 부분
③ 초등학교 출입구로부터 15m 거리에 있는 도로의 부분
④ 장애인 복지시설 출입구로부터 15m 거리에 있는 도로의 부분

해설
노외주차장의 출/입구 설치 금지장소
- 종단기울기가 10%를 초과하는 도로
- 횡단보도(육교 포함)에서 5m 이내의 도로부분
- 유아원, 유치원, 초등학교, 특수학교, 노인복지시설, 장애인 복지시설 및 아동전용시설 등의 출입구로부터 20m 이내의 도로부분
- 너비 4m 미만인 도로(주차대수 200대 이상인 경우에는 너비 6m 미만의 도로)

90
건축물에 설치하는 지하층의 구조 및 설비에 관한 기준 내용으로 옳지 않은 것은?

① 거실의 바닥면적의 합계가 1,000m² 이상인 층에서는 환기설비를 설치할 것
② 거실의 바닥면적이 30m² 이상인 층에는 피난층으로 통하는 비상탈출구를 설치할 것
③ 지하층의 바닥면적이 300m² 이상인 층에는 식수 공급을 위한 급수전을 1개소 이상 설치할 것
④ 문화 및 집회시설 중 공연장의 용도에 쓰이는 층으로서 그 층의 거실의 바닥면적의 합계가 50m² 이상인 건축물에는 직통계단을 2개소 이상 설치할 것

해설
② 거실의 바닥면적이 50m² 이상인 층에는 피난층으로 통하는 비상탈출구를 설치할 것

91
다음 중 건축물의 대지에 공개공지 또는 공개공간을 확보하여야 하는 대상 건축물에 속하는 것은? (단, 일반주거지역의 경우)

① 업무시설로서 해당 용도로 쓰는 바닥면적의 합계가 3,000m² 이상인 건축물
② 숙박시설로서 해당 용도로 쓰는 바닥면적의 합계가 4,000m² 이상인 건축물
③ 종교시설로서 해당 용도로 쓰는 바닥면적의 합계가 5,000m² 이상인 건축물
④ 문화 및 집회시설로서 해당 용도로 쓰는 바닥면적의 합계가 4,000m² 이상인 건축물

해설
공개공지 또는 공개공간 확보대상 건축물

연면적의 합계	용도
5,000m²	• 문화 및 집회시설 · 판매시설 · 업무시설 • 숙박시설 · 종교시설 · 운수시설

92
다음 중 부설주차장 설치대상 시설물의 종류와 설치기준의 연결이 옳지 않은 것은?

① 골프장 – 1홀당 10대
② 숙박시설 – 시설면적 200m²당 1대
③ 위락시설 – 시설면적 150m²당 1대
④ 문화 및 집회시설 중 관람장 – 정원 100명당 1대

해설
시설물에 종류에 따른 부설주차장 설치기준
• 종교/판매시설–시설면적 150m²당 1대
• 위락시설–시설면적 100m²당 1대
• 골프장–1홀당 10대
• 숙박시설–시설면적 200m²당 1대
• 문화 및 집회시설(관람장 제외) : 시설면적 150m²당 1대
• 문화 및 집회시설 중 관람장 : 정원 100명당 1대

93
다음 중 건축에 속하지 않는 것은?

① 이전　　　② 증축
③ 개축　　　④ 대수선

해설
건축 : 신축, 증축, 개축, 재축, 이전

94
전용주거지역 또는 일반주거지역 안에서 높이 8m의 2층 건축물을 건축하는 경우, 건축물의 각 부분은 일조 등의 확보를 위하여 정북방향으로의 인접대지경계선으로부터 최소 얼마 이상 띄어 건축하여야 하는가?

① 1m　　　② 1.5m
③ 2m　　　④ 3m

해설
정북방향의 인접대지경계선으로부터 띄어야 하는 거리
• 높이 10m 이하 : 1.5m 이상
• 높이 10m 초과 : 당해 건축물 각 부분 높이의 1/2 이상

95
건축물의 내부에 설치하는 피난계단의 구조에 관한 기준 내용으로 옳지 않은 것은?
① 계단의 유효너비는 0.9m 이상으로 할 것
② 계단실의 실내에 접하는 부분의 마감은 불연재료로 할 것
③ 계단은 내화구조로 하고 피난층 또는 지상까지 직접 연결되도록 할 것
④ 건축물의 내부에서 계단실로 통하는 출입구의 유효너비는 0.9m 이상으로 할 것

해설

피난계단의 유효너비
옥외 피난계단의 유효너비는 0.9m 이상으로 하지만 옥내 피난계단의 유효너비는 제한 없음

96
다음은 공동주택의 환기설비에 관한 기준 내용이다. ( ) 안에 알맞은 것은?

> 신축 또는 리모델링하는 30세대 이상의 공동주택에는 시간당 ( ) 이상의 환기가 이루어질 수 있도록 자연환기설비 또는 기계환기설비를 설치하여야 한다.

① 0.5회　　② 1회
③ 1.5회　　④ 2회

해설

환기설비의 기준
신축 또는 리모델링하는 30세대 이상의 공동주택에는 시간당 0.5회 이상의 환기가 이루어질 수 있도록 자연환기설비 또는 기계환기설비를 설치하여야 한다.

97
다음 중 허가대상에 속하는 용도변경은?
① 숙박시설에서 의료시설로의 용도변경
② 판매시설에서 문화 및 집회시설로의 용도변경
③ 제1종 근린생활시설에서 업무시설로의 용도변경
④ 제1종 근린생활시설에서 공동주택으로의 용도변경

해설

허가대상 용도변경 순서
- 주거업무시설군 → 근린생활시설군 → 교육 및 복지시설군 → 영업시설군 → 문화집회시설군 → 전기통신시설군 → 산업 등의 시설군 → 자동차관련시설군
- 판매시설 : 영업시설군에 속함

98
국토의 계획 및 이용에 관한 법률상 다음과 같이 정의되는 것은?

> 도시·군계획 수립 대상지역의 일부에 대하여 토지이용을 합리화하고 그 기능을 증진시키며 미관을 개선하고 양호한 환경을 확보하며, 그 지역을 체계적·계획적으로 관리하기 위하여 수립하는 도시·군관리계획

① 광역도시계획
② 지구단위계획
③ 도시·군기본계획
④ 입지규제최소구역계획

해설

② 지구단위계획에 대한 정의

99
다음의 대규모 건축물의 방화벽에 관한 기준 내용 중 ( ) 안에 공통으로 들어갈 내용은?

> 연면적 ( ) 이상인 건축물은 방화벽으로 구획하되, 각 구획된 바닥면적의 합계는 ( ) 미만이어야 한다.

① 500m² ② 1,000m²
③ 1,500m² ④ 3,000m²

해설

방화벽의 구획 기준
연면적 1,000m² 이상인 건축물은 방화벽으로 구획하되, 각 구획된 바닥면적의 합계는 1,000m² 미만이어야 한다.

100
그림과 같은 대지의 도로 모퉁이 부분의 건축선으로서 도로경계선의 교차점에서의 거리 "A"로 옳은 것은?

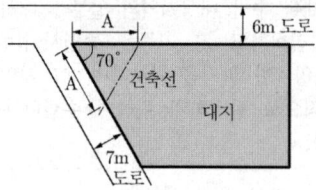

① 1m ② 2m
③ 3m ④ 4m

해설

도로의 모퉁이에 있는 건축선 지정

도로의 교차각	당해 도로의 너비		교차되는 도로의 너비
	6m 이상 8m 미만	4m 이상 6m 미만	
90° 미만	4	3	6m 이상 8m 미만
	3	2	4m 이상 6m 미만
90° 이상 120° 미만	3	2	6m 이상 8m 미만
	2	2	4m 이상 6m 미만

따라서 90° 미만의 교차도로 너비가 6m와 7m인 경우 각각 4m를 후퇴함

2019 제2회 건축기사

2019년 4월 27일 시행

제1과목 ▪ 건축계획

01
도서관의 출납시스템 중 폐가식에 관한 설명으로 옳지 않은 것은?
① 서고와 열람실이 분리되어 있다.
② 도서의 유지 관리가 좋아 책의 망실이 적다.
③ 대출절차가 간단하여 관원의 작업량이 적다.
④ 규모가 큰 도서관의 독립된 서고의 경우에 많이 채용된다.

해설
폐가식
③ 폐가식은 대출절차가 복잡하고 관원의 작업량이 많다.

02
다음 중 르 꼬르뷔제가 제시한 근대건축의 5원칙에 속하는 것은?
① 옥상정원   ② 유기적 건축
③ 노출 콘크리트   ④ 유니버설 스페이스

해설
르 꼬르뷔제의 근대건축의 5원칙
• 자유로운 평면
• 자유로운 입면
• 옥상정원
• 연속된 수평창
• 필로티

03
다음 중 전시공간의 융통성을 주요 건축개념으로 한 것은?
① 퐁피두 센터
② 루브르 박물관
③ 구겐하임 미술관
④ 슈투트가르트 미술관

해설
퐁피두 센터
• 설계 : 리차드 로저스, 렌조 피아노
• 전시공간의 융통성을 주요 건축개념으로 함

04
미술관 전시공간의 순회형식 중 갤러리 및 코리더 형식에 관한 설명으로 옳은 것은?
① 복도의 일부를 전시장으로 사용할 수 있다.
② 전시실 중 하나의 실을 폐쇄하면 동선이 단절된다는 단점이 있다.
③ 중앙에 커다란 홀을 계획하고 그 홀에 접하여 전시실을 배치한 형식이다.
④ 이 형식을 채용한 대표적인 건축물로는 뉴욕 근대미술관과 프랭크 로이드 라이트의 구겐하임 미술관이 있다.

해설
② 연속순로형식에 대한 설명
③, ④ 중앙홀 형식에 대한 설명

정답 01.③ 02.① 03.① 04.①

05
다음 중 구조코어로서 가장 바람직한 코어형식으로, 바닥면적이 큰 고층, 초고층사무소에 적합한 것은?

① 중심코어형 ② 편심코어형
③ 독립코어형 ④ 양단코어형

해설
중심코어형
- 고층, 초고층, 내진구조에 적합
- 임대사무소에서 가장 바람직(가장 경제적)

06
아파트의 평면형식에 관한 설명으로 옳지 않은 것은?

① 중복도형은 부지의 이용률이 적다.
② 홀형(계단실형)은 독립성(privacy)이 우수하다.
③ 집중형은 복도부분의 자연환기, 채광이 극히 나쁘다.
④ 편복도형은 복도를 외기에 터놓으면 통풍, 채광이 중복도형보다 양호하다.

해설
① 중복도형은 부지의 이용률이 높다(많다).

07
상점의 판매방식에 관한 설명으로 옳지 않은 것은?

① 측면판매방식은 직원 동선의 이동성이 많다.
② 대면판매방식은 측면판매방식에 비해 상품 진열면적이 넓어진다.
③ 측면판매방식은 고객이 직접 진열된 상품을 접촉할 수 있는 관계로 선택이 용이하다.
④ 대면판매방식은 쇼케이스를 중심으로 판매원이 고정된 자리나 위치를 확보하는 것이 용이하다.

해설
대면판매
② 측면판매에 비해 상품 진열면적 감소됨

08
사무소 건축의 실단위 계획에 관한 설명으로 옳지 않은 것은?

① 개실 시스템은 독립성과 쾌적감의 이점이 있다.
② 개방식 배치는 전면적을 유용하게 사용할 수 있다.
③ 개방식 배치는 개실 시스템보다 공사비가 저렴하다.
④ 오피스 랜드스케이프(Office Landscape)는 개실 시스템을 위한 실단위 계획이다.

해설
④ 오피스 랜드스케이프는 개방식 시스템을 위한 실단위계획이다.

09
주택단지 내 도로의 형태 중 쿨데삭(cul-de-sac)형에 관한 설명으로 옳지 않은 것은?

① 통과교통이 방지된다.
② 우회도로가 없기 때문에 방재·방범상으로는 불리하다.
③ 주거환경의 쾌적성과 안전성 확보가 용이하다.
④ 대규모 주택 단지에 주로 사용되며, 도로의 최대 길이는 1km 이하로 한다.

해설
④ 쿨데삭의 최대길이는 300m 이하, 적정길이는 120~300m

10
학교의 배치형식 중 분산병렬형에 관한 설명으로 옳지 않은 것은?

① 일종의 핑거 플랜이다.
② 구조계획이 간단하고 시공이 용이하다.
③ 부지의 크기에 상관없이 적용이 용이하다.
④ 일조·통풍 등 교실의 환경조건을 균등하게 할 수 있다.

해설
③ 분산병렬형은 <u>부지가 클 경우</u> 적용할 수 있는 배치 형식임

11
상점의 매장 및 정면 구성에서 요구되는 AIDMA 법칙의 내용으로 옳지 않은 것은?
① Memory ② Interest
③ Attention ④ Attraction

해설
①, ②, ③ 외에 Desire, Action 등이 있음

12
테라스 하우스에 관한 설명으로 옳지 않은 것은?
① 경사가 심할수록 밀도가 높아진다.
② 각 세대의 깊이는 7.5m 이상으로 하여야 한다.
③ 평지보다 더 많은 인구수를 수용할 수 있어 경제적이다.
④ 시각적인 인공테라스형은 위층으로 갈수록 건물의 내부면적이 작아지는 형태이다.

해설
② 각 세대의 깊이는 <u>6~7.5m 정도</u>로 하여야 한다(이유 : 후문에 창문이 없음).

13
극장 건축에서 무대의 제일 뒤에 설치되는 무대 배경용의 벽을 의미하는 것은?
① 사이클로라마 ② 플라이 로프트
③ 플라이 갤러리 ④ 그리드 아이언

해설
① 사이클로라마에 대한 설명

14
다음의 호텔 중 연면적에 대한 숙박면적의 비가 일반적으로 가장 큰 것은?
① 커머셜 호텔 ② 클럽 하우스
③ 리조트 호텔 ④ 아파트먼트 호텔

해설
호텔의 숙박면적비 : 커머셜 > 레지덴셜 > 리조트 > 아파트먼트

15
다음 중 건축가와 작품의 연결이 옳지 않은 것은?
① 르 꼬르뷔지에 – 사보이 주택
② 오스카 니마이머 – 브라질 국회의사당
③ 미스 반 데어 로에 – 뉴욕 레버하우스
④ 프랭크 로이드 라이트 – 뉴욕 구겐하임 미술관

해설
- <u>레버하우스 : 고든 번셰프트, 나탈리 블로이스</u>
- 시그램빌딩 : 미스 반 데어 로에

16
주택의 부엌 계획에 관한 설명으로 옳지 않은 것은?
① 일사가 긴 서쪽은 음식물이 부패하기 쉬우므로 피하도록 한다.
② 작업 삼각형은 냉장고와 개수대 그리고 배선대를 잇는 삼각형이다.
③ 부엌가구의 배치유형 중 ㄱ자형은 부엌과 식당을 겸할 경우 많이 활용되는 형식이다.
④ 부엌가구의 배치유형 중 일렬형은 면적이 좁은 경우 이용에 효과적이므로 소규모 부엌에 주로 활용된다.

해설
② 작업삼각형은 <u>냉장고와 개수대 그리고 가열대(레인지)</u>를 잇는 삼각형이다.

정답 11.④ 12.② 13.① 14.① 15.③ 16.②

17
종합병원계획에 관한 설명으로 옳지 않은 것은?
① 수술부는 타 부분의 통과교통이 없는 장소에 배치한다.
② 수술실의 바닥은 전기도체성 마감을 사용하는 것이 좋다.
③ 간호사 대기실은 각 간호단위 또는 층별, 동별로 설치한다.
④ 평면계획 시 모듈을 적용하여 각 병실을 모두 동일한 크기로 하는 것이 좋다.

해설
④ 1인실과 다인실로 구분하여 병동부를 계획하므로 병실의 크기는 다를 수 있다.

18
공장 건축계획에 관한 설명으로 옳지 않은 것은?
① 기능식 레이아웃은 소종다량생산이나 표준화가 쉬운 경우에 주로 적용된다.
② 공장의 지붕형식 중 톱날지붕은 균일한 조도를 얻을 수 있다는 장점이 있다.
③ 평면계획 시 관리부분과 생산공정부분을 구분하고 동선이 혼란되지 않게 한다.
④ 공장건축의 형식에서 집중식(Block Type)은 건축비가 저렴하고, 공간효율도 좋다.

해설
공정중심 레이아웃
- 기능식 레이아웃이라고도 함
- 다품종 소량생산이나 표준화가 어려운 경우에 적용

19
척도 조정(MC)에 관한 설명으로 옳지 않은 것은?
① 설계작업이 단순해지고 간편해진다.
② 현장작업이 단순해지고 공기가 단축된다.
③ 건축물 형태의 다양성 및 창조성 확보가 용이하다.
④ 구성재의 상호조합에 의한 호환성을 확보할 수 있다.

해설
③ 건축물이 단순하여 형태의 다양성 및 창조성 확보가 어렵다.

20
봉정사 극락전에 관한 설명으로 옳지 않은 것은?
① 지붕은 팔작지붕의 형태를 띠고 있다.
② 공포를 주상에만 짜놓은 주심포 양식의 건축물이다.
③ 우리나라에 현존하는 목조 건축물 중 가장 오래된 것이다.
④ 정면 3칸에 측면 4칸의 규모이며 서남향으로 배치되어 있다.

해설
① 봉정사 극락전은 맞배지붕의 형태를 띠고 있다.

제2과목 ■ 건축시공

21
금속 커튼월의 Mock Up Test에 있어 기본성능시험의 항목에 해당되지 않는 것은?
① 정압수밀시험   ② 방재시험
③ 구조시험   ④ 기밀시험

해설
실물 모형시험(mock up test)의 성능시험항목
- 기밀시험
- 정압수밀시험
- 동압수밀시험
- 구조시험

정답 17.④ 18.① 19.③ 20.① 21.②

22

표준시방서에 따른 시스템비계에 관한 기준으로 옳지 않은 것은?

① 수직재와 수직재의 연결은 전용의 연결조인트를 사용하여 견고하게 연결하고, 연결 부위가 탈락 또는 꺾어지지 않도록 하여야 한다.
② 수평재는 수직재에 연결핀 등의 결합방법에 의해 견고하게 결합되어 흔들리거나 이탈되지 않도록 하여야 한다.
③ 대각으로 설치하는 가새는 비계의 외면으로 수평면에 대해 40~60° 방향으로 설치하며 수평재 및 수직재에 결속한다.
④ 시스템 비계 최하부에 설치하는 수직재는 받침 철물의 조절너트와 밀착되도록 설치하여야 하며, 수직과 수평을 유지하여야 한다. 이때, 수직재와 받침 철물의 겹침길이는 받침 철물 전체길이의 5분의 1 이상이 되도록 하여야 한다.

해설
④ 시스템 비계 최하부에 설치하는 수직재는 받침 철물의 조절너트와 밀착되도록 설치하여야 하며, 수직과 수평을 유지하여야 한다. 이때, 수직재와 받침 철물의 겹침길이는 받침 철물 전체길이의 <u>3분의 1 이상</u>이 되도록 하여야 한다.

23

다음 중 열가소성수지에 해당하는 것은?

① 페놀수지   ② 염화비닐수지
③ 요소수지   ④ 멜라민수지

해설
열가소성 수지의 종류
염화비닐수지, 폴리스티렌수지, 폴리에틸렌수지, 아크릴수지, 아미드수지 등

24

콘크리트 균열의 발생 시기에 따라 구분할 때 콘크리트의 경화 전 균열의 원인이 아닌 것은?

① 크리프 수축   ② 거푸집의 변형
③ 침하   ④ 소성수축

해설
경화 전 균열의 원인
<u>거푸집의 변형</u>이나 진동, 충격으로 인하여 균열, 또는 <u>소성수축과 침하</u>가 원인이 됨

25

프리스트레스트 콘크리트(prestressed concrete)에 관한 설명으로 옳지 않은 것은?

① 포스트텐션(post-tension) 공법은 콘크리트의 강도가 발현된 후에 프리스트레스를 도입하는 현장형 공법이다.
② 구조물의 자중을 경감할 수 있으며, 부재단면을 줄일 수 있다.
③ 화재에 강하며, 내화피복이 불필요하다.
④ 고강도이면서 수축 또는 크리프 등의 변형이 적은 균일한 품질의 콘크리트가 요구된다.

해설
③ 프리스트레스트 콘크리트는 내화피복이 필요하지는 않지만, 항상 고응력이 가해진 상태이므로 <u>화재에 약한 특징</u>이 있음

26

고강도 콘크리트의 배합에 대한 기준으로 옳지 않은 것은?

① 단위수량은 소요의 워커빌리티를 얻을 수 있는 범위 내에서 가능한 작게 하여야 한다.
② 잔골재율은 소요의 워커빌리티를 얻도록 시험에 의하여 결정하여야 하며, 가능한 작게 하도록 한다.
③ 고성능 감수제의 단위량은 소요강도 및 작업에 적합한 워커빌리티를 얻도록 시험에 의해서 결정하여야 한다.
④ 기상의 변화 등에 관계없이 공기연행제를 사용하는 것을 원칙으로 한다.

해설
④ 기상의 변화가 심하거나 동결융해에 대한 대책이 필요한 경우를 제외하고는 <u>공기연행제를 사용하지 않는 것을 원칙</u>으로 한다.

정답 22.④ 23.② 24.① 25.③ 26.④

27
철골공사의 접합에 관한 설명으로 옳지 않은 것은?
① 고력볼트접합의 종류에는 마찰접합, 지압접합이 있다.
② 녹막이도장은 작업장소 주위의 기온이 5℃ 미만이거나 상대습도가 85%를 초과할 때는 작업을 중지한다.
③ 철골이 콘크리트에 묻히는 부분은 특히 녹막이칠을 잘해야 한다.
④ 용접 접합에 대한 비파괴시험이 종류에는 자분탐상시험, 초음파탐상시험 등이 있다.

해설
철골공사의 녹막이칠 금지부분
- 콘크리트에 매입되는 부분
- 조립에 의하여 맞닿는 면
- 현장 용접하는 부분(용접부에서 100mm 이내)
- 고장력 볼트 마찰 접합부의 마찰면

28
건설현장에서 공사감리자로 근무하고 있는 A씨가 하는 업무로 옳지 않은 것은?
① 상세시공도면의 작성
② 공사시공자가 사용하는 건축자재가 관계법령에 의한 기준에 적합한 건축자재인지 여부의 확인
③ 공사현장에서의 안전관리지도
④ 품질시험의 실시여부 및 시험성과의 검토, 확인

해설
① 상세시공도면의 작성이 아닌 검토·확인이 공사감리자의 업무내용

29
다음 중 가설비용의 종류로 볼 수 없는 것은?
① 가설건물비   ② 바탕처리비
③ 동력, 전등설비 ④ 용수설비

해설
가설공사비(공통가설비) 종류
울타리, 가설건물비, 가설전기(동력, 전등설비), 가설용수, 등의 비용이 해당됨
바탕처리비는 도장공사 비용에 해당됨

30
다음과 같은 철근 콘크리트조 건축물에서 외줄 비계 면적으로 옳은 것은? (단, 비계 높이는 건축물의 높이로 함)

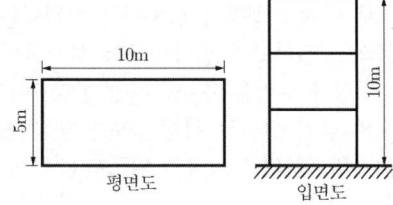

① $300m^2$ ② $336m^2$
③ $372m^2$ ④ $400m^2$

해설
외줄, 겹비계 면적 산정
$H \times (\Sigma L + 8 \times 0.45)$
$10 \times [(5+10) \times 2 + (8 \times 0.45)] = 336m^2$

31
보통 콘크리트용 부순 골재의 원석으로서 가장 적합하지 않은 것은?
① 현무암   ② 응회암
③ 안산암   ④ 화강암

해설
부순 골재의 원석
현무암, 안산암, 화강암
② 응회암의 경우 강도가 약해 부순 골재로 사용하기에 부적합

32

조적식 구조의 기초에 관한 설명으로 옳지 않은 것은?

① 내력벽의 기초는 연속기초로 한다.
② 기초판은 철근콘크리트구조로 할 수 있다.
③ 기초판은 무근콘크리트구조로 할 수 있다.
④ 기초벽의 두께는 최하층의 벽체 두께와 같게 하되, 250mm 이하로 하여야 한다.

해설

④ 기초벽의 두께는 최하층의 벽체 두께의 1.5배 이상으로서 150mm 이상으로 하여야 한다.

33

건축공사 스프레이 도장방법에 관한 설명으로 옳지 않은 것은?

① 도장거리는 스프레이 도장면에서 300mm를 표준으로 한다.
② 매 회의 에어스프레이는 붓도장과 동등한 정도의 두께로 하고, 2회분의 도막두께를 한 번에 도장하지 않는다.
③ 각 회의 스프레이 방향은 전회의 방향에 평행으로 진행한다.
④ 스프레이할 때는 항상 평행이동하면서 운행의 한 줄마다 스프레이 너비의 1/3 정도를 겹쳐 뿜는다.

해설

③ 각 회의 스프레이 방향은 전회의 방향에 수직으로 진행한다.

34

시멘트 광물질의 조성 중에서 발열량이 높고 응결시간이 가장 빠른 것은?

① 알루민산 삼석회 ② 규산삼석회
③ 규산이석회 ④ 알루민산철 사석회

해설

시멘트 화학성분의 응결속도

※ 알루민산 삼석회(C_3A) > 규산 삼석회(C_3S) > 규산 이석회(C_2S)

35

공사장 부지 경계선으로부터 50m 이내에 주거·상가건물이 있는 경우에 공사현장 주위에 가설울타리는 최소 얼마 이상의 높이로 설치하여야 하는가?

① 1.5m ② 1.8m
③ 2m ④ 3m

해설

방진벽의 설치기준

• 일반 : 높이 1.8m 이상으로 설치
• 공사장 부지 경계선으로부터 50m 이내에 주거, 상가건물이 있는 경우 : 높이 3m 이상으로 설치

36

다음 중 조적벽 치장줄눈의 종류로 옳지 않은 것은?

① 오목줄눈 ② 빗줄눈
③ 통줄눈 ④ 실줄눈

해설

치장줄눈의 종류

• 민줄눈, 평줄눈, 둥근 줄눈, 오목줄눈
• 빗줄눈, 역빗줄눈, 볼록줄눈, 실줄눈

37

열적외선을 반사하는 은소재 도막으로 코팅하여 방사율과 열관류율을 낮추고 가시광선 투과율을 높인 유리는?

① 스팬드럴 유리 ② 접합유리
③ 배강도유리 ④ 로이유리

해설

로이(Low-E) 유리의 특성

• 적외선 반사율이 높음
• 가시광선 투과율은 맑은 유리와 큰 차이 없음
• 실외 물체들의 자연색 그대로 실내로 전달됨

정답 32.④ 33.③ 34.① 35.④ 36.③ 37.④

38
타격에 의한 말뚝박기공법을 대체하는 저소음, 저진동의 말뚝공법에 해당되지 않는 것은?

① 압입 공법
② 사수(Water jetting) 공법
③ 프리보링 공법
④ 바이브로 콤포저 공법

해설
바이브로 콤포저 공법
사질토의 지반개량공법의 일종으로 다짐공법에 해당되며 말뚝박기공법이 아님

39
공정관리에서의 네트워크(Network)에 관한 용어와 관계없는 것은?

① 커넥터(connector)
② 크리티컬 패스(critical path)
③ 더미(dummy)
④ 플로우트(float)

해설
네트워크 공정표의 용어
크리티컬 패스, 더미, 플로우트, 액티비티, 슬랙
※ 커넥터 : 가구식 구조에서 부재와 부재를 접합하는 접합재(볼트, 리벳, 고력볼트 등)

40
다음 각 유리에 관한 설명으로 옳지 않은 것은?

① 망입유리는 파손되더라도 파편이 튀지 않으므로 진동에 의해 파손되기 쉬운 곳에 사용된다.
② 복층유리는 단열 및 차음성이 좋지 않아 주로 선박의 창 등에 이용된다.
③ 강화유리는 압축강도를 한층 강화한 유리로 현장가공 및 절단이 되지 않는다.
④ 자외선 투과유리는 병원이나 온실 등에 이용된다.

해설
② 복층유리는 단열 및 차음성이 좋아 주로 주택의 창 등에 이용된다.

제3과목 ▪ 건축구조

41
H-300×150×6.5×9인 형강보가 10kN의 전단력을 받을 때 웨브에 생기는 전단응력도의 크기는 약 얼마인가?(단, 웨브전단면적 산정 시 플랜지 두께는 제외함)

① 3.46MPa
② 4.46MPa
③ 5.46MPa
④ 6.46MPa

해설
웨브의 전단응력도 계산
(1) 형강의 표시
H - 높이×폭×웨브 두께×플랜지 두께
(2) 웨브의 전단면적
$A = (300 - 2 \times 9) \times 6.5 = 1,833 mm^2$
(3) 웨브의 전단응력도
$\tau = \dfrac{10 \times 10^3 N}{1,833 mm^2} = 5.46 MPa$

42
다음 강종 표시기호에 관한 설명으로 옳지 않은 것은? (단, KS 강종기호 개정사항 반영)

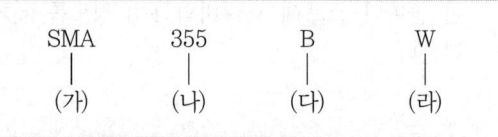

① (가) : 용도에 따른 강재의 명칭 구분
② (나) : 강재의 인장강도 구분
③ (다) : 충격흡수에너지 등급 구분
④ (라) : 내후성 등급 구분

해설
② 강재의 항복강도 구분

43

각종 단면의 주축(主軸)을 표시한 것으로 옳지 않은 것은?

① 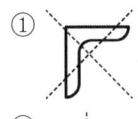 ②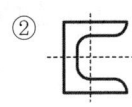

③ 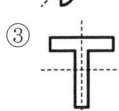 ④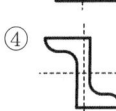

해설

④ Z형강의 주축은 보기의 그림에서 약 $30°$ 정도 반시계방향으로 기울어진 축을 말함

44

그림과 같은 라멘의 AB 재에 휨모멘트가 발생하지 않게 하려면 P는 얼마가 되어야 하는가?

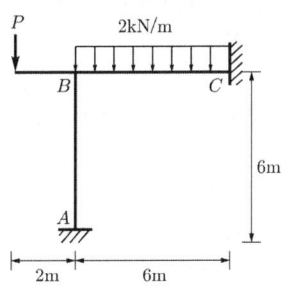

① 3kN ② 4kN
③ 5kN ④ 6kN

해설

부정정구조의 해석
하중 P가 작용하고 있는 자유단 끝을 D점이라고 하면, 라멘의 AB부재에 휨모멘트가 발생하지 않게 하려면 B점의 재단모멘트 M_{BD}와 M_{BC}의 절댓값의 크기가 같으면 된다.
(1) $M_{BD} = P \times 2 \text{kNm}$
(2) $M_{BC} = \dfrac{wL^2}{12} = \dfrac{2 \times 6^2}{12} = 6 \text{kNm}$
∴ $P = 3 \text{kN}$

45

그림과 같은 단순보에서 A점과 B점에 발생하는 반력으로 옳은 것은?

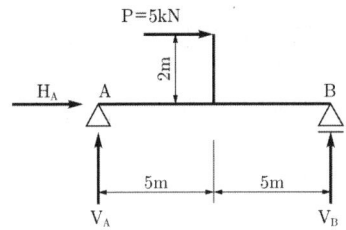

① $H_A = +5\text{kN}$, $V_A = +1\text{kN}$, $V_B = +1\text{kN}$
② $H_A = -5\text{kN}$, $V_A = -1\text{kN}$, $V_B = +1\text{kN}$
③ $H_A = +5\text{kN}$, $V_A = +1\text{kN}$, $V_B = -1\text{kN}$
④ $H_A = -5\text{kN}$, $V_A = +1\text{kN}$, $V_B = +1\text{kN}$

해설

지점의 반력 계산
(1) $\Sigma H = 0$
$5 + H_A = 0 \rightarrow H_A = -5\text{kN}(\leftarrow)$
(2) $\Sigma M_B = 0$
$V_A \times 10\text{m} + 5 \times 2\text{m} = 0 \rightarrow V_A = -1\text{kN}(\downarrow)$

46

다음과 같은 단순보의 최대 처짐량($\delta_{\max}$)이 3.0cm 이하가 되기 위하여 보의 단면2차모멘트는 최소 얼마 이상이 되어야 하는가? (단, 보의 탄성계수는 $E = 1.25 \times 10^4 \text{N/mm}^2$)

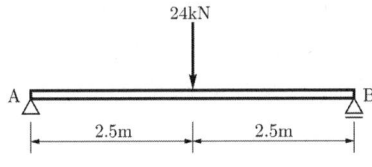

① $15,000\text{cm}^4$
② $16,700\text{cm}^4$
③ $20,000\text{cm}^4$
④ $25,000\text{cm}^4$

해설
처짐제한에 따른 단면2차모멘트 계산

(1) 처짐량 $\delta = \dfrac{PL^3}{48EI}$

(2) $\delta = \dfrac{24{,}000 \times (5{,}000)^3}{48 \times 1.25 \times 10^4 \times I} \leq 30\,\text{mm}$

(3) $I \geq \dfrac{24{,}000 \times 5{,}000^3}{48 \times 1.25 \times 10^4 \times 30} = 166{,}666{,}666\,\text{mm}^4$
$= 16{,}666\,\text{cm}^4$

47
횡력의 25% 이상을 부담하는 연성모멘트 골조가 전단벽이나 가새골조와 조합되어 있는 구조방식을 무엇이라 하는가?

① 제진시스템방식
② 면진시스템방식
③ 이중골조방식
④ 메가칼럼-전단벽 구조방식

해설
③ 이중골조방식의 정의

48
구조물의 내진보강 대책으로 적합하지 않은 것은?

① 구조물의 강도를 증가시킨다.
② 구조물의 연성을 증가시킨다.
③ 구조물의 중량을 증가시킨다.
④ 구조물의 감쇠를 증가시킨다.

해설
내진보강 대책
밑면 전단력 산정식 $V = C_S \times W$에서 구조물의 중량을 증가시키면 지진하중이 증가하게 되므로 구조물의 중량을 감소시키는 것이 내진보강 대책임

49
폭 b=250mm, 높이 h=500mm인 직사각형 콘크리트 보 부재의 균열모멘트 M_{cr}은?(단, 경량콘크리트 계수 $\lambda = 1$, $f_{ck}=24\text{MPa}$)

① 8.3kNm   ② 16.4kNm
③ 24.5kNm ④ 32.2kNm

해설
균열모멘트 계산

(1) $Z = \dfrac{bh^2}{6} = \dfrac{250 \times (500)^2}{6} = 10{,}416{,}667\,\text{mm}^3$

(2) $f_r = 0.63\sqrt{24} = 3.09\,\text{N/mm}^2$

(3) $f_r = \dfrac{M_{cr}}{Z} \rightarrow M_{cr} = f_r \times Z$
$M_{cr} = 3.09 \times 10{,}416{,}667 \times 10^{-6} = 32.2\,\text{kNm}$

50
철근콘크리트 T형보의 유효폭 산정식에 관련된 사항과 거리가 먼 것은?

① 보의 폭   ② 슬래브 중심간 거리
③ 슬래브의 두께 ④ 보의 춤

해설
T형보의 유효폭 산정
- 슬래브 두께의 16배+복부폭
- 양쪽 슬래브의 중심거리
- 보의 경간/4

51
하중저항계수설계법에 따른 강구조 연결 설계기준을 근거로 할 때 고장력볼트의 직경이 M24라면 표준구멍의 직경으로 옳은 것은?

① 26mm   ② 27mm
③ 28mm   ④ 30mm

해설
고력볼트의 구멍직경
- M16, M20, M22 : 구멍직경=볼트직경+2mm
- M24, M27, M30 : 구멍직경=볼트직경+3mm

52

강도설계법에서 처짐을 계산하지 않는 경우 스팬이 8.0m인 단순지지된 보의 최소 두께로 옳은 것은? (단, 보통중량콘크리트와 $f_y=400\text{MPa}$ 철근을 사용한 경우)

① 380mm ② 430mm
③ 500mm ④ 600mm

해설

처짐 미계산 시 보의 최소두께
- 캔틸레버 : $L/8$
- 단순지지 : $L/16$
- 1단연속 : $L/18.5$
- 양단연속 : $L/21$

∴ 단순지지이므로 $\dfrac{8,000}{16}=500\text{mm}$

53

그림과 같은 도형의 x-x축에 대한 단면 2차 모멘트는?

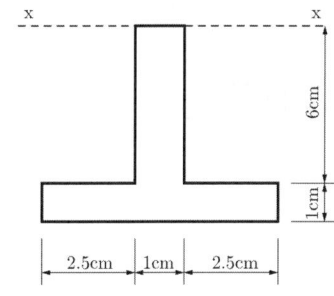

① 326cm^4 ② 278cm^4
③ 215cm^4 ④ 188cm^4

해설

단면2차모멘트 계산

(1) $I_x = I_X + A y_0^2$
(2) 직사각형을 2개로 나누어 A_1과 A_2라고 하면,

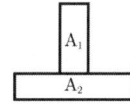

(3) $I_x = I_{x1} + I_{x2}$
(4) $I_{x1} = I_{X1} + A_1 y_{01}^2$, $I_{x2} = I_{X2} + A_2 y_{02}^2$
(5) $I_{x1} = \dfrac{1\times(6)^3}{12}+(1\times6)\times(\dfrac{6}{2})^2 = 72\text{cm}^4$

$I_{x2} = \dfrac{6\times(1)^3}{12}+(6\times1)\times(6+\dfrac{1}{2})^2 = 254\text{cm}^4$

(6) ∴ $I_x = 72 + 254 = 326\text{cm}^4$

54

그림과 같은 트러스(truss)에서 T부재에 발생하는 부재력으로 옳은 것은?

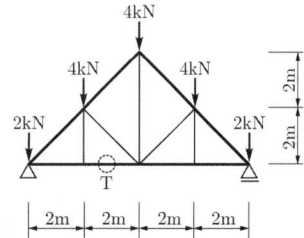

① 4kN ② 6kN
③ 8kN ④ 16kN

해설

트러스의 부재력 계산

(1) 좌측 지점을 A라고 하고, T부재의 좌측 절점을 B라고 하자.
(2) B절점을 기준으로 보면 세 부재가 만나면서 외력이 작용하지 않으므로 수직부재는 0부재이고 수평부재는 크기가 같고 방향이 반대인 부재임을 알 수 있다.
(3) 구조시스템과 외력이 모두 대칭이므로 반력

$R_A = \dfrac{2+4+4+4+2}{2} = 8\text{kN}(\uparrow)$

(4) A지점과 연결된 경사부재를 E부재, 수평부재를 S부재라고 하면,
$\Sigma V = 0$

$R_A = 2 + N_E \times \dfrac{2}{2\sqrt{2}}$

∴ $N_E = 6\sqrt{2}\text{ kN}$(압축)

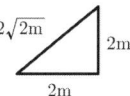

(5) $\Sigma H_A = 0$

$-6\sqrt{2}\times\dfrac{2}{2\sqrt{2}} + N_S = 0$

∴ $N_S = 6\text{kN}$(인장)

(6) ∴ $N_T = N_S = 6\text{kN}$(인장)

55
저층 강구조 장스팬 건물의 구조계획에서 고려해야 할 사항과 가장 관계가 적은 것은?

① 층고, 지붕형태 등 건물의 형상 선정
② 적절한 골조 간격의 선정
③ 강절점, 활절점에 대한 부재의 접합방법 선정
④ 풍하중에 의한 횡변위 제어방법

해설
④ 풍하중에 의한 횡변위 제어방법은 <u>고층 건축물의 구조계획</u>에서 고려해야 할 사항이다.

56
보 또는 보의 역할을 하는 리브나 지판이 없이 기둥으로 하중을 전달하는 2방향으로 철근이 배치된 콘크리트 슬래브는?

① 워플 슬래브(Waffle slab)
② 플랫 플레이트(Flat plate)
③ 플랫 슬래브(Flat slab)
④ 데크플레이트 슬래브(Deck plate slab)

해설
특수슬래브
- 워플 슬래브 : 장선을 2방향으로 직교하여 구성한 우물 반자 형태로 된 2방향 장선 슬래브
- 플랫 플레이트 슬래브 : <u>보와 리브, 지판 없이</u> 기둥으로 하중을 전달하는 2방향 슬래브
- 플랫 슬래브 : <u>보 없이 지판에 의해</u> 하중이 기둥으로 전달되는 슬래브
- 데크플레이트 슬래브 : 데크플레이트를 거푸집 대용으로 사용한 슬래브

57
그림과 같은 ㄷ형강(Channel)에서 전단중심(剪斷中心)의 대략적인 위치는?

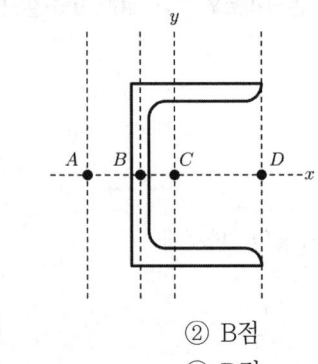

① A점 ② B점
③ C점 ④ D점

해설
ㄷ형강의 전단중심 위치
ㄷ형강의 전단중심은 문제의 그림에서 대략 A위치에 존재한다.

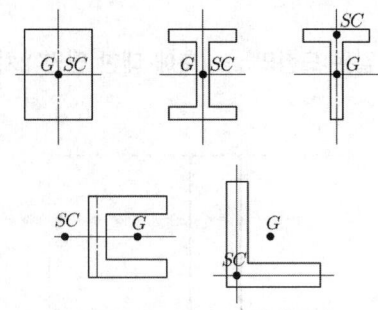

58
인장이형철근의 정착길이를 산정할 때 적용되는 보정계수에 해당되지 않는 것은?

① 철근배근 위치 계수 ② 철근도막계수
③ 크리프 계수 ④ 경량콘크리트 계수

해설
인장철근의 정착길이 산정 요소
경량콘크리트 계수, 에폭시 도막계수(철근 도막계수), 철근배치 위치계수

정답 55.④ 56.② 57.① 58.③

59

철근콘크리트 단근보에서 균형철근비를 계산한 결과 $\rho_b = 0.039$이었다. 최대철근비는? (단, $E = 20,0000$ MPa, $f_y = 400$MPa, $f_{ck} = 24$MPa임)

① 0.01863 ② 0.02256
③ 0.02607 ④ 0.02831

해설

최대철근비 계산
- $\rho_{max} = 0.726 \times \rho_b$ ($f_y = 400$MPa일 때)
- $\rho_{max} = 0.692 \times \rho_b$ ($f_y = 350$MPa일 때)
- $\rho_{max} = 0.658 \times \rho_b$ ($f_y = 300$MPa일 때)

$f_y = 400$MPa이므로,
$\rho_{max} = 0.726 \times 0.039$
$\quad\quad\ = 0.02831$

60

다음 중 압축재의 좌굴하중 산정 시 직접적인 관계가 없는 것은?

① 부재의 푸아송비
② 부재의 단면2차모멘트
③ 부재의 탄성계수
④ 부재의 지지조건

해설

압축재의 좌굴하중
- $P_{cr} = \dfrac{\pi^2 EI}{(kL)^2}$
- 여기서 k는 <u>부재의 지지조건</u>에 따른 유효좌굴길이 계수

제4과목 ■ 건축설비

61

다음의 냉방부하 발생요인 중 현열부하만 발생시키는 것은?

① 인체의 발생열량
② 벽체로부터의 취득열량
③ 극간풍에 의한 취득열량
④ 외기의 도입으로 인한 취득열량

해설

공조부하 계산 시 현열과 잠열의 동시 발생
- 인체의 발생열량
- 열원기기의 발생열량(외기의 도입에 의한 열량)
- 틈새바람(극간풍)에 의한 부하(열량)

62

온열지표 중 기온, 습도, 기류, 주벽면온도의 4요소를 조합하여 체감과의 관계를 나타낸 것은?

① 작용온도 ② 불쾌지수
③ 등온지수 ④ 유효온도

해설

온열지표

	기온	습도	기류	복사열
작용온도	○		○	○
불쾌지수	○	○		
등온지수	○	○	○	○
유효온도	○	○	○	

63

직경 200mm의 배관을 통하여 물이 1.5m/s의 속도로 흐를 때 유량은?

① 2.83m³/min ② 3.2m³/min
③ 3.83m³/min ④ 6.0m³/min

해설
펌프의 구경을 이용한 유량 계산

$$d = 1.13\sqrt{\frac{Q}{V}} = \sqrt{\frac{4Q}{V\pi}}\,(m)$$

여기서, Q : 양수량(m³/sec)
V : 유속(m/sec)

$$d^2 = \frac{4Q}{V\pi} = \frac{4 \times Q}{1.5 \times \pi \times 60\text{sec}} = (0.2m)^2 = 0.04\,\text{m}^2$$

$$\therefore Q = \frac{0.04 \times 1.5 \times \pi \times 60}{4} = 2.83\,\text{m}^3/\text{min}$$

64
건구온도 26℃인 실내공기 8,000m³/h와 건구온도 32℃인 외부공기 2,000m³/h를 단열혼합하였을 때 혼합공기의 건구온도는?

① 27.2℃ ② 27.6℃
③ 28.0℃ ④ 29.0℃

해설

$$t_3 = \frac{Q_1 \times t_1 + Q_2 \times t_2}{Q_1 + Q_2}$$

$$= \frac{(8,000 \times 26) + (2,000 \times 32)}{8,000 + 2,000}$$

$$= 27.2℃$$

여기서, Q_1과 Q_2 : 혼합 전 공기량
t_1과 t_2 : 혼합 전 공기온도

65
바닥복사 난방방식에 관한 설명으로 옳지 않은 것은?

① 열용량이 커서 예열시간이 짧다.
② 방을 개방상태로 하여도 난방효과가 있다.
③ 다른 난방방식에 비교하여 쾌적감이 높다.
④ 실내에 방열기를 설치하지 않으므로 바닥이나 벽면을 유용하게 이용할 수 있다.

해설
복사난방의 특성
① 복사난방은 열용량이 크고 <u>예열시간이 길어</u> 간헐난방에 부적합하다.

66
점광원으로부터의 거리가 n배가 되면 그 값은 $1/n^2$배가 된다는 '거리의 역제곱의 법칙'이 적용되는 빛환경 지표는?

① 조도 ② 광도
③ 휘도 ④ 복사속

해설
조도에 대한 거리의 역자승 법칙

$E = \dfrac{I}{d^2}$ 에서 <u>조도는 거리(d)의 제곱에 반비례함</u>

67
가스사용시설의 가스계량기에 관한 설명으로 옳지 않은 것은?

① 가스계량기와 전기점멸기와의 거리는 30cm 이상 유지하여야 한다.
② 가스계량기와 전기계량기와의 거리는 60cm 이상 유지하여야 한다.
③ 가스계량기와 전기개폐기와의 거리는 60cm 이상 유지하여야 한다.
④ 공동주택의 경우 가스계량기는 일반적으로 대피공간이나 주방에 설치된다.

해설
가스계량기의 설치금지 장소
④ 공동주택의 대피공간, 방·거실 및 주방 등으로서 <u>사람이 거처하는 곳은 설치 금지</u>

68
트랩의 구비조건으로 옳지 않은 것은?

① 봉수깊이는 50mm 이상 100mm 이하일 것
② 오수에 포함된 오물 등이 부착 또는 침전하기 어려운 구조일 것
③ 봉수부에 이음을 사용하는 경우에는 금속제 이음을 사용하지 않을 것
④ 봉수부의 소제구는 나사식 플러그 및 적절한 가스켓을 이용한 구조일 것

해설
배수트랩
③ 봉수부 이음에 <u>금속재를 사용해도 상관없음</u>

69
크로스 커넥션(cross connection)에 관한 설명으로 가장 알맞은 것은?
① 관로 내의 유체의 유동이 급격히 변화하여 압력변화를 일으키는 것
② 상수의 급수·급탕계통과 그 외의 계통 배관이 장치를 통하여 직접 접속되는 것
③ 겨울철 난방을 하고 있는 실내에서 창을 타고 차가운 공기가 하부로 내려오는 현상
④ 급탕·반탕관의 순환거리를 각 계통에 있어서 거의 같게 하여 전 계통의 탕의 순환을 촉진하는 방식

해설
크로스 커넥션의 설명
급수계통에 그 외의 계통이 직접 접속되어 오수에 의해 오염되도록 배관된 것을 의미

70
습공기의 상태변화에 관한 설명으로 옳지 않은 것은?
① 가열하면 엔탈피는 증가한다.
② 냉각하면 비체적은 감소한다.
③ 가열하면 절대습도는 증가한다.
④ 냉각하면 습구온도는 감소한다.

해설
③ 습공기를 가열해도 절대습도는 절대 불변

71
TV 공청설비의 주요 구성기기에 속하지 않는 것은?
① 증폭기
② 월패드
③ 컨버터
④ 혼합기

해설
월패드
가정의 벽면에 부착된 형태로 존재하는 홈 네트워크 시스템의 제어장치

72
다음의 저압 옥내배선방법 중 노출되고 습기가 많은 장소에 시설이 가능한 것은? (단, 400[V] 미만인 경우)
① 금속관 배선
② 금속몰드 배선
③ 금속덕트 배선
④ 플로어덕트 배선

해설
금속관 배선
저압 옥내배선공사 중 직접 콘크리트에 매설할 수도 있고, 노출되고 습기가 많은 장소에 시설이 가능한 공사

73
100[V], 500[W]의 전열기를 90[V]에서 사용할 경우 소비 전력은?
① 200[W]
② 310[W]
③ 405[W]
④ 420[W]

해설
소비 전력 계산
$$P = \frac{V^2}{R}$$
여기서, P : 전력, V : 전압, R : 저항
$$500 = \frac{100^2}{R} \rightarrow R = \frac{100^2}{500} = 20\,\Omega$$
따라서, 90V의 소비전력은
$$P = \frac{90^2}{20} = 405\,W$$

74
급탕설비에 관한 설명으로 옳지 않은 것은?
① 냉수, 온수를 혼합 사용해도 압력차에 의한 온도변화가 없도록 한다.
② 배관은 적정한 압력손실 상태에서 피크시를 충족시킬 수 있어야 한다.
③ 도피관에는 압력을 도피시킬 수 있도록 밸브를 설치하고 배수는 직접배수로 한다.
④ 밀폐형 급탕시스템에는 온도상승에 의한 압력을 도피시킬 수 있는 팽창탱크 등의 장치를 설치한다.

해설
도피관(팽창관)
③ 도피관의 도중에는 절대로 밸브를 설치해서는 안 되며 배수는 간접배수로 한다.

75
다음의 에스컬레이터의 경사도에 관한 설명 중 ( ) 안에 알맞은 것은?

> 에스컬레이터의 경사도는 (㉠)를 초과하지 않아야 한다. 다만, 높이가 6m 이하이고 공칭속도가 0.5m/s 이하인 경우에는 경사도를 (㉡)까지 증가시킬 수 있다.

① ㉠ 25°, ㉡ 30° ② ㉠ 25°, ㉡ 35°
③ ㉠ 30°, ㉡ 35° ④ ㉠ 30°, ㉡ 40°

해설
ES의 경사도
- 일반적 경사도 : 30° 이하
- 높이 6m 이하, 공칭속도 0.5m/s 이하인 경우의 경사도 : 35° 이하

76
소방시설은 소화설비, 경보설비, 피난구조설비, 소화용수설비, 소화활동설비로 구분할 수 있다. 다음 중 소화활동설비에 속하는 것은?

① 제연설비
② 비상방송설비
③ 스프링클러설비
④ 자동화재탐지설비

해설
소화활동설비의 종류
제연설비, 연결송수관설비, 연결살수설비, 연소방지설비, 비상콘센트설비
- 경보설비 : 비상방송설비, 자동화재탐지설비
- 소화설비 : 스프링클러설비

77
작업구역에는 전용의 국부조명방식으로 조명하고, 기타 주변 환경에 대하여는 간접조명과 같은 낮은 조도 레벨로 조명하는 방식은?

① TAL 조명방식   ② 반직접 조명방식
③ 반간접 조명방식 ④ 전반확산 조명방식

해설
① TAL 조명(Task and Ambient Lighting)방식에 대한 설명

78
다음 중 습공기를 가열하였을 때 증가하지 않는 상태량은?

① 엔탈피   ② 비체적
③ 상대습도   ④ 습구온도

해설
습공기의 온도와 절대습도/상대습도
- 습공기를 가열해도 절대습도는 불변
- 습공기를 가열하면 상대습도는 낮아짐
※ 습공기를 가열하면 엔탈피, 비체적, 습구온도는 모두 증가함

79
냉방설비의 냉각탑에 관한 설명으로 옳은 것은?

① 열에너지에 의해 냉동효과를 얻는 장치
② 냉동기의 냉각수를 재활용하기 위한 장치
③ 임펠러의 원심력에 의해 냉매가스를 압축하는 장치
④ 물과 브롬화리튬 혼합용액으로부터 냉매인 수증기와 흡수제인 LiBr로 분리시키는 장치

해설
냉각탑
냉매를 응축시키는 냉각수를 재사용하기 위해 냉각시키는 설비

정답 75.③ 76.① 77.① 78.③ 79.②

80
전력부하 산정에서 수용률 산정방법으로 옳은 것은?
① (부등율/설비용량)×100%
② (최대수용전력/부등률)×100%
③ (최대수용전력/설비용량)×100%
④ (부하각개의 최대 수용전략합계/각 부하를 합한 최대수용전력)×100%

해설

수용률 = $\dfrac{\text{최대사용전력(kW)}}{\text{수용설비용량(kW)}} \times 100(\%)$

부등률 = $\dfrac{\text{각 부하의 최대수용전력의 합계}}{\text{최대사용(수용)전력}}$

제5과목 ■ 건축관계법규

81
다음 설명에 알맞은 용도지구의 세분은?

> 건축물·인구가 밀집되어 있는 지역으로서 시설 개선 등을 통하여 재해 예방이 필요한 지구

① 시가지방재지구
② 특정개발진흥지구
③ 복합개발진흥지구
④ 중요시설물보호지구

해설

① 시가지방재지구에 대한 설명

82
건축허가를 하기 전에 건축물의 구조안전과 인접 대지의 안전에 미치는 영향 등을 평가하는 건축물 안전영향평가를 실시하여야 하는 대상 건축물 기준으로 옳은 것은?
① 층수가 6층 이상으로 연면적 1만 제곱미터 이상인 건축물
② 층수가 6층 이상으로 연면적 10만 제곱미터 이상인 건축물
③ 층수가 16층 이상으로 연면적 1만 제곱미터 이상인 건축물
④ 층수가 16층 이상으로 연면적 10만 제곱미터 이상인 건축물

해설

안전영향평가 대상 건축물
층수가 16층 이상으로 연면적 10만m² 이상

83
6층 이상의 거실면적의 합계가 12,000m²인 문화 및 집회시설 중 전시장에 설치하여야 하는 승용승강기의 최소 대수는? (단, 8인승 승강기 기준)
① 4대
② 5대
③ 6대
④ 7대

해설

전시장의 승용승강기 설치대수

전시장 : $1 + \left(\dfrac{A - 3,000}{2,000}\right)$

$= 1 + \left(\dfrac{12,000 - 3,000}{2,000}\right) = 5.5$대 → 6대

84
다음은 건축선에 따른 건축제한에 관한 기준 내용이다. ( ) 안에 알맞은 것은?

> 도로면으로부터 높이 ( ) 이하에 있는 출입구, 창문, 그 밖에 이와 유사한 구조물은 열고 닫을 때 건축선의 수직면을 넘지 아니하는 구조로 하여야 한다.

① 3m
② 4.5m
③ 6m
④ 10m

해설

건축선에 따른 건축제한
도로면으로부터 높이 4.5m 이하에 있는 출입구, 창문, 그 밖에 이와 유사한 구조물은 열고 닫을 때 건축선의 수직면을 넘지 않는 구조로 한다.

정답 80.③ 81.① 82.④ 83.③ 84.②

85
부설주차장의 설치대상 시설물 종류와 설치 기준의 연결이 옳지 않은 것은?

① 위락시설 – 시설면적 150m²당 1대
② 종교시설 – 시설면적 150m²당 1대
③ 판매시설 – 시설면적 150m²당 1대
④ 수련시설 – 시설면적 350m²당 1대

해설
① 위락시설 – 시설면적 100m²당 1대

86
평행주차형식으로 일반형인 경우 주차장의 주차 단위 구획의 크기 기준으로 옳은 것은?

① 너비 1.7m 이상, 길이 5.0m 이상
② 너비 1.7m 이상, 길이 6.0m 이상
③ 너비 2.0m 이상, 길이 5.0m 이상
④ 너비 2.0m 이상, 길이 6.0m 이상

해설
주차장의 주차구획

주차형식	구분	주차구획
평행주차형식의 경우	경형	1.7m×4.5m 이상
	일반형	2.0m×6.0m 이상
	보도와 차도의 구분이 없는 주거지역의 도로	2.0m×5.0m 이상
평행주차형식 외의 경우	경형	2.0m×3.6m 이상
	일반형	2.5m×5.0m 이상
	확장형	2.6m×5.2m 이상
	장애인 전용	3.3m×5.0m 이상

87
용도지역의 건폐율 기준으로 옳지 않은 것은?

① 주거지역 : 70% 이하 ② 상업지역 : 90% 이하
③ 공업지역 : 70% 이하 ④ 녹지지역 : 30% 이하

해설
④ 녹지지역 : 20% 이하

88
국토의 계획 및 이용에 관한 법령상 아파트를 건축할 수 있는 지역은?

① 자연녹지지역   ② 제1종 전용주거지역
③ 제2종 전용주거지역 ④ 제1종 일반주거지역

해설
제2종 전용주거지역 안에서 건축할 수 있는 건축물
- 단독주택, 공동주택
- 노유자시설
- 교육연구시설 중 유치원, 초·중·고등학교
- 제1종 근린생활시설로서 바닥면적의 합계가 1천m² 미만인 것

89
다음은 대피공간의 설치에 관한 기준 내용이다. 밑줄 친 요건 내용으로 옳지 않은 것은?

> 공동주택 중 아파트로서 4층 이상인 층의 각 세대가 2개 이상의 직통계단을 사용할 수 없는 경우에는 발코니에 인접 세대와 공동으로 또는 각 세대별로 다음 각 호의 요건을 모두 갖춘 대피공간을 하나 이상 설치하여야 한다.

① 대피공간은 바깥의 공기와 접하지 않을 것
② 대피공간은 실내의 다른 부분과 방화구획으로 구획될 것
③ 대피공간의 바닥면적은 각 세대별로 설치하는 경우에는 2m² 이상일 것
④ 대피공간의 바닥면적은 인접 세대와 공동으로 설치하는 경우에는 3m² 이상일 것

정답 85.① 86.④ 87.④ 88.③ 89.①

> **해설**
>
> 아파트의 대피공간 기준
> - 대피공간은 바깥의 공기와 접할 것
> - 대피공간은 실내의 다른 부분과 방화구획으로 구획될 것
> - 바닥면적은 각 세대별로 설치하는 경우 2m² 이상일 것
> - 바닥면적은 인접세대와 공동으로 설치하는 경우에는 3m² 이상일 것

90
국토의 계획 및 이용에 관한 법령상 광장·공원·녹지·유원지·공공공지가 속하는 기반시설은?

① 교통시설
② 공간시설
③ 환경기초시설
④ 공공·문화체육시설

> **해설**
>
> 공간시설의 종류
> 광장, 공원, 녹지, 유원지, 공공공지

91
용적률 산정에 사용되는 연면적에 포함되는 것은?

① 지하층의 면적
② 층고가 2.1m인 다락의 면적
③ 준초고층 건축물에 설치하는 피난안전구역의 면적
④ 건축물의 경사지붕 아래에 설치하는 대피공간의 면적

> **해설**
>
> 용적률 산정 시 연면적에서 제외되는 면적
> - 지하층의 면적
> - 초고층/준초고층 건축물의 피난안전구역의 면적
> - 건축물의 경사지붕 아래에 설치하는 대피공간의 면적
> - 지상층의 주차장으로 사용되는 면적

92
건축물과 해당 건축물의 용도의 연결이 옳지 않은 것은?

① 주유소 – 자동차관련시설
② 야외음악당 – 관광휴게시설
③ 치과의원 – 제1종 근린생활시설
④ 일반음식점 – 제2종 근린생활시설

> **해설**
>
> ① 주유소 : 위험물 저장 및 처리시설

93
피난용승강기의 설치에 관한 기준 내용으로 옳지 않은 것은?

① 예비전원으로 작동하는 조명설비를 설치할 것
② 승강장의 바닥면적은 승강기 1대당 $5m^2$ 이상으로 할 것
③ 각 층으로부터 피난층까지 이르는 승강로를 단일구조로 연결하여 설치할 것
④ 승강장의 출입구 부근의 잘 보이는 곳에 해당 승강기가 피난용승강기임을 알리는 표지를 설치할 것

> **해설**
>
> ② 옥내 승강장의 바닥면적은 비상용 승강기 1대에 대하여 6m² 이상으로 할 것

94
노외주차장의 구조·설비에 관한 기준 내용으로 옳지 않은 것은?

① 출입구의 너비는 3.0m 이상으로 하여야 한다.
② 주차구획선의 긴 변과 짧은 변 중 한 변 이상이 차로에 접하여야 한다.
③ 지하식인 경우 차로의 높이는 주차바닥면으로부터 2.3m 이상으로 하여야 한다.
④ 주차에 사용되는 부분의 높이는 주차바닥면으로부터 2.1m 이상으로 하여야 한다.

해설
노외주차장 출입구의 너비 기준
(1) 3.5m 이상
(2) 주차대수 규모가 50대 이상인 경우에는 출구와 입구를 분리하거나 너비 5.5m 이상의 출입구를 설치할 것

95
다음 중 특별건축구역으로 지정할 수 없는 구역은?
① 「도로법」에 따른 접도구역
② 「택지개발촉진법」에 따른 택지개발사업구역
③ 국가가 국제행사 등을 개최하는 도시 또는 지역의 사업구역
④ 지방자치단체가 국제행사 등을 개최하는 도시 또는 지역의 사업구역

해설
특별건축구역으로 지정할 수 없는 구역
- '도로법'에 따른 접도구역
- 개발제한구역
- '자연공원법'에 따른 자연공원

96
지하층에 설치하는 비상탈출구의 유효너비 및 유효높이 기준으로 옳은 것은? (단, 주택이 아닌 경우)
① 유효너비 0.5m 이상, 유효높이 1.0m 이상
② 유효너비 0.5m 이상, 유효높이 1.5m 이상
③ 유효너비 0.75m 이상, 유효높이 1.0m 이상
④ 유효너비 0.75m 이상, 유효높이 1.5m 이상

해설
지하층의 비상탈출구
- 유효너비 0.75m 이상, 유효높이 1.5m 이상
- 비상탈출구는 출입구로부터 3m 이상 떨어진 곳에 설치할 것
- 비상탈출구는 실내에서 언제든지 열 수 있는 구조로 할 것

97
다음은 대지의 조경에 관한 기준이다. ( ) 안에 알맞은 것은?

> 면적 ( ) 이상인 대지에 건축을 하는 건축주는 용도지역 및 건축물의 규모에 따라 해당 지방자치단체의 조례로 정하는 기준에 따라 대지에 조경이나 그 밖에 필요한 조치를 하여야 한다.

① 100m^2 ② 150m^2
③ 200m^2 ④ 300m^2

해설
조경의 대상
면적이 200m^2 이상인 대지에 건축을 하는 건축주는 용도지역 및 건축물의 규모에 따라 대지 안의 조경이나 그 밖에 필요한 조치를 하여야 한다.

98
같은 건축물 안에 공동주택과 위락시설을 함께 설치하고자 하는 경우에 관한 기준 내용으로 옳지 않은 것은?
① 건축물의 주요 구조부를 내화구조로 할 것
② 공동주택과 위락시설은 서로 이웃하도록 배치할 것
③ 공동주택과 위락시설은 내화구조로 된 바닥 및 벽으로 구획하여 서로 차단할 것
④ 공동주택의 출입구와 위락시설의 출입구는 서로 그 보행거리가 30m 이상이 되도록 설치할 것

해설
② 공동주택과 위락시설은 서로 이웃하지 아니하도록 배치하여야 한다.

99
건축법령 상 다음과 같이 정의되는 용어는?

> 건축물의 건축·대수선·용도변경, 건축설비의 설치 또는 공작물의 축조에 관한 공사를 발주하거나 현장 관리인을 두어 스스로 그 공사를 하는 자

① 건축주
② 건축사
③ 설계자
④ 공사시공자

해설
① 건축주에 대한 설명

100
건축물에 설치하는 피난안전구역의 구조 및 설비에 관한 기준 내용으로 옳지 않은 것은?

① 피난안전구역의 높이는 1.8m 이상일 것
② 피난안전구역의 내부마감재료는 불연재료로 설치할 것
③ 비상용 승강기는 피난안전구역에서 승하차할 수 있는 구조로 설치할 것
④ 건축물의 내부에서 피난안전구역으로 통하는 계단은 특별피난계단의 구조로 설치할 것

해설
① 피난안전구역의 높이는 2.1m 이상일 것

정답 99.① 100.①

2019 제4회 건축기사

2019년 9월 21일 시행

제1과목 ■ 건축계획

01
공장의 레이아웃 형식 중 생산에 필요한 모든 공정과 기계류를 제품의 흐름에 따라 배치하는 형식은?
① 고정식 레이아웃
② 혼성식 레이아웃
③ 제품중심의 레이아웃
④ 공정중심의 레이아웃

해설
③ 제품중심의 레이아웃에 대한 설명

02
사무소 건축의 코어 계획에 관한 설명으로 옳지 않은 것은?
① 코어부분에는 계단실도 포함시킨다.
② 코어 내의 각 공간은 각 층마다 공통의 위치에 두도록 한다.
③ 코어 내의 화장실은 외부 방문객이 잘 알 수 없는 곳에 배치한다.
④ 엘리베이터 홀은 출입구문에 근접시키지 않고 일정한 거리를 유지하도록 한다.

해설
③ 코어 내의 화장실은 외부 방문객이 잘 알 수 있는 곳에 배치한다.

03
미술관의 전시실 순회형식 중 많은 실을 순서별로 통해야 하고, 1실을 폐쇄할 경우 전체 동선이 막히게 되는 것은?
① 중앙홀 형식
② 연속순회형식
③ 갤러리(gallery) 형식
④ 코리더(corridor) 형식

해설
② 연속순로형식에 대한 설명

04
상점 매장의 가구배치에 따른 평면 유형에 관한 설명으로 옳지 않은 것은?
① 직렬형은 부분별로 상품 진열이 용이하다.
② 굴절형은 대면판매 방식만 가능한 유형이다.
③ 환상형은 대면판매와 측면판매 방식을 병행할 수 있다.
④ 복합형은 서점, 패션점, 액세서리점 등의 상점에 적용이 가능하다.

해설
가구배치에 따른 평면유형
굴절형과 환상형은 대면판매와 측면판매방식의 병행 가능

정답 01.③ 02.③ 03.② 04.②

05
다음의 공동주택 평면형식 중 각 주호의 프라이버시와 거주성이 가장 양호한 것은?

① 계단실형
② 중복도형
③ 편복도형
④ 집중형

해설
① 계단실형의 특징

06
다음은 극장의 가시거리에 관한 설명이다. ( ) 안에 알맞은 것은?

> 연극 등을 감상하는 경우 연기자의 표정을 읽을 수 있는 가시한계는 (㉠)m 정도이다. 그러나 실제적으로 극장에서는 잘 보여야 되는 동시에 많은 관객을 수용해야 하므로 (㉡)m까지를 1차 허용한도로 한다.

① ㉠ 15, ㉡ 22
② ㉠ 20, ㉡ 35
③ ㉠ 22, ㉡ 35
④ ㉠ 22, ㉡ 38

해설
연극 등을 감상하는 경우 연기자의 표정을 읽을 수 있는 가시한계는 (15)m 정도이다. 그러나 실제적으로 극장에서는 잘 보여야 되는 동시에 많은 관객을 수용해야 하므로 (22)m까지를 1차 허용한도로 한다.

07
사무소 건축에서 엘리베이터 계획 시 고려되는 승객집중시간은?

① 출근 시 상승
② 출근 시 하강
③ 퇴근 시 상승
④ 퇴근 시 하강

해설
사무소 건축의 엘리베이터 계획
출근 시 상승하는 엘리베이터를 기준으로 계획

08
도서관 출납시스템에 관한 설명으로 옳지 않은 것은?

① 폐가식 서고와 열람실이 분리되어 있다.
② 반개가식은 새로 출간된 신간 서적 안내에 채용된다.
③ 안전개가식은 서가 열람이 가능하여 도서를 직접 뽑을 수 있다.
④ 자유개가식은 이용자가 자유롭게 도서를 꺼낼 수 있으나 열람석으로 가기 전에 관원에게 체크를 받는 형식이다.

해설
④ 안전개가식은 이용자가 자유롭게 도서를 꺼낼 수 있으나 열람석으로 가기 전에 관원에게 체크를 받는 형식이다.

09
1주간의 평균 수업시간이 30시간인 어느 학교에서 설계제도교실이 사용되는 시간은 24시간이다. 그중 6시간은 다른 과목을 위해 사용된다고 할 때, 설계제도교실의 이용률과 순수율은?

① 이용률 80%, 순수율 25%
② 이용률 80%, 순수율 75%
③ 이용률 60%, 순수율 25%
④ 이용률 60%, 순수율 75%

해설
이용률과 순수율

$$이용률 = \frac{교실이\ 사용되고\ 있는\ 시간}{1주간\ 평균\ 수업시간} \times 100(\%)$$

$$순수율 = \frac{일정한\ 교과를\ 위해\ 사용되는\ 시간}{그\ 교실이\ 사용되고\ 있는\ 시간} \times 100(\%)$$

$$이용률 = \frac{24}{30} \times 100 = 80\%,$$

$$순수율 = \frac{(24-6)}{24} \times 100 = 75\%$$

10
메조넷형 아파트에 관한 설명으로 옳지 않은 것은?
① 다양한 평면구성이 가능하다.
② 소규모 주택에서는 비경제적이다.
③ 편복도형일 경우 프라이버시가 양호하다.
④ 복도와 엘리베이터홀은 각 층마다 계획된다.

해설
④ 복도와 엘리베이터홀은 각 층마다 계획되지 않고, 2개의 층마다 계획된다.

11
극장의 평면형식에 관한 설명으로 옳지 않은 것은?
① 오픈스테이지형은 무대장치를 꾸미는데 어려움이 있다.
② 프로시니엄형은 객석 수용능력에 있어서 제한을 받는다.
③ 가변형 무대는 필요에 따라서 무대와 객석을 변화시킬 수 있다.
④ 애리나형은 무대 배경설치 비용이 많이 소요된다는 단점이 있다.

해설
④ 애리나형은 무대 배경설치 비용이 적게 소요된다는 장점이 있다.

12
학교 건축에서 단층 교사에 관한 설명으로 옳지 않은 것은?
① 내진·내풍구조가 용이하다.
② 학습 활동을 실외로 연장할 수 있다.
③ 계단이 필요없으므로 재해 시 피난이 용이하다.
④ 설비 등을 집약할 수 있어서 치밀한 평면계획이 용이하다.

해설
④ 설비 등을 집약할 수 있어서 치밀한 평면 계획이 용이한 것은 다층 교사의 특징이다.

13
주택의 부엌가구 배치 유형에 관한 설명으로 옳지 않은 것은?
① L자형은 부엌과 식당을 겸할 경우 많이 활용된다.
② ㄷ자형은 작업공간이 좁기 때문에 작업효율이 나쁘다.
③ 일(一)자형은 좁은 면적 이용에 효과적이므로 소규모 부엌에 주로 사용된다.
④ 병렬형은 작업 동선은 줄일 수 있지만 작업 시 몸을 앞뒤로 바꿔야 하므로 불편하다.

해설
ㄷ자형 부엌의 특징
- ㄷ자형은 작업공간이 넓기 때문에 작업효율이 좋다.
- 평면계획상 외부로 통하는 출입구의 설치가 곤란하다.

14
장애인·노인·임산부 등의 편의증진 보장에 관한 법령에 따른 편의시설 중 매개시설에 속하지 않는 것은?
① 주출입구 접근로
② 유도 및 안내설비
③ 장애인전용주차구역
④ 주출입구 높이 차이 제거

해설
편의시설의 종류
- 매개시설 : 주 출입구 접근로, 장애인 전용주차구역, 주 출입구 높이차이 제거
- 안내시설 : 점자블록, 유도 및 안내 설비

15
한국 고대 사찰배치 중 1탑 3금당 배치에 속하는 것은?
① 미륵사지
② 불국사지
③ 정림사지
④ 청암리사지

해설
사찰 배치
① 미륵사지 : 1탑 1금당
② 불국사지 : 쌍탑식
③ 정림사지 : 1탑 1금당
④ 청암리사지 : 1탑 3금당

정답 10.④ 11.④ 12.④ 13.② 14.② 15.④

16
상점계획에 관한 설명으로 옳지 않은 것은?
① 고객의 동선은 일반적으로 짧을수록 좋다.
② 점원의 동선과 고객의 동선은 서로 교차되지 않는 것이 바람직하다.
③ 대면판매 형식은 일반적으로 시계, 귀금속, 의약품 상점 등에서 쓰여진다.
④ 쇼 케이스 배치 유형 중 직렬형은 다른 유형에 비하여 상품의 전달 및 고객의 동선상 흐름이 빠르다.

해설
① 고객의 동선은 일반적으로 길수록 좋다.

17
그리스 아테네의 아크로폴리스에 관한 설명으로 옳지 않은 것은?
① 프로필리어는 아크로폴리스로 들어가는 입구 건물이다.
② 에렉테이온 신전은 이오닉 양식의 대표적인 신전으로 부정형 평면으로 구성되어 있다.
③ 니케 신전은 순수한 코린트식 양식으로서 페르시아와의 전쟁의 승리기념으로 세워졌다.
④ 파르테논 신전은 도릭 양식의 대표적인 신전으로서 그리스 고전건축을 대표하는 건물이다.

해설
③ 니케 신전은 순수한 이오닉 양식으로서 페르시아와의 전쟁의 승리기념으로 세워졌다.

18
다음 중 건축가와 작품의 연결이 옳지 않은 것은?
① 르 꼬르뷔지에(Le Corbusier) - 롱샹 교회
② 월터 그로피우스(Walter Gropius) - 아테네 미국대사관
③ 프랭크 로이드 라이트(Frank Lloyd Wright) - 구겐하임 미술관
④ 미스 반 데르 로에(Mies Van der Rohe) - MIT 공대 기숙사

해설
④ 스티븐 홀 - MIT 공대 기숙사

19
주거단지의 각 도로에 관한 설명으로 옳지 않은 것은?
① 격자형 도로는 교통을 균등 분산시키고 넓은 지역을 서비스할 수 있다.
② 선형 도로는 폭이 넓은 단지에 유리하고 한쪽 측면의 단지만을 서비스할 수 있다.
③ 루프(loop)형은 우회도로가 없는 쿨데삭(cul-de-sac)형의 결점을 개량하여 만든 유형이다.
④ 쿨데삭(cul-de-sac)형은 통과교통을 방지함으로써 주거환경의 쾌적성과 안정성을 모두 확보할 수 있다.

해설
② 선형 도로는 폭이 좁은 단지에 유리하고 한쪽 측면의 단지만을 서비스할 수 있다.

20
다음은 주택의 기준척도에 관한 설명이다. ( ) 안에 알맞은 것은?

| 거실 및 침실의 평면 각 변의 길이는 ( )를 단위로 한 것을 기준척도로 할 것 |

① 5cm   ② 10m
③ 15cm ④ 30cm

해설
거실 및 침실의 평면 각 변의 길이는 5cm를 단위로 한 것을 기준척도로 한다.

제2과목 · 건축시공

21
콘크리트의 균열을 발생 시기에 따라 구분할 때 경화 후 균열의 원인에 해당되지 않는 것은?
① 알칼리 골재 반응
② 동결융해
③ 탄산화
④ 재료분리

해설

경화 전 균열의 원인
- 거푸집의 변형이나 진동, 충격으로 인한 균열
- 소성수축과 침하

경화 후 균열의 원인
- 알칼리 골재 반응
- 동결융해
- 탄산화

22
도막방수에 관한 설명으로 옳지 않은 것은?
① 복잡한 형상에 대한 시공성이 우수하다.
② 용제형 도막방수는 시공이 어려우나 충격에 매우 강하다.
③ 에폭시계 도막방수는 접착성, 내열성, 내마모성, 내약품성이 우수하다.
④ 셀프레벨링공법은 방수 바닥에서 도료 상태의 도막재를 바닥에 부어 도포한다.

해설

② 용제형 도막방수는 시공이 쉽지만 화재 발생이나 환기에 주의해야 한다.

23
다음과 같은 원인으로 인하여 발생하는 용접결함의 종류는?

원인 : 도료, 녹, 밀 스케일, 모재의 수분

① 피트
② 언더컷
③ 오버랩
④ 엔드탭

해설

① 피트의 특징

24
터파기 공사 시 지하수위가 높으면 지하수에 의한 피해가 우려되므로 차수공사를 실시하며, 이 방법만으로 부족할 때에는 강제배수를 실시하게 되는데 이때 나타나는 현상으로 옳지 않은 것은?
① 점성토의 압밀
② 주변 침하
③ 흙막이 벽의 토압감소
④ 주변 우물의 고갈

해설

강제배수로 인한 현상
- 점성토의 압밀
- 주변 침하
- 주변 우물의 고갈

25
일반경쟁입찰의 업무순서에 따라 보기의 항목을 옳게 나열한 것은?

A. 입찰공고	B. 입찰등록
C. 견적	D. 참가등록
E. 입찰	F. 현장설명
G. 개찰 및 낙찰	H. 계약

① A → B → F → D → C → E → G → H
② A → D → F → C → B → E → G → H
③ A → B → C → F → D → G → E → H
④ A → D → C → F → E → G → B → H

해설

일반경재입찰의 순서
입찰공고 → 참가등록 → 현장설명 → 견적 → 입찰등록 → 입찰 → 개찰 및 낙찰 → 계약

정답 21.④ 22.② 23.① 24.③ 25.②

26
TQC를 위한 7가지 도구 중 다음 설명에 해당하는 것은?

> 모집단에 대한 품질특성을 알기 위하여 모집단의 분포상태, 분포의 중심위치, 분포의 산포 등을 쉽게 파악할 수 있도록 막대그래프 형식으로 작성한 도수분포도를 말한다.

① 히스토그램
② 특성요인도
③ 파레토도
④ 체크시트

해설

① 히스토그램에 대한 설명
- 특성요인도 : 문제로 하고 있는 특성과 요인 간의 관계, 요인 간의 상호관계를 쉽게 이해할 수 있도록 화살표를 이용하여 나타낸 그림
- 파레토도 : 층별 요인이나 특성에 대한 불량점유율을 나타낸 그림으로서 가로축에는 층별 요인이나 특성을, 세로축에는 불량건수나 불량손실금액 등을 표시하여 그 점유율을 나타낸 불량해석도

27
경량형 강재의 특징에 관한 설명으로 옳지 않은 것은?

① 경량형 강재는 중량에 대한 단면계수, 단면 2차 반경이 큰 것이 특징이다.
② 경량형 강재는 일반구조용 열간 압연한 일반형 강재에 비하여 단면형이 크다.
③ 경량형 강재는 판두께가 얇지만 판의 국부 좌굴이나 국부 변형이 생기지 않아 유리하다.
④ 일반구조용 열간 압연한 일반형 강재에 비하여 판두께가 얇고 강재량이 적으면서 휨강도는 크고 좌굴 강도도 유리하다.

해설

③ 경량형 강재는 판두께가 얇기 때문에 판의 국부 좌굴이나 국부 변형이 쉽게 발생해 불리하다.

28
거푸집에 작용하는 콘크리트의 측압에 끼치는 영향요인과 가장 거리가 먼 것은?

① 거푸집의 강성
② 콘크리트 타설 속도
③ 기온
④ 콘크리트의 강도

해설

거푸집 측압의 증가 요인
- 거푸집의 강성이 클수록
- 온도가 낮을수록, 습도가 높을수록
- 콘크리트의 비중이 클수록
- 슬럼프값이 클수록
- 부어넣는 속도가 빠를수록
- 철골 또는 철근량이 적을수록

29
건설 프로세스의 효율적인 운영을 위해 형성된 개념으로 건설생산에 초점을 맞추고 이에 관련된 계획, 관리, 엔지니어링, 설계, 구매, 계약, 시공, 유지 및 보수 등의 요소들을 주요 대상으로 하는 것은?

① CIC(Computer Integrated Construction)
② MIS(Management Information System)
③ CIM(Computer Integrated Manufacturing)
④ CAM(Computer Aided Manufacturing)

해설

① CIC에 대한 설명
CIC란 건설분야의 공기단축, 생산성 향상 및 품질 확보 등을 위해 전산 통합화하는 시스템을 말함

30
경량기포콘크리트(ALC)에 관한 설명으로 옳지 않은 것은?
① 기건 비중은 보통 콘크리트의 약 1/4 정도로 경량이다.
② 열전도율은 보통 콘크리트의 약 1/10 정도로서 단열성이 우수하다.
③ 유기질 소재를 주원료로 사용하여 내화성능이 매우 낮다.
④ 흡음성과 차음성이 우수하다.

해설
③ 유기질 소재를 주원료로 사용하여 내화성능이 매우 낮은 것은 목구조에 관한 설명으로, 경량기포콘크리트는 무기질 소재를 주원료로 사용하여 내화성능이 매우 좋다.

31
실의 크기 조절이 필요한 경우 칸막이 기능을 하기 위해 만든 병풍 모양의 문은?
① 여닫이문　　② 자재문
③ 미서기문　　④ 홀딩 도어

해설
④ 홀딩 도어에 대한 설명

32
타일 108mm 각으로, 줄눈을 5mm로 벽면 6m²를 붙일 때 필요한 타일의 장수는? (단, 정미량으로 계산)
① 350장　　② 400장
③ 470장　　④ 520장

해설
타일의 정미량 계산
$$\left(\frac{1,000}{108+5} \times \frac{1,000}{108+5}\right) \times 6 \approx 470 \text{매}$$

33
수장공사 적산 시 유의사항에 관한 설명으로 옳지 않은 것은?
① 수장공사는 각종 마감재를 사용하여 바닥-벽-천장을 치장하므로 도면을 잘 이해하여야 한다.
② 최종 마감재만 포함하므로 설계도서를 기준으로 각종 부속공사는 제외하여야 한다.
③ 마무리 공사로서 자재의 종류가 다양하게 포함되므로 자재별로 잘 구분하여 시공 및 관리하여야 한다.
④ 공사범위에 따라서 주자재, 부자재, 운반 등을 포함하고 있는지 파악하여야 한다.

해설
② 최종 마감재, 단열재 및 도배재료 등을 포함하여 설계도서를 기준으로 각종 부속공사도 포함시켜야 한다.

34
평판재하시험에 관한 설명으로 옳지 않은 것은?
① 재하판의 크기는 45cm 각을 사용한다.
② 침하의 증가가 2시간에 0.1mm 이하가 되면 정지한 것으로 판정한다.
③ 시험할 장소에서의 즉시 침하를 방지하기 위하여 다짐을 실시한 후 시작한다.
④ 지반의 허용지지력을 구하는 것이 목적이다.

해설
③ 평판재하시험은 다짐을 실시한 후 시작하지 않는다. 예정기초 저면에서 실시하며, 말뚝은 연속적으로 박되 휴식시간을 두지 않고 박는다.

35
석재의 표면 마무리의 갈기 및 광내기에 사용하는 재료가 아닌 것은?
① 금강사　　② 황산
③ 숫돌　　　④ 산화주석

해설
석재의 표면 마무리 갈기/광내기 재료
• 금강사, 숫돌, 산화주석

정답　30.③　31.④　32.③　33.②　34.③　35.②

36
건축주가 시공회사의 신용, 자산, 공사경력, 보유기자재 등을 고려하여 그 공사에 적격한 하나의 업체를 지명하여 입찰시키는 방법은?
① 공개경쟁입찰 ② 제한경쟁입찰
③ 지명경쟁입찰 ④ 특명입찰

해설
④ 특명입찰에 대한 설명
- 지명입찰 : 공사수행에 적정한 여러 개의 업자를 지명하여 경쟁 입찰시키는 방식
- 특명입찰 : 단일 수급자를 선정하여 발주하는 것

37
서로 다른 종류의 금속재가 접촉하는 경우 부식이 일어나는 경우가 있는데, 부식성이 큰 금속 순으로 옳게 나열된 것은?
① 알루미늄 > 철 > 주석 > 구리
② 주석 > 철 > 알루미늄 > 구리
③ 철 > 주석 > 구리 > 알루미늄
④ 구리 > 철 > 알루미늄 > 주석

해설
금속의 부식성 순서
Al > Zn > Fe > Ni > Sn > Cu

38
스프레이 도장방법에 관한 설명으로 옳지 않은 것은?
① 도장거리는 스프레이 도장면에서 150mm를 표준으로 하고 압력에 따라 가감한다.
② 스프레이할 때에는 매끈한 평면을 얻을 수 있도록 하고, 항상 평행이동하면서 운행의 한 줄마다 스프레이 너비의 1/3 정도를 겹쳐 뿜는다.
③ 각 회의 스프레이 방향은 전회의 방향에 직각으로 한다.
④ 에어레스 스프레이 도장은 1회 도장에 두꺼운 도막을 얻을 수 있고 짧은 시간에 넓은 면적을 도장할 수 있다.

해설
① 도장거리는 스프레이 도장면에서 300mm를 표준으로 하고 압력에 따라 가감한다.

39
창호철물 중 여닫이문에 사용하지 않는 것은?
① 도어 행거(door hanger)
② 도어 체크(door check)
③ 실린더 록(cylinder lock)
④ 플로어 힌지(floor hinge)

해설
창호철물
- 여닫이 창호철물 : 도어체크, 실린더 록, 플로어힌지, 피벗힌지, 도어클로저
- 미서기 창호철물 : 레일, 도어 행거

40
아스팔트 방수공사에 관한 설명으로 옳지 않은 것은?
① 아스팔트 프라이머는 건조하고 깨끗한 바탕면에 솔, 롤러, 뿜칠기 등을 이용하여 규정량을 균일하게 도포한다.
② 용융 아스팔트는 운반용 기구로 시공 장소까지 운반하여 방수 바탕과 시트재 사이에 롤러, 주걱 등으로 뿌리면서 시트재를 깔아 나간다.
③ 옥상에서의 아스팔트 방수 시공 시 평탄부에서의 방수 시트깔기 작업 후 특수 부위에 대한 보강붙이기를 시행한다.
④ 평탄부에서는 프라이머의 적절한 건조상태를 확인하여 시트를 깐다.

해설
③ 옥상에서의 아스팔트 방수 시공 시 평탄부에서의 방수 시트깔기 작업 전에 특수 부위에 대한 보강붙이기를 먼저 시행한다.

정답 36.④ 37.① 38.① 39.① 40.③

제3과목 ■ 건축구조

41
다음 그림과 같은 라멘의 부정정차수는?

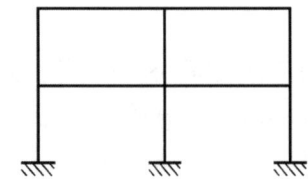

① 6차 부정정 ② 8차 부정정
③ 10차 부정정 ④ 12차 부정정

해설
부정정차수에 의한 구조물의 판별
부정정차수 $n = r + m + k - 2j$
반력수 : 9, 부재수 : 10, 강절점수 : 11, 절점수 : 9
$n = 9 + 10 + 11 - (2 \times 9) = 12$차

42
1단은 고정, 1단은 자유인 길이 10m인 철골 기둥에서 오일러의 좌굴하중은?(단, $A = 6,000\text{mm}^2$, $I_x = 4,000\text{cm}^4$, $I_y = 2,000\text{cm}^4$, $E = 205,000\text{MPa}$)

① 101.2kN
② 168.4kN
③ 195.7kN
④ 202.4kN

해설
좌굴하중 계산
- 좌굴하중 $P_{cr} = \dfrac{\pi^2 EI}{(KL)^2}$
- 1단 고정, 1단 자유이므로 캔틸레버 : KL = 20m

$\therefore P_{cr} = \dfrac{\pi^2 \times 205,000 \times 2,000 \times 10^4}{(20 \times 10^3)^2} \times 10^{-3}$
$= 101.16\text{kN}$

43
다음 그림과 같은 보에서 중앙점(C점)의 휨모멘트(M_C)를 구하면?

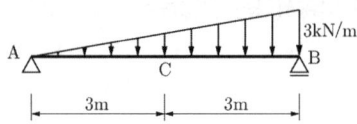

① 4.50kNm ② 6.75kNm
③ 8.00kNm ④ 10.50kNm

해설
휨모멘트 계산
- A지점 반력
$\Sigma M_B = 0$
$V_A \times 6m - \dfrac{1}{2} \times 3\text{kN/m} \times 6m \times 2m = 0$
$\therefore V_A = 3\text{kN}(\uparrow)$
- 중앙점의 휨모멘트
$M_C = 3\text{kN} \times 3m - \dfrac{1}{2} \times 1.5\text{kN/m} \times 3m \times 1m$
$= 6.75\text{kNm}$

44
그림과 같은 단면에서 x-x축에 대한 단면2차반경으로 옳은 것은?

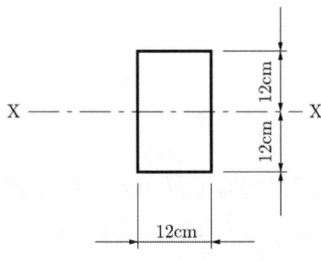

① 5.5cm ② 6.9cm
③ 7.7cm ④ 8.1cm

해설
단면2차반경 계산
$r = \sqrt{\dfrac{I}{A}} = \sqrt{\dfrac{\dfrac{12 \times (24)^3}{12}}{12 \times (24)}} = 6.93\text{cm}$

정답 41.④ 42.① 43.② 44.②

45

스팬이 ℓ 이고 양단의 고정인 보의 전체에 등분포하중 w가 작용할 때 중앙부의 최대 처짐은?

① $\dfrac{w\ell^4}{48EI}$ ② $\dfrac{5w\ell^4}{48EI}$

③ $\dfrac{w\ell^4}{384EI}$ ④ $\dfrac{5w\ell^4}{384EI}$

해설

보의 최대 처짐 공식

(1) 양단고정-등분포하중 : $\dfrac{w\ell^4}{384EI}$

(2) 단순보-등분포하중 : $\dfrac{5w\ell^4}{384EI}$

46

철근콘크리트의 보강철근에 관한 설명으로 옳지 않은 것은?

① 보강철근으로 보강하지 않은 콘크리트는 연성 거동을 한다.
② 보강철근은 콘크리트의 크리프를 감소시키고 균열의 폭을 최소화시킨다.
③ 이형철근은 원형강봉의 표면에 돌기를 만들어 철근과 콘크리트의 부착력을 최대가 되도록 한 것이다.
④ 보강철근을 콘크리트 속에 매립함으로써 콘크리트의 휨강도를 증대시킨다.

해설

① 보강철근으로 보강하지 않은 콘크리트(무근콘크리트)는 취성 거동을 한다.

47

강도설계법 적용 시 그림과 같은 단철근 직사각형보 단면의 공칭휨강도 M_n은? (단, $f_{ck}=21$MPa, $f_y=400$MPa, $A_s=1,200$mm²)

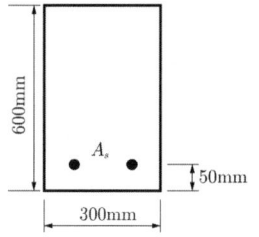

① 162kNm   ② 182kNm
③ 202kNm   ④ 242kNm

해설

공칭휨강도 계산

$$M_n = T \times \left(d - \dfrac{a}{2}\right) = A_s f_y \times \left(d - \dfrac{a}{2}\right)$$

$$a = \dfrac{A_s f_y}{0.85 f_{ck} b} = \dfrac{1,200 \times 400}{0.85 \times 21 \times 300} = 89.64\text{mm}$$

$$\therefore M_n = 1,200 \times 400 \times \left(550 - \dfrac{89.64}{2}\right) \times 10^{-6}$$
$$= 242.5\text{kNm}$$

48

철근의 정착길이에 관한 사항으로 옳지 않은 것은?

① 인장이형철근 및 이형철선의 정착길이 l_d는 항상 300mm 이상이어야 한다.
② 압축이형철근의 정착길이는 l_d는 항상 150mm 이상이어야 한다.
③ 인장 또는 압축을 받는 하나의 다발철근 내에 있는 개개 철근의 정착길이 l_d는 다발철근이 아닌 경우의 각 철근의 정착길이보다 3개의 철근으로 구성된 다발철근에 대해서 20% 증가시켜야 한다.
④ 단부에 표준갈고리를 갖는 인장이형철근의 정착길이 l_{dh}는 항상 $8d_b$ 이상 또한 150mm 이상이어야 한다.

해설

② 압축이형철근의 정착길이는 l_d는 항상 200mm 이상이어야 한다.

49
강도설계법에 의한 철근콘크리트보 설계에서 양단연속인 경우 처짐을 계산하지 않아도 되는 보의 최소 두께로 옳은 것은?(단, 보통콘크리트 $w_c = 2,300 kg/m^3$ 와 설계기준항복강도 400MPa 철근을 사용)

① $L/16$ ② $L/21$
③ $L/24$ ④ $L/28$

해설
처짐 미계산 시 보의 최소두께
- 캔틸레버 : $L/8$
- 단순지지 : $L/16$
- 1단연속 : $L/18.5$
- 양단연속 : $L/21$

50
내진설계에 있어서 밑면전단력 산정인자가 아닌 것은?

① 건물의 중요도계수 ② 반응수정계수
③ 진도계수 ④ 유효건물중량

해설
지진하중의 밑면전단력 산정 요소
- 유효건물중량
- 반응수정계수
- 지진응답계수
- 중요도계수
- 고유주기
- 지반증폭계수

51
그림과 같은 구조에서 B단에 발생하는 모멘트는?

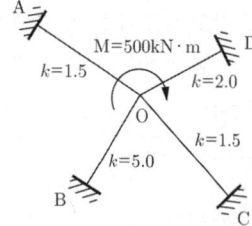

① 125kNm ② 188kNm
③ 250kNm ④ 300kNm

해설
부정정 구조의 모멘트 분배
(1) 분배율 $\mu_{OB} = \dfrac{K}{\Sigma K} = \dfrac{5}{1.5+5+1.5+2} = 0.5$
(2) 분배모멘트
$M_{OB} = \mu_{OB} \times M = 0.5 \times 500 = 250 kNm$
(3) 전달모멘트
$M_{BO} = \dfrac{1}{2} M_{OB} = \dfrac{1}{2} \times 250 = 125 kNm$

52
다음 그림과 같은 구멍 2열에 대하여 파단선 A-B-C를 지나는 순단면적과 동일한 순단면적을 갖는 파단선 D-E-F-G의 피치(s)는? (단, 구멍은 여유폭을 포함하여 23mm임)

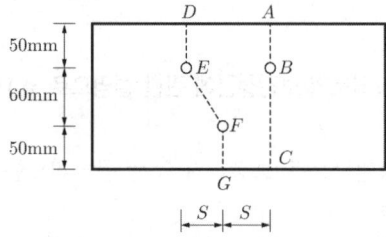

① 3.7cm ② 7.4cm
③ 11.1cm ④ 14.8cm

해설
인장재의 순단면적에 따른 피치 계산
(1) 철판의 두께가 주어지지 않았으므로 1mm로 가정함
(2) 파단선 A-B-C의 순단면적
$A_n = A_g - nd_0 t = 160 \times 1 - 1 \times 23 \times 1$
$= 137 mm^2$
(3) 파단선 D-E-F-G의 순단면적
$A_n = A_g - nd_0 t + \Sigma \dfrac{s^2 \times t}{4g}$
$= 160 \times 1 - 2 \times 23 \times 1 + \dfrac{s^2}{4 \times 60}$
$= 114 + \dfrac{s^2}{240}$
(4) 두 값이 동일하므로, $114 + \dfrac{s^2}{240} = 137$ 에서 s값을 구하면, $s = 74.3 mm = 7.43 cm$

53

원형단면에 전단력 $S=30$kN이 작용할 때 단면의 최대 전단응력도는? (단, 단면의 반경은 180mm이다.)

① 0.19MPa ② 0.24MPa
③ 0.39MPa ④ 0.44MPa

해설

최대 전단응력도

$$v_{max} = k\frac{V}{A}$$
$$= \frac{4}{3} \times \frac{30 \times 1,000}{\pi \times (180)^2} = 0.393 \text{N/mm}^2$$

54

다음 그림과 같은 부정정보에서 고정단모멘트 M_{AB} (C_{AB})의 절대값은?

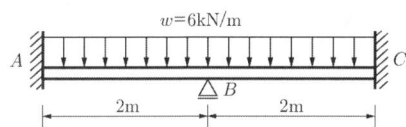

① 2kNm ② 3kNm
③ 4kNm ④ 5kNm

해설

부정정구조의 모멘트 계산

(1) B지점에 작용하는 수직반력에 의한 상향처짐과 등분포하중에 의한 하향처짐이 같다는 원리를 이용하여 B지점의 수직반력을 구한다.

$$\delta_B = \frac{wL^4}{384EI}, \quad \delta_B = \frac{PL^3}{192EI}$$

$$\therefore \frac{6 \times (4)^4}{384EI} = \frac{V_B \times (4)^3}{192EI} \rightarrow V_B = 12\text{kN}(\uparrow)$$

(2) 양단고정보에서 하향의 등분포하중과 상향의 수직반력이 동시에 작용하고 있으므로 각각의 경우의 단부모멘트를 더하면 고정단모멘트가 계산된다.

$$M_{AB} = -\frac{wL^2}{12}, \quad M_{AB} = \frac{PL}{8}$$

$$\therefore -\frac{6 \times (4)^2}{12} + \frac{12 \times 4}{8} = -2\text{kNm}$$

55

그림과 같은 보의 C점에서의 최대 처짐은?

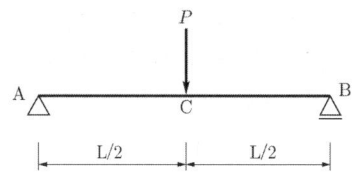

① $\dfrac{PL^3}{2EI}$ ② $\dfrac{PL^3}{48EI}$
③ $\dfrac{PL^3}{384EI}$ ④ $\dfrac{5PL^3}{384EI}$

해설

보의 최대 처짐 공식

(1) 단순보-중앙 집중하중 : $\dfrac{PL^3}{48EI}$

(2) 단순보-등분포하중 : $\dfrac{5wL^4}{384EI}$

(3) 캔틸레버보-집중하중 : $\dfrac{PL^3}{3EI}$

(4) 캔틸레버보-등분포하중 : $\dfrac{wL^4}{8EI}$

56

바닥슬래브와 철골보 사이에 발생하는 전단력에 저항하기 위해 설치하는 것은?

① 커버 플레이트(cover plate)
② 스티프너(stiffener)
③ 턴버클(turn buckle)
④ 쉬어 커넥터(shear connector)

해설

쉬어 커넥터

전단연결재라고도 하며 철골보에 용접되어 콘크리트 슬래브에 묻혀 있는 철물로 수평전단력에 대해 저항하는 부재를 말함

57
말뚝기초에 관한 설명으로 옳지 않은 것은?
① 말뚝기초는 지반이 연약하고 기초상부의 하중을 지지하지 못할 때 보강공법으로 쓰인다.
② 지지말뚝은 굳은 지반까지 말뚝을 박아 하중을 직접 지반에 전달하며 주위 흙과의 마찰력은 고려하지 않는다.
③ 마찰말뚝은 주위 흙과의 마찰력으로 지지되며 n개를 박았을 때 그 지지력은 n배가 된다.
④ 동일 건물에서는 서로 다른 종류의 말뚝을 혼용하지 않는다.

해설
③ 마찰말뚝은 주위 흙과의 마찰력으로 지지되며 n개를 박았을 때 그 <u>지지력은 n배가 되지 않고 n배보다 작게 된다</u>. 그 이유는 마찰말뚝 사이에 마찰력의 상쇄작용이 일어나 지지력을 감소시키기 때문이다.

58
철골 트러스의 특성에 관한 설명으로 옳지 않은 것은?
① 직선 부재들이 삼각형의 형태로 구성되어 안정적인 거동을 한다.
② 트러스의 개방된 웨브공간으로 전기배선이나 덕트 등과 같은 설비배관의 통과가 가능하다.
③ 부정정차수가 낮은 트러스의 경우에는 일부 부재나 접합부의 파괴가 트러스의 붕괴를 야기할 수 있다.
④ 직선 부재로만 구성되기 때문에 비정형 건축물의 구조체에는 적용되지 않는다.

해설
철골트러스의 특성
④ 비정형 구조물에도 <u>적용이 가능함</u>

59
아래 단면을 가진 철근콘크리트 기둥의 최대 설계축하중(ϕP_n)은? (단, $f_{ck}=30\text{MPa}$, $f_y=400\text{MPa}$)

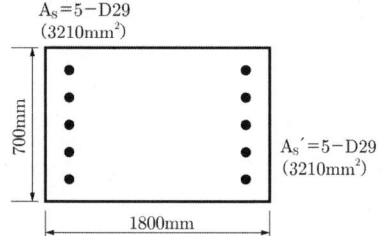

① 12,958kN ② 15,425kN
③ 17,958kN ④ 21,425kN

해설
기둥의 설계축하중 계산
$\phi P_n = \phi 0.8[0.85f_{ck}(A_g - A_{st}) + f_y A_{st}]$
$= 0.65 \times 0.8 \times [0.85 \times 30 \times (700 \times 1,800 - 3,210 \times 2)$
$\quad + 400 \times (3210 \times 2)] \times 10^{-3}$
$= 17,957.8\text{kN}$

60
철골구조 주각부의 구성요소가 아닌 것은?
① 커버 플레이트
② 앵커볼트
③ 베이스 모르타르
④ 베이스 플레이트

해설
커버 플레이트
리벳 접합 플레이트 거더의 메인 거더나 리벳 접합 강트러스교의 상현재 등에 사용되어 부재의 강성을 증가시키고 빗물의 침입을 방지하기 위한 강판

제4과목 • 건축설비

61
실내공기오염의 종합적 지표로서 사용되는 오염물질은?

① 부유분진 ② 이산화탄소
③ 일산화탄소 ④ 이산화질소

해설
이산화탄소 실내공기질 유지기준
다중이용시설 중 실내주차장 : 1,000ppm 이하

62
전기 샤프트(ES)에 관한 설명으로 옳지 않은 것은?

① 전기 샤프트(ES)는 각 층마다 같은 위치에 설치한다.
② 전기 샤프트(ES)는 면적은 보, 기둥부분을 제외하고 산정한다.
③ 전기 샤프트(ES)는 전력용(EPS)과 정보통신용(TPS)을 공용으로 설치하는 것이 원칙이다.
④ 전기 샤프트(ES)의 점검구는 유지보수 시 기기의 반입 및 반출이 가능하도록 하여야 한다.

해설
전기 샤프트(ES)의 특성
③ 전기 샤프트(ES)는 전력용(EPS)과 정보통신용(TPS)을 공용으로 설치하지 않는 것이 원칙이다. 다만, 설치 장비 및 배선이 적은 경우는 공용으로 사용할 수 있다.

63
기온, 습도, 기류의 3요소의 조합에 의한 실내 온열감각을 기온의 척도로 나타낸 것은?

① 작용온도 ② 등가온도
③ 유효온도 ④ 등온지수

해설
온열지표

	기온	습도	기류	복사열
작용온도	○		○	○
불쾌지수	○	○		
등온지수	○	○	○	○
유효온도	○	○	○	

64
증기난방에 관한 설명으로 옳지 않은 것은?

① 온수난방에 비해 예열시간이 짧다.
② 온수난방에 비해 한랭지에서 동결의 우려가 적다.
③ 운전 시 증기해머로 인한 소음을 일으키기 쉽다.
④ 온수난방에 비해 부하변동에 따른 실내방열량의 제어가 용이하다.

해설
④ 온수난방에 비해 부하변동에 따른 실내방열량의 제어가 어렵다.

65
조명설비에서 눈부심에 관한 설명으로 옳지 않은 것은?

① 광원의 크기가 클수록 눈부심이 강하다.
② 광원의 휘도가 작을수록 눈부심이 강하다.
③ 광원의 시선에 가까울수록 눈부심이 강하다.
④ 배경이 어둡고 눈이 암순응될수록 눈부심이 강하다.

해설
② 광원의 휘도가 클수록 눈부심이 강하다.

66
주철제 보일러에 관한 설명으로 옳지 않은 것은?
① 재질이 약하여 고압으로는 사용이 곤란하다.
② 섹션(section)으로 분할되므로 반입이 용이하다.
③ 재질이 주철이므로 내식성이 약하여 수명이 짧다.
④ 규모가 비교적 작은 건물의 난방용으로 사용된다.

해설
③ 재질이 주철이므로 <u>내식성이 강하여 수명이 길다</u>.

67
배수트랩에 관한 설명으로 옳지 않은 것은?
① 트랩은 이중으로 설치하면 효과적이다.
② 트랩의 봉수깊이가 너무 깊으면 통수능력이 감소된다.
③ 트랩은 하수가스의 실내 침입을 방지하는 역할을 한다.
④ 트랩은 위생기구에 가능한 한 접근시켜 설치하는 것이 좋다.

해설
① 트랩은 이중으로 설치하면 <u>유속이 감소하고 배수가 원활하지 않으므로 효과적이지 않다</u>. 따라서 일반적으로 트랩은 이중으로 설치하지 않는다.

68
다음 설명에 알맞은 냉동기는?

- 기계적 에너지가 아닌 열에너지에 의해 냉동효과를 얻는다.
- 구조는 증발기, 흡수기, 재생기(발생기), 응축기 등으로 구성되어 있다.

① 터보식 냉동기   ② 흡수식 냉동기
③ 스크류식 냉동기   ④ 왕복동식 냉동기

해설
② 흡수식 냉동기에 대한 설명

69
액화천연가스(LNG)에 관한 설명으로 옳지 않은 것은?
① 공기보다 가볍다.
② 무공해, 무독성이다.
③ 프로필렌, 부탄, 에탄이 주성분이다.
④ 대규모의 저장시설을 필요로 하며, 공급은 배관을 통하여 이루어진다.

해설
③ 액화천연가스(LNG)의 주성분은 <u>메탄(CH_4)</u>이다.

70
수량 $22.4m^3/h$를 양수하는데 필요한 터빈 펌프의 구경으로 적당한 것은? (단, 터빈 펌프 내의 유속은 2m/s로 한다.)

① 65mm   ② 75mm
③ 100mm   ④ 125mm

해설
펌프의 구경 계산

$$d = 1.13\sqrt{\frac{Q}{V}} = \sqrt{\frac{4Q}{V\pi}} \text{ (m)}$$

여기서, Q : 양수량(m^3/sec)
V : 유속(m/sec)

$$d = \sqrt{\frac{4 \times 22.4}{2 \times \pi \times 3600}} = 0.063m = 63mm \text{ 이상}$$

71
건축물의 에너지절약설계기준에 따른 건축물의 단열을 위한 권장사항으로 옳지 않은 것은?
① 외벽 부위는 내단열로 시공한다.
② 열손실이 많은 북측 거실의 창 및 문의 면적은 최소화한다.
③ 외피의 모서리 부분은 열교가 발생하지 않도록 단열재를 연속적으로 설치한다.
④ 발코니 확장을 하는 공동주택에는 단열성이 우수한 로이(Low-E) 복층창이나 삼중창 이상의 단열성능을 갖는 창을 설치한다.

해설
① 외벽 부위는 <u>외단열로 시공한다</u>.

정답 66.③ 67.① 68.② 69.③ 70.① 71.①

72
전류가 흐르고 있는 전기기기, 배선과 관련된 화재를 의미하는 것은?

① A급 화재 ② B급 화재
③ C급 화재 ④ K급 화재

해설
화재의 분류
- A급 화재(일반 화재) : 목재, 섬유, 종이 등의 화재
- B급 화재(유류 화재) : 등유, 경유, 페인트의 화재
- C급 화재(전기 화재) : 전류가 흐르고 있는 전기기기, 배선의 화재

73
다음 중 엘리베이터의 안전장치와 가장 관계가 먼 것은?

① 조속기 ② 핸드 레일
③ 종점 스위치 ④ 전자 브레이크

해설
엘리베이터의 안전장치
- 조속기, 종점 스위치, 전자 브레이크
- 완충기, 비상정지 장치, 리밋 스위치

74
다음 중 변전실 면적에 영향을 주는 요소와 가장 거리가 먼 것은?

① 발전기실의 면적
② 변전설비 변압방식
③ 수전전압 및 수전방식
④ 설치 기기와 큐비클의 종류

해설
변전실 면적에 영향을 주는 요소
변압방식 및 변압기 용량, 수전전압 및 수전방식, 설치 기기와 큐비클의 종류 및 배치방법

75
배관재료에 관한 설명으로 옳지 않은 것은?

① 주철관은 오배수관이나 지중 매설 배관에 사용된다.
② 경질염화비닐관은 내식성은 우수하나 충격에 약하다.
③ 연관은 내식성이 작아 배수용보다는 난방 배관에 주로 사용된다.
④ 동관은 전기 및 열전도율이 좋고 전성·연성이 풍부하며 가공도 용이하다.

해설
③ 연관은 내식성이 커서 배수용이나 통기관에 주로 사용된다.

76
공기조화방식 중 팬코일 유닛방식에 관한 설명으로 옳지 않은 것은?

① 각 실에 수배관으로 인한 누수의 우려가 있다.
② 덕트 샤프트나 스페이스가 필요없거나 작아도 된다.
③ 각 실의 유닛은 수동으로도 제어할 수 있고, 개별제어가 쉽다.
④ 유닛을 창문 밑에 설치하면 콜드 드래프트(cold draft)가 발생할 우려가 높다.

해설
④ 유닛을 창문 밑에 설치하면 콜드 드래프트(cold draft)를 방지할 수 있다.

77
다음 그림과 같은 형태를 갖는 간선의 배선 방식은?

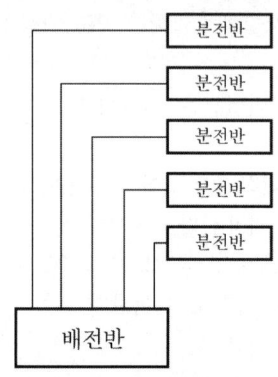

① 개별방식　　② 루프방식
③ 병용방식　　④ 나뭇가지방식

해설
① 개별방식(평행식)에 대한 설명

78
실내의 탄산가스 허용농도가 1,000ppm, 외기의 탄산가스 농도가 400ppm 일 때, 실내 1인당 필요한 환기량은?(단, 실내 1인당 탄산가스 배출량은 15L/h이다.)

① $15m^3/h$　　② $20m^3/h$
③ $25m^3/h$　　④ $30m^3/h$

해설
필요환기량 계산
$$Q = \frac{k}{C - C_o} = \frac{15 \times 10^{-3}}{1000 \times 10^{-6} - 400 \times 10^{-6}}$$
$$= 25m^3/h$$
여기서, k : 실내에서의 CO_2 발생량(m^3/h)
　　　　C : CO_2 허용농도(m^3/m^3)
　　　　C_o : 신선외기의 CO_2 농도(m^3/m^3)
※ $1m^3 = 1,000L$

79
펌프의 양수량이 $10m^3/min$, 전양정이 10m, 효율이 80%일 때, 이 펌프의 축동력은?

① 20.4kW　　② 22.5kW
③ 26.5kW　　④ 30.6kW

해설
펌프의 축동력 계산
$$\frac{WQH}{6120E} = \frac{1,000 \times 10 \times 10}{6120 \times 0.8} = 20.43kW$$
여기서, W : 비중량(1,000)
　　　　Q : 양수량(m^3/min)
　　　　H : 전 양정
　　　　E : 효율

80
최대수요전력을 구하기 위한 것으로 총 부하 설비용량에 대한 최대수요전력의 비율을 백분율로 나타낸 것은?

① 역률　　② 수용률
③ 부등률　　④ 부하율

해설
수용률 = $\frac{\text{최대수요전력(kW)}}{\text{총 부하 설비용량(kW)}} \times 100(\%)$

부등률 = $\frac{\text{각 부하의 최대수용전력의 합계}}{\text{최대사용(수용)전력}}$

제5과목 ■ 건축관계법규

81
특별피난계단의 구조에 관한 기준 내용으로 옳지 않은 것은?

① 계단실에는 예비전원에 의한 조명설비를 할 것
② 계단은 내화구조로 하되, 피난층 또는 지상까지 직접 연결되도록 할 것
③ 출입구의 유효너비는 0.9m 이상으로 하고 피난의 방향으로 열 수 있을 것
④ 계단실의 노대 또는 부속실에 접하는 창문은 그 면적을 각각 $3m^2$ 이하로 할 것

해설
④ 계단실의 노대 또는 부속실에 접하는 창문은 그 면적을 각각 <u>$1m^2$ 이하</u>로 할 것

82
그림과 같은 일반 건축물의 건축면적은? (단, 평면도 건물 치수는 두께 300mm인 외벽의 중심치수이고, 지붕선 치수는 지붕외곽선 치수임)

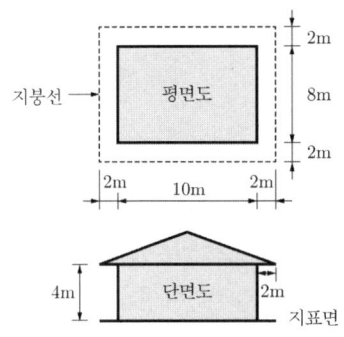

① $80m^2$
② $100m^2$
③ $120m^2$
④ $168m^2$

해설
건축면적 계산
처마, 차양, 부연 그 밖에 이와 비슷한 것으로서 그 외벽의 중심선으로부터 수평거리 1m 이상 돌출된 부분의 경우 그 돌출된 끝부분으로부터 <u>1m의 수평거리를 후퇴</u>한 선으로 둘러싸인 부분의 수평투영면적
∴ $12m \times 10m = 120m^2$

83
다음은 대지의 조경에 관한 기준 내용이다. ( ) 안에 알맞은 것은?

> 면적이 ( ) 이상인 대지에 건축을 하는 건축주는 용도지역 및 건축물의 규모에 따라 해당 지방자치단체의 조례로 정하는 기준에 따라 대지에 조경이나 그 밖에 필요한 조치를 하여야 한다.

① $100m^2$
② $200m^2$
③ $300m^2$
④ $500m^2$

해설
면적이 <u>$200m^2$ 이상</u>인 대지에 건축을 하는 건축주는 용도지역 및 건축물의 규모에 따라 해당 지방자치단체의 조례로 정하는 기준에 따라 대지에 <u>조경</u>이나 그 밖에 필요한 조치를 하여야 한다.

84
건축법령 상 초고층 건축물의 정의로 옳은 것은?

① 층수가 30층 이상이거나 높이가 90m 이상인 건축물
② 층수가 30층 이상이거나 높이가 120m 이상인 건축물
③ 층수가 50층 이상이거나 높이가 150m 이상인 건축물
④ 층수가 50층 이상이거나 높이가 200m 이상인 건축물

해설
고층건축물
- 고층 건축물 : 층수 30층 이상이거나 높이 120m 이상
- 초고층 건축물 : 층수 50층 이상이거나 높이 200m 이상

정답 81.④ 82.③ 83.② 84.④

85
건축물의 거실에 건축물의 설비기준 등에 관한 규칙에 따라 배연설비를 설치하여야 하는 대상 건축물에 속하지 않은 것은? (단, 피난층의 거실은 제외)
① 6층 이상인 건축물로서 창고시설의 용도로 쓰는 건축물
② 6층 이상인 건축물로서 운수시설의 용도로 쓰는 건축물
③ 6층 이상인 건축물로서 위락시설의 용도로 쓰는 건축물
④ 6층 이상인 건축물로서 종교시설의 용도로 쓰는 건축물

해설
배연설비 설치대상
6층 이상 건축물의 문화 및 집회시설, 종교시설, 판매시설, 운수시설, 의료시설, 연구소·아동관련시설·노인복지시설 및 유스호스텔, 운동시설, 업무시설, 숙박시설, 위락시설, 관광휴게시설, 장례식장에 쓰이는 거실

86
비상용승강기의 승강장의 구조에 관한 기준 내용으로 옳지 않은 것은?
① 채광이 되는 창문이 있거나 예비전원에 의한 조명설비를 할 것
② 벽 및 반자가 실내에 접하는 부분의 마감재료는 불연재료로 할 것
③ 피난층이 있는 승강장의 출입구로부터 도로 또는 공지에 이르는 거리가 50m 이하일 것
④ 옥내에 승강장을 설치하는 경우 승강장의 바닥면적은 비상용승강기 1대에 대하여 6m² 이상으로 할 것

해설
③ 피난층이 있는 승강장의 출입구로부터 도로 또는 공지에 이르는 거리가 30m 이하일 것

87
도시지역에서 복합적인 토지이용을 증진시켜 도시 정비를 촉진하고 지역 거점을 육성할 필요가 있다고 인정되는 지역을 대상으로 지정하는 구역은?
① 개발제한구역 ② 시가화조정구역
③ 입지규제최소구역 ④ 도시자연공원구역

해설
③ 입지규제최소구역에 대한 설명
※ 시가화조정구역 : 도시지역과 그 주변지역의 무질서한 시가화를 방지하고 계획적·단계적인 개발을 도모하기 위하여 5년 이상 20년 이내의 기간동안 시가화를 유보할 필요가 있다고 인정될 때 지정하는 구역

88
건축법령 상 건축허가신청에 필요한 설계도서에 속하지 않는 것은?
① 조감도 ② 배치도
③ 건축계획서 ④ 건축설비도

해설
건축허가신청에 필요한 설계도서 종류
건축계획서, 배치도, 평면도, 입면도, 단면도, 구조도, 구조계산서, 시방서, 건축설비도, 토지굴착 및 옹벽도

89
건축물의 주요구조부를 내화구조로 하여야 하는 대상 건축물에 속하지 않는 것은?
① 공장의 용도로 쓰는 건축물로서 그 용도로 쓰는 바닥면적의 합계가 500m²인 건축물
② 판매시설의 용도로 쓰는 건축물로서 그 용도로 쓰는 바닥면적의 합계가 500m²인 건축물
③ 창고시설의 용도로 쓰는 건축물로서 그 용도로 쓰는 바닥면적의 합계가 500m²인 건축물
④ 문화 및 집회시설 중 전시장의 용도로 쓰는 건축물로서 그 용도로 쓰는 바닥면적의 합계가 500m²인 건축물

정답 85.① 86.③ 87.③ 88.① 89.①

해설
주요구조부를 내화구조로 하는 건축물
바닥면적의 합계가 $500m^2$ 이상인 경우
- 문화 및 집회시설(전시장, 동/식물원)
- 판매, 창고, 운동, 위락, 수련시설 등

90
노외주차장의 출입구가 2개인 경우 주차형식에 따른 차로의 최소 너비가 옳지 않은 것은? (단, 이륜자동차전용 외의 노외주차장의 경우)

① 직각주차 : 6.0m
② 평행주차 : 3.3m
③ 45도 대향주차 : 3.5m
④ 60도 대향주차 : 5.0m

해설
이륜자동차전용 외의 노외주차장 차로너비

주차형식	차로의 폭	
	출입구가 2개 이상인 경우	출입구가 1개인 경우
평행주차	3.3m	5.0m
직각주차	6.0m	6.0m
60° 대향주차	4.5m	5.5m
45° 대향주차	3.5m	5.0m
교차주차	3.5m	5.0m

91
막다른 도로의 길이가 20m인 경우, 이 도로가 건축법령 상 '도로'이기 위한 최소너비는?

① 2m
② 3m
③ 4m
④ 6m

해설
막다른 도로의 길이별 최소너비 기준
- 도로길이 10m 미만 : 최소너비 2m 이상
- 도로길이 10~35m 미만 : 최소너비 3m 이상
- 도로길이 35m 이상 : 최소너비 6m 이상

92
어느 건축물에서 주차장 외의 용도로 사용되는 부분이 판매시설인 경우, 이 건축물이 주차전용 건축물이기 위해서는 주차장으로 사용되는 부분의 연면적 비율이 최소 얼마 이상이어야 하는가?

① 50%
② 70%
③ 85%
④ 95%

해설
주차전용건축물의 주차면적 비율

건축물의 용도	주차면적 비율
건축물의 연면적 중 주차장으로 사용되는 부분	95% 이상
단독주택, 공동주택, 제1종 및 제2종 근린생활시설, 문화 및 집회시설, 종교시설, 판매시설, 운수시설, 운동시설, 업무시설, 자동차관련시설	70% 이상

93
다음은 차수설비의 설치에 관한 기준 내용이다. ( ) 안에 알맞은 것은?

> 「국토의 계획 및 이용에 관한 법률」에 따른 방재지구에서 연면적 ( ) 이상의 건축물을 건축하려는 자는 빗물 등의 유입으로 건축물이 침수되지 아니하도록 해당 건축물의 지하층 및 1층의 출입구(주차장의 출입구를 포함한다)에 차수설비를 설치하여야 한다. 다만, 법 제5조 제1항에 따른 허가권자가 침수의 우려가 없다고 인정하는 경우에는 그러하지 아니하다.

① $3,000m^2$
② $5,000m^2$
③ $10,000m^2$
④ $20,000m^2$

해설
「국토의 계획 및 이용에 관한 법률」에 따른 방재지구에서 연면적 10,000m² 이상의 건축물을 건축하려는 자는 빗물 등의 유입으로 건축물이 침수되지 아니하도록 해당 건축물의 지하층 및 1층의 출입구(주차장의 출입구를 포함한다)에 차수설비를 설치하여야 한다.

94
건축법령 상 아파트의 정의로 가장 알맞은 것은?
① 주택으로 쓰는 층수가 3개 층 이상인 주택
② 주택으로 쓰는 층수가 5개 층 이상인 주택
③ 주택으로 쓰는 층수가 7개 층 이상인 주택
④ 주택으로 쓰는 층수가 10개 층 이상인 주택

해설
아파트의 정의 : 주택으로 쓰는 층수가 <u>5개 층 이상인</u> 주택

95
부설주차장의 설치대상 시설물이 업무시설인 경우 설치기준으로 옳은 것은? (단, 외국공관 및 오피스텔은 제외)
① 시설면적 $100m^2$당 1대
② 시설면적 $150m^2$당 1대
③ 시설면적 $200m^2$당 1대
④ 시설면적 $350m^2$당 1대

해설
부설주차장 설치기준
- <u>업무/판매/종교시설 – 시설면적 $150m^2$당 1대</u>
- 위락시설 – 시설면적 $100m^2$당 1대
- 수련시설 – 시설면적 $350m^2$당 1대

96
문화 및 집회시설 중 공연장의 개별관람실을 다음과 같이 계획하였을 경우, 옳지 않은 것은? (단, 개별관람실의 바닥면적은 $1,000m^2$이다.)
① 각 출구의 유효너비는 1.5m 이상으로 하였다.
② 관람실로부터 바깥쪽으로의 출구로 쓰이는 문을 밖여닫이로 하였다.
③ 개별관람실의 바깥쪽에는 그 양쪽 및 뒤쪽에 각각 복도를 설치하였다.
④ 개별관람실의 출구는 3개소 설치하였으며 출구의 유효너비의 합계는 4.5m로 하였다.

해설
공연장 개별관람실의 출구의 유효너비 합계
- 각 출구의 유효너비는 1.5m 이상일 것
- 바깥쪽으로의 출구는 밖여닫이로 할 것
- 관람실별로 2개소 이상 설치할 것
- 개별관람실 출구의 유효너비의 합계
$$\frac{개별관람실\ 면적(m^2)}{100m^2} \times 0.6m\ 이상$$
∴ $2 \times 1.5m = 3.0m$ 이상
$$\frac{1,000m^2}{100m^2} \times 0.6m = 6m\ 이상 \rightarrow 6.0m\ 이상$$

97
용도지역의 세분 중 도심·부도심의 상업기능 및 업무기능의 확충을 위하여 필요한 지역은?
① 유통상업지역
② 근린상업지역
③ 일반상업지역
④ 중심상업지역

해설
상업지역
- 중심상업지역 : 도심·부도심의 상업기능 및 업무기능의 <u>확충</u>을 위하여 필요한 지역
- 일반상업지역 : <u>일반</u>적인 상업 및 업무기능 증진을 위하여 필요한 지역
- 근린상업지역 : <u>근린</u>지역에서의 일용품 및 서비스의 공급을 위하여 필요한 지역
- 유통상업지역 : 도시 내 및 지역 간의 <u>유통</u>기능 증진을 위하여 필요한 지역

98
층수가 15층이며, 6층 이상의 거실면적의 합계가 15,000m²인 종합병원에 설치하여야 하는 승용승강기의 최소 대수는? (단, 8인승 승용승강기의 경우)
① 6대   ② 7대
③ 8대   ④ 9대

해설

승용승강기 설치 대수 기준

용도	6층 이상의 거실면적 합계	
	3,000m² 이하	3,000m² 초과
공연, 집회, 관람장, 판매, 의료	2대	2+(A-3,000m²/2,000m²)대
전시장 및 동·식물원, 위락, 숙박, 업무	1대	1+(A-3,000m²/2,000m²)대
공동주택, 교육연구시설, 기타	1대	1+(A-3,000m²/3,000m²)대

의료시설 : $2 + \left(\dfrac{A-3,000}{2,000}\right)$
$= 2 + \left(\dfrac{15,000-3,000}{2,000}\right) = 8$대

99
국토의 계획 및 이용에 관한 법령상 기반시설 중 광장의 세분에 해당하지 않는 것은?
① 옥상광장   ② 일반광장
③ 지하광장   ④ 건축물부설광장

해설

광장의 종류
일반광장, 교통광장, 지하광장, 경관광장, 건축물부설광장

100
다음 중 제1종 전용주거지역안에서 건축할 수 있는 건축물에 속하지 않는 것은? (단, 도시·군계획조례가 정하는 바에 의하여 건축할 수 있는 건축물 포함)
① 노유자시설
② 공동주택 중 아파트
③ 교육연구시설 중 고등학교
④ 제2종 근린생활시설 중 종교집회장

해설

제1종 전용주거지역 안에서 건축할 수 있는 건축물
- 단독주택, 공관, 다중주택
- 제1종 근린생활시설 중 바닥면적의 합계가 1,000m² 미만인 것
- 노유자시설
- 유치원·초등학교·중학교 및 고등학교
- 제2종 근린생활시설 중 종교집회장

정답 98.③ 99.① 100.②

ARCHITECTURAL ENGINEER

2020
출제문제

2020 제1-2회 건축기사

2020년 6월 7일 시행

제1과목 ■ 건축계획

01
건축물의 에너지절약을 위한 계획 내용으로 옳지 않은 것은?
① 공동주택은 인동간격을 넓게 하여 저층부의 일사 수열량을 증대시킨다.
② 건축물의 체적에 대한 외피면적의 비 또는 연면적에 대한 외피면적의 비는 가능한 한 크게 한다.
③ 건축물은 대지의 향, 일조 및 주풍향 등을 고려하여 배치하며, 남향 또는 남동향 배치를 한다.
④ 거실의 층고 및 반자 높이는 실의 용도와 기능에 지장을 주지 않는 범위 내에서 가능한 한 낮게 한다.

해설
② 건축물의 체적에 대한 외피면적의 비 또는 연면적에 대한 외피면적의 비는 가능한 한 작게 한다(열성능에 유리).

02
다음 설명에 알맞은 국지도로의 유형은?

> 불필요한 차량 진입이 배제되는 이점을 살리면서 우회도로가 없는 cul-de-sac형의 결점을 개량하여 만든 패턴으로서 보행자의 안전성 확보가 가능하다.

① loop형　　② 격자형
③ T자형　　④ 간선분리형

해설
① 루프(loop)형은 우회도로가 없는 쿨데삭(cul-de-sac)형의 결점을 개량하여 만든 유형이다.

03
주거단지 내의 공동시설에 관한 설명으로 옳지 않은 것은?
① 중심을 형성할 수 있는 곳에 설치한다.
② 이용 빈도가 높은 건물은 이용거리를 길게 한다.
③ 확장 또는 증설을 위한 용지를 확보하는 것이 좋다.
④ 이용성, 기능상의 인접성, 토지이용의 효율성에 따라 인접하여 배치한다.

해설
② 이용 빈도가 높은 건물은 이용거리를 짧게 한다.

04
다음 설명에 알맞은 도서관의 자료 출납시스템 유형은?

> 이용자가 직접 서고 내의 서가에서 도서자료의 제목 정도는 볼 수 있지만 내용을 열람하고자 할 경우 관원에게 대출을 요구해야 하는 형식

① 폐가식
② 반개가식
③ 자유개가식
④ 안전개가식

정답 01.② 02.① 03.② 04.②

해설

② 반개가식에 대한 설명
- 반개가식 : 열람자는 직접 서가에 면하여 **책의 체제나 표지(또는 제목)** 정도는 볼 수 있으나 내용을 보려면 관원에게 요구하여 대출 기록을 남긴 후 열람하는 형식
- 안전개가식 : 이용자가 **자유롭게 도서를 꺼낼 수 있으나** 열람석으로 가기 전에 관원에게 체크를 받는 형식이다.

05
다음 중 연면적에 대한 숙박부분의 비율이 가장 높은 호텔은?

① 커머셜 호텔
② 리조트 호텔
③ 클럽 하우스
④ 아파트먼트 호텔

해설

각 실의 면적 구성비
- 숙박면적비 : 커머셜 > 레지덴셜 > 리조트 > 아파트먼트
- 공용면적비 : 아파트먼트 > 리조트 > 레지덴셜 > 커머셜

06
사무실 내의 책상배치의 유형 중 좌우대향형에 관한 설명으로 옳은 것은?

① 대향형과 동향형의 양쪽 특성을 절충한 형태로 커뮤니케이션의 형성에 불리하다.
② 4개의 책상이 맞물려 십자를 이루도록 배치하는 형식으로 그룹작업을 요하는 업무에 적합하다.
③ 책상이 서로 마주보도록 하는 배치로 면적효율은 좋으나 대면 시선에 의해 프라이버시가 침해당하기 쉽다.
④ 낮은 칸막이로 한사람의 작업활동을 위한 공간이 주어지는 형태로 독립성을 요하는 전문직에 적합한 배치이다.

해설

좌우대향형
- **대향형과 동향형의 양쪽 특성 절충형**
- 커뮤니케이션의 형성에 불리
② 십자형
③ 대향형
④ 자유형

07
교학건축인 성균관의 구성에 속하지 않는 것은?

① 동재
② 존경각
③ 천추전
④ 명륜당

해설

성균관의 구성
동재, 존경각, 명륜당
※ 천추전 : 임금이 집무를 보던 곳

08
극장의 평면형식 중 애리너(arena)형에 관한 설명으로 옳지 않은 것은?

① 관객이 무대를 360°로 둘러싼 형식이다.
② 무대의 장치나 소품은 주로 낮은 기구들로 구성된다.
③ 픽쳐 프레임 스테이지(picture frame stage)형이라고도 한다.
④ 가까운 거리에서 관람하면서 많은 관객을 수용할 수 있다.

해설

③ 픽쳐 프레임 스테이지형은 **프로시니엄형**에 대한 설명

정답 05.① 06.① 07.③ 08.③

09
각 사찰에 관한 설명으로 옳지 않은 것은?

① 부석사의 가람배치는 누하진입 형식을 취하고 있다.
② 화엄사는 경사된 지형을 수단(數段)으로 나누어서 정지(整地)하여 건물을 적절히 배치하였다.
③ 통도사는 산지에 위치하나 산지가람처럼 건물들을 불규칙하게 배치하지 않고 직교식으로 배치하였다.
④ 봉정사 가람배치는 대지가 3단으로 나누어져 있으며 상단부분에 대웅전과 극락전 등 중요한 건물들이 배치되어 있다.

해설
③ 통도사의 가람배치는 직교식이 아닌 냇물을 따라 동서로 길게 일직선으로 배치했음

10
극장 무대에서 그리드 아이언(grid iron)이란 무엇인가?

① 조명 조작 등을 위해 무대 주위 벽에 6~9m의 높이로 설치되는 좁은 통로
② 조명기구, 연기자 또는 음향 반사판을 매달기 위해 무대 천장 밑에 설치되는 시설
③ 하늘이나 구름 등 자연 현상을 나타내기 위한 무대 배경용 벽
④ 무대와 객석의 경계를 이루는 곳으로 액자와 같은 시각적 효과를 갖게 하는 시설

해설
② 지문이 그리드 아이언에 대한 설명
① 플라이 갤러리
③ 사이클로라마
④ 프로시니엄 아치

11
공장 건축의 레이아웃 계획에 관한 설명으로 옳지 않은 것은?

① 플랜트 레이아웃은 공장건축의 기본설계와 병행하여 이루어진다.
② 고정식 레이아웃은 조선소와 같이 제품이 크고 수량이 적을 경우에 적용된다.
③ 다품종 소량생산이나 주문생산 위주의 공장에는 공정 중심의 레이아웃이 적합하다.
④ 레이아웃 계획은 작업장 내의 기계설비 배치에 관한 것으로 공장규모 변화에 따른 융통성은 고려대상이 아니다.

해설
④ 레이아웃은 장래 공장규모의 변화에 대응한 융통성이 있어야 한다

12
한국 전통건축의 지붕양식에 관한 설명으로 옳은 것은?

① 팔작지붕은 원초적인 지붕형태로 원시움집에서부터 사용되었다.
② 모임지붕은 용마루와 내림마루가 있고 추녀마루만 없는 형태이다.
③ 맞배지붕은 용마루와 추녀마루로만 구성된 지붕으로 주로 다포식 건물에 사용되었다.
④ 우진각지붕은 네 면에 모두 지붕면이 있으며 전후 지붕면은 사다리꼴이고 양측 지붕면은 삼각형이다.

해설
① 우진각지붕은 원초적인 지붕형태로 원시움집에서부터 사용되었다.
② 맞배지붕은 용마루와 내림마루가 있고 추녀마루만 없는 형태이다.
③ 우진각지붕은 용마루와 추녀마루로만 구성된 지붕으로 주로 다포식 건물에 사용되었다.

13
사무소 건축의 중심코어 형식에 관한 설명으로 옳은 것은?

① 구조코어로서 바람직한 형식이다.
② 유효율이 낮아 임대 사무소 건축에는 부적합하다.
③ 일반적으로 기준층 바닥면적이 작은 경우에 주로 사용된다.
④ 2방향 피난에는 이상적인 관계로 방재/피난상 가장 유리한 형식이다.

해설
② 유효율이 높아 임대 사무소 건축에 적합하다.
③ 일반적으로 기준층 바닥면적이 큰 경우에 주로 사용된다.
④ 양단코어 형식

14
백화점의 에스컬레이터 배치형식에 관한 설명으로 옳은 것은?

① 직렬식 배치는 승객의 시야도 좋고 점유면적도 작다.
② 병렬연속식 배치는 연속적으로 승강할 수 없다는 단점이 있다.
③ 교차식 배치는 점유면적이 작으며 연속승강이 가능하다는 장점이 있다.
④ 병렬단속식 배치는 승객의 시야는 안 좋으나 점유면적이 작아 고층 백화점에 주로 사용된다.

해설
① 직렬식 배치는 승객의 시야가 좋지만 점유면적이 크다.
② 병렬 연속식 배치는 연속적으로 승강할 수 있다는 장점이 있다. 병렬 단속식 배치는 연속적으로 승강 불가
④ 교차식 배치는 승객의 시야는 안 좋으나 점유면적이 작아 고층 백화점에 주로 사용된다.

15
다음 중 상점계획에서 파사드 구성에 요구되는 소비자 구매심리 5단계(AIDMA법칙)에 속하지 않는 것은?

① 흥미(Interest)   ② 욕망(Desire)
③ 기억(Memory)   ④ 유인(Attraction)

해설
①, ②, ③ 외에 Attention, Action 등이 있음

16
전시공간의 특수전시기법에 관한 설명으로 옳지 않은 것은?

① 파노라마 전시는 전체의 맥락이 중요하다고 생각될 때 사용된다.
② 하모니카 전시는 동일 종류의 전시물을 반복하여 전시할 경우에 유리하다.
③ 디오라마 전시는 하나의 사실 또는 주제의 시간 상황을 고정시켜 연출하는 기법이다.
④ 아일랜드 전시는 벽면 전시기법으로 전체 벽면의 일부만을 사용하며 그림과 같은 미술품 전시에 주로 사용된다.

해설
④ 파노라마 전시는 벽면 전시 기법으로 그림과 같은 미술품 전시에 주로 사용된다.
※ 아일랜드 전시 : 벽이나 천장을 이용하지 않음

17
바실리카식 교회당의 각부 명칭과 관계없는 것은?

① 아일(Aisle)   ② 파일론(Pylon)
③ 나르텍스(Narthex)   ④ 트란셉트(Transept)

해설
바실리카식 교회당의 구성요소
아일, 트란셉트, 나르텍스, 콰이어, 네이브

정답 13.① 14.③ 15.④ 16.④ 17.②

18
동일한 대지조건, 동일한 단위주호 면적을 가진 편복도형 아파트가 홀형 아파트에 비해 유리한 점은?
① 피난에 유리하다.
② 공용면적이 작다.
③ 엘리베이터 이용효율이 높다.
④ 채광, 통풍을 위한 개구부가 넓다.

해설
③ 홀형 아파트는 엘리베이터 이용효율이 가장 낮기 때문에, 편복도형 아파트는 엘리베이터 이용효율이 높게 된다.

19
학교건축에서 단층 교사에 관한 설명으로 옳지 않은 것은?
① 재해 시 피난이 유리하다.
② 학습활동을 실외에 연장할 수 있다.
③ 부지의 이용률이 높으며 설비의 배선, 배관을 집약할 수 있다.
④ 개개의 교실에서 밖으로 직접 출입할 수 있으므로 복도가 혼잡하지 않다.

해설
③ 다층교사에 대한 설명

20
종합병원의 건축형식 중 분관식(pavilion type)에 관한 설명으로 옳지 않은 것은?
① 평면 분산식이다.
② 채광 및 통풍 조건이 좋다.
③ 일반적으로 3층 이하의 저층건물로 구성된다.
④ 재난 시 환자의 피난이 어려우며 공사비가 높다.

해설
④ 재난 시 환자의 피난이 용이하며 공사비가 낮다.

제2과목 · 건축시공

21
콘크리트의 크리프에 관한 설명으로 옳지 않은 것은?
① 습도가 높을수록 크리프는 크다.
② 물-시멘트 비가 클수록 크리프는 크다.
③ 콘크리트의 배합과 골재의 종류는 크리프에 영향을 끼친다.
④ 하중이 제거되면 크리프 변형은 일부 회복된다.

해설
① 온도가 높을수록 습도가 낮을수록 크리프는 크다.

22
웰포인트 공법에 관한 설명으로 옳지 않은 것은?
① 흙파기 밑면의 토질 약화를 예방한다.
② 진공펌프를 사용하여 토중의 지하수를 강제적으로 집수한다.
③ 지하수 저하에 따른 인접지반과 공동매설물 침하에 주의가 필요하다.
④ 사질지반보다 점토층 지반에서 효과적이다.

해설
④ 점토층 지반보다 사질지반에서 효과적이다.

23
목재의 무늬나 바탕의 재질을 잘 보이게 하는 도장 방법은?
① 유성 페인트 도장
② 에나멜 페인트 도장
③ 합성수지 페인트 도장
④ 클리어 래커 도장

해설
무늬나 바탕의 재질을 잘 보이게 하기 위해서는 투명한 도장인 클리어 래커를 사용함

24
콘크리트 블록(Block) 벽체의 크기가 3×5m일 때 쌓기 모르타르의 소요량으로 옳은 것은? (단, 블록의 치수는 390×190×190mm, 재료량은 할증이 포함되었으며, 모르타르 배합비는 1 : 3)

① 0.10m³   ② 0.12m³
③ 0.15m³   ④ 0.18m³

해설
블록쌓기 재료량(벽면적 m²당 모르타르량)
- 390×190×190mm : 0.010m³
- 390×190×150mm : 0.009m³
- 390×190×100mm : 0.006m³

따라서 $0.010 \times (3 \times 5) = 0.15 \text{m}^3$

25
건설공사 현장에서 보통 콘크리트를 KS 규격품인 레미콘으로 주문할 때의 요구항목이 아닌 것은?
① 잔골재의 조립률
② 굵은 골재의 최대치수
③ 호칭강도
④ 슬럼프

해설
레미콘의 호칭규격
굵은 골재의 최대치수-호칭강도-슬럼프치의 순으로 표시함

26
공사 진행의 일반적인 순서로 가장 알맞은 것은?
① 가설공사 → 공사 착공 준비 → 토공사 → 구조체공사 → 지정 및 기초공사
② 공사 착공 준비 → 가설공사 → 토공사 → 지정 및 기초공사 → 구조체 공사
③ 공사 착공 준비 → 토공사 → 가설공사 → 구조체 공사 → 지정 및 기초공사
④ 공사 착공 준비 → 지정 및 기초공사 → 토공사 → 가설공사 → 구조체 공사

해설
공사진행의 순서
공사 착공 준비 → 가설공사 → 토공사 → 지정 및 기초공사 → 구조체 공사

27
공사관리방법 중 CM 계약방식에 관한 설명으로 옳지 않은 것은?
① 대리인형 CM(CM for fee)인 경우 공사품질에 책임을 지며, 품질 문제 발생 시 책임소재가 명확하다.
② 프로젝트의 전 과정에 걸쳐 공사비, 공기 및 시공성에 대한 종합적인 평가 및 설계변경에 대한 효율적인 평가가 가능하여 발주자의 의사결정에 도움이 된다.
③ 설계과정에서 설계가 시공에 미치는 영향을 예측할 수 있어 설계도서의 현실성을 향상시킬 수 있다.
④ 단계적 발주 및 시공의 적용이 가능하다.

해설
CM 계약방식
① 대리인형 CM(CM for fee)인 경우 컨설턴트 역할만 하는 방식으로, 공사품질에 책임을 지지 않으며, 품질 문제 발생 시 책임소재가 없다.

28
건축재료별 수량 산출 시 적용하는 할증률로 옳지 않은 것은?
① 유리 : 1%   ② 단열재 : 5%
③ 붉은벽돌 : 3%   ④ 이형철근 : 3%

해설
재료별 할증률
② 단열재 : 10%

정답 24.③ 25.① 26.② 27.① 28.②

29
ALC 패널의 설치공법이 아닌 것은?
① 수직철근 공법
② 슬라이드 공법
③ 커버플레이트 공법
④ 피치 공법

해설
ALC패널 설치공법의 종류
- 수직철근 공법
- 슬라이드 공법
- 커버플레이트 공법
- 볼트조임 공법

30
다음에서 설명하고 있는 도장결함은?

> 도료를 겹칠하였을 때 하도의 색이 상도막 표면에 떠올라 상도의 색이 변하는 현상

① 번짐   ② 색 분리
③ 주름   ④ 핀홀

해설
① 번짐에 대한 설명

31
유동화콘크리트에 관한 설명으로 옳지 않은 것은?
① 높은 유동성을 가지면서도 단위수량은 보통 콘크리트보다 적다.
② 일반적으로 유동성을 높이기 위하여 화학혼화제를 사용한다.
③ 동일한 단위시멘트량을 갖는 보통콘크리트에 비하여 압축강도가 매우 높다.
④ 일반적으로 건조수축은 묽은 비빔 콘크리트보다 작다.

해설
③ 동일한 단위시멘트량을 갖는 보통콘크리트에 비하여 압축강도는 거의 유사하다.

32
계약방식 중 단가계약 제도에 관한 설명으로 옳지 않은 것은?
① 실시수량의 확정에 따라서 차후 정산하는 방식이다.
② 긴급공사 시 또는 수량이 불명확할 때 간단히 계약할 수 있다.
③ 설계변경에 의한 수량의 증감이 용이하다.
④ 공사비를 절감할 수 있으며, 복잡한 공사에 적용하는 것이 좋다.

해설
④ 공사비가 증대될 수 있으며, 단순한 공사에 적용하며 복잡한 공사에 적용하기 어렵다.

33
콘크리트용 골재의 품질에 관한 설명으로 옳지 않은 것은?
① 골재는 청정, 견경하고 유해량의 먼지, 유기불순물이 포함되지 않아야 한다.
② 골재의 입형은 콘크리트의 유동성을 갖도록 한다.
③ 골재는 예각으로 된 것을 사용하도록 한다.
④ 골재의 강도는 콘크리트 내 경화한 시멘트 페이스트의 강도보다 커야 한다.

해설
③ 골재는 예각으로 된 것은 시공성을 저해하여 좋지 않으므로 사용하지 않도록 한다.

34
창호철물과 창호의 연결로 옳지 않은 것은?
① 도어체크(door check) - 미닫이문
② 플로어 힌지(floor hinge) - 자재 여닫이문
③ 크리센트(crescent) - 오르내리창
④ 레일(rail) - 미서기창

해설
창호철물
- 여닫이 창호철물 : 도어체크, 실린더 록, 플로어힌지, 피벗힌지, 도어클로저
- 미서기 창호철물 : 레일, 도어 행거

35
목구조 재료로 사용되는 침엽수의 특징에 해당하지 않는 것은?
① 직선부재의 대량생산의 가능하다.
② 단단하고 가공이 어려우나 미관이 좋다.
③ 병·충해에 약하여 방부 및 방충처리를 하여야 한다.
④ 수고(樹高)가 높으며 통직하다.

해설
② 가볍고 가공이 용이하다.

목재(침엽수)의 특성
- 비중이 작고 가벼워 가공 시 용이함(대량생산 가능)
- 수고가 높으며 통직함(나무결이 곧음)
- 병·충해에 약함

36
대안입찰제도의 특징에 관한 설명으로 옳지 않은 것은?
① 공사비를 절감할 수 있다.
② 설계상 문제점의 보완이 가능하다.
③ 신기술의 개발 및 축적을 기대할 수 있다.
④ 입찰기간이 단축된다.

해설
④ 원안설계는 발주청이 하며 입찰자의 설계에 대해 비교하는 것이 대안입찰제도이므로, 입찰기간이 단축된다고 볼 수 없고 오히려 약간 늘어날 수 있다.

37
잔류유(찌꺼기)를 저온으로 장시간 증류한 것으로 응집력이 크고 온도에 의한 변화가 적으며 연화점이 높고 안전하여 방수공사에 많이 사용되는 것은?
① 아스팔트 펠트
② 블로운 아스팔트
③ 아스팔타이트
④ 레이크 아스팔트

해설
② 블로운 아스팔트에 대한 설명
※ 아스팔트펠트 : 유기성 섬유를 펠트상으로 만든 원지에 용융한 스트레이트 아스팔트를 침투시켜 만든 것

38
지표 재하 하중으로 흙막이 저면 흙이 붕괴되고 바깥에 있는 흙이 안으로 밀려 볼록하게 되어 파괴되는 현상은?
① 히빙(heaving) 파괴
② 보일링(boiling) 파괴
③ 수동토압(passive earth pressure) 파괴
④ 전단(shearing) 파괴

해설
① 히빙(heaving) 파괴에 대한 설명

39
블록조 벽체에 와이어메시를 가로줄눈에 묻어 쌓기도 하는데 이에 관한 설명으로 옳지 않은 것은?
① 전단작용에 대한 보강이다.
② 수직하중을 분산시키는데 유리하다.
③ 블록과 모르타르의 부착성능의 증진을 위한 것이다.
④ 교차부의 균열을 방지하는데 유리하다.

해설
③ 와이어메시의 가로줄눈 묻어쌓기와 부착성능과는 무관함

정답 34.① 35.② 36.④ 37.② 38.① 39.③

40
건축물 외부에 설치하는 커튼월에 관한 설명으로 옳지 않은 것은?

① 커튼월이란 외벽을 구성하는 비내력벽 구조이다.
② 커튼월의 조립은 대부분 외부에 대형발판이 필요하므로 비계공사가 필수적이다.
③ 공장에서 생산하여 반입하는 프리패브 제품이다.
④ 일반적으로 콘크리트나 벽돌 등의 외장재에 비하여 경량이어서 건물의 전체 무게를 줄이는 역할을 한다.

해설

커튼월 공사의 특성
② 커튼월의 구조체 설치 시 <u>무비계 작업을 원칙으로</u> 함

제3과목 ▪ 건축구조

41
그림과 같은 정정구조의 CD 부재에서 C, D점의 휨모멘트 값 중 옳은 것은?

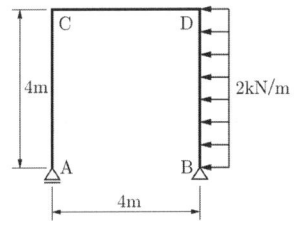

① C점 : 0, D점 : 16kNm
② C점 : 16kNm, D점 : 16kNm
③ C점 : 0, D점 : 32kNm
④ C점 : 32kNm, D점 : 32kNm

해설

정정라멘의 해석
- A지점은 이동단이므로 수평반력은 없고 따라서 C점의 모멘트는 0
- 힘의 평형에서
  $\Sigma H_B = 0$
  $H_B - 2 \times 4 = 0 \rightarrow \therefore H_B = 8\text{kN}(\rightarrow)$

- $\Sigma M_D = 0$
  $M_D + 2 \times 4 \times 2 - 8 \times 4 = 0 \rightarrow \therefore M_D = 16\text{kNm}$

42
그림과 같은 단면에 전단력 50kN이 가해진 경우 중립축에서 상방향으로 100mm 떨어진 지점의 전단응력은? (단, 전체 단면의 크기는 200×300mm임)

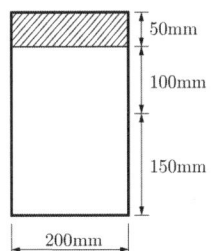

① 0.85MPa
② 0.79MPa
③ 0.73MPa
④ 0.69MPa

해설

전단응력 계산

$$v = \frac{VQ}{Ib} = \frac{V}{2I}\left(\frac{h^2}{4} - y^2\right)$$

$$= \frac{V}{2 \times \frac{bh^3}{12}}\left\{\frac{h^2}{4} - \left(\frac{h}{3}\right)^2\right\} = \frac{6V}{bh^3}\left(\frac{h^2}{4} - \frac{h^2}{9}\right)$$

$$= \frac{30V}{36bh}$$

$$= \frac{30 \times 50,000}{36 \times 200 \times 300} = 0.69\text{MPa}$$

43
등가정적해석법에 의한 건축물의 내진설계 시 고려해야 할 사항이 아닌 것은?

① 지역계수
② 노풍도계수
③ 지반종류
④ 반응수정계수

해설

② <u>노풍도계수는 풍하중을 이용한 내풍설계 시 고려사항임</u>

44

다음 두 보의 최대 처짐량이 같기 위한 등분포하중의 비로 옳은 것은? (단, 부재의 재질과 단면은 동일하며 A 부재의 길이는 B 부재 길이의 2배임)

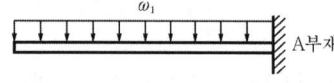

① $w_2 = 2w_1$ ② $w_2 = 4w_1$
③ $w_2 = 8w_1$ ④ $w_2 = 16w_1$

해설

캔틸레버보의 처짐

$\delta = \dfrac{wL^4}{8EI}$ 이므로

$\delta_1 = \dfrac{w_1(L_1)^4}{8EI}$, $\delta_2 = \dfrac{w_2(L_2)^4}{8EI}$ 에서 재질과 단면이 동일하므로 EI는 동일함

∴ $\delta_1 = \delta_2$ → $w_1(2L)^4 = w_2(L)^4$ → $w_2 = 16w_1$

45

그림과 같은 트러스에서 '가' 및 '나'부재의 부재력을 옳게 구한 것은? (단, -는 압축력, +는 인장력을 의미한다.)

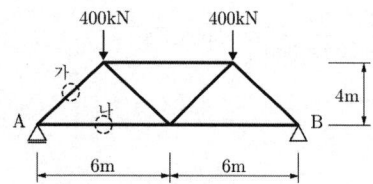

① 가=-500kN, 나=300kN
② 가=-500kN, 나=400kN
③ 가=-400kN, 나=300kN
④ 가=-400kN, 나=400kN

해설

트러스의 부재력 계산

(1) 구조물과 하중이 모두 대칭이므로
   $R_A = 400\text{kN}(↑)$

(2) 직각삼각형의 관계식에서

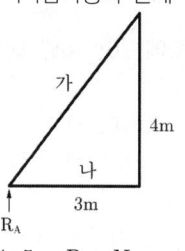

$4:5 = R_A : N_{가}$
→ $4:5 = 400 : N_{가}$ → $N_{가} = 500\text{kN}(-)$
$4:3 = R_A : N_{나}$
→ $4:3 = 400 : N_{나}$ → $N_{나} = 300\text{kN}(+)$

46

철근콘크리트 구조설계 시 고려하는 강도설계법에 관한 설명으로 옳지 않은 것은?

① 보의 압축측의 응력분포는 사다리꼴, 포물선 등의 형태로 본다.
② 규정된 허용하중이 초과될지도 모를 가능성을 예측하여 하중계수를 사용한다.
③ 재료의 변화, 시공오차 등의 기술적인 면을 고려하여 강도감소계수를 사용한다.
④ 이 설계방법은 탄성이론 하에서 이루어진 설계법이다.

해설

④ 이 설계방법은 <u>소성이론</u> 하에서 이루어진 설계법이다.
참고 허용응력설계법 : <u>탄성이론</u> 하에서 이루어진 설계법

47

일반 또는 경량콘크리트 휨부재의 크리프와 건조수축에 의한 추가 장기처짐 산정과 관련하여 5년 이상일 때 지속하중에 대한 시간경과계수 ξ는 얼마인가?

① 2.4 ② 2.2
③ 2.0 ④ 1.4

해설

시간경과계수

5년 이상	12개월	6개월	3개월
2.0	1.4	1.2	1.0

정답 44.④ 45.① 46.④ 47.③

48

그림과 같은 앵글(angle)의 유효단면적으로 옳은 것은? (단, Ls-50×50×6 사용, $a = 5.644 \text{cm}^2$, $d = 1.7\text{cm}$)

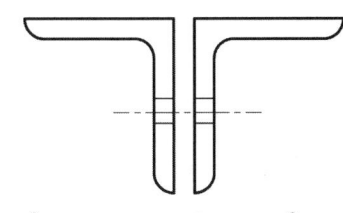

① 8.0cm² ② 8.5cm²
③ 9.0cm² ④ 9.25cm²

해설

앵글의 유효단면적
(1) 전체단면적 $A_g = 2 \times 5.644 = 11.29 \text{cm}^2$
(2) $ndt = 2 \times 1.7 \times 0.6 = 2.04 \text{cm}^2$
(3) $A_e = A_g - ndt = 11.29 - 2.04 = 9.25 \text{cm}^2$

49

3회전단 포물선 아치에 그림과 같은 등분포하중이 가해졌을 경우 단면상에 나타나는 부재력의 종류는?

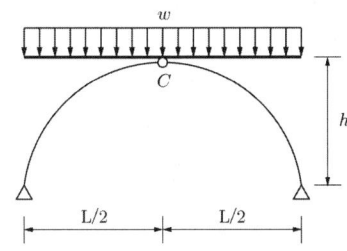

① 전단력, 휨모멘트
② 축방향력, 전단력, 휨모멘트
③ 축방향력, 전단력
④ 축방향력

해설

아치 해석
구조물과 하중이 완전 좌우대칭이며 복잡한 계산을 거쳐 전단력과 휨모멘트가 존재하지 않으며 <u>축방향력만 존재함</u>

50

강재의 응력-변형도 시험에서 인장력을 가해 소성상태에 들어선 강재를 다시 반대 방향으로 압축력을 작용하였을 때의 압축항복점이 소성상태에 들어서지 않은 강재의 압축항복점에 비해 낮은 것을 볼 수 있는데 이러한 현상을 무엇이라 하는가?

① 루더선(Luder's line)
② 소성흐름(Plastic flow)
③ 바우쉥거 효과(Baushinger's effect)
④ 응력집중(Stress concentration)

해설

③ 바우쉥거 효과에 대한 설명

바우쉥거 효과
일단 항복점 이상의 응력이 발생한 부재에 다시 반대 방향의 하중을 가하게 되면 그 탄성한도 또는 항복점이 떨어져, 반대 방향의 하중을 가하기 시작하자마자 점성변형을 일으키게 되는 현상

51

그림과 같은 압축재에 V-V축의 세장비 값으로 옳은 것은? (단, $A = 10\text{cm}^2$, $I_v = 36\text{cm}^4$)

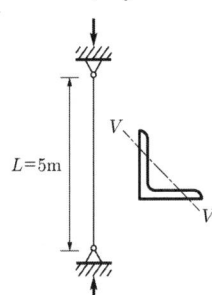

① 270.3 ② 263.1
③ 254.8 ④ 236.4

해설

ㄱ형강의 세장비 계산

$$\text{세장비}(\lambda) = \frac{L_k}{r_{min}} = \frac{L_k}{\sqrt{\frac{I_{min}}{A}}}$$

$$= \frac{1 \times 500}{\sqrt{\frac{36}{10}}} = 263.5 \approx 263.1$$

52

강도설계법에 의한 철근콘크리트 보에서 콘크리트만의 설계전단강도는 얼마인가? (단, $f_{ck}=24$MPa, $\lambda=1$)

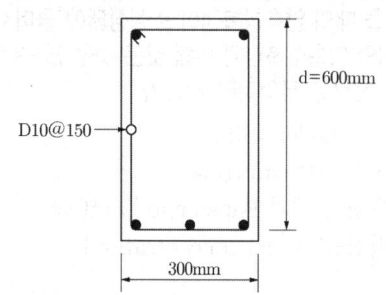

① 31.5kN ② 75.8kN
③ 110.2kN ④ 145.6kN

해설
설계전단강도 계산

$$\Phi V_c = \Phi \frac{1}{6} \lambda \sqrt{f_{ck}} b_w d$$
$$= 0.75 \times \frac{1}{6} \times \sqrt{24} \times 300 \times 600 \times 10^{-3}$$
$$= 110.2 \text{kN}$$

53

스터럽으로 보강된 휨 부재의 최외단 인장철근의 순인장 변형률 ϵ_t가 0.004일 경우 강도감소계수 ϕ로 옳은 것은? (단, $f_y=400$MPa)

① 0.65 ② 0.717
③ 0.783 ④ 0.817

해설
강도감소계수 계산
(1) 항복변형률 계산

$$E_s = \frac{f_y}{\epsilon_y} \rightarrow \epsilon_y = \frac{f_y}{E_s} = \frac{400}{2 \times 10^5} = 0.002$$

(2) 단면의 종류 판정
$\epsilon_y(=0.002) < \epsilon_s(=0.004) < 0.005$이므로 변화구간단면에 속함

(3) 변화구간 단면의 강도감소계수

$$\phi = 0.65 + (\epsilon_t - 0.002) \times \frac{200}{3}$$
$$= 0.65 + (0.004 - 0.002) \times \frac{200}{3} = 0.783$$

54

다음 용어 중 서로 관련이 가장 적은 것은?
① 기둥 – 메탈터치(Metal Touch)
② 인장가새 – 턴버클(Turn buckle)
③ 주각부 – 거셋 플레이트(Gusset Plate)
④ 중도리 – 새그로드(Sag rod)

해설
거셋 플레이트의 용도
③ 거셋 플레이트는 트러스, 가새 등의 접합에 사용되는 보조판으로 철골기둥인 주각부와는 무관

55

건축물의 기초구조 설계 시 말뚝재료별 구조세칙으로 옳지 않은 것은?
① 나무말뚝을 타설할 때 그 중심간격은 말뚝머리지름의 2.5배 이상 또한 600mm 이상으로 한다.
② 기성콘크리트말뚝을 타설할 때 그 중심간격은 말뚝머리지름의 2.5배 이상 또한 1,100mm 이상으로 한다.
③ 강재말뚝을 타설할 때 그 중심간격은 말뚝머리의 지름 또는 폭의 2.0배 이상(다만, 폐단강관 말뚝에 있어서 2.5배) 또한 750mm 이상으로 한다.
④ 현장타설콘크리트말뚝을 배치할 때 그 중심간격은 말뚝머리 지름의 2.0배 이상 또한 말뚝머리 지름에 1,000mm를 더한 값 이상으로 한다.

해설
② 기성콘크리트말뚝을 타설할 때 그 중심간격은 말뚝머리지름의 2.5배 이상 또한 750mm 이상으로 한다. 말뚝의 종류별 최소 간격 기준은 말뚝의 종류와 상관없이 2.5D로 개정되었음

56
다음 중 한계상태설계법에서 강도 한계상태를 구성하는 요소가 아닌 것은?

① 바닥재의 진동
② 기둥의 좌굴
③ 골조의 불안정성
④ 취성파괴

해설
강도 한계상태/사용성 한계상태
① 바닥재의 진동은 사용성 한계상태에 해당됨

57
볼트의 기계적 등급을 나타내기 위해 표시하는 F8T, F10T, F11T에서 가운데 숫자는 무엇을 의미하는가?

① 휨강도
② 인장강도
③ 압축강도
④ 전단강도

해설
고력볼트의 기계적 등급 표시
F8T, F10T에서 가운데 숫자는 인장강도를 의미한다.

58
그림에서 절점 D는 이동을 하지 않으며, A, B, C는 고정단일 때 C단의 모멘트는? (단, k는 부재의 강비임)

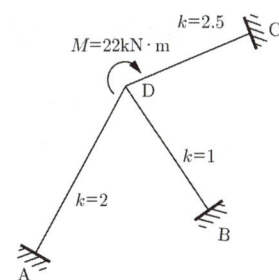

① 4.0kNm
② 4.5kNm
③ 5.0kNm
④ 5.5kNm

해설
모멘트 분배법 계산
(1) 분배율 $\mu_{DC} = \dfrac{K}{\Sigma K} = \dfrac{2.5}{2+1+2.5} = 0.4545$
(2) 분배모멘트
$M_{DC} = \mu_{DC} M = 0.4545 \times 22 = 10 \text{kNm}$
(3) 전달모멘트 $M_{CD} = \dfrac{1}{2} M_{DC} = \dfrac{1}{2} \times 10 = 5 \text{kNm}$

59
콘크리트 구조설계 시 철근간격 제한에 관한 내용으로 옳지 않은 것은?

① 벽체 또는 슬래브에서 휨 주철근의 간격은 벽체나 슬래브 두께의 3배 이하로 하여야 하고, 또한 450mm 이하로 하여야 한다.
② 상단과 하단에 2단 이상으로 배치된 경우 상하 철근은 동일 연직면 내에 배치되어야 하고, 이때 상하 철근의 순간격은 25mm 이상으로 하여야 한다.
③ 나선철근 또는 띠철근이 배근된 압축부재에서 축방향 철근의 순간격은 25mm 이상, 또한 철근 공칭지름의 2.5배 이상으로 하여야 한다.
④ 2개 이상의 철근을 묶어서 사용하는 다발철근은 이형철근으로, 그 개수는 4개 이하이어야 하며, 이들은 스터럽이나 띠철근으로 둘러싸여져야 한다.

해설
③ 나선철근 또는 띠철근이 배근된 압축부재에서 축방향철근의 순간격은 40mm 이상, 또한 철근 공칭지름의 1.5배 이상으로 하여야 한다.

정답 56.① 57.② 58.③ 59.③

60
단면의 지름이 150mm, 재축방향 길이가 300mm인 원형 강봉의 윗면에 300kN의 힘이 작용하여 재축방향 길이가 0.16mm 줄어들었고, 단면의 지름이 0.02mm 늘어났다면 이 강봉의 탄성계수 E와 푸와송비는?

① 31,830MPa, 0.25
② 31,830MPa, 0.125
③ 39,630MPa, 0.25
④ 39,630MPa, 0.125

해설
탄성계수와 푸와송비 계산

(1) 탄성계수

$$\Delta L = \frac{PL}{EA}$$

$$\rightarrow E = \frac{PL}{A\Delta L} = \frac{3 \times 10^5 \times 300}{\frac{\pi \times (150)^2}{4} \times 0.16}$$

$$= 31,831 \text{MPa}$$

(2) 푸와송비

$$\nu = (-)\frac{\frac{\Delta d}{d}}{\frac{\Delta L}{L}} = (-)\frac{\frac{0.02}{150}}{\frac{-0.16}{300}} = 0.25$$

제4과목 · 건축설비

61
다음 중 변전실 면적 결정 시 영향을 주는 요소와 가장 거리가 먼 것은?

① 수전전압
② 수전방식
③ 발전기 용량
④ 큐비클의 종류

해설
변전실 면적 결정 시 영향 요소
- 수전전압 및 수전방식
- 변전설비 강압방식, 변압기용량, 수량 및 형식
- 설치 기기와 큐비클 종류 및 시방서

62
가스사용시설에서 가스계량기의 설치에 관한 설명으로 옳지 않은 것은?

① 전기접속기와의 거리가 최소 30cm 이상이 되도록 한다.
② 전기점멸기와의 거리가 최소 60cm 이상이 되도록 한다.
③ 전기개폐기와의 거리가 최소 60cm 이상이 되도록 한다.
④ 전기계량기와의 거리가 최소 60cm 이상이 되도록 한다.

해설
② 전기점멸기와의 거리가 최소 30cm 이상이 되도록 한다.

63
엘리베이터의 안전장치 중 일정 이상의 속도가 되었을 때 브레이크 등을 작동시키는 기능을 하는 것은?

① 조속기
② 권상기
③ 완충기
④ 가이드 슈

해설
조속기
엘리베이터의 정격속도가 120%를 초과할 때 권상기의 전원을 자동으로 끊는 장치

64
흡음 및 차음에 관한 설명으로 옳지 않은 것은?

① 벽의 차음성능은 투과손실이 클수록 높다.
② 차음성능이 높은 재료는 흡음성능도 높다.
③ 벽의 차음성능은 사용재료의 면밀도에 크게 영향을 받는다.
④ 벽의 차음성능은 동일 재료에서도 두께와 시공법에 따라 다르다.

해설
흡음과 차음의 특성
흡음과 차음은 상반된 특징을 가지고 있어서, 차음성능이 높은 재료는 흡음성능이 낮다.

정답 60.① 61.③ 62.② 63.① 64.②

65
다음 설명에 알맞은 화재의 종류는?

> 나무, 섬유, 종이, 고무, 플라스틱류와 같은 일반 가연물이 타고 나서 재가 남는 화재

① A급 화재 ② B급 화재
③ C급 화재 ④ K급 화재

해설
화재의 분류
- A급 화재(일반 화재) : 목재, 섬유, 종이 등의 화재
- B급 화재(유류 화재) : 등유, 경유, 페인트의 화재
- C급 화재(전기 화재) : 전류가 흐르고 있는 전기기기, 배선의 화재
- K급 화재(유지 화재) : 음식 조리용으로 사용되는 식용유, 식물성 유지, 기타 동물성 유지 등의 화재

66
전기설비에서 다음과 같이 정의되는 장치는?

> 지락전류를 영상변류기로 검출하는 전류 동작형으로 지락전류가 미리 정해 놓은 값을 초과할 경우, 설정된 시간 내에 회로나 회로의 일부의 전원을 자동으로 차단하는 장치

① 퓨즈 ② 누전차단기
③ 단로스위치 ④ 절환스위치

해설
② 누전차단기에 대한 설명

67
급수방식 중 고가수조방식에 관한 설명으로 옳은 것은?

① 급수압력이 일정하다.
② 2층 정도의 건물에만 적용이 가능하다.
③ 위생성 측면에서 가장 바람직한 방식이다.
④ 저수조가 없으므로 단수 시에 급수가 불가능하다.

해설
②, ③, ④는 모두 수도직결방식에 대한 설명

68
실내 CO_2 발생량이 17L/h, 실내 CO_2 허용농도가 0.1%, 외기의 CO_2 농도가 0.04%일 경우 필요환기량은?

① 약 $28.3m^3/h$ ② 약 $35.0m^3/h$
③ 약 $40.3m^3/h$ ④ 약 $42.5m^3/h$

해설
필요 환기량 계산
$$Q = \frac{k}{C - C_O} = \frac{0.017}{0.001 - 0.0004} = 28.3 m^3/h$$
여기서, k : 실내에서의 CO_2 발생량(m^3/h)
C : CO_2 허용농도(m^3/m^3)
C_O : 외기의 CO_2 농도(m^3/m^3)
※ $1,000L = 1m^3$

69
급수설비에서 펌프의 실양정이 의미하는 것은? (단, 물을 높은 곳으로 보내는 경우)

① 배관계의 마찰손실에 해당하는 높이
② 흡수면에서 토출수면까지의 수직거리
③ 흡수면에서 펌프축 중심까지의 수직거리
④ 펌프축 중심에서 토출수면까지의 수직거리

해설
펌프의 실양정
흡수면에서 토출수면까지의 수직거리

70
다음과 같은 조건에 있는 양수펌프의 축동력은?

> [조건]
> - 양수량 : 490L/min
> - 전양정 : 30m
> - 펌프의 효율 : 60%

① 약 3kW ② 약 4kW
③ 약 5kW ④ 약 6kW

정답 65.① 66.② 67.① 68.① 69.② 70.②

해설
펌프의 축동력 계산

$$축동력 = \frac{WQH}{6,120 \times E}$$

$$= \frac{1,000 \times 490 \times 10^{-3} \times 30}{6120 \times 0.6} = 4\text{kW}$$

여기서, W : 물의 비중량(kg/m³)
Q : 양수량(m³/min)
H : 전양정
E : 효율

※ 물 $1L = 10^{-3} \text{m}^3$

71
다음 중 실내를 부압으로 유지하며 실내의 냄새나 유해물질을 다른 실로 흘려 보내지 않으므로 욕실, 화장실 등에 사용되는 환기 방식은?

①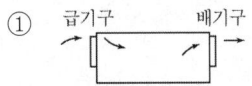
②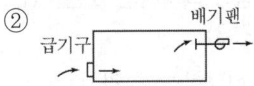
③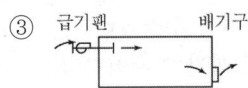
④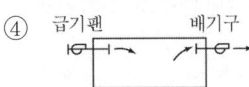

해설
환기방식
욕실과 화장실은 제3종 환기방식으로 자연 급기-강제 배기 형식을 사용하므로 송풍기(급기팬)는 없고 배풍기(배기팬)만 설치하는 것이 일반적이다.

72
자연환기에 관한 설명으로 옳지 않은 것은?
① 외부 풍속이 커지면 환기량은 많아진다.
② 실내외의 온도차가 크면 환기량은 작아진다.
③ 중력환기는 실내외의 온도차에 의한 공기의 밀도차가 원동력이 된다.
④ 자연환기량은 중성대로부터 공기유입구 또는 유출구까지의 높이가 클수록 많아진다.

해설
② 실내외의 온도차가 크면 가벼운 공기는 상부로 이동하여 외부로 빠져나가므로 환기량은 많아진다.

73
고온수 난방방식에 관한 설명으로 옳지 않은 것은?
① 장치의 열용량이 크므로 예열시간이 길게 된다.
② 공급과 환수의 온도차를 크게 할 수 있으므로 열수송량이 크다.
③ 공업용과 같이 고압증기를 다량으로 필요로 할 경우에는 부적당하다.
④ 지역난방에는 이용할 수 없으며 높이가 높고 건축면적이 넓은 단일 건물에 주로 이용된다.

해설
고온수 난방방식의 용도
대규모 단지의 지역난방에 많이 이용됨

74
국소식 급탕방식에 관한 설명으로 옳지 않은 것은?
① 배관의 열손실이 적다.
② 급탕개소와 급탕량이 많은 경우에 유리하다.
③ 급탕개소마다 가열기의 설치 스페이스가 필요하다.
④ 건물 완공 후에도 급탕개소의 증설이 비교적 쉽다.

해설
국소식 급탕방식의 특성
② 급탕개소와 급탕량이 작은 소규모 급탕에 유리하다.

75
어떤 상태의 습공기를 절대습도의 변화없이 건구온도만 상승시킬 때, 습공기의 상태변화로 옳은 것은?

① 엔탈피는 증가한다.
② 비체적은 감소한다.
③ 노점온도는 낮아진다.
④ 상대습도는 증가한다.

해설
어떤 상태의 습공기를 절대습도의 변화없이 건구온도만 상승시키면 습공기의 엔탈피만 증가하는 현상이 나타남

76
다음 중 옥내의 노출된 건조한 장소에 시설할 수 없는 배선 방법은? (단, 사용전압이 400V 미만인 경우)

① 금속관 배선
② 버스덕트 배선
③ 가요전선관 배선
④ 플로어덕트 배선

해설
④ 플로어덕트 배선은 주로 콘크리트 구조물 밑에 매설하는 배선으로 노출시키지 않음

77
다음과 같은 조건에서 실내에 500W의 열을 발산하는 기기가 있을 때, 이 열을 제거하기 위한 필요환기량은?

[조건]
- 실내온도 : 20℃
- 환기온도 : 10℃
- 공기의 정압비열 : 1.01kJ/kg·K
- 공기의 밀도 : 1.2kg/m³

① 41.3m³/h
② 148.5m³/h
③ 413m³/h
④ 1,485m³/h

해설
필요환기량 계산
$H = 0.337 \times Q \times \triangle T$

$Q = \dfrac{H}{0.337 \times \triangle T} = \dfrac{500}{0.337 \times (20-10)}$
$= 148.4 \text{m}^3/\text{h}$

여기서, H : 발열량(W)
Q : 환기량(m³/h)
$\triangle T$: 온도차(℃)

78
전기샤프트(ES)에 관한 설명으로 옳지 않은 것은?

① 각 층마다 같은 위치에 설치한다.
② 전력용과 정보통신용은 공용으로 사용해서는 안 된다.
③ 전기샤프트의 면적은 보, 기둥 부분을 제외하고 산정한다.
④ 현재 장비 이외에 장래의 배선 등에 대한 여유성을 고려한 크기로 한다.

해설
전기 샤프트(ES)의 특성
② 전력용과 정보통신용의 설치 장비 및 배선이 적은 경우는 보통 공용으로 사용한다.

79
조명설비의 광원 중 할로겐 램프에 관한 설명으로 옳지 않은 것은?

① 휘도가 낮다.
② 백열전구에 비해 수명이 길다.
③ 연색성이 좋고 설치가 용이하다.
④ 흑화가 거의 일어나지 않고 광속이나 색온도의 저하가 극히 적다.

해설
할로겐 램프의 특성
- 백열전구에 비해 장수명
- 연색성이 좋고 설치 용이
- 흑화가 거의 없고 광속이나 색온도가 거의 일정

정답 75.① 76.④ 77.② 78.② 79.①

80
다음 중 냉방부하 계산 시 현열만을 고려하는 것은?

① 인체의 발생열량
② 벽체로부터의 취득열량
③ 극간풍에 의한 취득열량
④ 외기의 도입으로 인한 취득열량

해설

공조부하 계산 시 현열과 잠열의 동시 발생
- 인체의 발생열량
- 열원기기의 발생열량(외기의 도입에 의한 열량)
- 틈새바람(극간풍)에 의한 부하

제5과목 ■ 건축관계법규

81
다음의 피난계단의 설치에 관한 기준 내용 중 ( ) 안에 들어갈 내용으로 옳은 것은?

> 5층 이상 또는 지하 2층 이하인 층에 설치하는 직통계단은 피난계단 또는 특별피난계단으로 설치하여야 하는데, ( )의 용도로 쓰는 층으로부터의 직통계단은 그중 1개소 이상을 특별피난계단으로 설치하여야 한다.

① 의료시설
② 숙박시설
③ 판매시설
④ 교육연구시설

해설

5층 이상 또는 지하 2층 이하인 층에 설치하는 직통계단은 피난계단 또는 특별피난계단으로 설치하여야 하는데, (판매시설)의 용도로 쓰는 층으로부터의 직통계단은 그중 1개소 이상을 특별피난계단으로 설치하여야 한다.

82
200m²인 대지에 10m²의 조경을 설치하고 나머지는 건축물의 옥상에 설치하고자 할 때 옥상에 설치하여야 하는 최소 조경면적은?

① 10m²
② 15m²
③ 20m²
④ 30m²

해설

조경면적 산정

> 옥상조경면적은 2/3 면적을 대지안의 조경면적으로 산정가능하며, 최대 조경면적의 50/100을 초과할 수 없다.

(1) 조경면적은 대지면적의 10% 이상이므로
 : $200 \times 0.1 = 20\text{m}^2$
(2) 전체 조경면적 20m² 중 10m²는 이미 지상에 설치했으므로 나머지 10m²의 조경면적이 추가로 필요함
(3) 옥상 조경면적 중 2/3만 조경면적으로 인정하므로
 : $x \times \dfrac{2}{3} = 10\text{m}^2 \rightarrow x = 15\text{m}^2$

83
공동주택을 리모델링이 쉬운 구조로 하여 건축허가를 신청할 경우 100분의 120의 범위에서 완화하여 적용받을 수 없는 것은?

① 대지의 분할 제한
② 건축물의 용적률
③ 건축물의 높이 제한
④ 일조 등의 확보를 위한 건축물의 높이 제한

해설

리모델링에 대비한 특혜 기준
건축물의 용적률, 건축물의 높이 제한 및 일조 등의 확보를 위한 건축물의 높이 제한에 따른 기준을 100분의 120의 범위에서 대통령령으로 정하는 비율로 완화하여 적용할 수 있다.

84
방화와 관련하여 같은 건축물에 함께 설치할 수 없는 것은?

① 의료시설과 업무시설 중 오피스텔
② 위험물 저장 및 처리시설과 공장
③ 위락시설과 문화 및 집회시설 중 공연장
④ 공동주택과 제2종 근린생활시설 중 다중생활시설

해설
방화관련 건축물 설치금지 기준
의료시설, 노유자시설(아동관련시설 및 노인복지시설에 한함), 공동주택, 장례식장 또는 제1종 근린생활시설(산후조리원만 해당)과 위락시설, 위험물저장 및 처리시설, 공장 또는 자동차정비공장은 같은 건축물 안에 함께 설치할 수 없다.

85
노외주차장 내부 공간의 일산화탄소 농도는 주차장을 이용하는 차량이 가장 빈번한 시각의 앞뒤 8시간의 평균치가 몇 ppm 이하로 유지되어야 하는가?

① 80ppm   ② 70ppm
③ 60ppm   ④ 50ppm

해설
실내 일산화탄소의 농도는 차량이용이 빈번한 앞뒤 8시간의 평균치가 50ppm 이하로 유지되어야 한다.

86
두 도로의 너비가 각각 6m이고 교차각이 90°인 도로의 모퉁이에 위치한 대지의 도로 모퉁이 부분의 건축선은 그 대지에 접한 도로경계선의 교차점으로부터 도로경계선에 따라 각각 얼마를 후퇴한 두 점을 연결한 선으로 하는가?

① 후퇴하지 아니한다.
② 2m
③ 3m
④ 4m

해설
도로의 모퉁이에 있는 건축선 지정

도로의 교차각	당해 도로의 너비		교차되는 도로의 너비
	6m 이상 8m 미만	4m 이상 6m 미만	
90° 미만	4	3	6m 이상 8m 미만
	3	2	4m 이상 6m 미만
90° 이상 120° 미만	3	2	6m 이상 8m 미만
	2	2	4m 이상 6m 미만

따라서 90°인 교차도로 너비가 6m와 6m인 경우 각각 3m를 후퇴함

87
문화재·전통사찰 등 역사·문화적으로 보존가치가 큰 시설 및 지역의 보호와 보존을 위하여 필요한 지구는?

① 생태계보호지구
② 역사문화미관지구
③ 중요시설물보호지구
④ 역사문화환경보호지구

해설
④ 역사문화환경보호지구에 대한 설명

88
건축물의 바깥쪽에 설치하는 피난계단의 구조에서 피난층으로 통하는 직통계단의 최소유효너비 기준이 옳은 것은?

① 0.7m 이상   ② 0.8m 이상
③ 0.9m 이상   ④ 1.0m 이상

해설
피난계단의 유효너비
옥외 피난계단의 유효너비는 0.9m 이상으로 하지만 옥내 피난계단의 유효너비는 제한 없음

정답 84.②,④ 85.④ 86.③ 87.④ 88.③

89
상업지역 및 주거지역에서 건축물에 설치하는 냉방시설 및 환기시설의 배기구를 설치하는 높이 기준으로 옳은 것은?

① 도로면으로부터 1.5m 이상
② 도로면으로부터 2.0m 이상
③ 건축물 1층 바닥에서 1.5m 이상
④ 건축물 1층 바닥에서 2.0m 이상

해설
주거지역에서 건축물에서 설치하는 냉방시설 및 환기시설의 배기구는 도로면으로부터 최소 2m 이상의 높이에 설치해야 함

90
국토의 계획 및 이용에 관한 법령에 따른 기반시설 중 공간시설에 속하지 않는 것은?

① 녹지
② 유원지
③ 유수지
④ 공공공지

해설
공간시설의 종류
광장, 공원, 녹지, 유원지, 공공공지

91
태양열을 주된 에너지원으로 이용하는 주택의 건축면적 산정의 기준이 되는 것은?

① 외벽 중 내측 내력벽의 중심선
② 외벽 중 외측 비내력벽의 중심선
③ 외벽 중 내측 내력벽의 외측 외곽선
④ 외벽 중 외측 비내력벽의 외측 외곽선

해설
태양열을 주된 에너지원으로 이용하는 주택의 건축면적 산정은 건축물의 외벽 중 내측 내력벽 중심선으로 한다.

92
건축법령 상 건축물과 해당 건축물의 용도가 옳게 연결된 것은?

① 의원 – 의료시설
② 도매시장 – 판매시설
③ 유스호스텔 – 숙박시설
④ 장례식장 – 묘지관련시설

해설
건축물의 용도
① 의원 – 제1종 근린생활시설
③ 유스호스텔 – 수련시설
④ 장례식장 – 장례식장
※ 묘지관련시설 : 화장시설, 봉안당

93
건축물의 면적·높이 및 층수 등의 산정 기준으로 틀린 것은?

① 대지면적은 대지의 수평투영면적으로 한다.
② 건축면적은 건축물의 외벽의 중심선으로 둘러싸인 부분의 수평투영면적으로 한다.
③ 바닥면적은 건축물의 각 층 또는 그 일부로서 벽, 기둥, 그 밖에 이와 비슷한 구획의 중심선으로 둘러싸인 부분의 수평투영면적으로 한다.
④ 연면적은 하나의 건축물 각 층의 거실면적의 합계로 한다.

해설
④ 연면적은 하나의 건축물 각 층 바닥면적의 합계로 한다.

정답 89.② 90.③ 91.① 92.② 93.④

94

건축물의 출입구에 설치하는 회전문의 설치기준으로 틀린 것은?

① 계단이나 에스컬레이터로부터 2m 이상의 거리를 둘 것
② 회전문의 회전속도는 분당회전수가 15회를 넘지 아니하도록 할 것
③ 출입에 지장이 없도록 일정한 방향으로 회전하는 구조로 할 것
④ 회전문의 중심축에서 회전문과 문틀 사이의 간격을 포함한 회전문 날개 끝부분까지의 길이는 140cm 이상이 되도록 할 것

해설

② 회전문의 회전속도는 분당 회전수가 <u>8회</u>를 넘지 아니하도록 할 것

95

국토의 계획 및 이용에 관한 법령상 개발행위 허가를 받지 아니하여도 되는 경미한 행위 기준으로 틀린 것은?

① 지구단위계획구역에서 무게 100t 이하 부피 50m³ 이하, 수평투영면적 25m² 이하인 공작물의 설치
② 조성이 완료된 기존 대지에 건축물이나 그 밖의 공작물을 설치하기 위한 토지의 형질 변경 (절토 및 성토 제외)
③ 지구단위계획구역에서 채취면적이 25m² 이하인 토지에서의 부피 50m³ 이하의 토석 채취
④ 녹지지역에서 물건을 쌓아놓는 면적이 25m² 이하인 토지에 전체무게 50t 이하, 전체부피 50m³ 이하로 물건을 쌓아놓는 행위

해설

① 지구단위계획구역에서 <u>무게 50t 이하</u> 부피 50m³ 이하, 수평투영면적 <u>50m² 이하</u>인 공작물의 설치

96

특별건축구역의 지정과 관련한 아래의 내용에서 밑줄 친 부분에 해당하지 않는 것은?

> 국토교통부장관 또는 시·도지사는 다음 각 호의 구분에 따라 도시나 지역의 일부가 특별건축구역으로 특례 적용이 필요하다고 인정하는 경우에는 특별건축구역을 지정할 수 있다.
> 국토교통부장관이 지정하는 경우
> 가. 국가가 국제행사 등을 개최하는 도시 또는 지역의 사업구역
> <u>나. 관계법령에 따른 국가정책사업으로서 대통령령으로 정하는 사업구역</u>

① 「도로법」에 따른 접도구역
② 「도시개발법」에 따른 도시개발구역
③ 「택지개발촉진법」에 따른 택지개발사업구역
④ 「혁신도시 조성 및 발전에 관한 특별법」에 따른 혁신도시의 사업구역

해설

특별건축구역으로 지정할 수 없는 구역
- '도로법'에 따른 접도구역
- 개발제한구역
- '자연공원법'에 따른 자연공원

97

주거용 건축물 급수관의 지름 산정에 관한 기준 내용으로 틀린 것은?

① 가구 또는 세대수가 1일 때 급수관 지름의 최소기준은 15mm이다.
② 가구 또는 세대수가 7일 때 급수관 지름의 최소기준은 25mm이다.
③ 가구 또는 세대수가 18일 때 급수관 지름의 최소기준은 50mm이다.
④ 가구 또는 세대의 구분이 불분명한 건축물에 있어서는 주거에 쓰이는 바닥면적의 합계가 85m² 초과 150m² 이하인 경우는 3가구로 산정한다.

해설
주거용 건축물 급수관의 지름

가구/세대수	1	2~3	4~5	6~8	9~16	17 이상
급수관 지름	15	20	25	32	40	50

가구 또는 세대의 구분이 불분명한 건축물에 있어서는 주거에 쓰이는 바닥면적의 합계에 따라 다음과 같이 가구수를 산정한다.
- 바닥면적 85제곱미터 이하 : 1가구
- 바닥면적 85제곱미터 초과 150제곱미터 이하 : 3가구
- 바닥면적 150제곱미터 초과 300제곱미터 이하 : 5가구
- 바닥면적 300제곱미터 초과 500제곱미터 이하 : 16가구
- 바닥면적 500제곱미터 초과 : 17가구

98
국토의 계획 및 이용에 관한 법령상 일반상업지역 안에서 건축할 수 있는 건축물은?

① 묘지 관련 시설
② 자원순환 관련 시설
③ 의료시설 중 요양병원
④ 자동차 관련 시설 중 폐차장

해설
일반상업지역에 건축할 수 없는 건축물
- 묘지 관련 시설
- 자연순환 관련 시설
- 자동차 관련 시설 중 폐차장
- 공장

99
비상용승강기 승강장의 구조기준에 관한 내용으로 틀린 것은?

① 승강장은 각층의 내부와 연결될 수 있도록 한다.
② 벽 및 반자가 실내에 접하는 부분의 마감재료는 불연재료로 하여야 한다.
③ 피난층에 있는 승강장의 경우 내부와 연결되는 출입구에는 갑종 방화문을 반드시 설치하여야 한다.
④ 옥내에 설치하는 승강장의 바닥면적은 비상용승강기 1대에 대하여 $6m^2$ 이상으로 하여야 한다.

해설
비상용승강기의 승강장
승강장의 출입구(승강로의 출입구제외)에는 갑종 방화문을 설치해야 하지만 피난층에 있는 승강장의 경우는 갑종 방화문을 설치하지 않아도 됨(예외)

100
부설주차장의 설치대상 시설물 종류에 따른 설치기준이 틀린 것은?

① 골프장 – 1홀당 10대
② 위락시설 – 시설면적 $80m^2$당 1대
③ 판매시설 – 시설면적 $150m^2$당 1대
④ 숙박시설 – 시설면적 $200m^2$당 1대

해설
시설물에 종류에 따른 부설주차장 설치기준
- 종교/판매시설–시설면적 $150m^2$당 1대
- 위락시설–시설면적 $100m^2$당 1대
- 골프장–1홀당 10대
- 숙박시설–시설면적 $200m^2$당 1대

2020 제3회 건축기사

2020년 8월 22일 시행

제1과목 ■ 건축계획

01
탑상형 공동주택에 관한 설명으로 옳지 않은 것은?
① 각 세대에 시각적인 개방감을 준다.
② 각 세대의 거주 조건 및 환경이 균등하다.
③ 도심지 내의 랜드마크적인 역할이 가능하다.
④ 건축물 외면의 4개의 입면성을 강조한 유형이다.

해설
② 각 세대의 거주 조건 및 환경이 불균등하다.

02
공포형식 중 다포형식에 관한 설명으로 옳지 않은 것은?
① 출목은 2출목 이상으로 전개된다.
② 수덕사 대웅전이 대표적인 건물이다.
③ 내부 천장구조는 대부분 우물천장이다.
④ 기둥 상부 이외에 기둥 사이에도 공포를 배열한 형식이다.

해설
② 수덕사 대웅전은 다포형식이 아닌 주심포형식의 대표적인 건물이다.

03
숑바르 드 로브의 주거면적기준으로 옳은 것은?
① 병리기준 : $6m^2$, 한계기준 : $12m^2$
② 병리기준 : $6m^2$, 한계기준 : $14m^2$
③ 병리기준 : $8m^2$, 한계기준 : $12m^2$
④ 병리기준 : $8m^2$, 한계기준 : $14m^2$

해설
숑바르 드 로브의 주거면적 기준
병리($8m^2$/인), 한계($14m^2$/인), 표준($16m^2$/인)

04
다음 중 건축요소와 해당 건축요소가 사용된 건축양식의 연결이 옳지 않은 것은?
① 장미창(Rose Window) - 고딕
② 러스티케이션(Rustication) - 르네상스
③ 첨두아치(Pointed Arch) - 로마네스크
④ 펜덴티브 돔(Pendentive Dome) - 비잔틴

해설
③ 첨두아치(Pointed Arch) - 고딕

고딕건축의 특징
첨두아치, 플라잉 버트레스, 첨탑, 리브볼트, 장미창

정답 01.② 02.② 03.④ 04.③

05
도서관 건축에 관한 설명으로 옳지 않은 것은?
① 캐럴(carrel)은 서고 내에 설치된 소연구실이다.
② 서고의 내부는 자연채광을 하지 않고 인공조명을 사용한다.
③ 일반 열람실의 면적은 0.25~0.5m²/인 정도의 규모로 계획한다.
④ 서고 면적 1m²당 150~250권 정도의 수장능력을 갖도록 계획한다.

해설
③ 일반 열람실의 면적은 1.5~2.0m²/인 정도의 규모로 계획한다.

06
극장 건축과 관련된 용어 설명으로 옳지 않은 것은?
① 플라이 갤러리(fly gallery) : 무대 주위의 벽에 설치되는 좁은 통로이다.
② 사이클로라마(cyclorama) : 무대의 제일 뒤에 설치되는 무대 배경용 벽이다.
③ 그린룸(green room) : 연기자가 분장 또는 화장을 하고 의상을 갈아입는 곳이다.
④ 그리드 아이언(grid iron) : 무대 천장 밑에 설치한 것으로 배경이나 조명기구 등이 매달린다.

해설
③ 그린룸(green room) : 출연자 대기실
의상실(dressing room) : 연기자가 분장 또는 화장을 하고 의상을 갈아입는 곳

07
학교의 운영방식에 관한 설명으로 옳지 않은 것은?
① 플래툰형은 교과교실형보다 학생의 이동이 많다.
② 종합교실형은 초등학교 저학년에 가장 권장할 만한 형식이다.
③ 달톤형은 규모 및 시설이 다른 다양한 형태의 교실이 요구된다.
④ 일반 및 특별교실형은 우리나라 중학교에서 일반적으로 사용되는 방식이다.

해설
① 플래툰형은 교과교실형보다 학생의 이동이 적다. 교과교실형은 일반교실이 전혀 없기 때문에 학생의 이동이 가장 많다.

08
은행건축계획에 관한 설명으로 옳지 않은 것은?
① 고객과 직원과의 동선이 중복되지 않도록 계획한다.
② 대규모 은행일 경우 고객의 출입구는 되도록 1개소로 계획한다.
③ 이중문을 설치할 경우 바깥문은 바깥 여닫이 또는 자재문으로 계획한다.
④ 어린이의 출입이 많은 경우에는 주출입구에 회전문을 설치하는 것이 좋다.

해설
④ 어린이의 출입이 많은 경우에는 주출입구에 회전문을 설치하지 않는 것이 좋다.

09
엘리베이터의 설계 시 고려사항으로 옳지 않은 것은?
① 군 관리운전의 경우 동일 군내의 서비스층은 같게 한다.
② 승객의 층별 대기시간은 평균 운전간격 이하가 되게 한다.
③ 건축물의 출입층이 2개 층이 되는 경우는 각각의 교통수요량 이상이 되도록 한다.
④ 백화점과 같은 대규모 매장에는 일반적으로 승객수송의 70~80%를 분담하도록 계획한다.

해설
④ 백화점과 같은 대규모 매장에는 엘리베이터의 10배의 수송능력을 가지는 에스컬레이터가 승객 수송의 80% 정도를 분담하도록 계획한다.

10
주택의 평면과 각 부위의 치수 및 기준척도에 관한 설명으로 옳지 않은 것은?

① 치수 및 기준척도는 안목치수를 원칙으로 한다.
② 거실 및 침실의 평면 각 변의 길이는 10cm를 단위로 한 것을 기준척도로 한다.
③ 거실 및 침실의 층높이는 2.4m 이상으로 하되, 5cm를 단위로 한 것을 기준척도로 한다.
④ 계단 및 계단참의 평면 각 변의 길이 또는 너비는 5cm를 단위로 한 것을 기준척도로 한다.

해설
② 거실 및 침실의 평면 각 변의 길이는 5cm를 단위로 한 것을 기준척도로 한다.

11
사무소 건축에서 오피스 랜드스케이핑(office landscaping)에 관한 설명으로 옳지 않은 것은?

① 프라이버시 확보가 용이하여 업무의 효율성이 증대된다.
② 커뮤니케이션의 융통성이 있고 장애요인이 거의 없다.
③ 실내에 고정된 칸막이를 설치하지 않으며 공간을 절약할 수 있다.
④ 변화하는 작업의 패턴에 따라 조절이 가능하며 신속하고 경제적으로 대처할 수 있다.

해설
① 개방식 배치의 일종이므로 프라이버시 확보가 힘든 단점이 있다.

12
공장의 지붕형태에 관한 설명으로 옳은 것은?

① 솟음지붕은 채광 및 환기에 적합한 방법이다.
② 샤렌지붕은 기둥이 많이 소요된다는 단점이 있다.
③ 뾰족지붕은 직사광선이 완전히 차단된다는 장점이 있다.
④ 톱날지붕은 남향으로 할 경우 하루 종일 변함없는 조도를 가진 약광선을 받아들일 수 있다.

해설
② 샤렌지붕은 기둥이 적게 소요되는 장점이 있다.
③ 뾰족지붕은 직사광선을 어느 정도 허용하는 결점이 있다.
④ 톱날지붕은 북향의 채광창으로 하루 종일 변함없는 조도를 유지할 수 있다.

13
경복궁의 궁궐 배치는 전조공간과 후침공간으로 이루어져 있다. 다음 중 전조공간의 구성에 속하지 않는 것은?

① 근정전 ② 만춘전
③ 천추전 ④ 강녕전

해설
경복궁의 궁궐 배치
- 전조공간 : 근정전, 만춘전, 천추전
- 후침공간 : 교태전, 강녕전

14
호텔건축에 관한 설명으로 옳지 않은 것은?

① 커머셜 호텔은 가급적 저층으로 한다.
② 아파트먼트 호텔은 장기 체류용 호텔이다.
③ 리조트 호텔은 자연경관이 좋은 곳을 선택한다.
④ 터미널 호텔은 교통기관의 발착지점에 위치한다.

해설
① 커머셜 호텔은 도심지에 건설하는 시티 호텔의 일종으로 지가가 비싸므로 가급적 고층으로 한다.

15
종합병원의 외래진료부를 클로즈드 시스템(closed system)으로 계획할 경우 고려할 사항으로 가장 부적절한 것은?

① 1층에 두는 것이 좋다.
② 부속 진료시설을 인접하게 한다.
③ 약국, 회계 등은 정면출입구 근처에 설치한다.
④ 외과계통은 소진료실을 다수 설치하도록 한다.

해설
④ 외과 계통 각 과는 1실에서 여러 환자를 볼 수 있도록 대실로 한다.

16
극장의 평면형식에 관한 설명으로 옳지 않은 것은?

① 애리너형에서 무대 배경은 주로 낮은 가구로 구성된다.
② 프로시니엄형은 픽쳐 프레임 스테이지형이라고도 불리운다.
③ 오픈 스테이지형은 관객석이 무대의 대부분을 둘러싸고 있는 형식이다.
④ 프로시니엄형은 가까운 거리에서 관람하게 되며, 가장 많은 관객을 수용할 수 있다.

해설
④ 애리너형은 가까운 거리에서 관람하게 되며, 가장 많은 관객을 수용할 수 있다.

17
미술관 전시실의 순회형식에 관한 설명으로 옳지 않은 것은?

① 연속순회형식은 전시 벽면이 최대화되고 공간 절약 효과가 있다.
② 연속순회형식은 한 실을 폐쇄하면 다음 실로의 이동이 불가능하다.
③ 갤러리 및 복도형식은 관람자가 전시실을 자유롭게 선택하여 관람할 수 있다.
④ 중앙홀 형식에서 중앙홀이 크면 장래의 확장에는 용이하나 동선의 혼잡이 심해진다.

해설
④ 중앙홀 형식에서 중앙홀이 크면 동선의 혼란은 적으나 장래의 확장에는 불리하다.

18
다음 중 백화점 기둥간격의 결정요소와 가장 거리가 먼 것은?

① 지하 주차장의 주차방법
② 진열대의 치수와 배열법
③ 엘리베이터의 배치 방법
④ 각 층별 매장의 상품구성

해설
백화점 기둥간격 결정요인
- 지하주차장의 주차방법과 주차 폭
- 진열대의 치수와 배열방법
- 엘리베이터의 배치방법

19
래드번(Radburn) 주택단지계획에 관한 설명으로 옳지 않은 것은?

① 중앙에는 대공원 설치를 계획하였다.
② 주거구는 슈퍼블록 단위로 계획하였다.
③ 보행자의 보도와 차도를 분리하여 계획하였다.
④ 주거지 내의 통과교통으로 간선도로를 계획하였다.

해설
④ 주거지 내의 통과교통을 허용하지 않음

20
공동주택 단위주거의 단면구성 형태에 관한 설명으로 옳지 않은 것은?
① 플랫형은 주거단위가 동일층에 한하여 구성되는 형식이다.
② 스킵플로어형은 통로 및 공용면적이 적은 반면에 전체적으로 유효면적이 높다.
③ 복층형(메조네트형)은 플랫형에 비해 엘리베이터의 정지 층수를 적게 할 수 있다.
④ 트리플렉스형은 듀플렉스형보다 프라이버시의 확보율이 낮고 통로면적이 많이 필요하다.

해설
공동주택 단위주거의 단면구성
- 트리플렉스형 : 하나의 주호가 3개 층으로 구성
- 듀플렉스형 : 하나의 주호가 2개 층으로 구성

따라서, 트리플렉스형이 듀플렉스형보다 프라이버시의 확보율이 높고, 공용 통로면적이 작게 됨

제2과목 ≥ 건축시공

21
한중콘크리트에 관한 설명으로 옳은 것은?
① 한중콘크리트는 공기연행콘크리트를 사용하는 것을 원칙으로 한다.
② 타설할 때의 콘크리트 온도는 구조물의 단면 치수, 기상 조건 등을 고려하여 최소 25℃ 이상으로 한다.
③ 물-결합재비는 50% 이하로 하고, 단위수량은 소요의 워커빌리티를 유지할 수 있는 범위 내에서 되도록 크게 정하여야 한다.
④ 콘크리트를 타설한 직후에 찬바람이 콘크리트 표면에 닿도록 하여 초기양생을 실시한다.

해설
② 타설할 때의 콘크리트 온도는 구조물의 단면 치수, 기상 조건 등을 고려하여 최소 5℃ 이상으로 한다.
③ 물-결합재비는 60% 이하로 하고, 단위수량은 소요의 워커빌리티를 유지할 수 있는 범위 내에서 되도록 작게 정하여야 한다.
④ 콘크리트를 타설한 직후에 찬바람이 콘크리트 표면에 닿지 않도록 하여 초기양생을 실시한다.

22
토공사에 쓰이는 굴착용 기계 중 기계가 서 있는 지반면보다 위에 있는 흙의 굴착에 적합한 장비는?
① 파워 쇼벨(power shovel)
② 드래그 라인(drag line)
③ 드래그 쇼벨(drag shovel)
④ 클램셸(clamshell)

해설
굴착용 기계의 용도
- 파워 쇼벨 : 높은 곳 굴착
- 드래그 라인, 드래그 쇼벨 : 낮은 곳 굴착
- 백호우, 클램셸 : 낮은 곳 굴착
- 그레이더 : 지반 정리 장비

23
네트워크(Network) 공정표의 장점으로 볼 수 없는 것은?
① 작업 상호간의 관련성을 알기 쉽다.
② 공정계획의 초기 작성 시간이 단축된다.
③ 공사의 진척 관리를 정확히 할 수 있다.
④ 공기단축 가능 요소의 발견이 용이하다.

해설
② 공정계획의 초기 작성 시간이 길다.

24
일반 콘크리트의 내구성에 관한 설명으로 옳지 않은 것은?

① 콘크리트에 사용하는 재료는 콘크리트의 소요 내구성을 손상시키지 않는 것이어야 한다.
② 굳지 않은 콘크리트 중의 전 염소이온량은 원칙적으로 $0.3kg/m^3$ 이하로 하여야 한다.
③ 콘크리트는 원칙적으로 공기연행콘크리트로 하여야 한다.
④ 콘크리트의 물-결합재비는 원칙적으로 50% 이하이어야 한다.

해설
④ 콘크리트의 물-결합재비는 원칙적으로 60% 이하이어야 한다. 수밀성을 기준으로 하면 물-결합재비는 50% 이하이어야 한다.

25
다음 중 유리의 주성분으로 옳은 것은?

① Na_2O
② CaO
③ SiO_2
④ K_2O

해설
유리의 주성분
모래나 수정을 구성하는 이산화규소(SiO_2)가 유리의 주성분이다.

26
도장공사에 필요한 가연성 도료를 보관하는 창고에 관한 설명으로 옳지 않은 것은?

① 독립한 단층건물로서 주위 건물에서 1.5m 이상 떨어져 있게 한다.
② 건물 내의 일부를 도료의 저장장소로 이용할 때는 내화구조 또는 방화구조로 구획된 장소를 선택한다.
③ 바닥에는 침투성이 없는 재료를 깐다.
④ 지붕은 불연재로 하고, 적정한 높이의 천장을 설치한다.

해설
④ 지붕은 불연재로 하고, 천장을 설치하지 않는다.

27
건설사업자원 통합 전산망으로 건설 생산활동 전 과정에서 건설 관련 주체가 전산망을 통해 신속히 교환·공유할 수 있도록 지원하는 통합 정보시스템을 지칭하는 용어는?

① 건설 CIC(Computer Integrated Construction)
② 건설 CALS(Continuous Acquisition & Life Cycle support)
③ 건설 EC(Engineering Construction)
④ 건설 EVMS(Earned Value Management System)

해설
건설 CALS
건설 생산활동의 전 과정을 정보화하여 네트워크를 통해 정보망을 구축하여 모든 관계자들이 이용할 수 있는 시스템

28
콘크리트에 사용되는 혼화재 중 플라이애시의 사용에 따른 이점으로 볼 수 없는 것은?

① 유동성의 개선
② 수화열의 감소
③ 수밀성의 향상
④ 초기강도의 증진

해설
④ 초기강도의 감소, 장기강도의 증진

정답 24.④ 25.③ 26.④ 27.② 28.④

29
철근콘크리트 구조물에서 철근 조립순서로 옳은 것은?
① 기초철근 → 기둥철근 → 보철근 → 슬래브철근 → 계단철근 → 벽철근
② 기초철근 → 기둥철근 → 벽철근 → 보철근 → 슬래브철근 → 계단철근
③ 기초철근 → 벽철근 → 기둥철근 → 보철근 → 슬래브철근 → 계단철근
④ 기초철근 → 벽철근 → 보철근 → 기둥철근 → 슬래브철근 → 계단철근

해설

철근 조립순서
기초철근 → 기둥철근 → 벽철근 → 보철근 → 슬래브철근 → 계단철근

30
MCX(Minimum Cost Expediting) 기법에 의한 공기단축에서 아무리 비용을 투자해도 그 이상 공기를 단축할 수 없는 한계점을 무엇이라 하는가?
① 표준점   ② 포화점
③ 경제 속도점 ④ 특급점

해설

④ 특급점에 대한 설명

31
철근콘크리트 공사에서 철근조립에 관한 설명으로 옳지 않은 것은?
① 황갈색의 녹이 발생한 철근은 그 상태가 경미하다 하더라도 사용이 불가하다.
② 철근의 피복두께를 정확하게 확보하기 위해 적절한 간격으로 고임재 및 간격재를 배치하여야 한다.
③ 거푸집에 접하는 고임재 및 간격재는 콘크리트 제품 또는 모르타르 제품을 사용하여야 한다.
④ 철근을 조립한 다음 장기간 경과한 경우에는 콘크리트를 타설 전에 다시 조립검사를 하고 청소하여야 한다.

해설

① 황갈색의 녹이 발생한 철근은 그 상태가 경미하다면 사용이 가능하다.

32
타일의 흡수율 크기의 대소관계로 옳은 것은?
① 석기질 > 도기질 > 자기질
② 도기질 > 석기질 > 자기질
③ 자기질 > 석기질 > 도기질
④ 석기질 > 자기질 > 도기질

해설

타일 흡수율의 크기
토기질 > 도기질 > 석기질 > 자기질

33
다음 중 통계적 품질관리 기법의 종류에 해당되지 않는 것은?
① 히스토그램   ② 특성요인도
③ 브레인스토밍 ④ 파레토도

해설

QC(품질관리) 활동 도구
특성요인도, 파레토그램, 층별, 히스토그램, 체크시트, 산점도

34
방수공사용 아스팔트의 종류 중 표준용융온도가 가장 낮은 것은?
① 1종   ② 2종
③ 3종   ④ 4종

해설

방수공사용 아스팔트의 표준용융온도
- 1종 : 85℃
- 2종 : 90℃
- 3종 : 100℃
- 4종 : 95℃

35
칠공사에 사용되는 희석제의 분류가 잘못 연결된 것은?

① 송진건류품 - 테레빈유
② 석유건류품 - 휘발유, 석유
③ 콜타르 증류품 - 미네랄 스피리트
④ 송근건류품 - 송근유

해설
미네랄 스피리트의 용도
에나멜, 유성페인트, 유성바니쉬 등의 용제로 사용

36
다음 중 공사시방서에 기재하지 않아도 되는 사항은?

① 건물 전체의 개요
② 공사비 지급방법
③ 시공방법
④ 사용재료

해설
공사시방서의 기재사항
- 건물 전체의 개요
- 시공방법
- 사용재료
- 유의사항

37
바깥방수와 비교한 안방수의 특징에 관한 설명으로 옳지 않은 것은?

① 공사가 간단하다.
② 공사비가 비교적 싸다.
③ 보호누름이 없어도 무방하다.
④ 수압이 작은 곳에 이용된다.

해설
③ 바깥방수는 보호누름이 없어도 무방하지만, 안방수는 보호누름이 필요함

38
아래 그림의 형태를 가진 흙막이의 명칭은?

① H-말뚝 토류판
② 슬러리월
③ 소일콘크리트 말뚝
④ 시트파일

해설
시트파일
물막이·흙막이 등을 위해 박는 강판으로 된 말뚝으로 강널말뚝이라고도 함. 단면의 형태는 양단이 구멍형 또는 요철(凹凸)로 되어 있어서 서로 끼워 맞출 수 있음

39
8개월간 공사하는 현장에 필요한 시멘트량이 2,397포이다. 이 공사 현장에 필요한 시멘트 창고 필요면적으로 적당한 것은? (단, 쌓기단수는 13단)

① 24.6m²   ② 54.2m²
③ 73.8m²   ④ 98.5m²

해설
시멘트 창고면적 계산
1,800포 초과일 경우 전량의 1/3만 저장하므로
$N = 2,397 \times \frac{1}{3} = 799$포
$\therefore A = 0.4 \times \frac{799}{13} = 24.6\text{m}^2$

40
외부 조적벽이 방습, 방열, 방한, 방서 등을 위해서 설치하는 쌓기법은?

① 내쌓기   ② 기초쌓기
③ 공간쌓기   ④ 엇모쌓기

해설
③ 공간쌓기에 대한 설명

제3과목 ■ 건축구조

41
압축이형철근의 정착길이에 관한 기준으로 옳지 않은 것은?

① 계산된 정착길이는 항상 200mm 이상이어야 한다.
② 기본정착길이는 최소 $0.043d_b f_y$ 이상이어야 한다.
③ 해석결과 요구되는 철근량을 초과하여 배치한 경우 $\left(\dfrac{소요철근량}{배근철근량}\right)$을 곱하여 보정한다.
④ 전경량콘크리트를 사용한 경우 기본정착길이에 0.85배 하여 정착길이를 산정한다.

해설
압축이형철근의 정착길이 기준
④ 전경량콘크리트를 사용한 경우 기본정착길이를 0.75로 나누어 정착길이를 산정한다.
모래경량콘크리트 : 0.85로 나누어 정착길이를 산정

42
다음과 같이 볼트군의 x_o부터의 도심위치 x를 구하면? (단, 그림의 단위는 mm)

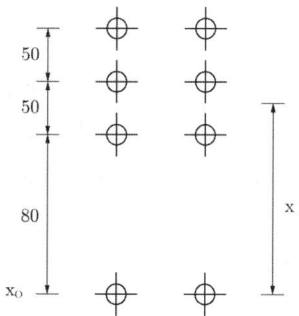

① 80mm
② 89.5mm
③ 90mm
④ 97.5mm

해설
도심 계산
각 볼트구멍의 면적을 모두 1로 가정하면,
$Q_y = Ax$
$\quad = A_1 x_1 + A_2 x_2 + A_3 x_3 + A_4 x_4$
$A = A_1 + A_2 + A_3 + A_4 = 2+2+2+2 = 8\text{mm}^2$
$Q_y = 2\times(80+50+50) + 2\times(80+50)$
$\quad\quad + 2\times(80) + 2\times 0$
$\quad = 780\text{mm}^3$
$x = \dfrac{Q_y}{A} = \dfrac{780}{8} = 97.5\text{mm}$

43
그림과 같은 필릿용접의 유효용접길이는? (단, 유효용접길이는 1면에 대해서만 산정)

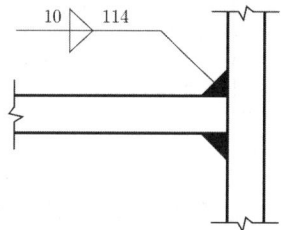

① 10mm
② 94mm
③ 107mm
④ 114mm

해설
필릿용접의 유효용접길이 계산
유효길이 $L_e = L - 2s = 114 - 2\times 10 = 94\text{mm}$
참고 유효단면적 $A_w = 0.7s \times (L-2s)$

44
그림과 같은 단면에서 x축에 대한 단면2차모멘트는?

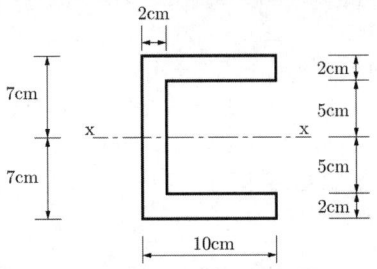

① 1,420cm⁴ ② 1,520cm⁴
③ 1,620cm⁴ ④ 1,720cm⁴

해설
단면2차모멘트 계산

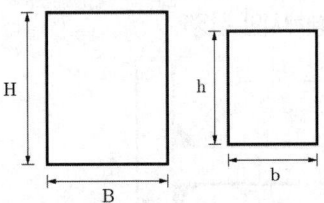

ㄷ형강의 표면으로 이루어지는 직사각형을 B×H, 빈공간으로 이루어지는 직사각형을 b×h로 가정하면,

$$I_x = \frac{BH^3 - bh^3}{12}$$
$$= \frac{10 \times (7+7)^3 - (10-2) \times (5+5)^3}{12}$$
$$= 1,620 \text{cm}^4$$

45
다음 중 지진에 의하여 발생되는 현상이 아닌 것은?
① 동상현상 ② 해일
③ 지반의 액상화 ④ 단층의 이동

해설
지진에 의한 현상
해일, 지반의 액상화, 단층의 이동
※ 동상현상 : 지반의 온도가 0℃ 미만으로 내려가서 얼게 되는 현상. <u>지진과 무관함</u>

46
그림과 같은 캔틸레버 보에서 B점의 처짐을 구하면?

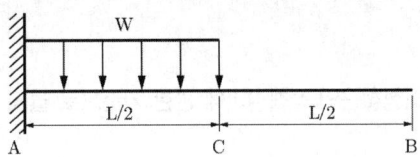

① $\dfrac{wL^4}{128EI}$ ② $\dfrac{3wL^4}{128EI}$
③ $\dfrac{3wL^4}{384EI}$ ④ $\dfrac{7wL^4}{384EI}$

해설
캔틸레버보의 처짐
중첩의 원리를 적용하여 다음과 같이 산정한다.

$$\delta_B = \delta_C + \theta_C \times \frac{L}{2}$$
$$= \frac{w\left(\frac{L}{2}\right)^4}{8EI} + \frac{w\left(\frac{L}{2}\right)^3}{6EI} \times \frac{L}{2} = \frac{7wL^4}{384EI}$$

47
다음 그림과 같은 구조물의 부정정차수로 옳은 것은?

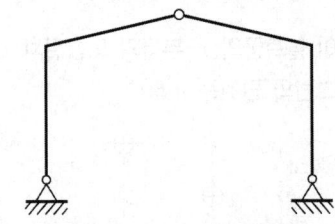

① 정정 ② 1차 부정정
③ 2차 부정정 ④ 3차 부정정

해설
부정정차수 계산
$n = r + m + k - 2j$
반력수 : 2+2=4, 부재수 : 4,
강절점수 : 1+1=2, 절점수 : 5
$n = 4+4+2-(2\times5) = 0$(정정)

정답 44.③ 45.① 46.④ 47.①

48
그림과 같은 구조물에서 기둥에 발생하는 휨모멘트가 0이 되려면 등분포하중 w는?

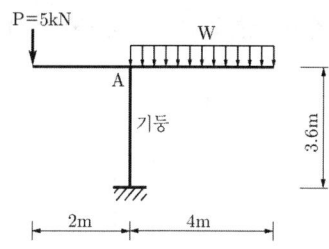

① 2.5kN/m   ② 0.8N/m
③ 1.25N/m   ④ 1.75N/m

해설

기둥의 휨모멘트 계산
기둥의 휨모멘트가 0이 되려면 방향이 다른 좌우의 모멘트의 크기가 같으면 됨

$5 \times 2 = w \times 4 \times \dfrac{4}{2}$ → $w = 1.25 \text{kN/m}$

49
철근콘크리트 보의 사인장 균열에 관한 설명으로 옳지 않은 것은?
① 전단력 및 비틀림에 의하여 발생한다.
② 보의 축과 약 45°의 각도를 이룬다.
③ 주인장응력도의 방향과 사인장 균열의 방향은 일치한다.
④ 보의 단부에 주로 발생한다.

해설

사인장 균열
- 보의 축과 약 45°의 각도를 이루는 균열
- 전단력 및 비틀림에 의해 발생
- 보의 단부에 주로 발생

콘크리트에서 발생하는 대부분의 균열은 인장응력도의 방향과 직각을 이루는 것이 특징임

50
연약한 지반에 대한 대책 중 상부구조의 조치사항으로 옳지 않은 것은?
① 건물의 수평길이를 길게 한다.
② 건물을 경량화한다.
③ 건물의 강성을 높여준다.
④ 건물의 인동간격을 멀리한다.

해설

부동침하 감소를 위한 상부구조 대책
① 건물의 길이를 짧게 할 것

51
강구조에서 하중점과 볼트, 접합된 부재의 반력사이에서 지렛대와 같은 거동에 의해 볼트에 작용하는 인장력이 증폭되는 현상을 무엇이라 하는가?
① slip-critical action
② bearing action
③ prying action
④ buckling action

해설

prying action(지레 반력)
T형강의 접합 시 주로 발생하는 지레 작용에 의한 반력이 인장력의 증폭을 가져오는 현상

52
강도설계법에서 휨 또는 휨과 축력을 동시에 받는 부재의 콘크리트 압축연단에서 극한변형률은 얼마로 가정하는가? (단, $f_{ck}=24\text{MPa}$)
① 0.002   ② 0.0033
③ 0.005   ④ 0.007

해설

콘크리트 압축연단의 극한변형률
$f_{ck} \leq 40\text{MPa}$이므로 휨 또는 휨과 축력을 동시에 받는 부재의 콘크리트 압축연단의 극한변형률은 0.0033으로 가정함

53

그림과 같이 양단이 고정된 강재 부재에 온도가 $\Delta T = 30℃$ 증가될 때 이 부재에 발생되는 압축응력은 얼마인가? (단, 강재의 탄성계수 $E_s = 2.0 \times 10^5$MPa, 부재 단면적은 5,000mm², 선팽창계수 $\alpha = 1.2 \times 10^{-5}/℃$이다.)

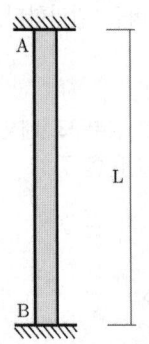

① 25MPa ② 48MPa
③ 64MPa ④ 72MPa

해설

온도응력 계산
$\sigma_t = E \times \alpha \times \Delta t$
$= 2.0 \times 10^5 \times 1.2 \times 10^{-5} \times 30 = 72$MPa

54

철근콘크리트 보에서 콘크리트를 이어붓기할 때 그 이음의 위치로 가장 적당한 곳은?

① 전단력이 최소인 부분
② 휨모멘트가 최소인 부분
③ 큰보와 작은보가 접합되는 단면이 변화되는 부분
④ 보의 단부

해설

콘크리트 이어붓기
보 및 슬래브의 이어붓기 위치는 전단력이 작은 스팬의 중앙부에 수직으로 한다.

55

다음 그림과 같은 띠철근 기둥의 설계축하중(ϕP_n) 값으로 옳은 것은? (단, $f_{ck} = 24$MPa, $f_y = 400$MPa, 주근 단면적(A_{st}) : 3,000mm²)

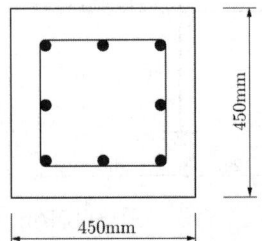

① 2,740kN ② 2,952kN
③ 3,335kN ④ 3,359kN

해설

기둥의 설계축하중 산정
$\phi P_{n(\max)} = 0.80\phi[0.85f_{ck}(A_g - A_{st}) + A_{st}f_y]$
$= 0.80 \times 0.65 \times [0.85 \times 24 \times (450 \times 450 - 3,000)$
$+ (3,000 \times 400)] \times 10^{-3}$
$= 2,740.3$kN

56

다음 그림과 같은 보에서 고정단에 생기는 휨모멘트는?

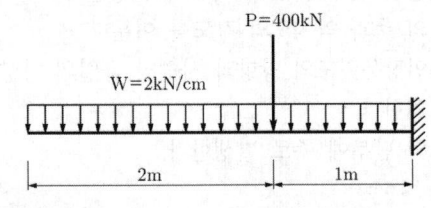

① 500kNm ② 900kNm
③ 1,300kNm ④ 1,500kNm

해설

캔틸레버의 휨모멘트 산정
$M = 400$kN $\times 1$m
$+ 200$kN/m $\times (2+1)$m $\times \dfrac{(2+1)\text{m}}{2}$
$= 1,300$kNm
※ 1kN/cm = 1kN/0.01m = 100kN/m

57

다음 그림과 같은 압축재 H-200×200×8×12가 부재의 중앙지점에서 약축에 대해 휨변형이 구속되어 있다. 이 부재의 탄성좌굴응력도를 구하면? (단, 단면적 $A=63.53\times10^2\text{mm}^2$, $I_x=4.72\times10^7\text{mm}^4$, $I_y=1.60\times10^7\text{mm}^4$, $E=205{,}000\text{MPa}$)

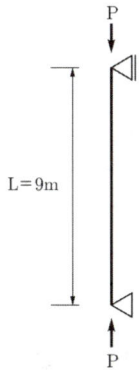

① 252N/mm^2 ② 186N/mm^2
③ 132N/mm^2 ④ 108N/mm^2

해설

탄성좌굴응력도 계산

(1) 유효좌굴길이
- $KL_x=1.0\times9{,}000=9{,}000\text{mm}$
- $KL_y=1.0\times4{,}500=4{,}500\text{mm}$

(2) 좌굴하중
- $P_{ex}=\dfrac{\pi^2EI_x}{(KL_x)^2}$
  $=\dfrac{\pi^2\times205{,}000\times4.72\times10^7}{(9{,}000)^2}$
  $=1{,}178{,}991\text{N}$
- $P_{ey}=\dfrac{\pi^2EI_y}{(KL_y)^2}$
  $=\dfrac{\pi^2\times205{,}000\times1.60\times10^7}{(4{,}500)^2}$
  $=1{,}598{,}632\text{N}$

∴ 작은 값 $P_e=1{,}178{,}991\text{N}$

(3) 탄성좌굴응력
- $f_e=\dfrac{P_e}{A}=\dfrac{1{,}178{,}991}{63.53\times10^2}=185.6\text{N/mm}^2$

58

절점 B에 외력 $M=200\text{kNm}$가 작용하고 각 부재의 강비가 그림과 같을 경우 M_{AB}는?

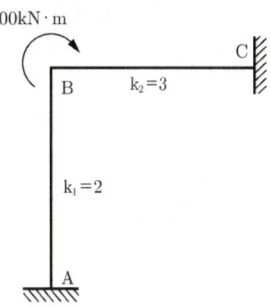

① 20kNm ② 40kNm
③ 60kNm ④ 80kNm

해설

모멘트 분배법 계산

(1) 분배율 $\mu_{BA}=\dfrac{K_1}{\Sigma K}=\dfrac{2}{(2+3)}=0.4$

(2) 분배모멘트
$M_{BA}=\mu_{BA}M=0.4\times200=80\text{kNm}$

(3) 전달모멘트
$M_{AB}=\dfrac{1}{2}M_{BA}=\dfrac{1}{2}\times80=40\text{kNm}$

59

철골조의 가새에 관한 설명으로 옳지 않은 것은?

① 트러스의 절점 또는 기둥의 절점을 각각 대각선 방향으로 연결하여 구조체의 변형을 방지하는 부재이다.
② 풍하중, 지진력 등의 수평하중에 저항하는 것으로 부재에는 인장응력만 발생한다.
③ 보통 단일형강재 또는 조립재를 쓰지만 응력이 작은 지붕가새에는 봉강을 사용한다.
④ 수평가새는 지붕트러스의 지붕면(경사면)에 설치한다.

해설

가새에는 인장응력 및 압축응력이 모두 발생한다.

정답 57.② 58.② 59.②

60
철근콘크리트 보의 장기처짐을 구할 때 적용되는 5년 이상 지속하중에 대한 시간경과계수 ξ의 값은?

① 2.4
② 2.0
③ 1.2
④ 1.0

해설
시간경과계수

5년 이상	12개월	6개월	3개월
2.0	1.4	1.2	1.0

제4과목 ▪ 건축설비

61
다음 중 건물 실내에 표면결로 현상이 발생하는 원인과 가장 거리가 먼 것은?

① 실내외 온도차
② 구조재의 열적 특성
③ 실내 수증기 발생량 억제
④ 생활 습관에 의한 환기 부족

해설
③ 실내 수증기 발생량의 증가로 인한 상대습도의 증가

62
다음과 같은 조건에 있는 실의 틈새바람에 의한 현열부하량은?

[조건]
• 실의 체적 : 400m³
• 환기 횟수 : 0.5회/h
• 실내공기 건구온도 : 20℃
• 외기 건구온도 : 0℃
• 공기의 밀도 : 1.2kg/m³
• 공기의 비열 : 1.01kJ/kg·K

① 986W
② 1,124W
③ 1,347W
④ 1,542W

해설
틈새바람(극간풍)의 현열부하량 계산
$$Q = \rho \times C \times q \times \Delta t = \rho \times C \times n \times V \times \Delta t$$
$$= \frac{1.2 \times 1.01 \times 0.5 \times 400 \times 20}{3,600}$$
$$= 1.347\text{kW} = 1,347\text{W}$$

여기서, ρ : 밀도
C : 비열
q : 환기량
n : 환기횟수
V : 실체적
Δt : 온도차

※ $\text{kW} = \text{kJ/s}$, $\text{kJ/h} = \text{kJ/3,600s}$

63
난방방식에 관한 설명으로 옳지 않은 것은?

① 증기난방은 잠열을 이용한 난방이다.
② 온수난방은 온수의 현열을 이용한 난방이다.
③ 온풍난방은 온습도 조절이 가능한 난방이다.
④ 복사난방은 열용량이 작으므로 간헐난방에 적합하다.

해설
복사난방의 특성
④ 복사난방은 열용량이 크고 예열시간이 길어 간헐난방에 부적합하다.

64
자동화재탐지설비의 감지기 중 감지기 주위의 온도가 일정한 온도 이상이 되었을 때 작동하는 것은?

① 차동식 감지기
② 정온식 감지기
③ 광전식 감지기
④ 이온화식 감지기

해설
자동화재 탐지설비의 감지기 종류
• 정온식 : 실온이 일정온도 이상 상승
• 차동식 : 주위온도가 일정한 온도상승률 이상
• 연기 감지기 : 광전식, 이온화식

정답 60.② 61.③ 62.③ 63.④ 64.②

65

높이 30m의 고가수조에 매분 1m³의 물을 보내려고 할 때 필요한 펌프의 축동력은? (단, 마찰손실수두 6m, 흡입양정 1.5m, 펌프효율 50%인 경우)

① 약 2.5kW ② 약 9.8kW
③ 약 12.3kW ④ 약 16.7kW

해설
펌프의 축동력 계산

$$축동력 = \frac{WQH}{6,120 \times E}$$

$$= \frac{1,000 \times 1 \times (30+6+1.5)}{6120 \times 0.5} = 12.25 \text{kW}$$

여기서, W : 물의 비중량(kg/m³)
Q : 양수량(m³/min)
H : 전양정
E : 효율

※ 물 $1L = 10^{-3} \text{m}^3$

66

공기조화방식 중 전수방식에 관한 설명으로 옳지 않은 것은?

① 각 실의 제어가 용이하다.
② 실내 배관에 의한 누수의 우려가 있다.
③ 극장의 관객석과 같이 많은 풍량을 필요로 하는 곳에 주로 사용된다.
④ 열매체가 증기 또는 냉·온수이므로 열의 운송 동력이 공기에 비해 적게 소요된다.

해설
전수방식의 특성
틈새바람에 의해서만 외기도입이 가능하므로 실내공기의 오염이 심해서 극장의 관객석과 같이 많은 풍량을 필요로 하는 곳에는 사용되지 않는다.

67

어느 점광원에서 1[m] 떨어진 곳의 직각면 조도가 200[lx]일 때, 이 광원에서 2[m] 떨어진 곳의 직각면 조도는?

① 25[lx] ② 50[lx]
③ 100[lx] ④ 200[lx]

해설
조도에 대한 거리의 역자승 법칙

$E = \dfrac{I}{d^2}$ 에서 조도는 거리(d)의 제곱에 반비례하며, 거리가 1m에서 2m로 2배가 증가했으므로 원래 조도의 200lx에 1/4배를 하면 됨

68

터보 냉동기에 관한 설명으로 옳지 않은 것은?

① 왕복동식에 비하여 진동이 적다.
② 흡수식에 비해 소음 및 진동이 심하다.
③ 임펠러 회전에 의한 원심력으로 냉매가스를 압축한다.
④ 일반적으로 대용량에는 부적합하며 비례제어가 불가능하다.

해설
④ 일반적으로 터보 냉동기는 대용량 설비에 적합하며 비례제어가 가능하다.

69

양수량이 1m³/min, 전양정이 50m인 펌프에서 회전수를 1.2배 증가시켰을 때 양수량은?

① 1.2배 증가 ② 1.44배 증가
③ 1.73배 증가 ④ 2.4배 증가

해설
펌프의 회전수와 여러 물리량과의 관계
전동기의 회전수가 증가하면,
• 양수량 : 회전수에 비례하여 증가
• 전양정 : 회전수의 제곱에 비례하여 증가
• 축마력 : 회전수의 3제곱에 비례하여 증가

정답 65.③ 66.③ 67.② 68.④ 69.①

70
전기설비가 어느 정도 유효하게 사용되는가를 나타내며, 최대수용전력에 대한 부하의 평균 전력의 비로 표현되는 것은?
① 부하율　② 부등률
③ 수용률　④ 유효율

해설
① 부하율에 대한 정의

71
통기방식에 관한 설명으로 옳지 않은 것은?
① 신정통기방식에서는 통기수직관을 설치하지 않는다.
② 루프통기방식은 각 기구의 트랩마다 통기관을 설치하고 각각을 통기 수평지관에 연결하는 방식이다.
③ 신정통기방식은 배수수직관의 상부를 연장하여 신정통기관으로 사용하는 방식으로, 대기 중에 개구한다.
④ 각개통기방식은 트랩마다 통기되기 때문에 가장 안정도가 높은 방식으로, 자기사이폰 작용의 방지에도 효과가 있다.

해설
② 각개통기방식은 각 기구의 트랩마다 통기관을 설치하고 각각을 통기 수평지관에 연결하는 방식이다.

72
사무소 건물에서 다음과 같이 위생기구를 배치하였을 때 이들 위생기구 전체로부터 배수를 받아들이는 배수수평지관의 관경으로 가장 알맞은 것은?

기구종류	바닥배수	소변기	대변기
배수부하단위	2	4	8
기구수	2	8	2

관경(mm)	배수수평지관의 배수부하단위
75	14
100	96
125	216
150	372

① 75mm　② 100mm
③ 125mm　④ 150mm

해설
배수부하단위에 의한 관경 결정
- 기구 종류별 배수부하단위×기구수
  $(2 \times 2) + (4 \times 8) + (8 \times 2) = 52$
- 계산된 배수부하단위를 감당할 수 있는 관경을 표에서 찾음
  75mm : 14 배수부하단위까지만 감당
  100mm : 96 배수부하단위까지 감당
따라서 배수수평지관의 관경은 100mm를 선택

73
다음과 같은 특징을 갖는 배선 방법은?

- 열적영향이나 기계적 외상을 받기 쉬운 곳이 아니면 금속관 배선과 같이 광범위하게 사용 가능하다.
- 관 자체가 절연체이므로 감전의 우려가 없으며 시공이 용이하다.

① 금속덕트 배선
② 버스덕트 배선
③ 플로어덕트 배선
④ 합성수지관 배선

해설
④ 합성수지관 배선에 대한 설명

74
급탕설비에 관한 설명으로 옳은 것은?
① 팽창탱크는 반드시 개방식으로 해야 한다.
② 리버스 리턴(reverse-return) 방식은 전 계통의 탕의 순환을 촉진하는 방식이다.
③ 직접가열식 중앙급탕법은 보일러 안에 스케일 부착이 없어 내부에 방식처리가 불필요하다.
④ 간접가열식 중앙급탕법은 저탕조와 보일러를 직결하여 순환가열하는 것으로 고압용 보일러가 주로 사용된다.

해설
급탕설비
① 팽창탱크는 반드시 개방식으로 할 필요는 없고 밀폐식으로 해도 무방하다.
③ 간접가열식 중앙급탕법은 보일러 안에 스케일 부착이 없어 내부에 방식처리가 불필요하다.
④ 직접가열식 중앙급탕법은 저탕조와 보일러를 직결하여 순환가열하는 것으로 고압용 보일러가 주로 사용된다.

75
가스배관 경로 선정 시 주의하여야 할 사항으로 옳지 않은 것은?
① 장래의 증설 및 이설 등을 고려한다.
② 주요구조부를 관통하지 않도록 한다.
③ 옥내배관은 매립하는 것을 원칙으로 한다.
④ 손상이나 부식 및 전식을 받지 않도록 한다.

해설
가스배관 시공의 주의사항
③ 가스배관은 가스 누출 시의 환기에 대비해 건물 내에서는 노출배관을 원칙으로 함

76
알칼리 축전지에 관한 설명으로 옳지 않은 것은?
① 고율방전특성이 좋다.
② 공칭전압은 2[V/셀]이다.
③ 기대수명이 10년 이상이다.
④ 부식성의 가스가 발생하지 않는다.

해설
알칼리 축전기
• 저온특성이 좋다.
• 공칭전압은 1.2V/셀이다.
• 극판의 기계적 강도가 강하다.
• 고율방전특성이 좋다.
• 기대수명이 10년 이상이다.

77
엘리베이터의 일주시간 구성요소에 속하지 않는 것은?
① 주행시간
② 도어개폐시간
③ 승객출입시간
④ 승객대기시간

해설
EV의 일주시간 구성요소
일주시간=주행시간+일주 중 도어 개폐시간+일주 중 승객출입시간+일주 중 손실시간

78
습공기를 가열하였을 경우 상태량이 변하지 않는 것은?
① 엔탈피
② 비체적
③ 절대습도
④ 상대습도

해설
③ 습공기를 가열해도 절대습도는 절대 불변

정답 74.② 75.③ 76.② 77.④ 78.③

79
각 층마다 옥내소화전이 3개씩 설치되어 있는 건물에서 옥내소화전설비의 수원의 저수량은 최소 얼마 이상이 되도록 하여야 하는가?

① $6.9m^3$ ② $7.2m^3$
③ $7.5m^3$ ④ $5.2m^3$

해설

수원의 저수량 계산식
- 옥내소화전 : <u>$2.6m^3 × N(2개 이하)$</u>
- 옥외소화전 : $7m^3 × N(2개 이하)$
  ∴ $2.6 × 2 = 5.2m^3$

80
덕트 설비에 관한 설명으로 옳은 것은?

① 고속덕트에는 소음상자를 사용하지 않는 것이 원칙이다.
② 고속덕트는 관마찰저항을 줄이기 위하여 일반적으로 장방형 덕트를 사용한다.
③ 등마찰손실법은 덕트 내의 풍속을 일정하게 유지할 수 있도록 덕트 치수를 결정하는 방법이다.
④ 같은 양의 공기가 덕트를 통해 송풍될 때 풍속을 높게 하면 덕트의 단면치수를 작게 할 수 있다.

해설

① 고속덕트에는 소음과 진동이 발생하므로 소음상자를 <u>사용하는 것이 원칙</u>이다.
② 고속덕트는 관마찰저항을 줄이기 위하여 일반적으로 <u>원형 덕트</u>를 사용한다.
③ 등마찰손실법은 덕트 내의 <u>마찰 저항값이 다른 덕트의 마찰 저항값과 동일하게 유지할 수 있도록</u> 덕트 치수를 결정하는 방법이다.

제5과목 ■ 건축관계법규

81
부설주차장의 설치대상 시설물 종류와 설치기준의 연결이 옳은 것은?

① 판매시설 – 시설면적 $100m^2$당 1대
② 위락시설 – 시설면적 $150m^2$당 1대
③ 종교시설 – 시설면적 $200m^2$당 1대
④ 숙박시설 – 시설면적 $200m^2$당 1대

해설

부설주차장 설치기준
- <u>위락</u>시설 : 시설면적 $100m^2$당 1대
- <u>종교·판매·운수</u>시설 : 시설면적 $150m^2$당 1대
- 숙박시설 : 시설면적 $200m^2$당 1대

82
주차전용건축물이란 건축물의 연면적 중 주차장으로 사용되는 부분의 비율이 최소 얼마 이상인 건축물을 말하는가? (단, 주차장 외의 용도로 사용되는 부분이 자동차 관련 시설인 건축물의 경우)

① 70% ② 80%
③ 90% ④ 95%

해설

주차전용건축물의 주차면적 비율

건축물의 용도	주차면적 비율
건축물의 연면적 중 주차장으로 사용되는 부분	95% 이상
단독주택, 공동주택, 제1종 및 제2종 근린생활시설, 문화 및 집회시설, 종교시설, 판매시설, 운수시설, 운동시설, 업무시설, 자동차관련시설	70% 이상

83
다음 중 국토의 계획 및 이용에 관한 법령상 공공·문화체육시설에 속하지 않는 것은?

① 학교 ② 공공청사
③ 유원지 ④ 청소년수련시설

해설

공공·문화체육시설 종류
학교·공공청사·문화시설·공공 필요성이 인정되는 체육시설·연구시설·사회복지시설·공공직업훈련시설·청소년수련시설

공간시설의 종류
광장, 공원, 녹지, 유원지, 공공공지

84
다음 중 건축물의 용도 분류가 옳은 것은?

① 식물원 – 동물 및 식물관련시설
② 동물병원 – 의료시설
③ 유스호스텔 – 수련시설
④ 장례식장 – 묘지관련시설

해설

건축물의 용도
① 식물원 – 문화 및 집회시설
② 동물병원 – 제2종 근린생활시설
④ 장례식장 – 장례식장
※ 묘지관련시설 : 화장시설, 봉안당

85
국토의 계획 및 이용에 관한 법령상 다음과 같이 정의되는 용어는?

> 개발로 인하여 기반시설이 부족할 것으로 예상되나 기반시설을 설치하기 곤란한 지역을 대상으로 건폐율이나 용적률을 강화하여 적용하기 위하여 지정하는 구역

① 시가화조정구역 ② 개발밀도관리구역
③ 기반시설부담구역 ④ 지구단위계획구역

해설

② 개발밀도관리구역에 대한 설명

86
광역도시계획에 관한 내용으로 틀린 것은?

① 인접한 둘 이상의 특별시·광역시·특별자치시·특별자치도·시 또는 군의 관할 구역 전부 또는 일부를 광역계획권으로 지정할 수 있다.
② 군수가 광역도시계획을 수립하는 경우 도지사의 승인을 생략한다.
③ 광역계획권의 공간 구조와 기능 분담에 관한 정책 방향이 포함되어야 한다.
④ 광역도시계획을 공동으로 수립하는 시·도지사는 그 내용에 관하여 서로 협의가 되지 아니하면 공동이나 단독으로 국토교통부장관에게 조정을 신청할 수 있다.

해설

② 군수가 광역도시계획을 수립하는 경우 도지사의 승인을 받아야 한다.

87
주요구조부가 내화구조 또는 불연재료로 된 층수가 16층 이상인 공동주택의 경우, 피난층 외의 층에는 피난층 또는 지상으로 통하는 직통 계단을 거실의 각 부분으로부터 계단에 이르는 보행거리가 최대 얼마 이하가 되도록 설치하여야 하는가? (단, 계단은 거실로부터 가장 가까운 거리에 있는 1개소의 계단을 말한다)

① 30m ② 40m
③ 50m ④ 75m

해설

층수가 16층 이상인 공동주택의 보행거리는 최대 40m까지 가능하다.

정답 83.③ 84.③ 85.② 86.② 87.②

88
다음 중 방화구조의 기준으로 틀린 것은?
① 시멘트모르타르 위에 타일을 붙인 것으로서 그 두께의 합계가 2.5cm 이상인 것
② 석고판 위에 회반죽을 바른 것으로서 그 두께의 합계가 2.5cm 이상인 것
③ 철망모르타르로서 그 바름두께가 1.5cm 이상인 것
④ 심벽에 흙으로 맞벽치기한 것

해설
방화구조
- 심벽에 흙으로 맞벽치기 한 것
- 철망모르타르로서 그 바름두께가 2cm 이상인 것
- 시멘트모르타르 위에 타일을 붙인 것으로서 그 두께의 합계가 2.5cm 이상인 것
- 석고판 위에 시멘트모르타르를 바른 것으로서 그 두께의 합계가 2.5cm 이상인 것

89
시장·군수·구청장이 국토의 계획 및 이용에 관한 법률에 따른 도시지역에서 건축선을 따로 지정할 수 있는 최대 범위는?
① 2m ② 3m
③ 4m ④ 6m

해설
국토계획법에 따라 시장·군수·구청장은 도시지역에서 4m 범위 내에서 건축선을 따로 지정할 수 있다.

90
건축물의 면적, 높이 및 층수 등의 산정방법에 관한 설명으로 옳은 것은?
① 건축물의 높이 산정 시 건축물의 대지에 접하는 전면도로의 노면에 고저차가 있는 경우에는 그 건축물이 접하는 범위의 전면도로 부분의 수평거리에 따라 가중평균한 높이의 수평면을 전면도로면으로 본다.
② 용적률 산정 시 연면적에는 지하층의 면적과 지상층의 주차용으로 쓰는 면적을 포함시킨다.
③ 건축면적은 건축물의 내벽의 중심선으로 둘러싸인 부분의 수평투영면적으로 한다.
④ 건축물의 층수는 지하층을 포함하여 산정하는 것이 원칙이다.

해설
② 용적률 산정 시 연면적에는 지하층의 면적과 지상층의 주차용으로 쓰는 면적을 제외한다.
③ 건축면적은 건축물의 외벽(외벽이 없는 경우에는 외곽 부분의 기둥)의 중심선으로 둘러싸인 부분의 수평투영면적으로 한다.
④ 건축물의 층수는 지하층을 제외하고 산정하는 것이 원칙이다.

91
다음은 건축법령상 지하층의 정의 내용이다. ( )안에 알맞은 것은?

"지하층"이란 건축물의 바닥이 지표면 아래에 있는 층으로서 바닥에서 지표면까지 평균 높이가 해당 층 높이의 ( ) 이상인 것을 말한다.

① 2분의 1 ② 3분의 1
③ 3분의 2 ④ 4분의 3

해설
지하층의 정의
건축물의 바닥이 지표면 아래에 있는 층으로서 바닥에서 지표면까지 평균높이가 해당층 높이의 2분의 1 이상인 것

92
오피스텔에 설치하는 복도의 유효너비는 최소 얼마 이상이어야 하는가? (단, 건축물의 연면적은 300제곱미터이며, 양옆에 거실이 있는 복도의 경우이다.)
① 1.2m ② 1.8m
③ 2.4m ④ 2.7m

정답 88.③ 89.③ 90.① 91.① 92.②

해설
건축물의 용도별 복도의 유효너비

구분	양 옆에 거실이 있는 복도	그 밖의 복도
유치원·초등학교 중학교·고등학교	2.4m 이상	1.8m 이상
공동주택·오피스텔	1.8m 이상	1.2m 이상

93
다음 방화구획의 설치에 관한 기준을 적용하지 아니하거나 그 사용에 지장이 없는 범위에서 완화하여 적용할 수 있는 건축물의 부분에 해당되지 않는 것은?

> 주요구조부가 내화구조 또는 불연재료로 된 건축물로서 연면적이 1천 제곱미터를 넘는 것은 내화구조로 된 바닥·벽 및 갑종 방화문으로 구획하여야 한다.

① 복층형 공동주택의 세대별 층간 바닥 부분
② 주요구조부가 내화구조 또는 불연재료로 된 주차장
③ 계단실 부분·복도 또는 승강기의 승강로 부분으로서 그 건축물의 다른 부분과 방화구획으로 구획된 부분
④ 문화 및 집회시설 중 동물원의 용도로 쓰는 거실로서 시선 및 활동공간의 확보를 위하여 불가피한 부분

해설
④ 문화 및 집회시설의 용도로 쓰는 거실로서 시선 및 활동공간의 확보를 위하여 불가피한 부분은 완화대상이지만 동·식물원은 제외

94
태양열을 주된 에너지원으로 이용하는 주택의 건축면적 산정 시 이용하는 중심선의 기준으로 옳은 것은?

① 건축물의 외벽 경계선
② 건축물 기둥 사이의 중심선
③ 건축물의 외벽 중 내측 내력벽의 중심선
④ 건축물의 외벽 중 외측 내력벽의 중심선

해설
태양열을 주된 에너지원으로 이용하는 주택의 건축면적 산정은 건축물의 외벽 중 내측 내력벽 중심선으로 한다.

95
오피스텔의 난방설비를 개별난방방식으로 하는 경우에 관한 기준 내용으로 틀린 것은?

① 보일러의 연도는 내화구조로서 공동연도로 설치할 것
② 보일러는 거실 외의 곳에 설치할 것
③ 보일러실의 윗부분에는 그 면적이 $0.5m^2$ 이상인 환기창을 설치할 것
④ 기름보일러를 설치하는 경우에는 기름저장소를 보일러실에 설치할 것

해설
④ 기름보일러를 설치하는 경우에는 기름저장소를 보일러실 외의 다른 곳에 설치할 것

96
대형건축물의 건축허가 사전승인신청 시 제출도서 중 설계설명서에 표시하여야 할 사항에 속하지 않는 것은?

① 시공방법   ② 동선계획
③ 개략공정계획   ④ 각부 구조계획

해설
건축허가 승인신청 시 제출하는 설계설명서에 포함되어야 할 사항
- 공사개요(위치, 대지, 면적, 공사기간, 공사금액 등)
- 건축계획(배치, 평면, 입면, 동선, 조경, 주차, 교통처리계획 등)
- 시공방법, 개략공정계획, 주요설비계획
- 주요 자재 사용계획

97
다음의 대지와 도로의 관계에 관한 기준 내용 중 ( )안에 알맞은 것은?

> 연면적의 합계가 2천 제곱미터(공장인 경우에는 3천 제곱미터)이상인 건축물(축사, 작물 재배사, 그 밖에 이와 비슷한 건축물로서 건축조례로 정하는 규모의 건축물은 제외한다)의 대지는 너비 (㉠)이상의 도로 (㉡)이상 접하여야 한다.

① ㉠ : 4m, ㉡ : 2m   ② ㉠ : 6m, ㉡ : 4m
③ ㉠ : 8m, ㉡ : 6m   ④ ㉠ : 8m, ㉡ : 4m

해설
연면적의 합계가 2,000m²(공장인 경우에는 3,000m²) 이상인 건축물의 대지는 너비 6m 이상의 도로에 4m 이상 접하여야 한다.
예외 축사, 작물재배사, 그 밖에 이와 비슷한 건축물로서 건축조례로 정하는 규모의 건축물

98
지구단위계획구역의 지정목적을 이루기 위하여 지구단위계획에 포함될 수 있는 내용이 아닌 것은?

① 용도지역이나 용도지구를 대통령령으로 정하는 범위에서 세분하거나 변경하는 사항
② 건축물 높이의 최고한도 또는 최저한도
③ 도시·군관리계획 중 정비사업에 관한 계획
④ 대통령령으로 정하는 기반시설의 배치와 규모

해설
지구단위계획의 내용
- 용도지역이나 용도지구를 세분하거나 변경하는 사항
- 기반시설의 배치와 규모
- 교통처리계획
- 건축물의 용도제한, 건축물의 건폐율 또는 용적률, 건축물 높이의 최고한도 또는 최저한도
- 건축물의 배치, 형태, 색채 또는 건축선에 관한 계획
- 환경관리계획 또는 경관계획

99
건축물을 건축하는 경우 해당 건축물의 설계자가 국토교통부령으로 정하는 구조기준 등에 따라 그 구조의 안전을 확인할 때, 건축구조기술사의 협력을 받아야 하는 대상 건축물 기준으로 틀린 것은?

① 다중이용 건축물
② 6층 이상인 건축물
③ 3층 이상의 필로티형식 건축물
④ 기둥과 기둥사이의 거리가 8m 이상인 건축물

해설
건축구조기술사에 의한 협력 대상 건축물
- 6층 이상 건축물
- 특수구조 건축물
- 다중이용 건축물
- 3층 이상의 필로티형식 건축물

100
비상용승강기의 승강장 및 승강로 구조에 관한 기준 내용으로 틀린 것은?

① 옥내 승강장의 바닥면적은 비상용승강기 1대에 대하여 6m² 이상으로 한다.
② 각 층으로부터 피난층까지 이르는 승강로를 단일구조로 연결하여 설치하여야 한다.
③ 피난층이 있는 승강장의 출입구로부터 도로 또는 공지에 이르는 거리는 30m 이하로 한다.
④ 승강장에는 배연설비를 설치하여야 하며, 외부를 향하여 열 수 있는 창문 등을 설치하여서는 안 된다.

해설
④ 승강장에는 배연설비를 설치하여야 하며, 외부를 향하여 열 수 있는 창문 등을 설치하여야 한다.

정답 97.② 98.③ 99.④ 100.④

2020 제4회 건축기사

2020년 9월 27일 시행

제1과목 ■ 건축계획

01
단독주택에서 다음과 같은 실들을 각각 직상층 및 직하층에 배치할 경우 가장 바람직하지 않은 것은?
① 상층 : 침실, 하층 : 침실
② 상층 : 부엌, 하층 : 욕실
③ 상층 : 욕실, 하층 : 침실
④ 상층 : 욕실, 하층 : 부엌

해설
③ 일반적으로 상층에 욕실이 있을 경우 하층에는 침실을 배치하지 않음

02
주택단지계획에서 보차분리의 형태 중 평면 분리에 해당하지 않는 것은?
① T자형
② 루프(loop)
③ 쿨데삭(Cul-de-Sac)
④ 오버브리지(overbridge)

해설
보행자, 자동차의 동선 분리방법

평면분리	쿨데삭, 루프, T자형, 열쇠자형
입체분리	• 오버브리지, 언더패스 • 페데스트리언 데크, 지하도

03
메조넷형(Maisonette Type) 아파트에 관한 설명으로 옳지 않은 것은?
① 설비, 구조적인 해결이 유리하며 경제적이다.
② 통로가 없는 층의 평면은 프라이버시 확보에 유리하다.
③ 통로가 없는 층의 평면은 화재 발생 시 대피상 문제점이 발생할 수 있다.
④ 엘리베이터 정지층 및 통로면적의 감소로 전용면적의 극대화를 도모할 수 있다.

해설
① 설비, 구조적인 해결이 불리하며 단층형에 비해 비용이 많이 소요된다.

04
건축공간의 치수계획에서 "압박감을 느끼지 않을 만큼의 천장 높이 결정"은 다음 중 어디에 해당하는가?
① 물리적 스케일
② 생리적 스케일
③ 심리적 스케일
④ 입면적 스케일

해설
건축공간의 치수계획
• 심리적 스케일 : 압박감을 느끼지 않을 만큼의 천장 높이 결정
• 생리적 스케일 : 필요 채광량 및 환기량에 의해 건축물 실내의 창문 크기 결정

정답 01.③ 02.④ 03.① 04.③

05
학교 운영방식에 관한 설명으로 옳지 않은 것은?
① 종합교실형은 초등학교 저학년에 권장되는 방식이다.
② 교과교실형은 교실의 이용률은 높으나 순수율은 낮다.
③ 달톤형은 학급과 학년을 없애고 각자의 능력에 따라 교과를 선택하는 방식이다.
④ 플래툰형은 전 학급을 2분단으로 나누어 한 쪽이 일반 교실을 사용할 때, 다른 쪽은 특별교실을 사용한다.

해설
② 교과교실형은 교실의 이용률은 때에 따라 다르지만 높은 것이 일반적이고, 순수율이 높다는 장점이 있다.

06
상점의 동선계획에 관한 설명으로 옳지 않은 것은?
① 고객동선은 가능한 길게 한다.
② 직원동선은 가능한 짧게 한다.
③ 상품동선과 직원동선은 동일하게 처리한다.
④ 고객 출입구와 상품 반입/출 출입구는 분리하는 것이 좋다.

해설
상점의 동선계획
③ 상품동선과 직원동선은 가급적 교차되지 않도록 동일하게 처리해서는 안 됨

07
다음 설명에 알맞은 사무소 건축의 코어 유형은?

- 코어와 일체로 한 내진구조가 가능한 유형이다.
- 유효율이 높으며, 임대 사무소로서 경제적인 계획이 가능하다.

① 편심형　② 독립형
③ 분리형　④ 중심형

해설
④ 중심코어에 대한 설명

08
공장건축의 레이아웃(layout)에 관한 설명으로 옳지 않은 것은?
① 제품중심의 레이아웃은 대량생산에 유리하며 생산성이 높다.
② 레이아웃은 장래 공장규모의 변화에 대응한 융통성이 있어야 한다.
③ 공정중심의 레이아웃은 다품종 소량생산이나 주문생산에 적합한 형식이다.
④ 고정식 레이아웃은 기능이 동일하거나 유사한 공정, 기계를 접합하여 배치하는 방식이다.

해설
④ 공정중심의 레이아웃은 기능이 동일하거나 유사한 공정, 기계를 접합하여 배치하는 방식이다.
고정식 레이아웃 : 제품이 크고 수가 적을 때 사용(건축물, 선박)

09
조선시대에 田(전)자형 주택으로 대별되는 서민주택의 지방 유형은?
① 서울지방형
② 남부지방형
③ 중부지방형
④ 함경도지방형

해설
조선시대 주거양식(평면)
- 함경도지방형 : 田자형
- 중부지방형 : ㄱ자형
- 남부지방형 : ―자형
- 평안도지방형 : 田자형과 ―자형의 복합적인 형태

10
도서관의 출납시스템 유형 중 이용자가 자유롭게 도서를 꺼낼 수 있으나 열람석으로 가기 전에 관원의 검열을 받는 형식은?

① 폐가식
② 반개가식
③ 자유개가식
④ 안전개가식

해설
④ 안전개가식에 대한 설명

11
다음 중 호텔의 성격상 연면적에 대한 숙박면적의 비가 가장 큰 것은?

① 리조트 호텔
② 커머셜 호텔
③ 클럽 하우스
④ 레지덴셜 호텔

해설
호텔의 숙박면적비 : 커머셜 > 레지덴셜 > 리조트 > 아파트먼트

12
극장의 평면형식 중 오픈 스테이지(open stage) 형에 관한 설명으로 옳은 것은?

① 연기자가 남측 방향으로만 관객을 대하게 된다.
② 강연, 음악회, 독주, 연극 공연에 가장 적합한 형식이다.
③ 가장 일반적인 극장의 형식으로 어떠한 배경이라도 창출이 가능하다.
④ 무대와 객석이 동일공간에 있는 것으로 관객석이 무대의 대부분을 둘러싸고 있다.

해설
① 연기자가 <u>모든 방향으로 관객을 대할 수 있다.</u>
② 강연, 음악회, 독주, 연극 공연에 가장 적합한 형식이다. → <u>프로시니엄형</u>
③ 가장 일반적인 극장의 형식으로 어떠한 배경이라도 창출이 가능하다. → <u>프로시니엄형</u>

13
고딕 성당에 관한 설명으로 옳지 않은 것은?

① 중앙집중식 배치를 지배적으로 사용하였다.
② 건축 형태에서 수직성을 강하게 강조하였다.
③ 고딕 성당으로는 랭스 성당, 아미앵 성당 등이 있다.
④ 수평 방향으로 통일되고 연속적인 공간을 만들었다.

해설
①은 <u>비잔틴 건축 양식</u>의 주요 특징

14
종합병원에서 클로즈드 시스템(closed system)의 외래진료부에 관한 설명으로 옳지 않은 것은?

① 내과는 소규모 진료실을 다수 설치하도록 한다.
② 환자의 이용이 편리하도록 1층 또는 2층 이하에 둔다.
③ 중앙주사실, 회계, 약국 등은 정면출입구 근처에 설치한다.
④ 전체병원에 대한 외래진료부의 면적비율은 40~45% 정도로 한다.

해설
④ 전체병원에 대한 외래진료부의 면적비율은 <u>10~20%</u> 정도로 한다.

15
다음 중 백화점 매장의 기둥간격 결정 요소와 가장 거리가 먼 것은?

① 엘리베이터의 배치방법
② 진열장의 치수와 배치방법
③ 지하주차장 주차방식과 주차 폭
④ 층별 매장 구성과 예상 이용 인원

해설
백화점 기둥간격 결정요인
- 지하주차장의 주차방법과 주차 폭
- 진열대의 치수와 배열방법
- 엘리베이터의 배치방법

정답 10.④ 11.② 12.④ 13.① 14.④ 15.④

16

기업체가 자사제품의 홍보, 판매 촉진 등을 위해 제품 및 기업에 관한 자료를 소비자들에게 직접 호소하여 제품의 우위성을 인식시키는 전시공간은?

① 쇼룸　　② 런드리
③ 프로시니엄　　④ 인포메이션

해설

쇼룸
회사 안에 그 회사에서 생산하는 제품의 홍보, 판매 촉진 등을 위해 진열해 놓은 곳

17

사무소 건축의 실단위 계획 중 개실 시스템에 관한 설명으로 옳지 않은 것은?

① 공사비가 저렴하다.
② 독립성과 쾌적감이 높다.
③ 방길이에 변화를 줄 수 있다.
④ 방깊이에 변화를 줄 수 없다.

해설

① 개방식에는 없는 벽을 공사해야 하므로 공사비가 많이 필요하다.

18

극장건축의 관련 제실에 관한 설명으로 옳지 않은 것은?

① 앤티 룸(anti room)은 출연자들이 출연 바로 직전에 기다리는 공간이다.
② 그린 룸(green room)은 출연자 대기실을 말하며 주로 무대 가까운 곳에 배치한다.
③ 배경제작실의 위치는 무대에 가까울수록 편리하며, 제작 중의 소음을 고려하여 차음설비가 요구된다.
④ 의상실은 실의 크기가 1인당 최소 $8m^2$이 필요하며, 그린 룸이 있는 경우 무대와 동일한 층에 배치하여야 한다.

해설

극장건축에서 의상실
- 실의 크기 : 1인당 최소 $4m^2$ 정도
- 실의 위치 : 무대 근처 또는 같은 층에 있는 것이 이상적 (단, 그린룸이 있는 경우 반드시 동일한 층에 있을 필요는 없다.)

19

단독주택의 평면계획에 관한 설명으로 옳지 않은 것은?

① 거실은 평면계획상 통로나 홀로 사용하지 않는 것이 좋다.
② 현관의 위치는 대지의 형태, 도로와의 관계 등에 의하여 결정된다.
③ 부엌은 주택의 서측이나 동측이 좋으며 남향은 피하는 것이 좋다.
④ 노인침실은 일조가 충분하고 전망이 좋은 조용한 곳에 면하게 하고 식당, 욕실 등에 근접시킨다.

해설

③ 부엌은 주택의 동측이나 남측이 좋으며 서향은 피하는 것이 좋다.

20

고대 로마 건축물 중 판테온(Pantheon)에 관한 설명으로 옳지 않은 것은?

① 로툰다 내부는 드럼과 돔 두 부분으로 구성된다.
② 직사각형의 입구 공간은 외부와 내부 사이의 전이공간으로 사용된다.
③ 드럼 하부는 깊은 니치와 독립된 도리아식 기둥들로 동적인 공간을 구현한다.
④ 거대한 돔을 얹은 로툰다와 대형 열주 현관이라는 2가지 주된 구성요소로 이루어진다.

해설

③ 판테온 드럼 하부에는 도리아식 기둥이 아닌 코린티안 양식 기둥이 있음

정답　16.①　17.①　18.④　19.③　20.③

제2과목 ▪ 건축시공

21
발주자에 의한 현장관리로 볼 수 없는 것은?
① 착공신고 ② 하도급계약
③ 현장회의 운영 ④ 클레임 관리

해설
발주자에 의한 현장관리 제도
착공신고제도, 현장회의 운영, 클레임관리, 중간관리일

22
다음 중 QC 활동의 도구가 아닌 것은?
① 특성요인도 ② 파레토그램
③ 층별 ④ 기능계통도

해설
QC(품질관리) 활동 도구
특성요인도, 파레토그램, 층별, 히스토그램, 체크시트, 산점도

23
고층건축물 공사의 반복작업에서 각 작업조의 생산성을 기울기로 하는 직선으로 각 반복작업의 진행을 표시하여 전체공사를 도식화하는 기법은?
① CPM ② PERT
③ PDM ④ LOB

해설
④ LOB(Line of Balance)에 대한 설명.
• CPM : 최소비용으로 최적의 공기를 구하는 MCX이론을 적용함
• PERT : 주로 경험이 없는 신규사업, 비반복 사업에 적용

24
공사계약제도 중 공사관리방식(CM)의 단계별 업무내용 중 비용의 분석 및 VE 기법의 도입 시 가장 효과적인 단계는?
① Pre-Design 단계
② Design 단계
③ Pre-Construction 단계
④ Construction 단계

해설
Design(설계) 단계의 업무
비용의 분석, VE 기법의 도입, 대안공법의 검토

25
단순조적 블록쌓기에 관한 설명으로 옳지 않은 것은?
① 살두께가 큰 편을 아래로 하여 쌓는다.
② 특별한 지정이 없으면 줄눈은 10mm가 되게 한다.
③ 하루의 쌓기 높이는 1.5m 이내를 표준으로 한다.
④ 줄눈 모르타르는 쌓은 후 줄눈누르기 및 줄눈파기를 한다.

해설
블록 쌓기
① 블록의 살두께가 큰 편(두꺼운 쪽)을 위로 하여 쌓는다.

26
철근의 가스압접에 관한 설명으로 옳지 않은 것은?
① 이음공법 중 접합강도가 극히 크고 성분원소의 조직변화가 적다.
② 압접공은 작업 대상과 압접 장치에 관하여 충분한 경험과 지식을 가진 자로 책임기술자 승인을 받아야 한다.
③ 가스압접할 부분은 직각으로 자르고 절단면을 깨끗하게 한다.
④ 접합되는 철근의 항복점 또는 강도가 다른 경우에 주로 사용한다.

정답 21.② 22.④ 23.④ 24.② 25.① 26.④

해설
④ 접합되는 철근의 항복점 또는 강도가 <u>유사한 경우에 주로 사용</u>한다. 항복강도가 400MPa인 철근과 300MPa인 철근은 가스압접이음을 할 수 없다.

가스압접이음
철근의 이음방식 중 철근단면을 맞대고 산소-아세틸렌염으로 가열하여 <u>접합단면을 녹이지 않고</u> 적열상태에서 부풀려 가압, 접합하는 형태

27
콘크리트의 내화, 내열성에 관한 설명으로 옳지 않은 것은?
① 콘크리트의 내화, 내열성은 사용한 골재의 품질에 크게 영향을 받는다.
② 콘크리트는 내화성이 우수해서 600℃ 정도의 화열을 장시간 받아도 압축강도는 거의 저하하지 않는다.
③ 철근콘크리트 부재의 내화성을 높이기 위해서는 철근의 피복두께를 충분히 하면 좋다.
④ 화재를 입은 콘크리트의 탄산화 속도는 그렇지 않은 것에 비하여 크다.

해설
② 콘크리트는 내화성이 우수하지만 600℃ 정도의 화열을 장시간 받으면 <u>압축강도는 약 50% 정도 저하</u>된다.

28
어스앵커 공법에 관한 설명으로 옳지 않은 것은?
① 버팀대가 없어 굴착공간을 넓게 활용할 수 있다.
② 인접한 구조물의 기초나 매설물이 있는 경우 효과가 크다.
③ 대형기계의 반입이 용이하다.
④ 시공 후 검사가 어렵다.

해설
어스앵커공법(earth anchor method)
② 인접한 구조물의 기초나 <u>매설물이 없는 경우</u>에 효과가 크다.

29
용제형(Solvent) 고무계 도막방수 공법에 관한 설명으로 옳지 않은 것은?
① 용제는 인화성이 강하므로 부근의 화기는 엄금한다.
② 한층의 시공이 완료되면 1.5~2시간 경과 후 다음 층의 작업을 시작하여야 한다.
③ 완성된 도막은 외상(外傷)에 매우 강하다.
④ 합성고무를 휘발성 용제에 녹인 일종의 고무도료를 칠하여 두께 0.5~0.8mm의 방수피막을 형성하는 것이다.

해설
③ 완성된 도막은 피막이 얇아 외상(外傷)에 <u>매우 약하다</u>.

30
아스팔트 방수공사에서 아스팔트 프라이머를 사용하는 가장 중요한 이유는?
① 콘크리트 면의 습기 제거
② 방수층의 습기 침입 방지
③ 콘크리트면과 아스팔트 방수층의 접착
④ 콘크리트 밑바닥의 균열방지

해설
아스팔트 프라이머
콘크리트 접착면과 실링재(아스팔트 방수층)와의 <u>접착성을 좋게 하기 위하여</u> 도포하는 바탕처리 재료

정답 27.② 28.② 29.③ 30.③

31

벽두께 1.0B, 벽면적 30m² 쌓기에 소요되는 벽돌의 정미량은? (단, 벽돌은 표준형을 사용한다.)

① 3,900매
② 4,095매
③ 4,470매
④ 4,604매

해설

벽돌량 정미량 계산

벽면적×단위수량 = $30 \times 149 = 4,470$매
($\because$ $1.0B \rightarrow 149$매/m²)

32

Power shovel의 1시간당 추정 굴착 작업량을 다음 조건에 따라 구하면?

[조건]
$q=1.2\text{m}^3$, $f=1.28$, $E=0.9$, $K=0.9$,
$C_m=60$초

① 67.2m³/h
② 74.7m³/h
③ 82.2m³/h
④ 89.6m³/h

해설

파워쇼벨의 시간당 작업량 계산

$Q = \dfrac{3600 \times q \times k \times f \times E}{C_m(\text{초})}$

$= \dfrac{3600 \times 1.2 \times 1.28 \times 0.9 \times 0.9}{60}$

$= 74.65\text{m}^3/\text{h}$

33

도장작업 시 주의사항으로 옳지 않은 것은?

① 도료의 적부를 검토하여 양질의 도료를 선택한다.
② 도료량을 표준량보다 두껍게 바르는 것이 좋다.
③ 저온 다습 시에는 작업을 피한다.
④ 피막은 각층마다 충분히 건조 경화한 후 다음 층을 바른다.

해설

② 도료량을 표준량보다 너무 두껍지 않도록 얇게 몇 회로 나누어 실시한다.

34

수밀콘크리트의 시공에 관한 설명으로 옳지 않은 것은?

① 수밀콘크리트는 누수 원인이 되는 건조수축 균열의 발생이 없도록 시공하여야 하며, 0.1mm 이상의 균열 발생이 예상되는 경우 누수를 방지하기 위한 방수를 검토하여야 한다.
② 거푸집의 긴결재로 사용한 볼트, 강봉, 세퍼레이터 등의 아래쪽에는 블리딩 수가 고여서 콘크리트가 경화한 후 물의 통로를 만들어 누수를 일으킬 수 있으므로 누수에 대하여 나쁜 영향이 없는 재질의 것을 사용하여야 한다.
③ 소요 품질을 갖는 수밀콘크리트를 얻기 위해서는 전체 구조부가 시공이음 없이 설계되어야 한다.
④ 수밀성의 향상을 위한 방수제를 사용하고자 할 때에는 방수제의 사용 방법에 따라 배처플랜트에서 충분히 혼합하여 현장으로 반입시키는 것을 원칙으로 한다.

해설

수밀콘크리트는 다짐을 충분히 하며 가급적 이어치기 하지 않는다.
불가피하게 이어치기 할 경우 이어치기 면의 레이턴스를 제거하고 부배합 콘크리트를 사용한다.

35

철근, 볼트 등 건축용 강재의 재료시험 항목에서 일반적으로 제외되는 항목은?

① 압축강도시험
② 인장강도시험
③ 굽힘시험
④ 연신율시험

해설

강재의 재료시험
인장강도시험, 굽힘시험, 연신율시험

36
석재의 일반적 성질에 관한 설명으로 옳지 않은 것은?

① 석재의 비중은 조암광물의 성질·비율·공극의 정도 등에 따라 달라진다.
② 석재의 강도에서 인장강도는 압축강도에 비해 매우 작다.
③ 석재의 공극률이 클수록 흡수율이 크고 동결융해저항성은 떨어진다.
④ 석재의 강도는 조성결정형이 클수록 크다.

해설
④ 석재의 강도는 조성결정형이 클수록 작다.(○)
석재의 내화성은 조성결정형이 클수록 작다.(○)

37
철골공사 접합 중 용접에 관한 주의사항으로 옳지 않은 것은?

① 현장용접을 하는 부재는 그 용접부위에 얇은 에나멜 페인트를 칠하되, 이밖에 다른 칠을 해서는 안 된다.
② 용접봉의 교환 또는 다층용접일 때에는 먼저 슬래그를 제거하고 청소한 후 용접한다.
③ 용접할 소재는 용접에 의한 수축변형이 생기고, 또 마무리 작업도 고려해야 하므로 치수에 여분을 두어야 한다.
④ 용접이 완료되면 슬래그 및 스패터를 제거하고 청소한다.

해설
① 현장용접을 하는 부재는 그 용접부에서 100mm 이내 에나멜 페인트를 비롯한 녹막이 칠도 할 수 없다.

38
기성 말뚝 세우기 공사 시 말뚝의 연직도나 경사도는 얼마 이내로 하여야 하는가?

① 1/50
② 1/75
③ 1/80
④ 1/100

해설
기성 말뚝 세우기 공사 시 말뚝의 연직도나 경사도는 1/100 이내로 하여야 함

39
콘크리트 배합에 직접적으로 영향을 주는 요소가 아닌 것은?

① 단위수량
② 물–결합재 비
③ 철근의 품질
④ 골재의 입도

해설
콘크리트 배합에 영향을 주는 요소
시멘트 강도, 물–시멘트 비, 골재의 입도, 잔골재율, 단위수량

40
커튼월(Curtain Wall)의 외관 형태별 분류에 해당하지 않는 방식은?

① Unit 방식
② Mullion 방식
③ Spandrel 방식
④ Sheath 방식

해설
커튼월의 형태별 분류
mullion(샛기둥), spandrel(스팬드럴), sheath(은폐), grid(격자) 방식

정답 36.④ 37.① 38.④ 39.③ 40.①

제3과목 ■ 건축구조

41
길이 8m의 단순보가 100kN/m의 등분포활하중을 받을 때 위험단면에서 전단철근이 부담해야 하는 공칭전단력(V_s)은 얼마인가? (단, 구조물 자중에 의한 w_D=6.72kN/m, f_{ck}=24MPa, f_y=300MPa, λ=1, b_w=400mm, d=600mm, h=700mm)

① 424.43kN ② 530.53kN
③ 565.91kN ④ 571.40kN

해설
전단철근에 의한 공칭전단력 계산
(1) 소요전단력과 설계전단력의 관계
$$V_u \leq \phi V_n = \phi(V_c + V_s)$$
$$\rightarrow V_s = \frac{V_u}{\phi} - V_c$$
(2) 극한하중 계산
$$w_u = 1.2w_D + 1.6w_L$$
$$= 1.2(6.72) + 1.6(100) = 168.06\text{kN/m}$$
(3) 단부에서의 소요전단력 계산
$$V_u = \frac{w_u L}{2} = \frac{168.06 \times 8}{2} = 672.24\text{kN}$$
(4) 위험단면에서의 소요전단력 계산(단순보에서 위험단면은 단부에서 d만큼 떨어진 곳으로 계산함)
$$V_{u,d} = 672.24 - (168.06 \times 0.6) = 571.40\text{kN}$$
(5) 전단철근의 공칭전단력 계산
$$V_s = \frac{V_{u,d}}{\phi} - V_c = \frac{V_{u,d}}{\phi} - \frac{1}{6}\lambda\sqrt{f_{ck}}b_w d$$
$$= \frac{571.40}{0.75} - \frac{1}{6}(1)\sqrt{24}(400)(600) \times 10^{-3}$$
$$= 565.91\text{kN}$$

42
바람의 난류로 인해 발생되는 구조물의 동적거동 성분을 나타내는 것으로 평균변위에 대한 최대변위의 비를 통계적인 값으로 나타낸 계수는?

① 활하중저감계수 ② 중요도계수
③ 가스트 영향계수 ④ 지역계수

해설
가스트 영향계수
풍하중 산정 시 난류에 의한 계수로써 평균변위에 대한 최대변위의 비를 통계적인 값으로 정의함

43
필릿치수 8mm, 용접길이 500mm인 양면필릿용접 전체의 유효 단면적은 약 얼마인가?

① 2,100mm² ② 3,221mm²
③ 4,300mm² ④ 5,421mm²

해설
필릿용접의 유효용접면적 계산
유효단면적 $A_w = 0.7s \times (L-2s)$
$A_w = 2 \times 0.7(8) \times (500 - 2 \times 8) = 5,420.8\text{mm}^2$

44
그림과 같은 철근콘크리트보의 균열모멘트(M_{cr}) 값은? (단, 보통중량 콘크리트 사용, f_{ck}=24MPa, f_y=400MPa)

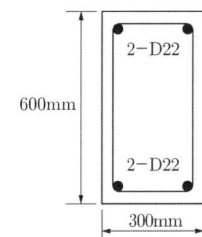

① 21.5kNm ② 33.6kNm
③ 42.8kNm ④ 55.6kNm

해설
균열모멘트 계산
(1) $Z = \frac{bh^2}{6} = \frac{300 \times (600)^2}{6} = 18,000,000\text{mm}^3$
(2) $f_r = 0.63\sqrt{24} = 3.09\text{N/mm}^2$
(3) $f_r = \frac{M_{cr}}{Z} \rightarrow M_{cr} = f_r \times Z$
$M_{cr} = 3.09 \times 18,000,000 \times 10^{-6} = 55.62\text{kNm}$

45
강구조의 소성설계와 관계없는 항목은?
① 소성힌지 ② 안전율
③ 붕괴기구 ④ 하중계수

해설
소성설계
탄성의 범위를 넘어서 소성단계까지 정밀하게 설계하는 방법으로 하중계수, 소성힌지, 붕괴기구 등이 관련 있음 안전율은 허용응력설계법에서 사용되는 계수임

46
다음 그림은 각 구간에서 직선적으로 변화하는 단순보의 모멘트도이다. C점과 D점에 동일한 힘 P_1이 작용하고 보의 중앙점 E에 P_2가 작용할 때 P_1과 P_2의 절대값은?

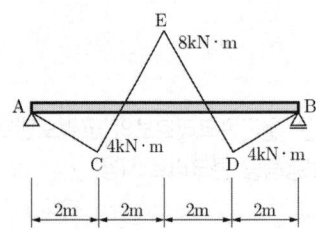

① $P_1 = 4kN$, $P_2 = 6kN$
② $P_1 = 4kN$, $P_2 = 8kN$
③ $P_1 = 8kN$, $P_2 = 10kN$
④ $P_1 = 8kN$, $P_2 = 12kN$

해설
단순보의 해석

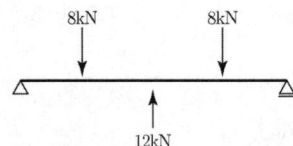

(1) $M_c = V_A \times 2m = 4kNm \rightarrow V_A = 2kN(\uparrow)$
(2) $M_E = 2kN \times 4m - P_1 \times 2m = -8kNm$
   $\therefore P_1 = 8kN(\downarrow)$
(3) $\Sigma V = 0 \rightarrow 2kN \times 2 - 8kN \times 2 = P_2$
   $P_2 = -12kN(\uparrow)$

47
온통기초에 관한 설명으로 옳지 않은 것은?
① 연약지반에 주로 사용된다.
② 독립기초에 비하여 구조해석 및 설계가 매우 단순하다.
③ 부동침하에 대하여 유리하다.
④ 지하수가 높은 지반에서도 유효한 기초방식이다.

해설
온통기초의 특성
② 온통기초는 상부구조의 광범위한 면적 내의 응력을 단일 기초판으로 연결하여 지반 또는 지정에 전달하는 기초(연약한 지반에 적용)이다. 기초판의 면적이 넓기 때문에 독립기초에 비하여 구조해석 및 설계가 훨씬 복잡하다.

48
다음 그림과 같은 보에서 A점의 수직반력을 구하면?

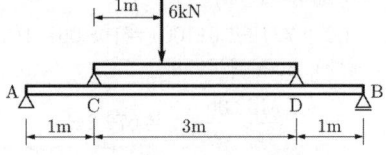

① 2.4kN ② 3.6kN
③ 4.8kN ④ 6.0kN

해설
반력

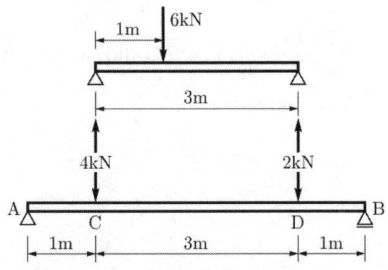

(1) $\Sigma M_D = 0$
   $V_c \times 3 - 6 \times (3-1) = 0$
   $\therefore V_c = 4kN(\uparrow)$, $V_D = 2kN(\uparrow)$
(2) $\Sigma M_B = 0$
   $V_A \times (1+3+1) - 4 \times (3+1) - 2 \times 1 = 0$
   $\therefore V_A = 3.6kN(\uparrow)$

49
그림과 같은 구조물의 부정정차수는?

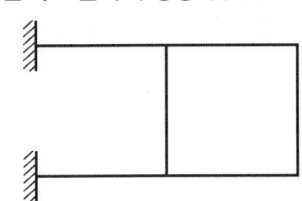

① 3차 부정정 ② 4차 부정정
③ 5차 부정정 ④ 6차 부정정

해설
부정정차수에 의한 구조물의 판별
부정정차수 $n = r + m + k - 2j$
반력수 : 3+3=6, 부재수 : 6,
강절점수 : 1+1+2+2=6, 절점수 : 6
$n = 6 + 6 + 6 - 2 \times 6 = 6$차 부정정

50
다음 그림과 같은 내민보에서 휨모멘트가 0이 되는 두 개의 반곡점 위치를 구하면? (단, 반곡점 위치는 A점으로부터의 거리임)

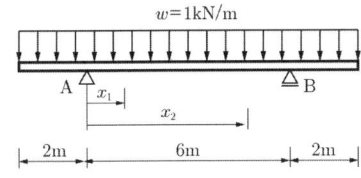

① $x_1 = 0.765$m, $x_2 = 5.235$m
② $x_1 = 0.785$m, $x_2 = 5.215$m
③ $x_1 = 0.805$m, $x_2 = 5.195$m
④ $x_1 = 0.825$m, $x_2 = 5.175$m

해설
내민보에서 반곡점 위치 계산
(1) A지점의 수직반력(V_A)
$$V_A = \frac{w(a+l+b)}{2} = \frac{1 \times (2+6+2)}{2}$$
$$= 5\text{kN}(\uparrow)$$
(2) AB구간의 휨모멘트(M_x)
$$M_x = V_A \times x - \frac{w(a+x)^2}{2}$$

$$M_x = 5 \times x - \frac{1(2+x)^2}{2}$$
$$= 5x - \frac{(4+4x+x^2)}{2}$$
$$= -0.5x^2 + 3x - 2$$
(3) 휨모멘트(M_x)가 0인 점은 이차방정식의 두 근이므로, $x_1 \fallingdotseq 0.765$m, $x_2 \fallingdotseq 5.235$m

51
강도설계법에 따른 철근콘크리트 단근보에서 $f_{ck} = $ 27MPa, $f_y = 400$MPa, 균형철근비$(\rho_b) = 0.0293$일 때 최대철근비는?

① 0.0258   ② 0.0220
③ 0.0213   ④ 0.0188

해설
최대철근비 계산
- $\rho_{max} = 0.726 \times \rho_b (f_y = 400$MPa일 때)
- $\rho_{max} = 0.692 \times \rho_b (f_y = 350$MPa일 때)
- $\rho_{max} = 0.658 \times \rho_b (f_y = 300$MPa일 때)

$f_y = 400$MPa이므로,
$\rho_{max} = 0.726 \times 0.0293 = 0.0213$

52
1방향 철근콘크리트 슬래브에서 철근의 설계기준항복강도가 500MPa인 경우 콘크리트 전체 단면적에 대한 수축·온도 철근비는 최소 얼마 이상이어야 하는가? (단, KDS기준, 이형철근 사용)

① 0.0015   ② 0.0016
③ 0.0018   ④ 0.0020

해설
슬래브의 수축·온도 철근비
400MPa을 초과한 경우
$$\Rightarrow 0.002 \times \frac{400}{f_y} \geq 0.014$$
$$\therefore 0.002 \times \frac{400}{500} = 0.016$$

정답 49.④ 50.① 51.③ 52.②

53
한계상태설계법에 따라 강구조물을 설계할 때 고려되는 강도한계상태가 아닌 것은?
① 기둥의 좌굴
② 접합부 파괴
③ 바닥재의 진동
④ 피로 파괴

해설

강도한계상태의 종류
기둥의 좌굴, 접합부 파괴, 피로 파괴

사용성 한계상태의 종류
바닥재의 진동, 과다한 잔류변형, 과다한 장기변형

54
단일 압축재에서 세장비를 구할 때 필요하지 않은 것은?
① 유효좌굴길이
② 단면적
③ 탄성계수
④ 단면2차모멘트

해설

압축재의 세장비 산정

$$\text{세장비}(\lambda) = \frac{L_k}{r_{\min}} = \frac{kL}{\sqrt{\frac{I_{\min}}{A}}}$$

여기서, k : 좌굴계수
L : 기둥의 길이
$L_k = kL$: 유효좌굴길이
$I_{\min}$: 최소 단면2차모멘트
A : 단면적

55
강구조에서 용접선 단부에 붙인 보조판으로 아크의 시작이나 종단부의 크레이터 등의 결함을 방지하기 위해 붙이는 판은?
① 엔드탭
② 스티프너
③ 윙플레이트
④ 커버플레이트

해설

① 엔드탭에 대한 설명

56
독립기초에 $N=20\text{kN}$, $M=10\text{kNm}$가 작용할 때 접지압이 압축력만 발생하도록 하기 위한 기초저면의 최소길이는?
① 2m
② 3m
③ 4m
④ 5m

해설

핵반경
- 접지압이 압축력만 발생하도록 하기 위해서는 외력이 핵반경 내에 위치하면 된다.
- 핵반경은 모멘트 M과 압축력 N의 편심으로 볼 수 있으므로 $e = \dfrac{M}{N} = \dfrac{10\text{kNm}}{20\text{kN}} = 0.5\text{m}$
- 직사각형 단면의 핵반경은 각각 $e_1 = \dfrac{h}{6}$, $e_2 = \dfrac{b}{6}$이므로 $b = 6 \times e = 6 \times 0.5 = 3\text{m}$

57
다음 캔틸레버보의 자유단의 처짐각은? (단, 탄성계수 E, 단면2차모멘트 I)

① $\dfrac{PL^2}{2EI}$
② $\dfrac{PL^2}{3EI}$
③ $\dfrac{PL^2}{6EI}$
④ $\dfrac{PL^2}{8EI}$

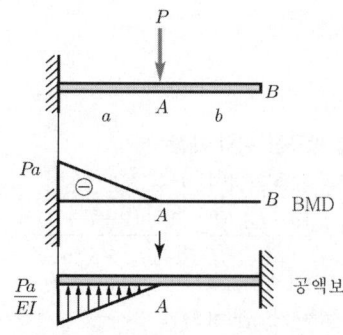

해설

처짐각 계산 - 공액보법 이용

$$\theta_B = \frac{1}{2} \times \frac{PL}{2EI} \times \frac{L}{2} = \frac{PL^2}{8EI}$$

정답 53.③ 54.③ 55.① 56.② 57.④

58

기초 설계 시 인접대지를 고려하여 편심기초를 만들고자 한다. 이때 편심기초의 지내력이 균등해지도록 하기 위한 가장 타당한 방법은?

① 지중보를 설치한다.
② 기초 면적을 넓힌다.
③ 기둥의 단면적을 크게 한다.
④ 기초 두께를 두껍게 한다.

해설

편심기초의 부동침하 방지
편심기초는 부동침하의 우려가 있으므로 지내력이 균등하도록 하기 위해 지중보를 설치하는 것이 가장 좋음

59

압축이형철근(D19)의 기본정착길이를 구하면? (단, 보통콘크리트 사용, D19의 단면적 : $287mm^2$, f_{ck} =21MPa, f_y =400MPa)

① 674mm
② 570mm
③ 482mm
④ 415mm

해설

압축철근의 기본정착길이 계산

$l_{db} = \dfrac{0.25 d_b f_y}{\lambda \sqrt{f_{ck}}} \geq 0.043 d_b f_y$ 에서

(1) $l_{db} = \dfrac{0.25 d_b f_y}{\lambda \sqrt{f_{ck}}} = \dfrac{0.25 \times 19 \times 400}{1 \times \sqrt{21}} = 414.6mm$

(2) $l_{db} = 0.043 d_b f_y = 0.043 \times 19 \times 400 = 326.8mm$

∴ 이 중 큰 값 414.6mm

60

그림과 같은 구조물에서 C점에 발생되는 모멘트는?

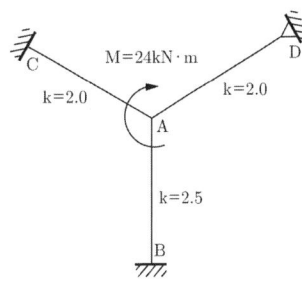

① 4.0kNm
② 3.5kNm
③ 3.0kNm
④ 2.5kNm

해설

모멘트분배법 계산
(1) 분배율(D 지점은 힌지이므로 유효강비는 주어진 강비에 3/4을 곱함)

$\mu_{OB} = \dfrac{K}{\Sigma K} = \dfrac{2}{2 + 2 \times (\dfrac{3}{4}) + 2.5} = 0.333$

(2) 분배모멘트
$M_{AC} = \mu_{AC} \times M_A$
$= 0.333 \times 24 = 8kNm$

(3) 도달모멘트
$M_{CA} = \dfrac{1}{2} \times M_{AC}$
$= \dfrac{1}{2} \times 8 = 4kNm$

제4과목 ▪ 건축설비

61

급수방식 중 고가수조방식에 관한 설명으로 옳은 것은?

① 대규모의 급수 수요에 쉽게 대응할 수 있다.
② 저수조가 없으므로 단수 시에 급수할 수 없다.
③ 수도 본관의 영향을 그대로 받아 수압 변화가 심하다.
④ 위생 및 유지·관리 측면에서 가장 바람직한 방식이다.

해설

②, ③, ④는 모두 수도직결방식에 대한 설명

62
냉각탑에 관한 설명으로 옳은 것은?
① 고압의 액체냉매를 증발시켜 냉동효과를 얻게 하는 설비이다.
② 증발기에서 나온 수증기를 냉각시켜 물이 되도록 하는 설비이다.
③ 대기 중에서 기체냉매를 냉각시켜 액체냉매로 응축하기 위한 설비이다.
④ 냉매를 응축시키는데 사용된 냉각수를 재사용하기 위하여 냉각시키는 설비이다.

해설
냉각탑의 용도
냉동기의 응축기에 사용하는 냉각수를 재활용하기 위한 일종의 열 교환장치이다.

63
다음 중 냉방부하 계산 시 현열과 잠열 모두 고려하여야 하는 요소는?
① 덕트로부터의 취득열량
② 유리로부터의 취득열량
③ 벽체로부터의 취득열량
④ 극간풍에 의한 취득열량

해설
공조부하 계산 시 현열과 잠열의 동시 발생
• 틈새바람(극간풍)에 의한 부하
• 인체의 발생열량
• 열원기기의 발생열량

64
25층 아파트의 각 세대에 스프링클러헤드를 30개 설치한 경우, 스프링클러설비의 수원의 저수량은 최소 얼마 이상이 되도록 하여야 하는가? (단, 폐쇄형 스프링클러헤드를 사용한 경우)
① $16m^3$
② $26m^3$
③ $36m^3$
④ $48m^3$

해설
스프링클러의 수원의 저수량 계산
$Q = 1.6 \times N$(30층 이하)
$Q = 80l/min \times 20분 \times N$(30층 초과)
여기서, N: 아파트의 경우 설치개수가 가장 많은 세대에 설치된 스프링클러의 설치개수
따라서 $Q = 1.6 \times 30 = 48m^3$

65
엘리베이터의 안전장치 중에서 카가 최상층이나 최하층에서 정상 운행위치를 벗어나 그 이상으로 운행하는 것을 방지하는 것은?
① 완충기(buffer)
② 조속기(governor)
③ 리미트 스위치(limit switch)
④ 카운터 웨이트(counter weight)

해설
③ 리미트 스위치에 대한 설명

66
변풍량 단일덕트방식에서 송풍량 조절의 기준이 되는 것은?
① 실내 청정도
② 실내 기류속도
③ 실내 현열부하
④ 실내 잠열부하

해설
변풍량 단일덕트방식
실내의 현열부하에 따라 송풍량을 조절함

정답 62.④ 63.④ 64.④ 65.③ 66.③

67
다음 중 겨울철 실내 유리창 표면에 발생하기 쉬운 결로의 방지 방법과 가장 거리가 먼 것은?

① 실내공기의 움직임을 억제한다.
② 실내에서 발생하는 수증기를 억제한다.
③ 이중유리로 하여 유리창의 단열성능을 높인다.
④ 난방기기를 이용하여 유리창 표면온도를 높인다.

해설

결로 방지법
① 실내공기의 흐름을 억제하면 결로 발생 가능성이 커지므로 환기를 자주 시켜야 함

68
도시가스 설비에서 도시가스 압력을 사용처에 맞게 낮추는 감압 기능을 갖는 기기는?

① 기화기　　② 정압기
③ 압송기　　④ 가스홀더

해설

도시가스 설비
- 정압기 : 도시가스 압력을 낮추는 감압 기능을 갖는 기기
- 기화기 : 액체를 기화시키는 기기

69
몰드 변압기에 관한 설명으로 옳지 않은 것은?

① 내진성이 우수하다.
② 내습성이 우수하다.
③ 반입, 반출이 용이하다.
④ 옥외 설치 및 대용량 제작이 용이하다.

해설

④ 옥외 설치 및 소용량 제작이 용이하다.
보통 몰드 변압기는 소형, 경량화가 용이한 것이 특징으로 가격도 저렴하다.

70
온수난방의 일반적인 특징에 관한 설명으로 옳지 않은 것은?

① 한랭지에서는 운전정지 중에 동결의 위험이 있다.
② 난방을 정지하여도 난방 효과가 어느 정도 지속된다.
③ 증기난방에 비하여 난방부하 변동에 따른 온도 조절이 용이하다.
④ 증기난방에 비하여 소요방열면적과 배관경이 작게 되므로 설비비가 적게 든다.

해설

④ 증기난방에 비하여 소요방열면적과 배관경이 크게 되므로 설비비가 많이 든다.

71
습공기를 가열할 경우 감소하는 상태값은?

① 엔탈피　　② 비체적
③ 상대습도　　④ 건구온도

해설

습공기의 온도와 절대습도/상대습도
- 습공기를 가열해도 절대습도는 불변
- 습공기를 가열하면 상대습도는 낮아짐
※ 습공기를 가열하면 엔탈피, 비체적, 건구온도, 습구온도는 모두 증가함

72
습공기의 건구온도와 습구온도를 알 때 습공기선도에서 구할 수 있는 상태값이 아닌 것은?

① 엔탈피　　② 비체적
③ 기류속도　　④ 절대습도

해설

습공기선도의 구성요소
건구온도, 습구온도, 노점온도, 절대습도, 상대습도, 포화도, 수증기압, 엔탈피, 비체적, 현열비 등

정답 67.① 68.② 69.④ 70.④ 71.③ 72.③

73
다음의 공기조화방식 중 전수방식에 속하는 것은?
① 단일 덕트 방식
② 2중 덕트 방식
③ 멀티존 유니트 방식
④ 팬 코일 유니트 방식

해설
전수방식의 종류
팬코일 유닛 방식, 복사 냉난방 방식

74
간선의 배선 방식 중 평행식에 관한 설명으로 옳은 것은?
① 설비비가 가장 저렴하다.
② 배선자재의 소요가 가장 적다.
③ 사고의 영향을 최소화할 수 있다.
④ 전압이 안정되나 부하의 증가에 적응할 수 없다.

해설
평행식 배선
전압강하가 평균화되어 사고가 발생하여도 그 범위가 가장 작다.
① 설비비가 가장 비싸다.
② 배선자재의 소요가 가장 많다.
④ 전압이 안정되고 부하의 증가에 적응할 수 있다.

75
전기설비용 시설공간(실)의 계획에 관한 설명으로 옳지 않은 것은?
① 변전실은 부하의 중심에 설치한다.
② 변전실은 외부로부터 전력의 수전이 용이해야 한다.
③ 중앙감시실은 일반적으로 방재센터와 겸하도록 한다.
④ 발전기실은 변전실에서 최소 10m 이상 떨어진 위치에 배치한다.

해설
④ 발전기실과 변전실은 최대한 인접하여 설치한다.

76
급수 및 급탕설비에 사용되는 슬리브(sleeve)에 관한 설명으로 옳은 것은?
① 사이폰 작용에 의한 트랩의 봉수 파괴 방지를 위해 사용한다.
② 스케일 부착 및 이물질 투입에 의한 관 폐쇄를 방지하기 위해 사용한다.
③ 가열장치 내의 압력이 설정압력을 넘는 경우에 압력을 도피시키기 위해 사용한다.
④ 배관 시 차후의 교체, 수리를 편리하게 하고 관의 신축에 무리가 생기지 않도록 하기 위해 사용한다.

해설
슬리브 신축이음
배관 시 차후의 교체, 수리를 편리하게 하고, 배관의 신축에 무리가 생기지 않도록 건물의 벽 관통 부분의 배관에 사용한다.

77
다음 설명에 알맞은 유체역학의 기본 원리는?

> 에너지 보존의 법칙을 유체의 흐름에 적용한 것으로서 유체가 갖고 있는 운동에너지, 중력에 의한 위치에너지 및 압력에너지의 총합은 흐름 내 어디에서나 일정하다.

① 사이펀 작용
② 파스칼의 원리
③ 뉴턴의 점성법칙
④ 베르누이의 정리

해설
④ 베르누이 정리에 대한 설명

78
다음 중 방송공동수신 설비의 구성 기기에 속하지 않는 것은?
① 혼합기
② 모시계
③ 컨버터
④ 증폭기

해설
방송공동수신(TV 공청) 설비
혼합기, 컨버터, 증폭기

정답 73.④ 74.③ 75.④ 76.④ 77.④ 78.②

79
면적이 100m²인 어느 강당의 야간 소요 평균 조도가 300lx이다. 1개당 광속이 2,000lm인 형광등을 사용할 경우 소요 형광등수는? (단, 조명률은 60%이고 감광보상률은 1.5이다.)

① 25개
② 29개
③ 34개
④ 38개

해설
소요램프 수 산정식

$$N = \frac{EAD}{FU} = \frac{EA}{FUM}$$

여기서, N : 램프수
F : 램프 1개당 광속(1m)
E : 평균조도(1x)
A : 바닥면적(m²)
U : 조명률
D : 감광보상률(=1/M)
M : 보수율

$$N = \frac{EAD}{FU} = \frac{300 \times 100 \times 1.5}{2,000 \times 0.6} = 37.5 \to 38개$$

80
평균 BOD 150ppm인 가정오수 1,000m³/d가 유입되는 오수정화조의 1일 유입 BOD량은?

① 150kg/d
② 300kg/d
③ 45,000kg/d
④ 150,000kg/d

해설
BOD 부하량(유입 BOD량) 계산

BOD 부하량 = 1인 1일 오수량 × BOD 농도
= 1,000m³/d × 150ppm = 0.15m³/d
= 150kg/d

∴ 물 1m³ = 1,000kg

제5과목 ▪ 건축관계법규

81
주거기능을 위주로 이를 지원하는 일부 상업 기능 및 업무기능을 보완하기 위하여 지정하는 주거지역의 세분은?

① 준주거지역
② 제1종 전용주거지역
③ 제1종 일반주거지역
④ 제2종 일반주거지역

해설
준주거지역
주거기능을 주로 하면서 상업 · 업무기능의 보완

82
거실의 채광 및 환기에 관한 규정으로 옳은 것은?

① 교육연구시설 중 학교의 교실에는 채광 및 환기를 위한 창문 등이나 설비를 설치하여야 한다.
② 채광을 위하여 거실에 설치하는 창문 등의 면적은 그 거실의 바닥면적의 20분의 1 이상이어야 한다.
③ 환기를 위하여 거실에 설치하는 창문 등의 면적은 그 거실의 바닥면적의 10분의 1 이상이어야 한다.
④ 채광 및 환기를 위한 창문 등의 면적에 관한 규정을 적용함에 있어서 수시로 개방할 수 있는 미닫이로 구획된 2개의 거실은 이를 2개의 거실로 본다.

해설
② 채광을 위하여 거실에 설치하는 창문 등의 면적은 그 거실의 바닥면적의 10분의 1 이상이어야 한다.
③ 환기를 위하여 거실에 설치하는 창문 등의 면적은 그 거실의 바닥면적의 20분의 1 이상이어야한다.
④ 채광 및 환기를 위한 창문 등의 면적에 관한 규정을 적용함에 있어서 수시로 개방할 수 있는 미닫이로 구획된 2개의 거실은 이를 1개의 거실로 본다.

정답 79.④ 80.① 81.① 82.①

83
6층 이상의 거실면적의 합계가 5,000m²인 경우, 다음 중 승용승강기를 가장 많이 설치해야 하는 것은? (단, 8인승 승용승강기를 설치하는 경우)

① 위락시설
② 숙박시설
③ 판매시설
④ 업무시설

해설
승용승강기 설치 대수 기준

용도	6층 이상의 거실면적 합계	
	3,000m² 이하	3,000m² 초과
공연, 집회, 관람장, 판매, 의료	2대	2+(A−3,000m²/2,000m²)대
전시장 및 동·식물원, 위락, 숙박, 업무	1대	1+(A−3,000m²/2,000m²)대
공동주택, 교육연구시설, 기타	1대	1+(A−3,000m²/3,000m²)대

84
시가화조정구역의 지정과 관련된 기준 내용 중 밑줄 친 "대통령령으로 정하는 기간"으로 옳은 것은?

> 시·도지사는 직접 또는 관계 행정기관의 장의 요청을 받아 도시지역과 그 주변 지역의 무질서한 시가화를 방지하고 계획적·단계적인 개발을 도모하기 위하여 대통령령으로 정하는 기간 동안 시가화를 유보할 필요가 있다고 인정되면 시가화 조정구역의 지정 또는 변경을 도시·군 관리계획으로 결정할 수 있다.

① 5년 이상 10년 이내의 기간
② 5년 이상 20년 이내의 기간
③ 7년 이상 10년 이내의 기간
④ 7년 이상 20년 이내의 기간

해설
시가화조정구역 : 도시지역과 그 주변지역의 무질서한 시가화를 방지하고 계획적·단계적인 개발을 도모하기 위하여 5년 이상 20년 이내의 기간 동안 시가화를 유보할 필요가 있다고 인정될 때 지정하는 구역

85
다음 거실의 반자높이와 관련된 기준 내용 중 ( )안에 해당되지 않는 건축물의 용도는?

> ( )의 용도에 쓰이는 건축물의 관람실 또는 집회실로서 그 바닥면적이 200m² 이상인 것의 반자의 높이는 4m(노대의 아랫부분의 높이는 2.7m) 이상이어야 한다. 다만, 기계환기장치를 설치하는 경우에는 그렇지 않다.

① 문화 및 집회시설 중 동·식물원
② 장례식장
③ 위락시설 중 유흥주점
④ 종교시설

해설
문화 및 집회시설(전시장 및 동·식물원 제외), 종교시설, 장례식장, 유흥주점 용도의 관람석 또는 집회실로서 그 바닥면적이 200m² 이상인 경우 반자높이를 4m 이상으로 하여야 한다.

86
다음 중 건축면적에 산입하지 않는 대상 기준으로 틀린 것은?

① 지하주차장의 경사로
② 지표면으로부터 1.8m 이하에 있는 부분
③ 건축물 지상층에 일반인이 통행할 수 있도록 설치한 보행통로
④ 건축물 지상층에 차량이 통행할 수 있도록 설치한 차량통로

해설
② 지표면으로부터 1m 이하에 있는 부분

87
건축허가신청에 필요한 설계도서에 해당하지 않는 것은?

① 배치도
② 투시도
③ 건축계획서
④ 건축설비도

해설

건축허가신청에 필요한 설계도서 종류
건축계획서, 배치도, 평면도, 입면도, 단면도, 구조도, 구조계산서, 시방서, 건축설비도, 토지굴착 및 옹벽도

88
직통계단의 설치에 관한 기준 내용 중 밑줄 친 "다음 각 호의 어느 하나에 해당하는 용도 및 규모의 건축물"의 기준 내용으로 틀린 것은?

> 법 제49조 제1항에 따라 피난층 외의 층이 다음 각 호의 어느 하나에 해당하는 용도 및 규모의 건축물에는 국토교통부령으로 정하는 기준에 따라 피난층 또는 지상으로 통하는 직통계단을 2개소 이상 설치하여야 한다.

① 지하층으로서 그 층 거실의 바닥면적의 합계가 200m² 이상인 것
② 종교시설의 용도로 쓰는 층으로서 그 층에서 해당 용도로 쓰는 바닥면적의 합계가 200m² 이상인 것
③ 숙박시설의 용도로 쓰는 3층 이상의 층으로서 그 층의 해당 용도로 쓰는 거실의 바닥면적의 합계가 200m² 이상인 것
④ 업무시설 중 오피스텔의 용도로 쓰는 층으로서 그 층의 해당 용도로 쓰는 거실의 바닥면적의 합계가 200m² 이상인 것

해설

직통계단을 2개소 이상 설치하는 건축물
- 지하층 : 거실 바닥면적의 합계 200m² 이상
- 종교시설 : 바닥면적의 합계 200m² 이상
- 숙박시설 : 거실 바닥면적의 합계 200m² 이상
- 업무시설 중 오피스텔 : 거실 바닥면적의 합계 300m² 이상

89
다음은 건축물의 사용승인에 관한 기준 내용이다. ( )안에 알맞은 것은?

> 건축주가 허가를 받았거나 신고를 한 건축물의 건축공사를 완료한 후 그 건축물을 사용하려면 공사감리자가 작성한 (㉠)와 국토교통부령으로 정하는 (㉡)를 첨부하여 허가권자에게 사용승인을 신청하여야 한다.

① ㉠ 설계도서, ㉡ 시방서
② ㉠ 시방서, ㉡ 설계도서
③ ㉠ 감리완료보고서, ㉡ 공사완료도서
④ ㉠ 공사완료도서, ㉡ 감리완료보고서

해설

건축물의 사용승인
건축주가 허가를 받았거나 신고를 한 건축물의 건축공사를 완료한 후 그 건축물을 사용하려면 공사감리자가 작성한 감리완료보고서와 국토교통부령으로 정하는 공사완료도서를 첨부하여 허가권자에게 사용승인을 신청하여야 한다.

90
다음 중 국토의 계획 및 이용에 관한 법령상 공공·문화체육시설에 속하지 않는 것은?

① 학교
② 공공청사
③ 청소년수련시설
④ 공공공지

해설

공공·문화체육시설 종류
학교·공공청사·문화시설·공공 필요성이 인정되는 체육시설·연구시설·사회복지시설·공공직업훈련시설·청소년수련시설

공간시설의 종류
광장, 공원, 녹지, 유원지, 공공공지

정답 87.② 88.④ 89.③ 90.④

91
제2종 일반주거지역 안에서 건축할 수 있는 건축물에 속하지 않는 것은?
① 아파트
② 노유자시설
③ 종교시설
④ 문화 및 집회시설 중 관람장

해설
제2종 일반주거지역 안에서 건축할 수 있는 건축물
- 단독주택, 공동주택
- 종교시설, 노유자시설
- 제1종 근린생활시설

92
공사감리자의 업무에 속하지 않는 것은?
① 시공계획 및 공사관리의 적정여부의 확인
② 상세 시공도면의 검토·확인
③ 설계변경의 적정여부의 검토·확인
④ 공정표 및 현장설계도면 작성

해설
④ 공정표의 작성이 아닌 검토가 공사감리자의 업무내용

93
대통령령으로 정하는 용도와 규모의 건축물이 소규모 휴식시설 등의 공개 공지 또는 공개 공간을 설치하여야 하는 대상 지역에 해당되지 않는 곳은?
① 준공업지역
② 일반공업지역
③ 일반주거지역
④ 준주거지역

해설
공개공지 설치 대상 지역
- 일반주거지역, 준주거지역
- 상업지역, 준공업지역

94
다음 중 피난층이 아닌 거실에 배연설비를 설치하여야 하는 대상 건축물에 속하지 않는 것은? (단, 6층 이상인 건축물의 경우)
① 판매시설
② 종교시설
③ 교육연구시설 중 학교
④ 운수시설

해설
배연설비 설치대상
6층 이상 건축물의 문화 및 집회시설, 종교시설, 판매시설, 운수시설, 의료시설, 연구소·아동관련시설·노인복지시설 및 유스호스텔, 운동시설, 업무시설, 숙박시설, 위락시설, 관광휴게시설, 장례식장에 쓰이는 거실

95
건축물의 대지 및 도로에 관한 설명으로 틀린 것은?
① 손궤의 우려가 있는 토지에 대지를 조성하고자 할 때 옹벽의 높이가 2m 이상인 경우에는 이를 콘크리트구조로 하여야 한다.
② 면적이 100m² 이상인 대지에 건축을 하는 건축주는 대지에 조경이나 그 밖에 필요한 조치를 하여야 한다.
③ 연면적의 합계가 2천m²(공장인 경우 3천m²) 이상인 건축물(축사, 작물재배사, 그 밖에 이와 비슷한 건축물로서 건축조례로 정하는 규모의 건축물은 제외)의 대지는 너비 6m 이상의 도로에 4m 이상 접하여야 한다.
④ 도로면으로부터 높이 4.5m 이하에 있는 창문을 열고 닫을 때 건축선의 수직면을 넘지 아니하는 구조로 하여야 한다.

해설
② 면적이 200m² 이상인 대지에 건축을 하는 건축주는 대지에 조경이나 그 밖에 필요한 조치를 하여야 한다.

정답 91.④ 92.④ 93.② 94.③ 95.②

96
지방건축위원회의가 심의 등을 하는 사항에 속하지 않는 것은?

① 건축선의 지정에 관한 사항
② 다중이용 건축물의 구조안전에 관한 사항
③ 특수구조 건축물의 구조안전에 관한 사항
④ 경관지구 내의 건축물의 건축에 관한 사항

해설
지방건축위원회 심의사항
- 건축선의 지정에 관한 사항
- 다중이용건축물 및 특수구조건축물의 구조안전에 관한 사항
- 분양을 목적으로 하는 건축물로서 건축조례로 정하는 용도 및 규모에 해당하는 건축물의 건축에 관한 사항

97
공동주택과 오피스텔의 난방설비를 개별난방방식으로 하는 경우에 관한 기준 내용으로 틀린 것은?

① 보일러는 거실 외의 곳에 설치할 것
② 보일러실의 윗부분에는 그 면적이 $0.5m^2$ 이상인 환기창을 설치할 것
③ 보일러실과 거실 사이의 출입구는 그 출입구가 닫힌 경우에는 보일러 가스가 거실에 들어갈 수 없는 구조로 할 것
④ 보일러의 연도는 내화구조로서 개별연도로 설치할 것

해설
④ 보일러의 연도는 내화구조로서 공동연도로 설치할 것

98
위락시설의 시설면적이 $1,000m^2$일 때 주차장법령에 따라 설치해야 하는 부설주차장의 설치기준은?

① 10대   ② 13대
③ 15대   ④ 20대

해설
시설물에 종류에 따른 부설주차장 설치기준
- 위락시설–시설면적 $100m^2$당 1대
- 판매시설–시설면적 $150m^2$당 1대
- 골프장–1홀당 10대
- 숙박시설–시설면적 $200m^2$당 1대

99
주요구조부가 내화구조 또는 불연재료로 된 건축물로서 국토교통부령으로 정하는 기준에 따라 내화구조로 된 바닥·벽 및 갑종 방화문으로 구획하여야 하는 연면적 기준은?

① $400m^2$ 초과   ② $500m^2$ 초과
③ $1,000m^2$ 초과   ④ $1,500m^2$ 초과

해설
주요구조부가 내화구조 또는 불연재료로 된 건축물로서 연면적이 1천 제곱미터를 넘는 것은 내화구조로 된 바닥·벽 및 갑종 방화문으로 구획하여야 한다.

100
지하식 또는 건축물식 노외주차장의 차로에 관한 기준 내용으로 틀린 것은?

① 경사로의 노면은 거친 면으로 하여야 한다.
② 높이는 주차바닥면으로부터 2.3미터 이상으로 하여야 한다.
③ 경사로의 종단경사도는 직선 부분에서는 14퍼센트를 초과하여서는 아니 된다.
④ 주차대수 규모가 50대 이상인 경우의 경사로는 너비 6미터 이상인 2차로를 확보하거나 진입차로와 진출차로를 분리하여야 한다.

해설
노외주차장 경사로의 차로너비 기준

주차 형식	차선		종단 기울기
	1차선	2차선	
직선형	3.3m 이상	6m 이상	17% 이하
곡선형	3.6m 이상	6.5m 이상	14% 이하

정답 96.④ 97.④ 98.① 99.③ 100.③

ARCHITECTURAL ENGINEER

2021
출제문제

2021 제1회 건축기사

2021년 3월 7일 시행

제1과목 ▪ 건축계획

01
쇼핑센터의 몰(mall)의 계획에 관한 설명으로 옳지 않은 것은?
① 전문점들과 중심상점의 주출입구는 몰에 면하도록 한다.
② 몰에는 자연광을 끌어들여 외부공간과 같은 성격을 갖게 하는 것이 좋다.
③ 다층으로 계획할 경우, 시야의 개방감을 적극적으로 고려하는 것이 좋다.
④ 중심상점들 사이의 몰의 길이는 100m를 초과하지 않아야 하며, 길이 40~50m마다 변화를 주는 것이 바람직하다.

해설
④ 중심상점들 사이의 몰의 길이는 240m를 초과하지 않아야 하며, 길이 20~30m마다 변화를 주는 것이 바람직하다.

02
연속적인 주제를 선(線)적으로 관계성 깊게 표현하기 위하여 전경(全景)으로 펼쳐지도록 연출하는 것으로 맥락이 중요시될 때 사용되는 특수전시기법은?
① 아일랜드 전시 ② 파노라마 전시
③ 하모니카 전시 ④ 디오라마 전시

해설
② 파노라마 전시에 대한 설명

03
다음 설명에 알맞은 극장 건축의 평면형식은?

- 가까운 거리에서 관람하면서 가장 많은 관객을 수용할 수 있다.
- 객석과 무대가 하나의 공간에 있으므로 양자의 일체감이 높다.
- 무대의 배경을 만들지 않으므로 경제성이 있다.

① 애리너(arena)형
② 가변형(adaptable stage)
③ 프로시니엄(proscenium)형
④ 오픈 스테이지(open stage)형

해설
① 애리너(arena)형에 대한 설명

04
아파트 형식에 관한 설명으로 옳지 않은 것은?
① 계단실형은 거주의 프라이버시가 높다.
② 편복도형은 복도에서 각 세대로 진입하는 형식이다.
③ 메조넷형은 평면구성의 제약이 적어 소규모 주택에 주로 이용된다.
④ 플랫형은 각 세대의 주거단위가 동일한 층에 배치 구성된 형식이다.

해설
③ 플랫형(단층형)은 평면구성의 제약이 적어 소규모 주택에 주로 이용된다.
메조넷형은 소규모 단위평면에 부적합한 유형임

정답 01.④ 02.② 03.① 04.③

05
학교운영방식에 관한 설명으로 옳지 않은 것은?
① 종합교실형은 각 학급마다 가정적인 분위기를 만들 수 있다.
② 교과교실은 초등학교 저학년에 대해 가장 권장되는 방식이다.
③ 플래툰형은 미국의 초등학교에서 과밀을 해소하기 위해 실시한 것이다.
④ 달톤형은 학급, 학년 구분을 없애고 학생들은 각자의 능력에 따라 교과를 선택하고 일정한 교과를 끝내면 졸업하는 방식이다.

해설
② U + V형은 초등학교 고학년에 대해 가장 권장되는 방식이다.
일반교실형은 초등학교 저학년에 대해 가장 권장되는 방식임

06
다음 중 단독주택의 현관 위치 결정에 가장 주된 영향을 끼치는 것은?
① 방위
② 주택의 층수
③ 거실의 위치
④ 도로와의 관계

해설
단독주택의 현관 위치 결정
현관의 위치는 대지의 형태, 방위, 도로와의 관계에 영향을 받는데, 가장 주된 영향을 끼치는 것은 도로와의 관계이다.

07
도서관의 열람실 및 서고계획에 관한 설명으로 옳지 않은 것은?
① 서고 안에 캐럴(carrel)을 둘 수도 있다.
② 서고면적 1m²당 150~250권의 수장능력으로 계획한다.
③ 열람실은 성인 1인당 3.0~3.5m²의 면적으로 계획한다.
④ 서고실은 모듈러 플래닝(modular planning)이 가능하다.

해설
③ 일반 열람실의 면적은 1.5~2.0m²/인 정도의 규모로 계획한다.

08
다음 중 건축계획에서 말하는 미의 특성 중 변화 또는 다양성을 얻는 방식과 가장 거리가 먼 것은?
① 억양(Accent)
② 대비(Contrast)
③ 균제(Proportion)
④ 대칭(Symmetry)

해설
④ 대칭은 변화 혹은 다양성과는 정반대의 개념을 갖는다.

09
공장건축의 레이아웃(Lay out)에 관한 설명으로 옳지 않은 것은?
① 제품중심의 레이아웃은 대량생산에 유리하며 생산성이 높다.
② 레이아웃이란 생산품의 특성에 따른 공장의 건축면적 결정 방식을 말한다.
③ 공정중심의 레이아웃은 다종 소량생산으로 표준화가 행해지기 어려운 경우에 적합하다.
④ 고정식 레이아웃은 조선소와 같이 조립부품이 고정된 장소에 있고 사람과 기계를 이동시키며 작업을 행하는 방식이다.

해설
② 레이아웃이란 공장건축의 평면요소 간의 위치관계를 결정하는 것을 말한다.

10
주택단지 도로의 유형 중 쿨데삭(cul-de-sac)형에 관한 설명으로 옳은 것은?

① 단지 내 통과교통의 배제가 불가능하다.
② 교차로가 +자형이므로 자동차의 교통처리에 유리하다.
③ 우회도로가 없기 때문에 방재상 불리하다는 단점이 있다.
④ 주행속도 감소를 위해 도로의 교차방식을 주로 T자 교차로 한 형태이다.

해설
① 단지 내 통과교통의 배제가 가능하다.
② 교차로가 없고 원형도로만 있으므로 자동차의 교통처리에 유리하다.
④ 쿨데삭은 원형도로 위주이므로 T자 교차로로 계획하지 않는다.

11
사무소 건축의 실단위 계획에 관한 설명으로 옳지 않은 것은?

① 개실 시스템은 독립성과 쾌적감의 이점이 있다.
② 개방식 배치는 전면적을 유용하게 이용할 수 있다.
③ 개방식 배치는 개실 시스템보다 공사비가 저렴하다.
④ 개실 시스템은 연속된 긴 복도로 인해 방 깊이에 변화를 주기가 용이하다.

해설
④ 개실 시스템은 연속된 긴 복도로 인해 방길이에 변화를 주기가 용이하고 방깊이는 변화를 주기 어렵다.

12
미술관 전시실의 순회형식 중 연속 순회형식에 관한 설명으로 옳은 것은?

① 각 전시실에 바로 들어갈 수 있다는 장점이 있다.
② 연속된 전시실의 한 쪽 복도에 의해서 각 실을 배치한 형식이다.
③ 중심부에 하나의 큰 홀을 두고 그 주위에 각 전시실을 배치한 형식이다.
④ 전시실을 순서별로 통해야 하고, 한 실을 폐쇄하면 전체 동선이 막히게 된다.

해설
①, ②는 갤러리 및 코리더 형식의 특징
③은 중앙홀 형식의 특징

13
사무소 건축의 코어 유형에 관한 설명으로 옳지 않은 것은?

① 편심코어형은 기준층 바닥면적이 작은 경우에 적합하다.
② 독립코어형은 코어를 업무공간에서 별도로 분리시킨 형식이다.
③ 중심코어형은 코어가 중앙에 위치한 유형으로 유효율이 높은 계획이 가능하다.
④ 양단코어형은 수직동선이 양 측면에 위치한 관계로 피난에 불리하다는 단점이 있다.

해설
④ 양단코어형은 수직동선이 양 측면에 위치한 관계로 양쪽으로 피난이 가능하여 피난에 유리하다는 장점이 있다.

정답 10.③ 11.④ 12.④ 13.④

14
비잔틴 건축에 관한 설명으로 옳지 않은 것은?
① 사라센 문화의 영향을 받았다.
② 도서렛(dosseret)이 사용되었다.
③ 펜덴티브 돔(pendentive dome)이 사용되었다.
④ 평면은 주로 장축형 평면(라틴 십자가)이 사용되었다.

해설
④ 평면은 주로 장축형 평면(라틴 십자가)이 사용된 것은 초기 기독교 건축의 특징이다.

15
다음과 같은 특징을 갖는 에스컬레이터 배치 유형은?

- 점유면적이 다른 유형에 비해 작다.
- 연속적으로 승강이 가능하다.
- 승객의 시야가 좋지 않다.

① 교차식 배치
② 직렬식 배치
③ 병렬 단속식 배치
④ 병렬 연속식 배치

해설
① 교차식 배치에 대한 설명

16
클로즈드 시스템(closed system)의 종합병원에서 외래진료부 계획에 관한 설명으로 옳지 않은 것은?
① 환자의 이용이 편리하도록 2층 이하에 두도록 한다.
② 부속 진료시설을 인접하게 하여 이용이 편리하게 한다.
③ 중앙주사실, 약국은 정면 출입구에서 멀리 떨어진 곳에 둔다.
④ 외과 계통 각 과는 1실에서 여러 환자를 볼 수 있도록 대실로 한다.

해설
③ 중앙주사실, 약국은 대부분의 환자들이 사용하는 곳이므로 정면 출입구에서 가까운 곳에 둔다.

17
다음 중 다포식(多包式) 건축으로 가장 오래된 것은?
① 창경궁 명정전   ② 전등사 대웅전
③ 불국사 극락전   ④ 심원사 보광전

해설
① 조선 중기, ② 조선 중기, ③ 조선 후기, ④ 고려

18
다음 중 시티 호텔에 속하지 않는 것은?
① 비치 호텔   ② 터미널 호텔
③ 커머셜 호텔   ④ 아파트먼트 호텔

해설
시티 호텔의 종류
- 커머셜 호텔
- 레지덴셜 호텔
- 아파트먼트 호텔
- 터미널 호텔

19
고대 그리스의 기둥 양식에 속하지 않는 것은?
① 도리아식   ② 코린트식
③ 컴포지트식   ④ 이오니아식

해설
그리스의 기둥양식
- 도리아식
- 이오니아식
- 코린트식

로마의 기둥양식
- 도리아식, 이오니아식, 코린트식
- 컴포지트식
- 토스칸식

정답 14.④ 15.① 16.③ 17.④ 18.① 19.③

20
주택의 동선계획에 관한 설명으로 옳지 않은 것은?
① 동선은 가능한 굵고 짧게 계획하는 것이 바람직하다.
② 동선의 3요소 중 속도는 동선의 공간적 두께를 의미한다.
③ 개인, 사회, 가사노동권의 3개 동선은 상호간 분리하는 것이 좋다.
④ 화장실, 현관 등과 같이 사용빈도가 높은 공간은 동선을 짧게 처리하는 것이 중요하다.

해설
② 속도는 피난 속도를 뜻하며, 동선의 공간적 두께는 빈도를 의미함

제2과목 ▪ 건축시공

21
수직굴삭, 수중굴삭 등에 사용되는 깊은 흙파기용 기계이며, 연약지반에 사용하기에 적당한 기계는?
① 드래그 쇼벨
② 크램쉘
③ 모터 그레이더
④ 파워 쇼벨

해설
굴착용 기계의 용도
- 파워 쇼벨 : 높은 곳 굴착
- 드래그 라인 : 넓은 면적을 긁어모으는 용도
- 드래그 쇼벨, 백호우 : 낮은 곳 굴착
- 크램쉘 : 낮은 곳 굴착(연약지반, 수중굴착)
- 그레이더 : 지반 정리 장비

22
철근의 가공 및 조립에 관한 설명으로 옳지 않은 것은?
① 철근의 가공은 철근상세도에 표시된 형상과 치수가 일치하고 재질을 해치지 않은 방법으로 이루어져야 한다.
② 철근상세도에 철근의 구부리는 내면 반지름이 표시되어 있지 않은 때에는 KDS에 규정된 구부림의 최소 내면 반지름 이상으로 철근을 구부려야 한다.
③ 경미한 녹이 발생한 철근이라 하더라도 일반적으로 콘크리트와의 부착성능을 매우 저하시키므로 사용이 불가하다.
④ 철근은 상온에서 가공하는 것을 원칙으로 한다.

해설
③ 경미한 녹이 발생한 철근은 콘크리트와의 부착성능에 별로 영향을 미치지 않으므로 사용이 가능하다.

23
건축주 자신이 특정의 단일 상대를 선정하여 발주하는 방식으로서, 특수공사나 기밀보장이 필요한 경우, 또 긴급을 요하는 공사에서 주로 채택되는 것은?
① 공개경쟁입찰
② 제한경쟁입찰
③ 지명경쟁입찰
④ 특명입찰

해설
④ 특명입찰에 대한 설명
- 지명입찰 : 공사수행에 적정한 여러 개의 업자를 지명하여 경쟁 입찰시키는 방식
- 특명입찰 : 단일 수급자를 선정하여 발주하는 것

24
문 윗틀과 문짝에 설치하여 문이 자동적으로 닫혀지게 하며, 개폐압력을 조절할 수 있는 장치는?
① 도어 체크(Door check)
② 도어 홀더(Door holder)
③ 피봇 힌지(Pivot hinge)
④ 도어 체인(Door chain)

해설
① 도어 체크에 대한 설명

25
건축 석공사에 관한 설명으로 옳지 않은 것은?
① 건식쌓기 공법의 경우 시공이 불량하면 백화현상 등의 원인이 된다.
② 석재 물갈기 마감 공정의 종류는 거친갈기, 물갈기, 본갈기, 정갈기가 있다.
③ 시공 전에 설계도에 따라 돌나누기 상세도, 원척도를 만들고 석재의 치수, 형상, 마감방법 및 철물 등에 의한 고정방법을 정한다.
④ 마감면에 오염의 우려가 있는 경우에는 폴리에틸렌 시트 등으로 보양한다.

해설
① 습식쌓기 공법의 경우 시공이 불량하면 백화현상 등의 원인이 된다.

백화현상
수산화칼슘의 주성분인 생석회(CaO)와 배합수 또는 빗물 등이 반응하여 벽 표면에 나타나는 흰색의 이물질

26
벤치마크(Bench Mark)에 관한 설명으로 옳지 않은 것은?
① 적어도 2개소 이상 설치하도록 한다.
② 이동 또는 소멸 우려가 없는 곳에 설치한다.
③ 건축물 기초의 너비 또는 길이 등을 표시하기 위한 것이다.
④ 공사 완료 시까지 존치시켜야 한다.

해설
③ 건축물 높이의 기준이 되는 주요 가설물이다.

27
방부력이 약하고 도포용으로만 쓰이며, 상온에서 침투가 잘되지 않고 흑색이므로 사용 장소가 제한되는 유성방부제는?
① 캐로신 ② PCP
③ 염화아연 4% 용액 ④ 콜타르

해설
콜타르
석탄의 고온 건류 시 부산물로 얻어지는 흑갈색의 유성액체로서, 방부력이 약하지만 가열도포하면 방부성은 좋으나 목재를 흑갈색으로 착색하고 페인트칠도 불가능하게 하므로 도포용으로만 쓰인다.
상온에서 침투가 잘되지 않고 흑색이므로 보이지 않는 곳 등 사용 장소가 제한되는 유성방부제

28
시멘트 600포대를 저장할 수 있는 시멘트 창고의 최소 필요면적으로 옳은 것은? (단, 시멘트 600포대 전량을 저장할 수 있는 면적으로 산정)
① $18.46m^2$ ② $21.64m^2$
③ $23.25m^2$ ④ $25.84m^2$

해설
시멘트 창고면적 계산
$$A = 0.4 \times \frac{600}{13} = 18.46m^2$$

29
시멘트, 모래, 잔자갈, 안료 등을 섞어 이긴 것을 바탕마름이 마르기 전에 뿌려 붙이거나 또는 바르는 것으로 일종의 인조석바름으로 볼 수 있는 것은?
① 회반죽 ② 경석고 플라스터
③ 혼합석고 플라스터 ④ 라프 코트

해설
④ 라프 코트에 대한 설명

정답 25.① 26.③ 27.④ 28.① 29.④

30
용접작업 시 용착금속 단면에 생기는 작은 은색의 점을 무엇이라 하는가?

① 피시 아이(fish eye)
② 블로 홀(blow hole)
③ 슬래그 함입(slag inclusion)
④ 크레이터(crater)

해설
① 피시 아이에 대한 설명

31
달성가치(Earned Value)를 기준으로 원가관리를 시행할 때, 실제 투입원가와 계획된 일정에 근거한 진행성과의 차이를 의미하는 용어는?

① CV(Cost Variance)
② SV(Schedule Variance)
③ CPI(Cost Performance Index)
④ SPI(Schedule Performance Index)

해설
① CV(Cost Variance) : 원가차이라고 하며, 회사가 미리 계산한 예정 또는 표준제조원가와 실제원가와의 차이를 말함
② SV(Schedule Variance) : 일정차이라고 하며, 계획 가치와 획득가치의 차이를 말함
③ CPI(Cost Performance Index) : 원가수행지수라고 하며, 완료된 공사에 대한 투입원가의 효율성을 말함
④ SPI(Schedule Performance Index) : 일정성과지수라고 하며, 계획 가치에 대한 획득가치의 비율로 정의함

32
시멘트 200포를 사용하여 배합비가 1 : 3 : 6의 콘크리트를 비벼 냈을 때의 전체 콘크리트량은? (단, 물-시멘트 비는 60%이고 시멘트 1포대는 40kg이다.)

① $25.25m^3$
② $36.36m^3$
③ $39.39m^3$
④ $44.44m^3$

해설
일반 배합비에 의한 콘크리트 $1m^3$의 수량

배합비	시멘트
1 : 2 : 4	8포
1 : 3 : 6	5.5포

$\therefore 5.5 : 1m^3 = 200 : xm^3$
$x = \dfrac{200}{5.5} = 36.36m^3$

33
타일공사에서 시공 후 타일접착력 시험에 관한 설명으로 옳지 않은 것은?

① 타일의 접착력 시험은 $600m^2$당 한 장씩 시험한다.
② 시험할 타일은 먼저 줄눈 부분을 콘크리트면까지 절단하여 주위의 타일과 분리시킨다.
③ 시험은 타일 시공 후 4주 이상일 때 행한다.
④ 시험결과의 판정은 타일 인장 부착강도가 10MPa 이상이어야 한다.

해설
④ 시험결과의 판정은 타일 인장 부착강도가 0.39MPa 이상이어야 한다.

34
창면적이 클 때에는 스틸바(steel bar)만으로는 부족하고, 또한 여닫을 때의 진동으로 유리가 파손될 우려가 있으므로 이것을 보강하고 외관을 꾸미기 위하여 강판을 중공형으로 접어 가로 또는 세로로 대는 것을 무엇이라 하는가?

① mullion
② ventilator
③ gallery
④ pivot

해설
① mullion에 대한 설명

35
벽돌조 건물에서 벽량이란 해당 층의 바닥면적에 대한 무엇의 비를 말하는가?
① 벽면적의 총 합계 ② 내력벽길이의 총 합계
③ 높이 ④ 벽두께

해설
벽량의 산정식

벽량 = $\dfrac{\text{각층 내력벽길이의 합(cm)}}{\text{각층 바닥면적(m}^2\text{)}}$

36
PMIS(프로젝트 관리 정보시스템)의 특징에 관한 설명으로 옳지 않은 것은?
① 합리적인 의사결정을 위한 프로젝트용 정보관리시스템이다.
② 협업관리체계를 지원하며 정보의 공유와 축적을 지원한다.
③ 공정 진척도는 구체적으로 측정할 수 없으므로 별도 관리한다.
④ 조직 및 월간업무 현황 등을 등록하고 관리한다.

해설
③ 공정 진척도는 web 기반으로 구체적으로 측정할 수 있으므로 별도로 관리하지 않는다.

37
콘크리트 거푸집용 박리제 사용 시 주의사항으로 옳지 않은 것은?
① 거푸집종류에 상응하는 박리제를 선택·사용한다.
② 박리제 도포 전에 거푸집면의 청소를 철저히 한다.
③ 거푸집뿐만 아니라 철근에도 도포하도록 한다.
④ 콘크리트 색조에 영향이 없는지를 시험한다.

해설
③ 박리제는 거푸집 표면에만 도포하고, 철근에 사용하면 부착성능을 떨어뜨릴 수 있으므로 철근에는 도포하지 않는다.

38
다음 중 도장공사를 위한 목부 바탕만들기 공정으로 옳지 않은 것은?
① 오염, 부착물의 제거 ② 송진의 처리
③ 옹이땜 ④ 바니쉬칠

해설
목부 바탕만들기 공정
오염, 부착물 제거 → 송진처리(수지제거) → 연마지 닦기(평활화) → 옹이땜 → 구멍땜

39
건축용 목재의 일반적인 성질에 관한 설명으로 옳지 않은 것은?
① 섬유포화점 이하에서는 목재의 함수율이 증가함에 따라 강도는 감소한다.
② 기건상태의 목재의 함수율은 15% 정도이다.
③ 목재의 심재는 변재보다 건조에 의한 수축이 적다.
④ 섬유포화점 이상에서는 목재의 함수율이 증가함에 따라 강도는 증가한다.

해설
목재의 함수율에 따른 강도
목재가 섬유포화점 이상일 때는 강도의 변화가 없이 일정하다.

40
건축공사에서 V.E(Value Engineering)의 사고방식으로 옳지 않은 것은?
① 기능분석 ② 제품위주의 사고
③ 비용절감 ④ 조직적 노력

해설
가치공학(VE)
- 비용절감
- 발주자, 사용자 중심의 사고
- 기능 중심의 사고
- 조직적 노력

제3과목 ■ 건축구조

41
다음 그림과 같이 D16 철근이 90° 표준갈고리로 정착되었다면 이 갈고리의 소요정착길이(l_{dh})는 약 얼마인가?

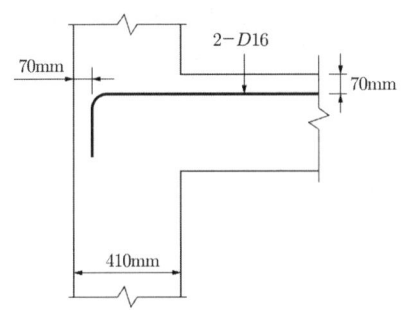

[조건]
- $l_{hb} = \dfrac{0.24\beta d_b f_y}{\lambda \sqrt{f_{ck}}}$
- 철근도막계수 : 1
- 경량콘크리트 계수 : 1
- D16의 공칭지름 : 15.9mm
- f_{ck} : 21MPa
- f_y : 400MPa

① 233mm ② 243mm
③ 253mm ④ 263mm

해설

표준갈고리의 소요정착길이
(1) 기본정착길이
$$l_{hb} = \dfrac{0.24\beta d_b f_y}{\lambda \sqrt{f_{ck}}} = \dfrac{0.24 \times 1.0 \times 15.9 \times 400}{1.0 \times \sqrt{21}}$$
$$= 333.1$$
(2) D35 이하의 철근에서 갈고리 평면에 수직방향인 측면피복두께가 70mm 이상이며, 90° 갈고리에서 갈고리를 넘어선 부분의 철근 피복두께가 50mm 이상이므로 보정계수 0.7을 적용함
(3) 소요정착길이
$l_{dh} = 333.1 \times 0.7 = 233.2$mm

42
연약한 지반에서 기초의 부동침하를 감소시키기 위한 상부구조에 대한 대책으로 옳지 않은 것은?
① 건물을 경량화할 것
② 강성을 크게 할 것
③ 이웃 건물과의 거리를 멀게 할 것
④ 폭이 일정한 경우 건물의 길이를 길게 할 것

해설

부동침하 감소를 위한 상부구조 대책
④ 폭이 일정할 경우 건물의 길이를 짧게 할 것

43
그림과 같은 라멘 구조물의 판별은?

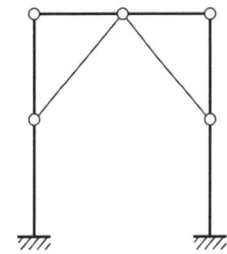

① 불안정 구조물
② 안정이며, 정정구조물
③ 안정이며, 1차 부정정구조물
④ 안정이며, 2차 부정정구조물

해설

구조물 판별
$n = r + m + k - 2j$에서
- 반력 수 $r = 3 + 3 = 6$
- 부재 수 $m = 8$
- 강절점 수 $k = 0$
- 절점 수 $j = 7$

$n = 6 + 8 - 2 \times 7 = 0$(안정이며 정정)

44
그림과 같이 양단이 회전단인 부재의 좌굴축에 대한 세장비는?

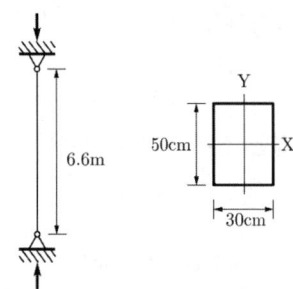

① 76.21   ② 84.28
③ 94.64   ④ 103.77

해설

세장비 계산
(1) 단면적 $A = 30 \times 50 = 1,500\,\text{cm}^2$
(2) 약축에 대한 단면2차모멘트
$$I_y = \frac{50 \times (30)^3}{12} = 112,500\,\text{cm}^4$$
(3) 약축에 대한 단면 2차 반경
$$r_y = \sqrt{\frac{I_y}{A}} = \sqrt{\frac{112,500}{1,500}} = 8.66\,\text{cm}$$
(4) 세장비
$$\frac{KL_y}{r_y} = \frac{1.0 \times 660}{8.66} = 76.21 \;(\because KL_x = KL_y)$$

45
강구조 용접에서 용접 개시점과 종료점에 용착금속에 결함이 없도록 임시로 부착하는 것은?

① 엔드탭(End tap)
② 오버랩(Overlap)
③ 뒷댐재(Backing Strip)
④ 언더컷(Under cut)

해설

① 엔드탭에 대한 설명

46
다음 각 구조시스템에 관한 정의로 옳지 않은 것은?

① 모멘트골조방식 : 수직하중과 횡력을 보와 기둥으로 구성된 라멘골조가 저항하는 구조방식
② 연성모멘트골조방식 : 횡력에 대한 저항능력을 증가시키기 위하여 부재와 접합부의 연성을 증가시킨 모멘트골조방식
③ 이중골조방식 : 횡력의 25% 이상을 부담하는 전단벽이 연성모멘트골조와 조합되어 있는 구조방식
④ 건물골조방식 : 수직하중은 입체골조가 저항하고 지진하중은 전단벽이나 가새골조가 저항하는 구조방식

해설

③ 이중골조방식 : 횡력의 25% 이상을 부담하는 연성모멘트골조가 전단벽이나 가새골조와 조합되어 있는 구조방식

47
그림과 같은 콘크리트 슬래브에서 합성보 A의 슬래브 유효폭 b_e를 구하면? (단, 그림의 단위는 mm임)

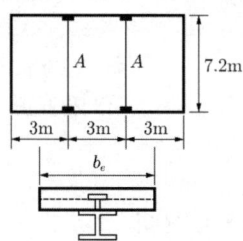

① 1500mm   ② 1800mm
③ 2000mm   ④ 2250mm

해설

합성보의 유효폭 계산 − 최소값×2
(1) 보 스팬의 1/8 : $\dfrac{7,200}{8} = 900\,\text{mm}$
(2) 보 중심선에서 인접보 중심선까지 거리의 1/2
 : $\dfrac{3,000}{2} = 1,500\,\text{mm}$
(3) 보 중심선에서 슬래브 가장자리까지의 거리
 : $3,000\,\text{mm}$
∴ 가장 작은 값인 $900\,\text{mm} \times 2 = 1,800\,\text{mm}$

48

그림과 같은 등변분포하중이 작용하는 단순보의 최대 휨모멘트 M_{max}는?

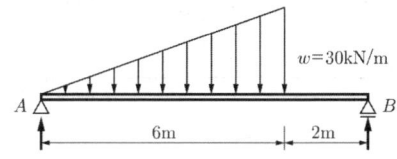

① $25\sqrt{3}$ kNm ② $25\sqrt{2}$ kNm
③ $90\sqrt{3}$ kNm ④ $90\sqrt{2}$ kNm

해설

단순보의 모멘트 계산

(1) $\Sigma M_B = 0$

$$R_A \times (6+2) - \frac{1}{2} \times 30 \times 6 \times (6 \times \frac{1}{3} + 2) = 0,$$

$$R_A = \frac{360}{8} = 45 \text{kN}(\uparrow)$$

(2) $V_x = 0$인 점 x에서 모멘트는 최대이므로

$$V_x = R_A - \frac{w'x}{2} = 45 - \frac{wx}{6} \times \frac{x}{2}$$

$(6 : w = x : w')$

$$= 45 - \frac{30x^2}{12} = 45 - \frac{5}{2}x^2 = 0$$

$$x = \sqrt{\frac{45 \times 2}{5}} = \sqrt{18} = 3\sqrt{2} \text{ m}$$

한편, $\dfrac{w'x}{2} = \dfrac{30 \times (3\sqrt{2})^2}{6 \times 2} = 45$이므로

(3) $M_{max(x=3\sqrt{2})} = 45 \times 3\sqrt{2} - 45 \times \dfrac{3\sqrt{2}}{3}$

$$= 135\sqrt{2} - 45\sqrt{2}$$
$$= 90\sqrt{2} \text{ kNm}$$

49

보의 재질과 단면의 크기가 같을 때 (A) 보의 최대처짐은 (B) 보의 몇 배인가?

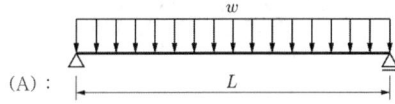

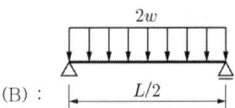

① 2배 ② 4배
③ 8배 ④ 16배

해설

단순보의 처짐

$\delta = \dfrac{5wL^4}{384EI}$ 이므로

$$\delta_A = \frac{5wL^4}{384EI}, \quad \delta_B = \frac{5(2w)\left(\dfrac{L}{2}\right)^4}{384EI} = \frac{5wL^4}{384EI} \times \left(\frac{1}{8}\right)$$

$\therefore \delta_B = \delta_A \times \dfrac{1}{8} \rightarrow \delta_A = 8\delta_B$

50
그림과 같은 원통단면의 핵반경은?

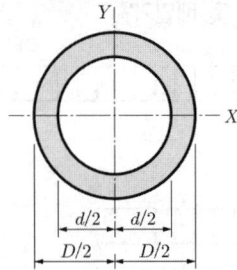

① $\dfrac{D+d}{6}$ ② $\dfrac{D}{8}$

③ $\dfrac{D+d}{8}$ ④ $\dfrac{D^2+d^2}{8D}$

해설

단면 핵반경

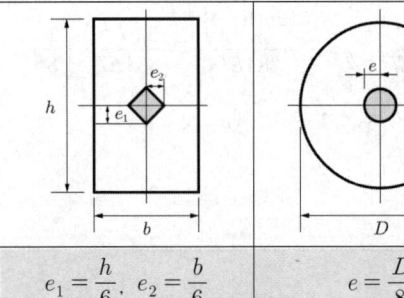

$e_1 = \dfrac{h}{6},\ e_2 = \dfrac{b}{6}$ $e = \dfrac{D}{8}$

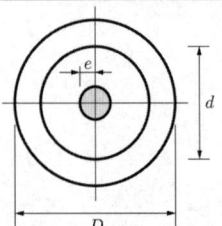

$e = \dfrac{D^2+d^2}{8D}$

51
다음 그림에서 파단선 A-B-F-C-D의 인장재 순단면적은? (단, 볼트구멍지름 d : 22mm, 인장재 두께는 6mm)

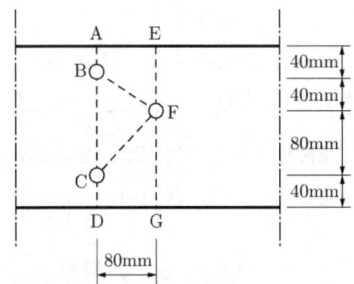

① $1,164\text{mm}^2$ ② $1,364\text{mm}^2$
③ $1,564\text{mm}^2$ ④ $1,764\text{mm}^2$

해설

인장재의 순단면적 계산
(1) $A_g = (40+40+80+40) \times 6 = 1,200\text{mm}^2$
(2) 파단선 A-B-F-C-D의 순단면적

$$A_n = A_g - nd_0 t + \sum \dfrac{s^2 \times t}{4g}$$

$$= 1,200 - 3 \times 22 \times 6 + \dfrac{80^2 \times 6}{4 \times 40} + \dfrac{80^2 \times 6}{4 \times 80}$$

$$= 1,164\text{mm}^2$$

정답 50.④ 51.①

52

그림과 같은 독립기초에 $N=480$kN, $M=96$kNm 가 작용할 때 기초 저면에 발생하는 최대 지반반력은?

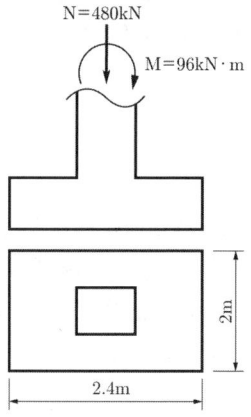

① 15kN/m² ② 150kN/m²
③ 20kN/m² ④ 200kN/m²

해설
최대 지반반력(압축응력) 계산

$$\sigma = -\frac{P}{A} - \frac{M}{Z}$$
$$= -\frac{480}{2 \times 2.4} - \frac{96}{\frac{2 \times (2.4)^2}{6}} = -150\text{kN/m}^2$$

문제에서 주어진 모멘트의 방향으로 볼 때 <u>모멘트의 기준축은 기초의 짧은 변(2m) 방향으로 평행한 축임</u>을 알 수 있고, 따라서 기초의 단면계수 산정 시 <u>b=2m, h=2.4m를 적용</u>하게 된다.

53

그림과 같은 트러스에서 a부재의 부재력은 얼마인가?

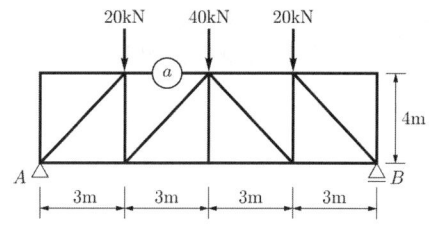

① 20kN(인장) ② 30kN(압축)
③ 40kN(인장) ④ 60kN(압축)

해설
트러스의 절단법

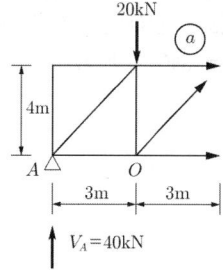

그림과 같이 트러스를 절단하여 O점을 기준으로 좌측구조물에 대하여 평형방정식을 적용하면
$\Sigma M_o = 0$에서
$40 \times 3 + P_a \times 4 = 0$
$P_a = -\frac{120}{4} = -30$kN(압축)

54

그림과 같은 단면에 전단력 40kN이 작용할 때 A점에서의 전단응력은?

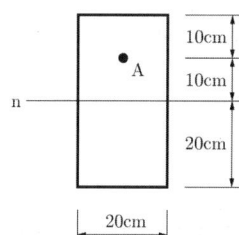

① 0.28MPa ② 0.56MPa
③ 0.84MPa ④ 1.12MPa

해설
전단응력 계산

$$v = \frac{VQ}{Ib} = \frac{V}{2I}\left(\frac{h^2}{4} - y^2\right)$$
$$= \frac{V}{2 \times \frac{bh^3}{12}}\left\{\frac{h^2}{4} - \left(\frac{h}{4}\right)^2\right\} = \frac{6V}{bh^3}\left(\frac{h^2}{4} - \frac{h^2}{16}\right) = \frac{9V}{8bh}$$
$$= \frac{9 \times 40{,}000}{8 \times 200 \times 400} = 0.56\text{MPa}$$

정답 52.② 53.② 54.②

55

그림과 같이 O점에 모멘트가 작용할 때 OB 부재와 OC 부재에 분배되는 모멘트가 같게 하려면 OC 부재의 길이를 얼마로 해야 하는가?

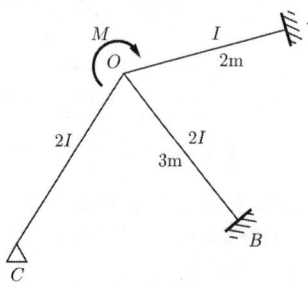

① 2/3m   ② 3/2m
③ 9/4m   ④ 3m

해설
분배모멘트에 따른 부재의 길이

(1) $K_{OB} = K_{OC}$, $\left(K = \dfrac{I}{L}\right)$

(2) $\dfrac{2I}{3} = \dfrac{2I}{x} \times \dfrac{3}{4}$ (∵ 힌지의 유효강비는 $\dfrac{3}{4}K$)

(3) $x = \dfrac{3}{2I} \times \dfrac{6I}{4} = \dfrac{9}{4}$ m

56
다음 그림과 같은 필릿용접부의 유효면적은?

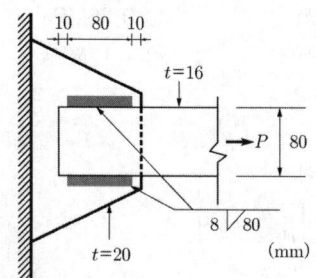

① 614.4mm²   ② 691.2mm²
③ 716.8mm²   ④ 806.4mm²

해설
필릿용접의 유효용접면적

① $a = 0.7 \times 8 = 5.6$ mm
② $L_e = 80 - 2 \times 8 = 64$ mm
③ $A_w = 5.6 \times 64 \times 2 = 716.8$ mm²

57
강도설계법에서 철근콘크리트 부재 중 콘크리트의 공칭전단강도(V_c)가 40kN, 전단철근에 의한 공칭전단강도(V_s)가 20kN일 때, 이 부재의 설계전단강도(ϕV_n)는? (단, 강도감소계수는 0.75 적용)

① 60kN   ② 58kN
③ 52kN   ④ 45kN

해설
설계전단강도 계산
$\phi V_n = \phi(V_c + V_s)$
$= 0.75(40 + 20) = 45$ kN

58
지진계에 기록된 진폭을 진원의 깊이와 진앙까지의 거리 등을 고려하여 지수로 나타낸 것으로 장소에 관계없는 절대적 개념의 지진크기를 말하는 것은?

① 규모   ② 진도
③ 진원시   ④ 지진동

해설
지진의 크기 산정
- 규모 : 장소에 관계없는 절대적인 개념
- 진도 : 다른 지진과의 상대적인 개념

59

다음 중 철근콘크리트 단순보에서 순간탄성처짐이 0.9mm이었다면 1년 뒤 이 부재의 총 처짐량을 구하면? (단, 시간경과계수 $\xi=1.4$, 압축철근비 $\rho'=0.01071$)

① 1.52mm ② 1.72mm
③ 1.92mm ④ 2.12mm

해설

총 처짐량 계산

(1) 순간(탄성)처짐 $\Delta_i = 0.9\text{mm}$
(2) $\lambda = \dfrac{\xi}{1+50\rho'} = \dfrac{1.4}{1+(50\times 0.01071)} = 0.912$
(3) 장기처짐
$\Delta_t = \lambda \times \Delta_i = 0.912 \times 0.9 = 0.821\text{mm}$
(4) 총 처짐 $\Delta = \Delta_i + \Delta_t = 0.9 + 0.821$
$= 1.72\text{mm}$

60

철근콘크리트 압축부재의 철근량 제한 조건에 따라 사각형이나 원형 띠철근으로 둘러싸인 경우 압축부재의 축방향 주철근의 최소 개수는 얼마인가?

① 2개 ② 3개
③ 4개 ④ 6개

해설

RC 압축부재의 축방향 주철근의 최소 개수
- 사각형/원형 띠철근 : 4개
- 나선철근 : 6개

제4과목 ■ 건축설비

61

다음과 같은 조건에서 2,000명을 수용하는 극장의 실온을 20℃로 유지하기 위한 필요환기량은?

[조건]
- 외기온도 : 10℃
- 1인당 발열량(현열) : 60W
- 공기의 정압비열 : 1.01kJ/kg·K
- 공기의 밀도 : 1.2kg/m³
- 전등 및 기타 부하는 무시한다.

① 11,110m³/h ② 21,222m³/h
③ 30,444m³/h ④ 35,644m³/h

해설

필요 환기량

$Q = \dfrac{H}{C \cdot \gamma \cdot \Delta T}$
$= \dfrac{2,000 \times 0.06}{1.01 \times 1.2 \times (20-10)} \times 3,600$
$= 35,644\text{m}^3/\text{h}$
$1\text{m}^3/\text{h} = 1\text{m}^3/3,600\text{s}$
여기서, Q : 환기량
H : 발열량(현열, kW)
C : 공기비열
γ : 공기밀도
T : 온도차

62

광원으로부터 일정거리 떨어진 수조면의 조도에 관한 설명으로 옳지 않은 것은?

① 광원의 광도에 비례한다.
② $\cos\theta$(입사각)에 비례한다.
③ 거리의 제곱에 반비례한다.
④ 측정점의 반사율에 반비례한다.

해설

조도
광도, $\cos\theta$(입사각)에 비례하며, 거리의 제곱에 반비례하지만, 측정점의 반사율과는 관련이 없다.

63
화재안전기준에 따라 소화기구를 설치하여야 하는 특정소방대상물의 연면적 기준은?

① $10m^2$ 이상   ② $25m^2$ 이상
③ $33m^2$ 이상   ④ $50m^2$ 이상

해설

소화기구 설치
화재안전기준에 따라 소화기구를 설치해야 하는 특정소방대상물의 연면적은 $33m^2$ 이상이다.

64
다음과 같은 공식을 통해 산출되는 값으로 전기 설비가 어느 정도 유효하게 사용되는가를 나타내는 것은?

$$\frac{부하의 평균전력}{최대수용전력} \times 100[\%]$$

① 부하율   ② 보상률
③ 부등률   ④ 수용률

해설

전기설비의 효율

- 부하율 = $\dfrac{부하의 평균전력}{최대 수용전력}$

- 수용률 = $\dfrac{최대사용전력}{수용설비용량}$

- 부등률 = $\dfrac{각 부하의 최대수용전력의 합계}{최대사용(수용)전력}$

65
음의 세기가 $10^{-9} W/m^2$일 때 음의 세기 레벨은? (단, 기준음의 세기 $I_o = 10^{-12} W/m^2$이다.)

① 3dB   ② 30dB
③ 0.3dB   ④ 0.03dB

해설

음의 세기 레벨(IL) 계산

$$IL = 10 \log \frac{I}{I_O} = 10 \log \frac{10^{-9}}{10^{-12}} = 30 dB$$

여기서, I : 음의 세기
I_0 : 기준음의 세기

66
급탕설비 중 개별식 급탕방식에 관한 설명으로 옳지 않은 것은?

① 배관길이가 길어 배관 중의 열손실이 크다.
② 건물 완공 후에도 급탕 개소의 증설이 비교적 쉽다.
③ 급탕개소마다 가열기의 설치 스페이스가 필요하다.
④ 용도에 따라 필요한 개소에서 필요한 온도의 탕을 비교적 간단하게 얻을 수 있다.

해설

① 배관길이가 길어 배관 중의 열손실이 큰 것은 개별식이 아닌 중앙식 급탕방식의 특징이다.

67
플러시 밸브식 대변기에 관한 설명으로 옳은 것은?

① 대변기의 연속사용이 가능하다.
② 급수관경과 급수압력에 제한이 없다.
③ 우리나라에서는 일반 주택을 중심으로 널리 채용되고 있다.
④ 탱크에 저장된 물의 낙차에 의한 수압으로 대변기를 세척하는 방식이다.

해설

② 급수관경과 급수압력에 제한이 있다.
③ 우리나라의 일반 주택에는 거의 사용되고 있지 않다.
④ 탱크에 저장된 물의 낙차에 의한 수압으로 대변기를 세척하는 방식은 하이탱크식 대변기에 대한 설명이다.

플러시 밸브식 대변기의 특징
- 대변기의 연속사용이 가능하다.
- 소음이 크고, 단시간에 다량의 물이 필요하다.
- 일반 가정용으로는 사용이 곤란하다.
- 최소 급수관경은 25mm, 최소 급수압은 0.1MPa 이상이다.

정답 63.③ 64.① 65.② 66.① 67.①

68
공기조화방식 중 2중덕트방식에 관한 설명으로 옳지 않은 것은?

① 전공기방식에 속한다.
② 냉·온풍의 혼합으로 인한 혼합손실이 있어 에너지 소비량이 많다.
③ 단일덕트방식에 비해 덕트 샤프트 및 덕트 스페이스를 크게 차지한다.
④ 부하특성이 다른 여러 개의 실이나 존이 있는 건물에는 적용할 수 없다.

해설
④ 부하특성이 다른 여러 개의 실이나 존이 있는 건물에도 적용할 수 있다.

69
다음과 같은 특징을 갖는 간선 배선 방식은?

- 사고 발생 때 타부하에 파급효과를 최소한으로 억제할 수 있어 다른 부하에 영향을 미치지 않는다.
- 경제적이지 못하다.

① 평행식
② 나뭇가지식
③ 네트워크식
④ 나뭇가지 평행 병용식

해설
평행식 배선
전압강하가 평균화되어 사고가 발생하여도 그 범위가 가장 작지만, 경제적이지 못하다.

70
압축식 냉동기의 냉동사이클로 옳은 것은?

① 압축 → 응축 → 팽창 → 증발
② 압축 → 팽창 → 응축 → 증발
③ 응축 → 증발 → 팽창 → 압축
④ 팽창 → 증발 → 응축 → 압축

해설
압축식 냉동기의 냉동 사이클
압축기 – 응축기 – 팽창밸브 – 증발기의 순으로 순환

71
온수난방과 비교한 증기난방의 설명으로 옳은 것은?

① 예열시간이 길다.
② 한랭지에서 동결의 우려가 있다.
③ 부하변동에 따른 방열량 제어가 용이하다.
④ 열매온도가 높으므로 방열기의 방열면적이 작아진다.

해설
증기난방의 특징
① 예열시간이 짧다.
② 한랭지에서 동결의 우려가 없다.
③ 부하변동에 따른 방열량 제어가 어렵다.

72
바닥면적이 50m²인 사무실이 있다. 32[W]형광등 20개를 균등하게 배치할 때 사무실의 평균 조도는? (단, 형광등 1개의 광속은 3300[lm], 조명률은 0.5, 보수율은 0.76이다.)

① 약 350[lx]
② 약 400[lx]
③ 약 450[lx]
④ 약 500[lx]

해설
소요램프 수 산정식을 통한 평균조도 계산

$$N = \frac{EAD}{FU} = \frac{EA}{FUM}$$

여기서, N : 램프수
F : 램프 1개당 광속(1m)
E : 평균조도(1x)
A : 바닥면적(m²)
U : 조명률
D : 감광보상률(=1/M)
M : 보수율

$$E = \frac{NFUM}{A} = \frac{20 \times 3{,}300 \times 0.5 \times 0.76}{50}$$
$$= 501.6 \text{lux}$$

73
배수트랩에서 봉수깊이에 관한 설명으로 옳지 않은 것은?

① 봉수깊이는 50~100mm로 하는 것이 보통이다.
② 봉수깊이가 너무 낮으면 봉수를 손실하기 쉽다.
③ 봉수깊이를 너무 깊게 하면 통수능력이 감소된다.
④ 봉수깊이를 너무 깊게 하면 유수의 저항이 감소된다.

해설
④ 봉수깊이를 너무 깊게 하면 유수의 저항이 증가된다.

74
카(car)가 최상층이나 최하층에서 정상 운행 위치를 벗어나 그 이상으로 운행하는 것을 방지하는 엘리베이터 안전장치는?

① 완충기 ② 가이드 레일
③ 리미트 스위치 ④ 카운터 웨이트

해설
EV 장치
① 완충기 : 충격을 완화시켜 주는 장치
② 가이드 레일 : 카 및 균형추에 상하 이동 시 흔들림을 잡아주기 위해 설치하는 장치

75
전기설비에서 경질 비닐관 공사에 관한 설명으로 옳은 것은?

① 절연성과 내식성이 강하다.
② 자성체이며 금속관보다 시공이 어렵다.
③ 온도 변화에 따라 기계적 강도가 변하지 않는다.
④ 부식성 가스가 발생하는 곳에는 사용할 수 없다.

해설
② 자성체가 아니며 금속관보다 시공이 용이하다.
③ 온도 변화에 따라 기계적 강도가 변한다.
④ 부식성 가스가 발생하는 곳에는 사용할 수 있다.

76
변전실에 관한 설명으로 옳지 않은 것은?

① 부하의 중심에 설치한다.
② 외부로부터 전력의 수전이 용이해야 한다.
③ 발전기실과 가능한 한 거리를 두고 설치한다.
④ 간선의 배선과 점검·유지보수가 용이한 장소에 설치한다.

해설
③ 발전기실과 변전실은 최대한 인접하여 설치한다.

77
환기에 관한 설명으로 옳지 않은 것은?

① 화장실은 송풍기(급기팬)와 배풍기(배기팬)를 설치하는 것이 일반적이다.
② 기밀성이 높은 주택의 경우 잦은 기계환기를 통해 실내공기의 오염을 낮추는 것이 바람직하다.
③ 병원의 수술실은 오염공기가 실내로 들어오는 것을 방지하기 위해 실내압력을 주변공간보다 높게 설정한다.
④ 공기의 오염농도가 높은 도로에 면해 있는 건물의 경우, 공기조화설비 계통의 외기도입구를 가급적 높은 위치에 설치한다.

해설
① 화장실은 제3종 환기방식으로 자연 급기-강제 배기 형식을 사용하므로 송풍기는 없고 배풍기(배기팬)만 설치하는 것이 일반적이다.

78
액화천연가스(LNG)에 관한 설명으로 옳지 않은 것은?

① 메탄이 주성분이다.
② 무공해, 무독성이다.
③ 비중이 공기보다 크다.
④ 일반적으로 배관을 통해 공급한다.

해설
③ 비중이 공기보다 작아 가볍다.

액화천연가스(LNG)
- 주성분은 메탄(CH_4)이다.
- 무공해, 무독성이다.
- 공기보다 가볍다.
- 대규모의 저장시설을 필요로 하며, 공급은 배관을 통하여 이루어진다.

79
다음 중 지역난방에 적용하기에 가장 적합한 보일러는?

① 수관보일러
② 관류보일러
③ 입형보일러
④ 주철제보일러

해설
보일러의 종류별 특징
- 수관보일러는 대규모 건물에 적합하다.
- 관류보일러는 보유수량이 적어 예열시간이 짧다.
- 주철제 보일러는 내압이 약하고 고압과 대용량에 부적당하다.
- 노통 연관보일러는 부하변동에 잘 적응되며, 보유수면이 넓어서 급수용량 제어가 쉽다.

80
다음 중 급탕설비에서 온수 순환 펌프로 주로 이용되는 것은?

① 사류 펌프
② 원심식 펌프
③ 왕복식 펌프
④ 회전식 펌프

해설
펌프의 사용 용도
- 원심식 : 온수 순환 펌프, 소방용
- 사류식 : 원심식과 유사하게 터보형 펌프의 일종
- 왕복식 : 고압을 요구하는 곳에 적용
- 회전식 : 점성이 있는 유체에 적합한 유압펌프

제5과목 ▪ 건축관계법규

81
건축물의 관람실 또는 집회실로부터 바깥쪽으로의 출구로 쓰이는 문을 안여닫이로 해서는 안 되는 건축물은?

① 위락시설
② 수련시설
③ 문화 및 집회시설 중 전시장
④ 문화 및 집회시설 중 동·식물원

해설
바깥쪽으로의 출구로 쓰이는 문을 안여닫이로 해서는 안 되는 건축물
- 문화 및 집회시설(전시장, 동·식물원 제외)
- 위락시설, 장례식장, 종교시설

82
다음은 대지의 조경에 관한 기준 내용이다. ( )안에 알맞은 것은?

> 면적이 ( ) 이상인 대지에 건축을 하는 건축주는 용도지역 및 건축물의 규모에 따라 해당 지방자치단체의 조례로 정하는 기준에 따라 대지에 조경이나 그 밖에 필요한 조치를 하여야 한다.

① 100m²
② 200m²
③ 300m²
④ 500m²

해설
면적이 200m² 이상인 대지에 건축을 하는 건축주는 용도지역 및 건축물의 규모에 따라 대지안의 조경이나 그 밖에 필요한 조치를 하여야 한다.

83
노외주차장에 설치하는 부대시설의 총면적은 주차장 총시설면적의 최대 얼마를 초과하여서는 아니 되는가?

① 5% ② 10%
③ 20% ④ 30%

해설
노외주차장에 설치하는 부대시설의 총면적은 주차장 총시설면적의 <u>20%</u>를 초과하여서는 안 됨

84
노외주차장에 설치하여야 하는 차로의 최소너비가 가장 작은 주차형식은? (단, 출입구가 2개 이상이며, 이륜자동차 전용 외의 노외주차장의 경우)

① 평행주차 ② 교차주차
③ 직각주차 ④ 45도 대향주차

해설
이륜자동차전용 외의 노외주차장 차로너비

주차형식	차로의 폭	
	출입구가 2개 이상인 경우	출입구가 1개인 경우
평행주차	3.3m	5.0m
직각주차	6.0m	6.0m
60° 대향주차	4.5m	5.5m
45° 대향주차	3.5m	5.0m
교차주차	3.5m	5.0m

85
국토교통부령으로 정하는 바에 따라 방화구조로 하거나 불연재료로 하여야 하는 목조 건축물의 최소 연면적 기준은?

① 500m² 이상 ② 1,000m² 이상
③ 1,500m² 이상 ④ 2,000m² 이상

해설
방화구조/불연재료의 연면적 기준
연면적 <u>1,000m² 이상</u>인 목조건축물의 외벽 및 처마 밑은 방화구조로 하되, 그 지붕은 불연재료로 하여야 한다.

86
거실의 반자높이와 관련된 기준 내용 중, ( )안에 들어갈 수 있는 건축물의 용도는?

> ( )의 용도에 쓰이는 건축물의 관람실 또는 집회실로서 그 바닥면적이 200제곱미터 이상인 것의 반자의 높이는 4미터(노대의 아랫부분의 높이는 2.7미터)이상이어야 한다. 다만, 기계환기장치를 설치하는 경우에는 그렇지 않다.

① 장례식장
② 교육 및 연구시설
③ 문화 및 집회시설 중 동물원
④ 문화 및 집회시설 중 전시장

해설
문화 및 집회시설(<u>전시장 및 동·식물원 제외</u>), 종교시설, <u>장례식장</u>, 유흥주점 용도의 관람석 또는 집회실로서 그 바닥면적이 200m² 이상인 경우 반자높이를 4m 이상으로 하여야 한다.

87
건축물의 건축 시 허가대상 건축물이라 하더라도 미리 특별자치시장·특별자치도지사 또는 시장·군수·구청장에게 국토교통부령으로 정하는 바에 따라 신고를 하면 건축허가를 받은 것으로 보는 소규모 건축물의 연면적 기준은?

① 연면적의 합계가 100m² 이하인 건축물
② 연면적의 합계가 150m² 이하인 건축물
③ 연면적의 합계가 200m² 이하인 건축물
④ 연면적의 합계가 300m² 이하인 건축물

해설
건축신고 대상 행위
- 연면적의 합계가 <u>100m²</u> 이하인 건축물
- 바닥면적의 합계가 85m² 이내의 증축·개축 또는 재축
- 연면적 200m² 미만이고 3층 미만인 건축물의 대수선

정답 83.③ 84.① 85.② 86.① 87.①

88
광역도시계획의 수립권자 기준에 대한 내용으로 틀린 것은?

① 광역계획권이 같은 도의 관할 구역에 속하여 있는 경우, 관할 시장 또는 군수가 공동으로 수립한다.
② 국가계획과 관련된 광역도시계획의 수립이 필요한 경우 국토교통부장관이 수립한다.
③ 광역계획권을 지정한 날부터 2년이 지날 때까지 관할 시장 또는 군수로부터 광역도시계획의 승인 신청이 없는 경우 국토교통부장관이 수립한다.
④ 광역계획권이 둘 이상의 시·도의 관할 구역에 걸쳐 있는 경우, 관할 시·도지사가 공동으로 수립한다.

해설
③ 광역계획권을 지정한 날부터 <u>3년이 지날 때까지</u> 관할 시장 또는 군수로부터 광역도시계획의 승인 신청이 없는 경우 국토교통부장관이 수립한다.

89
지구단위계획 중 관계 행정기관의 장과의 협의, 국토교통부장관과의 협의 및 중앙도시계획위원회·지방도시계획위원회 또는 공동위원회의 심의를 거치지 않고 변경할 수 있는 사항에 관한 기준 내용으로 옳은 것은?

① 건축선의 2m 이내의 변경인 경우
② 획지면적의 30% 이내의 변경인 경우
③ 가구면적의 20% 이내의 변경인 경우
④ 건축물 높이의 30% 이내의 변경인 경우

해설
지구단위계획 변경가능 기준
① <u>건축선 1m 이내의 변경인 경우</u>
② <u>획지면적 30% 이내의 변경인 경우</u>
③ <u>가구면적 10% 이내의 변경인 경우</u>
④ <u>건축물 높이 20% 이내의 변경인 경우</u>

90
공동주택과 오피스텔의 난방설비를 개별난방방식으로 하는 경우에 관한 기준 내용으로 틀린 것은?

① 보일러의 연도는 내화구조로서 공동연도로 설치할 것
② 보일러실의 윗부분에는 그 면적이 $0.5m^2$ 이상인 환기창을 설치할 것
③ 오피스텔의 경우에는 난방구획을 방화구획으로 구획할 것
④ 보일러는 거실 외의 곳에 설치하되, 보일러를 설치하는 곳과 거실 사이의 경계벽은 출입구를 제외하고는 방화구조의 벽으로 구획할 것

해설
④ 보일러는 거실 이외의 곳에 설치하되, 보일러를 설치하는 곳과 거실 사이의 경계벽은 출입구를 제외하고는 <u>내화구조</u>의 벽으로 구획할 것

91
대형건축물의 건축허가 사전승인신청 시 제출도서의 종류 중 설계설명서에 표시하여야 할 사항이 아닌 것은?

① 공사금액
② 개략공정계획
③ 교통처리계획
④ 각부 구조계획

해설
대형건축물의 건축허가 신청 시 설계설명서 표시내용
- 공사개요(<u>공사금액</u> 포함), 사전조사사항
- 건축계획(동선계획), 시공계획
- <u>개략공정계획</u>, 주요설비계획, <u>교통처리계획</u>

92
주거에 쓰이는 바닥면적의 합계가 200제곱미터인 주거용 건축물에 설치하는 음용수용 급수관의 최소 지름 기준은?

① 25mm ② 32mm
③ 40mm ④ 50mm

해설
음용수용 급수관의 최소지름
- 85m² 이하 : 15mm
- 85~150m² : 20mm
- 150~300m² : 25mm

93
건축법령상 건축물의 대지에 공개공지 또는 공개공간을 확보하여야 하는 대상 건축물에 해당하지 않는 것은? (단, 해당 용도로 쓰는 바닥면적의 합계가 5,000m²인 건축물의 경우로, 건축조례로 정하는 다중이 이용하는 시설의 경우는 고려하지 않는다.)

① 종교시설 ② 업무시설
③ 숙박시설 ④ 교육연구시설

해설
공개공지/공개공간 확보 대상 건축물 기준
(1) 연면적의 합계 : 5,000m²
(2) 용도 : 문화 및 집회시설, 판매시설(농수산물 유통시설 제외), 업무시설, 숙박시설, 종교시설, 운수시설(여객용 시설)

94
국토의 계획 및 이용에 관한 법령상 건폐율의 최대한도가 가장 높은 용도지역은?

① 준주거지역 ② 생산관리지역
③ 중심상업지역 ④ 전용공업 지역

해설
건폐율의 최대한도 기준
- 90% 이하 : 중심상업지역
- 80% 이하 : 일반상업지역
- 70% 이하 : 준주거지역, 근린상업지역, 전용공업지역
- 20% 이하 : 생산관리지역

95
중·고층주택을 중심으로 편리한 주거환경을 조성하기 위하여 지정하는 용도지역은?

① 제1종 일반주거지역
② 제2종 일반주거지역
③ 제3종 일반주거지역
④ 제4종 일반주거지역

해설
주거지역 세분

전용주거지역	제1종	단독주택중심의 양호한 주거환경을 보호
	제2종	공동주택중심의 양호한 주거환경을 보호
일반주거지역	제1종	저층주택중심으로 편리한 주거환경을 조성
	제2종	중층주택중심으로 편리한 주거환경을 조성
	제3종	중·고층주택을 중심으로 편리한 주거환경을 조성
준주거지역		주거기능을 주로 하면서 상업·업무기능의 보완

96
대지의 분할 제한과 관련한 아래 내용에서, 밑줄 친 부분에 해당하는 규모 기준이 틀린 것은?

> 건축물이 있는 대지는 <u>대통령령으로 정하는 범위</u>에서 해당 지방자치단체의 조례로 정하는 면적에 못 미치게 분할할 수 없다.

① 주거지역 : 60m² 이상
② 상업지역 : 100m² 이상
③ 공업지역 : 150m² 이상
④ 녹지지역 : 200m² 이상

해설
면적에 의한 대지의 분할 제한
- 주거지역 : 60m² 이상
- 상업지역 : 150m² 이상
- 공업지역 : 150m² 이상
- 녹지지역 : 200m² 이상

정답 92.① 93.④ 94.③ 95.③ 96.②

97

일조 등의 확보를 위한 건축물의 높이 제한 기준 중, ㉠과 ㉡에 해당하는 내용이 옳은 것은?

전용주거지역이나 일반주거지역에서 건축물을 건축하는 경우에는 건축물의 각 부분을 정북(正北)방향으로의 인접 대지경계선으로부터 다음 각 호의 범위에서 건축조례로 정하는 거리 이상을 띄어 건축하여야 한다.
1. 높이 10미터 이하인 부분 : 인접 대지경계선으로부터 (㉠) 이상
2. 높이 10미터를 초과하는 부분 : 인접 대지경계선으로부터 해당 건축물 각 부분 높이의 (㉡) 이상

① ㉠ 1m
② ㉠ 1.5m
③ ㉡ 3분의 1
④ ㉡ 3분의 2

해설

정북방향의 인접대지 경계선으로부터 띄어야 하는 거리
① 높이 10m 이하 : 1.5m 이상
② 높이 10m 초과 : 당해 건축물 각 부분 높이의 1/2 이상

98

건축물 관련 건축기준의 허용오차 범위 기준이 2% 이내가 아닌 것은?

① 출구너비   ② 반자높이
③ 평면길이   ④ 벽체두께

해설

허용오차 범위 기준
- 0.5% 이내 : 건폐율
- 1% 이내 : 용적률
- 2% 이내 : 건축물의 높이, 평면길이, 출구너비, 반자높이
- 3% 이내 : 건축물의 후퇴거리, 벽체두께, 바닥판두께

99

다음 중 승용승강기를 가장 많이 설치해야 하는 건축물의 용도는? (단, 6층 이상의 거실면적의 합계가 10,000m²이며, 8인승 승강기를 설치하는 경우)

① 의료시설   ② 위락시설
③ 숙박시설   ④ 공동주택

해설

승용승강기 설치 대수 기준

용도	6층 이상의 거실면적 합계	
	3,000m² 이하	3,000m² 초과
공연, 집회, 관람장, 판매, 의료	2대	2+(A-3,000m²/2,000m²)대
전시장 및 동·식물원, 위락, 숙박, 업무	1대	1+(A-3,000m²/2,000m²)대
공동주택, 교육연구시설, 기타	1대	1+(A-3,000m²/3,000m²)대

100

비상용승강기 승강장의 바닥면적은 비상용승강기 1대에 대하여 최소 얼마 이상으로 하여야 하는가? (단, 옥내 승강장인 경우)

① 3m²   ② 4m²
③ 5m²   ④ 6m²

해설

옥내 승강장의 바닥면적은 비상용승강기 1대에 대하여 6m² 이상으로 한다.

2021 제2회 건축기사

2021년 5월 15일 시행

제1과목 ■ 건축계획

01
주택의 부엌 작업대 배치유형 중 ㄷ자형에 관한 설명으로 옳은 것은?
① 두 벽면을 따라 작업이 전개되는 전통적인 형태이다.
② 평면계획 상 외부로 통하는 출입구의 설치가 곤란하다.
③ 작업동선이 길고 조리면적은 좁지만 다수의 인원이 함께 작업할 수 있다.
④ 가장 간결하고 기본적인 설계형태로 길이가 4.5m 이상이 되면 동선이 비효율적이다.

해설
부엌 작업대의 배치유형
① 병렬형 ③ 병렬형 ④ 직선형

02
호텔에 관한 설명으로 옳지 않은 것은?
① 커머셜 호텔은 일반적으로 고밀도의 고층형이다.
② 터미널 호텔에는 공항 호텔, 부두 호텔, 철도역 호텔 등이 있다.
③ 리조트 호텔의 건축 형식은 주변 조건에 따라 자유롭게 이루어진다.
④ 레지덴셜 호텔은 여행자의 장기간 체재에 적합한 호텔로서, 각 객실에는 주방 설비를 갖추고 있다.

해설
④ 아파트먼트 호텔은 여행자의 장기간 체재에 적합한 호텔로서, 각 객실에는 주방 설비를 갖추고 있다.

03
다음 설명에 알맞은 공장건축의 레이아웃(layout) 형식은?

- 생산에 필요한 모든 공정, 기계기구를 제품의 흐름에 따라 배치한다.
- 대량생산에 유리하며 생산성이 높다.

① 혼성식 레이아웃
② 고정식 레이아웃
③ 제품중심의 레이아웃
④ 공정중심의 레이아웃

해설
③ 제품중심의 레이아웃에 대한 설명

04
주심포 형식에 관한 설명으로 옳지 않은 것은?
① 공포를 기둥 위에만 배열한 형식이다.
② 장혀는 긴 것을 사용하고 평방이 사용된다.
③ 봉정사 극락전, 수덕사 대웅전 등에서 볼 수 있다.
④ 맞배지붕이 대부분이며 천장을 특별히 가설하지 않아 서까래가 노출되어 보인다.

해설
②는 다포형식에 대한 설명

정답 01.② 02.④ 03.③ 04.②

05
다음 설명에 알맞은 사무소 건축의 코어 유형은?

- 코어를 업무공간에서 분리시킨 관계로 업무공간의 융통성이 높은 유형이다.
- 설비 덕트나 배관을 코어로부터 업무공간으로 연결하는데 제약이 많다.

① 외코어형 ② 편단코어형
③ 양단코어형 ④ 중앙코어형

해설
① 외코어(독립코어)형에 대한 설명

06
건축계획단계에서의 조사방법에 관한 설명으로 옳지 않은 것은?

① 설문조사를 통하여 생활과 공간 간의 대응관계를 규명하는 것은 생활활동 행위의 관찰에 해당된다.
② 이용 상황이 명확하게 기록되어 있는 시설의 자료 등을 활용하는 것은 기존자료를 통한 조사에 해당된다.
③ 건물의 이용자를 대상으로 설문을 작성하여 조사하는 방식은 생활과 공간의 대응관계 분석에 유효하다.
④ 주거단지에서 어린이들의 행동특성을 조사하기 위해서는 생활행동 행위 관찰 방식이 일반적으로 적절하다.

해설
①은 설문지법에 해당함

07
학교운용방식에 관한 설명으로 옳지 않은 것은?

① 종합교실형은 교실의 이용률이 높지만 순수율은 낮다.
② 일반교실 및 특별교실형은 우리나라 중학교에서 주로 사용되는 방식이다.
③ 교과교실형에서는 모든 교실이 특정교과를 위해 만들어지고, 일반교실이 없다.
④ 플라톤형은 학년과 학급을 없애고 학생들은 각자의 능력에 따라 교과를 선택하고 일정한 교과가 끝나면 졸업을 한다.

해설
④ 달톤형(D형)은 학년과 학급을 없애고 학생들은 각자의 능력에 따라 교과를 선택하고 일정한 교과가 끝나면 졸업을 한다.

08
페리(C. A. Perry)의 근린주구에 관한 설명으로 옳지 않은 것은?

① 경계 : 4면의 간선도로에 의해 구획
② 공공시설용지 : 지구 전체에 분산하여 배치
③ 오픈 스페이스 : 주민의 일상생활 요구를 충족시키기 위한 소공원과 위락공간체계
④ 지구 내 가로체계 : 내부 가로망은 단지 내의 교통량을 원활히 처리하고 통과교통을 방지

해설
페리의 근린주구
공공시설용지는 중심지 또는 공공지역에 적합하게 군집되게 배치함

09
다음 중 백화점의 기둥간격 결정 요소와 가장 거리가 먼 것은?
① 매장의 연면적
② 진열장의 배치방법
③ 지하주차장의 주차방식
④ 에스컬레이터의 배치방법

해설
백화점의 기둥간격 결정요소
- 지하주차장의 주차방법
- 진열대의 치수와 배열법
- EV의 배치방법

10
고딕양식의 건축물에 속하지 않는 것은?
① 아미앵 성당   ② 노트르담 성당
③ 샤르트르 성당 ④ 성 베드로 성당

해설
④ 성 베드로 성당 : 르네상스 건축물

11
도서관 건축계획에서 장래에 증축을 반드시 고려해야 할 부분은?
① 서고   ② 대출실
③ 사무실   ④ 휴게실

해설
도서관의 서고는 도서의 증가에 따른 장래 확장을 고려해야 함

12
병원 건축형식 중 분관식(Pavillion type)에 관한 설명으로 옳은 것은?
① 대지가 협소할 경우 주로 적용된다.
② 보행길이가 짧아져 관리가 용이하다.
③ 각 병실의 일조, 통풍 환경을 균일하게 할 수 있다.
④ 급수, 난방 등의 배관 길이가 짧아져 설비비가 적게 된다.

해설
①, ②, ④는 집중식에 대한 설명

13
단독주택의 리빙 다이닝 키친에 관한 설명으로 옳지 않은 것은?
① 공간의 이용률이 높다.
② 소규모 주택에 주로 사용된다.
③ 주부의 동선이 짧아 노동력이 절감된다.
④ 거실과 식당이 분리되어 각 실의 분위기 조성이 용이하다.

해설
④ 거실과 식당이 통합되어 조리, 식사, 정리작업이 능률화되며, 각 실의 분위기 조성이 용이하다.

14
사무소 건축의 실단위 계획에 있어서 개방식 배치에 관한 설명으로 옳지 않은 것은?
① 독립성과 쾌적감 확보에 유리하다.
② 공사비가 개실시스템보다 저렴하다.
③ 방의 길이나 깊이에 변화를 줄 수 있다.
④ 전면적을 유효하게 이용할 수 있어 공간 절약상 유리하다.

해설
①은 개실 배치에 대한 설명

정답 09.① 10.④ 11.① 12.③ 13.④ 14.①

15
아파트의 평면형식 중 계단실형에 관한 설명으로 옳은 것은?
① 대지에 대한 이용률이 가장 높은 유형이다.
② 통행을 위한 공용면적이 크므로 건물의 이용도가 낮다.
③ 각 세대가 양쪽으로 개구부를 계획할 수 있는 관계로 통풍이 양호하다.
④ 엘리베이터를 공용으로 사용하는 세대수가 많으므로 엘리베이터의 효율이 높다.

해설
① 집중형
② 편복도형
④ 중복도형

16
르네상스 건축에 관한 설명으로 옳은 것은?
① 건축 비례와 미적 대칭 등을 중시하였다.
② 첨탑과 플라잉 버트레스가 처음 도입되었다.
③ 펜덴티브 돔이 창안되어 실내 공간의 자유도가 높아졌다.
④ 강렬한 극적 효과를 추구하며 관찰자의 주관적 감흥을 중시하였다.

해설
② 고딕
③ 비잔틴
④ 바로크

17
미술관 전시실의 전시기법에 관한 설명으로 옳지 않은 것은?
① 하모니카 전시는 동일 종류의 전시물을 반복하여 전시할 경우에 유리하다.
② 아일랜드 전시는 실물을 직접 전시할 수 없는 경우 영상매체를 사용하여 전시하는 방법이다.
③ 파노라마 전시는 연속적인 주제를 연관성 있게 표현하기 위해 선형의 파노라마로 연출하는 전시기법이다.
④ 디오라마 전시는 하나의 사실 또는 주제의 시간 상황을 고정시켜 연출하는 것으로 현장에 임한 느낌을 주는 기법이다.

해설
② <u>영상 전시</u>는 실물을 직접 전시할 수 없는 경우 <u>영상매체를 사용</u>하여 전시하는 방법이다.

18
미술관의 전시실 순회형식에 관한 설명으로 옳지 않은 것은?
① 갤러리 및 코리더 형식에서는 복도 자체도 전시공간으로 이용이 가능하다.
② 중앙홀 형식에서 중앙홀이 크면 동선의 혼란은 많으나 장래의 확장에는 유리하다.
③ 연속순회 형식은 전시 중에 하나의 실을 폐쇄하면 동선이 단절된다는 단점이 있다.
④ 갤러리 및 코리더 형식은 복도에서 각 전시실에 직접 출입할 수 있으며 필요시에 자유로이 독립적으로 폐쇄할 수가 있다.

해설
② 중앙홀 형식에서 중앙홀이 크면 동선의 혼란은 <u>적으나</u> 장래의 확장에는 <u>불리하다</u>.

19
쇼핑센터의 몰(mall)에 관한 설명으로 옳은 것은?

① 전문점과 핵상점의 주출입구는 몰에 면하도록 한다.
② 쇼핑 체류시간을 늘릴 수 있도록 방향성이 복잡하게 계획한다.
③ 몰은 고객의 통과동선으로서 부속시설과 서비스기능의 출입이 이루어지는 곳이다.
④ 일반적으로 공기조화에 의해 쾌적한 실내 기후를 유지할 수 있는 오픈 몰(open mall)이 선호된다.

해설
② 확실한 방향성과 식별성이 요구된다.
③ 몰은 고객의 주보행동선으로서 중심상점과 각 전문점에서의 출입이 이루어지는 곳이다.
④ 일반적으로 공기조화에 의해 쾌적한 실내 기후를 유지할 수 있는 인클로즈드몰이 선호된다.

20
극장 건축에서 무대의 제일 뒤에 설치되는 무대 배경용의 벽을 나타내는 용어는?

① 프로시니엄   ② 사이클로라마
③ 플라이 로프트   ④ 그리드 아이언

해설
② 사이클로라마에 대한 설명

제2과목 ■ 건축시공

21
백화현상에 관한 설명으로 옳지 않은 것은?

① 시멘트는 수산화칼슘의 주성분인 생석회(CaO)의 다량 공급원으로서 백화의 주된 요인이다.
② 백화현상은 미장 표면뿐만 아니라 벽돌벽체, 타일 및 착색 시멘트 제품 등의 표면에도 발생한다.
③ 겨울철보다 여름철의 높은 온도에서 백화 발생 빈도가 높다.
④ 배합수 중에 용해되는 가용 성분이 시멘트 경화체의 표면건조 후 나타나는 현상이다.

해설
백화현상의 특성
③ 백화현상은 물이 증발하는 시간이 길 때 많이 발생하므로 여름철보다는 겨울철에 발생 빈도가 높다.

22
계측관리 항목 및 기기에 관한 설명으로 옳지 않은 것은?

① 흙막이벽의 응력은 변형계(Strain Gauge)를 이용한다.
② 주변 건물의 경사는 건물경사계(Tiltmeter)를 이용한다.
③ 지하수의 간극수압은 지하수위계(Water Level Meter)를 이용한다.
④ 버팀보, 앵커 등의 축하중 변화 상태의 측정은 하중계(Load Cell)를 이용한다.

해설
계측기기의 용도
③ 간극수압 계측 : piezometer
※ 지하수위계 : 지하수위의 깊이를 측정하는 기기

정답 19.① 20.② 21.③ 22.③

23
녹막이칠에 사용하는 도료와 가장 거리가 먼 것은?

① 광명단 ② 크레오소트유
③ 아연분말 도료 ④ 역청질 도료

해설
녹막이칠 도료의 종류
광명단 도료, 역청질 도료, 아연분말 도료, 산화철 도료, 알루미늄 도료

24
사질토의 상대밀도를 측정하는 방법으로 가장 적합한 것은?

① 표준관입시험(Standard Penetration Test)
② 베인 테스트(Vane Test)
③ 깊은 우물(Deep well) 공법
④ 아일랜드 공법

해설
지반조사 방법
- 표준관입시험 : 사질토의 상대밀도 측정
- 베인 테스트 : 점토질 지반의 점착력(전단력) 측정

25
철골부재의 용접 시 이음 및 접합부위의 용접선의 교차로 재용접된 부위가 열 영향을 받아 취약해짐을 방지하기 위하여 모재에 부채꼴 모양으로 모따기를 한 것은?

① Blow Hole ② Scallop
③ End Tap ④ Crater

해설
② Scallop(스캘럽)에 대한 설명

26
공동도급방식(Joint Venture)에 관한 설명으로 옳은 것은?

① 2명 이상의 수급자가 어느 특정공사에 대하여 협동으로 공사계약을 체결하는 방식이다.
② 발주자, 설계자, 공사관리자의 세 전문집단에 의하여 공사를 수행하는 방식이다.
③ 발주자와 수급자가 상호신뢰를 바탕으로 팀을 구성하여 공동으로 공사를 수행하는 방식이다.
④ 공사수행방식에 따라 설계/시공(D/B)방식과 설계/관리(D/M)방식으로 구분한다.

해설
공동도급방식
2명 이상의 수급자가 협동으로 공사계약

27
칠공사에 관한 설명으로 옳지 않은 것은?

① 한랭 시나 습기를 가진 면은 작업을 하지 않는다.
② 초벌부터 정벌까지 같은 색으로 도장해야 한다.
③ 강한 바람이 불 때는 먼지가 묻게 되므로 외부 공사를 하지 않는다.
④ 야간은 색을 잘못 칠할 염려가 있으므로 작업을 하지 않는 것이 좋다.

해설
도장공사 시 유의사항
② 칠하는 횟수를 구분하기 위하여 초벌과 정벌의 색을 바꾸는 것이 좋다.

정답 23.② 24.① 25.② 26.① 27.②

28
석재에 관한 설명으로 옳은 것은?
① 인장강도는 압축강도에 비하여 10배 정도 크다.
② 석재는 불연성이긴 하나 화열에 닿으면 화강암과 같이 균열이 생기거나 파괴되는 경우도 있다.
③ 장대재를 얻기에 용이하다.
④ 조직이 치밀하여 가공성이 매우 뛰어나다.

해설
석재의 특징
① 인장강도는 압축강도에 비하여 <u>1/10배 정도로 작다</u>.
③ 장대재를 얻기가 <u>힘들다</u>.
④ 조직이 치밀하여 절단이 어려우므로 <u>가공성이 떨어진다</u>.

29
목재의 접착제로 활용되는 수지와 가장 거리가 먼 것은?
① 요소 수지
② 멜라민 수지
③ 폴리스티렌 수지
④ 페놀 수지

해설
목재의 접착제로 쓰이는 수지
주로 열경화성수지인 <u>요소, 멜라민, 페놀</u>, 에폭시, 실리콘수지 등이 쓰임

30
보강 블록공사에 관한 설명으로 옳지 않은 것은?
① 벽의 세로근은 구부리지 않고 설치한다.
② 벽의 세로근은 밑창 콘크리트 윗면에 철근을 배근하기 위한 먹매김을 하여 기초판 철근 위의 정확한 위치에 고정시켜 배근한다.
③ 벽 가로근 배근 시 창 및 출입구 등의 모서리 부분에 가로근의 단부를 수평방향으로 정착할 여유가 없을 때에는 갈구리로 하여 단부 세로근에 걸고 결속선으로 결속한다.
④ 보강 블록조와 라멘구조가 접하는 부분은 라멘구조를 먼저 시공하고 보강 블록조를 나중에 쌓는 것이 원칙이다.

해설
④ 보강 블록조와 라멘구조가 접하는 부분은 <u>보강 블록조를 먼저 시공하고 라멘구조를 나중에 쌓는 것이</u> 원칙이다.

31
다음 설명에서 의미하는 공법은?

> 구조물 하중보다 더 큰 하중을 연약지반(점성토) 표면에 프리로딩하여 압밀침하를 촉진시킨 뒤 하중을 제거하여 지반의 전단강도를 증대하는 공법

① 고결안정공법 ② 치환공법
③ 재하공법   ④ 탈수공법

해설
③ 재하공법

32
재료별 할증률을 표기한 것으로 옳은 것은?
① 시멘트벽돌 : 3%
② 강관 : 7%
③ 단열재 : 7%
④ 봉강 : 5%

해설
① 시멘트벽돌 : <u>5%</u>
② 강관 : <u>5%</u>
③ 단열재 : <u>10%</u>

33
철근의 정착 위치에 관한 설명으로 옳지 않은 것은?
① 지중보의 주근은 기초 또는 기둥에 정착한다.
② 기둥 철근은 큰 보 혹은 작은 보에 정착한다.
③ 큰 보의 주근은 기둥에 정착한다.
④ 작은 보의 주근은 큰 보에 정착한다.

해설
철근의 정착위치
- 기둥의 주근 : 기초
- 보의 주근 : 기둥
- 작은 보의 주근 : 큰 보
- 지중보 : 기초 또는 기둥
- 바닥철근 : 보 또는 벽체

34
돌로마이트 플라스터 바름에 관한 설명으로 옳지 않은 것은?
① 정벌바름용 반죽은 물과 혼합한 후 12시간 정도 지난 다음 사용하는 것이 바람직하다.
② 바름두께가 균일하지 못하면 균열이 발생하기 쉽다.
③ 돌로마이트 플라스터는 수경성이므로 해초풀을 적당한 비율로 배합해서 사용해야 한다.
④ 시멘트와 혼합하여 2시간 이상 경과한 것은 사용할 수 없다.

해설
미장재료의 경화 특성
- 기경성 : 진흙, 회반죽, 돌로마이트 플라스터
- 수경성 : 시멘트모르타르, 석고플라스터

35
석고플라스터 바름에 관한 설명으로 옳지 않은 것은?
① 보드용 플라스터는 초벌바름, 재벌바름의 경우 물을 가한 후 2시간 이상 경과한 것은 사용할 수 없다.
② 실내온도가 10℃ 이하일 때는 공사를 중단하거나 난방하여 10℃ 이상으로 유지한다.
③ 바름작업 중에는 될 수 있는 한 통풍을 방지한다.
④ 바름 작업이 끝난 후 실내를 밀폐하지 않고 가열과 동시에 환기하여 바름면이 서서히 건조되도록 한다.

해설
석고플라스터 바름의 특성
경화가 빠르고 경석고 플라스터는 동절기 시공도 가능하다.

36
기술제안 입찰제도의 특징에 관한 설명으로 옳지 않은 것은?
① 공사비 절감방안의 제안은 불가하다.
② 기술제안서 작성에 추가비용이 발생된다.
③ 제안된 기술의 지적재산권 인정이 미흡하다.
④ 원안 설계에 대한 공법, 품질 확보 등이 핵심 제안 요소이다.

해설
① 공사비 절감방안의 제안이 가능하다.

37
토공사에 적용되는 체적환산계수 L의 정의로 옳은 것은?

① $\dfrac{\text{흐트러진 상태의 체적}(m^3)}{\text{자연상태의 체적}(m^3)}$

② $\dfrac{\text{자연상태의 체적}(m^3)}{\text{흐트러진 상태의 체적}(m^3)}$

③ $\dfrac{\text{다져진 상태의 체적}(m^3)}{\text{자연상태의 체적}(m^3)}$

④ $\dfrac{\text{자연상태의 체적}(m^3)}{\text{다져진 상태의 체적}(m^3)}$

해설

체적환산계수 L

① $\dfrac{\text{흐트러진 상태의 체적}(m^3)}{\text{자연상태의 체적}(m^3)}$

38
멤브레인 방수에 속하지 않는 방수공법은?
① 시멘트 액체방수
② 합성고분자 시트방수
③ 도막방수
④ 아스팔트 방수

해설

멤브레인 방수의 종류
- 아스팔트 방수
- 합성고분자 시트 방수
- 도막 방수

39
아스팔트 온돌바닥미장용 콘크리트로서 고층적용 실적이 많고 배합을 조닝별로 다르게 하며 타설 바탕면에 따라 배합비 조정이 필요한 것은?
① 경량기포 콘크리트
② 중량 콘크리트
③ 수밀 콘크리트
④ 유동화 콘크리트

해설

① 경량기포 콘크리트에 대한 설명

40
공급망관리(Supply Chain Management)의 필요성이 상대적으로 가장 적은 공종은?
① PC(Precast Concrete) 공사
② 콘크리트공사
③ 커튼월공사
④ 방수공사

해설

공급망관리(Supply Chain Management)
물자, 정보, 재정 등이 공급자로부터 생산자, 도매업자, 소매상인, 그리고 소비자에게 이동함에 따라 그 진행과정을 감독하는 것

제3과목 ▪ 건축구조

41
합성보에서 강재보와 철근콘크리트 또는 합성슬래브 사이의 미끄러짐을 방지하기 위하여 설치하는 것은?
① 스터드 볼트   ② 퍼린
③ 윈드칼럼   ④ 턴버클

해설

① 스터드 볼트에 대한 설명

42

다음 중 내진 I등급 구조물의 허용층간변위로 옳은 것은? (단, KDS 기준, h_{sx}는 x층 층고)

① $0.005h_{sx}$ ② $0.010h_{sx}$
③ $0.015h_{sx}$ ④ $0.020h_{sx}$

> **해설**
> 내진구조물의 허용층간변위(h_{sx} : 층고)
> - 내진 특등급 : $0.010h_{sx}$
> - 내진 I등급 : $0.015h_{sx}$
> - 내진 II등급 : $0.020h_{sx}$

43

그림과 같은 단순보에서 반력 R_A의 값은?

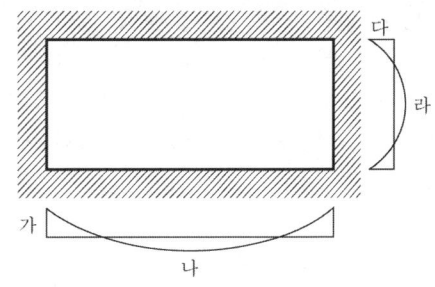

① 5kN ② 10kN
③ 20kN ④ 25kN

> **해설**
> 반력
>
>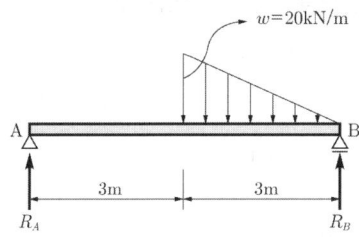
>
> $\Sigma M_B = 0$
> $R_A \times (3+3)\text{m} - \frac{1}{2} \times 20\text{kN/m} \times 3\text{m} \times \left(3 \times \frac{2}{3}\right)\text{m} = 0$
> $R_A = \frac{20 \times 3}{6} = 10\text{kN}(\uparrow)$

44

등분포하중을 받는 4변 고정 2방향 슬래브에서 모멘트량이 일반적으로 가장 크게 나타나는 곳은?

① 가 ② 나
③ 다 ④ 라

> **해설**
> 4변 고정의 슬래브에서 철근배근을 가장 많이 하는 부분은 단변방향의 주열대임
> - 가 : 장변방향의 주열대
> - 나 : 장변방향의 주간대
> - 다 : 단변방향의 주열대
> - 라 : 단변방향의 주간대

45

강도설계법에서 양단 연속 1방향 슬래브의 스팬이 3,000mm일 때 처짐을 계산하지 않는 경우 슬래브의 최소 두께를 계산한 값으로 옳은 것은? (단, 단위중량 $w_c = 2,300\text{kg/m}^3$의 보통콘크리트 및 $f_y = 400$ MPa철근 사용)

① 107.1mm ② 124.3mm
③ 132.1mm ④ 145.5mm

> **해설**
> 처짐 미계산 시 1방향슬래브의 최소두께
> - 캔틸레버 : $L/10$
> - 단순지지 : $L/20$
> - 1단연속 : $L/24$
> - 양단연속 : $L/28$
>
> ∴ 양단연속이므로 $\frac{3,000}{28} = 107.1\text{mm}$

46
다음 구조용 강재의 명칭에 관한 내용으로 옳지 않은 것은?
① SM - 용접구조용 압연강재(KS D3515)
② SS - 일반구조용 압연강재(KS D3503)
③ SN - 건축구조용 각형 탄소강관(KS D3864)
④ SGT - 일반구조용 탄소강관(KS D3566)

해설
③ SN - <u>건축구조용 압연강재</u>
※ SPAR 또는 SNRT - 건축구조용 각형 탄소강관

47
다음 그림과 같은 단순 인장접합부의 강도한계상태에 따른 고력볼트의 설계전단강도를 구하면? (단, 강재의 재질은 SS275이며 고력볼트는 M22(F10T), 공칭전단강도 $F_{nv}=500\text{MPa}$, $\phi=0.75$)

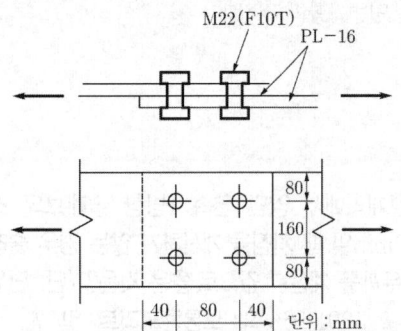

① 500kN   ② 530kN
③ 550kN   ④ 570kN

해설
고력볼트의 설계전단강도 계산
구멍이 4개이므로
$A_b = 4 \times \dfrac{\pi \times (22)^2}{4} = 1520.5\,\text{mm}^2$
$\phi R_u = \phi A_b F_{nv}$
$\quad = 0.75 \times 1520.5 \times 500 \times 10^{-3}$
$\quad = 570.2\,\text{kN}$

48
그림과 같이 스팬이 8,000mm이며, 보 중심 간격이 3,000mm인 합성보 H-588×300×12×20의 강재에 콘크리트 두께 150mm로 합성보를 설계하고자 한다. 합성보 B의 슬래브 유효폭을 구하면? (단, 스터드 전단연결재가 설치됨)

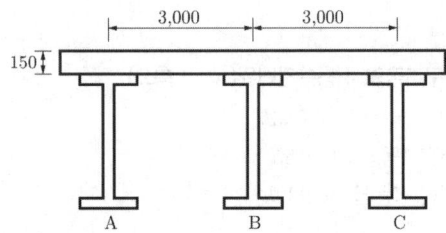

① 1,500mm   ② 2,000mm
③ 3,000mm   ④ 4,000mm

해설
합성보의 유효폭 계산 - 최소값×2
(1) 보 스팬의 1/8 : $\dfrac{8,000}{8} = 1,000\text{mm}$
(2) 보 중심선에서 인접보 중심선까지 거리의 1/2
   : $\dfrac{3,000}{2} = 1,500$
(3) 보 중심선에서 슬래브 가장자리까지의 거리
   : 3,000mm 이상
∴ 가장 작은 값인 $1,000\text{mm} \times 2 = 2,000\text{mm}$

49
철근콘크리트 보 설계 시 적용되는 경량콘크리트 계수 중 모래경량콘크리트의 경우에 적용되는 계수값은 얼마인가?
① 0.65   ② 0.75
③ 0.85   ④ 1.0

해설
경량콘크리트 계수
• <u>모래경량콘크리트 : 0.85</u>
• 전경량콘크리트 : 0.75

50
도심축에 대한 빗줄(사선)친 부분의 단면계수 값은?

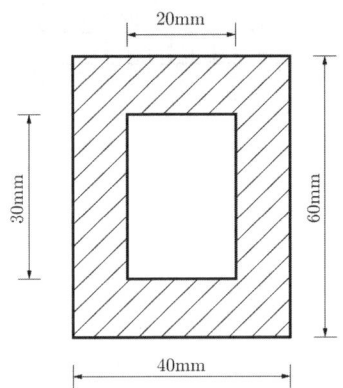

① 19,000mm³ ② 20,500mm³
③ 21,000mm³ ④ 22,500mm³

해설
단면계수 계산
$$I_x = \frac{BH^3 - bh^3}{12} = \frac{40 \times (60)^3 - 20 \times (30)^3}{12}$$
$$= 675,000 \text{mm}^4$$
$$Z = \frac{I_x}{y_0} = \frac{675,000}{30} = 22,500 \text{mm}^3$$

51
다음 그림과 같은 단순보에서 부재 길이가 2배로 증가할 때 보의 중앙점 최대 처짐은 몇 배로 증가되는가?

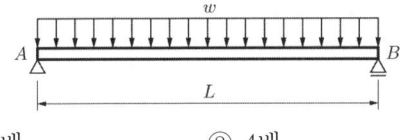

① 2배 ② 4배
③ 8배 ④ 16배

해설
단순보의 등분포하중 시 처짐 계산
$$\delta_{max} = \frac{5wL^4}{384EI}$$
중앙점 최대 처짐은 L의 4제곱에 비례하므로, L이 2배로 증가하면 처짐은 $(2L)^4 = 16(L)^4$이 되므로 16배가 됨

52
다음과 같은 구조물의 판별로 옳은 것은? (단, 그림의 하부지점은 고정단임)

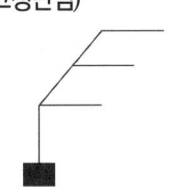

① 불안정 ② 정정
③ 1차부정정 ④ 2차부정정

해설
구조물 판별
$n = r + m + k - 2 \times j$에서
- 반력 수 $r = 3$
- 부재 수 $m = 6$
- 강절점 수 $k = 5$
- 절점 수 $j = 7$

$n = 3 + 6 + 5 - 2 \times 7 = 0$(정정)

53
활하중의 영향면적 산정기준으로 옳은 것은? (단, KDS 기준)

① 부하면적 중 캔틸레버 부분은 영향면적에 단순 합산
② 기둥 및 기초에서는 부하면적의 6배
③ 보에서는 부하면적의 5배
④ 슬래브에서는 부하면적의 2배

해설
영향면적 계산
- 캔틸레버 부분은 부하면적을 그대로 적용
- 기둥과 기초는 부하면적의 4배
- 보와 벽체는 부하면적의 2배
- 슬래브는 부하면적을 그대로 적용

$C = 0.3 + \frac{4.2}{\sqrt{A}}$, A는 영향면적

정답 50.④ 51.④ 52.② 53.①

54

인장력을 받는 원형단면 강봉의 지름을 4배로 하면 수직응력도(Normal stress)는 기존 응력도의 얼마로 줄어드는가?

① 1/2 ② 1/4
③ 1/8 ④ 1/16

해설

수직응력 계산

$\sigma = \dfrac{P}{A} = \dfrac{P}{\dfrac{\pi D^2}{4}}$, 지름의 제곱에 반비례.

∴ D가 4배 ⇒ 수직응력은 $\dfrac{1}{16}$ 배

55

보통중량콘크리트를 사용한 그림과 같은 보의 단면에서 외력에 의해 휨 균열을 일으키는 균열모멘트(M_{cr}) 값으로 옳은 것은? (단, $f_{ck}=27\text{MPa}$, $f_y=400\text{MPa}$, 철근은 개략적으로 도시되었음)

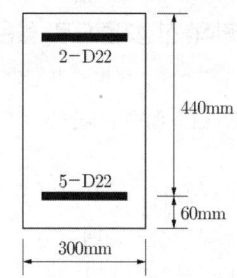

① 29.5kNm ② 34.7kNm
③ 40.9kNm ④ 52.4kNm

해설

보의 균열모멘트 계산

(1) $f_r = 0.63\lambda\sqrt{f_{ck}} = 0.63 \times 1 \times \sqrt{27} = 3.27\text{MPa}$

(2) $Z = \dfrac{300 \times 500^2}{6} = 12,500,000\text{mm}^3$

(3) $M_{cr} = f_r \times Z = 3.27 \times 12,500,000 \times 10^{-6}$
   $= 40.88\text{kNm}$

56

그림과 같은 부정정 라멘에서 A점의 M_{AB}는?

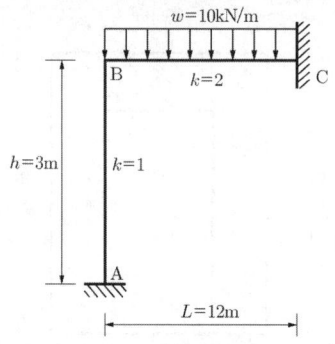

① 0 ② 20kNm
③ 40kNm ④ 60kNm

해설

모멘트 분배법 계산

B점의 재단모멘트 $\dfrac{wL^2}{12} = \dfrac{10 \times 12^2}{12} = 120\text{kNm}$

$M_{BA} = \mu_{BA}M = \dfrac{K}{\Sigma K}M = \dfrac{1}{2+1} \times 120 = 40\text{kNm}$

$M_{AB} = \dfrac{1}{2}M_{BA} = \dfrac{1}{2} \times 40 = 20\text{kNm}$

57

그림과 같은 부정정 라멘의 B.M.D에서 P값을 구하면?

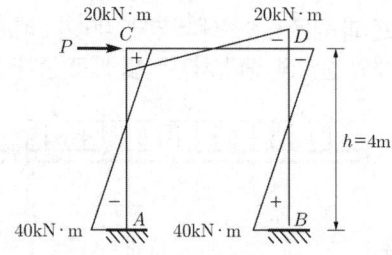

① 20kN ② 30kN
③ 50kN ④ 60kN

해설

라멘의 해석-층방정식 이용

$P = \dfrac{\text{재단모멘트의 총합}}{\text{층고}} = \dfrac{20+40+20+40}{4}$
$= 30\text{kN}$

※ 여기서 재단모멘트는 <u>절대값 사용</u>

58

KDS에서 철근콘크리트 구조의 최소 피복두께를 규정하는 이유로 보기 어려운 것은?

① 철근이 부식되지 않도록 보호
② 철근의 화해(火害) 방지
③ 철근의 부착력 확보
④ 콘크리트의 동결융해 방지

해설

RC구조의 최소 피복두께를 규정하는 이유
- 철근이 부식되지 않도록 보호
- 철근의 화해(火害) 방지
- 철근의 부착력 확보

59

인장이형철근 및 압축이형철근의 정착길이(l_d)에 관한 기준으로 옳지 않은 것은? (단, KDS 기준)

① 계산에 의하여 산정한 인장이형철근의 정착길이는 항상 200mm 이상이어야 한다.
② 계산에 의하여 산정한 압축이형철근의 정착길이는 항상 200mm 이상이어야 한다.
③ 인장 또는 압축을 받는 하나의 다발철근 내에 있는 개개 철근의 정착길이 l_d는 다발철근이 아닌 경우의 각 철근의 정착길이보다 3개의 철근으로 구성된 다발철근에 대해서는 20%를 증가시켜야 한다.
④ 단부에 표준갈고리가 있는 인장이형철근의 정착길이는 항상 $8d_b$ 이상, 또한 150mm 이상이어야 한다.

해설

정착길이 구조기준
① 계산에 의하여 산정한 인장이형철근의 정착길이는 항상 <u>300mm 이상</u>이어야 한다.

60

그림과 같은 구조물에 힘 P가 작용할 때 휨모멘트가 0이 되는 곳은 모두 몇 개인가?

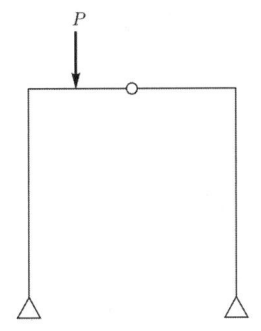

① 2개　　② 3개
③ 4개　　④ 5개

해설

라멘의 휨모멘트도

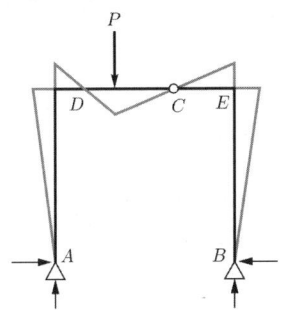

휨모멘트가 0이 되는 곳은 4개이다.

제4과목 ■ 건축설비

61

다음 설명에 알맞은 통기방식은?

- 회로통기방식이라고도 한다.
- 2개 이상의 기구트랩에 공통으로 하나의 통기관을 설치하는 방식이다.

① 공용통기방식　　② 루프통기방식
③ 신정통기방식　　④ 결합통기방식

해설

② <u>루프통기방식</u>에 대한 설명

정답 58.④ 59.① 60.③ 61.②

62
어떤 실의 취득열량이 현열 35,000W, 잠열 15,000W이었을 때, 현열비는?

① 0.3
② 0.4
③ 0.7
④ 2.3

해설

현열비 계산

$$현열비 = \frac{현열}{현열 + 잠열}$$
$$= \frac{35,000}{(35,000 + 15,000)} = 0.7$$

63
다음과 같은 조건에 있는 실의 틈새바람에 의한 현열부하는?

[조건]
- 실의 체적 : 400m³
- 환기횟수 : 0.5회/h
- 실내온도 : 20℃, 외기온도 : 0℃
- 공기의 밀도 : 1.2kg/m³
- 공기의 정압비열 : 1.01kJ/kg · K

① 약 654W
② 약 972W
③ 약 1,347W
④ 약 1,654W

해설

바람에 의한 현열부하(환기에 의한 손실열량)

$H_i = 0.337 \times Q \times \Delta t$
$\quad = 0.337 \times n \times V \times \Delta t (\text{W})$

여기서, Q : 환기량(m³/h)
$\quad\quad n$: 환기횟수(회/h)
$\quad\quad V$: 실의 체적(m³)
$\quad\quad \Delta t$: 실내외 온도차(℃)

$H_i = 0.337 \times 0.5 \times 400 \times (20 - 0)$
$\quad = 1,348\text{W}$

64
다음 중 건축물 실내공간의 잔향시간에 가장 큰 영향을 주는 것은?

① 실의 용적
② 음원의 위치
③ 벽체의 두께
④ 음원의 음압

해설

Sabine의 잔향시간 산정식

$$R_t = K \times \frac{V}{A} = 0.16 \frac{V}{A}$$

여기서, R_t : 잔향시간(초)
$\quad\quad V$: 실의 용적(m³)
$\quad\quad K$: 비례상수(0.16)
$\quad\quad A$: 실내의 총 흡음력

65
자연환기에 관한 설명으로 옳지 않은 것은?

① 풍력환기량은 풍속이 높을수록 증가한다.
② 중력환기량은 개구부 면적이 클수록 증가한다.
③ 중력환기량은 실내외 온도차가 클수록 감소한다.
④ 중력환기는 실내외의 온도차에 의한 공기의 밀도차가 원동력이 된다.

해설

중력환기
- 실내외 온도차가 클수록 <u>증가한다</u>.
- 실내온도가 외기온도보다 높을 경우, 공기는 건물 <u>하부</u>의 개구부에서 들어와서 <u>상부</u>의 개구부로 나간다.
- 환기량은 공기의 입구와 출구가 되는 두 개구부의 수직거리에 <u>비례</u>한다.

66
단일덕트 변풍량 방식에 관한 설명으로 옳지 않은 것은?

① 전공기방식의 특성이 있다.
② 각 실이나 존의 온도를 개별제어할 수 있다.
③ 일사량 변화가 심한 페리미터 존에 적합하다.
④ 정풍량 방식에 비해 설비비는 낮아지나 운전비가 증가한다.

> **해설**
>
> 단일덕트 변풍량방식의 특성
> ④ 정풍량 방식에 비해 설비비는 <u>높아지나</u> 운전비가 <u>감소한다</u>.

67
다음 중 조명률에 영향을 끼치는 요소와 가장 거리가 먼 것은?

① 광원의 높이
② 마감재의 반사율
③ 조명기구의 배광방식
④ 글레어(glare)의 크기

> **해설**
>
> 조명률에 영향을 주는 요소
> <u>광원의 높이, 마감재의 반사율, 조명기구의 배경(배광방식), 실의 크기</u>

68
간접가열식 급탕방식에 관한 설명으로 옳지 않은 것은?

① 저압보일러를 써도 되는 경우가 많다.
② 직접가열식에 비해 소규모 급탕설비에 적합하다.
③ 급탕용 보일러는 난방용 보일러와 겸용할 수 있다.
④ 직접가열식에 비해 보일러 내면에 스케일이 발생할 염려가 적다.

> **해설**
>
> ② 간접가열식 급탕방식은 일반적으로 <u>규모가 큰 건물에 사용</u>된다.

69
자동화재탐지설비의 열감지기 중 주위온도가 일정온도 이상일 때 작동하는 것은?

① 차동식
② 정온식
③ 광전식
④ 이온화식

> **해설**
>
> 자동화재 탐지설비의 감지기 종류
> • 정온식 : 실온이 <u>일정온도 이상</u> 상승
> • 차동식 : 주위온도가 일정한 <u>온도상승률 이상</u>

70
온열 감각에 영향을 미치는 물리적 온열 4요소에 속하지 않는 것은?

① 기온
② 습도
③ 일사량
④ 복사열

> **해설**
>
> 온열감각에 영향을 주는 물리적 온열 4요소
> <u>기온, 습도, 기류, 복사열</u>

71
옥내소화전설비에 관한 설명으로 옳지 않은 것은?

① 옥내소화전 방수구는 바닥으로부터의 높이가 1.5m 이하가 되도록 설치한다.
② 옥내소화전설비의 송수구는 구경 65mm의 쌍구형 또는 단구형으로 한다.
③ 전동기에 따른 펌프를 이용하는 가압송수 장치를 설치하는 경우, 펌프는 전용으로 하는 것이 원칙이다.
④ 어느 한 층의 옥내소화전을 동시에 사용할 경우 각 소화전의 노즐선단에서의 방수압력은 최소 0.7MPa 이상이 되어야 한다.

> **해설**
>
> ④ 옥내소화전 노즐선단의 방수압력은 최소 <u>0.17MPa 이상</u>이다.

정답 67.④ 68.② 69.② 70.③ 71.④

72
다음 설명에 알맞은 접지의 종류는?

> 기능상 목적이 서로 다르거나 동일한 목적의 개별 접지들을 전기적으로 서로 연결하여 구현한 접지

① 단독접지　　② 공통접지
③ 통합접지　　④ 종별접지

해설
③ 통합접지에 대한 설명

73
온수난방방식에 관한 설명으로 옳지 않은 것은?
① 예열시간이 짧아 간헐운전에 주로 이용된다.
② 한랭지에서 운전정지 중에 동결의 위험이 있다.
③ 증기난방방식에 비해 난방부하 변동에 따른 온도조절이 용이하다.
④ 보일러 정지 후에도 여열이 남아 있어 실내 난방이 어느 정도 지속된다.

해설
온수난방의 특성
① 예열시간이 길어 연속난방에 주로 이용된다.

74
흡수식 냉동기의 주요 구성부분에 속하지 않는 것은?
① 응축기　　② 압축기
③ 증발기　　④ 재생기

해설
흡수식 냉동기
냉매와 흡수제의 원리를 이용한 냉동기로 압축기가 필요 없음

75
다음 설명에 알맞은 급수 방식은?

> • 위생성 측면에서 가장 바람직한 방식이다.
> • 정전으로 인한 단수의 염려가 없다.

① 수도직결방식　　② 고가수조방식
③ 압력수조방식　　④ 펌프직송방식

해설
① 수도직결방식의 특징

76
가스설비에 사용되는 거버너(governor)에 관한 설명으로 옳은 것은?
① 실내에서 발생되는 배기가스를 외부로 배출시키는 장치
② 연소가 원활히 이루어지도록 외부로부터 공기를 받아들이는 장치
③ 가스가 누설되거나 지진이 발생했을 때 가스공급을 긴급히 차단하는 장치
④ 가스공급회사로부터 공급받은 가스를 건물에서 사용하기에 적합한 압력으로 조정하는 장치

해설
거버너(governor)
가스공급회사로부터 공급받은 가스를 건물에서 사용하기에 적합한 압력으로 조정하는 장치

77
엘리베이터의 안전장치에 속하지 않는 것은?
① 균형추　　② 완충기
③ 조속기　　④ 전자브레이크

해설
EV의 안전장치
완충기, 조속기, 비상정지장치, 전자브레이크 등

정답 72.③　73.①　74.②　75.①　76.④　77.①

78
어느 점광원에서 1m 떨어진 곳의 직각면 조도가 200lx일 때, 이 광원에서 2m 떨어진 곳의 직각면 조도는?

① 25lx ② 50lx
③ 100lx ④ 200lx

해설
조도에 대한 거리의 역자승 법칙
$E = \dfrac{I}{d^2}$ 에서 조도는 거리(d)의 제곱에 반비례하며, 거리가 1m에서 2m로 2배가 증가했으므로 원래 조도의 200lx에 1/4배를 하면 됨

79
전기설비의 배선공사에 관한 설명으로 옳지 않은 것은?

① 금속관 공사는 외부적 응력에 대해 전선보호의 신뢰성이 높다.
② 합성수지관 공사는 열적 영향이나 기계적 외상을 받기 쉬운 곳에서는 사용이 곤란하다.
③ 금속 덕트 공사는 다수회선의 절연전선이 동일 경로에 부설되는 간선 부분에 사용된다.
④ 플로어 덕트 공사는 옥내의 건조한 콘크리트 바닥면에 매입 사용되나 강·약전을 동시에 배선할 수 없다.

해설
플로어 덕트공사의 특성
바닥면적이 넓은 건물의 콘크리트 바닥에 매입하여 사용하며, 강·약전을 동시에 배선할 수 있다.

80
급수설비에서 역류를 방지하여 오염으로부터 상수계통을 보호하기 위한 방법으로 옳지 않은 것은?

① 토수구 공간을 둔다.
② 각개통기관을 설치한다.
③ 역류방지밸브를 설치한다.
④ 가압식 진공브레이커를 설치한다.

해설
역류 방지책
- 토수구 공간을 둔다.
- 역류방지밸브를 설치한다.
- 가압식 진공브레이커를 설치한다.

제5과목 · 건축관계법규

81
계단 및 복도의 설치기준에 관한 설명으로 틀린 것은?

① 높이가 3m를 넘는 계단에는 높이 3m 이내마다 유효너비 120cm 이상의 계단참을 설치할 것
② 거실 바닥면적의 합계가 100m² 이상인 지하층에 설치하는 계단인 경우 계단 및 계단참의 유효너비는 120cm 이상으로 할 것
③ 계단을 대체하여 설치하는 경사로의 경사도는 1 : 6을 넘지 아니할 것
④ 문화 및 집회시설 중 공연장의 개별 관람실(바닥면적이 300m² 이상인 경우)의 바깥쪽에는 그 양쪽 및 뒤쪽에 각각 복도를 설치할 것

해설
③ 계단을 대체하여 설치하는 경사로의 경사도는 1 : 8을 넘지 아니할 것

82
면적 등의 산정방법과 관련한 용어의 설명 중 틀린 것은?

① 대지면적은 대지의 수평 투영면적으로 한다.
② 건축면적은 건축물의 외벽의 중심선으로 둘러싸인 부분의 수평 투영면적으로 한다.
③ 용적률을 산정할 때에는 지하층의 면적을 포함하여 연면적을 계산한다.
④ 건축물의 높이는 지표면으로부터 그 건축물의 상단까지의 높이로 한다.

해설
③ 용적률을 산정할 때에는 <u>지하층의 면적을 제외</u>하여 연면적을 계산한다.

83
세대의 구분이 불분명한 건축물로, 주거에 쓰이는 바닥면적의 합계가 300m²인 주거용 건축물의 음용수용 급수관 지름의 최소기준은?

① 20mm ② 25mm
③ 32mm ④ 40mm

해설
음용수용 급수관의 최소지름
- 85m² 이하 : 15mm
- 85~150m² : 20mm
- <u>150~300m² : 25mm</u>

84
다음 중 내화구조에 해당하지 않는 것은?

① 벽의 경우 철재로 보강된 콘크리트블록조·벽돌조 또는 석조로서 철재에 덮은 콘크리트블록 등의 두께가 3cm 이상인 것
② 기둥의 경우 철근콘크리트조로서 그 작은 지름이 25cm 이상인 것
③ 바닥의 경우 철근콘크리트조로서 두께가 10cm 이상인 것
④ 철근콘크리트조로 된 보

해설
① 벽의 경우 철재로 보강된 콘크리트블록조·벽돌조 또는 석조로서 철재에 덮은 콘크리트블록 등의 두께가 <u>5cm 이상</u>인 것

85
국토의 계획 및 이용에 관한 법령 상 아래와 같이 정의되는 것은?

> 도시·군계획 수립 대상지역의 일부에 대하여 토지이용을 합리화하고 그 기능을 증진시키며 미관을 개선하고 양호한 환경을 확보하며, 그 지역을 체계적·계획적으로 관리하기 위하여 수립하는 도시·군관리계획

① 광역도시계획
② 지구단위계획
③ 도시·군기본계획
④ 입지규제최소구역계획

해설
② <u>지구단위계획</u>의 정의

86
다음 중 건축법 상 건축물의 용도 구분에 속하지 않는 것은? (단, 대통령령으로 정하는 세부 용도는 제외)

① 공장
② 교육시설
③ 묘지 관련 시설
④ 자원순환 관련 시설

해설
② <u>교육연구시설</u> : 학교, 학원, 연구소, 도서관

정답 82.③ 83.② 84.① 85.② 86.②

87
주차장법령의 기계식주차장치의 안전기준과 관련하여, 중형 기계식주차장의 주차장치 출입구 크기 기준으로 옳은 것은? (단, 사람이 통행하지 않는 기계식 주차장치인 경우)

① 너비 2.3m 이상, 높이 1.6m 이상
② 너비 2.3m 이상, 높이 1.8m 이상
③ 너비 2.4m 이상, 높이 1.6m 이상
④ 너비 2.4m 이상, 높이 1.9m 이상

해설

기계식주차장의 출입구 크기 기준
- 중형 : 너비 2.3m 이상, 높이 1.6m 이상
- 대형 : 너비 2.4m 이상, 높이 1.9m 이상

88
주차장법령상 노외주차장의 구조 및 설비기준에 관한 아래 설명에서, ⓐ~ⓒ에 들어갈 내용이 모두 옳은 것은?

> 노외주차장의 출구 부근의 구조는 해당 출구로부터 (ⓐ)미터(이륜자동차전용 출구의 경우에는 1.3미터)를 후퇴한 노외주차장의 차로의 중심선상 (ⓑ)미터의 높이에서 도로의 중심선에 직각으로 향한 왼쪽·오른쪽 각각 (ⓒ)도의 범위에서 해당 도로를 통행하는 자를 확인할 수 있도록 하여야 한다.

① ⓐ 1, ⓑ 1.2, ⓒ 45
② ⓐ 2, ⓑ 1.4, ⓒ 60
③ ⓐ 3, ⓑ 1.6, ⓒ 60
④ ⓐ 2, ⓑ 1.2, ⓒ 45

해설

노외주차장의 출구 부근의 구조
노외주차장의 출구 부근의 구조는 해당 출구로부터 2미터(이륜자동차전용 출구의 경우에는 1.3미터)를 후퇴한 노외주차장의 차로의 중심선상 1.4미터의 높이에서 도로의 중심선에 직각으로 향한 왼쪽·오른쪽 각각 60도의 범위에서 해당 도로를 통행하는 자를 확인할 수 있도록 하여야 한다.

89
건축물의 거실에 국토교통부령으로 정하는 기준에 따라 배연설비를 하여야 하는 대상 건축물에 속하지 않는 것은? (단, 피난층의 거실은 제외하며, 6층 이상인 건축물의 경우)

① 종교시설 ② 판매시설
③ 위락시설 ④ 방송통신시설

해설

배연설비 설치대상
6층 이상 건축물의 문화 및 집회시설, 종교시설, 판매시설, 운수시설, 의료시설, 연구소·아동관련시설·노인복지시설 및 유스호스텔, 운동시설, 업무시설, 숙박시설, 위락시설, 관광휴게시설, 장례식장에 쓰이는 거실

90
피난 용도로 쓸 수 있는 광장을 옥상에 설치하여야 하는 대상 기준으로 옳지 않은 것은?

① 5층 이상인 층이 종교시설의 용도로 쓰는 경우
② 5층 이상인 층이 업무시설의 용도로 쓰는 경우
③ 5층 이상인 층이 판매시설의 용도로 쓰는 경우
④ 5층 이상인 층이 장례식장의 용도로 쓰는 경우

해설

옥상광장 설치기준
5층 이상의 층이 문화 및 집회시설(전시장 및 동·식물원 제외), 판매시설, 종교시설, 장례식장 또는 위락시설 중 주점영업의 용도에 쓰이는 경우에는 피난의 용도에 쓸 수 있는 광장을 옥상에 설치해야 한다.

91
건축물의 대지는 원칙적으로 최소 얼마 이상이 도로에 접하여야 하는가? (단, 자동차만의 통행에 사용되는 도로는 제외)

① 1.5m ② 2m
③ 3m   ④ 4m

해설

건축물의 대지는 2m 이상이 도로(자동차만의 통행에 사용되는 도로는 제외)에 접하여야 함

정답 87.① 88.② 89.④ 90.② 91.②

92
다음 설명에 알맞은 용도지구의 세분은?

> 건축물·인구가 밀집되어 있는 지역으로서 시설개선 등을 통하여 재해 예방이 필요한 지구

① 일반방재지구
② 시가지방재지구
③ 중요시설물보호지구
④ 역사문화환경보호지구

해설
② 시가지방재지구에 대한 설명

93
건축지도원에 관한 설명으로 틀린 것은?

① 허가를 받지 아니하고 건축하거나 용도변경한 건축물의 단속 업무를 수행한다.
② 건축지도원은 시장, 군수, 구청장이 지정할 수 있다.
③ 건축지도원의 자격과 업무범위는 국토교통부령으로 정한다.
④ 건축신고를 하고 건축 중에 있는 건축물의 시공 지도와 위법 시공 여부의 확인·지도 및 단속 업무를 수행한다.

해설
③ 건축지도원의 자격과 업무범위는 대통령령으로 정한다.

94
하나 이상의 필지의 일부를 하나의 대지로 할 수 있는 토지 기준에 해당하지 않는 것은?

① 도시·군계획시설이 결정·고시된 경우 그 결정·고시된 부분의 토지
② 농지법에 따른 농지전용허가를 받은 경우 그 허가받은 부분의 토지
③ 국토의 계획 및 이용에 관한 법률에 따른 지목변경허가를 받은 경우 그 허가받은 부분의 토지
④ 산지관리법에 따른 산지전용허가를 받은 경우 그 허가받은 부분의 토지

해설
하나 이상의 필지의 일부를 하나의 대지로 할 수 있는 토지 기준
- 도시·군계획시설이 결정·고시된 경우 그 결정·고시된 부분의 토지
- 농지법에 따른 농지전용허가를 받은 경우 그 허가받은 부분의 토지
- 국토의 계획 및 이용에 관한 법률에 따른 개발행위허가를 받은 경우 그 허가받은 부분의 토지
- 산지관리법에 따른 산지전용허가를 받은 경우 그 허가받은 부분의 토지

95
다음은 지하층과 피난층 사이의 개방공간 설치와 관련된 기준 내용이다. ( ) 안에 알맞은 것은?

> 바닥면적의 합계가 ( )이상인 공연장·집회장·관람장 또는 전시장을 지하층에 설치하는 경우에는 각 실에 있는 자가 지하층 각 층에서 건축물 밖으로 피난하여 옥외 계단 또는 경사로 등을 이용하여 피난층으로 대피할 수 있도록 천장이 개방된 외부공간을 설치하여야 한다.

① 5백 제곱미터
② 1천 제곱미터
③ 2천 제곱미터
④ 3천 제곱미터

해설

지하층과 피난층 사이 개방공간 설치
바닥면적의 합계가 3,000m² 이상인 공연장·집회장·관람장 또는 전시장을 지하층에 설치하는 경우 천장이 개방된 외부공간을 설치하여야 한다.

96

다음 중 국토의 계획 및 이용에 관한 법령에 따른 용도지역 안에서의 건폐율 최대한도가 가장 높은 것은?

① 준주거지역
② 중심상업지역
③ 일반상업지역
④ 유통상업지역

해설

용도지역의 건폐율 최대한도
- 중심상업지역 : 90%
- 일반상업지역 : 80%
- 유통상업지역 : 80%
- 준주거지역 : 70%

97

건축물의 피난층 외의 층에서 피난층 또는 지상으로 통하는 직통계단을 거실의 각 부분으로부터 계단에 이르는 보행거리가 최대 얼마 이내가 되도록 설치하여야 하는가? (단, 건축물의 주요구조부는 내화구조이고 층수는 15층으로 공동주택이 아닌 경우)

① 30m   ② 40m
③ 50m   ④ 60m

해설

건축물의 주요구조부는 내화구조이고 층수는 15층으로 공동주택이 아닌 경우 계단에 이르는 보행거리가 최대 50m 이내가 되도록 설치해야 한다.

98

공동주택과 오피스텔의 난방설비를 개별난방방식으로 하는 경우 설치기준과 거리가 먼 것은?

① 보일러실의 윗부분에는 그 면적이 0.5m² 이상인 환기창을 설치할 것
② 보일러를 설치하는 곳과 거실 사이의 경계벽은 출입구를 포함하여 방화구조의 벽으로 구획할 것
③ 보일러의 연도는 내화구조로서 공동연도로 설치할 것
④ 기름보일러를 설치하는 경우에는 기름저장소를 보일러실 외의 다른 곳에 설치할 것

해설

② 보일러를 설치하는 곳과 거실 사이의 경계벽은 출입구를 제외하고는 내화구조의 벽으로 구획할 것

99

국토의 계획 및 이용에 관한 법령상 지구단위 계획의 내용에 포함되지 않는 것은?

① 건축물의 배치·형태·색채에 관한 계획
② 건축물의 안전 및 방재에 대한 계획
③ 기반시설의 배치와 규모
④ 교통처리계획

해설

지구단위계획의 내용
- 건축물의 배치, 형태, 색채 또는 건축선에 관한 계획
- 기반시설의 배치와 규모
- 교통처리계획
- 건축물의 용도제한, 건축물의 건폐율 또는 용적률, 건축물 높이의 최고한도 또는 최저한도
- 환경관리계획 또는 경관계획

100
다음 중 건축물의 용도변경 시 허가를 받아야 하는 경우에 해당하지 않는 것은?

① 주거업무시설군에 속하는 건축물의 용도를 근린생활시설군에 해당하는 용도로 변경하는 경우
② 문화 및 집회시설군에 속하는 건축물의 용도를 영업시설군에 해당하는 용도로 변경하는 경우
③ 전기통신시설군에 속하는 건축물의 용도를 산업 등의 시설군에 해당하는 용도로 변경하는 경우
④ 교육 및 복지시설군에 속하는 건축물의 용도를 문화 및 집회시설군에 해당하는 용도로 변경하는 경우

해설
허가대상 용도변경 순서
주거업무시설군 → 근린생활시설군 → 교육 및 복지시설군 → <u>영업시설군</u> → <u>문화집회시설군</u> → 전기통신시설군 → 산업 등의 시설군 → 자동차관련시설군

정답 100.②

2021 제4회 건축기사

2021년 9월 12일 시행

제1과목 ▪ 건축계획

01
상점건축의 진열장 배치에 관한 설명으로 옳은 것은?
① 손님 쪽에서 상품이 효과적으로 보이도록 계획한다.
② 들어오는 손님과 종업원의 시선이 정면으로 마주치도록 계획한다.
③ 도난을 방지하기 위하여 손님에게 감시한다는 인상을 주도록 계획한다.
④ 동선이 원활하여 다수의 손님을 수용하고 가능한 다수의 종업원으로 관리하게 한다.

해설
상점건축의 진열장 배치
② 들어오는 손님과 종업원의 시선이 정면으로 마주치지 않도록 한다.
③ 손님에게 감시한다는 인상을 주지 않도록 한다.
④ 다수의 손님을 수용하고 소수의 종업원으로 관리하게 한다.

02
다음 중 도서관에 있어 모듈 계획(Module Plan)을 고려한 서고 계획 시 결정 및 선행되어야 할 요소와 가장 거리가 먼 것은?
① 엘리베이터의 위치
② 서가 선반의 배열 깊이
③ 서고 내의 주요 통로 및 교차 통로의 폭
④ 기둥의 크기와 방향에 따른 서가의 규모 및 배열의 길이

해설
서고계획은 서고 선반의 깊이, 통로의 폭, 규모 등과 관련 있음

03
호텔의 퍼블릭 스페이스(public space) 계획에 관한 설명으로 옳지 않은 것은?
① 로비는 개방성과 다른 공간과의 연계성이 중요하다.
② 프론트 데스크 후방에 프론트오피스를 연속시킨다.
③ 주식당은 외래객이 편리하게 이용할 수 있도록 출입구를 별도로 설치한다.
④ 프론트오피스는 기계화된 설비보다는 많은 사람을 고용함으로서 고객의 편의와 능률을 높여야 한다.

해설
④ 현대 호텔의 프론트 오피스는 기계화된 설비를 적극 활용하여 고객의 편의와 능률을 높이는 추세임

정답 01.① 02.① 03.④

04

아파트에서 친교공간 형성을 위한 계획 방법으로 옳지 않은 것은?

① 아파트에서의 통행을 공동 출입구로 집중시킨다.
② 별도의 계단실과 입구 주위에 집합단위를 만든다.
③ 큰 건물로 설계하고, 작은 단지는 통합하여 큰 단지로 만든다.
④ 공동으로 이용되는 서비스 시설을 현관에 인접하여 통행의 주된 흐름에 약간 벗어난 곳에 위치시킨다.

해설
③ 아파트에서 큰 건물이나 큰 단지로 설계하면 친교공간 형성에 어려움이 많다.

05

다음과 같은 특징을 갖는 건축양식은?

- 사라센 문화의 영향을 받았다.
- 도서렛(dosseret)과 펜던티브 돔(pendentive dome)이 사용되었다.

① 로마 건축
② 이집트 건축
③ 비잔틴 건축
④ 로마네스크 건축

해설
③ 비잔틴 건축에 대한 설명

06

오토 바그너(Otto Wagner)가 주장한 근대건축의 설계지침 내용으로 옳지 않은 것은?

① 경제적인 구조
② 그리스 건축양식의 복원
③ 시공재료의 적당한 선택
④ 목적을 정확히 파악하고 완전히 충족시킬 것

해설
②는 오토 바그너의 설계지침과 무관

07

공동주택의 단면형식에 관한 설명으로 옳지 않은 것은?

① 트리플렉스형은 듀플렉스형보다 공용면적이 크게 된다.
② 메조넷형에서 통로가 없는 층은 채광 및 통풍 확보가 양호하다.
③ 플랫형은 평면구성의 제약이 적으며, 소규모의 평면계획도 가능하다.
④ 스킵 플로어형은 동일한 주거동에서 각기 다른 모양의 세대 배치가 가능하다.

해설
공동주택의 단면형식
- 트리플렉스형 : 하나의 주호가 3개 층으로 구성
- 듀플렉스형 : 하나의 주호가 2개 층으로 구성

따라서, 트리플렉스형이 듀플렉스형보다 프라이버시가 좋아지고, 공용 통로면적이 작게 됨

08

공연장의 객석 계획에서 잘 보이는 동시에 실제적으로 관객을 수용해야 하는 공연장에서 큰 무리가 없는 거리인 제1차 허용거리의 한도는?

① 15m
② 22m
③ 38m
④ 52m

해설
극장의 가시거리
- 배우의 표정이나 동작 감상(15m)
- 제1차 허용한도(22m)
- 제2차 허용한도(35m)

정답 04.③ 05.③ 06.② 07.① 08.②

09
우리나라의 현존하는 목조건축물 중 가장 오래된 것은?

① 부석사 무량수전
② 부석사 조사당
③ 봉정사 극락전
④ 수덕사 대웅전

해설
봉정사 극락전의 특성
- 현존하는 가장 오래된 목조건축물
- 고려시대 주심포식 건축물

10
열람자가 서가에서 책을 자유롭게 선택하나 관원의 검열을 받고 열람하는 도서관 출납시스템은?

① 폐가식　　　② 반개가식
③ 안전개가식　　④ 자유개가식

해설
③ 안전개가식에 대한 설명

11
테라스 하우스에 관한 설명으로 옳지 않은 것은?

① 각 호마다 전용의 뜰(정원)을 갖는다.
② 각 세대의 깊이는 7.5m 이상으로 하여야 한다.
③ 진입방식에 따라 하향식과 상향식으로 나눌 수 있다.
④ 시각적인 인공테라스형은 위층으로 갈수록 건물의 내부면적이 작아지는 형태이다.

해설
② 각 세대의 깊이는 6~7.5m 정도로 하여야 한다(이유 : 후문에 창문이 없음).

12
학교 교사의 배치형식에 관한 설명으로 옳지 않은 것은?

① 분산병렬형은 넓은 부지를 필요로 한다.
② 폐쇄형은 일조, 통풍 등 환경조건이 불균등하다.
③ 집합형은 이동 동선이 길어지고 물리적 환경이 나쁘다.
④ 분산병렬형은 구조계획이 간단하고 생활환경이 좋아진다.

해설
③ 집합형은 평면의 면적이 넓지 않기 때문에 이동 동선이 짧아지고 물리적 환경이 좋다.

13
사무소 건물의 엘리베이터 배치 시 고려사항으로 옳지 않은 것은?

① 교통동선의 중심에 설치하여 보행거리가 짧도록 배치한다.
② 대면배치에서 대면거리는 동일 군 관리의 경우 3.5~4.5m로 한다.
③ 여러 대의 엘리베이터를 설치하는 경우 그룹별 배치와 군 관리 운전방식으로 한다.
④ 일렬 배치는 6대를 한도로 하고, 엘리베이터 중심 간 거리는 10m 이하가 되도록 한다.

해설
④ 일렬 배치는 4대를 한도로 하고, 엘리베이터 중심간 거리는 8m 이하가 되도록 한다.

14
사무소 건축의 코어 형식 중 편심형 코어에 관한 설명으로 옳지 않은 것은?
① 고층인 경우 구조상 불리할 수 있다.
② 각 층 바닥면적이 소규모인 경우에 사용된다.
③ 바닥면적이 커지면 코어 이외에 피난시설 등이 필요해진다.
④ 내진구조상 유리하며 구조코어로서 가장 바람직한 형식이다.

해설
④는 중심코어형에 대한 설명

15
공장건축의 레이아웃에 관한 설명으로 옳지 않은 것은?
① 장래 공장 규모의 변화에 대응한 융통성이 있어야 한다.
② 제품중심의 레이아웃은 생산에 필요한 모든 공정, 기계기구를 제품의 흐름에 따라 배치한다.
③ 이동식 레이아웃은 사람이나 기계가 이동하여 작업하는 방식으로 제품이 크고, 수량이 적을 때 사용된다.
④ 레이아웃은 공장 생산성에 미치는 영향이 크므로 공장의 배치계획, 평면계획은 이것에 부합되는 건축계획이 되어야 한다.

해설
③ 고정식 레이아웃은 사람이나 기계가 이동하여 작업하는 방식으로 제품이 크고, 수량이 적을 때 사용된다.

16
병원건축에 있어서 파빌리온 타입(pavilion type)에 관한 설명으로 옳은 것은?
① 대지 이용의 효율성이 높다.
② 고층 집약식 배치형식을 갖는다.
③ 각 실의 채광을 균등히 할 수 있다.
④ 도심지에서 주로 적용되는 형식이다.

해설
①, ②, ④는 집중식(Block Type)에 대한 설명

17
전시공간의 특수전시기법 중 하나의 사실이나 주제의 시간상황을 고정시켜 연출함으로써 현장에 임한 듯한 느낌을 가지고 관찰할 수 있는 기법은?
① 알코브 전시
② 아일랜드 전시
③ 디오라마 전시
④ 하모니카 전시

해설
③ 디오라마 전시에 대한 설명

18
백화점 매장의 배치유형에 관한 설명으로 옳지 않은 것은?
① 직각배치는 매장 면적의 이용률을 최대로 확보할 수 있다.
② 직각배치는 고객의 통행량에 따라 통로폭을 조절하기 용이하다.
③ 사행배치는 많은 고객이 매장공간의 코너까지 접근하기 용이한 유형이다.
④ 사행배치는 Main 통로를 직각 배치하며, Sub 통로를 45° 정도 경사지게 배치하는 유형이다.

해설
② 직각배치는 고객의 통행량에 따라 통로폭을 조절하기 어려우며, 사행배치는 통로폭을 조절하기 용이하다.

19
지속가능한(Sustainable) 공동주택의 설계개념으로 적절하지 않은 것은?
① 환경친화적 설계
② 지형순응형 배치
③ 가변적 구조체의 확대 적용
④ 규격화, 동일화된 단위평면

정답 14.④ 15.③ 16.③ 17.③ 18.② 19.④

> **해설**
>
> 지속가능한(Sustainable) 공동주택의 설계개념
> - 환경친화적 설계
> - 지형순응형 배치
> - 가변적 구조체의 확대 적용

20

래드번(Radburn) 계획의 5가지 기본원리로 옳지 않은 것은?

① 기능에 따른 4가지 종류의 도로 구분
② 보도망 형성 및 보도와 차도의 평면적 분리
③ 자동차 통과도로 배제를 위한 슈퍼블록 구성
④ 주택단지 어디로나 통할 수 있는 공동 오픈스페이스 조성

> **해설**
>
> ② 도로교통의 개선을 통한 보도와 차도의 완전한 분리

제2과목 ■ 건축시공

21

표준시방서에 따른 시스템비계에 관한 기준으로 옳지 않은 것은?

① 수직재와 수직재의 연결은 전용의 연결조인트를 사용하여 견고하게 연결하고, 연결 부위가 탈락 또는 꺾어지지 않도록 하여야 한다.
② 수평재는 수직재에 연결핀 등의 결합방법에 의해 견고하게 결합되어 흔들리거나 이탈되지 않도록 하여야 한다.
③ 대각으로 설치하는 가새는 비계의 외면으로 수평면에 대해 40°~60° 방향으로 설치하며 수평재 및 수직재에 결속한다.
④ 시스템 비계 최하부에 설치하는 수직재는 받침 철물의 조절너트와 밀착되도록 설치하여야 하며, 수직과 수평을 유지하여야 한다. 이때, 수직재와 받침 철물의 겹침길이는 받침 철물 전체길이의 5분의 1 이상이 되도록 하여야 한다.

> **해설**
>
> ④ 시스템 비계 최하부에 설치하는 수직재는 받침 철물의 조절너트와 밀착되도록 설치하여야 하며, 수직과 수평을 유지하여야 한다. 이때, 수직재와 받침 철물의 겹침길이는 받침 철물 전체길이의 3분의 1 이상이 되도록 하여야 한다.

22

공정관리에서 공기단축을 시행할 경우에 관한 설명으로 옳지 않은 것은?

① 특별한 경우가 아니면 공기단축 시행 시 간접비는 상승한다.
② 비용구배가 최소인 작업을 우선 단축한다.
③ 주공정선상의 작업을 먼저 대상으로 단축한다.
④ MCX(minimum cost expediting)법은 대표적인 공기단축방법이다.

> **해설**
>
> ① 특별한 경우가 아니면 공기단축 시행 시 직접비는 상승하고 간접비는 감소한다.

23

콘크리트의 건조수축 영향인자에 관한 설명으로 옳지 않은 것은?

① 시멘트의 화학성분이나 분말도에 따라 건조수축량이 변화한다.
② 골재 중에 포함된 미립분이나 점토, 실트는 일반적으로 건조수축을 증대시킨다.
③ 바다모래에 포함된 염분은 그 양이 많으면 건조수축을 증대시킨다.
④ 단위수량이 증가할수록 건조수축량은 작아진다.

> **해설**
>
> 단위수량과 건조수축의 관계
> ④ 단위수량이 증가할수록 건조수축량은 증가함

24
지내력을 갖춘 지반으로 만들기 위한 배수공법 또는 탈수공법이 아닌 것은?

① 샌드드레인 공법
② 웰포인트 공법
③ 페이퍼 드레인 공법
④ 베노토 공법

해설
④ 베노토 공법은 현장치기 콘크리트 말뚝의 일종

25
페인트칠의 경우 초벌과 재벌 등을 도장할 때마다 색을 약간씩 다르게 하는 주된 이유는?

① 희망하는 색을 얻기 위하여
② 색이 진하게 되는 것을 방지하기 위하여
③ 착색안료를 낭비하지 않고 경제적으로 사용하기 위하여
④ 초벌, 재벌 등 페인트칠 횟수를 구별하기 위하여

해설
④ 도장공사에서 페인트칠 횟수를 구별하기 위해 초벌과 재벌의 색을 약간씩 다르게 함

26
개념설계에서 유지관리 단계에까지 건물의 전 수명주기 동안 다양한 분야에서 적용되는 모든 정보를 생산하고 관리하는 기술을 의미하는 용어는?

① ERP(Enterprise Resource Planning)
② SOA(Service Oriented Architecture)
③ BIM(Building Information Modeling)
④ CIC(Computer Integrated Construction)

해설
③ BIM에 대한 설명

27
벽돌벽의 균열원인과 가장 거리가 먼 것은?

① 문꼴의 불균형배치   ② 벽돌벽의 공간쌓기
③ 기초의 부동침하   ④ 하중의 불균등분포

해설
벽돌벽의 균열 원인
- 기초의 부동침하
- 내력벽/문꼴의 불균형 배치
- 하중의 불균등분포
- 벽돌 및 모르타르의 강도부족
- 온도 및 흡수에 의한 재료의 신축성

28
쇄석 콘크리트에 관한 설명으로 옳지 않은 것은?

① 모래의 사용량은 보통콘크리트에 비해서 많아진다.
② 쇄석은 각이 둔각인 것을 사용한다.
③ 보통콘크리트에 비해 시멘트 페이스트의 부착력이 떨어진다.
④ 깬자갈 콘크리트라고도 한다.

해설
쇄석콘크리트의 특성
③ 골재의 표면적이 증가되어 시멘트 페이스트와의 부착력은 증가한다.

29
실비정산보수가산계약 제도의 특징이 아닌 것은?

① 설계와 시공의 중첩이 가능한 단계별 시공이 가능하다.
② 복잡한 변경이 예상되거나 긴급을 요하는 공사에 적합하다.
③ 계약체결 시 공사비용의 최대값을 정하는 최대보증한도 실비정산보수가산계약이 일반적으로 사용된다.
④ 공사금액을 구성하는 물량 또는 단위공사 부분에 대한 단가만을 확정하고 공사 완료 시 실시수량의 확정에 따라 정산하는 방식이다.

해설
④는 단가도급에 대한 설명

30
합성수지 중 건축물의 천장재, 블라인드 등을 만드는 열가소성수지는?

① 알키드수지
② 요소수지
③ 폴리스티렌수지
④ 실리콘수지

해설
③ 폴리스티렌수지에 대한 설명

31
프리패브 콘크리트(prefab concrete)에 관한 설명으로 옳지 않은 것은?

① 제품의 품질을 균일화 및 고품질화할 수 있다.
② 작업의 기계화로 노무 절약을 기대할 수 있다.
③ 공장생산으로 부재의 규격을 다양하고 쉽게 변경할 수 있다.
④ 자재를 규격화하여 표준화 및 대량생산을 할 수 있다.

해설
③ 공장생산으로 기계화하는 것은 맞지만 부재의 규격을 쉽게 변경할 수 있는 것은 아니다.

32
철근콘크리트 공사에 사용되는 거푸집 중 갱폼(Gang Form)의 특징으로 옳지 않은 것은?

① 기능공의 기능도에 따라 시공 정밀도가 크게 좌우된다.
② 대형장비가 필요하다.
③ 초기 투자비가 높은 편이다.
④ 거푸집의 대형화로 이음부위가 감소한다.

해설
① 기능공의 기능도에 따라 시공 정밀도가 크게 좌우되지 않는다.

33
건축물 외벽공사 중 커튼월 공사의 특징으로 옳지 않은 것은?

① 외벽의 경량화
② 공업화 제품에 따른 품질 제고
③ 가설비계의 증가
④ 공기단축

해설
커튼월 공사
③ 조립은 무비계 작업을 원칙으로 함

34
철근콘크리트 PC 기둥을 8ton 트럭으로 운반하고자 한다. 차량 1대에 최대로 적재가능한 PC 기둥의 수는? (단, PC 기둥의 단면크기는 30cm×60cm, 길이는 3m임)

① 1개
② 2개
③ 4개
④ 6개

해설
PC 기둥의 중량 계산
- PC 기둥 1개의 체적 : $0.3 \times 0.6 \times 3 = 0.54 m^3$
- PC 기둥 1개의 중량 : $0.54 m^3 \times 2.4 t/m^3 = 1.3 t$
- 적재 가능한 PC 기둥 개수 : $\frac{8}{1.3} = 6.15$개

즉 6개까지 적재 가능

35
콘크리트를 타설하면서 거푸집을 수직방향으로 이동시켜 연속작업을 할 수 있게 한 것으로 사일로 등의 건설공사에 적합한 것은?

① Euro form
② Sliding form
③ Air tube form
④ Traveling form

해설
② 슬라이딩 폼(Sliding form)에 대한 설명

36
신축할 건축물의 높이의 기준이 되는 주요 가설물로 이동의 위험이 없는 인근 건물의 벽 또는 담장에 설치하는 것은?
① 줄띄우기 ② 벤치마크
③ 규준틀 ④ 수평보기

해설

벤치마크
- 이동의 위험이 없는 인근건물의 벽 또는 담에 설치
- 2개소 이상 설치

37
수경성 마무리재료로 가장 적합하지 않은 것은?
① 돌로마이트 플라스터
② 혼합석고 플라스터
③ 시멘트 모르타르
④ 경석고 플라스터

해설

미장재료의 경화 특성
- 기경성 : 진흙, 회반죽, <u>돌로마이트 플라스터</u>
- 수경성 : 시멘트모르타르, 혼합석고 플라스터, 경석고 플라스터

38
보통 창유리의 특성 중 투과에 관한 설명으로 옳지 않은 것은?
① 투사각 0도일 때 투명하고 청결한 창유리는 약 90%의 광선을 투과한다.
② 보통의 창유리는 많은 양의 자외선을 투과시키는 편이다.
③ 보통 창유리도 먼지가 부착되거나 오염되면 투과율이 현저하게 감소한다.
④ 광선의 파장이 길고 짧음에 따라 투과율이 다르게 된다.

해설

보통 창유리의 특성
성분에 산화 제이철을 함유하고 있어 <u>자외선을 차단하는 특성</u>이 있음

39
가치공학(Value Engineering) 수행계획 4단계로 옳은 것은?
① 정보(Informative) – 제안(Proposal) – 고안(Speculative) – 분석(Analytical)
② 정보(Informative) – 고안(Speculative) – 분석(Analytical) – 제안(Proposal)
③ 분석(Analytical) – 정보(Informative) – 제안(Proposal) – 고안(Speculative)
④ 제안(Proposal) – 정보(Informative) – 고안(Speculative) – 분석(Analytical)

해설

가치공학 수행계획 4단계
정보(Informative) – 고안(Speculative) – 분석(Analytical) – 제안(Proposal)

40
시멘트 광물질의 조성 중에서 발열량이 높고 응결시간이 가장 빠른 것은?
① 알루민산 삼석회
② 규산 삼석회
③ 규산 이석회
④ 알루민산철 사석회

해설

시멘트 화학성분의 응결속도
※ <u>알루민산 삼석회</u>(C_3A) > 규산 삼석회(C_3S) > 규산 이석회(C_2S)

정답 36.② 37.① 38.② 39.② 40.①

제3과목 • 건축구조

41

강도설계법에서 처짐을 계산하지 않는 경우 스팬이 8.0m인 단순지지된 보의 최소두께로 옳은 것은? (단, 보통중량콘크리트와 $f_y = 400\text{MPa}$ 철근을 사용한 경우)

① 380mm ② 430mm
③ 500mm ④ 600mm

해설

처짐 미계산 시 보의 최소두께
- 캔틸레버 : $L/8$
- 단순지지 : $L/16$
- 1단연속 : $L/18.5$
- 양단연속 : $L/21$

∴ 단순지지이므로 $\dfrac{8,000}{16} = 500\text{mm}$

42

그림과 같이 캔틸레버보가 상수 k를 가지는 스프링에 의해 지지되어 있으며 집중 하중 P가 작용하고 있다. 스프링에 걸리는 힘은?

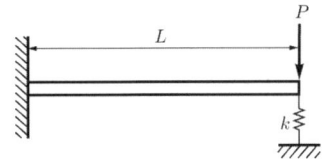

① $PL^3k/(2EI+kL^3)$
② $PL^3k/(3EI+kL^3)$
③ $PL^3k/(6EI+kL^3)$
④ $PL^3k/(8EI+kL^3)$

해설

캔틸레버보+스프링 스프링에 걸리는 힘
- 등가스프링강성 계산

$$\frac{1}{k_{eq}} = \frac{1}{k} + \frac{1}{k_{beam}} \; (F = kx \rightarrow P = k_{beam}\delta)$$

$$k_{beam} = \frac{P}{\delta} = \frac{P}{\dfrac{PL^3}{3EI}} = \frac{3EI}{L^3}$$

$$\therefore \frac{1}{k_{eq}} = \frac{1}{k} + \frac{L^3}{3EI} = \frac{3EI + kL^3}{3EIk}$$

$$\therefore k_{eq} = \frac{3EIk}{3EI + kL^3}$$

- 스프링에 걸리는 힘 계산

$$F = k_{eq}x = \frac{3EIk}{3EI + kL^3}\left(\frac{PL^3}{3EI}\right) = \frac{PL^3k}{3EI + kL^3}$$

43

전단과 휨만을 받는 철근콘크리트 보에서 콘크리트만으로 지지할 수 있는 전단강도 V_c는? (단, 보통중량콘크리트 사용, $f_{ck} = 28\text{MPa}$, $b_w = 100\text{mm}$, $d = 300\text{mm}$)

① 26.5kN ② 53.0kN
③ 79.3kN ④ 158.7kN

해설

콘크리트의 전단강도 계산

$$V_c = \frac{1}{6}\lambda\sqrt{f_{ck}}\,b_w d$$
$$= \frac{1}{6} \times 1 \times \sqrt{28} \times 100 \times 300 \times 10^{-3}$$
$$= 26.46\text{kN}$$

44

보의 유효깊이 $d = 550$, 보의 폭 $b_w = 300\text{mm}$인 보에서 스터럽이 부담할 전단력 $V_s = 200\text{kN}$일 경우, 적용 가능한 수직 스터럽의 간격으로 옳은 것은? (단, $A_v = 142\text{mm}^2$, $f_{yt} = 400\text{MPa}$, $f_{ck} = 24\text{MPa}$)

① 150mm ② 180mm
③ 200mm ④ 250mm

해설

스터럽의 간격 계산

$$s = \frac{A_v \cdot f_{yt} \cdot d}{V_s} = \frac{142 \times 400 \times 550}{200 \times 1,000}$$
$$= 156.2\text{mm} \rightarrow 150\text{mm}$$

정답 41.③ 42.② 43.① 44.①

45

고력볼트 F10T-M24의 현장시공을 위한 본조임의 조임력(T)은 얼마인가? (단, 토크계수는 0.13, F10T-M24볼트의 설계볼트장력은 200kN이며 표준 볼트장력은 설계볼트장력에 10%를 할증한다.)

① 568,573Nmm
② 686,400Nmm
③ 799,656Nmm
④ 892,638Nmm

해설

고력볼트의 조임토크 계산
$N = 200 \times 1.1 = 220$kN
$T = k \times d_1 \times N = 0.13 \times 24 \times 220 \times 1,000$
$= 686,400$Nmm

46

강구조 고장력볼트 마찰접합의 특징에 관한 설명으로 옳지 않은 것은?

① 시공이 용이하여 공기가 절약된다.
② 접합부의 강성과 강도가 크다.
③ 품질관리가 용이하다.
④ 국부적인 응력집중이 발생한다.

해설

고력볼트 마찰접합의 특징
④ 국부적인 응력집중이 거의 발생하지 않는다.
- 시공이 용이하여 공기가 절약된다.
- 접합부의 강성과 강도가 크다.
- 품질관리가 용이하다.
- 불량개소의 수정이 용이하다.

47

그림과 같은 단면의 단순보에서 보의 중앙점 C단면에 생기는 휨응력 σ_b와 전단응력 v의 값은?

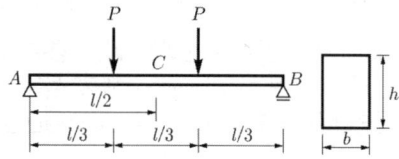

① $\sigma_b = \dfrac{Pl}{bh^2}$, $v = \dfrac{3Pl}{2bh}$

② $\sigma_b = \dfrac{2Pl}{bh^2}$, $v = 0$

③ $\sigma_b = \dfrac{2Pl}{bh^2}$, $v = \dfrac{3Pl}{2bh}$

④ $\sigma_b = \dfrac{Pl}{bh^2}$, $v = 0$

해설

단순보의 휨응력/전단응력 계산
(1) 대칭이므로 $R_A = R_B = P$이다.
(2) 휨응력
$$\sigma = \frac{M}{Z} = \frac{P \times \dfrac{L}{2} - P \times \left(\dfrac{L}{2} - \dfrac{L}{3}\right)}{\dfrac{bh^2}{6}} = \frac{\dfrac{PL}{3}}{\dfrac{bh^2}{6}}$$
$$= \frac{2PL}{bh^2}$$
(3) 보 중앙의 전단력이 0이므로 전단응력도 0이다.

48

다음과 같은 조건에서의 필릿용접의 최소 치수(mm)는 얼마인가? (단, 하중저항계수설계법 기준)

접합부의 얇은 쪽 모재 두께(t, mm)
$6 \leq t < 13$

① 5mm ② 6mm
③ 7mm ④ 8mm

해설
필릿용접의 최소 사이즈

접합부의 얇은 쪽 판 두께, t(mm)	최소 사이즈 mm
$t < 6$	3
$6 \leq t < 13$	5
$13 \leq t < 20$	6
$20 \leq t$	8

49
그림과 같은 보에서 C점의 처짐은? (단, EI는 전 경간에 걸쳐 일정하다.)

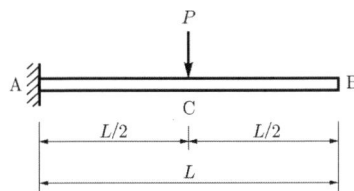

① $\dfrac{PL^3}{12EI}$ ② $\dfrac{PL^3}{24EI}$

③ $\dfrac{PL^3}{48EI}$ ④ $\dfrac{PL^3}{96EI}$

해설
정정보의 처짐 계산

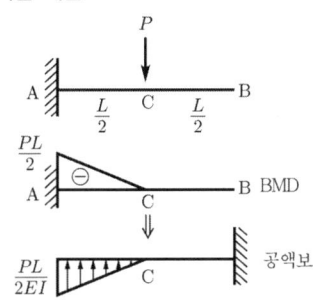

- $M_c' = \dfrac{PL}{2EI} \times \dfrac{L}{2} \times \dfrac{1}{2} \times \dfrac{L}{2} \times \dfrac{2}{3} = \dfrac{PL^3}{24EI}$

$\therefore \delta_c = M_c' = \dfrac{PL^3}{24EI}$

50
다음 그림과 같이 단면적이 같은 4개의 단면을 보부재로 각각 사용할 경우 X축에 대한 처짐에 가장 유리한 단면은?

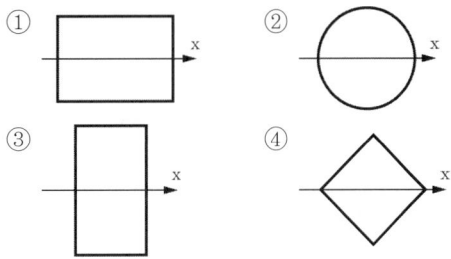

해설
처짐에 유리한 단면
- 처짐에 유리하려면 단면2차모멘트가 상대적으로 큰 단면이 유리함
- 주어진 4개의 단면 중 폭에 비해 높이가 큰 3번이 상대적으로 큰 단면2차모멘트를 보임

51
그림과 같은 단면을 가진 압축재에서 유효좌굴길이 $KL = 250\,\text{mm}$일 때 Euler의 좌굴하중 값은? (단, $E = 210,000\,\text{MPa}$이다.)

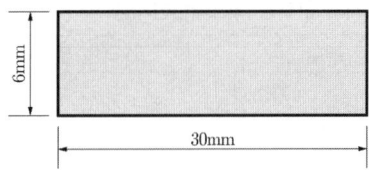

① 17.9kN ② 43.0kN
③ 52.9kN ④ 64.7kN

해설
좌굴하중 계산

$I = \dfrac{30(6)^3}{12} = 540\,\text{mm}^4$

$P_{cr} = \dfrac{\pi^2 EI}{(kL)^2} = \dfrac{\pi^2 \times 210,000 \times 540}{(250)^2} \times 10^{-3}$

$\quad = 17.91\,\text{kN}$

정답 49.② 50.③ 51.①

52
철골구조와 비교한 철근콘크리트구조의 특징으로 옳지 않은 것은?

① 진동이 적고 소음이 덜 난다.
② 시공 시 동절기 기후의 영향을 받을 수 있다.
③ 내화성이 크다.
④ 구조의 개조나 보강이 쉽다.

해설

철근콘크리트구조의 특징
④ 일체식구조이므로 구조의 개조나 보강이 어렵다.
- 진동이 적고 소음이 덜 난다.
- 시공 시 동절기 기후의 영향을 받을 수 있다.
- 내화성이 크다.

53
주철근으로 사용된 D22 철근 180° 표준갈고리의 구부림 최소 내면반지름으로 옳은 것은?

① d_b
② $2d_b$
③ $2.5d_b$
④ $3d_b$

해설

표준갈고리의 구부림 최소내면반지름

주철근		스터럽 및 띠철근	
철근 직경	최소내면 반지름	철근 직경	최소내면 반지름
		D10~D16	$2d_b$ 이상
D10~D25	$3d_b$ 이상	D19~D25	$3d_b$ 이상
D29~D35	$4d_b$ 이상	D29~D35	$4d_b$ 이상
D38 이상	$5d_b$ 이상	D38 이상	$5d_b$ 이상

54
그림과 같은 구조물의 부정정차수는?

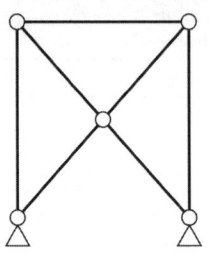

① 1차
② 2차
③ 3차
④ 4차

해설

부정정차수에 의한 구조물의 판별
부정정차수 $n = r + m + k - 2j$
반력수 : 2+2=4
부재수 : 7
강절점수 : 0
절점수 : 5
$n = 4 + 7 - 2 \times 5 = 1$차 부정정

55
각 지반의 허용지내력의 크기가 큰 것부터 순서대로 올바르게 나열된 것은?

| A. 자갈 | B. 모래 |
| C. 연암반 | D. 경암반 |

① B > A > C > D
② A > B > C > D
③ D > C > A > B
④ D > C > B > A

해설

허용지내력(kN/m²) 순서
경암반(4000) > 연암반(1000~2000) > 자갈(300) > 모래(100)

56

그림과 같은 정정 라멘에서 BD 부재의 축방향력으로 옳은 것은? (단, + : 인장력, − : 압축력)

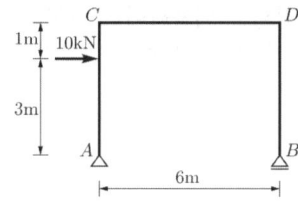

① 5kN
② −5kN
③ 10kN
④ −10kN

해설

라멘 해석
(1) $\Sigma M_A = 0$
  $-V_B \times 6 + 10 \times 3 = 0 \rightarrow V_B = 5\text{kN}(\uparrow)$
(2) 축방향력
  $N_{BD} = -V_B = -5\text{kN}(압축)$

57

강구조의 볼트접합 구성에 관한 일반적인 설명으로 옳지 않은 것은?

① 볼트의 중심사이의 간격을 게이지라인이라고 한다.
② 볼트는 가공정밀도에 따라 상볼트, 중볼트, 흑볼트로 나뉜다.
③ 게이지라인과 게이지라인과의 거리를 게이지라고 한다.
④ 배치방식은 정렬배치와 엇모배치가 있다.

해설

① 볼트의 중심사이의 간격을 피치(Pitch)라고 한다.

58

압축철근 $A_s' = 2400\text{mm}^2$로 배근된 복철근 보의 탄성처짐이 15mm라 할 때 지속하중에 의해 발생되는 5년 후 장기처짐은? (단, $b = 300\text{mm}$, $d = 400\text{mm}$, 5년 후 지속하중 재하에 따른 계수 $\xi = 2.0$)

① 9mm
② 12mm
③ 15mm
④ 30mm

해설

총 처짐량 계산
(1) 순간(탄성)처짐 $\Delta_i = 15\text{mm}$
(2) $\rho' = \dfrac{A_s'}{bd} = \dfrac{2,400}{300 \times 400} = 0.02$
(3) $\lambda = \dfrac{\xi}{1 + 50\rho'} = \dfrac{2}{1 + 50 \times 0.02} = 1$
(4) 장기처짐 $\Delta_t = \lambda \times \Delta_i = 1 \times 15 = 15\text{mm}$

59

연약지반에 대한 안전확보 대책으로 옳지 않은 것은?

① 지반개량공법을 실시한다.
② 말뚝기초를 적용한다.
③ 독립기초를 적용한다.
④ 건물을 경량화한다.

해설

부동침하 방지대책
독립기초는 단단한 지반에 사용하고, 연약지반에는 말뚝기초 또는 온통기초를 사용한다.

60

다음 그림과 같이 수평하중 30kN이 작용하는 라멘구조에서 E점에서의 휨모멘트 값(절대값)은?

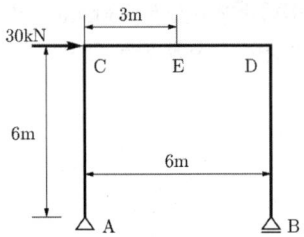

① 40kNm ② 45kNm
③ 60kNm ④ 90kNm

해설

라멘의 휨모멘트 계산

(1) B점에서의 반력 계산
$\Sigma M_A = 0 \rightarrow 30\text{kN} \times 6\text{m} - V_B \times 6\text{m} = 0$
$\therefore V_B = 30\text{kN}(\uparrow)$

(2) E점에서의 모멘트(E점을 기준으로 우측만 고려)
$M_G = 30\text{kN} \times (6-3)\text{m} = 90\text{kNm}$

제4과목 · 건축설비

61

유압식 엘리베이터에 관한 설명으로 옳지 않은 것은?

① 오버헤드가 작다.
② 기계실의 위치가 자유롭다.
③ 큰 적재량으로 승강행정이 짧은 경우에는 적용할 수 없다.
④ 지하주차장 엘리베이터와 같이 지하층에만 운전하는 경우 적용할 수 있다.

해설

유압식 엘리베이터

기계실의 위치가 자유로우며, 오버헤드가 작고 지하층에만 운전하는 경우 또는 <u>큰 적재량으로 승강행정이 짧은 경우 적용할 수 있음</u>

62

온수난방에 관한 설명으로 옳지 않은 것은?

① 증기난방에 비해 예열시간이 길다.
② 온수의 잠열을 이용하여 난방하는 방식이다.
③ 한랭지에서 운전정지 중에 동결의 우려가 있다.
④ 증기난방에 비해 난방부하 변동에 따른 온도조절이 비교적 용이하다.

해설

② 온수난방은 온수의 <u>현열을 이용</u>한 난방이다.

63

중앙식 급탕방식에 관한 설명으로 옳지 않은 것은?

① 온수를 사용하는 개소마다 가열장치가 설치된다.
② 상향 또는 하향 순환식 배관에 의해 필요개소에 온수를 공급한다.
③ 국소식에 비해 기기가 집중되어 있으므로 설비의 유지관리가 용이하다.
④ 호텔이나 병원 등과 같이 급탕개소가 많고 사용량이 많은 건물 등에 채용된다.

해설

① 온수를 사용하는 개소마다 가열장치를 설치하는 방식은 <u>개별식에 대한 설명</u>

64

건구온도 30℃, 상대습도 60%인 공기를 냉수코일에 통과시켰을 때 공기의 상태변화로 옳은 것은? (단, 코일 입구수온 5℃, 코일 출구수온 10℃)

① 건구온도는 낮아지고 절대습도는 높아진다.
② 건구온도는 높아지고 절대습도는 낮아진다.
③ 건구온도는 높아지고 상대습도는 높아진다.
④ 건구온도는 낮아지고 상대습도는 높아진다.

해설

건구온도와 상대습도의 관계

※ <u>건구온도와 상대습도는 반비례의 관계</u>가 있음
따라서 코일을 통과함에 따라 30℃의 건구온도가 약 10℃로 낮아지고 상대습도는 높아짐

정답 60.④ 61.③ 62.② 63.① 64.④

65
터보식 냉동기에 관한 설명으로 옳지 않은 것은?

① 임펠러의 원심력에 의해 냉매가스를 압축한다.
② 대용량에서는 압축효율이 좋고 비례 제어가 가능하다.
③ 대·중형 규모의 중앙식 공조에서 냉방용으로 사용된다.
④ 기계적 에너지가 아닌 열에너지에 의해 냉동효과를 얻는다.

해설
④는 흡수식 냉동기의 특성임

66
연결송수관설비의 방수구에 관한 설명으로 옳지 않은 것은?

① 방수구의 위치표시는 표시등 또는 축광식 표지로 한다.
② 호스접결구는 바닥으로부터 0.5m 이상 1m 이하의 위치에 설치한다.
③ 개폐 기능을 가진 것으로 설치하여야 하며, 평상시 닫힌 상태를 유지하도록 한다.
④ 연결송수관설비의 전용 방수구 또는 옥내소화전 방수구로서 구경 50mm의 것으로 설치한다.

해설
연결송수관의 구경은 최소 100mm를 유지함

67
엔탈피 변화량에 대한 현열 변화량의 비를 의미하는 것은?

① 현열비 ② 잠열비
③ 유인비 ④ 열수분비

해설
① 현열비에 대한 설명

68
의복의 단열성을 나타내는 단위로서, 그 값이 클수록 인체에서 발생되는 열이 주위 공기로 적게 발산되는 것을 의미하는 것은?

① clo ② dB
③ NC   ④ MRT

해설
① clo에 대한 설명

69
양수 펌프의 회전수를 원래보다 20% 증가시켰을 경우 양수량의 변화로 옳은 것은?

① 20% 증가
② 44% 증가
③ 73% 증가
④ 100% 증가

해설
펌프의 회전수와 여러 물리량과의 관계
전동기의 회전수가 증가하면,
• 양수량 : 회전수에 비례하여 증가
• 전양정 : 회전수의 제곱에 비례하여 증가
• 축마력 : 회전수의 3제곱에 비례하여 증가

70
다음과 같은 조건에서 사무실의 평균조도를 800[lx]로 설계하고자 할 경우, 광원의 필요수량은?

[조건]
• 광원 1개의 광속 : 2000[lm]
• 실의 면적 : 10[m²]
• 감광 보상률 : 1.5
• 조명률 : 0.6

① 3개 ② 5개
③ 8개 ④ 10개

정답 65.④ 66.④ 67.① 68.① 69.① 70.④

해설

$$N = \frac{AED}{FU} = \frac{10 \times 800 \times 1.5}{2,000 \times 0.6} = 10개$$

여기서, F : 사용광원 1개의 광속(lm)
 E : 작업면의 평균조도(lx)
 A : 방의 면적(m^2)
 N : 광원의 개수
 D : 감광보상률
 U : 조명률

71
공조부하 중 현열과 잠열이 동시에 발생하는 것은?

① 인체의 발생열량
② 벽체로부터의 취득열량
③ 유리로부터의 취득열량
④ 덕트로부터의 취득열량

해설

공조부하 계산 시 현열과 잠열의 동시 발생
- 인체의 발생열량
- 열원기기의 발생열량(외기의 도입에 의한 열량)
- 틈새바람(극간풍)에 의한 부하(열량)

72
다음과 같이 정의되는 통기관의 종류는?

오배수 수직관 내의 압력변동을 방지하기 위하여 오배수 수직관 상향으로 통기수직관에 연결하는 통기관

① 결합통기관
② 공용통기관
③ 각개통기관
④ 반송통기관

해설

① 결합통기관에 대한 설명

73
공조방식 중 팬코일 유닛방식에 관한 설명으로 옳지 않은 것은?

① 유닛의 개별제어가 용이하다.
② 수배관이 없어 누수의 우려가 없다.
③ 덕트 샤프트나 스페이스가 필요 없다.
④ 덕트방식에 비해 유닛의 위치변경이 용이하다.

해설

② 각 실에 수배관으로 인한 누수의 우려가 있다.

74
다음 설명에 알맞은 전기설비 관련 용어는?

최대수요전력을 구하기 위한 것으로 최대수요전력의 총부하설비용량에 대한 비율이다.

① 역률   ② 부등률
③ 부하율   ④ 수용률

해설

전기설비의 용어

$$수용률 = \frac{최대수요전력(kW)}{총 부하 설비용량(kW)} \times 100(\%)$$

$$부등률 = \frac{각 부하의 최대수용전력의 합계}{최대사용(수용)전력}$$

75
다음 중 급수 계통의 오염 원인과 가장 거리가 먼 것은?

① 급수로의 배수 역류
② 저수탱크에 유해물질 침입
③ 수격작용(water hammering)
④ 크로스 커넥션(cross connection)

해설

수격작용(워터해머) - 유체에 의한 충격음
- 관경이 작을수록 발생하기 쉽다.
- 굴곡개소로 인해 발생하기 쉽다.
- 유속이 빠를수록 발생하기 쉽다.
- 플러시 밸브나 수전류를 급격히 열고 닫을 때 발생하기 쉽다.

정답 71.① 72.① 73.② 74.④ 75.③

76
220[V], 200[W] 전열기를 110[V]에서 사용하였을 경우 소비전력은?

① 50[W]   ② 100[W]
③ 200[W]   ④ 400[W]

해설

소비전력 계산

$P = \dfrac{V^2}{R}$

여기서, P : 전력
   V : 전압
   R : 저항

식에서 P와 V는 제곱에 비례함
따라서, 220V에서 110V로 전압이 1/2이 되었으므로 전력은 원래의 1/4배가 됨

$\therefore P = 200 \times \left(\dfrac{1}{2}\right)^2 = 50\,W$

77
덕트의 분기부에 설치하여 풍량조절용으로 사용되는 댐퍼는?

① 스플릿 댐퍼   ② 평행익형 댐퍼
③ 대향익형 댐퍼 ④ 버터플라이 댐퍼

해설

① 스플릿 댐퍼에 대한 설명

78
다음 중 변전실 면적에 영향을 주는 요소와 가장 거리가 먼 것은?

① 출입문의 높이
② 건축물의 구조적 여건
③ 수전전압 및 수전방식
④ 설치 기기와 큐비클의 종류 및 시방

해설

변전실 면적에 영향을 주는 요소
- 수전전압 및 수전방식
- 변전설비 변압방식/변압기 용량
- 큐비클의 종류
- 기기의 배치방법
- 건축물의 구조적 여건

79
3상 동력과 단상 전등 부하를 동시에 사용할 수 있는 방식으로 대형빌딩이나 공장 등에서 사용되는 것은?

① 단상 3선식 220/110[V]
② 3상 2선식 220[V]
③ 3상 3선식 220[V]
④ 3상 4선식 380/220[V]

해설

3상 4선식 380/220V
3상 동력과 단상 전등부하를 동시에 사용할 수 있는 방식으로 대형빌딩이나 공장 등에서 사용

80
개방형 헤드를 사용하는 연결살수설비에 있어서 하나의 송수구역에 설치하는 살수 헤드의 수는 최대 얼마 이하가 되도록 하여야 하는가?

① 10개   ② 20개
③ 30개   ④ 40개

해설

연결살수설비의 화재안전기준
개방형헤드를 사용하는 연결살수설비에 있어서 하나의 송수구역에 설치하는 살수헤드의 수는 10개 이하가 되도록 하여야 한다.

제5과목 ■ 건축관계법규

81
건축법령에 따른 리모델링이 쉬운 구조에 속하지 않는 것은?

① 구조체가 철골구조로 구성되어 있을 것
② 구조체에서 건축설비, 내부 마감재료 및 외부 마감재료를 분리할 수 있을 것
③ 개별 세대 안에서 구획된 실의 크기, 개수 또는 위치 등을 변경할 수 있을 것
④ 각 세대는 인접한 세대와 수직 또는 수평방향으로 통합하거나 분할할 수 있을 것

해설
리모델링이 쉬운 구조
②, ③, ④만 해당

82
국토교통부장관이 정한 범죄예방 기준에 따라 건축하여야 하는 대상 건축물에 속하지 않는 것은?

① 수련시설
② 교육연구시설 중 도서관
③ 업무시설 중 오피스텔
④ 숙박시설 중 다중생활시설

해설
범죄예방 기준에 따라 건축하는 건축물
- 수련시설
- 업무시설 중 오피스텔
- 숙박시설 중 다중생활시설
- 다가구주택, 아파트, 연립주택 및 다세대주택
- 문화 및 집회시설(동·식물원은 제외)
- 노유자시설

83
지하식 또는 건축물식 노외주차장의 차로에 관한 기준 내용으로 옳지 않은 것은? (단, 이륜자동차전용 노외주차장이 아닌 경우)

① 높이는 주차바닥면으로부터 2.3m 이상으로 하여야 한다.
② 경사로의 종단경사도는 직선 부분에서는 17%를 초과하여서는 아니된다.
③ 곡선 부분은 자동차가 4m 이상의 내변반경으로 회전할 수 있도록 하여야 한다.
④ 주차대수 규모가 50대 이상인 경우의 경사로는 너비 6m 이상인 2차로를 확보하거나 진입차로와 진출차로를 분리하여야 한다.

해설
③ 곡선 부분은 자동차가 6m 이상의 내변반경으로 회전할 수 있도록 하여야 한다.

84
피난용승강기의 설치에 관한 기준 내용으로 옳지 않은 것은?

① 예비전원으로 작동하는 조명설비를 설치할 것
② 승강장의 바닥면적은 승강기 1대당 5m² 이상으로 할 것
③ 각 층으로부터 피난층까지 이르는 승강로를 단일구조로 연결하여 설치할 것
④ 승강장의 출입구 부근의 잘 보이는 곳에 해당 승강기가 피난용 승강기임을 알리는 표지를 설치할 것

해설
② 옥내 승강장의 바닥면적은 비상용 승강기 1대에 대하여 6m² 이상으로 할 것

정답 81.① 82.② 83.③ 84.②

85
대지의 조경에 있어 조경 등의 조치를 하지 아니할 수 있는 건축물 기준으로 옳지 않은 것은?

① 면적 5천m² 미만인 대지에 건축하는 공장
② 연면적의 합계가 1천500m² 미만인 공장
③ 연면적의 합계가 2천m² 미만인 물류시설
④ 녹지지역에 건축하는 건축물

해설

조경 미설치 대상 건축물
- 축사
- 녹지지역에 건축하는 건축물
- 연면적의 합계가 1,500m² 미만인 공장
- 면적 5,000m² 미만인 대지에 건축하는 공장
- 가설건축물
- 연면적의 합계가 1,500m² 미만인 물류시설

86
건축허가신청에 필요한 설계도서 중 건축계획서에 표시하여야 할 사항으로 옳지 않은 것은?

① 주차장 규모
② 토지형질변경계획
③ 건축물의 용도별 면적
④ 지역·지구 및 도시계획사항

해설

건축계획서에 표시하여야 할 사항
- 건축물의 용도별 면적
- 주차장 규모
- 지역·지구 및 도시계획 사항
- 건축물의 용도별 면적
- 건축물의 규모(건축면적·연면적·층수 등)

87
국토의 계획 및 이용에 관한 법률상 용도지역에서의 용적률 최대한도 기준이 옳지 않은 것은? (단, 도시지역의 경우)

① 주거지역 : 500퍼센트 이하
② 녹지지역 : 100퍼센트 이하
③ 공업지역 : 400퍼센트 이하
④ 상업지역 : 1,000퍼센트 이하

해설

④ 상업지역 : 1,500퍼센트 이하

88
건축물이 있는 대지의 분할 제한 최소 기준이 옳은 것은? (단, 상업지역의 경우)

① 100m²
② 150m²
③ 200m²
④ 250m²

해설

면적에 의한 대지의 분할 제한
- 주거지역 : 60m² 이상
- 상업지역 : 150m² 이상
- 공업지역 : 150m² 이상
- 녹지지역 : 200m² 이상

89
허가권자가 가로구역별로 건축물의 높이를 지정·공고할 때 고려하지 않아도 되는 사항은?

① 도시·군관리계획의 토지이용계획
② 해당 가로구역에 접하는 대지의 너비
③ 도시미관 및 경관계획
④ 해당 가로구역의 상수도 수용능력

해설

건축물의 높이를 지정/공고 시 고려사항
- 도시미관 및 경관계획
- 해당 도시의 장래 발전계획
- 해당 가로구역의 상수도 수용능력
- 도시·군관리계획 등의 토지이용계획
- 해당 가로구역이 접하는 도로의 너비

정답 85.③ 86.② 87.④ 88.② 89.②

90
다음 중 거실의 용도에 따른 조도기준이 가장 낮은 것은? (단, 바닥에서 85센티미터의 높이에 있는 수평면의 조도 기준)

① 독서
② 회의
③ 판매
④ 일반사무

해설

용도별 조도기준
① 독서 : 150lux
② 회의 : 300lux
③ 판매 : 300lux
④ 일반사무 : 300lux

91
다음의 옥상광장 등의 설치에 관한 기준 내용 중 ( )안에 알맞은 것은?

> 옥상광장 또는 2층 이상인 층에 있는 노대나 그 밖에 이와 비슷한 것의 주위에는 높이 ( ) 이상의 난간을 설치하여야 한다. 다만, 그 노대 등에 출입할 수 없는 구조인 경우에는 그러하지 아니하다.

① 1.0m
② 1.2m
③ 1.5m
④ 1.8m

해설

옥상광장 또는 2층 이상인 층에 있는 노대나 그 밖에 이와 비슷한 것의 주위에는 높이 1.2m 이상의 난간을 설치하여야 한다.

92
국토의 계획 및 이용에 관한 법령상 제1종 일반주거지역 안에서 건축할 수 있는 건축물에 속하지 않는 것은?

① 아파트
② 단독주택
③ 노유자시설
④ 교육연구시설 중 고등학교

해설

제1종 일반주거지역안에서 건축할 수 있는 건축물
- 단독주택, 노유자시설
- 공동주택(아파트 제외)
- 제1종 근린생활시설
- 유치원·초등학교·중학교 및 고등학교

93
노외주차장의 설치에 관한 계획기준 내용 중 ( ) 안에 알맞은 것은?

> 주차대수 400대를 초과하는 규모의 노외주차장의 경우에는 노외주차장의 출구와 입구를 각각 따로 설치하여야 한다. 다만, 출입구의 너비의 합이 ( ) 미터 이상으로서 출구와 입구가 차선 등으로 분리되는 경우에는 함께 설치할 수 있다.

① 4.5
② 5.0
③ 5.5
④ 6.0

해설

노외주차장의 출구/입구 따로 설치
주차대수 400대를 초과하는 노외주차장에는 노외주차장의 출구와 입구를 각각 따로 설치하여야 한다. 다만, 출입구의 너비의 합이 5.5m 이상으로서 출구와 입구가 차선 등으로 분리되는 경우에는 함께 설치할 수 있다.

94
건축법령상 공동주택에 해당하지 않는 것은?

① 기숙사
② 연립주택
③ 다가구주택
④ 다세대주택

해설

용도별 주택의 분류
- 단독주택 : 단독주택, 다중주택, 다가구주택, 공관
- 공동주택 : 아파트, 연립주택, 다세대주택, 기숙사

정답 90.① 91.② 92.① 93.③ 94.③

95
다음은 건축선에 따른 건축제한에 관한 기준 내용이다. ( )안에 알맞은 것은?

> 도로면으로부터 높이 ( ) 이하에 있는 출입구, 창문, 그 밖에 이와 유사한 구조물은 열고 닫을 때 건축선의 수직면을 넘지 아니하는 구조로 하여야 한다.

① 1.5m ② 2.5m
③ 3.5m ④ 4.5m

해설
도로면으로부터 높이 <u>4.5m 이하</u>에 있는 출입구·창문 기타 이와 유사한 구조물은 개폐 시에 건축선의 수직면을 넘지 않는 구조로 하여야 한다.

96
다음 중 옥내계단의 너비의 최소 설치기준으로 적합하지 않은 것은?

① 관람장의 용도에 쓰이는 건축물의 계단의 너비 120센티미터 이상
② 중학교 용도에 쓰이는 건축물의 계단의 너비 150센티미터 이상
③ 거실의 바닥면적의 합계가 100제곱미터 이상인 지하층의 계단의 너비 120센티미터 이상
④ 바로 윗층의 거실의 바닥면적의 합계가 200제곱미터 이상인 층의 계단의 너비 150센티미터 이상

해설
④ 바로 윗층의 거실의 바닥면적의 합계가 200제곱미터 이상인 층의 계단의 너비 <u>120센티미터 이상</u>

97
국토의 계획 및 이용에 관한 법률상 주거지역의 세분에서 단독주택 중심의 양호한 주거환경을 보호하기 위하여 필요한 지역에 대해 지정하는 용도지역은?

① 제1종 전용주거지역
② 제1종 특별주거지역
③ 제1종 일반주거지역
④ 제3종 일반주거지역

해설
주거지역 세분

전용주거지역	제1종	단독주택중심의 양호한 주거환경을 보호
	제2종	공동주택중심의 양호한 주거환경을 보호
일반주거지역	제1종	저층주택중심으로 편리한 주거환경을 조성
	제2종	중층주택중심으로 편리한 주거환경을 조성
	제3종	중·고층주택을 중심으로 편리한 주거환경을 조성
준주거지역		주거기능을 주로 하면서 상업·업무기능의 보완

98
건축물의 출입구에 설치하는 회전문의 구조에 대한 설명으로 옳지 않은 것은?

① 계단이나 에스컬레이터로부터 2미터 이상의 거리를 둘 것
② 틈 사이를 고무와 고무펠트의 조합체 등을 사용하여 신체나 물건 등에 손상이 없도록 할 것
③ 출입에 지장이 없도록 일정한 방향으로 회전하는 구조로 할 것
④ 회전문의 회전속도는 분당회전수가 10회를 넘지 아니하도록 할 것

해설
④ 회전문의 회전속도는 <u>분당 회전수가 8회</u>를 넘지 아니하도록 할 것

정답 95.④ 96.④ 97.① 98.④

99

높이 31m를 넘는 각 층의 바닥면적 중 최대 바닥면적이 5,000m²인 건축물에 원칙적으로 설치하여야 하는 비상용 승강기의 최소 대수는?

① 1대
② 2대
③ 3대
④ 4대

해설

비상용승강기 최소 설치 기준
높이 31m를 넘는 각층의 바닥면적 중 최대 바닥면적이 1,500m² 이하이면 1대 이상을 설치하고 1,500m²를 초과하면, 1대+(Am²−1,500m²/3,000m²)를 설치한다.

$$\therefore 1 + \left(\frac{5,000 - 1,500}{3,000}\right) = 2.17대 \rightarrow 3대$$

100

국토의 계획 및 이용에 관한 법률상 용도지역의 구분이 모두 옳은 것은?

① 도시지역, 관리지역, 농림지역, 자연환경보전지역
② 도시지역, 개발관리지역, 농림지역, 보전지역
③ 도시지역, 관리지역, 생산지역, 녹지지역
④ 도시지역, 개발제한지역, 생산지역, 보전지역

해설

국토의 용도지역 구분 종류
도시지역, 관리지역, 농림지역, 자연환경보전지역

정답 99.③ 100.①

ARCHITECTURAL ENGINEER

2022
출제문제

2022 제1회 건축기사

2022년 3월 5일 시행

제1과목 · 건축계획

01
특수전시기법에 관한 설명으로 옳지 않은 것은?
① 하모니카 전시는 동일 종류의 전시물을 반복 전시하는 경우에 사용된다.
② 파노라마 전시는 연속적인 주체를 연관성 있게 표현하기 위해 선형의 파노라마로 연출하는 기법이다.
③ 디오라마 전시는 하나의 사실 또는 주제의 시간 상황을 고정시켜 연출하는 것으로 현장에 임한 느낌을 준다.
④ 아일랜드 전시는 실물을 직접 전시할 수 없거나 오브제 전시만의 한계를 극복하기 위해 영상매체를 사용하여 전시하는 기법이다.

해설
④는 영상전시에 대한 설명

02
병원건축의 병동 배치 방법 중 분관식(pavilion type)에 관한 설명으로 옳은 것은?
① 각종 설비 시설의 배관길이가 짧아진다.
② 대지의 크기와 관계없이 적용이 용이하다.
③ 각 병실을 남향으로 할 수 있어 일조와 통풍조건이 좋다.
④ 병동부는 5층 이상의 고층으로 하며 환자는 엘리베이터로 운송된다.

해설
①, ②, ④는 집중식에 대한 설명

03
전시실의 순회형식에 관한 설명으로 옳지 않은 것은?
① 중앙홀 형식은 각 실에 직접 들어갈 수 없다는 단점이 있다.
② 연속순회 형식은 많은 실을 순서별로 통하여야 하는 불편이 있다.
③ 갤러리 및 코리도 형식에서는 복도 자체도 전시공간으로 이용할 수 있다.
④ 갤러리 및 코리도 형식은 각 실에 직접 들어갈 수 있으며, 필요시 독립적으로 폐쇄할 수 있다.

해설
① 중앙홀 형식은 중앙홀을 통해 각 실에 직접 들어갈 수 있다.

04
공동주택의 단지계획에서 보차분리를 위한 방식 중 평면분리에 해당하는 방식은?
① 시간제 차량통행
② 쿨드삭(cul-de-sac)
③ 오버브리지(overbridge)
④ 보행자 안전참(pedestrain safecross)

해설
보행자, 자동차의 동선 분리방법

평면분리	쿨데삭, 루프, T자형, 열쇠자형
입체분리	• 오버브리지, 언더패스 • 페데스트리언 데크, 지하도

정답 01.④ 02.③ 03.① 04.②

05
다음 중 터미널호텔의 종류에 속하지 않는 것은?
① 해변 호텔
② 부두 호텔
③ 공항 호텔
④ 철도역 호텔

해설
터미널 호텔 – 교통의 발착지점의 호텔
부두 호텔, 공항 호텔, 철도역 호텔

06
레이트 모던(Late Modern) 건축양식에 관한 설명으로 옳지 않은 것은?
① 기호학적 분절을 추구하였다.
② 퐁피두 센터는 이 양식에 부합되는 건축물이다.
③ 공업기술을 바탕으로 기술적 이미지를 강조하였다.
④ 대표적 건축가로는 시저 펠리, 노만 포스터 등이 있다.

해설
① 기호학적 분절을 추구한 것은 포스트 모던(Post Modern)의 건축양식이다.

07
다음 중 백화점 건물의 기둥간격 결정요소와 가장 거리가 먼 것은?
① 진열장의 치수
② 고객 동선의 길이
③ 에스컬레이터의 배치
④ 지하주차장의 주차방식

해설
백화점 기둥간격 결정요인
- 지하주차장의 주차방법과 주차 폭
- 진열대의 치수와 배열방법
- 엘리베이터의 배치방법

08
주택의 부엌에서 작업순서에 따른 작업대 배열로 가장 알맞은 것은?
① 냉장고 – 싱크대 – 조리대 – 가열대 – 배선대
② 싱크대 – 조리대 – 가열대 – 냉장고 – 배선대
③ 냉장고 – 조리대 – 가열대 – 배선대 – 싱크대
④ 싱크대 – 냉장고 – 조리대 – 배선대 – 가열대

해설
부엌에서의 작업순서
냉장고 → 개수대(싱크대) → 조리대(작업대) → 가열대(레인지) → 배선대

09
도서관 출납시스템에 관한 설명으로 옳지 않은 것은?
① 자유개가식은 책 내용의 파악 및 선택이 자유롭다.
② 자유개가식은 서가의 정리가 잘 안 되면 혼란스럽게 된다.
③ 안전개가식은 서가열람이 가능하여 책을 직접 뽑을 수 있다.
④ 폐가식은 서가와 열람실에서 감시가 필요하나 대출절차가 간단하여 관원의 작업량이 적다.

해설
④ 폐가식은 서가에 관원만 출입할 수 있으므로 서가와 열람실에서 감시가 불필요하고 대출절차가 복잡하여 관원의 작업량이 많다.

10
르 꼬르뷔지에가 주장한 근대건축 5원칙에 속하지 않는 것은?
① 필로티
② 옥상정원
③ 유기적 공간
④ 자유로운 평면

해설
①, ②, ④ 외에 자유로운 입면, 연속된 수평창이 있음

정답 05.① 06.① 07.② 08.① 09.④ 10.③

11
다음 중 사무소 건축에서 기준층 평면 형태의 결정요소와 가장 거리가 먼 것은?

① 동선상의 거리
② 구조상 스팬의 한도
③ 사무실 내의 책상 배치 방법
④ 덕트, 배선, 배관 등 설비시스템상의 한계

해설
사무소의 기준층 평면형태 결정 요인
- 동선상의 거리(피난거리)
- 구조상 스팬의 한도
- 덕트, 배선, 배관 등 설비시스템상의 한계
- 방화구획상 면적
- 자연광과 실깊이(채광한계)

12
다음 설명에 알맞은 학교운영방식은?

> 각 학급을 2분단으로 나누어 한쪽이 일반교실을 사용할 때, 다른 한쪽은 특별교실을 사용한다.

① 달톤형
② 플래툰형
③ 개방학교
④ 교과교실형

해설
② 플래툰형

13
주택 부엌의 가구 배치유형 중 병렬형에 관한 설명으로 옳은 것은?

① 연속된 두 벽면을 이용하여 작업대를 배치한 형식이다.
② 폭이 길이에 비해 넓은 부엌의 형태에 적당한 유형이다.
③ 작업면이 가장 넓은 배치 유형으로 작업효율이 좋다.
④ 좁은 면적 이용에 효과적이므로 소규모 부엌에 주로 이용된다.

해설
부엌의 가구 배치-병렬형
- 넓은 부엌의 형태에 적당
- 외부로 통하는 출입구가 필요한 경우에 사용

14
극장 무대 주위의 벽에 6~9m 높이로 설치되는 좁은 통로로, 그리드 아이언에 올라가는 계단과 연결되는 것은?

① 록 레일
② 사이클로라마
③ 플라이 갤러리
④ 슬라이딩 스테이지

해설
③ 플라이 갤러리에 대한 설명

15
다음 중 다포식(多包式) 건물에 속하지 않는 것은?

① 서울 동대문
② 창덕궁 돈화문
③ 전등사 대웅전
④ 봉정사 극락전

해설
④ 봉정사 극락전 : 고려 중기의 주심포식 건축물

16
이슬람(사라센) 건축 양식에서 미나렛(Minaret)이 의미하는 것은?

① 이슬람교의 신학원 시설
② 모스크의 상징인 높은 탑
③ 메카 방향으로 설치된 실내 제단
④ 열주나 아케이드로 둘러싸인 중정

해설
사라센 건축에서 미나렛의 의미
모스크의 상징인 높은 탑(고탑)

정답 11.③ 12.② 13.② 14.③ 15.④ 16.②

17
아파트의 단면형식 중 메조넷 형식(maisonnette type)에 관한 설명으로 옳지 않은 것은?
① 하나의 주거단위가 복층 형식을 취한다.
② 양면 개구부에 의한 통풍 및 채광이 좋다.
③ 주택 내의 공간의 변화가 없으며 통로에 의해 유효면적이 감소한다.
④ 거주성, 특히 프라이버시는 높으나 소규모 주택에는 비경제적이다.

해설
③ 복층형으로 되어 있으므로 주택 내의 공간의 변화가 있으며, 짝수층에는 통로가 없으므로 유효면적이 증가된다.

18
기계공장에서 지붕의 형식을 톱날지붕으로 하는 가장 주된 이유는?
① 소음을 작게 하기 위하여
② 빗물의 배수를 충분히 하기 위하여
③ 실내 온도를 일정하게 유지하기 위하여
④ 실내의 주광조도를 일정하게 하기 위하여

해설
공장의 톱날지붕
북향으로 균일한 조도를 얻기 위해 사용

19
상점 정면(facade) 구성에 요구되는 5가지 광고요소(AIDMA 법칙)에 속하지 않는 것은?
① Attention(주의) ② Identity(개성)
③ Desire(욕구)   ④ Memory(기억)

해설
상점의 AIDMA 법칙
①, ③, ④ 외에 Interest, Action이 있음

20
사무소 건축의 오피스 랜드스케이핑(office landscaping)에 관한 설명으로 옳지 않은 것은?
① 의사전달, 작업흐름의 연결이 용이하다.
② 일정한 기하학적 패턴에서 탈피한 형식이다.
③ 작업단위에 의한 그룹(group) 배치가 가능하다.
④ 개인적 공간으로의 분할로 독립성 확보가 용이하다.

해설
④는 벽으로 공간이 분할된 개실배치에 대한 설명

제2과목 ■ 건축시공

21
건축물에 사용되는 금속자재와 그 용도가 바르게 연결되지 않은 것은?
① 경량철골 M-BAR : 경량벽체 시공을 위한 구조용 지지틀
② 코너비드 : 벽, 기둥 등의 모서리에 대한 보호용 철물
③ 논슬립 : 계단에 사용하는 미끄럼 방지 철물
④ 조이너 : 천장, 벽 등의 이음새 감추기용 철물

해설
① 경량철골 M-BAR : 경량철골 천장틀의 한 종류

22
네트워크 공정표에서 작업의 상호관계만을 도시하기 위하여 사용하는 화살선을 무엇이라 하는가?
① event   ② dummy
③ activity   ④ critical path

해설
② dummy에 대한 설명

정답 17.③ 18.④ 19.② 20.④ 21.① 22.②

23
건축용 석재 사용 시 주의사항으로 옳지 않은 것은?
① 석재를 구조재로 사용 시 압축강도가 큰 것을 선택하여 사용할 것
② 석재를 다듬어 쓸 때는 석질이 균일한 것을 사용할 것
③ 동일 건축물에는 다양한 종류 및 다양한 산지의 석재를 사용할 것
④ 석재를 마감재로 사용 시 석리와 색채가 우아한 것을 선택하여 사용할 것

해설
③ 동일 건축물에는 <u>동일한 종류 및 같은 산지의 석재를 사용</u>할 것

24
린건설(Lean Construction)에서의 관리방법으로 옳지 않은 것은?
① 변이관리
② 당김생산
③ 대량생산
④ 흐름생산

해설
린건설(lean construction)
건설프로젝트의 적용 가능성을 제시한 건설관리학계의 한 연구분야
- 당김생산(Pull 방식)
- 변이관리
- 흐름생산
※ 대량생산은 재고가 많이 쌓이는 방식으로 <u>당김생산의 반대임</u>

25
건축공사 시 직접공사비 구성 항목으로 옳게 짝지어진 것은?
① 재료비, 노무비, 장비비, 간접공사비
② 재료비, 노무비, 외주비, 간접공사비
③ 재료비, 노무비, 일반관리비, 경비
④ 재료비, 노무비, 외주비, 경비

해설
직접공사비 구성요소
재료비, 노무비, 외주비, 경비

26
벽돌쌓기 시 벽면적 1m²당 소요되는 벽돌(190×90×57mm)의 정미량(매)과 모르타르량(m³)으로 옳은 것은? (단, 벽두께 1.0B, 모르타르의 재료량은 할증이 포함된 것이며, 배합비는 1 : 3이다.)
① 벽돌매수 : 224매, 모르타르량 : 0.078m³
② 벽돌매수 : 224매, 모르타르량 : 0.049m³
③ 벽돌매수 : 149매, 모르타르량 : 0.078m³
④ 벽돌매수 : 149매, 모르타르량 : 0.049m³

해설
벽돌쌓기 시 정미량(매) (단위수량 : m²당)

구분	0.5B	1.0B	1.5B
표준형	75	149	224

벽돌쌓기 시 모르타르량 (단위수량 : m²당)

구분	0.5B	1.0B	1.5B
표준형	0.019	0.049	0.078

27
금속커튼월의 성능시험 관련 항목과 가장 거리가 먼 것은?
① 내동해성 시험
② 구조시험
③ 기밀시험
④ 정압수밀시험

해설
실물 모형시험(mock up test)의 성능시험항목
- 기밀시험
- 정압수밀시험
- 동압수밀시험
- 구조시험

정답 23.③ 24.③ 25.④ 26.④ 27.①

28
석재 설치 공법 중 오픈조인트공법의 특징으로 옳지 않은 것은?

① 등압이론 방식을 적용한 수밀방식이다.
② 압력차에 의해서 빗물을 차단할 수 있다.
③ 실링재가 많이 소요된다.
④ 층간변위에도 유동적으로 변위를 흡수할 수 있으므로 파손 확률이 적어진다.

해설

③ 오픈조인트공법은 실링재를 이용한 코킹 처리를 하지 않고 줄눈을 열어놓는 공법이므로 <u>실링재를 거의 사용하지 않는다.</u>

29
웰포인트 공법에 관한 설명으로 옳지 않은 것은?

① 중력배수가 유효하지 않은 경우에 주로 쓰인다.
② 지하수위를 저하시키는 공법이다.
③ 인접지단과 공동매설물 침하에 주의가 필요한 공법이다.
④ 점토질의 투수성이 나쁜 지질에 적합하다.

해설

웰포인트 공법
④ <u>투수성이 좋은 모래 지반에서 적용</u>하는 배수공법

30
타일크기가 10cm×10cm이고 가로세로 줄눈을 6mm로 할 때 면적 1m²에 필요한 타일의 정미수량은?

① 94매 ② 92매
③ 89매 ④ 85매

해설

타일의 정미량 계산
타일크기와 줄눈은 모두 mm의 단위로 통일함
$$\left(\frac{1{,}000}{100+6} \times \frac{1{,}000}{100+6}\right) \times 1 = 89\text{매}$$

31
콘크리트의 압축강도를 시험하지 않을 경우 다음과 같은 조건에서의 거푸집널 해체 시기로 옳은 것은?

- 기초, 보, 기둥 및 벽의 측면의 경우
- 평균기온 20℃ 이상
- 조강 포틀랜드 시멘트 사용

① 1일 ② 2일
③ 3일 ④ 4일

해설

온도와 시멘트에 따른 거푸집의 존치기간

시멘트의 종류	평균기온 20℃ 이상	20℃ 미만 10℃ 이상
조강 포틀랜드 시멘트	2	3
보통 포틀랜드 시멘트 고로슬래그시멘트 특급 포틀랜드포졸란시멘트 A종 플라이애쉬시멘트 A종	4	6

32
건축공사의 도급계약서 내용에 기재하지 않아도 되는 항목은?

① 공사의 착수시기
② 재료의 시험에 관한 내용
③ 계약에 관한 분쟁 해결방법
④ 천재 및 그 외의 불가항력에 의한 손해 부담

해설

도급 계약 명시사항
- 공사내용, 도급금액
- <u>공사 착수시기</u>, 완공시기
- 도급액 지불방법, 지불시기
- 설계변경, 공사 중지 경우 도급액 변경, 손해부담
- <u>천재지변에 의한 손해 부담</u>
- <u>계약에 관한 분쟁의 해결방법</u>

정답 28.③ 29.④ 30.③ 31.② 32.②

33
지질조사를 통한 주상도에서 나타나는 정보가 아닌 것은?

① N치
② 투수계수
③ 토층별 두께
④ 토층의 구성

해설
주상도에 나타나는 정보
N값, 토층별 두께, 토층의 구성, 지하상수위

34
레디믹스트 콘크리트 발주 시 호칭규격인 25 – 24 – 150에서 알 수 없는 것은?

① 염화물 함유량
② 슬럼프(Slump)
③ 호칭강도
④ 굵은골재의 최대치수

해설
레미콘의 호칭규격
굵은 골재의 최대치수-호칭강도-슬럼프치의 순으로 표시함

35
Top-Down공법(역타공법)에 관한 설명으로 옳지 않은 것은?

① 지하와 지상 작업을 동시에 한다.
② 주변 지반에 대한 영향이 적다.
③ 수직부재 이음부 처리에 유리한 공법이다.
④ 1층 슬래브의 형성으로 작업공간이 확보된다.

해설
③ 수직부재 이음부 처리가 어려운 공법이다.

36
도장공사 시 유의사항으로 옳지 않은 것은?

① 도장마감은 도막이 너무 두껍지 않도록 얇게 몇 회로 나누어 실시한다.
② 도장을 수회 반복할 때에는 칠의 색을 동일하게 하여 혼동을 방지해야 한다.
③ 칠하는 장소에서 저온, 다습하고 환기가 충분하지 못할 때는 도장작업을 금지해야 한다.
④ 도장 후 기름, 산, 수지, 알칼리 등의 유해물이 배어 나오거나 녹아 나올 때에는 재시공한다.

해설
도장공사 시 유의사항
② 칠하는 횟수를 구분하기 위하여 초벌과 정벌의 색을 바꾸는 것이 좋다.

37
철골부재 용접 시 겹침이음, T자이음 등에 사용되는 용접으로 목두께의 방향이 모재의 면과 45° 또는 거의 45°의 각을 이루는 것은?

① 필릿용접
② 완전용입 그루브용접
③ 부분용입 그루브용접
④ 다층용접

해설
필릿용접의 특성
• 겹침이음, T자이음에 사용
• 거의 45°의 각을 이루도록 한 용접

38

타일 붙임 공법에 쓰이는 용어 중 거푸집에 전용 시트를 붙이고, 콘크리트 표면에 요철을 부여하여 모르타르가 파고 들어가는 것에 의해 박리를 방지하는 공법은?

① 개량압착 붙임 공법
② MCR 공법
③ 마스크 붙임 공법
④ 밀착 붙임 공법

해설

② MCR 공법에 대한 설명
- 개량압착 붙임 공법 : 바탕면에 붙임 모르타르를 바르고 타일 뒷면에 붙임 모르타르를 발라 두드려 누르거나 비벼 넣으며 붙이는 공법으로 <u>압착공법을 한층 발전시킨 공법</u>
- 밀착 붙임 공법 : 바탕면에 붙임 모르타르를 발라 타일을 눌러 붙인 다음 <u>충격공구(손진동기)로 타일면에 충격을 가하는 공법</u>

39

아래 설명은 어느 방식에 해당되는가?

> 도급자가 대상계획의 기업, 금융, 토지조달, 설계, 시공, 기계·기구설치, 시운전 및 조업지도까지 주문자가 필요로 하는 모든 것을 조달하여 주문자에게 인도하는 방식으로, 산업기술의 고도화, 전문화와 건축물의 고층화, 대형화에 따라 계속 증가 추세인 것

① 프로젝트관리방식(PM)
② 공사관리방식(CM)
③ 파트너링방식
④ 턴키방식

해설

④ 턴키방식에 대한 설명

40

아스팔트 방수재료에 관한 설명으로 옳지 않은 것은?

① 아스팔트 컴파운드는 블로운 아스팔트에 동식물성 섬유를 혼합한 것이다.
② 아스팔트 프라이머는 아스팔트 싱글을 용제로 녹인 것이다.
③ 아스팔트 펠트는 섬유원지에 스트레이트 아스팔트를 가열용해하여 흡수시킨 것이다.
④ 아스팔트 루핑은 원지에 스트레이트 아스팔트를 침투시키고 양면에 컴파운드를 피복한 후 광물질 분말을 살포시킨 것이다.

해설

아스팔트 프라이머
- 아스팔트를 휘발성 용제로 녹인 것
- 콘크리트 접착면과 실링재(아스팔트 방수층)와의 접착성을 좋게 하기 위하여 도포하는 바탕처리 재료

제3과목 · 건축구조

41

그림과 같은 단순보의 양단 수직반력을 구하면?

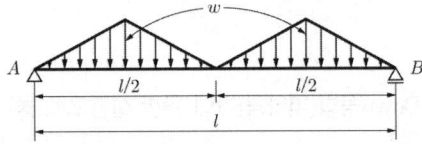

① $R_A = R_B = \dfrac{w\ell}{2}$ ② $R_A = R_B = \dfrac{w\ell}{4}$

③ $R_A = R_B = \dfrac{w\ell}{6}$ ④ $R_A = R_B = \dfrac{w\ell}{8}$

해설

단순보의 수직반력 계산
<u>구조시스템과 하중이 좌우대칭이므로</u>
$R_A = R_B = \dfrac{1}{2} \times w \times \dfrac{l}{2} = \dfrac{wl}{4}$

42
강도설계법으로 설계된 보에서 스터럽이 부담하는 전단력이 $V_s = 265\text{kN}$일 경우 수직 스터럽의 적절한 간격은? (단, $A_v = 2 \times 127\text{mm}^2$(U형 2-D13), $f_{yt} = 350\text{MPa}$, $b_w \times d = 300 \times 450\text{mm}$)

① 120mm ② 150mm
③ 180mm ④ 210mm

해설
스터럽의 간격 계산
$$s = \frac{A_v \cdot f_{yt} \cdot d}{V_s} = \frac{2 \times 127 \times 350 \times 450}{265 \times 1,000}$$
$$= 151.0\text{mm}$$

43
부동침하의 원인과 가장 거리가 먼 것은?
① 건물이 경사지반에 근접되어 있을 경우
② 건물이 이질지반에 걸쳐 있는 경우
③ 이질의 기초구조를 적용했을 경우
④ 건물의 강도가 불균등할 경우

해설
④ 건물의 강도가 불균등할 경우는 부동침하의 원인과 관계없음

44
바람의 난류로 인해서 발생되는 구조물의 동적 거동성분을 나타내는 것으로 평균변위에 대한 최대변위의 비를 통계적인 값으로 나타낸 계수는?
① 지형계수   ② 가스트영향계수
③ 풍속고도분포계수 ④ 풍력계수

해설
가스트영향계수
풍하중 산정 시 난류에 의한 계수로써 평균변위에 대한 최대변위의 비를 통계적인 값으로 정의함

45
다음 용접기호에 대한 옳은 설명은?

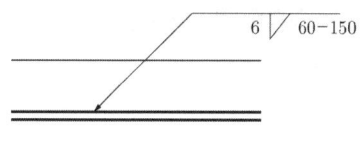

① 그루브용접이다.
② 용접되는 부위는 화살의 반대쪽이다.
③ 유효목두께는 6mm이다.
④ 용접길이는 60mm이다.

해설
용접기호 해석
① 필릿용접이다.
② 용접되는 부위는 화살표가 가리키는 쪽이다.
③ 필릿치수는 6mm이다.
④ 용접길이는 60mm, 용접피치는 150mm의 단속용접이다.

46
그림과 같은 강접골조에 수평력 $P = 10\text{kN}$이 작용하고 기둥의 강비 $k = \infty$인 경우, 기둥의 모멘트가 최대가 되는 위치 h_0는? (단, 괄호안의 기호는 강비이다)

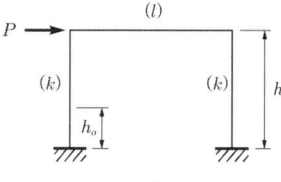

① 0   ② 0.5h
③ (4/7)h   ④ h

해설
강접골조 기둥의 모멘트
기둥의 강성이 무한대이므로 접합부는 핀접합 또는 이동단으로 볼 수 있고, 왼쪽 기둥의 휨모멘트는 지점에서 10h(최대)이고, 기둥 상부에서는 0이다.

47
강구조에서 기초콘크리트에 매입되어 주각부의 이동을 방지하는 역할을 하는 것은?

① 앵커 볼트
② 턴 버클
③ 클립 앵글
④ 사이드 앵글

해설

① 앵커 볼트에 대한 설명

48
그림에서 파단선 a-1-2-3-d의 인장재의 순단면적은? (단, 판두께는 10mm, 볼트 구멍지름은 22mm)

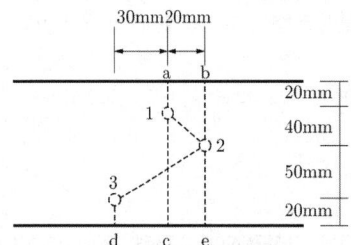

① 690mm²
② 790mm²
③ 890mm²
④ 990mm²

해설

인장재의 순단면적 계산
파단선 a-1-2-3-d의 순단면적

$$A_n = A_g - nd_0t + \sum \frac{s^2 \times t}{4g}$$
$$= 130 \times 10 - 3 \times 22 \times 10 + \frac{20^2 \times 10}{4 \times 40} + \frac{50^2 \times 10}{4 \times 50}$$
$$= 790 \text{mm}^2$$

49
다음과 같은 조건의 단면을 가진 부재의 균열모멘트 M_{cr}을 구하면?

- 단면의 중립축에서 인장연단까지의 거리 $y_t = 420$mm
- 총 단면 2차모멘트 $I_g = 1.0 \times 10^{10}$ mm²
- 보통중량 콘크리트 설계기준압축강도 $f_{ck} = 21$ MPa

① 50.6kNm
② 53.3kNm
③ 62.5kNm
④ 68.8kNm

해설

균열모멘트 계산
$$f_r = 0.63 \times \sqrt{21} = 2.89 \text{N/mm}^2$$
$$M_{cr} = \frac{I_g \times f_r}{y_t} = \frac{1.0 \times 10^{10}}{420} \times 2.89 \times 10^{-6}$$
$$= 68.8 \text{kNm}$$

50
강도설계법에서 직접설계법을 이용한 콘크리트 슬래브 설계 시 적용조건으로 옳지 않은 것은?

① 각 방향으로 3경간 이상 연속되어야 한다.
② 슬래브 판들은 단변 경간에 대한 장변 경간의 비가 2 이하인 직사각형이어야 한다.
③ 각 방향으로 연속한 받침부 중심간 경간 차이는 긴 경간의 1/3 이하이어야 한다.
④ 모든 하중은 슬래브판의 특정지점에 작용하는 집중하중이어야 하며 활하중은 고정하중의 3배 이하이어야 한다.

해설

직접설계법의 적용조건
④ 모든 하중은 연직하중으로서 <u>등분포하중이어야</u> 하며 활하중은 고정하중의 <u>2배 이하</u>이어야 한다.

51

인장을 받는 이형철근의 정착길이(l_d)는 기본정착길이(l_{db})에 보정계수를 곱하여 산정한다. 다음 중 이러한 보정계수에 영향을 미치는 사항이 아닌 것은?

① 하중계수
② 경량콘크리트 계수
③ 에폭시 도막 계수
④ 철근배치 위치계수

해설

인장철근의 정착길이 산정 요소

경량콘크리트 계수, 에폭시 도막계수, 철근배치 위치계수

52

직경(D) 30mm, 길이(L) 4m인 강봉에 90kN의 인장력이 작용할 때 인장력(σ_t)과 늘어난 길이($\triangle L$)는 약 얼마인가? (단, 강봉의 탄성계수 $E=200,000$MPa)

① $\sigma_t=127.3$MPa, $\triangle L=1.43$mm
② $\sigma_t=127.3$MPa, $\triangle L=2.55$mm
③ $\sigma_t=132.5$MPa, $\triangle L=1.43$mm
④ $\sigma_t=132.5$MPa, $\triangle L=2.55$mm

해설

인장응력과 변형량 계산

(1) 인장응력(σ_t) = $\dfrac{P}{A} = \dfrac{90,000}{\dfrac{\pi \times 30^2}{4}} = 127.3$MPa

(2) 늘어난 길이(Δl)

$\Delta L = \dfrac{PL}{EA} = \dfrac{90,000 \times 4,000}{200,000 \times \dfrac{\pi \times 30^2}{4}} = 2.55$mm

53

동일재료를 사용한 캔틸레버 보에서 작용하는 집중하중의 크기가 $P_1 = P_2$일 때, 보의 단면이 그림과 같다면 최대처짐 $y_1 : y_2$의 비는?

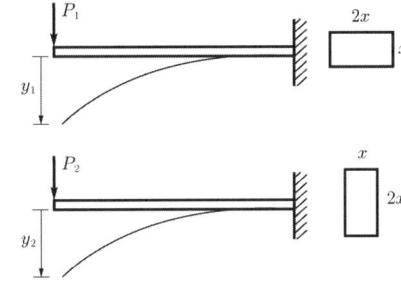

① 2 : 1
② 4 : 1
③ 8 : 1
④ 16 : 1

해설

캔틸레버의 처짐 비교

(1) $y = \dfrac{PL^3}{3EI}$

(2) 동일재료이므로 E가 동일하고 길이 L과 집중하중 P가 동일하므로, 처짐(y)은 I에 반비례하고,

$I = \dfrac{bh^3}{12}$ 이므로 $y \propto \dfrac{1}{bh^3}$

(3) $y_1 : y_2 = \dfrac{1}{2x(x)^3} : \dfrac{1}{x(2x)^3}$

$= \dfrac{1}{2x^4} : \dfrac{1}{8x^4} = 4 : 1$

54

인장시험을 통하여 얻어진 탄소강의 응력-변형도 곡선에서 변형도 경화영역의 최대응력을 의미하는 것은?

① 인장강도
② 항복강도
③ 탄성한도
④ 비례한도

해설

응력-변형도 곡선

- 인장강도 : 변형도 경화영역의 최대응력
- 항복강도 : 응력을 증가하지 않아도 변형도가 크게 증가하기 시작하는 지점의 응력(하항복점)
- 탄성한도 : 탄성의 성질을 유지하는 마지막 한계지점
- 비례한도 : 응력과 변형도가 비례하여 선형관계를 유지하는 마지막 한계지점

55
고층건물의 구조형식 중에서 건물의 중간층에 대형 수평부재를 설치하여 횡력을 외곽기둥이 분담할 수 있도록 한 형식은?

① 트러스 구조
② 골조 아웃리거 구조
③ 튜브 구조
④ 스페이스 프레임 구조

해설

② 골조 아웃리거 구조에 대한 설명
- 튜브 구조 : 건물의 외곽기둥을 일체화시켜 빈 상자형 캔틸레버와 같이 거동하게 함으로써 수평 하중에 대한 건물 전체의 강성을 높이면서, 내부기둥은 수직하중만 지지하도록 하여 내부공간을 넓게 사용할 수 있도록 만든 구조형식
- 스페이스 프레임 구조 : 트러스를 종횡으로 배치해 판을 구성한 구조이며, 재료에는 형강이나 강관을 사용하며 몇 개의 기둥으로 넓은 공간을 구성하는 데 사용됨

56
그림과 같은 기둥단면이 300mm×300mm인 사각형 단주에서 기둥에 발생하는 최대압축응력은? (단, 부재의 재질은 균등한 것으로 본다.)

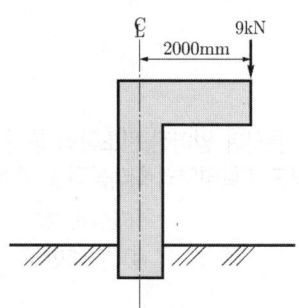

① -2.0MPa
② -2.6MPa
③ -3.1MPa
④ -4.1MPa

해설

단주의 최대압축응력

$$\sigma_{max} = -\frac{P}{A} - \frac{M}{Z}$$
$$= -\frac{9,000}{300 \times 300} - \frac{9,000 \times 2,000}{\frac{300 \times 300^2}{6}}$$
$$= -4.1 \text{MPa}$$

57
다음 그림과 같은 트러스의 반력 R_A와 R_B는?

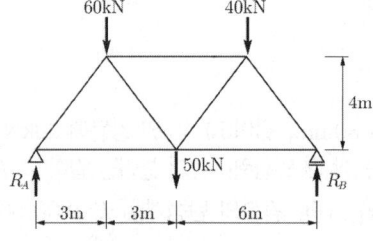

① R_A=60kN, R_B=90kN
② R_A=70kN, R_B=80kN
③ R_A=80kN, R_B=70kN
④ R_A=100kN, R_B=50kN

해설

트러스의 반력 계산

$\Sigma V = 0 \rightarrow R_A + R_B = 60 + 40 + 50 = 150 \text{kN}$
$\Sigma M_B = 0$
$R_A \times (3+3+6) - 60 \times (3+9) - 50 \times 6 - 40 \times 3 = 0$
$R_A = \dfrac{60 \times 9 + 50 \times 6 + 40 \times 3}{12} = 80 \text{kN}$
$\therefore R_B = 150 - 80 = 70 \text{kN}$

58
점 A에 작용하는 두 개의 힘 P_1과 P_2의 합력을 구하면?

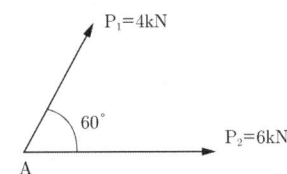

① $\sqrt{72}$ kN ② $\sqrt{74}$ kN
③ $\sqrt{76}$ kN ④ $\sqrt{78}$ kN

해설
두 힘의 합력 계산
한 힘을 A, 다른 힘을 B이고 사이각이 θ일 때
$$C^2 = A^2 + B^2 + 2AB\cos\theta$$
$$= (4)^2 + (6)^2 + 2(4)(6)\cos 60°$$
$$= 76 \rightarrow C = \sqrt{76} \text{ kN}$$

59
표준갈고리를 갖는 인장 이형철근(D13)의 기본정착길이는? (단, D13의 공칭지름 : 12.7mm, f_{ck} = 27MPa, f_y = 400MPa, β = 1.0, m_c = 2300kg/m³)

① 190mm ② 205mm
③ 220mm ④ 235mm

해설
표준갈고리의 기본정착길이
$$l_{hb} = \frac{0.24\beta d_b f_y}{\lambda\sqrt{f_{ck}}} = \frac{0.24 \times 1.0 \times 12.7 \times 400}{1.0 \times \sqrt{27}}$$
$$= 234.6\text{mm}$$

60
H형강이 사용된 압축재의 양단이 핀으로 지지되고 부재 중간에서 x축 방향으로만 이동할 수 없도록 지지되어 있다. 부재의 전 길이가 4m일 때 세장비는? (단, r_x = 8.62cm, r_y = 5.02cm임)

① 26.4 ② 36.4
③ 46.4 ④ 56.4

해설
세장비 계산
단면2차반경이 cm의 단위로 주어졌으므로 길이의 단위를 cm로 통일함
(1) 유효좌굴길이
- $KL_x = 1.0 \times 400 = 400$cm
- $KL_y = 1.0 \times 200 = 200$cm

(2) 세장비
- x축에 대한 세장비 = $\frac{KL_x}{r_x} = \frac{400}{8.62} = 46.4$
- y축에 대한 세장비 = $\frac{KL_y}{r_y} = \frac{200}{5.02} = 39.8$

∴ 세장비 = 큰 값 46.4

제4과목 ■ 건축설비

61
실내에 4,500W를 발열하고 있는 기기가 있다. 이 기기의 발열로 인해 실내 온도상승이 생기지 않도록 환기를 하려고 할 때, 필요한 최소환기량은? (단, 공기의 밀도 1.2kg/m³, 비열 1.01kJ/kg·K, 실내온도 20℃, 외기온도 0℃이다.)

① 약 452m³/h ② 약 668m³/h
③ 약 856m³/h ④ 약 928m³/h

해설
최소 환기량
$$Q_f = \frac{H_s}{0.337(\theta_a - \theta_0)}$$
여기서, H_s : 발열량(W)
θ_a : 허용실내온도(℃)
θ_0 : 신선공기온도(℃)
$$Q_f = \frac{4,500}{0.337(20-0)} = 667.7\text{m}^3/\text{h}$$

62
주위온도가 일정온도 이상으로 되면 동작하는 자동화재탐지설비의 감지기는?

① 이온화식 감지기
② 차동식 스폿형 감지기
③ 정온식 스폿형 감지기
④ 광전식 스폿형 감지기

해설

자동화재 탐지설비의 감지기 종류
- 정온식 : 실온이 일정온도 이상 상승
- 차동식 : 주위온도가 일정한 온도상승률 이상

63
습공기의 엔탈피에 관한 설명으로 옳은 것은?

① 건구온도가 높을수록 커진다.
② 절대습도가 높을수록 작아진다.
③ 수증기의 엔탈피에서 건공기의 엔탈피를 뺀 값이다.
④ 습공기를 냉각·가습할 경우, 엔탈피는 항상 감소한다.

해설

습공기의 엔탈피

습공기 엔탈피=(건증기 정압비열×건구온도)
  ×(절대습도×수증기 정압비열
  ×건구온도)

- 따라서 습공기 엔탈피는 절대습도와 건구온도에 비례함
- 습공기를 냉각, 가습하면 건구온도는 낮아지지만 절대습도가 높아져 엔탈피는 증가할 수 있음

64
조명기구의 배광에 따른 분류 중 직접조명형에 관한 설명으로 옳은 것은?

① 상향광속과 하향광속이 거의 동일하다.
② 천장을 주광원으로 이용하므로 천장의 색에 대한 고려가 필요하다.
③ 매우 넓은 면적이 광원으로서의 역할을 하기 때문에 직사 눈부심이 없다.
④ 작업면에 고조도를 얻을 수 있으나 심한 휘도 차 및 짙은 그림자가 생긴다.

해설

① 상향광속(0~10)과 하향광속(10~90)이 완전히 다르다.
② 천장을 주광원으로 이용하지 않으므로 천장의 색과 별로 상관이 없다.
③ 좁은 면적이 광원으로서의 역할을 하기 때문에 직사 눈부심이 있다.

65
다음 중 건축물 실내공간의 잔향시간에 가장 큰 영향을 주는 것은?

① 실의 용적 ② 음원의 위치
③ 벽체의 두께 ④ 음원의 음압

해설

Sabine의 잔향시간 산정식

$$R_t = K \times \frac{V}{A} = 0.16 \frac{V}{A}$$

여기서, R_t : 잔향시간(초)
  V : 실의 용적(m³)
  K : 비례상수(0.16)
  A : 실내의 총 흡음력

66
다음 설명에 알맞은 통기관의 종류는?

> 기구가 반대방향(좌우분기) 또는 병렬로 설치된 기구 배수관의 교점에 접속하여 입상하며, 그 양 기구의 트랩 봉수를 보호하기 위한 1개의 통기관을 말한다.

① 공용통기관 ② 결합통기관
③ 각개통기관 ④ 신정통기관

해설

① 공용통기관에 대한 설명

67
습공기가 냉각되어 포함되어 있던 수증기가 응축되기 시작하는 온도를 의미하는 것은?

① 노점온도　　② 습구온도
③ 건구온도　　④ 절대온도

해설
① 노점온도에 대한 설명

68
변전실에 관한 설명으로 옳지 않은 것은?
① 건축물의 최하층에 설치하는 것이 원칙이다.
② 용량의 증설에 대비한 면적을 확보할 수 있는 장소로 한다.
③ 사용부하의 중심에 가깝고, 간선의 배선이 용이한 것으로 한다.
④ 변전실의 높이는 바닥의 케이블트렌치 및 무근콘크리트 설치 여부 등을 고려한 유효높이로 한다.

해설
변전실 설치장소
① 최하층은 원칙적으로 설치하지 않음. 다만, 부득이하게 최하층 사용 시 침수에 대한 대책을 세워야 함

69
10Ω의 저항 10개를 직렬로 접속할 때의 합성저항은 병렬로 접속할 때의 합성저항의 몇 배가 되는가?

① 5배　　② 10배
③ 50배　　④ 100배

해설
직렬과 병렬의 저항 계산
- 직렬 : $10 \times 10 = 100\,\Omega$
- 병렬 : $\dfrac{1}{10} \times 10 = 1\,\Omega$
∴ 직렬은 병렬의 100배

70
증기난방에 관한 설명으로 옳지 않은 것은?
① 응축수 환수관 내에 부식이 발생하기 쉽다.
② 동일 방열량인 경우 온수난방에 비해 방열기의 방열면적이 작아도 된다.
③ 방열기를 바닥에 설치하므로 복사난방에 비해 실내바닥의 유효면적이 줄어든다.
④ 온수난방에 비해 예열시간이 길어서 충분한 난방감을 느끼는데 시간이 걸린다.

해설
④ 온수난방에 비해 예열시간이 짧아 충분한 난방감을 느끼는데 시간이 짧게 걸린다.

71
건구온도 26℃인 실내공기 8,000m³/h와 건구온도 32℃인 외부공기 2,000m³/h를 단열혼합하였을 때 혼합공기의 건구온도는?

① 27.2℃
② 27.6℃
③ 28.0℃
④ 29.0℃

해설
혼합공기의 건구온도 계산

$$t_3 = \dfrac{Q_1 \times t_1 + Q_2 \times t_2}{Q_1 + Q_2}$$

$$= \dfrac{(8{,}000 \times 26) + (2{,}000 \times 32)}{8{,}000 + 2{,}000}$$

$$= 27.2℃$$

여기서, Q_1과 Q_2 : 혼합 전 공기량
　　　　t_1과 t_2 : 혼합 전 공기온도

72
다음의 스프링클러설비의 화재안전기준 내용 중 ( ) 안에 알맞은 것은?

전동기에 따른 펌프를 이용하는 가압송수 장치의 송수량은 0.1MPa의 방수압력 기준으로 ( ) 이상의 방수성능을 가진 기준개수의 모든 헤드로부터의 방수량을 충족시킬 수 있는 양 이상으로 할 것

① 80L/min ② 90L/min
③ 110L/min ④ 130L/min

해설
스프링클러 설비
- 헤드 방수 압력 : 0.1MPa 이상
- 표준 방수량 : 80L/min 이상

73
다음 설명에 알맞은 요운전원 엘리베이터 조작 방식은?

기동은 운전원의 버튼 조작으로 하며, 정지는 목적층 단추를 누르는 것과 승강장의 호출신호로 층의 순서대로 자동 정지한다.

① 카 스위치 방식
② 전자동군관리방식
③ 레코드 컨트롤 방식
④ 시그널 컨트롤 방식

해설
④ 시그널 컨트롤 방식에 대한 설명

74
가스설비에서 LPG에 관한 설명으로 옳지 않은 것은?
① 공기보다 무겁다.
② LNG에 비해 발열량이 작다.
③ 순수한 LPG는 무색, 무취이다.
④ 액화하면 체적이 1/250 정도가 된다.

해설
② LNG에 비해 발열량이 크다.

75
각종 급수방식에 관한 설명으로 옳지 않은 것은?
① 수도직결방식은 정전으로 인한 단수의 염려가 없다.
② 압력수조방식은 단수 시에 일정량의 급수가 가능하다.
③ 수도직결방식은 위생 및 유지·관리 측면에서 가장 바람직한 방식이다.
④ 고가수조방식은 수도 본관의 영향에 따라 급수압력의 변화가 심하다.

해설
④ 고가수조방식은 고가수조에 물을 저장했다가 중력식으로 각 세대에 공급하는 방식이므로 급수압력이 일정하다.

76
길이 20m, 지름 400mm의 덕트에 평균속도 12m/s로 공기가 흐를 때 발생하는 마찰저항은?(단, 덕트의 마찰저항계수는 0.02, 공기의 밀도는 1.2kg/m³이다.)
① 7.3Pa ② 8.6Pa
③ 73.2Pa ④ 86.4Pa

해설
마찰저항(손실수두)
모든 단위를 N과 m로 통일함

$$H_f = f \times \frac{l}{d} \times \gamma \frac{v^2}{2}$$

$$= \left[0.02 \times \frac{20}{0.4} \times \frac{1.2 \times (12)^2}{2}\right] = 86.4\text{Pa}$$

여기서, f : 마찰저항계수
l : 관길이
d : 관경
γ : 밀도

77
압축식 냉동기의 냉동사이클을 옳게 나타낸 것은?

① 압축 → 응축 → 팽창 → 증발
② 압축 → 팽창 → 응축 → 증발
③ 응축 → 증발 → 팽창 → 압축
④ 팽창 → 증발 → 응축 → 압축

해설

압축식 냉동기의 냉동 사이클
압축기 - 응축기 - 팽창밸브 - 증발기의 순으로 순환

78
다음 중 급수배관계통에서 공기빼기밸브를 설치하는 가장 주된 이유는?

① 수격작용을 방지하기 위하여
② 배관 내면의 부식을 방지하기 위하여
③ 배관 내 유체의 흐름을 원활하게 하기 위하여
④ 배관 표면에 생기는 결로를 방지하기 위하여

해설

장치별 용도
- 공기빼기밸브 : 배관의 흐름을 원활히 하기 위해
- 공기실 : 수격작용을 방지하기 위해

79
배수트랩의 봉수파괴 원인 중 통기관을 설치함으로써 봉수파괴를 방지할 수 있는 것이 아닌 것은?

① 분출작용
② 모세관작용
③ 자기사이펀작용
④ 유도사이펀작용

해설

② 모세관작용의 방지책은 거름망의 설치

80
저압옥내 배선공사 중 직접 콘크리트에 매설할 수 있는 공사는?

① 금속관공사
② 금속덕트공사
③ 버스덕트공사
④ 금속몰드공사

해설

금속관 배선
저압 옥내배선공사 중 직접 **콘크리트에 매설할 수도 있고**, 노출되고 습기가 많은 장소에 시설이 가능한 공사

제5과목 ▪ 건축관계법규

81
판매시설 용도이며 지상 각 층의 거실면적이 2,000m²인 15층의 건축물에 설치하여야 하는 승용승강기의 최소 대수는? (단, 16인승 승강기이다.)

① 2대 ② 4대
③ 6대 ④ 8대

해설

판매시설의 승용승강기 설치대수
(1) 6층 이상의 거실면적
: (15층 - 5층)×2,000m² = 20,000m²
(2) 판매시설
$2+\left(\dfrac{A-3,000}{2,000}\right) = 2+\left(\dfrac{20,000-3,000}{2,000}\right)$
$= 10.5 \to 11$대
(3) 16인승 이상 승강기 1대를 2대로 인정하므로
$\dfrac{11대}{2대} = 5.5 \to 6$대

정답 77.① 78.③ 79.② 80.① 81.③

82
다음 중 건축물 관련 건축기준의 허용되는 오차 범위(%)가 가장 큰 것은?

① 평면길이
② 출구너비
③ 반자높이
④ 바닥판두께

해설
허용오차 범위 기준
- 0.5% 이내 : 건폐율
- 1% 이내 : 용적률
- 2% 이내 : 건축물의 높이, 평면길이, 출구너비, 반자높이
- 3% 이내 : 건축물의 후퇴거리, 벽체두께, 바닥판두께

83
다음 중 내화구조에 해당하지 않는 것은? (단, 외벽 중 비내력벽인 경우)

① 철근콘크리트조로서 두께가 7cm인 것
② 무근콘크리트조로서 두께가 7cm인 것
③ 골구를 철골조로 하고 그 양면을 두께 3cm의 철망모르타르로 덮은 것
④ 철재로 보강된 콘크리트블록조로서 철재에 덮은 콘크리트블록의 두께가 3cm 이상인 것

해설
④ 철재로 보강된 콘크리트블록조·벽돌조 또는 석조로서 철재에 덮은 콘크리트블록 등의 두께가 <u>4cm 이상인 것</u>

84
중앙도시계획위원회에 관한 설명으로 틀린 것은?

① 위원장·부위원장 각 1명을 포함한 25명 이상 30명 이하의 위원으로 구성한다.
② 위원장은 국토교통부장관이 되고, 부위원장은 위원 중 국토교통부장관이 임명한다.
③ 공무원이 아닌 위원의 수는 10명 이상으로 하고, 그 임기는 2년으로 한다.
④ 도시·군계획에 관한 조사·연구 업무를 수행한다.

해설
② <u>위원장 및 부위원장은 위원 중에서 국토교통부장관이 임명하거나 위촉</u>한다.

85
다음은 건축법령상 직통계단의 설치에 관한 기준 내용이다. ( ) 안에 알맞은 것은?

> 초고층 건축물에는 피난층 또는 지상으로 통하는 직통계단과 직접 연결되는 피난안전구역(건축물의 피난·안전을 위하여 건축물 중간층에 설치하는 대피공간)을 지상층으로부터 최대 ( )층마다 1개소 이상 설치하여야 한다.

① 10개
② 20개
③ 30개
④ 40개

해설
초고층 건축물에는 피난층 또는 지상으로 통하는 직통계단과 직접 연결되는 피난안전구역(건축물의 피난·안전을 위하여 건축물 중간층에 설치하는 대피공간)을 지상층으로부터 <u>최대 30개 층마다 1개소 이상 설치</u>하여야 한다.

정답 82.④ 83.④ 84.② 85.③

86

다음은 승용 승강기의 설치에 관한 기준 내용이다. 밑줄 친 "대통령령으로 정하는 건축물"에 대한 기준 내용으로 옳은 것은?

> 건축주는 6층 이상으로서 연면적이 2천m² 이상인 건축물(대통령령으로 정하는 건축물은 제외한다)을 건축하려면 승강기를 설치하여야 한다.

① 층수가 6층인 건축물로서 각 층 거실의 바닥면적 300m² 이내마다 1개소 이상의 직통계단을 설치한 건축물
② 층수가 6층인 건축물로서 각 층 거실의 바닥면적 500m² 이내마다 1개소 이상의 직통계단을 설치한 건축물
③ 층수가 10층인 건축물로서 각 층 거실의 바닥면적 300m² 이내마다 1개소 이상의 직통계단을 설치한 건축물
④ 층수가 10층인 건축물로서 각 층 거실의 바닥면적 500m² 이내마다 1개소 이상의 직통계단을 설치한 건축물

해설

승용 승강기 설치의 예외 건축물
- 층수가 6층인 건축물로서 각 층 거실의 바닥면적 300m² 이내마다 1개소 이상의 직통계단을 설치한 건축물

87

주차장의 용도와 판매시설이 복합된 연면적 20,000m²인 건축물이 주차전용건축물로 인정받기 위해서는 주차장으로 사용되는 부분의 면적이 최소 얼마 이상이어야 하는가?

① 6,000m²
② 10,000m²
③ 14,000m²
④ 19,500m²

해설

주차전용건축물의 주차면적 비율

건축물의 용도	주차면적 비율
건축물의 연면적 중 주차장으로 사용되는 부분	95% 이상
단독주택, 공동주택, 제1종 및 제2종 근린생활시설, 문화 및 집회시설, 종교시설, 판매시설, 운수시설, 운동시설, 업무시설, 자동차관련시설	70% 이상

따라서 20,000 × 0.7 = 14,000m²

88

건축법령 상 건축을 하는 경우 조경 등의 조치를 하지 아니할 수 있는 건축물 기준으로 틀린 것은? (단, 옥상 조경 등 대통령령으로 따로 기준을 정하는 경우는 고려하지 않는다.)

① 축사
② 녹지지역에 건축하는 건축물
③ 연면적의 합계가 2,000m² 미만인 공장
④ 면적 5,000m² 미만인 대지에 건축하는 공장

해설

조경 미설치 대상 건축물
- 축사
- 녹지지역에 건축하는 건축물
- 연면적의 합계가 1,500m² 미만인 공장
- 면적 5,000m² 미만인 대지에 건축하는 공장
- 가설건축물

89

시가화조정구역에서 시가화유보기간으로 정하는 기간 기준은?

① 1년 이상 5년 이내
② 3년 이상 10년 이내
③ 5년 이상 20년 이내
④ 10년 이상 30년 이내

해설

시가화조정구역 : 도시지역과 그 주변지역의 무질서한 시가화를 방지하고 계획적·단계적인 개발을 도모하기 위하여 5년 이상 20년 이내의 기간 동안 시가화를 유보할 필요가 있다고 인정될 때 지정하는 구역

정답 86.① 87.③ 88.③ 89.③

90
공동주택과 오피스텔의 난방설비를 개별난방방식으로 하는 경우의 기준으로 틀린 것은?

① 보일러실의 윗부분에는 그 면적이 0.5m² 이상인 환기창을 설치할 것
② 보일러는 거실외의 곳에 설치하되, 보일러를 설치하는 곳과 거실사이의 경계벽은 출입구를 제외하고는 내화구조의 벽으로 구획할 것
③ 보일러의 연도는 방화구조로서 개별연도로 설치할 것
④ 기름보일러를 설치하는 경우 기름저장소를 보일러실 외의 다른 곳에 설치할 것

해설
③ 보일러의 연도는 <u>내화구조로서 공동연도로 설치할</u> 것

91
건축물의 층수 산정에 관한 기준이 틀린 것은?

① 지하층은 건축물의 층수에 산입하지 아니한다.
② 층의 구분이 명확하지 아니한 건축물은 그 건축물의 높이 4m마다 하나의 층으로 보고 그 층수를 산정한다.
③ 건축물이 부분에 따라 그 층수가 다른 경우에는 바닥면적에 따라 가중평균한 층수를 그 건축물의 층수로 본다.
④ 계단탑으로서 그 수평투영면적의 합계가 해당 건축물 건축면적의 8분의 1 이하인 것은 건축물의 층수에 산입하지 아니한다.

해설
③ 건축물이 부분에 따라 그 층수가 다른 경우에는 <u>그 중 가장 많은 층수</u>를 그 건축물의 층수로 본다.

92
특별시장·광역시장·특별자치시장·특별자치도지사·시장 또는 군수가 관할 구역의 도시·군 기본계획에 대하여 타당성을 전반적으로 재검토하여 정비하여야 하는 기간의 기준은?

① 5년　　② 10년
③ 15년　④ 20년

해설
도시·군 기본계획에 대하여 타당성을 전반적으로 재검토하여 정비하여야 하는 기간 : <u>5년</u>

93
국토의 계획 및 이용에 관한 법령상 주거지역의 세분 중 중층주택을 중심으로 편리한 주거환경을 조성하기 위하여 지정하는 용도지역은?

① 제1종일반주거지역
② 제2종일반주거지역
③ 제1종전용주거지역
④ 제2종전용주거지역

해설
주거지역 세분

전용주거 지역	제1종	단독주택중심의 양호한 주거환경을 보호
	제2종	공동주택중심의 양호한 주거환경을 보호
일반주거 지역	제1종	저층주택중심으로 편리한 주거환경을 조성
	제2종	중층주택중심으로 편리한 주거환경을 조성
	제3종	중·고층주택을 중심으로 편리한 주거환경을 조성
준주거 지역	주거기능을 주로 하면서 상업·업무기능의 보완	

정답 90.③ 91.③ 92.① 93.②

94

사용승인을 받는 즉시 건축물의 내진능력을 공개하여야 하는 대상 건축물의 층수 기준은? (단, 목구조 건축물의 경우이며 기타의 경우는 고려하지 않는다.)

① 2층 이상 ② 3층 이상
③ 6층 이상 ④ 16층 이상

해설

사용승인에 따른 내진능력 공개 대상건축물
- 층수가 2층(목구조 건축물은 3층) 이상인 건축물
- 연면적이 200m²(목구조 건축물은 500m²) 이상인 건축물

95

특별피난계단의 구조에 관한 기준 내용으로 틀린 것은?

① 계단은 내화구조로 하되, 피난층 또는 지상까지 직접 연결되도록 한다.
② 계단실 및 부속실의 실내에 접하는 부분의 마감은 불연재료로 한다.
③ 출입구의 유효너비는 0.9m 이상으로 하고 피난의 방향으로 열 수 있도록 한다.
④ 건축물의 내부에서 노대 또는 부속실로 통하는 출입구에는 을종 방화문을 설치하고, 노대 또는 부속실로부터 계단실로 통하는 출입구에는 갑종 방화문을 설치하도록 한다.

해설

④ 건축물의 내부에서 노대 또는 부속실로 통하는 출입구에는 <u>갑종 방화문을 설치</u>하고, 노대 또는 부속실로부터 계단실로 통하는 출입구에는 갑종 또는 을종 방화문을 설치하도록 한다.

96

건축허가 대상 건축물이라 하더라도 건축신고를 하면 건축허가를 받은 것으로 보는 경우에 속하지 않는 것은? (단, 층수가 2층인 건축물의 경우)

① 바닥면적의 합계가 75m²의 증축
② 바닥면적의 합계가 75m²의 재축
③ 바닥면적의 합계가 75m²의 개축
④ 연면적이 250m²인 건축물의 대수선

해설

건축신고 대상 행위
- 연면적의 합계가 100m² 이하인 건축물의 건축
- 바닥면적의 합계가 <u>85m² 이내의 증축·개축 또는 재축</u>
- <u>연면적 200m² 미만이고 3층 미만</u>인 건축물의 대수선

97

건축지도원에 관한 내용으로 틀린 것은?

① 건축지도원은 특별자치시·특별자치도 또는 시·군·구에 근무하는 건축직렬의 공무원과 건축에 관한 학식이 풍부한 자 중에서 지정한다.
② 건축지도원의 자격과 업무 범위는 건축조례로 정한다.
③ 건축설비가 법령 등에 적합하게 유지·관리되고 있는지 확인·지도 및 단속한다.
④ 허가를 받지 아니하거나 신고를 하지 아니하고 건축하거나 용도 변경한 건축물을 단속한다.

해설

② 건축지도원의 자격과 업무범위는 <u>대통령령으로 정한다</u>.

98
다음 노외주차장의 구조 및 설비기준에 관한 내용 중 ( ) 안에 알맞은 것은?

> 자동차용 승강기로 운반된 자동차가 주차구획까지 자주식으로 들어가는 노외주차장의 경우에는 주차대수 ( )마다 1대의 자동차용 승강기를 설치하여야 한다.

① 10대
② 20대
③ 30대
④ 40대

해설

자동차용승강기로 운반된 자동차가 주차구획까지 자주식으로 들어가는 노외주차장의 경우에는 주차대수 30대마다 1대의 자동차용승강기를 설치

99
비상용승강기의 승강장에 설치하는 배연설비의 구조에 관한 기준 내용으로 틀린 것은?

① 배연구 및 배연풍도는 불연재료로 할 것
② 배연구는 평상시에는 열린 상태를 유지할 것
③ 배연구가 외기에 접하지 아니하는 경우에는 배연기를 설치할 것
④ 배연기는 배연구의 열림에 따라 자동적으로 작동하고, 충분한 공기배출 또는 가압능력이 있을 것

해설

② 배연구는 평상시에는 닫힌 상태를 유지할 것

100
막다른 도로의 길이가 15m일 때, 이 도로가 건축법령상 도로이기 위한 최소 폭은?

① 2m
② 3m
③ 4m
④ 6m

해설

막다른 도로의 길이별 최소너비 기준

- 도로길이 10m 미만 : 최소너비 2m 이상
- 도로길이 10~35m 미만 : 최소너비 3m 이상
- 도로길이 35m 이상 : 최소너비 6m 이상

정답 98.③ 99.② 100.②

2022 제2회 건축기사

2022년 4월 24일 시행

제1과목 ■ 건축계획

01
장애인·노인·임산부 등의 편의증진 보장에 관한 법령에 따른 편의시설 중 매개시설에 속하지 않는 것은?
① 주출입구 접근로
② 유도 및 안내설비
③ 장애인전용 주차구역
④ 주출입구 높이차이 제거

해설
편의시설의 종류
- 매개시설 : 주 출입구 접근로, 장애인전용 주차구역, 주 출입구 높이 차이 제거
- 안내시설 : 점자블록, 유도 및 안내설비

02
다음 중 사무소 건축의 기둥간격 결정 요소와 가장 거리가 먼 것은?
① 책상배치의 단위
② 주차배치의 단위
③ 엘리베이터의 설치 대수
④ 채광상 층높이에 의한 깊이

해설
사무소의 기둥간격 결정 요인
- 지하주차장의 주차배치 단위(가장 중요)
- 책상 배치단위
- 채광 상 층높이에 대한 깊이

03
우리나라 전통 한식주택에서 문꼴부분(개구부)의 면적이 큰 이유로 가장 적합한 것은?
① 겨울의 방한을 위해서
② 하절기 고온다습을 견디기 위해서
③ 출입하는데 편리하게 하기 위해서
④ 상부의 하중을 효과적으로 지지하기 위해서

해설
한식주택의 문꼴부분이 큰 이유
여름의 고온다습을 견디기 위해

04
공장건축의 레이아웃(Layout)에 관한 설명으로 옳지 않은 것은?
① 제품중심의 레이아웃은 대량생산에 유리하며 생산성이 높다.
② 레이아웃이란 공장건축의 평면요소간의 위치관계를 결정하는 것을 말한다.
③ 고정식 레이아웃은 조선소와 같이 제품이 크고 수량이 적은 경우에 행해진다.
④ 중화학 공업, 시멘트 공업 등 장치공업 등은 시설의 융통성이 크기 때문에 신설 시 장래성에 대한 고려가 필요 없다.

해설
④ 장치공업 등은 시설의 융통성이 거의 없으므로 신설 시 장래성을 반드시 고려함

정답 01.② 02.③ 03.② 04.④

05
메조넷형 아파트에 관한 설명으로 옳지 않은 것은?
① 다양한 평면구성이 가능하다.
② 소규모 주택에서는 비경제적이다.
③ 통로면적이 감소되며 유효면적이 증대된다.
④ 복도와 엘리베이터홀은 각 층마다 계획된다.

해설
④ 복도와 엘리베이터홀은 각 층마다 계획되지 않고, 2개의 층마다 계획된다.

06
고층밀집형 병원에 관한 설명으로 옳지 않은 것은?
① 병동에서 조망을 확보할 수 있다.
② 대지를 효과적으로 이용할 수 있다.
③ 각종 방재대책에 대한 비용이 높다.
④ 병원의 확장 등 성장변화에 대한 대응이 용이하다.

해설
④ 병원의 확장에 대한 대응이 힘들다.
병원의 확장에 대한 대응이 용이한 것은 다익형임

07
주당 평균 40시간을 수업하는 어느 학교에서 음악실에서의 수업이 총 20시간이며 이 중 15시간은 음악시간으로 나머지 5시간은 학급 토론시간으로 사용되었다면, 이 음악실의 이용률과 순수율은?
① 이용률 37.5%, 순수율 75%
② 이용률 50%, 순수율 75%
③ 이용률 75%, 순수율 37.5%
④ 이용률 75%, 순수율 50%

해설
$$이용률 = \frac{교실이\ 사용되고\ 있는\ 시간}{1주간\ 평균\ 수업시간} \times 100(\%)$$

$$순수율 = \frac{일정한\ 교과를\ 위해\ 사용되는\ 시간}{그\ 교실이\ 사용되고\ 있는\ 시간} \times 100(\%)$$

$$이용률 = \frac{20}{40} \times 100(\%) = 50(\%)$$

$$순수율 = \frac{20-5}{20} \times 100(\%) = 75\%$$

08
극장건축에서 무대의 제일 뒤에 설치되는 무대 배경용의 벽을 의미하는 것은?
① 사이클로라마   ② 플라이 로프트
③ 플라이 갤러리   ④ 그리드 아이언

해설
① 사이클로라마 : 가장 뒤에 설치하는 무대 배경용 벽

09
도서관의 출납시스템 중 자유개가식에 관한 설명으로 옳은 것은?
① 도서의 유지관리가 용이하다.
② 책의 내용 파악 및 선택이 자유롭다.
③ 대출절차가 복잡하고 관원의 작업량이 많다.
④ 열람자는 직접 서가에 면하여 책의 표지 정도는 볼 수 있으나 내용은 볼 수 없다.

해설
① 도서의 유지 관리가 어려움
③ 대출절차가 가장 간단하고 작업량이 적음
④ 반개가식에 대한 설명

10
미술관 전시실의 순회형식 중 연속순로 형식에 관한 설명으로 옳은 것은?

① 각 실을 필요시에는 자유로이 독립적으로 폐쇄할 수 있다.
② 평면적인 형식으로 2, 3개 층의 입체적인 방법은 불가능하다.
③ 많은 실을 순서별로 통하여야 하는 불편이 있으나 공간절약의 이점이 있다.
④ 중심부에 하나의 큰 홀을 두고 그 주위에 각 전시실을 배치하여 자유로이 출입하는 형식이다.

해설
① 코리도 형식
② 2, 3개 층의 입체적인 방법도 가능하다.
④ 중앙 홀 형식

11
서양 건축양식의 역사적인 순서가 옳게 배열된 것은?

① 로마 → 로마네스크 → 고딕 → 르네상스 → 바로크
② 로마 → 고딕 → 로마네스크 → 르네상스 → 바로크
③ 로마 → 로마네스크 → 고딕 → 바로크 → 르네상스
④ 로마 → 고딕 → 로마네스크 → 바로크 → 르네상스

해설
시대별 건축양식
이집트 → 서아시아 → 그리스 → 로마 → 초기기독교 → 비잔틴 → 로마네스크 → 고딕 → 르네상스 → 바로크 → 로코코

12
르네상스 교회 건축양식의 일반적 특징으로 옳은 것은?

① 타원형 등 곡선평면을 사용하여 동적이고 극적인 공간연출을 하였다.
② 수평을 강조하며 정사각형, 원 등을 사용하여 유심적 공간구성을 하였다.
③ 직사각형의 평면구성으로 볼트구조의 지붕을 구성하며 종탑을 설치하였다.
④ 로마네스크 건축의 반원아치를 발전시킨 첨두형 아치를 주로 사용하였다.

해설
① 바로크 양식
③, ④ 고딕양식

13
아파트의 평면형식에 관한 설명으로 옳지 않은 것은?

① 홀형은 통행부 면적이 작아서 건물의 이용도가 높다.
② 중복도형은 대지 이용률이 높으나, 프라이버시가 좋지 않다.
③ 집중형은 채광·통풍 조건이 좋아 기계적 환경 조절이 필요하지 않다.
④ 홀형은 계단실 또는 엘리베이터 홀로부터 직접 주거 단위로 들어가는 형식이다.

해설
③ 집중형은 채광·통풍 조건이 좋지 않아 기계적 환경 조절이 필요함

14
페리의 근린주구이론의 내용으로 옳지 않은 것은?

① 주민에게 적절한 서비스를 제공하는 1~2개소 이상의 상점가를 주요도로의 결절점에 배치하여야 한다.
② 내부 가로망은 단지 내의 교통량을 원활히 처리하고 통과교통에 사용되지 않도록 계획되어야 한다.
③ 근린주구의 단위는 통과교통이 내부를 관통하지 않고 용이하게 우회할 수 있는 충분한 넓이의 간선도로에 의해 구획되어야 한다.
④ 근린주구는 하나의 중학교가 필요하게 되는 인구에 대응하는 규모를 가져야 하고, 그 물리적 크기는 인구밀도에 의해 결정되어야 한다.

해설
④ 근린주구는 하나의 초등학교가 필요하게 되는 인구에 대응하는 규모를 가짐

15
다음 설명에 알맞은 백화점 진열장 배치방법은?

- Main 통로를 직각 배치하며, Sub 통로를 45° 정도 경사지게 배치하는 유형이다.
- 많은 고객이 매장공간의 코너까지 접근하기 용이하지만, 이형의 진열장이 많이 필요하다.

① 직각배치　　② 방사배치
③ 사행배치　　④ 자유유선배치

해설
③ 사행배치에 대한 설명

16
다음 중 주심포식 건물이 아닌 것은?
① 강릉 객사문　　② 서울 남대문
③ 수덕사 대웅전　　④ 무위사 극락전

해설
② 서울 남대문 : 다포식

17
극장건축의 음향계획에 관한 설명으로 옳지 않은 것은?

① 음향계획에 있어서 발코니의 계획은 될 수 있는 한 피하는 것이 좋다.
② 음의 반복 반사 현상을 피하기 위해 가급적 원형에 가까운 평면형으로 계획한다.
③ 무대에 가까운 벽은 반사체로 하고 멀어짐에 따라서 흡음재의 벽을 배치하는 것이 원칙이다.
④ 오디토리움 양쪽의 벽은 무대의 음을 반사에 의해 객석 뒷부분까지 이르도록 보강해 주는 역할을 한다.

해설
② 음의 반복 반사 현상을 피하기 위해 가급적 원형의 평면형은 피하고 각형, 부채형 또는 우절형으로 계획한다.

18
쇼핑센터의 특징적인 요소인 페데스트리언 지대(pedestrian area)에 관한 설명으로 옳지 않은 것은?

① 고객에게 변화감과 다채로움, 자극과 흥미를 제공한다.
② 바닥면의 고저차를 많이 두어 지루함을 주지 않도록 한다.
③ 바닥면에 사용하는 재료는 주위 상황과 조화시켜 계획한다.
④ 사람들의 유동적 동선이 방해되지 않는 범위에서 나무나 관엽식물을 둔다.

해설
② 바닥면의 고저차를 적게 두어 안전성이 높도록 계획한다.

정답 14.④ 15.③ 16.② 17.② 18.②

19
그리스 건축의 오더 중 도릭 오더의 구성에 속하지 않는 것은?

① 볼류트(volute)
② 프리즈(frieze)
③ 아바쿠스(abacus)
④ 에키누스(echinus)

해설

도릭 오더의 구성
프리즈, 아바쿠스, 에키누스

20
오피스 랜드스케이프(office landscape)에 관한 설명으로 옳지 않은 것은?

① 외부조경면적이 확대된다.
② 작업의 폐쇄성이 저하된다.
③ 사무능률의 향상을 도모한다.
④ 공간의 효율적 이용이 가능하다.

해설

오피스 랜드스케이프
① 사무실 배치의 형태로 조경면적 확대와는 무관하다.

제2과목 ▪ 건축시공

21
목공사에 사용되는 철물에 관한 설명으로 옳지 않은 것은?

① 감잡이쇠는 큰 보에 걸쳐 작은 보를 받게 하고, 안장쇠는 평보를 대공에 달아매는 경우 또는 평보와 ㅅ자보의 밑에 쓰인다.
② 못의 길이는 박아대는 재두께의 2.5배 이상이며, 마구리 등에 박는 것은 3.0배 이상으로 한다.
③ 볼트 구멍은 볼트지름보다 3mm 이상 커서는 안 된다.
④ 듀벨은 볼트와 같이 사용하여 듀벨에는 전단력, 볼트에는 인장력을 분담시킨다.

해설

① 안장쇠는 큰 보에 걸쳐 작은 보를 받게 하고, 양나사볼트는 평보를 대공에 달아매는 경우 또는 평보와 ㅅ자보의 밑에 쓰인다.

22
지명 경쟁 입찰을 택하는 이유 중 가장 중요한 것은?

① 공사비의 절감
② 양질의 시공 결과 기대
③ 준공기일의 단축
④ 공사 감리의 편리

해설

지명경쟁입찰
지명경쟁입찰은 양질의 시공 결과를 기대할 때 사용하는 방법

23
실의 크기 조절이 필요한 경우 칸막이 기능을 하기 위해 만든 병풍 모양의 문은?

① 여닫이문
② 자재문
③ 미서기문
④ 홀딩 도어

해설

④ 홀딩 도어에 대한 설명

24
강제 배수공법의 대표적인 공법으로 인접 건축물과 토류판 사이에 케이싱 파이프를 삽입하여 지하수를 펌프 배수하는 공법은?

① 집수정 공법
② 웰 포인트 공법
③ 리버스 서큘레이션 공법
④ 전기 삼투 공법

해설

웰 포인트 공법
투수성이 좋은 모래 지반에서 적용하는 배수공법
- 집수정 공법 : 중력식 배수 공법의 일종
- 리버스 서큘레이션 공법 : 굴착구멍 내 지하수위보다 2m 이상 높게 물을 채워 굴착함으로써 굴착 벽면에 $2t/m^2$ 이상의 정수압에 의해 벽면의 붕괴를 방지하면서 현장타설콘크리트 말뚝을 형성하는 공법

25
기계가 위치한 곳보다 높은 곳의 굴착에 가장 적당한 건설기계는?

① Dragline   ② Back hoe
③ Power Shovel   ④ Scraper

해설

③ 파워 셔블에 대한 설명
①, ②, ④는 모두 기계의 위치보다 낮은 곳 굴착

26
건축공사 스프레이 도장방법에 관한 설명으로 옳지 않은 것은?

① 도장거리는 스프레이 도장면에서 300mm를 표준으로 한다.
② 매 회의 에어스프레이는 붓도장과 동등한 정도의 두께로 하고, 2회분의 도막 두께를 한 번에 도장하지 않는다.
③ 각 회의 스프레이 방향은 전회의 방향에 평행으로 진행한다.
④ 스프레이할 때는 항상 평행이동하면서 운행의 한 줄마다 스프레이 너비의 1/3 정도를 겹쳐 뿜는다.

해설

③ 각 회의 스프레이 방향은 전회의 방향에 수직으로 진행한다.

27
철근콘크리트공사 시 벽체 거푸집 또는 보 거푸집에서 거푸집판을 일정한 간격으로 유지시켜 주는 동시에 콘크리트의 측압을 최종적으로 지지하는 역할을 하는 부재는?

① 인서트   ② 컬럼밴드
③ 폼타이   ④ 턴버클

해설

③ 폼타이에 대한 설명
- 인서트 : 콘크리트에 달대와 같은 설치물을 고정하기 위하여 매입하는 철물
- 컬럼밴드 : 기둥 거푸집의 고정 및 측압 버팀용으로 사용되는 것

28
커튼월(curtain wall)에 관한 설명으로 옳지 않은 것은?

① 주로 내력벽에 사용된다.
② 공장생산이 가능하다.
③ 고층건물에 많이 사용된다.
④ 용접이나 볼트조임으로 구조물에 고정시킨다.

해설

① 커튼월이란 외벽을 구성하는 비내력벽 구조이다.

29
TQC를 위한 7가지 도구 중 다음 설명에 해당하는 것은?

> 모집단에 대한 품질특성을 알기 위하여 모집단의 분포상태, 분포의 중심위치, 분포의 산포 등을 쉽게 파악할 수 있도록 막대 그래프 형식으로 작성한 도수분포도를 말한다.

① 히스토그램
② 특성요인도
③ 파레토도
④ 체크시트

해설
① 히스토그램에 대한 설명

30
건설현장에서 근무하는 공사감리자의 업무에 해당되지 않는 것은?

① 공사시공자가 사용하는 건축자재가 관계법령에 의한 기준에 적합한 건축자재인지 여부의 확인
② 상세시공도면의 작성
③ 공사현장에서의 안전관리지도
④ 품질시험의 실시여부 및 시험성과의 검토·확인

해설
② 상세시공도면의 작성이 아닌 검토/확인이 공사감리자의 업무내용

31
석고 플라스터에 관한 설명으로 옳지 않은 것은?

① 석고 플라스터는 경화지연제를 넣어서 경화시간을 너무 빠르지 않게 한다.
② 경화·건조 시 치수 안정성과 내화성이 뛰어나다.
③ 석고 플라스터는 공기 중의 탄산가스를 흡수하여 표면부터 서서히 경화한다.
④ 시공 중에는 될 수 있는 한 통풍을 피하고 경화 후에는 적당한 통풍을 시켜야 한다.

해설
③ 석고 플라스터는 수경성 미장재료로 물이 있어야 경화가 됨

32
미장 공사에서 균열을 방지하기 위하여 고려해야 할 사항 중 옳지 않은 것은?

① 바름면은 바람 또는 직사광선 등에 의한 급속한 건조를 피한다.
② 1회의 바름 두께는 가급적 얇게 한다.
③ 쇠 흙손질을 충분히 한다.
④ 모르타르 바름의 정벌바름은 초벌바름보다 부배합으로 한다.

해설
④ 초벌바름은 부착력 증대를 위해 부배합,
정벌바름은 균열을 막기 위해 빈배합으로 함

33
고강도 콘크리트에 관한 내용으로 옳지 않은 것은?

① 설계기준압축강도는 보통 또는 중량골재콘크리트에서 40MPa 이상인 것으로 한다.
② 고성능 감수제의 단위량은 소요 강도 및 작업에 적합한 워커빌리티를 얻도록 시험에 의해서 결정하여야 한다.
③ 단위수량은 소요의 워커빌리티를 얻을 수 있는 범위 내에서 가능한 한 작게 하여야 한다.
④ 기상의 변화나 동결융해 발생 여부에 관계없이 공기연행제를 사용하는 것을 원칙으로 한다.

해설
④ 기상의 변화가 심하거나 동결융해에 대한 대책이 필요한 경우를 제외하고는 공기연행제를 사용하지 않는 것을 원칙으로 한다.

34
건축공사에서 활용되는 견적방법 중 가장 상세한 공사비의 산출이 가능한 견적방법은?

① 개산견적 ② 명세견적
③ 입찰견적 ④ 실행견적

해설
견적의 종류
명세견적이 가장 상세하고 정확하게 비용을 산출

35
벽돌에 생기는 백화를 방지하기 위한 방법으로 옳지 않은 것은?

① 10% 이하의 흡수율을 가진 양질의 벽돌을 사용한다.
② 벽돌면 상부에 빗물막이를 설치한다.
③ 파라핀 도료를 발라 염류가 나오는 것을 방지한다.
④ 줄눈 모르타르에 석회를 넣어 바른다.

해설
백화현상의 방지책
④ 줄눈 모르타르에 방수제를 혼합하여 바른다.

36
주문받은 건설업자가 대상계획의 기업, 금융, 토지조달, 설계, 시공 기타 모든 요소를 포괄하여 발주하는 도급계약 방식은?

① 실비청산 보수가산 도급
② 정액도급
③ 공동도급
④ 턴키도급

해설
④ 턴키도급에 대한 설명

37
서로 다른 종류의 금속재가 접촉하는 경우 부식이 일어나는 경우가 있는데 부식성이 큰 금속 순으로 옳게 나열된 것은?

① 알루미늄 > 철 > 주석 > 구리
② 주석 > 철 > 알루미늄 > 구리
③ 철 > 주석 > 구리 > 알루미늄
④ 구리 > 철 > 알루미늄 > 주석

해설
금속의 부식성 순서
Al > Zn > Fe > Ni > Sn > Cu

38
프리스트레스트 콘크리트에 관한 설명으로 옳은 것은?

① 진공매트 또는 진공펌프 등을 이용하여 콘크리트로부터 수화에 필요한 수분과 공기를 제거한 것이다.
② 고정시설을 갖춘 공장에서 부재를 철재거푸집에 의하여 제작한 기성제품 콘크리트(PC)이다.
③ 포스트텐션 공법은 미리 강선을 압축하여 콘크리트에 인장력으로 작용시키는 방법이다.
④ 장스팬 구조물에 적용할 수 있으며 단위부재를 작게 할 수 있어 자중이 경감되는 특징이 있다.

해설
① 진공콘크리트(진공배수공법)에 대한 설명
② 프리캐스트콘크리트에 대한 설명
③ 프리텐션 공법은 미리 강선에 인장력을 가하여 콘크리트에 압축력으로 작용시키는 방법이다.

정답 34.② 35.④ 36.④ 37.① 38.④

39
다음 그림과 같은 건물에서 G_1과 같은 보가 8개 있다고 할 때 보의 총 콘크리트량을 구하면? (단, 보의 단면상 슬래브와 겹치는 부분은 제외하며, 철근량은 고려하지 않는다.)

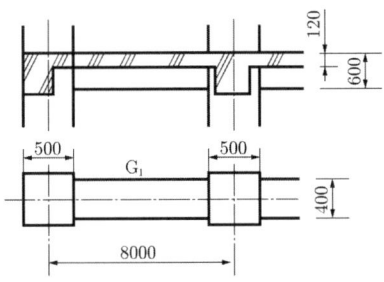

① $11.52m^3$
② $12.23m^3$
③ $13.44m^3$
④ $15.36m^3$

해설
보의 콘크리트량 계산
$0.4 \times (0.6-0.12) \times (8-0.25 \times 2) \times 8개 = 11.52m^3$

40
포틀랜드시멘트 화학성분 중 1일 이내 수화를 지배하며 응결이 가장 빠른 것은?

① 알루민산3석회
② 알루민산철4석회
③ 규산3석회
④ 규산2석회

해설
시멘트 화학성분의 응결속도
알루민산 삼석회(C_3A) > 규산 삼석회(C_3S) > 규산 이석회(C_2S)

제3과목 ■ 건축구조

41
고장력볼트접합에 관한 설명으로 옳지 않은 것은?

① 유효단면적당 응력이 크며, 피로강도가 작다.
② 강한 조임력으로 너트의 풀림이 생기지 않는다.
③ 응력방향이 바뀌더라도 혼란이 일어나지 않는다.
④ 접합방식에는 마찰접합, 지압접합, 인장접합이 있다.

해설
① 유효단면적당 응력이 작으며, 피로강도가 높다.

42
지진에 대응하는 기술 중 하나인 제진(制震)에 관한 설명으로 옳지 않은 것은?

① 기존 건물의 구조형식에 좌우되지 않는다.
② 지반종류에 의한 제약을 받지 않는다.
③ 소형 건물에 일반적으로 많이 적용된다.
④ 댐퍼 등을 사용하여 흔들림을 효과적으로 제어한다.

해설
제진기술
제진기술은 대형 건물에 많이 적용된다.

43
콘크리트구조의 내구성설계기준에 따른 보수·보강 설계에 관한 설명으로 옳지 않은 것은?

① 손상된 콘크리트 구조물에서 안전성, 사용성, 내구성, 미관 등의 기능을 회복시키기 위한 보수는 타당한 보수설계에 근거하여야 한다.
② 보수·보강 설계를 할 때는 구조체를 조사하여 손상 원인, 손상 정도, 저항내력 정도를 파악한다.
③ 책임구조기술자는 보수·보강 공사에서 품질을 확보하기 위하여 공정별로 품질관리검사를 시행하여야 한다.
④ 보강설계를 할 때에는 사용성과 내구성 등의 성능은 고려하지 않고, 보강 후의 구조내하력 증가만을 반영한다.

해설
④ 보강설계를 할 때에는 보강 후의 구조내하력 증가는 물론 사용성과 내구성 등의 성능도 고려해야 한다.

44
그림과 같은 직사각형 단면을 가지는 보에 최대 휨모멘트 $M = 20\text{kNm}$가 작용할 때 최대 휨응력은?

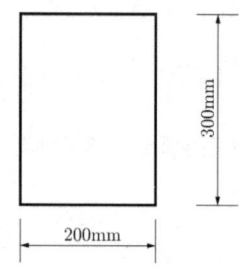

① 3.33MPa ② 4.44MPa
③ 5.56MPa ④ 6.67MPa

해설
최대 휨응력 계산
$$\sigma_{max} = \frac{M_{max}}{Z}, \quad Z = \frac{bh^2}{6}$$
$$\sigma_{max} = \frac{20 \times (10)^6}{\frac{200 \times 300^2}{6}} = 6.67\text{MPa}$$

45
그림과 같은 복근보에서 전단보강철근이 부담하는 전단력 V_s를 구하면? (단, $f_{ck} = 24\text{MPa}$, $f_y = 400\text{MPa}$, $f_{yt} = 300\text{MPa}$, $A_v = 71\text{mm}^2$)

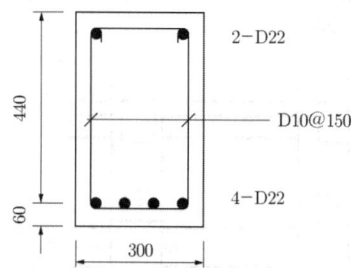

① 약 110kN ② 약 115kN
③ 약 120kN ④ 약 125kN

해설
전단보강근의 전단력 계산
$$V_s = \frac{A_v \cdot f_{yt} \cdot d}{s}$$
$$= \frac{2 \times 71 \times 300 \times 440}{150} \times 10^{-3}$$
$$= 124.96\text{kN}$$

46
강도설계법에서 단근직사각형 보의 c(압축연단에서 중립축까지 거리)값으로 옳은 것은? (단, $f_{ck} = 24\text{MPa}$, $f_y = 400\text{MPa}$, $b = 300\text{mm}$, $A_s = 1{,}161\text{mm}^2$, 포물선-직선 형상의 응력-변형률 관계 이용)

① 92.65mm ② 94.85mm
③ 96.65mm ④ 98.85mm

해설
압축연단에서 중립축까지 거리 계산
$$a = \beta_1 c \rightarrow c = \frac{a}{\beta_1}$$
$$a = \frac{A_s f_y}{0.85 f_{ck} b} = \frac{1{,}161 \times 400}{0.85 \times 24 \times 300} = 75.88\text{mm}$$
$$\beta_1 = 0.80 \, (\because f_{ck} \leq 50\text{MPa})$$
$$c = \frac{75.88}{0.80} = 94.85\text{mm}$$

정답 43.④ 44.④ 45.④ 46.②

47
그림의 용접기호와 관련된 내용으로 옳은 것은?

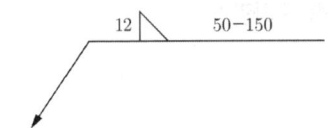

① 양면용접에 용접길이 50mm
② 용접 간격 100mm
③ 용접 치수 12mm
④ 그루브(개선) 용접

해설

용접기호 해석
화살표 반대쪽의 용접치수 12mm, 용접길이 50mm, 용접 간격 150mm의 단속필릿용접이다.

48
그림과 같은 3회전단 구조물의 반력은?

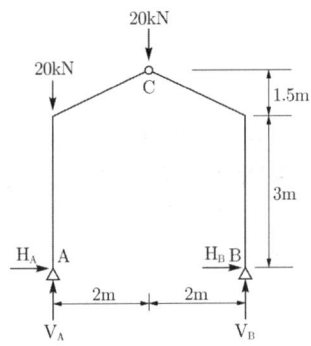

① $H_A = 4.44\text{kN}$, $V_A = 30\text{kN}$
  $H_B = -4.44\text{kN}$, $V_B = 10\text{kN}$
② $H_A = 0$, $V_A = 30\text{kN}$
  $H_B = 0$, $V_B = 10\text{kN}$
③ $H_A = -4.44\text{kN}$, $V_A = 30\text{kN}$
  $H_B = 4.44\text{kN}$, $V_B = 10\text{kN}$
④ $H_A = 4.44\text{kN}$, $V_A = 50\text{kN}$
  $H_B = -4.44\text{kN}$, $V_B = -10\text{kN}$

해설

3회전단 라멘의 해석
- 힘의 평형에서
  $\Sigma M_B = 0$
  $V_A(2+2) - 20(2+2) - 20(2) = 0$
  $\therefore V_A = 30\text{kN}(\uparrow)$, $V_B = 10\text{kN}(\uparrow)$
- C점을 기준으로 오른쪽만 자유물체도를 생각하면,
  $\Sigma M_C = 0$
  $-10(2) - H_B(1.5+3) = 0$
  $\therefore H_B = -4.44\text{kN}(\leftarrow)$
  $H_B = -4.44\text{kN}$, $V_B = -10\text{kN}$

49
그림과 같은 양단 고정보에서 B단의 휨모멘트 값은?

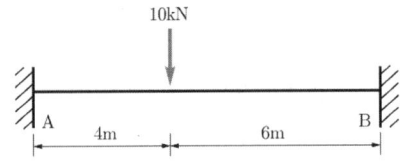

① 2.4kNm ② 9.6kNm
③ 14.4kNm ④ 24.8kNm

해설

부정정보의 모멘트 계산

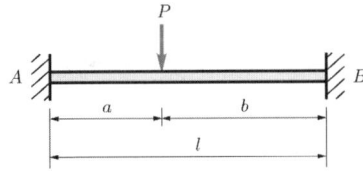

- $M_A = -\dfrac{Pab^2}{L^2}$, $M_B = -\dfrac{Pa^2b}{L^2}$

- $M_B = -\dfrac{10 \times 4^2 \times 6}{(4+6)^2} = -9.6\text{kNm}$

정답 47.③ 48.① 49.②

50
1방향 철근콘크리트 슬래브에 배치하는 수축·온도철근에 관한 기준으로 옳지 않은 것은?

① 수축·온도철근으로 배치되는 이형철근 및 용접철망의 철근비는 어떤 경우에도 0.0014 이상이어야 한다.
② 수축·온도철근으로 배치되는 설계기준항복강도가 400MPa를 초과하는 이형철근 또는 용접철망을 사용한 슬래브의 철근비는 $0.0020 \times \dfrac{400}{f_y}$로 한정한다.
③ 수축·온도철근의 간격은 슬래브 두께의 6배 이하, 또한 600mm 이하로 하여야 한다.
④ 수축·온도철근은 설계기준항복강도 f_y를 발휘할 수 있도록 정착되어야 한다.

해설
수축·온도철근의 구조기준
③ 수축·온도철근의 간격은 슬래브 두께의 <u>5배 이하</u>, 또한 <u>450mm 이하</u>로 하여야 한다.

51
다음 그림과 같은 인장재의 순단면적을 구하면? (단, F10T-M20볼트 사용(표준구멍), 판의 두께는 6mm임)

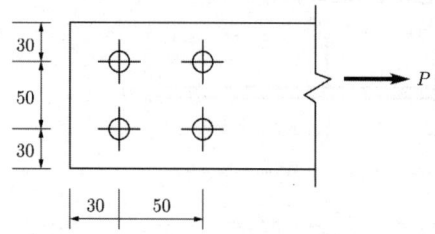

① 296mm²
② 396mm²
③ 426mm²
④ 536mm²

해설
인장재의 순단면적 계산
- 구멍지름 $d_0 = 20 + 2 = 22$
  M22까지는 +2mm, M24부터는 +3mm
- $A_n = A_g - nd_0 t$
  $= (30 + 50 + 30) \times 6 - 2 \times 22 \times 6$
  $= 396 \text{mm}^2$

52
그림과 같은 내민보에 집중하중이 작용할 때 A점의 처짐각 θ_A를 구하면?

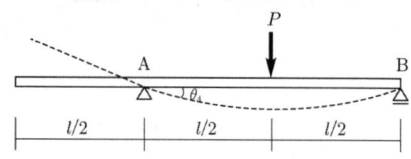

① $\dfrac{Pl^2}{4EI}$
② $\dfrac{Pl^2}{16EI}$
③ $\dfrac{Pl^2}{128EI}$
④ $\dfrac{Pl^2}{256EI}$

해설
보의 처짐각 해석
내민보의 캔틸레버 부분은 전혀 하중에 대해 저항하지 못하므로 A점의 처짐각 계산 시 <u>없는 것으로 가정하여 단순보로 계산해도 무방함</u>

$\therefore \theta_A = \dfrac{PL^2}{16EI}$

53
양단 힌지인 길이 6m의 H-300×300×10×15의 기둥이 부재 중앙에서 약축방향으로 가새를 통해 지지되어 있을 때 설계용 세장비는? (단, $r_x = 131\text{mm}$, $r_y = 75.1\text{mm}$)

① 39.9
② 45.8
③ 58.2
④ 66.3

해설
설계용 세장비 계산
- x와 y 각 방향에 대해 계산한 후 큰 값을 설계용 세장비로 함
- $\lambda_x = \dfrac{kL_x}{r_x} = \dfrac{6 \times 10^3}{131} = 45.8$
  $\lambda_y = \dfrac{kL_y}{r_y} = \dfrac{3 \times 10^3}{75.1} = 39.9$

따라서 큰 값인 <u>45.8</u>이 설계용 세장비가 됨

54
과도한 처짐에 의해 손상되기 쉬운 비구조 요소를 지지 또는 부착하지 않은 바닥구조의 활하중 L에 의한 순간처짐의 한계는?

① $\dfrac{l}{180}$ ② $\dfrac{l}{240}$
③ $\dfrac{l}{360}$ ④ $\dfrac{l}{480}$

해설
최대 허용처짐
과도한 처짐에 의해 손상되기 쉬운 비구조 요소를 지지 또는 부착하지 않은 바닥구조의 활화중에 의한 순간 처짐의 한계 : $\dfrac{l}{360}$

55
다음과 같은 사다리꼴 단면의 도심 y_o 값은?

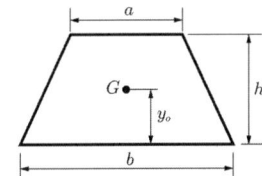

① $\dfrac{h(2a+b)}{3(a+b)}$ ② $\dfrac{h(a+b)}{3(2a+b)}$
③ $\dfrac{3h(2a+b)}{(a+b)}$ ④ $\dfrac{h(a+2b)}{3(a+b)}$

해설
도심 계산
도심 $G_x = Ay_o = A_1 y_{o1} + A_2 y_{o2}$

$y_o = \dfrac{A_1 y_{o1} + A_2 y_{o2}}{A_1 + A_2}$

$= \dfrac{a \times h \times \dfrac{h}{2} + \dfrac{1}{2} \times (b-a) \times h \times \dfrac{h}{3}}{a \times h + \dfrac{1}{2} \times (b-a) \times h}$

$= \dfrac{\left(\dfrac{2a+b}{6}\right)h^2}{\left(\dfrac{a+b}{2}\right)h} = \dfrac{h(2a+b)}{3(a+b)}$

56
그림과 같은 라멘에 있어서 A점의 모멘트는 얼마인가? (단, k는 강비이다.)

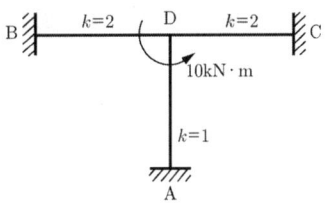

① 1kNm ② 2kNm
③ 3kNm ④ 4kNm

해설
모멘트분배법 계산
(1) 분배율 $\mu_{AD} = \dfrac{K}{\Sigma K} = \dfrac{1}{1+2+2} = \dfrac{1}{5}$
(2) 분배모멘트 $(M_{DA}) = \mu_{AD} \times M_D$
$= \dfrac{1}{5} \times 10\text{kNm} = 2\text{kNm}$
(3) 도달모멘트 $(M_{AD}) = \dfrac{1}{2} \times M_{DA}$
$= \dfrac{1}{2} \times 2\text{kNm} = 1\text{kNm}$

57
연약한 지반에 대한 대책 중 하부구조의 조치사항으로 옳지 않은 것은?
① 동일 건물의 기초에 이질 지정을 둔다.
② 경질지반에 기초판을 지지한다.
③ 지하실을 설치한다.
④ 경질지반이 깊을 때는 마찰말뚝을 사용한다.

해설
연약지반의 하부구조 대책
① 동일 건물의 기초에 동일 지정을 둔다.

58
프리스트레스하지 않는 부재의 현장치기 콘크리트 중 흙에 접하여 콘크리트를 친 후 영구히 흙에 묻혀 있는 콘크리트의 최소 피복두께 기준으로 옳은 것은?

① 100mm
② 75mm
③ 50mm
④ 40mm

해설

철근의 최소피복두께
- 흙에 접하여 콘크리트를 친 후 영구히 흙에 묻혀 있는 콘크리트 : 75mm
- 수중에서 타설하는 콘크리트 : 100mm

59
그림과 같은 구조물의 부정정차수는?

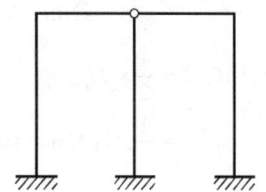

① 1차 부정정
② 2차 부정정
③ 3차 부정정
④ 4차 부정정

해설

부정정차수에 의한 구조물의 판별
부정정차수 $n = r + m + k - 2j$
반력수 : 3+3+3=9, 부재수 : 5,
강절점수 : 1+1=2, 절점수 : 6
$n = 9 + 5 + 2 - 2 \times 6 = 4$차 부정정

60
철골구조 주각부의 구성요소가 아닌 것은?

① 커버 플레이트
② 앵커볼트
③ 리브 플레이트
④ 베이스 플레이트

해설

커버 플레이트
리벳 접합 플레이트 거더의 메인 거더나 리벳 접합 강트러스교의 상현재 등에 사용되어 부재의 강성을 증가시키고 빗물의 침입을 방지하기 위한 강판

제4과목 ▪ 건축설비

61
배수관의 관경과 구배에 관한 설명으로 옳지 않은 것은?

① 배관구배를 완만하게 하면 세정력이 저하된다.
② 배수관경을 크게 하면 할수록 배수능력은 향상된다.
③ 배관구배를 너무 급하게 하면 흐름이 빨라 고형물이 남는다.
④ 배관구배를 너무 급하게 하면 관로의 수류에 의한 파손 우려가 높아진다.

해설

② 배수관경을 크게 하면 유속이 느려져 배수능력은 저하됨

62
한 시간당 급탕량이 5m³일 때 급탕부하는 얼마인가? (단, 물의 비열은 4.2kJ/kg·K, 급탕온도는 70℃, 급수온도는 10℃이다.)

① 35kW
② 126kW
③ 350kW
④ 1,260kW

해설

급탕부하량(Q)
$$Q = \frac{m \cdot c \cdot \Delta t}{3,600}$$
$$= \frac{5,000 \times 4.2 \times (70-10)}{3,600} = 350kW$$

여기서, m : 급탕량, c : 비열, Δt : 온도차
1kW=3,600kJ/h → 1kJ/h=(1/3,600)kW

63

엘리베이터의 조작 방식 중 무운전원 방식으로 다음과 같은 특징을 갖는 것은?

> 승객 스스로 운전하는 전자동 엘리베이터로, 승강장으로부터의 호출 신호로 기동, 정지를 이루는 조작 방식이며, 누른 순서에 상관없이 각 호출에 응하여 자동적으로 정지한다.

① 단식자동방식
② 카 스위치방식
③ 승합전자동방식
④ 시그널 콘트롤 방식

해설
③ 승합전자동방식에 대한 설명

64

전기샤프트(ES)의 계획 시 고려사항으로 옳지 않은 것은?

① 각 층마다 같은 위치에 설치한다.
② 기기의 배치와 유지보수에 충분한 공간으로 하고, 건축적인 마감을 실시한다.
③ 점검구는 유지보수 시 기기의 반출입이 가능하도록 하여야 하며, 점검구 문의 폭은 최소 300mm 이상으로 한다.
④ 공급대상 범위의 배선거리, 전압강하 등을 고려하여 가능한 한 공급 대상설비 시설위치의 중심부에 위치하도록 한다.

해설
전기 샤프트(ES)의 특성
③ 점검구는 유지보수 시 기기의 반출입이 가능하도록 하여야 하며, 점검구 문의 폭은 최소 600mm 이상으로 한다.

65

다음 중 변전실 면적에 영향을 주는 요소와 가장 거리가 먼 것은?

① 발전기실의 면적
② 변전설비 변압방식
③ 수전전압 및 수전방식
④ 설치 기기와 큐비클의 종류

해설
변전실 면적에 영향을 주는 요소
변압방식 및 변압기 용량, 수전전압 및 수전방식, 설치 기기와 큐비클의 종류 및 배치방법

66

배수트랩의 봉수가 파손되는 것을 방지하기 위한 방법으로 옳지 않은 것은?

① 자기사이펀 작용에 의한 봉수파괴를 방지하기 위하여 S트랩을 설치한다.
② 유도사이펀 작용에 의한 봉수파괴를 방지하기 위하여 도피통기관을 설치한다.
③ 증발현상에 의한 봉수파괴를 방지하기 위하여 트랩 봉수 보급수 장치를 설치한다.
④ 역압에 의한 분출작용을 방지하기 위하여 배수수직관의 하단부에 통기관을 설치한다.

해설
① S트랩은 사이폰식 트랩으로 봉수가 잘 파괴되는 트랩이므로, 자기사이편 작용에 의한 봉수파괴를 방지하기 위하여 수직관 상부에 <u>통기관을 설치한다</u>.

트랩의 종류
- <u>사이폰식 트랩</u> : S트랩, P트랩, U트랩
- 비사이폰식 트랩 : 드럼트랩, 벨트랩, 그리스트랩, 가솔린트랩

67
다음의 간선 배전방식 중 분전반에서 사고가 발생했을 때 그 파급 범위가 가장 좁은 것은?
① 평행식
② 방사선식
③ 나뭇가지식
④ 나뭇가지 평행식

해설
평행식 배선
전압강하가 평균화되어 사고가 발생하여도 그 파급 범위가 가장 작다.

68
스프링클러설비를 설치하여야 하는 특정소방 대상물의 최대 방수구역에 설치된 개방형스프링클러헤드의 개수가 30개일 경우, 스프링클러설비의 수원의 저수량은 최소 얼마 이상으로 하여야 하는가?
① 16m³
② 32m³
③ 48m³
④ 56m³

해설
스프링클러의 수원의 저수량 계산
$Q = 1.6N = 1.6 \times 30 = 48\text{m}^3$

69
열관류율 $K = 2.5\text{W/m}^2 \cdot \text{K}$인 벽체의 양쪽 공기온도가 각각 20℃와 0℃일 때, 이 벽체 1m²당 이동열량은?
① 25W
② 50W
③ 100W
④ 200W

해설
관류에 의한 열손실량 계산
$H_c(W) = K \cdot A \cdot \triangle t$
여기서, K : 열관류율(W/m² · K)
　　　　A : 구조체의 표면적(m²)
　　　　$\triangle t$: 실내외 온도차(℃)
$H_c(W) = 2.5 \times 1 \times (20-0)$
　　　　$= 50\text{W}$

70
어느 점광원과 1m 떨어진 곳의 직각면 조도가 800[lx]일 때, 이 광원과 4m 떨어진 곳의 직각면 조도는?
① 50[lx]
② 100[lx]
③ 150[lx]
④ 200[lx]

해설
조도에 대한 거리의 역자승 법칙
$E = \dfrac{I}{d^2}$에서 조도는 거리(d)의 제곱에 반비례하며, 거리가 1m에서 4m로 4배가 증가했으므로 원래 조도의 800lx에 1/16배를 하면 됨
조도 $= 800 \times \dfrac{1}{16} = 50[\text{lx}]$

71
습공기를 가열했을 때 상태값이 변화하지 않는 것은?
① 엔탈피
② 습구온도
③ 절대습도
④ 상대습도

해설
절대습도의 특성
공기를 가열 또는 냉각하여 온도가 변해도 절대습도는 불변

72
증기난방에 관한 설명으로 옳지 않은 것은?
① 온수난방에 비해 예열시간이 짧다.
② 온수난방에 비해 한랭지에서 동결의 우려가 작다.
③ 운전 시 증기해머로 인한 소음을 일으키기 쉽다.
④ 온수난방에 비해 부하변동에 따른 실내방열량의 제어가 용이하다.

해설
④ 증기난방은 온수난방에 비해 부하변동에 따른 실내 방열량 제어가 어렵다.

정답 67.① 68.③ 69.② 70.① 71.③ 72.④

73
공기조화방식 중 2중덕트방식에 관한 설명으로 옳지 않은 것은?
① 전공기 방식에 속한다.
② 덕트가 2개의 계통이므로 설비비가 많이 든다.
③ 부하특성이 다른 다수의 실이나 존에도 적용할 수 있다.
④ 냉풍과 온풍을 혼합하는 혼합상자가 필요없으므로 소음과 진동도 적다.

해설
④ 냉풍과 온풍을 혼합하는 <u>혼합상자가 필요하며, 소음과 진동이 발생한다</u>.

74
다음과 가장 관계가 깊은 것은?

> 에너지보존의 법칙을 유체의 흐름에 적용한 것으로서 유체가 갖고 있는 운동에너지, 중력에 의한 위치에너지 및 압력에너지의 총합은 흐름 내 어디에서나 일정하다.

① 뉴턴의 점성법칙
② 베르누이의 정리
③ 보일-샤를의 법칙
④ 오일러의 상태방정식

해설
② 베르누이의 정리에 대한 설명

75
자연환기에 관한 설명으로 옳은 것은?
① 풍력환기에 의한 환기량은 풍속에 반비례한다.
② 풍력환기에 의한 환기량은 유량계수에 비례한다.
③ 중력환기에 의한 환기량은 공기의 입구와 출구가 되는 두 개구부의 수직거리에 반비례한다.
④ 중력환기에서 실내온도가 외기온도보다 높을 경우 공기는 건물 상부의 개구부에서 실내로 들어와서 하부의 개구부로 나간다.

해설
① 풍력환기에 의한 환기량은 풍속에 <u>비례</u>한다.
③ 중력환기에 의한 환기량은 공기의 입구와 출구가 되는 두 개구부의 수직거리에 <u>비례</u>한다.
④ 중력환기에서는 실내온도가 외기온도보다 높을 경우, 공기는 건물 <u>하부</u>의 개구부에서 들어와서 <u>상부</u>의 개구부로 나간다.

76
실내 음환경의 잔향시간에 관한 설명으로 옳은 것은?
① 실의 흡음력이 높을수록 잔향시간은 길어진다.
② 잔향시간을 길게 하기 위해서는 실내공간의 용적을 작게 하여야 한다.
③ 잔향시간은 음향청취를 목적으로 하는 공간이 음성전달을 목적으로 하는 공간보다 짧아야 한다.
④ 잔향시간은 실내가 확장음장이라고 가정하여 구해진 개념으로 원리적으로는 음원이나 수음점의 위치에 상관없이 일정하다.

해설
① 실의 흡음력이 높을수록 <u>잔향시간은 짧아진다</u>.
② 잔향시간을 길게 하기 위해서는 실내공간의 <u>용적을 크게</u> 하여야 한다.
③ 잔향시간은 음향청취를 목적으로 하는 공간이 음성전달을 목적으로 하는 공간보다 <u>길어야 한다</u>.

77
발전기에 적용되는 법칙으로 유도기전력의 방향을 알기 위하여 사용되는 법칙은?
① 오옴의 법칙
② 키르히호프의 법칙
③ 플레밍의 왼손 법칙
④ 플레밍의 오른손 법칙

해설
플레밍의 법칙
- <u>플레밍의 오른손 법칙</u> : 유도기전력의 방향을 알기 위해 사용, 발전기에 적용
- 플레밍의 왼손 법칙 : 자기장의 전류에 미치는 힘의 방향에 관한 법칙, 전동기에 적용

78
압력에 따른 도시가스의 분류에서 고압의 기준으로 옳은 것은? (단, 게이지압력 기준)

① 0.1MPa 이상   ② 1MPa 이상
③ 10MPa 이상   ④ 100MPa 이상

해설
도시가스의 공급 압력
- 저압 : 0.1MPa 미만
- 중압 : 0.1 이상 ~ 1MPa 미만
- 고압 : <u>1MPa 이상</u>

79
냉방부하 계산 결과 현열부하가 620W, 잠열 부하가 155W일 경우, 현열비는?

① 0.2   ② 0.25
③ 0.4   ④ 0.8

해설
현열비 계산

$$현열비 = \frac{현열}{현열 + 잠열} = \frac{620}{(620+155)} = 0.8$$

80
다음의 냉동기 중 기계적 에너지가 아닌 열에너지에 의해 냉동효과를 얻는 것은?

① 원심식 냉동기
② 흡수식 냉동기
③ 스크류식 냉동기
④ 왕복동식 냉동기

해설
② <u>흡수식</u> 냉동기에 대한 설명

제5과목 ▪ 건축관계법규

81
막다른 도로의 길이가 30m인 경우, 이 도로가 건축법상 도로이기 위한 최소너비는?

① 2m   ② 3m
③ 4m   ④ 6m

해설
막다른 도로의 길이별 최소너비 기준
- 도로길이 10m 미만 : 최소너비 2m 이상
- <u>도로길이 10~35m 미만 : 최소너비 3m 이상</u>
- 도로길이 35m 이상 : 최소너비 6m 이상

82
신축공동주택등의 기계환기설비의 설치기준이 옳지 않은 것은?

① 세대의 환기량 조절을 위하여 환기설비의 정격풍량을 3단계 또는 그 이상으로 조절할 수 있는 체계를 갖추어야 한다.
② 적정 단계의 필요 환기량은 신축공동주택등의 세대를 시간당 0.3회로 환기할 수 있는 풍량을 확보하여야 한다.
③ 기계환기설비에서 발생하는 소음의 측정은 한국산업규격(KS B6361)에 따르는 것을 원칙으로 한다.
④ 기계환기설비는 주방 가스대 위의 공기배출장치, 화장실의 공기배출 송풍기 등 급속 환기설비와 함께 설치할 수 있다.

해설
② 적정 단계의 필요 환기량은 신축공동주택등의 세대를 <u>시간당 0.5회</u>로 환기할 수 있는 풍량을 확보하여야 한다.

83
주차전용건축물의 주차면적비율과 관련한 아래 내용에서, ( )에 들어갈 수 없는 것은?

주차전용건축물이란 건축물의 연면적 중 주차장으로 사용되는 부분의 비율이 95퍼센트 이상인 것을 말한다. 다만, 주차장 외의 용도로 사용되는 부분이 「건축법 시행령」 별표 1에 따른 ( )인 경우에는 주차장으로 사용되는 부분의 비율이 70퍼센트 이상인 것을 말한다.

① 종교시설　　② 운동시설
③ 업무시설　　④ 숙박시설

해설
주차전용건축물의 주차면적 비율

건축물의 용도	주차면적 비율
건축물의 연면적 중 주차장으로 사용되는 부분	95% 이상
단독주택, 공동주택, 제1종 및 제2종 근린생활시설, 문화 및 집회시설, 종교시설, 판매시설, 운수시설, 운동시설, 업무시설, 자동차관련시설	70% 이상

84
건축물과 분리하여 공작물을 축조할 때 특별자치시장·특별자치도지사 또는 시장·군수·구청장에게 신고를 해야 하는 대상 공작물 기준이 옳지 않은 것은?

① 높이 2m를 넘는 옹벽
② 높이 4m를 넘는 굴뚝
③ 높이 6m를 넘는 골프연습장 등의 운동시설을 위한 철탑
④ 높이 8m를 넘는 고가수조

해설
공작물의 축조 시 신고 대상
- 높이 2m를 넘는 옹벽 또는 담장
- 높이 4m를 넘는 광고탑, 광고판, 장식탑, 기념탑
- 높이 6m를 넘는 굴뚝, 골프연습장 등의 운동시설을 위한 철탑
- 높이 8m를 넘는 고가수조

85
다음 중 제2종 일반주거지역 안에서 건축할 수 없는 건축물은? (단, 도시·군계획 조례가 정하는 바에 따라 건축할 수 있는 경우는 고려하지 않는다.)

① 종교시설　　② 운수시설
③ 노유자시설　④ 제1종 근린생활시설

해설
제2종 일반주거지역 안에서 건축할 수 있는 건축물
- 단독주택, 공동주택
- 종교시설, 노유자시설
- 제1종 근린생활시설
- 문화 및 집회시설 중 전시장(관람장은 제외)

86
높이가 31m를 넘는 각 층의 바닥면적 중 최대 바닥면적이 4,500m²인 건축물에 원칙적으로 설치하여야 하는 비상용 승강기의 최소 대수는?

① 1대　　② 2대
③ 3대　　④ 5대

해설
비상용승강기 설치 기준
최대 바닥면적이 1,500m² 초과이므로
$1 + \left(\dfrac{A - 1,500}{3,000}\right) = 1 + \left(\dfrac{4,500 - 1,500}{3,000}\right) = 2$대

87
다음 중 대지에 조경 등의 조치를 아니할 수 있는 대상 건축물에 속하지 않는 것은?

① 축사
② 녹지지역에 건축하는 건축물
③ 연면적의 합계가 1,000m²인 공장
④ 면적이 5,000m²인 대지에 건축하는 공장

해설
조경 미설치 대상 건축물
- 축사
- 녹지지역에 건축하는 건축물
- 연면적의 합계가 1,500m² 미만인 공장
- 면적 5,000m² 미만인 대지에 건축하는 공장
- 가설건축물

정답 83.④ 84.② 85.② 86.② 87.④

88
건축물의 바닥면적 산정 기준에 대한 설명으로 옳지 않은 것은?

① 공동주택으로서 지상층에 설치한 어린이놀이터의 면적은 바닥면적에 산입하지 않는다.
② 필로티는 그 부분이 공중의 통행이나 차량의 통행 또는 주차에 전용되는 경우에는 바닥면적에 산입하지 아니한다.
③ 벽·기둥의 구획이 없는 건축물은 그 지붕 끝부분으로부터 수평거리 1.5m를 후퇴한 선으로 둘러싸인 수평투영면적을 바닥면적으로 한다.
④ 단열재를 구조체의 외기측에 설치하는 단열공법으로 건축된 건축물의 경우에는 단열재가 설치된 외벽 중 내측 내력벽의 중심선을 기준으로 산정한 면적을 바닥면적으로 한다.

해설
바닥면적 산정 기준
벽·기둥의 구획이 없는 건축물은 그 지붕 끝으로부터 수평거리 <u>1m</u>를 후퇴한 선으로 둘러싸인 수평투영면적으로 한다.

89
특별피난계단의 구조에 관한 기준 내용으로 옳지 않은 것은?

① 계단실에는 예비전원에 의한 조명설비를 할 것
② 계단은 내화구조로 하되, 피난층 또는 지상까지 직접 연결되도록 할 것
③ 출입구의 유효너비는 0.9m 이상으로 하고 피난의 방향으로 열 수 있을 것
④ 계단실의 노대 또는 부속실에 접하는 창문은 그 면적을 각각 3m² 이하로 할 것

해설
④ 계단실의 노대 또는 부속실에 접하는 창문은 그 면적을 각각 <u>1m²</u> 이하로 할 것

90
국토의 계획 및 이용에 관한 법령상 용도지구에 속하지 않는 것은?

① 경관지구 ② 미관지구
③ 방재지구 ④ 취락지구

해설
용도지구의 종류
- 경관지구, 고도지구, 방화지구
- 방재지구, 보호지구, 취락지구
- 개발진흥지구, 특정용도제한지구, 복합용도지구

91
도시·군계획 수립 대상지역의 일부에 대하여 토지이용을 합리화하고 그 기능을 증진시키며 미관을 개선하고 양호한 환경을 확보하며, 그 지역을 체계적·계획적으로 관리하기 위하여 수립하는 도시·군관리계획은?

① 지구단위계획   ② 도시·군성장계획
③ 광역도시계획   ④ 개발밀도관리계획

해설
① 지구단위계획에 대한 설명

92
지하층에 설치하는 비상탈출구의 유효너비 및 유효높이 기준으로 옳은 것은? (단, 주택이 아닌 경우)

① 유효너비 0.5m 이상, 유효높이 1.0m 이상
② 유효너비 0.5m 이상, 유효높이 1.5m 이상
③ 유효너비 0.75m 이상, 유효높이 1.0m 이상
④ 유효너비 0.75m 이상, 유효높이 1.5m 이상

해설
지하층의 비상탈출구
- <u>유효너비 0.75m 이상, 유효높이 1.5m 이상</u>
- 비상탈출구는 출입구로부터 3m 이상 떨어진 곳에 설치할 것
- 비상탈출구는 실내에서 언제든지 열 수 있는 구조로 할 것

정답 88.③ 89.④ 90.② 91.① 92.④

93
지역의 환경을 쾌적하게 조성하기 위하여 대통령령으로 정하는 용도와 규모의 건축물에 대해 일반이 사용할 수 있도록 대통령령으로 정하는 기준에 따라 공개공지 등을 설치하여야 하는 대상 지역에 속하지 않는 것은? (단, 특별자치시장·특별자치도지사 또는 시장·군수·구청장이 따로 지정·공고하는 지역의 경우 고려하지 않는다.)

① 준공업지역
② 준주거지역
③ 일반주거지역
④ 전용주거지역

해설
공개공지 설치 대상 지역
- 일반주거지역, 준주거지역
- 상업지역, 준공업지역

94
건축물의 거실(피난층의 거실 제외)에 국토교통부령으로 정하는 기준에 따라 배연설비를 설치하여야 하는 대상 건축물 용도에 속하지 않는 것은? (단, 6층 이상인 건축물의 경우)

① 종교시설
② 판매시설
③ 방송통신시설 중 방송국
④ 교육연구시설 중 연구소

해설
배연설비 설치대상
6층 이상 건축물의 문화 및 집회시설, 종교시설, 판매시설, 운수시설, 의료시설, 연구소·아동관련시설·노인복지시설 및 유스호스텔, 운동시설, 업무시설, 숙박시설, 위락시설, 관광휴게시설, 장례식장에 쓰이는 거실

95
건축물과 해당 건축물의 용도의 연결이 옳지 않은 것은?

① 주유소 : 자동차 관련시설
② 야외음악당 : 관광 휴게시설
③ 치과의원 : 제1종 근린생활시설
④ 일반음식점 : 제2종 근린생활시설

해설
① 주유소 : 위험물 저장 및 처리시설

96
건축법령상 용어의 정의가 옳지 않은 것은?

① 초고층 건축물이란 층수가 50층 이상이거나 높이가 200미터 이상인 건축물을 말한다.
② 증축이란 기존 건축물이 있는 대지에서 건축물의 건축면적, 연면적, 층수 또는 높이를 늘리는 것을 말한다.
③ 개축이란 건축물이 천재지변이나 그 밖의 재해로 멸실된 경우 그 대지에 종전과 같은 규모의 범위에서 다시 축조하는 것을 말한다.
④ 부속건축물이란 같은 대지에서 주된 건축물과 분리된 부속용도의 건축물로서 주된 건축물을 이용 또는 관리하는 데에 필요한 건축물을 말한다.

해설
개축과 재축의 비교
- 개축 : 기존 건축물의 전부 또는 일부 철거
- 재축 : 건축물이 천재지변 등 재해에 의해 멸실된 경우

97
건축물의 주요구조부를 내화구조로 하여야 하는 대상 건축물에 속하지 않는 것은?

① 공장의 용도로 쓰는 건축물로서 그 용도로 쓰는 바닥면적의 합계가 500m²인 건축물
② 판매시설의 용도로 쓰는 건축물로서 그 용도로 쓰는 바닥면적의 합계가 500m²인 건축물
③ 창고시설의 용도로 쓰는 건축물로서 그 용도로 쓰는 바닥면적의 합계가 500m²인 건축물
④ 문화 및 집회시설 중 전시장의 용도로 쓰는 건축물로서 그 용도로 쓰는 바닥면적의 합계가 500m²인 건축물

해설
주요구조부를 내화구조로 하는 건축물
바닥면적의 합계가 500m² 이상인 경우
- 문화 및 집회시설(전시장, 동/식물원)
- 판매, 창고, 수련시설 등

98
기반시설부담구역에서 기반시설설치비용의 부과대상인 건축행위의 기준으로 옳은 것은?

① 100제곱미터(기존 건축물의 연면적 포함)를 초과하는 건축물의 신축·증축
② 100제곱미터(기존 건축물의 연면적 제외)를 초과하는 건축물의 신축·증축
③ 200제곱미터(기존 건축물의 연면적 포함)를 초과하는 건축물의 신축·증축
④ 200제곱미터(기존 건축물의 연면적 제외)를 초과하는 건축물의 신축·증축

해설
기반시설설치비용의 부과대상 및 산정기준
200제곱미터(기존 건축물의 연면적을 포함)를 초과하는 건축물의 신축·증축 행위
다만, 기존 건축물을 철거하고 신축하는 경우에는 기존 건축물의 건축연면적을 초과하는 건축행위만 부과대상으로 함

99
국토교통부령으로 정하는 기준에 따라 채광 및 환기를 위한 창문 등이나 설비를 설치하여야 하는 대상에 속하지 않는 것은?

① 의료시설의 병실
② 숙박시설의 객실
③ 업무시설 중 사무소의 사무실
④ 교육연구시설 중 학교의 교실

해설
창문 등 설비의 의무 설치 대상
- 의료시설의 병실
- 숙박시설의 객실
- 교육연구시설 중 학교의 교실
- 단독주택 및 공동주택의 거실

100
부설주차장 설치대상 시설물이 문화 및 집회시설(관람장 제외)인 경우, 부설주차장 설치기준으로 옳은 것은? (단, 지방자치단체의 조례로 따로 정하는 사항은 고려하지 않는다.)

① 시설면적 50m²당 1대
② 시설면적 100m²당 1대
③ 시설면적 150m²당 1대
④ 시설면적 200m²당 1대

해설
부설주차장 설치기준
- 숙박시설 : 시설면적 200m²당 1대
- 종교·판매·운수시설 : 시설면적 150m²당 1대
- 위락시설-시설면적 100m²당 1대
- 골프장-1홀당 10대
- 문화 및 집회시설(관람장 제외) : 시설면적 150m² 당 1대
- 문화 및 집회시설 중 관람장 : 정원 100명당 1대

ARCHITECTURAL ENGINEER

CBT
최다 빈출
100선

CBT 최다 빈출 100선

SELF CHECK　제한시간 150분 ｜ 소요시간　분 ｜ 전체문항 100문항 ｜ 맞힌 문항 수　문항

제1과목 건축계획

01
상점건축의 진열장 배치에 관한 설명으로 옳은 것은?
① 손님 쪽에서 상품이 효과적으로 보이도록 계획한다.
② 들어오는 손님과 종업원의 시선이 정면으로 마주치도록 계획한다.
③ 도난을 방지하기 위하여 손님에게 감시한다는 인상을 주도록 계획한다.
④ 동선이 원활하여 다수의 손님을 수용하고 가능한 다수의 종업원으로 관리하게 한다.

상점건축의 진열장 배치
② 들어오는 손님과 종업원의 시선이 정면으로 마주치지 않도록 한다.
③ 손님에게 감시한다는 인상을 주지 않도록 한다.
④ 다수의 손님을 수용하고 소수의 종업원으로 관리하게 한다.

02
오토 바그너(Otto Wagner)가 주장한 근대건축의 설계지침 내용으로 옳지 않은 것은?
① 경제적인 구조
② 그리스 건축양식의 복원
③ 시공재료의 적당한 선택
④ 목적을 정확히 파악하고 완전히 충족시킬 것

②는 오토 바그너의 설계지침과 무관

03
공연장의 객석 계획에서 잘 보이는 동시에 실제적으로 관객을 수용해야 하는 공연장에서 큰 무리가 없는 거리인 제1차 허용거리의 한도는?
① 15m　② 22m
③ 38m　④ 52m

극장의 가시거리
- 배우의 표정이나 동작 감상(15m)
- 제1차 허용한도(22m)
- 제2차 허용한도(35m)

04
학교 교사의 배치형식에 관한 설명으로 옳지 않은 것은?
① 분산병렬형은 넓은 부지를 필요로 한다.
② 폐쇄형은 일조, 통풍 등 환경조건이 불균등하다.
③ 집합형은 이동 동선이 길어지고 물리적 환경이 나쁘다.
④ 분산병렬형은 구조계획이 간단하고 생활환경이 좋아진다.

③ 집합형은 평면의 면적이 넓지 않기 때문에 이동 동선이 짧아지고 물리적 환경이 좋다.

정답　01.①　02.②　03.②　04.③

05

사무소 건축의 코어 형식 중 편심형 코어에 관한 설명으로 옳지 않은 것은?

① 고층인 경우 구조상 불리할 수 있다.
② 각 층 바닥면적이 소규모인 경우에 사용된다.
③ 바닥면적이 커지면 코어 이외에 피난시설 등이 필요해진다.
④ 내진구조상 유리하며 구조코어로서 가장 바람직한 형식이다.

④는 중심코어형에 대한 설명

06

백화점 매장의 배치유형에 관한 설명으로 옳지 않은 것은?

① 직각배치는 매장 면적의 이용률을 최대로 확보할 수 있다.
② 직각배치는 고객의 통행량에 따라 통로폭을 조절하기 용이하다.
③ 사행배치는 많은 고객이 매장공간의 코너까지 접근하기 용이한 유형이다.
④ 사행배치는 Main 통로를 직각 배치하며, Sub 통로를 45° 정도 경사지게 배치하는 유형이다.

② 직각배치는 고객의 통행량에 따라 통로폭을 조절하기 어려우며, 사행배치는 통로폭을 조절하기 용이하다.

07

특수전시기법에 관한 설명으로 옳지 않은 것은?

① 하모니카 전시는 동일 종류의 전시물을 반복 전시하는 경우에 사용된다.
② 파노라마 전시는 연속적인 주체를 연관성 있게 표현하기 위해 선형의 파노라마로 연출하는 기법이다.
③ 디오라마 전시는 하나의 사실 또는 주제의 시간 상황을 고정시켜 연출하는 것으로 현장에 임한 느낌을 준다.
④ 아일랜드 전시는 실물을 직접 전시할 수 없거나 오브제 전시만의 한계를 극복하기 위해 영상매체를 사용하여 전시하는 기법이다.

④는 영상전시에 대한 설명

08

병원건축의 병동 배치 방법 중 분관식(pavilion type)에 관한 설명으로 옳은 것은?

① 각종 설비 시설의 배관길이가 짧아진다.
② 대지의 크기와 관계없이 적용이 용이하다.
③ 각 병실을 남향으로 할 수 있어 일조와 통풍조건이 좋다.
④ 병동부는 5층 이상의 고층으로 하며 환자는 엘리베이터로 운송된다.

①, ②, ④는 집중식에 대한 설명

09

전시실의 순회형식에 관한 설명으로 옳지 않은 것은?

① 중앙홀 형식은 각 실에 직접 들어갈 수 없다는 단점이 있다.
② 연속순회 형식은 많은 실을 순서별로 통하여야 하는 불편이 있다.
③ 갤러리 및 코리도 형식에서는 복도 자체도 전시공간으로 이용할 수 있다.
④ 갤러리 및 코리도 형식은 각 실에 직접 들어갈 수 있으며, 필요시 독립적으로 폐쇄할 수 있다.

① 중앙홀 형식은 중앙홀을 통해 각 실에 직접 들어갈 수 있다.

정답 05.④ 06.② 07.④ 08.③ 09.①

10
주택의 부엌에서 작업순서에 따른 작업대 배열로 가장 알맞은 것은?

① 냉장고 – 싱크대 – 조리대 – 가열대 – 배선대
② 싱크대 – 조리대 – 가열대 – 냉장고 – 배선대
③ 냉장고 – 조리대 – 가열대 – 배선대 – 싱크대
④ 싱크대 – 냉장고 – 조리대 – 배선대 – 가열대

> 부엌에서의 작업순서
> 냉장고 → 개수대(싱크대) → 조리대(작업대) → 가열대(레인지) → 배선대

11
도서관 출납시스템에 관한 설명으로 옳지 않은 것은?

① 자유개가식은 책 내용의 파악 및 선택이 자유롭다.
② 자유개가식은 서가의 정리가 잘 안 되면 혼란스럽게 된다.
③ 안전개가식은 서가열람이 가능하여 책을 직접 뽑을 수 있다.
④ 폐가식은 서가와 열람실에서 감시가 필요하나 대출절차가 간단하여 관원의 작업량이 적다.

> ④ 폐가식은 서가에 관원만 출입할 수 있으므로 서가와 열람실에서 감시가 불필요하고 대출절차가 복잡하여 관원의 작업량이 많다.

12
르 꼬르뷔지에가 주장한 근대건축 5원칙에 속하지 않는 것은?

① 필로티   ② 옥상정원
③ 유기적 공간   ④ 자유로운 평면

> ①, ②, ④ 외에 자유로운 입면, 연속된 수평창이 있음

13
아파트의 단면형식 중 메조넷 형식(maisonnette type)에 관한 설명으로 옳지 않은 것은?

① 하나의 주거단위가 복층 형식을 취한다.
② 양면 개구부에 의한 통풍 및 채광이 좋다.
③ 주택 내의 공간의 변화가 없으며 통로에 의해 유효면적이 감소한다.
④ 거주성, 특히 프라이버시는 높으나 소규모 주택에는 비경제적이다.

> ③ 복층형으로 되어 있으므로 주택 내의 공간의 변화가 있으며, 짝수층에는 통로가 없으므로 유효면적이 증가된다.

14
다음 중 사무소 건축의 기둥간격 결정 요소와 가장 거리가 먼 것은?

① 책상배치의 단위
② 주차배치의 단위
③ 엘리베이터의 설치 대수
④ 채광상 층높이에 의한 깊이

> 사무소의 기둥간격 결정 요인
> - 지하주차장의 주차배치 단위(가장 중요)
> - 책상 배치단위
> - 채광 상 층높이에 대한 깊이

15
우리나라 전통 한식주택에서 문꼴부분(개구부)의 면적이 큰 이유로 가장 적합한 것은?

① 겨울의 방한을 위해서
② 하절기 고온다습을 견디기 위해서
③ 출입하는데 편리하게 하기 위해서
④ 상부의 하중을 효과적으로 지지하기 위해서

> 한식주택의 문꼴부분이 큰 이유
> 여름의 고온다습을 견디기 위해

16

공장건축의 레이아웃(Layout)에 관한 설명으로 옳지 않은 것은?

① 제품중심의 레이아웃은 대량생산에 유리하며 생산성이 높다.
② 레이아웃이란 공장건축의 평면요소간의 위치 관계를 결정하는 것을 말한다.
③ 고정식 레이아웃은 조선소와 같이 제품이 크고 수량이 적은 경우에 행해진다.
④ 중화학 공업, 시멘트 공업 등 장치공업 등은 시설의 융통성이 크기 때문에 신설 시 장래성에 대한 고려가 필요 없다.

④ 장치공업 등은 시설의 융통성이 거의 없으므로 신설 시 장래성을 반드시 고려함

17

주당 평균 40시간을 수업하는 어느 학교에서 음악실에서의 수업이 총 20시간이며 이 중 15시간은 음악시간으로 나머지 5시간은 학급 토론시간으로 사용되었다면, 이 음악실의 이용률과 순수율은?

① 이용률 37.5%, 순수율 75%
② 이용률 50%, 순수율 75%
③ 이용률 75%, 순수율 37.5%
④ 이용률 75%, 순수율 50%

$$이용률 = \frac{교실이 사용되고 있는 시간}{1주간 평균 수업시간} \times 100(\%)$$

$$순수율 = \frac{일정한 교과를 위해 사용되는 시간}{그 교실이 사용되고 있는 시간} \times 100(\%)$$

$$이용률 = \frac{20}{40} \times 100(\%) = 50(\%)$$

$$순수율 = \frac{20-5}{20} \times 100(\%) = 75\%$$

18

아파트의 평면형식에 관한 설명으로 옳지 않은 것은?

① 홀형은 통행부 면적이 작아서 건물의 이용도가 높다.
② 중복도형은 대지 이용률이 높으나, 프라이버시가 좋지 않다.
③ 집중형은 채광·통풍 조건이 좋아 기계적 환경 조절이 필요하지 않다.
④ 홀형은 계단실 또는 엘리베이터 홀로부터 직접 주거 단위로 들어가는 형식이다.

③ 집중형은 채광·통풍 조건이 좋지 않아 기계적 환경조절이 필요함

19

페리의 근린주구이론의 내용으로 옳지 않은 것은?

① 주민에게 적절한 서비스를 제공하는 1~2개소 이상의 상점가를 주요도로의 결절점에 배치하여야 한다.
② 내부 가로망은 단지 내의 교통량을 원활히 처리하고 통과교통에 사용되지 않도록 계획되어야 한다.
③ 근린주구의 단위는 통과교통이 내부를 관통하지 않고 용이하게 우회할 수 있는 충분한 넓이의 간선도로에 의해 구획되어야 한다.
④ 근린주구는 하나의 중학교가 필요하게 되는 인구에 대응하는 규모를 가져야 하고, 그 물리적 크기는 인구밀도에 의해 결정되어야 한다.

④ 근린주구는 하나의 초등학교가 필요하게 되는 인구에 대응하는 규모를 가짐

20
다음 중 주심포식 건물이 아닌 것은?
① 강릉 객사문 ② 서울 남대문
③ 수덕사 대웅전 ④ 무위사 극락전

② 서울 남대문 : 다포식

제2과목 건축시공

21
지내력을 갖춘 지반으로 만들기 위한 배수공법 또는 탈수공법이 아닌 것은?

① 샌드드레인 공법
② 웰포인트 공법
③ 페이퍼 드레인 공법
④ 베노토 공법

④ 베노토 공법은 현장치기 콘크리트 말뚝의 일종

22
페인트칠의 경우 초벌과 재벌 등을 도장할 때마다 색을 약간씩 다르게 하는 주된 이유는?

① 희망하는 색을 얻기 위하여
② 색이 진하게 되는 것을 방지하기 위하여
③ 착색안료를 낭비하지 않고 경제적으로 사용하기 위하여
④ 초벌, 재벌 등 페인트칠 횟수를 구별하기 위하여

④ 도장공사에서 페이트칠 횟수를 구별하기 위해 초벌과 재벌의 색을 약간씩 다르게 함

23
실비정산보수가산계약 제도의 특징이 아닌 것은?

① 설계와 시공의 중첩이 가능한 단계별 시공이 가능하다.
② 복잡한 변경이 예상되거나 긴급을 요하는 공사에 적합하다.
③ 계약체결 시 공사비용의 최대값을 정하는 최대보증한도 실비정산보수가산계약이 일반적으로 사용된다.
④ 공사금액을 구성하는 물량 또는 단위공사 부분에 대한 단가만을 확정하고 공사 완료 시 실시수량의 확정에 따라 정산하는 방식이다.

④는 단가도급에 대한 설명

24
프리패브 콘크리트(prefab concrete)에 관한 설명으로 옳지 않은 것은?

① 제품의 품질을 균일화 및 고품질화할 수 있다.
② 작업의 기계화로 노무 절약을 기대할 수 있다.
③ 공장생산으로 부재의 규격을 다양하고 쉽게 변경할 수 있다.
④ 자재를 규격화하여 표준화 및 대량생산을 할 수 있다.

③ 공장생산으로 기계화하는 것은 맞지만 부재의 규격을 쉽게 변경할 수 있는 것은 아니다.

25
철근콘크리트 공사에 사용되는 거푸집 중 갱폼(Gang Form)의 특징으로 옳지 않은 것은?

① 기능공의 기능도에 따라 시공 정밀도가 크게 좌우된다.
② 대형장비가 필요하다.
③ 초기 투자비가 높은 편이다.
④ 거푸집의 대형화로 이음부위가 감소한다.

① 기능공의 기능도에 따라 시공 정밀도가 크게 좌우되지 않는다.

26
철근콘크리트 PC 기둥을 8ton 트럭으로 운반하고자 한다. 차량 1대에 최대로 적재가능한 PC 기둥의 수는? (단, PC 기둥의 단면크기는 30cm×60cm, 길이는 3m임)

① 1개 ② 2개
③ 4개 ④ 6개

PC 기둥의 중량 계산
- PC 기둥 1개의 체적 : $0.3 \times 0.6 \times 3 = 0.54 m^3$
- PC 기둥 1개의 중량 : $0.54 m^3 \times 2.4 t/m^3 = 1.3 t$
- 적재 가능한 PC 기둥 개수 : $\frac{8}{1.3} = 6.15$개

즉 6개까지 적재 가능

정답 21.④ 22.④ 23.④ 24.③ 25.① 26.④

27
신축할 건축물의 높이의 기준이 되는 주요 가설물로 이동의 위험이 없는 인근 건물의 벽 또는 담장에 설치하는 것은?
① 줄띄우기 ② 벤치마크
③ 규준틀 ④ 수평보기

벤치마크
- 이동의 위험이 없는 인근건물의 벽 또는 담에 설치
- 2개소 이상 설치

28
수경성 마무리재료로 가장 적합하지 않은 것은?
① 돌로마이트 플라스터
② 혼합석고 플라스터
③ 시멘트 모르타르
④ 경석고 플라스터

미장재료의 경화 특성
- 기경성 : 진흙, 회반죽, 돌로마이트 플라스터
- 수경성 : 시멘트모르타르, 혼합석고 플라스터, 경석고 플라스터

29
네트워크 공정표에서 작업의 상호관계만을 도시하기 위하여 사용하는 화살선을 무엇이라 하는가?
① event ② dummy
③ activity ④ critical path

② dummy에 대한 설명

30
린건설(Lean Construction)에서의 관리방법으로 옳지 않은 것은?
① 변이관리
② 당김생산
③ 대량생산
④ 흐름생산

린건설(lean construction)
건설프로젝트의 적용 가능성을 제시한 건설관리학계의 한 연구분야
- 당김생산(Pull 방식)
- 변이관리
- 흐름생산
※ 대량생산은 재고가 많이 쌓이는 방식으로 당김생산의 반대임

31
건축공사 시 직접공사비 구성 항목으로 옳게 짝지어진 것은?
① 재료비, 노무비, 장비비, 간접공사비
② 재료비, 노무비, 외주비, 간접공사비
③ 재료비, 노무비, 일반관리비, 경비
④ 재료비, 노무비, 외주비, 경비

직접공사비 구성요소
재료비, 노무비, 외주비, 경비

32
금속커튼월의 성능시험 관련 항목과 가장 거리가 먼 것은?
① 내동해성 시험 ② 구조시험
③ 기밀시험 ④ 정압수밀시험

실물 모형시험(mock up test)의 성능시험항목
- 기밀시험
- 정압수밀시험
- 동압수밀시험
- 구조시험

33
웰포인트 공법에 관한 설명으로 옳지 않은 것은?
① 중력배수가 유효하지 않은 경우에 주로 쓰인다.
② 지하수위를 저하시키는 공법이다.
③ 인접지단과 공동매설물 침하에 주의가 필요한 공법이다.
④ 점토질의 투수성이 나쁜 지질에 적합하다.

웰포인트 공법
④ 투수성이 좋은 모래 지반에서 적용하는 배수공법

정답 27.② 28.① 29.② 30.③ 31.④ 32.① 33.④

34
콘크리트의 압축강도를 시험하지 않을 경우 다음과 같은 조건에서의 거푸집널 해체 시기로 옳은 것은?

- 기초, 보, 기둥 및 벽의 측면의 경우
- 평균기온 20℃ 이상
- 조강 포틀랜드 시멘트 사용

① 1일 ② 2일
③ 3일 ④ 4일

온도와 시멘트에 따른 거푸집의 존치기간

시멘트의 종류	평균기온 20℃ 이상	20℃ 미만 10℃ 이상
조강 포틀랜드 시멘트	2	3
보통 포틀랜드 시멘트 고로슬래그시멘트 특급 포틀랜드포졸란시멘트 A종 플라이애쉬시멘트 A종	4	6

35
레디믹스트 콘크리트 발주 시 호칭규격인 25 – 24 – 150에서 알 수 없는 것은?

① 염화물 함유량
② 슬럼프(Slump)
③ 호칭강도
④ 굵은골재의 최대치수

레미콘의 호칭규격
굵은 골재의 최대치수-호칭강도-슬럼프치의 순으로 표시함

36
지명 경쟁 입찰을 택하는 이유 중 가장 중요한 것은?

① 공사비의 절감
② 양질의 시공 결과 기대
③ 준공기일의 단축
④ 공사 감리의 편리

지명경쟁입찰
지명경쟁입찰은 양질의 시공 결과를 기대할 때 사용하는 방법

37
기계가 위치한 곳보다 높은 곳의 굴착에 가장 적당한 건설기계는?

① Dragline ② Back hoe
③ Power Shovel ④ Scraper

③ 파워 셔블에 대한 설명
①, ②, ④는 모두 기계의 위치보다 낮은 곳 굴착

38
건축공사 스프레이 도장방법에 관한 설명으로 옳지 않은 것은?

① 도장거리는 스프레이 도장면에서 300mm를 표준으로 한다.
② 매 회의 에어스프레이는 붓도장과 동등한 정도의 두께로 하고, 2회분의 도막 두께를 한 번에 도장하지 않는다.
③ 각 회의 스프레이 방향은 전회의 방향에 평행으로 진행한다.
④ 스프레이할 때는 항상 평행이동하면서 운행의 한 줄마다 스프레이 너비의 1/3 정도를 겹쳐 뿜는다.

③ 각 회의 스프레이 방향은 전회의 방향에 수직으로 진행한다.

39
철근콘크리트공사 시 벽체 거푸집 또는 보 거푸집에서 거푸집판을 일정한 간격으로 유지시켜 주는 동시에 콘크리트의 측압을 최종적으로 지지하는 역할을 하는 부재는?

① 인서트 ② 컬럼밴드
③ 폼타이 ④ 턴버클

③ 폼타이에 대한 설명
- 인서트 : 콘크리트에 달대와 같은 설치물을 고정하기 위하여 매입하는 철물
- 컬럼밴드 : 기둥 거푸집의 고정 및 측압 버팀용으로 사용되는 것

40

포틀랜드시멘트 화학성분 중 1일 이내 수화를 지배하며 응결이 가장 빠른 것은?

① 알루민산3석회
② 알루민산철4석회
③ 규산3석회
④ 규산2석회

시멘트 화학성분의 응결속도
알루민산 삼석회(C_3A) > 규산 삼석회(C_3S) > 규산 이석회(C_2S)

정답 40.①

제3과목 건축구조

41
강도설계법에서 처짐을 계산하지 않는 경우 스팬이 8.0m인 단순지지된 보의 최소두께로 옳은 것은? (단, 보통중량콘크리트와 $f_y = 400$ MPa철근을 사용한 경우)

① 380mm ② 430mm
③ 500mm ④ 600mm

처짐 미계산 시 보의 최소두께
- 캔틸레버 : $L/8$
- 단순지지 : $L/16$
- 1단연속 : $L/18.5$
- 양단연속 : $L/21$

∴ 단순지지이므로 $\dfrac{8,000}{16} = 500$mm

42
전단과 휨만을 받는 철근콘크리트 보에서 콘크리트만으로 지지할 수 있는 전단강도 V_c는? (단, 보통중량 콘크리트 사용, $f_{ck}=28$MPa, $b_w=100$mm, $d=300$mm)

① 26.5kN ② 53.0kN
③ 79.3kN ④ 158.7kN

콘크리트의 전단강도 계산
$$V_c = \dfrac{1}{6}\lambda\sqrt{f_{ck}}\,b_w d$$
$$= \dfrac{1}{6}\times 1 \times \sqrt{28}\times 100 \times 300 \times 10^{-3}$$
$$= 26.46 \text{kN}$$

43
보의 유효깊이 $d=550$, 보의 폭 $b_w=300$mm인 보에서 스터럽이 부담할 전단력 $V_s=200$kN일 경우, 적용 가능한 수직 스터럽의 간격으로 옳은 것은? (단, $A_v=142$mm^2, $f_{yt}=400$MPa, $f_{ck}=24$MPa)

① 150mm ② 180mm
③ 200mm ④ 250mm

스터럽의 간격 계산
$$s = \dfrac{A_v \cdot f_{yt} \cdot d}{V_s} = \dfrac{142 \times 400 \times 550}{200 \times 1,000}$$
$$= 156.2\text{mm} \rightarrow 150\text{mm}$$

44
그림과 같은 단면의 단순보에서 보의 중앙점 C단면에 생기는 휨응력 σ_b와 전단응력 v의 값은?

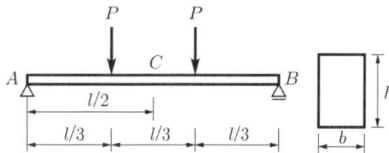

① $\sigma_b = \dfrac{Pl}{bh^2}$, $v = \dfrac{3Pl}{2bh}$

② $\sigma_b = \dfrac{2Pl}{bh^2}$, $v = 0$

③ $\sigma_b = \dfrac{2Pl}{bh^2}$, $v = \dfrac{3Pl}{2bh}$

④ $\sigma_b = \dfrac{Pl}{bh^2}$, $v = 0$

단순보의 휨응력/전단응력 계산
(1) 대칭이므로 $R_A = R_B = P$이다.
(2) 휨응력
$$\sigma = \dfrac{M}{Z} = \dfrac{P \times \dfrac{L}{2} - P \times (\dfrac{L}{2} - \dfrac{L}{3})}{\dfrac{bh^2}{6}} = \dfrac{\dfrac{PL}{3}}{\dfrac{bh^2}{6}}$$
$$= \dfrac{2PL}{bh^2}$$
(3) 보 중앙의 전단력이 0이므로 전단응력도 0이다.

45
다음 그림과 같이 단면적이 같은 4개의 단면을 보부재로 각각 사용할 경우 X축에 대한 처짐에 가장 유리한 단면은?

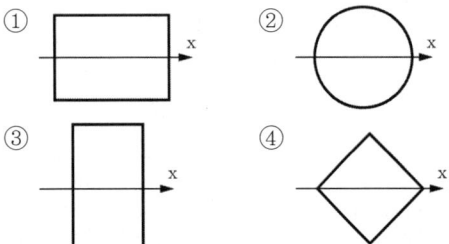

처짐에 유리한 단면
- 처짐에 유리하려면 단면2차모멘트가 상대적으로 큰 단면이 유리함
- 주어진 4개의 단면 중 폭에 비해 높이가 큰 3번이 상대적으로 큰 단면2차모멘트를 보임

46
그림과 같은 단면을 가진 압축재에서 유효좌굴길이 $KL = 250\,\text{mm}$일 때 Euler의 좌굴하중 값은? (단, $E = 210,000\,\text{MPa}$이다.)

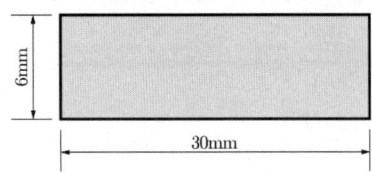

① 17.9kN ② 43.0kN
③ 52.9kN ④ 64.7kN

좌굴하중 계산
$$I = \frac{30(6)^3}{12} = 540\,\text{mm}^4$$
$$P_{cr} = \frac{\pi^2 EI}{(kL)^2} = \frac{\pi^2 \times 210,000 \times 540}{(250)^2} \times 10^{-3}$$
$$= 17.91\,\text{kN}$$

47
그림과 같은 구조물의 부정정차수는?

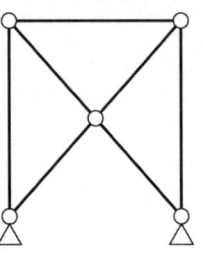

① 1차 ② 2차
③ 3차 ④ 4차

부정정차수에 의한 구조물의 판별
부정정차수 $n = r + m + k - 2j$
반력수 : 2+2=4
부재수 : 7
강절점수 : 0
절점수 : 5
$n = 4 + 7 - 2 \times 5 = 1$차 부정정

48
압축철근 $A_s' = 2400\,\text{mm}^2$로 배근된 복철근 보의 탄성처짐이 15mm라 할 때 지속하중에 의해 발생되는 5년 후 장기처짐은? (단, $b = 300\,\text{mm}$, $d = 400\,\text{mm}$, 5년 후 지속하중 재하에 따른 계수 $\xi = 2.0$)

① 9mm
② 12mm
③ 15mm
④ 30mm

총 처짐량 계산
(1) 순간(탄성)처짐 $\Delta_i = 15\,\text{mm}$
(2) $\rho' = \dfrac{A's}{bd} = \dfrac{2,400}{300 \times 400} = 0.02$
(3) $\lambda = \dfrac{\xi}{1 + 50\rho'} = \dfrac{2}{1 + 50 \times 0.02} = 1$
(4) 장기처짐 $\Delta_t = \lambda \times \Delta_i = 1 \times 15 = 15\,\text{mm}$

정답 45.③ 46.① 47.① 48.③

49

강도설계법으로 설계된 보에서 스터럽이 부담하는 전단력이 $V_s = 265\text{kN}$일 경우 수직 스터럽의 적절한 간격은? (단, $A_v = 2 \times 127\text{mm}^2$(U형 2-D13), $f_{yt} = 350\text{MPa}$, $b_w \times d = 300 \times 450\text{mm}$)

① 120mm ② 150mm
③ 180mm ④ 210mm

스터럽의 간격 계산
$$s = \frac{A_v \cdot f_{yt} \cdot d}{V_s} = \frac{2 \times 127 \times 350 \times 450}{265 \times 1,000}$$
$$= 151.0\text{mm}$$

50

다음 용접기호에 대한 옳은 설명은?

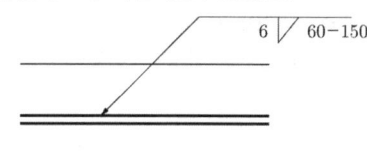

① 그루브용접이다.
② 용접되는 부위는 화살의 반대쪽이다.
③ 유효목두께는 6mm이다.
④ 용접길이는 60mm이다.

용접기호 해석
① 필릿용접이다.
② 용접되는 부위는 화살표가 가리키는 쪽이다.
③ 필릿치수는 6mm이다.
④ 용접길이는 60mm, 용접피치는 150mm의 단속 용접이다.

51

강구조에서 기초콘크리트에 매입되어 주각부의 이동을 방지하는 역할을 하는 것은?

① 앵커 볼트   ② 턴 버클
③ 클립 앵글   ④ 사이드 앵글

① 앵커 볼트에 대한 설명

52

다음과 같은 조건의 단면을 가진 부재의 균열모멘트 M_{cr}을 구하면?

- 단면의 중립축에서 인장연단까지의 거리 $y_t = 420\text{mm}$
- 총 단면 2차모멘트 $I_g = 1.0 \times 10^{10}\text{mm}^2$
- 보통중량 콘크리트 설계기준압축강도 $f_{ck} = 21$ MPa

① 50.6kNm ② 53.3kNm
③ 62.5kNm ④ 68.8kNm

균열모멘트 계산
$$f_r = 0.63 \times \sqrt{21} = 2.89\text{N/mm}^2$$
$$M_{cr} = \frac{I_g \times f_r}{y_t} = \frac{1.0 \times 10^{10}}{420} \times 2.89 \times 10^{-6}$$
$$= 68.8\text{kNm}$$

53

직경(D) 30mm, 길이(L) 4m인 강봉에 90kN의 인장력이 작용할 때 인장력(σ_t)과 늘어난 길이($\triangle L$)는 약 얼마인가? (단, 강봉의 탄성계수 $E = 200,000\text{MPa}$)

① $\sigma_t = 127.3\text{MPa}$, $\triangle L = 1.43\text{mm}$
② $\sigma_t = 127.3\text{MPa}$, $\triangle L = 2.55\text{mm}$
③ $\sigma_t = 132.5\text{MPa}$, $\triangle L = 1.43\text{mm}$
④ $\sigma_t = 132.5\text{MPa}$, $\triangle L = 2.55\text{mm}$

인장응력과 변형량 계산
(1) 인장응력(σ_t) $= \dfrac{P}{A} = \dfrac{90,000}{\dfrac{\pi \times 30^2}{4}} = 127.3\text{MPa}$

(2) 늘어난 길이(Δl)
$$\Delta L = \frac{PL}{EA} = \frac{90,000 \times 4,000}{200,000 \times \dfrac{\pi \times 30^2}{4}} = 2.55\text{mm}$$

정답 49.② 50.④ 51.① 52.④ 53.②

54

동일재료를 사용한 캔틸레버 보에서 작용하는 집중하중의 크기가 $P_1 = P_2$일 때, 보의 단면이 그림과 같다면 최대처짐 $y_1 : y_2$의 비는?

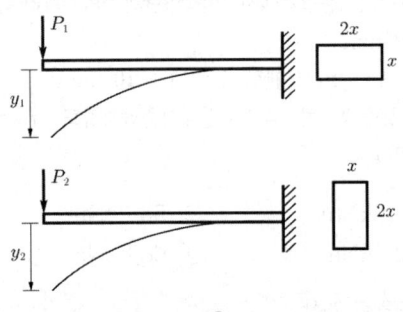

① 2 : 1
② 4 : 1
③ 8 : 1
④ 16 : 1

캔틸레버의 처짐 비교
(1) $y = \dfrac{PL^3}{3EI}$
(2) 동일재료이므로 E가 동일하고 길이 L과 집중하중 P가 동일하므로, 처짐(y)은 I에 반비례하고,
  $I = \dfrac{bh^3}{12}$이므로 $y \propto \dfrac{1}{bh^3}$
(3) $y_1 : y_2 = \dfrac{1}{2x(x)^3} : \dfrac{1}{x(2x)^3}$
  $= \dfrac{1}{2x^4} : \dfrac{1}{8x^4} = 4 : 1$

55

표준갈고리를 갖는 인장 이형철근(D13)의 기본정착길이는? (단, D13의 공칭지름 : 12.7mm, $f_{ck} =$ 27MPa, $f_y = $ 400MPa, $\beta = 1.0$, $m_c = 2300\text{kg/m}^3$)

① 190mm
② 205mm
③ 220mm
④ 235mm

표준갈고리의 기본정착길이
$l_{hb} = \dfrac{0.24 \beta d_b f_y}{\lambda \sqrt{f_{ck}}} = \dfrac{0.24 \times 1.0 \times 12.7 \times 400}{1.0 \times \sqrt{27}}$
$= 234.6\text{mm}$

56

1방향 철근콘크리트 슬래브에 배치하는 수축·온도철근에 관한 기준으로 옳지 않은 것은?

① 수축·온도철근으로 배치되는 이형철근 및 용접철망의 철근비는 어떤 경우에도 0.0014 이상이어야 한다.
② 수축·온도철근으로 배치되는 설계기준항복강도가 400MPa을 초과하는 이형철근 또는 용접철망을 사용한 슬래브의 철근비는 $0.0020 \times \dfrac{400}{f_y}$로 한정한다.
③ 수축·온도철근의 간격은 슬래브 두께의 6배 이하, 또한 600mm 이하로 하여야 한다.
④ 수축·온도철근은 설계기준항복강도 f_y를 발휘할 수 있도록 정착되어야 한다.

수축·온도철근의 구조기준
③ 수축·온도철근의 간격은 슬래브 두께의 <u>5배 이하</u>, 또한 <u>450mm 이하</u>로 하여야 한다.

57

다음 그림과 같은 인장재의 순단면적을 구하면? (단, F10T-M20볼트 사용(표준구멍), 판의 두께는 6mm임)

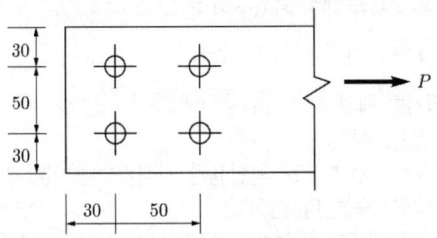

① 296mm²
② 396mm²
③ 426mm²
④ 536mm²

인장재의 순단면적 계산
- 구멍지름 $d_0 = 20 + 2 = 22$
  M22까지는 +2mm, M24부터는 +3mm
- $A_n = A_g - nd_0 t$
  $= (30 + 50 + 30) \times 6 - 2 \times 22 \times 6$
  $= 396\text{mm}^2$

정답 54.② 55.④ 56.③ 57.②

58
과도한 처짐에 의해 손상되기 쉬운 비구조 요소를 지지 또는 부착하지 않은 바닥구조의 활하중 L에 의한 순간처짐의 한계는?

① $\dfrac{l}{180}$　　② $\dfrac{l}{240}$

③ $\dfrac{l}{360}$　　④ $\dfrac{l}{480}$

최대 허용처짐
과도한 처짐에 의해 손상되기 쉬운 비구조 요소를 지지 또는 부착하지 않은 바닥구조의 활하중에 의한 순간 처짐의 한계 : $\dfrac{l}{360}$

59
그림과 같은 라멘에 있어서 A점의 모멘트는 얼마인가? (단, k는 강비이다.)

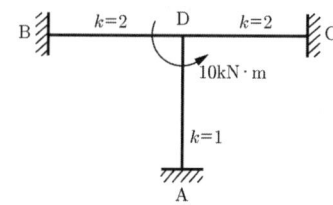

① 1kNm　　② 2kNm
③ 3kNm　　④ 4kNm

모멘트분배법 계산
(1) 분배율 $\mu_{AD} = \dfrac{K}{\Sigma K} = \dfrac{1}{1+2+2} = \dfrac{1}{5}$

(2) 분배모멘트 $(M_{DA}) = \mu_{AD} \times M_D$
$= \dfrac{1}{5} \times 10\text{kNm} = 2\text{kNm}$

(3) 도달모멘트 $(M_{AD}) = \dfrac{1}{2} \times M_{DA}$
$= \dfrac{1}{2} \times 2\text{kNm} = 1\text{kNm}$

60
연약한 지반에 대한 대책 중 하부구조의 조치사항으로 옳지 않은 것은?

① 동일 건물의 기초에 이질 지정을 둔다.
② 경질지반에 기초판을 지지한다.
③ 지하실을 설치한다.
④ 경질지반이 깊을 때는 마찰말뚝을 사용한다.

연약지반의 하부구조 대책
① 동일 건물의 기초에 동일 지정을 둔다.

제4과목 건축설비

61
온수난방에 관한 설명으로 옳지 않은 것은?
① 증기난방에 비해 예열시간이 길다.
② 온수의 잠열을 이용하여 난방하는 방식이다.
③ 한랭지에서 운전정지 중에 동결의 우려가 있다.
④ 증기난방에 비해 난방부하 변동에 따른 온도조절이 비교적 용이하다.

② 온수난방은 온수의 현열을 이용한 난방이다.

62
중앙식 급탕방식에 관한 설명으로 옳지 않은 것은?
① 온수를 사용하는 개소마다 가열장치가 설치된다.
② 상향 또는 하향 순환식 배관에 의해 필요개소에 온수를 공급한다.
③ 국소식에 비해 기기가 집중되어 있으므로 설비의 유지관리가 용이하다.
④ 호텔이나 병원 등과 같이 급탕개소가 많고 사용량이 많은 건물 등에 채용된다.

① 온수를 사용하는 개소마다 가열장치를 설치하는 방식은 개별식에 대한 설명

63
의복의 단열성을 나타내는 단위로서, 그 값이 클수록 인체에서 발생되는 열이 주위 공기로 적게 발산되는 것을 의미하는 것은?
① clo ② dB
③ NC ④ MRT

① clo에 대한 설명

64
양수 펌프의 회전수를 원래보다 20% 증가시켰을 경우 양수량의 변화로 옳은 것은?
① 20% 증가
② 44% 증가
③ 73% 증가
④ 100% 증가

펌프의 회전수와 여러 물리량과의 관계
전동기의 회전수가 증가하면,
- 양수량 : 회전수에 비례하여 증가
- 전양정 : 회전수의 제곱에 비례하여 증가
- 축마력 : 회전수의 3제곱에 비례하여 증가

65
다음과 같은 조건에서 사무실의 평균조도를 800[lx]로 설계하고자 할 경우, 광원의 필요수량은?

[조건]
· 광원 1개의 광속 : 2000[lm]
· 실의 면적 : 10[m²]
· 감광 보상률 : 1.5
· 조명률 : 0.6

① 3개 ② 5개
③ 8개 ④ 10개

$$N = \frac{AED}{FU} = \frac{10 \times 800 \times 1.5}{2,000 \times 0.6} = 10개$$

여기서, F : 사용광원 1개의 광속(lm)
E : 작업면의 평균조도(lx)
A : 방의 면적(m²)
N : 광원의 개수
D : 감광보상률
U : 조명률

정답 61.② 62.① 63.① 64.① 65.④

66
다음과 같이 정의되는 통기관의 종류는?

> 오배수 수직관 내의 압력변동을 방지하기 위하여 오배수 수직관 상향으로 통기수직관에 연결하는 통기관

① 결합통기관 ② 공용통기관
③ 각개통기관 ④ 반송통기관

① 결합통기관에 대한 설명

67
220[V], 200[W] 전열기를 110[V]에서 사용하였을 경우 소비전력은?

① 50[W] ② 100[W]
③ 200[W] ④ 400[W]

소비전력 계산
$P = \dfrac{V^2}{R}$
여기서, P : 전력
V : 전압
R : 저항
식에서 P와 V는 제곱에 비례함
따라서, 220V에서 110V로 전압이 1/2이 되었으므로 전력은 원래의 1/4배가 됨
$\therefore P = 200 \times \left(\dfrac{1}{2}\right)^2 = 50W$

68
3상 동력과 단상 전등 부하를 동시에 사용할 수 있는 방식으로 대형빌딩이나 공장 등에서 사용되는 것은?

① 단상 3선식 220/110[V]
② 3상 2선식 220[V]
③ 3상 3선식 220[V]
④ 3상 4선식 380/220[V]

3상 4선식 380/220V
3상 동력과 단상 전등부하를 동시에 사용할 수 있는 방식으로 대형빌딩이나 공장 등에서 사용

69
주위온도가 일정온도 이상으로 되면 동작하는 자동화재탐지설비의 감지기는?

① 이온화식 감지기
② 차동식 스폿형 감지기
③ 정온식 스폿형 감지기
④ 광전식 스폿형 감지기

자동화재 탐지설비의 감지기 종류
• 정온식 : 실온이 일정온도 이상 상승
• 차동식 : 주위온도가 일정한 온도상승률 이상

70
다음 중 건축물 실내공간의 잔향시간에 가장 큰 영향을 주는 것은?

① 실의 용적 ② 음원의 위치
③ 벽체의 두께 ④ 음원의 음압

Sabine의 잔향시간 산정식
$R_t = K \times \dfrac{V}{A} = 0.16 \dfrac{V}{A}$
여기서, R_t : 잔향시간(초)
V : 실의 용적(m³)
K : 비례상수(0.16)
A : 실내의 총 흡음력

71
증기난방에 관한 설명으로 옳지 않은 것은?

① 응축수 환수관 내에 부식이 발생하기 쉽다.
② 동일 방열량인 경우 온수난방에 비해 방열기의 방열면적이 작아도 된다.
③ 방열기를 바닥에 설치하므로 복사난방에 비해 실내바닥의 유효면적이 줄어든다.
④ 온수난방에 비해 예열시간이 길어서 충분한 난방감을 느끼는데 시간이 걸린다.

④ 온수난방에 비해 예열시간이 짧아 충분한 난방감을 느끼는데 시간이 짧게 걸린다.

72
건구온도 26℃인 실내공기 8,000m³/h와 건구온도 32℃인 외부공기 2,000m³/h를 단열혼합하였을 때 혼합공기의 건구온도는?

① 27.2℃
② 27.6℃
③ 28.0℃
④ 29.0℃

> **혼합공기의 건구온도 계산**
> $$t_3 = \frac{Q_1 \times t_1 + Q_2 \times t_2}{Q_1 + Q_2}$$
> $$= \frac{(8,000 \times 26) + (2,000 \times 32)}{8,000 + 2,000}$$
> $$= 27.2℃$$
> 여기서, Q_1과 Q_2 : 혼합 전 공기량
> t_1과 t_2 : 혼합 전 공기온도

73
가스설비에서 LPG에 관한 설명으로 옳지 않은 것은?

① 공기보다 무겁다.
② LNG에 비해 발열량이 작다.
③ 순수한 LPG는 무색, 무취이다.
④ 액화하면 체적이 1/250 정도가 된다.

> ② LNG에 비해 발열량이 크다.

74
다음 중 급수배관계통에서 공기빼기밸브를 설치하는 가장 주된 이유는?

① 수격작용을 방지하기 위하여
② 배관 내면의 부식을 방지하기 위하여
③ 배관 내 유체의 흐름을 원활하게 하기 위하여
④ 배관 표면에 생기는 결로를 방지하기 위하여

> **장치별 용도**
> - 공기빼기밸브 : 배관의 흐름을 원활히 하기 위해
> - 공기실 : 수격작용을 방지하기 위해

75
저압옥내 배선공사 중 직접 콘크리트에 매설할 수 있는 공사는?

① 금속관공사
② 금속덕트공사
③ 버스덕트공사
④ 금속몰드공사

> **금속관 배선**
> 저압옥내 배선공사 중 직접 콘크리트에 매설할 수도 있고, 노출되고 습기가 많은 장소에 시설이 가능한 공사

76
한 시간당 급탕량이 5m³일 때 급탕부하는 얼마인가? (단, 물의 비열은 4.2kJ/kg · K, 급탕온도는 70℃, 급수온도는 10℃이다.)

① 35kW   ② 126kW
③ 350kW   ④ 1,260kW

> **급탕부하량(Q)**
> $$Q = \frac{m \cdot c \cdot \Delta t}{3,600}$$
> $$= \frac{5,000 \times 4.2 \times (70-10)}{3,600} = 350kW$$
> 여기서, m : 급탕량, c : 비열, Δt : 온도차
> 1kW=3,600kJ/h → 1kJ/h=(1/3,600)kW

77
다음의 간선 배전방식 중 분전반에서 사고가 발생했을 때 그 파급 범위가 가장 좁은 것은?

① 평행식   ② 방사선식
③ 나뭇가지식   ④ 나뭇가지 평행식

> **평행식 배선**
> 전압강하가 평균화되어 사고가 발생하여도 그 파급 범위가 가장 작다.

78
어느 점광원과 1m 떨어진 곳의 직각면 조도가 800[lx]일 때, 이 광원과 4m 떨어진 곳의 직각면 조도는?

① 50[lx]　　　② 100[lx]
③ 150[lx]　　　④ 200[lx]

> **조도에 대한 거리의 역자승 법칙**
> $E=\dfrac{I}{d^2}$에서 조도는 거리(d)의 제곱에 반비례하며, 거리가 1m에서 4m로 4배가 증가했으므로 원래 조도의 800lx에 1/16배를 하면 됨
> 조도 $=800\times\dfrac{1}{16}=50[\text{lx}]$

79
습공기를 가열했을 때 상태값이 변화하지 않는 것은?

① 엔탈피　　　② 습구온도
③ 절대습도　　　④ 상대습도

> **절대습도의 특성**
> 공기를 가열 또는 냉각하여 온도가 변해도 절대습도는 불변

80
압력에 따른 도시가스의 분류에서 고압의 기준으로 옳은 것은? (단, 게이지압력 기준)

① 0.1MPa 이상　　　② 1MPa 이상
③ 10MPa 이상　　　④ 100MPa 이상

> **도시가스의 공급 압력**
> - 저압 : 0.1MPa 미만
> - 중압 : 0.1 이상 ~ 1MPa 미만
> - 고압 : 1MPa 이상

정답　78.①　79.③　80.②

제5과목 건축관계법규

81
국토교통부장관이 정한 범죄예방 기준에 따라 건축하여야 하는 대상 건축물에 속하지 않는 것은?
① 수련시설
② 교육연구시설 중 도서관
③ 업무시설 중 오피스텔
④ 숙박시설 중 다중생활시설

범죄예방 기준에 따라 건축하는 건축물
- 수련시설
- 업무시설 중 오피스텔
- 숙박시설 중 다중생활시설
- 다가구주택, 아파트, 연립주택 및 다세대주택
- 문화 및 집회시설(동·식물원은 제외)
- 노유자시설

82
지하식 또는 건축물식 노외주차장의 차로에 관한 기준 내용으로 옳지 않은 것은? (단, 이륜자동차전용 노외주차장이 아닌 경우)
① 높이는 주차바닥면으로부터 2.3m 이상으로 하여야 한다.
② 경사로의 종단경사도는 직선 부분에서는 17%를 초과하여서는 아니된다.
③ 곡선 부분은 자동차가 4m 이상의 내변반경으로 회전할 수 있도록 하여야 한다.
④ 주차대수 규모가 50대 이상인 경우의 경사로는 너비 6m 이상인 2차로를 확보하거나 진입차로와 진출차로를 분리하여야 한다.

③ 곡선 부분은 자동차가 6m 이상의 내변반경으로 회전할 수 있도록 하여야 한다.

83
피난용승강기의 설치에 관한 기준 내용으로 옳지 않은 것은?
① 예비전원으로 작동하는 조명설비를 설치할 것
② 승강장의 바닥면적은 승강기 1대당 5m² 이상으로 할 것
③ 각 층으로부터 피난층까지 이르는 승강로를 단일구조로 연결하여 설치할 것
④ 승강장의 출입구 부근의 잘 보이는 곳에 해당 승강기가 피난용 승강기임을 알리는 표지를 설치할 것

② 옥내 승강장의 바닥면적은 비상용 승강기 1대에 대하여 6m² 이상으로 할 것

84
국토의 계획 및 이용에 관한 법률상 용도지역에서의 용적률 최대한도 기준이 옳지 않은 것은? (단, 도시지역의 경우)
① 주거지역 : 500퍼센트 이하
② 녹지지역 : 100퍼센트 이하
③ 공업지역 : 400퍼센트 이하
④ 상업지역 : 1,000퍼센트 이하

④ 상업지역 : 1,500퍼센트 이하

85

노외주차장의 설치에 관한 계획기준 내용 중 ( ) 안에 알맞은 것은?

> 주차대수 400대를 초과하는 규모의 노외주차장의 경우에는 노외주차장의 출구와 입구를 각각 따로 설치하여야 한다. 다만, 출입구의 너비의 합이 ( ) 미터 이상으로서 출구와 입구가 차선 등으로 분리되는 경우에는 함께 설치할 수 있다.

① 4.5   ② 5.0
③ 5.5   ④ 6.0

노외주차장의 출구/입구 따로 설치
주차대수 400대를 초과하는 노외주차장에는 노외주차장의 출구와 입구를 각각 따로 설치하여야 한다. 다만, 출입구의 너비의 합이 5.5m 이상으로서 출구와 입구가 차선 등으로 분리되는 경우에는 함께 설치할 수 있다.

86

건축법령상 공동주택에 해당하지 않는 것은?

① 기숙사   ② 연립주택
③ 다가구주택   ④ 다세대주택

용도별 주택의 분류
- 단독주택 : 단독주택, 다중주택, 다가구주택, 공관
- 공동주택 : 아파트, 연립주택, 다세대주택, 기숙사

87

다음은 건축선에 따른 건축제한에 관한 기준 내용이다. ( )안에 알맞은 것은?

> 도로면으로부터 높이 ( ) 이하에 있는 출입구, 창문, 그 밖에 이와 유사한 구조물은 열고 닫을 때 건축선의 수직면을 넘지 아니하는 구조로 하여야 한다.

① 1.5m   ② 2.5m
③ 3.5m   ④ 4.5m

도로면으로부터 높이 4.5m 이하에 있는 출입구·창문 기타 이와 유사한 구조물은 개폐 시에 건축선의 수직면을 넘지 않는 구조로 하여야 한다.

88

국토의 계획 및 이용에 관한 법률상 주거지역의 세분에서 단독주택 중심의 양호한 주거환경을 보호하기 위하여 필요한 지역에 대해 지정하는 용도지역은?

① 제1종 전용주거지역
② 제1종 특별주거지역
③ 제1종 일반주거지역
④ 제3종 일반주거지역

주거지역 세분		
전용주거지역	제1종	단독주택중심의 양호한 주거환경을 보호
	제2종	공동주택중심의 양호한 주거환경을 보호
일반주거지역	제1종	저층주택중심으로 편리한 주거환경을 조성
	제2종	중층주택중심으로 편리한 주거환경을 조성
	제3종	중·고층주택을 중심으로 편리한 주거환경을 조성
준주거지역		주거기능을 주로 하면서 상업·업무기능의 보완

89

판매시설 용도이며 지상 각 층의 거실면적이 $2,000m^2$인 15층의 건축물에 설치하여야 하는 승용승강기의 최소 대수는? (단, 16인승 승강기이다.)

① 2대   ② 4대
③ 6대   ④ 8대

판매시설의 승용승강기 설치대수
(1) 6층 이상의 거실면적
  : $(15층 - 5층) \times 2,000m^2 = 20,000m^2$
(2) 판매시설
  $2 + \left(\dfrac{A-3,000}{2,000}\right) = 2 + \left(\dfrac{20,000-3,000}{2,000}\right)$
  $= 10.5 \rightarrow 11대$
(3) 16인승 이상 승강기 1대를 2대로 인정하므로
  $\dfrac{11대}{2대} = 5.5 \rightarrow 6대$

정답 85.③ 86.③ 87.④ 88.① 89.③

90

다음 중 건축물 관련 건축기준의 허용되는 오차 범위(%)가 가장 큰 것은?

① 평면길이
② 출구너비
③ 반자높이
④ 바닥판두께

> 허용오차 범위 기준
> - 0.5% 이내 : 건폐율
> - 1% 이내 : 용적률
> - 2% 이내 : 건축물의 높이, 평면길이, 출구너비, 반자높이
> - 3% 이내 : 건축물의 후퇴거리, 벽체두께, 바닥판두께

91

다음은 건축법령상 직통계단의 설치에 관한 기준 내용이다. ( ) 안에 알맞은 것은?

> 초고층 건축물에는 피난층 또는 지상으로 통하는 직통계단과 직접 연결되는 피난안전구역(건축물의 피난·안전을 위하여 건축물 중간층에 설치하는 대피공간)을 지상층으로부터 최대 (   )층마다 1개소 이상 설치하여야 한다.

① 10개 ② 20개
③ 30개 ④ 40개

> 초고층 건축물에는 피난층 또는 지상으로 통하는 직통계단과 직접 연결되는 피난안전구역(건축물의 피난·안전을 위하여 건축물 중간층에 설치하는 대피공간)을 지상층으로부터 최대 30개 층마다 1개소 이상 설치하여야 한다.

92

주차장의 용도와 판매시설이 복합된 연면적 20,000m² 인 건축물이 주차전용건축물로 인정받기 위해서는 주차장으로 사용되는 부분의 면적이 최소 얼마 이상이어야 하는가?

① 6,000m² ② 10,000m²
③ 14,000m² ④ 19,500m²

주차전용건축물의 주차면적 비율

건축물의 용도	주차면적 비율
건축물의 연면적 중 주차장으로 사용되는 부분	95% 이상
단독주택, 공동주택, 제1종 및 제2종 근린생활시설, 문화 및 집회시설, 종교시설, 판매시설, 운수시설, 운동시설, 업무시설, 자동차관련시설	70% 이상

따라서 $20,000 \times 0.7 = 14,000 m^2$

93

시가화조정구역에서 시가화유보기간으로 정하는 기간 기준은?

① 1년 이상 5년 이내
② 3년 이상 10년 이내
③ 5년 이상 20년 이내
④ 10년 이상 30년 이내

> 시가화조정구역 : 도시지역과 그 주변지역의 무질서한 시가화를 방지하고 계획적·단계적인 개발을 도모하기 위하여 5년 이상 20년 이내의 기간 동안 시가화를 유보할 필요가 있다고 인정될 때 지정하는 구역

정답 90.④ 91.③ 92.③ 93.③

94
공동주택과 오피스텔의 난방설비를 개별난방방식으로 하는 경우의 기준으로 틀린 것은?

① 보일러실의 윗부분에는 그 면적이 $0.5m^2$ 이상인 환기창을 설치할 것
② 보일러는 거실외의 곳에 설치하되, 보일러를 설치하는 곳과 거실사이의 경계벽은 출입구를 제외하고는 내화구조의 벽으로 구획할 것
③ 보일러의 연도는 방화구조로서 개별연도로 설치할 것
④ 기름보일러를 설치하는 경우 기름저장소를 보일러실 외의 다른 곳에 설치할 것

③ 보일러의 연도는 내화구조로서 공동연도로 설치할 것

95
건축물의 층수 산정에 관한 기준이 틀린 것은?

① 지하층은 건축물의 층수에 산입하지 아니한다.
② 층의 구분이 명확하지 아니한 건축물은 그 건축물의 높이 4m마다 하나의 층으로 보고 그 층수를 산정한다.
③ 건축물이 부분에 따라 그 층수가 다른 경우에는 바닥면적에 따라 가중평균한 층수를 그 건축물의 층수로 본다.
④ 계단탑으로서 그 수평투영면적의 합계가 해당 건축물 건축면적의 8분의 1 이하인 것은 건축물의 층수에 산입하지 아니한다.

③ 건축물이 부분에 따라 그 층수가 다른 경우에는 그 중 가장 많은 층수를 그 건축물의 층수로 본다.

96
건축허가 대상 건축물이라 하더라도 건축신고를 하면 건축허가를 받은 것으로 보는 경우에 속하지 않는 것은? (단, 층수가 2층인 건축물의 경우)

① 바닥면적의 합계가 $75m^2$의 증축
② 바닥면적의 합계가 $75m^2$의 재축
③ 바닥면적의 합계가 $75m^2$의 개축
④ 연면적이 $250m^2$인 건축물의 대수선

건축신고 대상 행위
• 연면적의 합계가 $100m^2$ 이하인 건축물의 건축
• 바닥면적의 합계가 $85m^2$ 이내의 증축·개축 또는 재축
• 연면적 $200m^2$ 미만이고 3층 미만인 건축물의 대수선

97
건축물과 분리하여 공작물을 축조할 때 특별자치시장·특별자치도지사 또는 시장·군수·구청장에게 신고를 해야 하는 대상 공작물 기준이 옳지 않은 것은?

① 높이 2m를 넘는 옹벽
② 높이 4m를 넘는 굴뚝
③ 높이 6m를 넘는 골프연습장 등의 운동시설을 위한 철탑
④ 높이 8m를 넘는 고가수조

공작물의 축조 시 신고 대상
• 높이 2m를 넘는 옹벽 또는 담장
• 높이 4m를 넘는 광고탑, 광고판, 장식탑, 기념탑
• 높이 6m를 넘는 굴뚝, 골프연습장 등의 운동시설을 위한 철탑
• 높이 8m를 넘는 고가수조

98
다음 중 대지에 조경 등의 조치를 아니할 수 있는 대상 건축물에 속하지 않는 것은?

① 축사
② 녹지지역에 건축하는 건축물
③ 연면적의 합계가 $1,000m^2$인 공장
④ 면적이 $5,000m^2$인 대지에 건축하는 공장

조경 미설치 대상 건축물
• 축사
• 녹지지역에 건축하는 건축물
• 연면적의 합계가 $1,500m^2$ 미만인 공장
• 면적 $5,000m^2$ 미만인 대지에 건축하는 공장
• 가설건축물

99
건축물의 바닥면적 산정 기준에 대한 설명으로 옳지 않은 것은?

① 공동주택으로서 지상층에 설치한 어린이놀이터의 면적은 바닥면적에 산입하지 않는다.
② 필로티는 그 부분이 공중의 통행이나 차량의 통행 또는 주차에 전용되는 경우에는 바닥면적에 산입하지 아니한다.
③ 벽·기둥의 구획이 없는 건축물은 그 지붕 끝부분으로부터 수평거리 1.5m를 후퇴한 선으로 둘러싸인 수평투영면적을 바닥면적으로 한다.
④ 단열재를 구조체의 외기측에 설치하는 단열공법으로 건축된 건축물의 경우에는 단열재가 설치된 외벽 중 내측 내력벽의 중심선을 기준으로 산정한 면적을 바닥면적으로 한다.

바닥면적 산정 기준
벽·기둥의 구획이 없는 건축물은 그 지붕 끝으로부터 수평거리 1m를 후퇴한 선으로 둘러싸인 수평투영면적으로 한다.

100
부설주차장 설치대상 시설물이 문화 및 집회시설(관람장 제외)인 경우, 부설주차장 설치기준으로 옳은 것은? (단, 지방지차단체의 조례로 따로 정하는 사항은 고려하지 않는다.)

① 시설면적 50m²당 1대
② 시설면적 100m²당 1대
③ 시설면적 150m²당 1대
④ 시설면적 200m²당 1대

부설주차장 설치기준
- 숙박시설 : 시설면적 200m²당 1대
- 종교·판매·운수시설 : 시설면적 150m²당 1대
- 위락시설-시설면적 100m²당 1대
- 골프장-1홀당 10대
- 문화 및 집회시설(관람장 제외) : 시설면적 150m²당 1대
- 문화 및 집회시설 중 관람장 : 정원 100명당 1대

정답 99.③ 100.③

ARCHITECTURAL MEMO

MEMO

ARCHITECTURAL